华章程序员书库

Learn C Programming

C语言学习指南

从规范编程到专业级开发

[美] 杰夫·苏哈伊（Jeff Szuhay）著

爱飞翔 译

机械工业出版社
China Machine Press

图书在版编目（CIP）数据

C 语言学习指南：从规范编程到专业级开发 /（美）杰夫 · 苏哈伊（Jeff Szuhay）著；爱飞翔译 . -- 北京：机械工业出版社，2022.5
（华章程序员书库）
书名原文：Learn C Programming
ISBN 978-7-111-70602-1

I. ① C… II. ①杰… ②爱 III. ① C 语言 – 程序设计 IV. ① TP312.8

中国版本图书馆 CIP 数据核字（2022）第 066029 号

北京市版权局著作权合同登记 图字：01-2020-7587 号。

C 语言学习指南：从规范编程到专业级开发

出版发行：机械工业出版社（北京市西城区百万庄大街 22 号 邮政编码：100037）

责任编辑：王春华　　责任校对：殷 虹

印　刷：三河市国英印务有限公司　　版　次：2022 年 7 月第 1 版第 1 次印刷

开　本：186mm × 240mm 1/16　　印　张：34.25

书　号：ISBN 978-7-111-70602-1　　定　价：149.00 元

客服电话：（010）88361066 88379833 68326294　　投稿热线：（010）88379604

华章网站：www.hzbook.com　　读者信箱：hzjsj@hzbook.com

The Translator's Words 译者序

记得当年学C语言的时候，自己跟许多人一样，看的都是比较传统的教程，例如 Brian W. Kernighan 与 Dennis M. Ritchie 的 *The C Programming Language*（中文版《C程序设计语言》，简称 K&R C）、Stephen Prata 的 *C Primer Plus*，以及谭浩强先生的《C程序设计，第2版》。现在虽然有了多种流行的编程语言，但C语言依然是一门经典的语言，而且比原来更加成熟、更加规范。

初学编程的人可能担心代码太过高深，总喜欢从简单且直观的编程语言及范例入手，这当然没错，然而在初步掌握程序的运作原理与开发流程之后，应该适当地学习操作系统与硬件方面的知识，以帮助自己写出既清晰易懂，又能充分发挥计算机优势的代码。在提升开发水平的过程中，C语言正扮演着这样一个关键的角色，它具备丰富的程序库与函数，同时也提供了指针等底层机制，让开发者能够灵活地操作内存数据，以实现许多本来需要用原始的汇编指令才能完成的功能。

怎样让初学者（尤其是连一门编程语言都没接触过的人）了解像C语言这样广阔而高深的语言一直是个难题。本书作者 Jeff Szuhay 尝试把C语言中的知识由浅入深地安排成5个部分，并在每一部分的各个章节中，通过大量简明易懂的范例来演示C语言中的概念，然后将其推广到大型的开发项目、其他的编程语言乃至一般的软件开发工作中。他还根据多年的开发经验在书中提出了一些建议，帮助读者养成良好的编程习惯与清晰的编程思路，继而选定接下来的学习方向。

希望本书可以让大家顺利掌握C语言的基础知识，并在此之上有所提高。在翻译过程中，译者尽量遵循原文并加以注释。为了让文字更为流畅，译者还根据语境及汉语习惯，补充了原文所省略的部分。

翻译本书的过程中，我得到了机械工业出版社华章分社各位朋友的帮助，在此深表谢意，尤其感谢关敏与李忠明两位编辑给我提供建议。同时，感谢友人小河支持并鼓励我做好翻译工作。

由于本书篇幅较长，而译者水平有限，错误与疏漏在所难免。请大家访问 github.com/jeffreybaoshenlee/lcp-errata/issues 留言，或发邮件至 eastarstormlee@gmail.com 与我进行交流。

爱飞翔

2021年7月22日

前 言 *Preface*

学习编程就是学习如何用计算机解决问题。这是一个漫长而艰难的过程，充满了波折，但同时也会带来各种回报。刚开始学的时候，如果能编写程序并得出正确的结果，那么你会觉得小有收获；在继续学习的过程中，如果你发现自己竟然能解决以前不敢想象的大问题，那么你会觉得收获颇丰。

学习编程首先要从学习一门编程语言开始。本书想做的主要就是帮大家学会C语言。学习一门编程语言首先要学习它的语法，必须记住重要的关键字、标点以及基本的程序结构，并理解它们的含义。

本书所用的教学方式是告诉你一套工具、方法及操作手段，尽量降低你在学习过程中所遇问题的难度。书里的每个程序都是完整的，而且是采用新式的C语言语法编写的，同时笔者还会告诉你这个程序应该输出什么样的结果。

学习编程还有一个特殊的困难，即其中的变数太多。这里所说的“变数太多”意指编程的每个方面都会随时发生变化，而且以后会持续改变。计算机的硬件与操作系统会根据新的用法与需求而演进，计算机的编程语言也会演进，它需要克服旧版的缺陷，并提供新的特性，以解决新的问题。编程语言的用法会随着编程语言本身而发生改变。我们想把计算机放在不同的场景中使用，于是就必须让计算机能够解决新场景中的新问题。最后，使用计算机与计算机编程语言的用户及开发者自然也会变。编程语言的用法改变会让开发者用新的方式思考问题，而问题与问题的解法发生变化则会促使我们考虑可否进一步扩大编程语言的适用范围，这又推动了编程语言的下一轮发展。这个循环会一直持续下去。

C语言最早是由Dennis Ritchie（丹尼斯·里奇，1941—2011）在20世纪70年代初开发的，但目前的C语言跟那时相比已经发生了很大变化。刚开始，C是一个特别简单但功能特别强大的语言，用来开发贝尔实验室的早期UNIX操作系统。那种C语言不是给初学编程的人使用的，它要求开发者必须先掌握高深的知识与编程技巧，然后才能用C写出健壮而稳定的程序。后来，C语言的编译器变得越来越普及，而设计编译器的人也花了很大功夫来限制那些有可能引发危险的语言特性。第一个符合ANSI标准的C语言（即ANSI C）是在1989年确定的。这个版本在1999年做了大幅修订，修订后的C语言叫作C99，它添加了一些重要的特性，并澄清了C语言中的许多行为。后来，C语言又经过两次修订，这两次所得到的版本分别叫作 C11 和 C18[⊖]，它们都在前一版的基础上增加了少量内容，并修正了语言内部的一些问题。

目前的 C 语言要比早期版本更规范、更复杂，但与早期版本一样，它仍然是一门强大、高效，而且适用范围很广的语言。本书努力采用 C99、C11 与 C18 规范所定义的语法和概念来讲授 C 语言，并确保其中的每个程序都能在 C11 规范下编译并运行。以后，C18 规范肯定会比现在更加流行，笔者希望，到时我们能用 C18 规范来顺利地编译并运行书中的程序。

就算不考虑刚才说的那些变数，我们也必须不断学习。读完本书之后，你应该能确定自己使用 C 语言的方式，在用 C 语言解决了许多问题之后，你又会发现新的东西，也就是说，你会发现，自己原来并不知道，C 语言还有这样一些特性、用法以及局限。学编程实际上学的不单是编程本身，而是学习如何通过编写程序去解决问题，因此，这是一个“学习如何学习”的过程。

在阅读本书的过程中，你还会懂得一些跟 C 语言没有直接关系的编程概念，笔者会讲解一套通用的开发流程，而且会编写一款纸牌程序来演示如何运用这套流程。你可能对纸牌程序不感兴趣，但你应该关注的重点是这款程序是用怎样的一套流程来开发的。笔者在运用这套开发流程的时候会展示基本的实验与验证手法。

读者对象

笔者构思本书时，是想写给两类人看，一类是没学过任何编程语言的新手，另一类是虽然用过其他编程语言，但并没有接触过 C 语言的开发者。这两种人的需求差别很大。

对于纯粹的编程新手来说，笔者需要为他们详细讲解 C 语言的一些重要概念和编程方式，帮助他们成为熟练的 C 语言开发者。为此，笔者会细化每个概念，并通过实际的程序来演示。编程新手只需要熟悉计算机的基本操作就可以直接阅读本书，不需要提前具备其他专业知识。

对于用过其他编程语言的人来说，笔者想要在本书中完整展示 C 语言的语法以及一些常见的编程习惯。如果你是这类读者，那么只需要略读一下笔者解释概念的那部分内容，你应该把重点放在源代码上面。

无论你是哪类读者，都可以通过本书展示的这 80 多款程序，了解 C 语言的语法与编程风格——这种编程风格以及其中所采用的编程习惯在 C 语言中很常见，但在其他语言中则不一定会遇见。笔者会把在近 40 年的编程工作中所积累的实践经验，详细分享给大家。

本书内容

第一部分主要介绍与 C 语言的语法及程序结构有关的基础概念。

⊖ 也叫作 C17。——译者注

第 1 章介绍程序的开发流程，以及本书后续章节所要用到的工具。我们会用这些工具来建立、构建并运行第一个 C 语言程序，也就是“ Hello, world!”程序。笔者还会介绍怎样给代码添加注释，以及如何用代码做实验。

第 2 章介绍语句和块，还会解释函数定义、函数声明以及函数原型的概念。笔者会演示如何调用函数，并告诉大家函数执行的顺序。语句、块与函数决定了 C 程序的结构。

第 3 章解释 C 语言如何运用数据类型，以各种方式来表示值。每种数据类型都有大小与取值范围，C 语言会据此解读某个值的含义。

第 4 章介绍变量与常量，这两种量都用来容纳值。要想让变量具备某个值，我们必须给它赋值，笔者会介绍各种赋值方式。

第 5 章介绍运算，笔者会告诉大家与各种数据类型有关的运算，以及如何通过这样的运算来操作该类型的值。

第 6 章介绍流程控制语句，该语句会根据某个表达式的结果来决定是执行其中一组语句，还是执行另一组语句。

第 7 章介绍各种循环语句。笔者还会演示怎样正确使用 `goto`，以及怎样避免滥用 `goto`。另外，笔者还会介绍一些其他的控制循环与迭代的方法。

第 8 章解释命名常量与枚举，并说明它们的用法。

第二部分针对第一部分所讲的基础（或固有）数据类型进行扩展延伸，帮助大家理解更复杂的数据类型。

第 9 章讲解怎样用一组变量来制作结构体（structure），以表示复杂的对象。笔者会介绍可以在结构体上执行的操作，以及结构体与面向对象编程（Object-Oriented Programming，OOP）之间的关系。

第 10 章介绍如何给 `enum` 与 `struct` 关键字所声明出的枚举及结构体重命名，还会讲解编译器的选项及头文件。

第 11 章演示如何定义、初始化并访问简单的数组。笔者会讲解怎样使用循环遍历数组，还会演示如何通过函数来操作数组。

第 12 章会把数组从一维（也叫单维）推广到二维、三维乃至任意维度。笔者会演示如何用循环与函数来声明、初始化并访问这样的多维数组。

第 13 章介绍直接寻址和通过指针间接寻址这两种寻址方式之间的区别。笔者会告诉大家如何理解“指针”这一概念，还会演示怎样在函数中使用指针，以及怎样使用指向结构体的指针。

第 14 章讲解指针与数组之间的相似之处与区别。

第 15 章介绍 ASCII 字符集与 C 字符串。C 字符串是一种带有两项特殊属性的数组。我们会开发一款程序，把 ASCII 字符集用表格的形式打印出来。笔者还会介绍 C 语言标准库中与字符串有关的操作。

第 16 章在结构体与数组等概念的基础上创建各种复杂的数据结构并综合运用。笔者会开发一款完整的扑克程序，并在此过程中演示每一种复杂的结构体。大家可以通过本章相当透彻地了解什么叫作有步骤的迭代式程序开发。

第三部分讲解如何用各种方式分配及释放（也叫解除分配）内存。

第 17 章介绍自动存储类与动态存储类的概念及区别，还对比了内部存储类与外部存储类这两种存储方式。笔者会演示如何用 `static` 关键字声明静态变量。

第 18 章介绍如何进行动态内存分配，以及如何对这样分配的内存执行各种操作。笔者会演示一款动态链表程序，还会介绍其他一些动态分配的结构体。

第四部分介绍与读取数据（也就是输入数据）及写入数据（也就是输出数据）有关的各种话题。

第 19 章详细介绍 `printf()` 函数的各种格式说明符，笔者会讲解与每一种固有的数据类型相对应的说明符，包括带符号的整数、不带符号的整数、单精度浮点数、双精度浮点数、字符串以及字符。

第 20 章演示怎样利用 `main()` 函数的 `argc` 与 `argv` 参数，来获取用户在执行本程序时通过命令行界面所输入的内容。

第 21 章演示如何用 `scanf()` 函数读取输入流中的值。笔者会告诉大家，`printf()` 与 `scanf()` 所使用的格式说明符虽然相似，但实际上有很大区别。我们还会谈到内部数据转换以及无格式的（或者说，未经格式化的）输入与输出。

第 22 章主要谈概念。笔者会讲解文件的基本概念，并演示怎样在程序中开启和关闭文件，以及如何让用户通过命令行界面来指定有待操作的文件名。

第 23 章演示怎样通过 `getopt()` 函数获取用户在命令行界面所指定的各种选项（也叫开关）。笔者会扩充早前的范例程序，让它能够读取输入文件中所包含的名字，并通过链表给这些名字排序，然后将排序结果写入文件。

第五部分详细解释如何创建并管理含有多个文件的程序项目（即多文件的程序）。

第 24 章以第 16 章中创建的程序作示例，告诉大家怎样把程序代码合理地拆分到多个源文件中，让每个源文件所包含的函数都跟该文件所要操作的结构体相符。笔者还会介绍怎样高效而安全地使用预处理器。

第 25 章从不同的方面讲解作用域这一概念，并解释其与单文件的程序和多文件的程序有何关系。笔者会详细描述变量的作用域及函数的作用域。最后，笔者会提出一些建议，告诉大家在看完本书之后，如何继续学习 C 语言乃至一般的程序开发知识。

附录中包含许多参考资料，即 C 语言关键字、运算符优先级、某些常用 GCC 与 CLang 选项、ASCII 字符集、Bstrlib 库用法、Unicode 概论以及对 C 语言标准库中各头文件所做的介绍。

怎样充分利用这书

为了学习书中的内容，你需要准备一款简单的文本编辑器、一个终端机或控制台程序㊀，

㊀ 也就是俗称的命令行界面或命令行窗口。——译者注

以及一款编译器。笔者会在第 1 章描述这三样工具，并告诉你如何下载与使用它们。下面的表格列出了本书对编程工具所做的技术要求。

操作系统		费用	下载网址
Linux/UNIX			
文本编辑器（选择下列四种之一）			
	Nano	免费	https://www.nano-editor.org/download.php
	Vim 或 vi	<操作系统内置>	N/A
	GEdit	<操作系统内置>	https://wiki.gnome.org/Apps/Gedit
	Emacs	免费	https://www.gnu.org/software/emacs/download.html
编译器			（安装方式依照具体的 Linux/UNIX 版本来定）
	GCC	<操作系统内置>	https://gcc.gnu.org/install/（请参考表格后面的说明，以了解如何在某些 Linux 系统里面安装 GCC）
终端			
	Terminal	<操作系统内置>	N/A
macOS			
文本编辑器（选择下列三种之一）			
	Vim 或 vi	<操作系统内置>	N/A
	emacs	免费	https://www.gnu.org/software/emacs/download.html
	Bbedit	免费	https://www.barebones.com/products/bbedit/
编译器			
	Clang	<操作系统内置>	
终端			
	terminal.app	<操作系统内置>	N/A
Windows			
文本编辑器（选择下列三种之一）			
	Notepad（记事本）	<操作系统内置>	N/A
	Notepad++	免费	https://notepad-plus-plus.org/downloads/
	emacs	免费	https://www.gnu.org/software/emacs/download.html
编译器			
	Cygwin	免费	http://www.cygwin.com
	MinGW	免费	http://mingw-w64.org
终端			
	Console	<操作系统内置>	N/A

要想在 Linux 操作系统中安装 GCC，你需要执行这样的命令：

- 如果你使用的是基于 RPM 的 Linux 系统，例如 RedHat、Fedora 或 CentOS 等，那么请打开 Terminal 窗口（终端窗口或终端机窗口），并执行下列命令：

```
$ sudo yum group install development-tools
```

- 如果你使用的是 Debian Linux，那么请打开 Terminal 窗口，并执行下列命令：

```
$ sudo apt-get install build-essential
```

为了判断自己是否正确安装了 GCC 或 Clang，请在 Terminal 窗口中执行下列命令：

```
$ cc --version
```

无论你看的是本书电子版还是纸质版，笔者都建议你亲手把代码敲一遍。手工输入完代码之后，你再去跟 GitHub 网站上面的代码库进行对比（稍后会给出本书的代码库地址）。这样做可以减少因复制和粘贴而引发的代码错误。

如果你是编程新手，那么准备好开发工具之后，还必须了解如何阅读编程方面的书籍。在读此类书籍时，你应该采用如下方法：

1. 通读全章，大致了解本章所要展示的概念。
2. 将本章再读一遍，这次阅读时，每遇到一个程序，就把该程序的代码打出来，然后运行，以确保自己所看到的结果跟书中讲的相同。如果没有得到应有的结果，那就试着弄清楚自己的程序跟书中的程序有什么区别（找到区别之后，修改程序让它得出与本书相符的结果）。编程与数学类似，都必须做练习，只有这样才能学会编程。只观察代码是学不会编程的，你必须亲自编写代码才行。
3. 用心记住本章所提到的关键字和语法。这可以大幅提升学习速度。
4. 精准地思考。编程语言对语法要求相当严格，这是尤其需要注意的。你必须仔细地考虑问题，有时为了解决某个问题，你需要费尽心思才能想出正确的步骤。
5. 将本章提到的概念与范例程序复习一遍，把不懂的地方记下来。

如果你以前用过别的编程语言，那么在初学 C 语言时笔者还是强烈建议你能够先把每章的正文和其中的范例程序略读一遍。然后，再把程序代码录入自己的计算机，并确保程序的运行结果正确无误。这样能够帮助你迅速掌握 C 语言的语法及编程习惯。

在阅读编程方面的书籍时，你必须先了解所读的书属于哪一类，只有这样，你才能用最合适的办法来阅读。我们见到的计算机编程书籍一般有以下几类：

- **概念书**（讲述编程概念的书籍）：这一类书籍会从底层概念与设计理念的角度来讲述。Kernighan 与 Ritchie 所写的 *The C Programming Language*（《C 程序设计语言》）就属于此类。
- **教科书**（教材）：这一类书籍通常会把编程语言的每个主要方面都讲到，有时还会讲解得极其详细，而且通常包含许多代码片段。Paul Deitel 与 Harvey Deitel 写的书[⊖]，

⊖ 例如 *C How To Program*（《C 语言大学教程》）、*C++ How to Program*（《C++ 大学教程》）等。——译者注

以及 K. N. King 写的 *C Programming: A Modern Approach*（《C 语言程序设计：现代方法》）就属于此类。这些书籍通常用在正式的编程课中。

- **参考书**：这一类书籍会详细描述语法规则。Harbison 与 Steele 写的 *C: A Reference Manual*（《C 语言参考手册》）就属于此类。
- **"菜谱书"**（教程）：这一类书籍会给出具体的解决方案，告诉你怎样用某种语言来解决某些问题。Perry 写的 *Advanced C Programming by Example*、Van Der Linden 写的 *Expert C Programming: Deep Secrets*（《C 专家编程》）以及 Sedgewick 写的 *Algorithms in C*（《算法：C 语言实现》）就属于此类。
- **专题书**：这一类书籍深入研究编程语言的某个或某些方面。Reek 写的 *Pointers in C*（《C 和指针》）就属于此类。
- **实践书**：这一类书籍会告诉你怎样用某种语言（例如 C 语言）解决一般的编程问题。Hanson 写的 *C Interfaces and Implementations*（《C 语言接口与实现》）与 Klemens 写的 *21st Century C: C Tips from the New School*（《C 程序设计新思维》）就属于此类。

每一类书籍的读法都不同。比方说，概念书可能只读一遍就好，但参考书则应该放在手边反复翻阅，另外你可能还得准备一些教程（即"菜谱书"）用来解决有可能遇到的某些问题。

笔者希望本书能够同时具备 C 语言"菜谱书"、参考书与实践书的功能。说它是菜谱书，是因为书中提供的程序代码都是能够运行的代码，你可以根据运行结果，判断你所采用的 C 语言编译器在当前使用的操作系统上所表现出的行为。说它是参考书，是因为书中提供了足够多的 C 语言知识，让你能够把它作为*初次接触* C 语言时的参考资料。说它是实践书，是因为笔者想要在书中给大家演示编写 C 语言代码的最佳方式。

笔者还希望你在阅读完本书之后，能够继续阅读其他书籍。在甄选后续的书籍时，至少应该选择针对 C99 标准而写的书，如果用的是 C11 或 C18 标准，那就更好了。早于 C99 标准的代码基本上都是旧式的代码，从 C99 开始，我们有了更加高效的 C 语言编程方式。

下载示例代码及图像

本书的代码包也托管在 GitHub 上，地址为：`https://github.com/PacktPublishing/Learn-C-Programming`。如果代码有更新，笔者会把新版代码放在 GitHub 代码仓库中。

你也可以访问 `https://github.com/PacktPublishing/` 查看其他代码包，那里还有丰富的图书与视频资源。

书中的截屏与图表可以在 `https://static.packt-cdn.com/downloads/9781789349917_ColorImages.pdf` 下载。

本书约定

下面是本书的排版约定。

`CodeInText`（代码体）：文本中的代码、数据库表名、文件夹名 / 目录名、文件名、文件扩展名、路径名、举例时所用的 URL、用户输入的内容，以及 Twitter 账号名，都印刷成代码体。例如："友情提示，这个需要匹配的地方涉及 `int main()` 与 `return 0;` 这两行代码"。

整块的代码，印刷成下面这样：

```
#include <stdio.h>

int main()
{
    printf( "Hello, world!\n" );
    return 0;
}
```

如果笔者要强调某块代码中的某一部分，那么相应的代码行或代码项会印刷成粗体：

```
#include <stdio.h>

int main()
{
    printf( "Hello, world!\n" );
    return 0;
}
```

需要在命令行界面输入的命令，或者命令所输出的内容，则会以如下形式印刷：

```
$ cc hello6.c
```

Bold（粗体）：表示某个新术语或重要词汇，以及屏幕上的关键文字。比方说，菜单或对话框中的文字就会印刷成粗体。例如："这是个有用的程序，因为它会把一些东西输出到 **Terminal**（终端 / 终端机），也就是 **consoe**（控制台）"。

警示信息或者重要的评注信息。

提示与技巧。

作者简介 About the Author

Jeff Szuhay 是 QuarterTil2 的主要开发者，其专门针对桌面环境开发带有丰富图形效果的软件计时码表。Szuhay 在软件行业有近 40 年的经验，全程参与过各种开发工作的初期编程、完整测试以及最终交付等环节，这些工作包括系统分析、系统性能优化以及应用程序的设计等。

在此期间，Szuhay 讲授小学、中学与大学水平的计算机应用程序及编程语言课程，还研发并指导专业的现场培训。

首先我必须感谢指导并激励我的各位老师，尤其是 George Novacky 博士与 Alan Rose 博士，还要感谢真诚批评我的诸位同事：Dave Kipp、Tim Snyder、Sam Caruso、Mark Dalrymple、Tony McNamara、Jake Penzell 与 Bill Geraci。最后，感谢我的妻子 Linda 耐心陪伴着我。

About the Reviewer 审校者简介

B. M. Harwani 是 Microchip Computer Education 的创立者，这家机构位于印度的阿杰梅尔，给各年龄段的人提供计算机编程与网页开发方面的知识。Harwani 还撰写书籍，分享自己在 20 多年的工作中所积累的专业经验。他近年出版的书有 *jQuery Recipes*（Apess）、*Introduction to Python Programming and Developing GUI Applications with PyQT*（Cengage Learning）、*The Android Tablet Developer's Cookbook*（Addison-Wesley Professional）、*UNIX and Shell Programming*（Oxford University Press）、*Qt5 Python GUI Programming Cookbook*（Packt）以及 *Practical C Programming*（Packt）。

目录 Contents

第二部分 复杂的数据类型

第三部分 内存分配

第四部分 输入与输出

第一部分 *Part 1*

C 语言的基础知识

此部分会告诉你如何编写简单的程序，我们不仅要学习与C语言有关的基础内容，而且要学习一些通用的编程知识。

此部分包含第1～8章。

Chapter 1 第1章

运行 Hello, World! 程序

学习计算机编程就是学习用计算机解决问题，让它替我们执行那些手工做起来很枯燥的任务。编写计算机程序时所采用的基本开发循环（也叫作基本开发流程）决定了我们会用怎样一套步骤来解决当前的问题，我们会给计算机下达命令，让它按这套步骤去执行。在学习基本的开发流程时，我们所面对的第一个问题是如何编写、构建、运行一个极其简单的 C 程序，并判断其运行结果是否符合预期。

本章涵盖以下话题：

- 编写自己的第一款 C 语言程序。
- 理解程序的开发流程。
- 用文本编辑器创建程序文件并向其中写入 C 语言的代码，然后保存该文件。
- 编译自己的第一个 C 语言程序。
- 运行程序并判断运行结果是否正确，若不正确，则修复该程序。
- 用不同的方式给代码添加注释。
- 在代码上做实验并仔细观察实验结果，以加深自己对代码的理解。

我们现在就开始吧！

1.1 技术要求

为了学习本章及本书后续章节，你必须准备一台计算机，以及三样工具：

- 一款简单的文本编辑器，用来编辑并保存无格式的（或者说，未经格式化的）纯文本信息。
- 一款 Terminal（终端 / 终端机）程序，我们要在该程序所提供的命令行界面中输入命令。

- 一款编译器，用来编译 C 语言程序。

本章会在用到相关工具时详细介绍该工具。

本章的源代码也放在了 `https://github.com/PacktPublishing/Learn-C-Programming` 上，但你还是应该自己把这些代码录入一遍。刚开始可能有点无聊，但如果能坚持下来，你就会发现这比单单复制、粘贴代码学到的更多，而且学得更快。

1.2　编写第一个 C 语言程序

我们现在要用 C 语言编写一个相当简单但相当有用的程序。该程序是由 C 语言的创始人 Brian W. Kernighan 与 Dennis M. Ritchie 在 *The C Programming Language*（《C 程序设计语言》）一书中首先引入的。该程序要把一行文字（也就是 Hello, world）打印到计算机屏幕上。

这个简单的程序之所以很重要，有这样几个原因。第一，它让我们知道用 C 语言编写的程序应该是什么样子。第二，也是更为关键的一个原因，即它帮助我们确认开发环境中的各个组件都已经安装好，并且能够正常地运行，这包括操作系统（Operating System，OS）、文本编辑器、命令行界面以及编译器。第三，它让我们初次接触基本的程序开发流程，我们以后学习编程并通过编程解决实际问题时，还会多次重复这套流程，因此，大家一定要熟悉该流程，并熟练地运用它来开发程序。

这是一个有意义的程序，因为它能够把某些内容打印到 Terminal（终端 / 终端机，也叫 console，控制台）上，让我们意识到它确实做了一件事情——显示了一条信息。我们其实还可以用 C 语言写出更短的程序，虽然也能正确地构建并运行，但并不能用以观察程序的实际功能。因此，我们的第一个 C 语言程序就应该是 Hello, world! 程序。无论是阅读本书，还是通过其他方式学习编程语言，你都应该设法观察程序的实际功能，这是相当重要的。

Hello, world! 程序是 Kernighan 与 Ritchie 在 40 多年前提出来的，后来还用在了许多编程语言以及各种场景之中。例如，Java、C++、Objective-C、Python、Ruby 等语言都有对应的 Hello, world! 程序。某些网站也会以“Hello World”的形式给新手介绍该网站的功能，例如，存放开源代码的 GitHub 网站就是如此[㊀]。

Hello, world!

下面这段代码是 C 语言的 Hello, world! 程序，它既不执行运算，也不接受用户输入的信息。它只会打印一条简短的欢迎词：

㊀ 参见 https://guides.github.com/activities/hello-world/。——译者注

```
#include <stdio.h>

int main()
{
    printf( "Hello, world!\n" );
    return 0;
}
```

目前的这种写法跟该程序最初的模样相比有几处细微的修改。凡是最近 20 年间发布的 C 语言编译器都能够顺利地构建并运行这个修改后的版本。

在详细了解这个程序的每一部分之前，你先试试能不能找到其中负责打印欢迎信息的那行代码。程序中使用的标点可能有些奇怪，我们会在下一章讲解这个话题。请注意，有些标点是成对出现的，有些则不是。大家可以先试着把这段代码中成对出现的 5 组标点跟单独出现的另外 5 个标点找出来（`"Hello, world!"` 这句欢迎词本身所含的标点不计算在内）。

除了某些标点要配对，程序中还有一个需要匹配的东西，其不太容易看出来，我们会在下一章详细讲解。友情提示，这个需要匹配的地方涉及 `int main()` 与 `return 0;` 这两行代码。

在开始讲解如何创建、编译并运行这个程序之前，我们必须先简单地介绍整个开发流程以及开发过程中需要用到的工具。

1.3 了解程序开发流程

开发环境主要有两类：

- **解释型**（interpreted）：在 Python 或 Ruby 这样的解释型开发环境中，我们随时都可以一行一行地输入代码。每输入一行代码，开发环境就会执行它，并把执行结果立刻显示到控制台上。这种解释型开发环境是动态的，能够立刻给出反馈，适用于迅速研究某个算法或某项功能的效果。编写这种程序时，我们通常必须先启动执行程序代码所用的这套开发环境。
- **编译型**（compiled）：C、C++、C# 或 Objective-C 语言所使用的便是编译型开发环境。开发者把程序写到一个或多个文件中，然后编译这个文件或这批文件，如果编译过程中没有发生错误，那么编译器就会根据这个文件或这批文件制作一个程序文件，以表示这款程序。编写代码与编译代码是两个不同的环节，每个环节都有单独的工具。由于这种程序的文件已专门经过一个完整的编译环节，因此执行起来更快，并且可以脱离开发环境单独运行，而不像刚才说的那类程序，必须放在解释型开发环境中运行。

用“洗头”来打比方，我们洗头时，首先要打湿头发，然后抹洗发水并揉出泡沫，接着把泡沫冲掉，然后再重复这个过程。开发 C 语言的程序也是如此，我们首先编辑（edit）、然后编译（compile）、接下来运行（run）、最后验证（verify），如果有必要的话，我们还会重复（repeat）这个过程。

1.3.1 编辑

程序需要根据文本文件来生成，这种文本文件的扩展名都是预先约定好的。这样的文本文件叫作源文件（source file）或源代码文件（source code file）。对于 C 语言来说，普通的源代码应该写在扩展名为 `.c` 的文本文件中。扩展名为 `.h` 的文本文件指的是 C 语言的头文件（header file），早前的 Hello, world! 程序代码中就提到了这样的头文件。编译器会根据自己遇到的 `.c` 与 `.h` 文件来编译程序，由于 `.c` 文件与 `.h` 文件的用途不同，因此编译器对待这两种文件的方式也不同。其他编程语言也有各自约定的文件扩展名，源文件的内容必须按照所使用的编程语言及编译器的要求来写。

在创建并修改 C 语言的文件时需要用到纯文本编辑器。这种编辑器能够开启、修改并保存纯文本文件，也就是那种没有字体大小、字体系列与字体样式等附加格式的文本文件。例如，对于 Windows 操作系统来说，Notepad（记事本）就属于纯文本编辑器，而 Word 程序则不是。用来开发 C 程序的纯文本编辑器应该具备下列功能：

- **操作文件**：开启并编辑文件；保存开发者对文件所做的修改；把修改后的内容存放到另一个文件中[㊀]。
- **浏览文件**：例如向上、向下、向左、向右查看文件内容；跳转到某一行的开头或结尾；跳转到整个文件的开头或结尾等。
- **操作文本**：例如插入或删除文本；插入或删除整行文字；选取、剪切、复制并粘贴文字；撤销 / 重做等。
- **搜索与替换**：例如寻找文本与替换文本等。

如果还有下面几项功能就更好了，但这几项并不是必备的：

- 自动缩进。
- 针对特定的编程语言，采用不同的颜色来显示不同的语法要素。
- 自动保存（每隔一段时间就自动保存一次）。

任何一个纯文本编辑器几乎都具有上述四种必备功能。你不应该过分依赖某种文本编辑器所提供的特殊功能。有些编辑器可能确实比另一些要好用。有的编辑器是免费的，有的需要付费购买，但目前可能并不值得买（或许以后值得，但当前可能还没有必要花这个钱）。无论哪种编辑器，都不太可能跟你的期望百分百相符。

下面列出一些你可以考虑安装试用的纯文本编辑器：

- **所有操作系统都支持的编辑器**：Nano。这款编辑器运行在命令行界面[㊁]中，学起来不是很难。
- **适用于 Linux/UNIX 系统的编辑器**：
  - Vim 或 vi：运行在命令行界面中，比较容易学。这是每一种 Linux/UNIX 系统都

㊀ 这种功能叫作“另存为……”(Save as ...)。——译者注

㊁ 原书为 Terminal（终端；终端机），此外泛指各种操作系统中输入命令行的界面。——译者注

支持的编辑器，你应该花些时间学习它的基本功能。
  - gedit：一款功能强大的通用编辑器。
  - Emacs：一款功能全面的编辑器；要学的东西比较多。
- **适用于 Windows 系统的编辑器：**
  - Notepad：一款非常简单的编辑器（对于编程来说，它的功能或许有点少）。每个版本的 Windows 系统都自带该程序。
  - Notepad++：增强版的 Notepad，提供了许多适合在编程时使用的功能。
  - **仅适用于 macOS 的编辑器：**BBEdit（免费版）。这是一款功能完备的文本编辑器，带有图形用户界面，而且适合编程。

文本编辑器有许多种，每一种都有自己的优点和缺点。选择一款并坚持使用，时间久了，你就会很自然地用它去编写代码了。

1.3.2 编译

编译器（compiler）是一个程序，它接受源代码文件（对 C 语言来说是 `.c` 与 `.h` 文件），把文本形式的源代码转译成机器语言（machine language），并把机器语言跟预先定义的某些部件链接起来，纳入这些部件，让编译出的程序能够在特定的计算机硬件与操作系统上运行。编译器生成的结果是一个可执行文件，该文件是用机器语言编写的。

机器语言是一系列指令与数据，用来告诉中央处理器（Central Processing Unit，CPU）如何获取执行某程序所需的信息，以及如何按照正确的步骤执行相关的操作（从而实现程序想要的结果）。每种 CPU 都有自己的一套机器语言或指令集（instruction set）。用 C 语言开发程序时，程序员不需要知道机器语言的细节。

有人把汇编语言（assembler language，又称组合语言）称为机器语言，但这样说其实并不是特别准确，因为汇编语言（虽然也是用一系列指令与数据写成的）仍然含有文本和符号，而不像纯粹的机器语言那样仅包含二进制数字。从前，或许有很多程序员都能够看懂机器语言，但现在几乎没有这样的人了。

编译程序时，我们要调用编译器，让它处理一个或多个源文件。调用编译器会有两种结果：一种是顺利完成编译，并生成可执行文件；另一种是在编译过程中发现编程错误（programming error）。所谓编程错误可能是指某个名字拼错了，或某个标点漏掉了，但也有可能是指更为复杂的语法错误。一般来说，编译器在发现错误之后，会试着采用程序员能够理解的方式来描述这个错误，也就是说，它会提供有用的信息，帮助程序员意识到这个地方为什么写错了。当然，试错法只是一条大的原则，具体应该如何确定并修复错误还是有很多讲究的。有的时候，编译器可能会针对某个错误给出多行错误消息，而且你还要注意，每次调用编译器时，它都会把整个源代码全部处理一遍。因此，如果程序中有好多地方都有错，那么编译器会针对每个地方都给出相应的错误信息（你需要将这些错误信息与代码中有错的地方一一对应起来）。

一个完整且可以运行的程序是由编译之后的源代码与某些预先编译好的例程（routine）组成的，源代码是我们自己写的，而那些例程则由操作系统提供，它们是由操作系统的开发者制作的。这种预先定义好的程序代码也叫作运行时库或运行期库（runtime library），其中包含一套可以调用的例程，这些例程了解相关的细节，它们知道应该如何与计算机的各种组件交互。以Hello, world!程序为例，我们自己并不清楚在计算机屏幕上显示字符所用的详细指令——只需要调用一个预先定义好的函数（也就是`printf()`函数），因为这个函数知道这些细节。`printf()`函数是C语言运行时库的一部分，这个库中还有其他一些例程，我们后面会讲到。如何将文本发送到控制台需要根据操作系统来决定，不同的系统有不同的办法，就算硬件相同，只要安装的操作系统不同，就有可能需要用不同的办法去实现。因此，编译器还有一个好处在于，它不仅让程序员无须了解机器语言的细节，而且把计算机本身的某些实现细节掩盖了。

由此可见，每个操作系统都应该有特定的编译器与运行时库。专门为其中某个操作系统而设计的编译器很可能无法在另外一个操作系统上使用。如果你发现针对这个操作系统所设计的某款编译器碰巧能够（或者看上去似乎能够）运行在另一个操作系统上，那么这个编译器所制作出来的程序在那个系统中会有什么样的运行结果就很难说了。也许会造成严重的后果。

1.3.2.1 每个操作系统都有多种C编译器可供选择

你可以在多个计算机平台上学习C语言。UNIX与Linux操作系统上常见的C语言编译器是GNU编译器套装（GNU Compiler Collection，GCC），以及基于LLVM compiler project的clang。在Windows操作系统上，你可以通过Cygwin Project或MinGW Project所提供的技术来使用GCC。另外，你还可以在Raspberry Pi（树莓派）与Arduino等单片机系统上学习C语言，但由于这种计算机系统是极简式的，因此有许多特殊的地方需要考虑，它们不太适合用作学习C语言的平台。笔者还是推荐你采用桌面计算机来学习C语言，这种计算机通常可以运行网页浏览器，它们所配备的计算机资源（例如内存、硬盘空间、CPU等）较为充裕。

1.3.2.2 是否应该使用IDE来学习C语言

许多操作系统都会在安装某款IDE（Integrated Development Environment，集成开发环境）的过程中连带安装相关的编译器。IDE是安装在操作系统中的一套程序，这套程序能够帮助程序员创立、构建并测试他们想要开发的其他程序。IDE会管理与正在开发的这个程序有关的一个或多个文件，而且本身还提供了自己的文本编辑器。IDE可以调用编译器并展示编译结果，也能够执行编译所得的成品程序。程序员在使用IDE来开发程序的过程中一般无须离开这套环境，因为它通常能够帮助开发者顺畅地把一个可以单独运行的程序给制作出来。

有多种IDE可供选择，例如Microsoft的Visual Studio（只适用于Windows系统）与

Visual Studio Code（适用于多种操作系统）、Apple 的 Xcode（适用于 macOS 系统以及 Apple 的其他硬件平台）、Eclipse Foundation 的 Eclipse，以及 Oracle 的 Netbeans 等。每款 IDE 都支持用各种编程语言来开发程序。本书中的程序基本上是用同一款简单的 IDE 开发出来的，这个 IDE 就是 macOS 上的 CodeRunner。

大家在初学 C 语言时不应该使用 IDE。笔者不建议你在这个阶段使用 IDE，有这样几个原因。首先，学习并使用某种 IDE 本身是件相当枯燥的事情，这件事可以等你把程序开发流程中的各环节都熟悉了之后再来完成。其次，虽然各种 IDE 都会提供一些类似的功能，但有时它们实现这些功能所用的方式有很大区别，而且同一项功能在不同的 IDE 上可能会表现出不同的特性，这需要花很多时间来讨论。总之，你应该先把 C 语言学好，然后再根据自己的情况选择 IDE。

1.3.2.3 在 Linux、macOS 或 Windows 系统上安装编译器

下面讲解如何在主流的桌面计算机系统（也就是 Linux、macOS 与 Windows）上安装 C 语言的编译器。如果你用的是其他系统，那就必须自己寻找安装方式。不过没关系，那些系统本身也想让用户使用起来比较方便，因此安装编译器的办法不会太复杂。

- Linux：

  1. 如果你用的是基于 RPM（Red Hat Package Manager）的 Linux 系统，例如 RedHat、Fedora、CentOS 等，那就在命令行界面执行下面这条命令：

```
$ sudo yum group install development-tools
```

  2. 如果你用的是 Debian Linux[㊀]，那就打开 Terminal 窗口并执行下面这条命令：

```
$ sudo apt-get install build-essential
```

  3. 安装完之后，在命令行界面输入这条命令，以判断安装是否正确：

```
$ cc --version
```

  4. 上一条命令应该会告诉你，你安装的 GCC 或 clang 编译器是什么版本。无论安装了哪种编译器，只要那条命令能显示出编译器的版本，就说明安装没有问题。现在你已经可以在 Linux 系统上编译 C 语言的程序代码了。

- macOS：

  1. 打开 `Terminal.app` 程序，并在命令行界面中输入这条命令：

```
$ cc --version
```

  2. 如果系统中还没有安装相应的开发工具，那么刚才那条命令会让系统引导你安装这些工具。
  3. 安装完之后，关闭 Terminal 窗口，然后重新开启一个窗口，在里面执行这条命令：

㊀ 也包括基于 Debian 的其他 Linux 系统，例如 Ubuntu 等。——译者注

```
$ cc --version
```

4. 确认安装无误之后，你就可以在 macOS 系统中编译 C 语言的程序代码了。

- Windows：
  1. 从相应的网站安装 Cygwin（`http://www.cygwin.com`）或 MinGW（`http://mingw-w64.org/`）。从中任选一个安装就可以了。如果安装的是 Cygwin，那么一定要安装 GCC（GNU Compiler Collection）附加包，这样才能把编译器以及用 GCC 调试程序时所需的其他一些工具安装上。
  2. 安装完之后，打开 Command Prompt（命令提示符）界面，并执行下列命令：

```
$ cc --version
```

  3. 确认无误之后，你就可以在 Windows 系统上编译 C 语言的程序代码了。

（广义的）编译环节可以细分为两个环节，一个是（狭义的）编译，另一个是链接。前者会检查源代码的语法，并把源代码转换成近乎完备的可执行代码，后者会把这种近乎完备的机器代码与运行时库合并，以形成彻底完备的可执行代码。一般来说，我们在调用编译器的时候还会调用链接器（linker）。如果编译环节顺利完成（也就是没有出现错误），那么会自动进入链接环节。后面我们会看到，这两个环节都有可能会报错，有的错误出现在编译期（也就是编译环节），有的错误出现在链接期（也就是链接环节；或者说，出现在把程序的各个部件链接起来的时候）。

笔者后面讲解如何编译第一个 C 语言程序时会告诉大家怎样调用编译器。

在整本书中，每当我们写好一个程序时，笔者就会引导大家故意破坏程序代码，也就是故意让程序无法通过编译。这样一来，我们就能了解这种破坏方式会让编译器给出什么样的错误信息，进而知道某条错误信息意味着程序中可能出现了什么样的错误。明白了这个道理，大家就不会担心自己把程序弄乱了，因为我们只需要将刚才故意写错的地方调整回去，就能让程序顺利地编译。

1.3.3 运行

整个编译环节结束之后，我们会得到一个可执行的文件。如果没有明确指定名称，那么该文件的名字默认就是 `a.out`。该文件通常存放在编译器被调用时所在的目录中。对于本书的绝大部分范例来说，该目录指的是相关源文件所在的目录。

这样的可执行文件能够通过命令行来运行。在运行的时候，计算机会把该文件加载到内存中，并让其中的指令进入 CPU 的指令流水线，以便得到执行。程序一旦载入内存，CPU 就会从程序的 `main()` 处开始执行，一直执行到 `return;` 或 `}` 为止。然后，计算机会停止执行该程序，并把它从内存中卸载。

要运行某个可执行文件，我们可以打开（Windows 系统的）命令提示符或（Linux 及 macOS 系统的）Terminal 窗口，通过 `cd` 命令进入该文件所在的目录，然后输入文件的名称

(例如默认的 a.out 或者你在编译时指定的名字)，最后按 Enter 键。

> 注意，如果你已进入可执行件所在的目录，并且确认该文件确实存在，但在执行时看到命令解释器(command interpreter)[㊀]报错，那么很可能是内置的 PATH 变量配置得有问题。如果想迅速绕开这个问题，可以在可执行文件的前面加上 ./，也就是执行 $ ./a.out。这样写会让命令解释器从当前目录中寻找这个 a.out 文件[㊁]。

程序在运行过程中所输出的内容会出现在终端或控制台窗口上。程序执行完毕后，命令解释器会显示新的一行，提示你继续输入下一条命令。

1.3.4 验证

经历前三个环节之后，你可能觉得，既然程序在编译过程中没有出错，而且在运行时也没有扰乱计算机系统，那就意味着开发工作已经完成了。其实并非如此。接下来，你还必须验证程序的实际效果是否跟预想的相符。你必须判断它有没有解决本来应该解决的问题？运行结果是否正确？

为此，你必须回到当初所要解决的问题，并把程序输出的结果与该问题应有的答案对比。如果两者相符，则表明程序是正确的。这样你才能说自己把程序写完了。

在编写更复杂的程序之前，我们首先必须意识到，一个合适的(或者说良好的)程序应该具备下面四项特征：

- **正确**(correct)：程序所做的事情与我们希望它做的事情一致。
- **完整**(complete)：程序必须把它应该做的每件事都做完。
- **精准**(concise)：程序能够高效地完成它应该做的事，并且不会做多余的事。
- **清晰**(clear)：程序能让阅读与维护其代码的人很容易理解。

本书主要关注其中的三项特征，也就是正确程度(correctness，正确性)、完整程度(completeness，完整性)与清晰程度(clarity，清晰性)。1.2 节展示的那段程序代码写在 hello1.c 文件中，该程序虽然正确，但不够完整，也不够清晰。我们很快就会解释原因。

1.3.5 重复

在本节刚开始时，笔者用洗头打比方来说明程序开发的各个环节。开发程序和洗头的一个区别在于，它不是只重复一次，有时要重复许多次。

我们很少能够一遍就把程序写好。在大多数情况下，我们都得把其中的某些环节重复很多遍。比方说，在编辑完源代码并开始编译的时候，发现编译器报错了，这时，我们必须回到编辑环节，找到源代码里面有错的地方并修改错误，然后重新编译，直到编译器不

㊀ 也就是上面提到的命令提示符或终端窗口。——译者注

㊁ 命令开头的“$”表示命令提示符界面在提示你输入每条命令时，例行显示的一些信息(例如用户名、当前的工作目录等)，实际输入命令时不加“$”。下同。——译者注

再报错为止。编译环节结束之后，需要运行该程序并验证其执行结果，如果程序输出的内容不正确，或者程序在运行的过程中崩溃了，还是得回到编辑环节，找到源代码里面导致程序功能错误或发生崩溃的位置，并加以修改，然后重新编译、运行并验证。

听上去是不是很麻烦？确实是这样，如果你根本不知道代码里面什么地方有错，或者看不懂编译器或计算机给出的错误信息，那这个过程尤其困难。

许多年之前，编译器是相当原始的，而且特别生硬，不像今天这样通融（其实今天的编译器依然不会放过我们的错误，只不过它会用我们能够理解的方式更加明确地指出代码中的错误）。笔者当年在 Digital Equipment 制作的 VAX（Virtual Address Extension）计算机上头一次用 VMS（Virtual Memory System）系统里的 C 语言编译器编译自己的 Hello, world! 程序时，竟然遇到了 23 000 条错误信息，最后发现，这只不过是因为代码里少了个分号而已。仅因为缺一个字符，就报了这么一堆大错误，真是特别夸张。

举这个例子是想告诉大家，我们在编程时确实会出现错误（而且编译器与操作系统针对这些错误所给出的反馈信息可能比较奇怪），这让我们很难迅速确定错误原因，其实有的时候，只不过是因为漏了标点，或者把标点或变量名写错了。在学习编程的过程中，我们要掌握这样一项技能，也就是要学会面对刚才说的那种困难，我们要像侦探一样，从细微的地方看到问题，找出程序出错的真正原因。遇到困难的时候，可以先出去走走，放松一下，然后再回来工作。

谈谈调试

反复执行程序开发的各个环节会让你逐渐熟悉开发程序所用的语言及工具，同时也逐渐熟悉你自己（没错，学习编程的过程中，你会更清楚地了解自己），久而久之，你应该就能相当自然地运用这门语言与这些工具了。当然，你以后可能还是会打错字，或是写出一个计算结果明显有误的程序，但这些情况都不算 bug（程序缺陷），它们只能叫作 mistake（失误）。bug 比这一类问题更加微妙。

bug 是一种很能迷惑人的陷阱，初学编程的人不太容易发现这种问题。之所以产生 bug，很可能是因为开发者在缺乏足够理由的情况下就做出了自以为是的论断，并根据这样的论断来编写代码，从而导致程序的逻辑出现缺陷。在笔者的工作经历中，最难发现的 bug，基本上都是因为这种错误而产生的，也就是说，笔者自以为程序应该按照某种方式（或某套逻辑）来运作，于是就据此编写了代码，但实际上，自己在做出这样的认定时并没有进行验证。等笔者意识到这个问题之后，就会回过头去重新审视当初的论断，并通过代码予以验证，到了这一步，其实笔者就已经把自己当初挖的那个坑给绕过去了。

那么，这样的陷阱可以避开吗？

其实是可以的。在本书中，笔者会告诉大家一套方法，让我们在开发程序的过程中正确地处理这些微妙的问题。我们会通过试错、有方向地探索，以及边观察边寻找线索等方式来应对此类问题。有时我们会故意把程序弄错，看看这样修改会产生什么结果，以便在将来遇到类似的错误结果时能够联想到出错的原因。我们对于书中所要实现的每项功能都会做出验证，看看预期的效果与程序的实际效果是否相符。

当然，这并不是说只要采用这套方法来开发程序就一定能避开所有的 bug。就算特别小心，也依然会遇到 bug，但只要我们在做出判断时谨慎一些，能够仔细观察程序的行为，并收集线索来验证这个判断是否正确，那么大多数 bug 还是可以避开的。

1.4 创建、录入并保存第一个 C 语言程序

现在我们就开始创建 Hello, world! 程序。

创建相关的文件之前，首先应该在计算机中创建一个目录（也叫文件夹）用来存放本书的所有范例。这个目录可以创建在 `$HOME` 目录或 `Documents`（文档）目录下。笔者建议你选定一个专门存放用户文件（而不是系统文件）的目录，并在这个目录中创建存放本书范例的总目录。下面就开始说说我们的程序：

1. 打开命令提示符、终端窗口或控制台（具体打开的是哪一个，要根据你使用的操作系统来定）。

2. 进入 `$HOME`、`./Documents` 或者你选定的某个路径，然后创建一个总目录，用来存放本书的范例代码。这样一个目录（假设叫作 `PacktLearnC`）可以用下面这条命令创建：

```
$ mkdir PacktLearnC
```

3. 进入刚才创建的目录，让它成为当前的工作目录：

```
$ cd PacktLearnC
```

4. 在此目录中创建一个子目录（例如叫作 `Chapter1_HelloWorld`），用来存放与本章有关的代码：

```
$ mkdir Chapter1_HelloWorld
```

5. 进入刚才创建的子目录，让它成为当前的工作目录：

```
$ cd Chapter1_HelloWorld
```

6. 任选一款你喜欢的文本编辑器（只要符合 1.3.1 节所提到的要求就行），并通过命令行界面或操作系统的图形用户界面打开这款编辑器（具体应该通过哪种界面打开取决于你所使用的操作系统是否支持，另外还要看你平常习惯使用哪一种界面）：

- 用命令行界面开启文本编辑器有两种办法。第一种是把要创建的那个文件的名字（例如 `hello1.c`）写在文本编辑器（假设叫作 `myEditor`）的后面，也就是执行 `$ myEditor hello1.c` 命令；第二种则是只写文本编辑器本身的名字，即执行 `$ myEditor` 命令，等我们在文本编辑器中把代码写好之后，再将其保存成一份名为 `hello1.c` 的文件，并放到当前工作目录中。

7. 准确地输入下面这段程序代码，注意空格，注意分辨 {}、()、"" 与 <>（其中的双引号（"）需要用分号键（;）或冒号键（:）旁边的那个键[一]输入），还要注意分辨 #、\、. 与 ; 符号[二]：

```
#include <stdio.h>

int main()
{
    printf( "Hello, world!\n" );
    return 0;
}
```

8. 把录入的代码保存好，并退出编辑器。

9. 列出当前目录的内容[三]，以确认其中存在名为 hello1.c 的文件，且该文件的大小不等于 0。

太棒了！我们第一次完成了程序开发流程中的第一个环节：编辑（editing）环节。

1.5　编译第一个 C 语言程序

正确输入并保存 hello1.c 文件之后，我们就可以编译该文件了：

1. 根据你使用的操作系统，打开终端、命令提示符或控制台窗口，进入 hello1.c 文件所在的目录，然后执行 $ cc hello1.c 命令。

2. 执行完这条命令后，命令行界面会进入新的一行，以提示你输入下一条命令。这时你应该列出目录的内容，以确认其中存在一个名叫 a.out 的文件。

这样我们就第一次接触并完成了程序开发流程中的第二个环节：编译（compiling）环节。

如果编译器显示了错误消息[四]，那你需要查看这些消息，并推测代码里面出现了什么样的错误，以及如何修复该错误。我们总是应该首先关注最早报告的那条信息，因为它所表示的很可能是程序代码里面第一个有问题的地方，后面那些错误信息可能都是因为这个地方出了问题而产生的。理解了这条消息之后，你需要回到编辑环节，仔细核对输入的代码与书中给出的代码有何区别。这两者必须完全相符，如果不符，就把有错的地方改过来。修改之后，再次来到编译环节，这次编译器应该会顺利地编译完该源代码文件（也就是说，这次应该不会再显示错误消息了）。

我们后面在调用 cc 命令的时候会逐渐增加一些选项，让编译工作变得更加顺畅。

[一] 那个键下面写的是单引号（'），上面写的是双引号（"）。为了输入双引号，需要按住 Shift 键不放，然后再按那个键，最后松开两个键。——译者注

[二] 这些符号都应该用英文半角形式输入，而不应该采用全角形式，例如不应该把 { 写成｛，也不应该把 ; 写成；。——译者注

[三] 这可以通过 ls 或 dir 等命令实现（必要时可以加上相关的参数，例如执行 ls -l，以显示文件大小等信息）。——译者注

[四] error message，也叫错误信息。下同。——译者注

1.6 运行第一个C语言程序

把 hello1.c 文件顺利编译好之后，我们就会在同一目录中看到名为 a.out 的文件。现在运行该文件：

1. 根据你使用的操作系统，打开终端、命令提示符或控制台窗口，进入存放 a.out 文件的目录。

2. 提示你输入命令的这个光标左边通常会有一个 $ 符号。你需要在光标处输入 ./a.out 并按 Enter 键，以执行该程序。

3. 你应该会看到 Hello, world! 字样。

4. 如果看到了这条欢迎词，那就可以验证程序的输出结果了。

5. 注意，你在执行完 ./a.out 后所看到的那个命令提示符（即 $ 符号），应该跟 Hello, world! 不在同一行（而是应该出现在下一行），因为程序代码在欢迎词的后面还写了 \n（意为换行）。假如两者位于同一行，你需要重新编辑 hello1.c 文件，将 \n 正确添加到第二个双引号的左侧，然后重新编译并重新运行 a.out。

6. 如果欢迎词 Hello, world! 独占一行，且它的上一行与下一行都有各自的命令提示符，那说明程序没问题。你已经正确地运行了这个程序。

一定要记住：*每前进一段，就要停下来，回顾一下，然后再继续。*编程可能是一个很困难的过程，所以在这个过程中，只要做出了成果，无论是大是小，都值得庆祝。许多程序员只顾着埋头写代码，而忘了这种循序渐进、一张一弛的节奏。

1.7 添加注释

许多人在谈论如何编写高质量的代码时，都会讲到要保持代码风格一致，这样别人（或者你自己）以后查看代码时，就比较容易理解。所以，用一致的（或者说连贯的）风格来编写代码总是值得提倡的。但问题在于，有时我们没办法保持一致，因为我们确实有必要编写那种很令人费解、很隐晦、很难懂的代码，或者我们确实有必要用一种不太直观或不太应该出现的方式来编写代码。在这些情况下，我们应该给代码添加注释，这些注释不是给编译器写的，而是给我们自己，以及稍后会阅读代码的其他人写的。有了注释，我们以后在看到这段代码时，就不会挠着头皮问：“*嗯？这样写到底是什么意思啊？*”

代码中的注释是一种解释方式，用来描述某段代码为什么要这样写。下面我们看看在C语言的代码里面添加注释的几种形式。

注释如果违背了C语言的语法，那么编译器会报错，但注释如果写对了，那么编译器便不会根据这些注释对程序做出特别的处理，因为这些注释是写给人看的，而不是写给计算机看的。我们来观察下面几种形式的注释：

```
/* (1)单行的C语言风格注释。 */
```

```
/* (2)多行的
   C语言风格注释。 */
/*
 * (3)很常见的一种
 * 多行形式的
 * C语言风格注释。
 */
/* (4) C语言风格注释可以出现在代码中的任何地方。 */
/* (5)*/ printf( /*打招呼。 */ "Hello, world!\n" );
/* (6)*/ printf( "Hello, world!\n" ); /*好的! */
// (7) C++风格注释(这种注释到本行末尾就结束了)。
  printf( "Hello, world!\n" ); // (8)打招呼; 好的!
//
// (9)这种形式的多行注释
// 更为常见，它是用
// C++语言注释风格写的。
//
// (10)任何内容都可以放在//后面，这也包括/* ... */与
// 其他的//。凡是出现在本行第一个//之后的内容，都算注释，
// 编译器会忽略它们。
```

上述代码中所写的注释本身虽然没有太大意义，但却向我们展示了在 C 语言代码中添加注释时所能采用的各种形式。

(1)～(6) 是老式写法，也就是 C 语言风格的写法。这些注释的规则很简单：只要发现 /* 这两个字符，就意味着这里有一段注释，这段注释一直延续到 */ 才结束，注释结束的位置可以跟开始的位置在同一行，也可以在许多行之后。注意，/* 必须连写，如果中间加了一个空格，也就是写成了 / *，那就不是有效的注释格式了，*/ 也必须连写，而不能添加空格，写成 * /。

C 语言还引入了 C++ 语言的注释风格，这指的是从 (7)～(10) 的这几种形式。从 // 开始，一直到行尾（End Of Line，EOL；也叫作行末）的内容都算注释，因此，这种注释不像 C 语言风格注释那样可以写在代码中的任意位置，因为只要一出现 //，就意味着从这里开始，一直到本行末尾全都是注释，而不像 C 语言风格的注释，可以通过 */ 标明注释的结束位置。另外，与 /* 和 */ 类似，// 这两个字符也必须连写，而不能添加空格，写成 / /。

C 语言风格的注释更加灵活，而 C++ 语言风格的注释则更加醒目。这两种风格的注释都有用，本书中也都会用到。

1.7.1　怎样写好注释

要想把注释写好，有一条原则其实跟日常生活中的原则类似，也就是金发姑娘原则（Goldilocks Principle，又称古迪洛克原则），这条原则还有一个名字，即三只熊原则（Three Bears Principle），它来自“金发姑娘和三只熊”（*Goldilocks and the Three Bear*）这个童话故事。这条原则的关键在于：太多不行，太少也不行，要刚刚好才行。但所谓刚刚好（或者恰

到好处）其实是个主观的说法，这得根据许多因素以及具体的情况来定。你必须凭借自己的判断力与经验，才能找到这个刚刚好的点。

下面是几条建议，可以帮助你在代码中写出良好的注释：

- **假设阅读代码的人已经知道了这门语言的基本用法。**你不是在教他们怎样用这门语言来编程。因此，显而易见的语言特性无须通过注释来解释。你应该解释的是代码里面不太容易看出来的地方。
- **注释应该是一个完整的句子，因此，字母的大小写与标点符号的用法都需要注意。**注释并不是普通的程序代码，它们是写给人看的，因此，为了读起来流畅易懂，你应该采用日常语言（而不是编程语言）的措辞来撰写注释。
- **注释应该针对那些比较奇怪的用法而写。**每一种编程语言都会有一些奇怪或者特殊的功能，这些功能可能不太常见，也可能以一种别人不易想到的方式得到应用，因此，有必要通过注释澄清你的用法。
- **编写注释时要考虑到这段注释所针对的代码以后可能发生变化。**代码经常会变，但针对该代码而写的注释却未必会同步地得到修改。为了不让代码与注释脱节，我们通常会针对某个函数或某一大块代码来撰写整体的注释，而不是专门针对其中的某几行代码分别撰写几条注释。这样的话，就算代码发生变化，我们写的注释也依然成立。大家在本书中会看到许多采用这种方式来撰写注释的例子。
- **注释要写得宏观一些。**你应该用注释来描述代码的意图，并说明这段代码是采用什么方式来解决问题的，而不是详细地描述它如何解决这个问题。这条原则跟上一条是相关的，这一条说的是要从宏观着眼，这样，即便代码的细节发生变化，我们所做的宏观描述也仍然有效。
- **注释要表达出你自己的想法。**撰写注释的时候，你应该尽量表达出自己写这段代码是想干什么，自己为什么要写这段代码，以及这段代码想要实现什么功能。至于这段代码实际上是怎样实现该功能的，只需要阅读代码本身而不用专门通过注释来描述）。

笔者在回顾自己6个月之前所写的代码时，经常会觉得奇怪，并且总是在问自己："当时为什么要这样写？""写到此处时我正在想什么？"。这些问题都意味着自己当初在这个地方写的注释太少了。另外，笔者在修改代码时，还经常要删掉许多与修改后的代码无关的注释，这种情况则意味着当初写的注释太多了，而且太过琐碎，不够宏观。另外还有一些注释是自己专门针对代码的意图（而不是具体的实现手法）来写的，这些注释就不需要在修改代码之后删掉（因为它们依然适用于新的代码）。

笔者曾经遇到这样一位程序员，他所写的注释跟该注释所针对的代码完全脱节。后来发现，这是因为他一开始采用了其中一种方式实现算法，并按照这种方式给算法的实现代码撰写了注释，而后他大幅修改了实现代码（但却没有同步地修改注释），从而导致留下来的注释与新版的实现代码无法匹配。于是，笔者只要在后续的代码里见到这位程序员的名字，就会仔细判断他所留下的注释是否跟刚才的情况类似，也就是同代码脱节，如果是，我通常就会直接将这段注释删掉。当然，笔者在这里只是举个例子，大家在审阅代码时不能轻率地删掉注释，除非你能确信这段注释确实跟它所针对的代码脱节了。

怎样写出有效的注释要花很长时间来学习。笔者并没有打算要求大家很快就掌握。你必须先学会观察代码，并练习写出自己容易看懂的注释，然后才谈得上如何写出别人也容易懂的注释，这需要花时间去培养。笔者在演示本书的各种C语言范例程序时会告诉你一些技巧，帮助你写出有用且灵活的注释。

1.7.2 给 Hello, world! 程序添加注释

刚才我们介绍了几种注释的形式及风格，现在就开始给 hello1.c 文件中的代码添加适当的注释。为此，我们先要将该文件复制一份，并把复制出来的这份文件命名为 hello2.c。

你可以在命令解释器中将 hello1.c 复制为 hello2.c，也可以用文本编辑器打开 hello1.c 文件，并立刻将其另存为 hello2.c。无论采用哪种方式复制，这两份文件都应该出现在同一个目录，也就是存放本章范例代码的 Chapter1_HelloWorld 目录里面。

在编辑器里修改 hello2.c 文件，将其改成如下形式：

```
/*
 * hello2.c
 * 我写的第一个带注释的C语言程序。
 * 由<这里写上你自己的名字>
 * 创建于某年某月某日
 */

#include <stdio.h>

int main()
{
    printf( "Hello, world!\n" );
    return 0;
}

/* eof */
```

注意看，出现在 /* 与 */ 之间的那四行注释文字，每行的开头都有 * 符号，这样做可以清楚地表明这几行文字是同一段注释里面的内容。现在请你编译并运行该程序，然后验证它的结果是否正确。在添加注释的过程中，你可能会不小心在某个地方多写几个字符，你需要仔细核对，以保证自己写的代码跟刚才那段代码一致。

这个程序现在已经完整了。该程序的功能与 hello1.c 程序一样，而我们早前从 hello1.c 的运行结果中已能确定，这个程序是正确的，因为它确实以预期的方式显示了我们想要的消息。hello2.c 的前六行注释提供了极其简单的信息，其中指出了程序的作者以及创建时间。程序文件开头的信息可以像本例一样写得极为简单，也可以写得更加复杂。就目前来说，我们还是先写得简单一些。

这个程序本身很简单，凡是懂 C 语言的人都知道它只不过是要打印一条消息而已。因此，不用再添加别的注释。

最后，我们还用一行注释标出了文件的结尾（End Of File，EOF）。这样做的好处就是，如果你同时打开了多个编辑器窗口，或者其中的程序特别长，那么阅读代码的人就可以通过这样一行注释知道某份代码文件在哪里结束。当然，在文件末尾标注 EOF 并不是一项必须遵守的原则，如果你不喜欢，也可以不标。

笔者发现，自己的注释风格会随着编写注释时所针对的编程语言而变化，如果那种语言很清晰，那么自己写的注释也会很精简，反之则会比较烦琐。笔者在大学用汇编语言写过代码，后来还用过早期版本的 Fortran 4（Fortran IV）语言，那时，几乎每行代码都得写注释。但是笔者在用 C++ 或 Objective-C 编程时却发现需要写的注释很少，就算有，也是那种针对某个概念或编程方案而写的大段注释。

另外，即便在同一门编程语言里面，注释的风格也依然有可能发生变化。比方说，如果要解决的问题有些不太寻常，或者解决该问题的方式比较新颖，那么需要添加注释的地方就会比较多。

在本书后续章节中，笔者会针对相关的范例代码告诉你怎样写出有效的注释，以使这些注释在代码发生变化后仍能成立。

1.8 学着在代码上做实验

把这个简单的程序写对之后，我们现在应该学习的是怎样故意破坏它，看看编译器会给出哪些错误消息。当然，有时这些消息的含义并不是十分清晰，尤其是在这种故意写错代码的情况下。

等到你能够熟练掌握这门语言之后，就没有必要再这么做了。但是，在你没有达到这种程度之前，这样做是很有意义的，因为这可以帮助你熟悉编译器所给出的各种错误消息，让你不用再花几个小时乃至几个星期的时间调试某些问题，在采用迭代式的程序开发流程来制作程序的过程中，我们可能会在一开始就遇到此类问题。所以千万不要跳过这个很关键的练习，它能够在你学习 C 语言的过程中帮你节省许多时间。

现在就请大家完整地依照早前讲述的程序开发流程分别执行下面几项实验，以便在源代码中制造相关的错误。看到编译器所报告的错误消息之后，你要试着把这些消息与实验中所制造的错误联系起来。每做完一项实验，你都应该将代码恢复到正确形式，然后重新编译、运行以验证程序的效果：

- 把 `{` 从 `hello2.c` 里面删掉，保存并编译文件。编译器会报告什么样的错误？
- 把 `{` 放回原来的位置，然后把 `}` 删掉。这次编译器会报告什么样的错误？
- 除了 `{}` 之外，还有三组符号也是成对出现的，即 <>、`()` 与 `""`。其中，`()` 出现了两次。如果你把某一组符号的左字符删去，那么编译器会报告什么样的错误？如果你删去的是右字符，那么编译器会报告什么样的错误？每删掉一个符号并做完实验之后，都要把这个符号重新写回去。

- 分别将第一个分号（;）与第二个分号删去，看看编译器在这两种情况下会给出什么样的错误信息。
- 把 `return 0;` 这一行注释掉[1]，看看编译器会报告什么样的错误。
- 把 `int main()` 改成 `int MAIN()`，看看编译器会怎么样。
- 把 `printf(` 改成 `printout(`。这次不仅编译器会给出警告，而且你应该会看到链接器也给出了错误信息。
- 把 `#include <stdio.h>` 注释掉。这次你应该会看到，链接器说它找不到 `printf()` 函数[2]。
- 把 `hello2.c` 恢复至初始状态。编译并运行程序，然后验证程序的功能是否正确且完整。

如果你也像笔者在 1.3.5 节中说的那样，让编译器报告出 23 000 条错误消息，那我可真想看看是怎么回事，请你把详细的实验过程发到我的电子邮箱。

1.9　小结

本章讲了很多内容，包括程序的开发流程，以及 C 语言开发环境的配置方式等。让 Hello, world! 程序顺利编译并运行对初学者来说其实是很了不起的成就，这项成就的意义比很多人想象得要大。有了能够编写代码的文本编辑器与能够编译代码的 C 语言编译器，我们就可以在命令解释器里面创建并编译程序了。在这个过程中，你可能会遇到某种以前从未经历的困难，其实笔者（以及那些从前学习过 C 语言的人）也很能够体会你的这种心情。我们都遇见过这样的困难。但是还好，笔者会帮助你消除其中的一部分困难。在本书后续章节中，我们要研究一些方法，让这个过程更加轻松。

大家已经知道了，编程实际上是在解决问题。我们目前还并没有用程序解决许多有意义的问题，因为大家才刚刚开始，我们先学会如何用简单的程序解决简单的问题，然后再慢慢学着用复杂的程序解决复杂的问题。我们后面就会遇到几个稍微复杂一些的问题。

另外，笔者还提醒大家要把程序编写并注释得清晰一些，这对你自己很有好处，因为你以后可能需要重新审视早前编写的程序代码，而且有可能是在隔了好几个月之后再来读的。另外，其他开发者以后也有可能要修改你编写的代码，以实现新需求，如果你当初写得比较清晰，那他们理解起来也会比较容易。

---

[1] 所谓注释掉（comment out），意思是让它从普通的代码变成注释，例如可以给它前面加上 `//`，或用 `/*` 与 `*/` 将其包裹起来。——译者注

[2] 有时依然能顺利地编译并链接，只是编译器会给出相关的警告信息与提示信息。——译者注

其实，C++、C#、Objective-C 或 JavaScript 等语言的开发环境也可以按照类似的方式来配置并使用，只不过稍微有一些区别。

下一章会详细讲解 Hello, world! 程序的工作原理，并对它做出某些修改，让程序变得更有意思。在这个过程中，我们会学习语句、代码块与函数，这些都是程序的基本构建单元（或者说，基本要素），我们可以通过这些要素构建更有意义的程序。

第 2 章 Chapter 2

了解程序的结构

C 语言的程序跟大多数编程语言的程序类似，也是由一系列小而独立的运算单元组成的，这种单元叫作语句（statement），它们能够形成稍微大一些的单位，也就是函数（function），多个函数汇集为一个程序（program）。我们在介绍这些基本的编程要素时，也会详细讲解 `main()` 函数（上一章提到过）。

本章涵盖以下话题：

- 程序的基本构建单元（或者说基本要素）——语句与代码块（block）。
- C 语言的各种语句。
- 分隔符（delimiter）的用法。
- 怎样适当地添加空白，让程序代码更容易理解。
- 函数及函数中的各个部分。
- 计算机在运行 C 语言程序时如何解读该程序。
- 怎样创建带有参数与返回值的各种函数。
- 如何声明函数，以便在源文件中的任意位置使用该函数。

现在我们就开始本章的学习。

2.1 技术要求

在本书后续章节中，除非笔者另有说明，否则我们还是沿用“第 1 章”的技术要求，即要求大家必须使用一台带有下列三种软件的计算机：

- 你自己选择的某一款纯文本编辑器。
- （操作系统所提供的）控制台程序、终端（终端机）程序或命令行程序。

- 编译器，可以是 GCC（GNU Compiler Collection），也可以是 Clang（clang），具体选用哪款，要考虑你所使用的操作系统是否支持。

为了保持连贯，你最好能采用同一套编程工具来做本书中的所有练习，这样你就能够集中精力，关注 C 语言在你这台计算机上的详细情况，而不用过多地担心各种工具之间的差别。

本章的范例代码可以访问 https://github.com/PacktPublishing/Learn-C-Programming 获取。但笔者还是建议你自己把源代码从头到尾打一遍，并确保自己录入的程序能够正确运行。

2.2 语句与代码块

在详细讲解语句之前，我们先回到早前的 Hello, world! 程序，看看代码里面的各种标点是怎么使用的。下面再列一遍程序代码，这次我们只关注其中的普通代码，因此，笔者把注释删掉了：

```
#include<stdio.h>
int main() {
  printf( "Hello, world!\n" );
  return 0;
}
```

首先，请大家注意成对出现的标点，这种标点有起始符号以及与之相对的结束符号。我们一行一行地看下来，会发现四种成对出现的标点，也就是 < 与 >，(与)（这一对标点出现了两次），{ 与 }，以及 " 与 "。另外，我们还会发现一些其他标点，其中有的你可能比较熟悉，有的则或许很少见过。这些标点包括 #、.、;、\、<space>（空格）与 <newline>（换行[1]）。这都是 C 语言中相当重要的标点。

仔细看看我们要打印的这条欢迎词 "Hello, world!\n"，大家会发现，文字位于一对双引号中，即位于左侧的双引号与右侧的双引号之间。这两个双引号之间的内容会打印到控制台上，因此，出现在这对双引号之间的其他符号（本例中是指 , 与 !）不需要特别关注。因为我们刚才说了，这些符号是欢迎词本身的内容，它们会照原样打印到控制台上，而不会影响程序的逻辑。出现在 " 与 " 之间的是一系列字符叫作字符序列，也称为字符串（string），这样的字符串可以显示到控制台上。然而，有一个符号例外，即 \ 符号，它在字符串里有特殊的作用。

注意，/ 符号与 \ 符号在键盘上的位置不同，前者叫作 slash 或 forward slash（斜线、斜杠），后者叫作 backward slash 或 backslash（反斜线、反斜杠）。大家可以这样区分这两个符号：/ 符号看上去好像要倒向右侧，而该方向与日常阅读的方向（也就是从左到右）是相

[1] 也叫作新行，下同。——译者注

同的，因此称为前斜线或正向斜线[1]；\ 符号看上去好像要倒向左侧，这个方向跟日常阅读的方向相反，因此称为反斜线。这两种符号在 C 语言里的用法不同。前面我们讲过，C 语言的代码中可以出现 C++ 风格的注释，也就是以两个斜线（即 `//`）开头的注释，这种注释延续到本行末尾，也就是延续到有 `<newline>` 的地方（这个 `<newline>` 符号稍后会讲到）。值得注意的是，这两个斜线之间如果出现了其他字符，那么系统就不认为这是 C++ 风格的注释，而是会解读成别的意思。在 C 语言里，由两个字符所构成的序列称为 digraph（双字符组），这种双字符组的含义跟它所包含的那两个字符本身都不相同。双斜线（`//`）就属于这样一种双字符组，构成该双字符组的两个斜线必须连写，而不能在中间插入别的字符，否则系统就不会将其当成一条 C++ 风格的注释。

欢迎词里用到了一个双字符组，也就是 `\n`，其用来表示 `<newline>`（换行）符号，这个符号也会输出到控制台上。C 语言里还有一个双字符组 `\r`，用来表示 `<carriage return>`（回车）符号，我们一定要注意它跟 `<newline>` 符号之间的区别。关于这些双字符组，我们会在第 19 章与第 21 章中详细讨论。某些计算机系统需要采用 `\n` 这个双字符组，把光标切换到下一行的开头，例如，Linux 系统、（某些）UNIX 系统及 macOS 系统就是如此。在另一些 UNIX 系统，以及 Linux/UNIX、macOS 与 Windows 之外的系统上，需要使用 `\r` 来表示这个意思。Windows 系统则需要同时使用 `\r` 与 `\n`。这两个双字符组，其实是在模拟我们使用打字机时的操作，打字机有一个承载纸张的架子叫作 carriage（“车”），它在打字过程中会带着纸张向左移动，让打字的位置逐渐右移，另外，打字机上还有一个扳手，如果你已经打到了当前行的末尾，那么操作这个扳手可以让 carriage（“车”）重新回到最右，这样打字的位置就会回到最左，同时，它还会让纸张上移一行，从而使打字位置能够下移一行（或者说换一行、把打字位置切换到新的一行），这就是 carriage return（回车）与 newline（新行或换行）的含义。

2.2.1 在语句与代码块中试验各种转义序列

如果你的系统采用 `\n` 来表示切换到下一行开头（也就是回车并换行），而你用的却是 `\r`，那会出现什么结果？在这种情况下，你很可能看不到欢迎词。其实欢迎词还是打印出来了，只不过由于程序没有切换到新的一行，而是回到了本行的开头，因此命令提示符界面在显示下一行提示语的时候会把打印出来的欢迎词盖住。如果你想切换到下一行，但是并不想让光标回到那一行的开头，那么可以使用 `<linefeed>` 符号，该符号用双字符组 `\v` 来表示。

可以用在字符串中的以 \ 开头的双字符组，也叫作转义序列或跳脱序列（escape sequence），这是因为 \ 符号后面的那个字符已经脱离了它本身的含义，而是跟 \ 符号一起构成了一个新的字符，这个字符有另外的意思。下面这张表格列出了 C 语言中一些以 \ 开头的双字符组：

[1] 在跟反斜线（\）相对照的情况下，可以把 / 说成前斜线或正向斜线，如果单独提到 / 字符，一般说斜线或斜杠即可。——译者注

双字符组	含 义	双字符组	含 义
\a	响铃（alert）	\v	垂直制表符（vertical tab）
\b	退格（backspace）	\'	单引号
\f	换页（form feed）	\"	双引号
\n	新行或换行（new line）	\?	问号
\r	回车（carriage return）	\\	反斜线（也叫反斜杠）符号本身
\t	水平制表符（horizontal tab）		

上述转义序列都是由两个符号组成的，但它的实际含义跟那两个符号都不同，它表示的是另外一个符号，而且通常是个不可见的符号。下面举几个例子：

```
"Hello, world without a new line"
"Hello, world with a new line\n"
"A string with \"quoted text\" inside of it"
"Tabbed\tColumn\tHeadings"
"A line of text that\nspans three lines\nand completes the line\n"
```

为了观察这几种写法的效果，我们创建名为 `printingExcapeSequences.c` 的文件，并在其中录入下面这段程序代码⊖：

```
#include <stdio.h>

int main( void )  {
  printf( "Hello, world without a new line" );
  printf( "Hello, world with a new line\n" );
  printf( "A string with \"quoted text\" inside of it\n\n" );
  printf( "Tabbed\tColumn\tHeadings\n" );
  printf( "The\tquick\tbrown\n" );
  printf( "fox\tjumps\tover\n" );
  printf( "the\tlazy\tdog.\n\n" );
  printf( "A line of text that\nspans three lines\nand completes the
   line\n\n" );
  return 0;
}
```

这个程序通过一系列 `printf()` 语句向控制台打印多个字符串（一个语句对应一个字符串），以演示各种转义序列的用法。其中，<newline> 符号，也就是转义序列 `\n`，通常用在字符串末尾，但你也可以把它写在字符串的其他部位，甚至可以根本不在字符串里使用这个符号。第三个字符串用转义序列 `\"` 来表示字符串本身所含的双引号。大家还要注意制表符，也就是转义序列 `\t` 的用法，它可以出现在任何一个字符串中。

把代码打好之后，保存程序文件，然后在控制台窗口中采用下面两条命令来编译并运行这个程序⊜：

⊖ 有些 printf 语句比较长，可能会印成多行，但实际录入代码时应该写成一行。——译者注

⊜ 命令后面的 <return> 都表示此处应该按下键盘输入键，也就是 Enter 键或 Return 键，这个键上可能标有 ◀— 图案。——译者注

```
cc printingEscapeSequences.c <return>
a.out<return>
```

你应该会看到下面这样的输出结果：

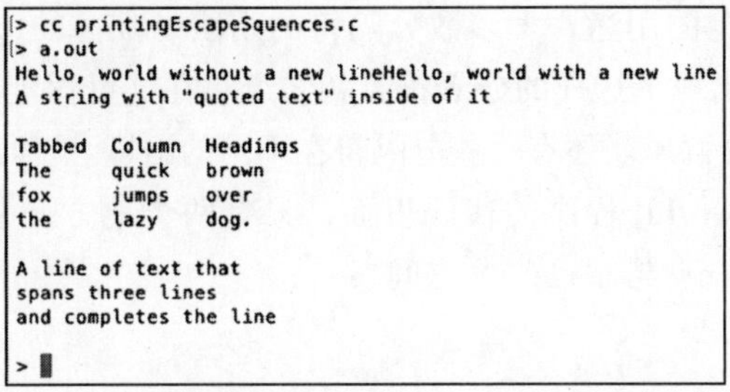

> cc printingEscapeSquences.c
> a.out
Hello, world without a new lineHello, world with a new line
A string with "quoted text" inside of it
Tabbed Column Headings
The quick brown
fox jumps over
the lazy dog.
A line of text that
spans three lines
and completes the line
>

请观察这段输出信息，并试着指出其中的每一块信息分别是由源代码里的哪一个 printf() 打印出来的。尤其要注意的是，没有使用转义序列 \n 的字符串是怎样显示的？如何正确输出字符串里面所带的双引号？连续采用两个转义序列 \n 会出现什么效果？最后，还需要注意如何采用转义序列 \t 让表格中的每列文字对齐。

我们在编程的时候会频繁使用 printf() 函数给控制台输出信息。在第 24 章，我们还会讲解另一种形式的 printf()，它能够把字符串写到文件里面，以便长久保存。

2.2.2　了解分隔符的用法

分隔符（delimiter）是用来将程序分为多个比较小的部分时所使用的字符，这些部分称作标记（token）。在 C 语言里面，标记是最小的完整要素，它可以是某个单独的字符，也可以是由 C 语言预先定义的某个字符序列（如 int 或 return），还可以是由我们自己所定义的某个字符序列或某个单词（笔者稍后会讲到）。如果某个标记是由 C 语言预先定义的，那它就只能依照预定的方式使用，这种标记称为关键字或关键词（keyword）㊀。我们前面已经遇到了三个这样的关键字㊁：include、int 与 return。大家在本章中还会见到其他几个关键字。

下面我们再把 Hello, world! 程序展示一次，以便参照：

```
#include<stdio.h>
int main()   {
 printf( "Hello, world!\n" );
 return 0;
}
```

我们要讲解下面三类分隔符：

- **单独出现的分隔符：; 及 <space>（空格）。**

㊀ 也叫作保留字或保留词（reserved word）。——译者注

㊁ 这里已经根据原书勘误表（https://github.com/PacktPublishing/Learn-C-Programming#errata）做了修改。——译者注

- **成组出现的对称分隔符**：<>、()、{} 及 ""。
- **不对称，然而需要配合着使用的分隔符**：# 跟与之相配合的 <newline> 符号，以及 // 跟与之相配合的 <newline> 符号。

每种分隔符都有特定的用途。大多数分隔符的用法是唯一的，不会产生歧义，也就是说，你只要看到代码里出现了这样的分隔符，就知道它在这里肯定是用来表达某个意思的，并且只会用来表达这一个意思。还有一些分隔符在不同的语境[㊀]里面意思可能稍微有点区别。

在刚才那段 Hello, world! 程序的代码里面，只有两个地方必须添加 <space>（空格）分隔符，第一个地方是 int 与 main() 之间[㊁]：

```
int main()
```

还有一个地方是 return 与它想要返回的那个值（即本例中的 0）之间：

```
return 0;
```

在这两个地方，我们必须采用 <space> 字符把某个关键字或标记与另一个隔开。关键字是编程语言预先定义的一些词汇，具有特殊的含义。这些词汇只能按照预留的方式使用，而不能用来做别的事情。int、main() 与 return 就属于这样的关键字，它们本身也是标记。0 与 ; 虽然不是关键字，但同样是标记。前者是一个字面量或字面值（literal value），后者是一个分隔符。这些分隔符（当然也包括 <space>）把 C 语言的代码划分成多个标记，让编译器能够顺利地将每一个标记转译成相应的机器语言。如果某个空格并不用来划分标记，也就是说，无论是否添加这个空格，程序都能正确地编译，那我们就把这样的空格（space）叫作空白（whitespace）。

在刚才说的那三类分隔符里面，第二类是成组出现的对称分隔符。这种分隔符总是成对地使用，例如，<> 用来指定某文件的名字，让编译器能够在编译过程中寻找这份文件以完成编译（文件的名字写在 < 与 > 之间）。() 用来指出它左边的那个标记是一个函数的名字，我们很快会讲到。{} 用来表示代码块（block），我们把一条或多条语句放在 { 与 } 之间，让它们合起来形成一个单元（稍后会讲到语句这个概念）。还有 ""，我们把某些字符写在 " 与 " 之间，以表示这些字符合起来是一个字符序列，或者说字符串（string）。

最后我们还要说说范例代码的第一行，这一行以 # 号开头，并以 <newline>（换行符）结尾。这两个符号虽然不对称，但必须配合使用。这行代码是一条预处理指令。预处理是编译环节的第一步，在这一步里面，编译器要根据这些预处理指令的要求执行相关的操作。具体到本例来说，它会寻找一个名为 stdio.h 的文件，并把该文件的内容插入有待编译的文本，换句话说，就是把 stdio.h 文件的内容包含（include）[㊂]进来，这就好比我们把该文

㊀ context，译文灵活采用语境、情境、上下文等说法来表述这个词。——译者注

㊁ 意思是说，不能把 int 与 main() 连写成 intmain()，也不能在二者之间使用空格之外的其他分隔符。——译者注

㊂ 除了译为“包含”，译文还会酌情采用“引入”等说法来对译 include 一词。——译者注

件中的所有代码都手工录入 Hello, world! 程序里面。为了命令编译器执行这样的插入或包含操作，我们需要指出那份文件的名字，然后编译器会在预先定义好的一系列路径中寻找该文件。编译器找到并打开该文件，将其读入流中。如果找不到，则报告错误。

#include 机制让同一个文件能够方便地为许多份源代码所使用，假如我们不采用该机制，那就得把这份文件的内容手工复制到需要使用该文件的其他源代码文件里面。这会产生一个问题：如果 stdio.h 的内容发生变化，那么凡是以前直接复制了该文件内容的那些程序代码，就全都要做出相应的修改。反之，如果我们当初是采用 #include 来包含这个文件的，那就不会有这个问题，因为编译器在编译时会自动引入修改之后的内容，让程序能够根据新版的 stdio.h 来编译。后面我们会编写一些更复杂也更有意义的范例程序，到那时，我们还会引入许多这样的 .h 文件，其中有一些来自标准库（Standard Library），还有一些来自我们自制的程序库。

了解分隔符的作用之后，我们试着把那些不充当分隔符的空格、制表符与换行符删掉，让程序代码仅保留必须要有的关键字、标记与分隔符。我们打算把删减之后的代码写在 hello_nowhitespace.c 文件里面，让这份文件具备如下内容：

```
#include<stdio.h>
int main(){printf("Hello, world!\n");return 0;}
```

你可以创建一个名叫 hello_nowhitespace.c 的新文件，并将刚才那段代码录入该文件，然后保存、编译并运行程序，最后验证程序输出的结果是否跟删减字符之前的版本相同。注意，不要删掉欢迎词里面的那个空格[⊖]，因为那是展示给用户看的（我们删的是普通的程序代码里面的字符）。

这样编写代码是不是一种值得提倡的做法呢？当然不是。

有人可能觉得这样写能够节省硬盘空间，但实际上节省的幅度很小，而且与删减之前的版本相比，将来如果要修改这段代码，那么必须先花很长时间来理解代码的含义，然后才知道应该怎么改。

编程领域有这样一个基本的现象：阅读程序代码的次数通常是编写或修改代码的几十倍。实际上，每行代码从刚开始写出来到彻底不再使用会阅读至少 20 次。我们在考虑如何修改或重用某个程序之前，可能必须把这个程序的代码反复读好多遍。如果读代码的是别人，而不是你自己，那么此人可能并不知道你当时写这段代码时是怎么想的。因此，我们一方面固然要遵守编译器的编译规则，要写出*完整*（complete）且*正确的*（correct）程序，另一方面还必须保证程序代码是*清晰的*（clear），让其他人能够读懂。为此，我们不仅要撰写有效的注释，而且必须学会添加适当的*空白*（whitespace）。

2.2.3　了解空白的用法

如果 C 语言程序里面的某个 <space>（空格）或 <newline>（换行符）并不用来划

⊖ 也就是 "Hello, world!\n" 中逗号与 world 之间的空格。——译者注

分代码，那我们就把它叫作空白。除了这两个字符之外，<tab>（制表符）、<carriage return>（回车）以及某些比较少见的字符也可以充当空白。然而笔者并不建议大家在 C 语言的源文件里面使用制表符，因为这种符号在不同计算机上对应的空格数量不同，进而导致显示出来的效果也不同，同一份代码可能在你自己的计算机上很清晰，但在另外一台计算机上却显得很乱，使用那台计算机来阅读代码的人很难看出你当时是想通过这样的缩进格式表达什么意思。

所以，笔者建议你在源代码里面坚持使用空格，而不要用制表符。

笔者说的 <newline> 意思是另起一行，这相当于按键盘的 Enter 键。<space> 的意思则是让你按键盘底部那个横向的长条，也就是空格键。

怎样合理地使用空白有许多种看法。某些程序员特别喜欢以两个空格为单位来缩进代码，另一些人则认为应该用四个空格。还有的人觉得两个和四个都行。实际上，并没有绝对正确的办法，你需要做的是多写代码，多读别人的代码，并注意他们对空白的用法，进而逐渐找到最适合自己的一种方式。

连贯地使用同一套代码格式（以及同一种空白风格）是相当重要的。这样做可以让阅读代码的人熟悉这套格式，让他们能够更加顺畅地阅读代码并理解其含义。反之，如果你混用各种空白风格，那么代码读起来就会很困难，而且你在写这样的代码时，也容易出现各种错误及 bug。

下面举一个例子，让大家看看随意混用各种空白格式会造成怎样的后果。这段代码的功能跟最初的 Hello, world! 程序相同，但其中包含许多没有必要的空白：

```
#             include                      <stdio.h>


int
main
(
)
{
       printf
       (
                                "Hello, world!\n"

       )
;
        return
                 0
                     ;
}
```

当然，这样写出来的仍然是一个有效的 C 语言程序。它能够通过编译并顺利运行，而且输出的内容也跟原来一样，因为无论你怎样使用空白，C 语言的编译器都会把这些东西忽略掉。

刚才那段代码是个反例，所以你不用照着它录入一遍。本书接下来的范例代码全都会按照同一套风格来使用空白并添加注释，你不一定非得采用这套风格，但你应该注意在各种风格之间对比，并用心地选出适合自己的风格。一旦选定，就应该坚持使用这样的风格编写代码。

如果你是为其他人或某个公司工作，那么他们可能会有自己的代码风格。你应该努力按照那套风格去写。有的时候，他们可能并不提供明确的风格指南，因此你需要先观察代码库里面已经写好的程序代码，并从中体会他们所使用的风格。你在修改这些代码时，也必须按照他们现有的风格去改，这样其他程序员以后就能更加顺利地阅读并理解你所修改的代码。

有些编程团队会采用 pretty-printer（格式美化工具）来调整源代码，也就是说，每位程序员在写完代码之后，都把源文件交给这样的工具处理一遍，让该工具根据预先定义好的一套格式规则来调整源代码的风格，并把调整之后的结果写回源代码文件。源代码的功能在处理过程中是不会受到影响的。这样的话，每一位程序员所写的代码在经过处理之后都具备同一种风格，因为这些代码全都是按照相同的格式规则来调整的。代码无论由谁来写，处理之后都会变成这样，于是，团队成员只需要关注代码本身就好，而不会为风格方面的差异所干扰。

下面我们把这个简单的 Hello, world! 程序里所用到的分隔符用表格的形式总结一遍。

符　号	符号的名称	符号的用途
`<space>`	空格	这是一种基本的分隔符，用来划分代码中的各个标记。另外，它也可以当成空白来使用
`<newline>`	换行符或新行符	用来与 # 号相配合，以构成一条预处理指令，或者与 // 相配合，以构成一条 C++ 风格的注释。另外，它也可以当成空白来使用
;	分号	用来表示某条语句到此结束
//	双斜线或双斜杠	用来表示某条 C++ 风格的注释是从这里开始的
#	井号	用来表示某条预处理指令是从这里开始的
< >	尖括号	如果成对使用，那么出现在处理指令所涉及的文件名的左右两侧
{ }	花括号或大括号	用来包裹一批代码，令其形成一个代码块
( )	圆括号或小括号	用来囊括函数的参数，另外也用来把表达式中的某一部分归为一组（参见第 5 章）
" "	双引号	放在字符串两边，或者用来包裹预处理指令所涉及的文件名（跟字符串有关的一些用法，参见第 15 章）
' '	单引号	放在某个字符的左右两侧（参见第 15 章）
[]	方括号或中括号	用来表示数组（参见第 11 章）

稍后我们会看到，表格中的某些符号在不同的语境下有不同的含义。这种符号在不充当分隔符时的含义其实很容易就能通过它所处的语境推断出来。比方说，如果 < 符号不跟 > 配对以充当分隔符，而是单独出现，那么它就是一个表示“小于”关系的运算符。另外，为了让这张表格完整一些，笔者还把前面没有提过的一对分隔符（也就是 []）加了进来，

这对分隔符用来表示与数组有关的代码，我们会在后面的章节里看到。

接下来，我们开始讲解这些分隔符在 C 语言的各种语句中的用法。

2.2.4 了解 C 语言的各种语句

在 C 语言里面，语句是程序的基本单位，每条语句都是一个完整的逻辑单元。语句可以分成许多类，每一类语句都有可能包含多项要素：

- **简单语句**（simple statement）：以 ; 结尾的语句，例如 `return 0;` 就是一条简单语句。
- **块语句**（block statement）㊀：以 { 开头并以 } 结尾的语句。这种语句可以包含其他一些语句。笔者在本书中会用 `{ ... }` 来表示块语句，`...` 用来指代其中所包含的一条或多条有效语句。
- **复杂语句**（complex statement）：这种语句与简单语句相对应，由一个关键字以及一个或多个块语句构成。例如 `main() {...}` 就是一条复杂语句，它由 `main` 这个关键字以及其他几个要素按照预先规定的形式构成，其中一个要素是块语句，也就是 `{...}` 这一部分。函数、（某些）控制语句以及循环语句都属于块语句（函数会在本章讲到，控制语句和循环语句则分别会在第 6 章与第 7 章讲解）。
- **复合语句**（compound statement）：这种语句由多条简单语句或复杂语句所组成（其中复杂语句本身也可以包含许多条其他的语句）。例如我们这个 Hello, world! 程序的主体部分（也就是 `main()` 函数的那一对花括号里面的内容）就是一条复合语句，这条复合语句由两条简单语句构成，一条是函数调用语句，也就是为调用 `printf()` 函数而写的 `printf("Hello, world!\n");`，另一条是返回语句，也就是 `return 0;`。

我们的 Hello, world! 程序一共用到了下面几种语句（及指令）：

- **预处理指令**（preprocessor directive）：这种指令以 # 开头并以 `<newline>`（换行符）结尾。它在 C 语言里面，其实并不是严格意义上的语句，而是一种给编译器下达的命令（command），让编译器按照指定的方式处理某份 C 代码文件。预处理指令本身并不采用 C 语言的语法及格式来写，因此，我们虽然可以在 C 语言的程序代码里面使用这种指令，但它不为 C 语言的语法规则所约束。这种指令用来指示编译器在真正开始编译程序代码之前，要先执行一些额外的准备工作。
- **函数语句**（function statement）：`main()` 函数是范例程序开始执行的地方，我们在此处所写的这条函数语句，其函数名称必须叫作 `main`，这是 C 语言预先规定好的。我们可以向 `main()` 中添加其他语句以定义这个程序的逻辑。每个可执行的 C 程序都必须定义 `main()` 函数，而且只能定义一个。这条由 `main()` 所引领的函数语句是一条复杂语句。除了这种由 `main()` 所引领的函数语句之外，我们还可以定

㊀ 也叫语句块（statement block）或代码块（code block），下同。——译者注

义自己的函数语句，为了说得简单一些，笔者以后就把定义或编写函数语句简称为定义或编写函数。

- **函数调用语句**（function call statement）：这是一种简单语句。操作系统需要调用 `main()` 函数以执行程序，而 `main()` 函数又应该调用 C 语言程序库中已经定义好的，或是由我们自己所定义的一些函数，以实现程序的功能。具体到 Hello, world! 程序来说，我们需要调用 C 语言程序库预先定义好的 `printf()` 函数来执行一些操作。遇到函数调用语句时，程序会从当前函数的当前语句跳转到受调用的函数（called function）那里，并开始执行那个函数中的代码。
- **返回语句**（return statement）：这也是一种简单语句，用来结束当前这个函数，并把执行权返回给调用者（caller，也就是调用当前函数的那个函数）。如果 `return` 语句出现在 `main()` 函数里面，那么意味着整个程序执行到这里就会结束，并且会把控制权返回给操作系统。
- **块语句**（block statement）：块语句是由一对花括号（`{ }`）以及其中的一条复合语句所组成的，那条复合语句可以含有一条或多条其他语句。我们在编写函数语句及控制语句时需要用到块语句，这样的块语句或语句块称作命名块（named block），它们必须按照预先定义的一套结构来书写。另外，我们还可以直接把多条语句组合成一个块语句（而不拿它们来编写函数语句或控制语句），这种块语句或语句块称作无名块（unnamed block）。无名块的结构很简单不需要像函数语句或控制语句那样遵循一套固定的格式，凡是能够出现其他语句的地方都可以出现这种无名的语句块。在第 25 章，我们会详细讲解作用域（scope），到时笔者会解释语句块对作用域造成的影响，而在此之前，大家不用担心这个问题，因为我们采用的都是简单而直观的作用域规则。

为了将各种语句都涵盖到，我们也浅谈一下 Hello, world! 程序中没有出现的三种语句：

- **控制语句**（control statement）：`if {} else {}` 语句、`goto` 语句、`break` 语句及 `continue` 语句都属于控制语句，另外，`return` 语句（返回语句）也可以说是一种控制语句。与函数调用语句类似，这种语句也会影响程序的执行顺序。每一种控制语句都需要遵循预先规定的某套结构。我们将在第 6 章详细讲解这些语句。
- **循环语句**（looping statement）：`while() ...` 语句、`do ... while()` 语句以及 `for() ...` 语句，都属于循环语句。它们跟控制语句类似，但重点在于迭代（iterate），也就是要把某段代码执行 0 次或多次。我们将在第 7 章详细讲解这些语句。
- **表达式语句**（expression statement）：这是一种简单语句，用来计算表达式并返回某种结果或值。我们将在第 5 章详细讲解这些语句。

除了刚说的控制语句、循环语句以及各种表达式语句外，Hello, world! 程序其实已经把 C 语言里的各种关键语句都覆盖了。

我们在本章接下来的内容里会详细讲解这些语句。

2.3 了解 C 语言的函数

函数是一种可调用的（callable）代码片段（又称代码段），用来执行与某项计算任务有关的一条或多条语句。函数能够把一组语句紧密地组织成一套指令，以便执行某项复杂的任务。函数可以只含有一条或几条语句，也可以含有许多条语句。函数还可以继续调用其他的函数。函数跟语句一样，也是 C 语言的一种组成部分，但它比语句更高级，能够用来表达更复杂的逻辑单元。我们用语句来实现函数，进而用函数来实现整个程序。`main()` 函数本身也是函数，其中可以包含其他一些语句，也可以调用其他的函数。

在编写程序（或者说，在用计算机来解决问题）的过程中，重点就是把程序拆解成多个部分（也就是多个函数），然后逐一考虑每个函数所应执行的任务。像这样把大的问题拆分成小的部分很容易就能揭示问题的实质。我们需要关注两点：一是怎样把大问题拆分成多个方面，二是怎样详细处理拆分后的每个方面。

拆分出来的每个小部件（也就是每个函数）可以重复运用，这样我们就不用在每次遇到这个小问题时复制并粘贴那段代码了（可以直接调用这个函数，让它解决该问题）。如果以后要修改函数，我们也只需要修改函数本身的代码，而不用像通过复制与粘贴代码来编程时那样，把原来粘贴的函数都修改一遍。如果函数没有把它本来应该处理的问题全都考虑到，那我们可以扩充函数本身的功能，或者另外提供一个功能稍微有点区别的函数，还可以把现有的函数拆分成多个小函数，让开发者用这些小函数灵活地组合出自己想要的功能。

这样写要比把整个程序都写到一个 `main()` 函数里面更好。在许多场合都有人写出过那种不加拆分的（monolithic，单体式的）大型程序。那种程序以后如果需要修改，那么修改的人必须先把整个程序的代码通读一遍，然后才能知道应该怎么改，就算要修改的地方只有一点，也必须这么做。与之相比，如果把程序实现到多个函数里面，那我们就能够很清楚地看到程序中的主要部分与次要部分，而且通常很容易就能把握程序的总体结构，从而迅速切入自己想要修改的组件，这种程序修改起来更加容易。

总之，我们在用 C 语言解决问题的时候要花很大一部分精力来拆解问题，把大问题按照功能拆解成多个部分，并针对每个部分编写相关的函数，以解决与这一部分对应的小问题。

2.4 了解如何定义函数

在任何一个 C 语言的程序里面，函数都是相当重要的组成部分。我们在创建每个函数时要考虑下面这 5 项要素：

- **函数的标识符**（function identifier）：指的是函数的名称，它应该准确地描述函数的实际功能。
- **函数的返回类型**（function result type，返回类型也称为**返回值类型**（return value type））：函数可以给调用方返回一个值，而调用方不一定非得使用这个值，它也可以忽略该值。如果定义函数时指定了返回值的类型，那么函数返回给调用方的值必须是这种类型的值。

- **函数块**（function block）：指的是紧跟在函数名称及参数列表后面的语句块，其中可以包含一些语句，用来执行该函数所要完成的任务。
- **返回语句**（return statement）：函数在受到调用的过程中，要想把具有特定类型的某个值返回给调用方，主要手段就是通过返回语句来返回这样的值。
- **函数的参数列表**（function parameter list）：这是一份可选的列表[㊀]，用来定义计算过程中所需的一些参数，调用方在调用这个函数时需要把相应的值传给这些参数。

下面我们就来逐个讲解这几项要素。笔者讲解这些内容是想让你认识并理解它们，从而学会按照这样的一套模式（pattern）来创建自己所需的函数语句（或者说，定义自己所需的函数）。在讲解这些内容时，笔者依然采用 Hello, world! 程序里的 `main()` 函数作示例，因为这个例子相当简单，而且能够集中体现我们想要强调的每个要素。

函数的（返回值）类型、函数的标识符以及函数的参数列表合起来构成函数的签名[㊁]（function signature）。在 C 语言的程序中，我们必须给每个函数赋予独特的标识符，而不能像在其他某些语言中那样定义名称相同但签名有所区别的多个函数。C 语言不允许你这么做。程序在调用函数时，只会通过函数的标识符来确定函数的身份。

只要你用某个标识符来给某函数命名，那么就不能再用该标识符去定义另一个返回值类型或参数列表有所不同的函数。每个函数在 C 语言的代码中都必须具有独特的标识符。

注意，函数签名虽然能够用来显示某个函数的特征，但 C 语言并不通过签名来确定函数的身份，它只通过函数的标识符，也就是函数的名称本身来判断。因此，即便两个函数在参数列表或返回值类型上有所区别，只要它们的名称相同，就会导致程序出现编译错误。

2.4.1 了解函数的标识符

`main()` 也是一个函数，但 `main()` 函数跟那些函数之间有一个重要的区别，即它的标识符（或者说它的名称）是 C 语言预先规定好的，也就是说，这个用来表示程序入口的函数必须叫作 `main`。另外，`main` 函数的签名也是预先规定好的，你只能在预定的两种形式里面选择，而不能自己随意设计。程序里面的其他函数不能叫作 `main`。你不可在程序里面手工调用 `main` 函数，因为这个函数只应该由系统来调用。

函数的标识符应该描述出函数的意图，让我们一看到这个名称，就知道它是用来做什么的。比方说，你一看到名叫 `printGreeting()` 的函数，就知道这是用来打印某条欢迎词的。同理，你一看到名叫 `printWord()` 的函数，就知道这是用来打印某个单词的。我们总是应该给函数起一个与功能相符的名称。如果不这样做，那别人就很难了解这个函数

㊀ 这里所谓可选的列表（optional list），指的是定义函数的人可以定义这样一份列表，也可以不定义。——译者注

㊁ 这里的签名是“特征”的意思。——译者注

的作用，例如 Moe()、Larry() 及 Curly() 等函数名称就不太好理解，即便你在命名时确有自己的一番道理，还是很难让别人了解你当时的意思，所以这样给函数命名是很不好的。

函数的标识符区分大小写。这意味着 main、MAIN、Main 与 maiN 是四个不同的函数名。虽然 C 语言的语法允许你采用全大写的形式给函数起名，但这种名称并不合适，因为它缺乏大小写方面的变化，我们看不出单词与单词之间的界限。全大写的文本读起来很困难，所以最好不要这么写。其实不单是函数标识符，C 语言里面的所有标识符都区分大小写。因此，刚说的那条建议也适用于那些标识符。

有一个地方例外，也就是预处理指令里面用到的名称，这种名称可以采用全大写的形式。按照惯例，我们应该用大写字母表示这样的名称，并用下划线来连接名称中的各个单词。这种做法是由历史原因造成的。我们只应该在预处理指令所用到的名称中采用这种形式，而不应该把它用在普通的 C 语言代码里面。这样我们就能清楚地分辨出：所有字母都大写的名称是预处理指令里面提到的名称，这些名称会由预处理器（preprocessor）处理，而采用小写字母所写的名称则是普通的 C 语言代码里面所用到的名称，这些名称表示程序里面的标识符。

如果两个函数的功能大致相似，只是稍微有一些区别，那么最好不要通过大小写来表示这种区别，而应该用长度不同或者差别比较突出的名称来给这些函数命名，这样效果要好得多。比方说，如果有三个函数，分别用来将某段文本变成深浅不同的三种绿色（也就是浅绿（light green）、绿色（green）及深绿色（dark green）），那么有些人可能会把这三个函数叫作 makegreen()、makeGreen() 与 makeGREEN()，虽然这三个名称在 green（绿）一词的大小写上有所变化，但毕竟不如直接叫 makeLightGreen()、makeGreen() 与 makeDarkGreen() 更明确。

有两种常见的命名方式可以让函数的名称清晰易读，一种是驼峰命名法（camel-case），另一种是蛇形命名法（snake-case），也就是用下划线来分隔的（underscore-separated）命名办法。驼峰命名法会让名称中除第一个单词外的其他单词都以大写字母开头。蛇形命名法不调整大小写，而是用下划线（_）来分隔这些单词：

- **全小写命名法**：makelightgreen()、makemediumgreen()、makedarkgreen()。
- **驼峰命名法**：makeLightGreen()、makeMediumGreen()、makeDarkGreen()。
- **蛇形命名法**（也叫**下划线分隔命名法**）：make_light_green()、make_medium_green()、make_dark_green()。

大家都看到了，采用全小写的形式来起名读起来有点困难，但依然比采用全大写的形式要好。另外两种形式，看起来则要更加清晰。因此，我们总是应该在这两种里面选择一种，而不会采取全大写或全小写的命名方式。

选定了某种命名方式之后，就应该在整个程序里面坚持用这种方式，而不应该混用各种命名方式，因为那样会让函数标识符与其他一些标识符变得不太好记，而且容易出错。

2.4.2　了解函数的语句块

函数的语句块[㊀]（function block）用来囊括函数在执行任务的过程中所使用的语句。

函数的语句块里面可以有一条或多条语句。比方说，Hello, world! 程序的 main 函数里面有两条语句。下面这个 main.c 程序的 main 函数只包含一条语句，也就是 return 0; 语句：

```
int main()  {
 return 0;
}
```

函数的语句块并没有某个确定的最佳尺寸，但一般来说，不应超过终端窗口能显示的行数（也就是 25 行），或者不应超过一张纸所能打印的行数（也就是 60 行），这样的函数总是比更长的函数要好。我们应该像《金发姑娘与三只熊》（*Goldilocks and the Three Bears*）那个故事所说的那样，在两个端点之间寻找平衡点（Goldilocks target，也就是古迪洛克点），具体到函数的行数来说，就是 25～50 行。另外要记得，短一些的函数通常总是比长一些的要好。

当然，在某些情况下，确实需要写长一些的函数。然而，这种情况出现得比较少，一般来说，还是应该尽量把函数写短。我们的目标是把大问题拆解成多个有意义的小问题，并分别予以解决，把函数写得短一些能够帮助我们迅速了解并解决这些问题。

2.4.3　了解函数的返回值

函数语句可以给调用方返回一个值，这项操作需要在函数的语句块里面执行。调用方可以使用这个值，也可以不使用，并没有强制的要求。例如在 Hello, world! 程序中，printf() 函数实际上就返回了一个值，但我们并没有使用该值。

如果函数语句指定了返回值的类型，那么函数必须返回一个这种类型的值。这主要说的是两条规则：

- 第一，写出函数的返回值类型，并把这个类型写在函数名称的前面（也就是左侧）。
- 第二，函数在它的语句块里面要返回一个与该类型相符的值。

在 2.4.2 节的 main.c 程序里面，main() 函数的返回值类型是 int，这表示我们必须让 main 函数向调用方返回一个整数（integer 或 whole number）。在函数的语句块即将结束时，我们写了 return 0; 这样一条语句，意思是把 0 这个整数值返回给调用方。对于绝大多数操作系统（例如 UNIX、Linux、macOS、Windows）来说，返回 0 通常意味着程序在执行过程中没有遇到错误。

除了 int 这种特定的返回类型之外，你还可以把函数的返回值类型指定成 void，意思是这个函数不返回值（或者说，没有返回值）。对于这种函数来说，它的语句块里可以有

㊀ 函数的语句块又名函数块。作者在后面还会用 function body（函数体，函数的主体部分）来表达类似的概念。——译者注

return 语句，也可以没有。我们来看下面这两个函数：

```
void printComma()  {
  ...
  return;
}

int main()  {
  ...
  return 0;
}
```

其中，printComma() 函数的返回值类型是 void。把 void 写在这里意味着该函数没有返回值，或者说该函数不返回任何值。在函数的主体部分（function body，函数体）中，我们明确写出了一条 return 语句，其实这条语句也可以不写，因为只要程序执行到函数体的右花括号那里，就会自动把控制权返回给调用方。另外要注意，由于 printComma() 函数的返回值类型是 void，因此，如果我们在函数中明确写出 return 语句，那么这条语句不能带有返回值，而是应该直接以分号结束，也就是要写成 return;。

下面这个 hello2.c 程序在返回值类型为 void（也就是不带返回值）的函数里面明确使用了 return 语句：

```
#include <stdio.h>

void printComma()  {
  printf( ", " );
  return;
}

int main()  {
  printf( "Hello" );
  printComma();
  printf( "world!\n" );
  return 0;
}
```

这个 hello2.c 程序里面有一个函数，它的功能是向控制台输出一个逗号与一个空格。请把这段程序录入你的计算机，然后编译、运行并验证运行结果是否正确。这个程序验证起来应该很容易，因为它应该输出的文字实际上跟我们前面验证过的 Hello, world! 程序是一样的。当然，这个程序本身并没有太多的用途。

笔者设计这样一个程序意思是想调整原来的 Hello, world! 程序，让它改用两个函数同时实现最初只通过一个函数所实现的功能。这两个程序的输出结果是相同的。本章关注的主要是这套调用函数以及从函数中返回的机制，而不是函数的具体功能。我们在继续学习 C 语言的过程中，会写出更有意义而且彼此之间更有关联的函数。

与早期的 C 语言规范相比，后来的规范允许省略（main 函数中的）return 0;。也就是说，如果没有 return; 或 return 0; 语句，那么系统就默认该函数会返回 0 这个值。按照惯例，这样一个值意味着函数是正常执行的，没有遇到错误。明白了这一点，我们就可以写出符合新规范且篇幅最短的 main() 函数了：

```
int main()  {
}
```

hello2.c 程序里面的那个 main() 函数也可以相应地省略成如下形式：

```
int main()  {
  printf( "Hello" );
  printComma();
  printf( "world!\n" );
}
```

在本书接下来的内容里面，我们会按照这样的惯例做出省略。

如果函数确实会通过返回值来表示它在执行过程中遇到的错误，那么你在调用这种函数之后，就应该把它返回的这个错误码捕获下来，并在发生相关错误时做出反应。笔者会在第 4 章与第 6 章讲解这个问题。

2.4.4 通过函数的参数传递数值

函数可以从调用方那里接受一些输入值，然后在函数体中使用这些值。我们在定义函数时，需要把调用方应该传入此函数（也就是此函数能够从调用方那里接受）的参数，并指定每个参数的类型，这样调用方在调用此函数时，就必须传入符合要求的参数。调用函数时所传入的参数个数以及每个参数的类型必须与我们在定义函数时所指定的个数及类型相符。换句话说，调用函数时所用的"签名"必须与我们定义的函数签名（即函数特征）相符。

前面我们已经遇到了这样一个带有参数的函数，也就是 printf() 函数，我们在调用该函数时是这样写的：printf("Hello, world!\n");。这意味着我们给它传入了一个参数，具体来说，就是一个值为 "Hello, world!\n" 的字符串。任何一个字符串几乎都可以传给 printf() 去打印，只要我们把它括在一对双引号里面就行。

定义函数的时候需要在函数名称右边的括号里面指定函数的参数，我们把这对括号以及里面所指定的参数合起来记为 (...)，省略号（也就是 ...）表示参数列表中的 0 个或多个参数，这些参数之间以逗号（,）分隔，逗号也是 C 语言里的一种标记，我们在前面的程序里还没有用到该标记。如果你不想给函数指定参数，那么可以写成 (void)，也可以简写为 ()，这两种写法都表示空白的参数列表[⊖]。

（参数列表中的）每个参数都由两部分组成，也就是数据类型与标识符。数据类型指这个参数是一个什么样的值，例如整数、小数、字符串，还是其他某种类型的值。标识符则指函数在需要访问该参数的取值时所使用的名称。多个参数之间用逗号隔开。笔者会在下一章详细讲解数据类型。参数的标识符跟函数的标识符很像。我们在程序里面调用某个函数时需要指出该函数的标识符（也就是该函数的名称），而这个函数如果要在它的函数体里面访问某个参数，那么也需要指出这个参数的标识符（也就是这个参数的名称）。下面我们

⊖ 严格来说，还是 (void) 更加明确，写成 () 会给人一种"可以传参数也可以不传"的感觉。——译者注

来看三个函数，它们分别带有0个、1个及2个参数：

```
void printComma( void )  {
  ...
}

void printAGreeting( char* aGreeting )   {
  ...
}

void printSalutation( char* aGreeting , char* who )   {
  ...
}
```

目前我们只需要知道，传给函数的字符串在C语言里面用char*类型来表示。这种类型会在第3章讲解，而到了第15章，我们还会更加详细地解释与字符串有关的细节。大家在观察这些函数时，首先应该注意它有几个参数，然后详细观察每个参数的类型与标识符。

函数在它的函数体中不仅可以访问参数，还能操作这些参数。但是，它对参数值所做的修改只在函数体内部有效。一旦函数执行完毕，这些参数的值就会被丢弃。

下面这段程序演示了如何在函数体里面使用参数的值：

```
#include <stdio.h>

void printComma( void )  {
  printf( ", " );
}

void printWord( char* word )  {
  printf( "%s" , word );
}

int main()  {
  printWord( "Hello" );
  printComma();
  printWord( "world" );
  printf( "!\n" );
}
```

刚才这段代码的前两个函数，返回值类型都定义成了void，因此，对这两个函数来说，return;语句是可选的，于是，我们就把这条语句省略掉了。第一个函数没有参数，因此它的参数列表里面写的是void。第二个函数有一个参数，这个参数的标识符（也就是名称）叫作word，类型是char*。我们刚才说过，这个类型目前只需要理解成字符串就好。为了在调用printf()函数时正确使用word所表示的字符串，我们这次在调用printf()函数时需要传入两个参数，第一个参数里面有一个特殊的转义序列，也就是"%s"，这种转义序列称为格式说明符或格式限定符（format specifier）。它的意思是让printf()函数把后面那个参数（即本例中的word）当作字符串（string），放置在%s所处的位置上。后面我们还会遇见其他一些格式说明符，等用到某个说明符的时候，笔者再跟大家解释它的意思。到第 19 章，我们会详细解释这些说明符。

与学习其他范例程序时类似，你需要把这段代码录入计算机，然后编译并运行程序，最后验证它的输出结果。这个程序输出的依然是 `Hello, world!`。

有了上面的两个函数，我们就可以构建一个更加通用的欢迎函数了，这个函数能够把欢迎词说给特定的人听。我们想让这个函数（即 `printGreeting()`）接受两个参数值，一个用来表示欢迎词的开头部分（即 `greeting`），另一个用来表示受欢迎的一方（即 `addressee`）。下面我们新建一个名叫 `hello4.c` 的文件，并在里面编写这样的代码：

```
#include <stdio.h>

void printComma()  {
  printf( ", " );
}

void printWord( char* word )  {
  printf( "%s" , word );
}

void printGreeting( char* greeting , char* addressee )  {
 printWord( greeting );
 printComma();
 printWord( addressee );
 printf( "!\n" );
}

int main()  {
 printGreeting( "Hello" , "world" );
 printGreeting( "Good day" , "Your Royal Highness" );
 printGreeting( "Howdy" , "John Q. and Jane P. Doe" );
 printGreeting( "Hey" , "Moe, Larry, and Joe" );
   return 0;
}
```

这次我们又在函数的参数列表里遇见了 `char*` 类型，跟刚才一样，大家还是暂且把它理解成字符串，详细的含义我们后面再讲。这个 `hello4.c` 程序把原来位于 `main()` 函数的主体部分中的那些逻辑代码移动到了新声明的这个 `printGreeting()` 函数里，并让这个函数接受两个字符串型的参数。把 `printGreeting()` 写好之后，就可以在 `main` 函数的函数体中多次调用它了，每次调用时，我们传入的都是内容各不相同的一对字符串。大家要注意，这对字符串需要分别括在双引号里面，而且它们之间要添加逗号，以表示这是两个不同的参数。另外还要注意，每条欢迎词的末尾都需要有（感叹号及）换行符，我们的程序只把打印（感叹号及）换行符的逻辑写了一次，然而却能让这四条欢迎词都具备这样的效果。现在请保存这份程序文件，然后编译并运行程序。你应该看到如下输出结果：

```
> cc hello4.c
> a.out
Hello, world!
Good day, Your Royal Highness!
Howdy, John Q. and Jane P. Doe!
Hey, Moe, Larry, and Curly!
>
```

仔细观察这几个函数之间的运行方式，我们会发现，就算不写 printComma() 与 printWord() 这两个函数，依然可以编写这样一个通用的 printGreeting() 函数。为此，我们需要把那两个函数的功能合并成一条 printf() 语句，并在该语句中使用两个格式说明符来分别指代欢迎词的开头部分，以及接受欢迎词的那一方。现在就来编写这个新版的程序，我们复制 hello4.c 文件，并将这个副本命名为 hello5.c，然后把其中的代码改成下面这样：

```
#include <stdio.h>

void printGreeting( char* greeting , char* who )  {
  printf( "%s, %s!\n" , greeting , who );
}

int main()  {
  printGreeting( "Hello" , "world" );
  printGreeting( "Greetings" , "Your Royal Highness" );
  printGreeting( "Howdy" , "John Q. and Jane R. Doe" );
  printGreeting( "Hey" , "Moe, Larry, and Curly" );
  return 0;
}
```

这个程序要比刚才那个简单，它只定义了一个带有双参数的函数，就实现了通用的致辞功能，而不像旧版那样，要定义三个函数。现在请保存这份文件，然后编译并运行程序。你看到的输出结果应该跟 hello4.c 程序的结果相同。

除了合并，我们还可以沿着相反的方向修改程序，也就是把打印欢迎词的功能拆分到许多个小的函数里面去实现。为此，我们将复制 hello5.c 文件，并将副本命名为 hello6.c，然后把它的代码改成下面这样：

```
#include <stdio.h>

void printAGreeting( char* greeting )  {
  printf( "%s" , greeting );
}

void printAComma( void )  {
  printf( ", " );
}

void printAnAddressee( char* aName )  {
  printf( "%s" );
}

void printANewLine()  {
```

```
  printf( "\n" );
}

void printGreeting( char* aGreeting , char* aName )  {
  printAGreeting( aGreeting );
  printAComma();
  printAnAddressee( aName );
  printANewLine();
}

int main()  {
 printGreeting( "Hi" , "Bub" );
 return 0;
}
```

这个程序为了打印欢迎词，所使用的函数比 hello4.c 还多。这样做的好处是便于重复运用其中的那些小函数，而不用把相应的代码手工编写（或者手工复制）许多遍。比方说，我们可以扩充这个程序的功能，让它不仅能打印欢迎词，而且还能打印各种类型的句子，例如问句以及普通的句子等。这样我们或许可以实现一个能够处理（日常）语言并生成文本的程序。现在请编译 hello6.c 文件并运行该程序，你应该会看到下面这样的输出结果：

```
> cc hello6.c
> a.out
Hi, Bub
> 
```

只为了灵活打印两个单词就定义这样一大批函数似乎有点多此一举。这样设计，实际上是想让你意识到同一个程序在函数上可以有好几种组织方式。你可以把程序的代码写在几个比较大的函数里面，让这些函数分别实现某个比较大的功能，也可以把程序的代码拆分成许多个比较小的函数，让每个小函数只实现一个具体的小功能，并通过调用这些小函数来实现某个大的功能。具体采用哪种划分方式应该根据你所要解决的问题来确定。总之，同一个程序可以用不同的结构来安排，很少会出现那种只能采用一种结构的情况。

你可能会问，为什么我们自己定义的这些函数，其参数个数都是固定的，而 printf() 函数却可以时而接受一个参数，时而接受两个参数呢？这是因为 printf() 是参数个数可变的函数（variadic function）。C 语言里面专门有一种机制来处理这样的函数。我们不打算讲解这个机制，只会在附录 G 简单提一下涉及该机制的 stdarg.h 头文件。

为了区分函数与程序中的其他要素，笔者会采用 name() 这样的形式表示函数，也就是把一对括号写在函数标识符的右侧（用来强调 name 是一个函数的名称，而不是其他某种编程要素的名称）。

下面我们再总结一下函数与函数之间的关系：

- 函数是用来被调用（called）的，调用该函数的那个函数称作该函数的调用方或主调方（caller）。例如 printComma() 函数被 printGreeting() 函数调用，因此，printGreeting() 是 printComma() 的调用方。
- 被调用的这个函数叫作受调用方或被调用方（callee），它在执行完必要的操作之后，需要把控制权返回给调用方。例如 printComma() 会把控制权返回给 printGreeting() 函数，而 printGreeting() 函数又会把控制权返回给 main() 函数。

- 主动调用（call）另一个函数的函数叫作调用方或主调方，而被调用的那个函数则是受调用方。例如 main() 函数调用 printGreeting()，main() 是主调方，printGreeting() 是受调用方。printGreeting() 调用 printAddressee() 函数，printGreeting() 是主调方，printAddressee() 函数是被调用方。

2.5 执行顺序

程序执行时，首先要找到 main() 函数并进入该函数块，然后才开始执行其中的语句。如果遇到了某条函数调用语句，那么会发生下面这四个步骤：

1. 如果要调用的那个函数带有参数，那么程序需要把函数调用语句中提到的实际值赋给那个函数的相关参数。

2. 程序跳转到那个函数，并开始执行其函数块中的代码。

3. 程序一直往下执行，直到遇见 return 语句（返回语句），或达到函数块的末尾（也就是遇到函数最后的那个右花括号）为止。

4. 程序跳回（或者说返回）主调函数，并继续执行第 1 步中提到的那条函数调用语句的下一条语句。

如果在执行第 2 步的过程中又遇到了函数调用语句，那么就重复以上步骤。

下面这张图演示了程序在执行各个级别的函数调用语句时所经历的调用 / 返回顺序。程序必须通过函数调用语句来进入某个函数，而不能直接转入另一个函数。C 语言不允许这样做。

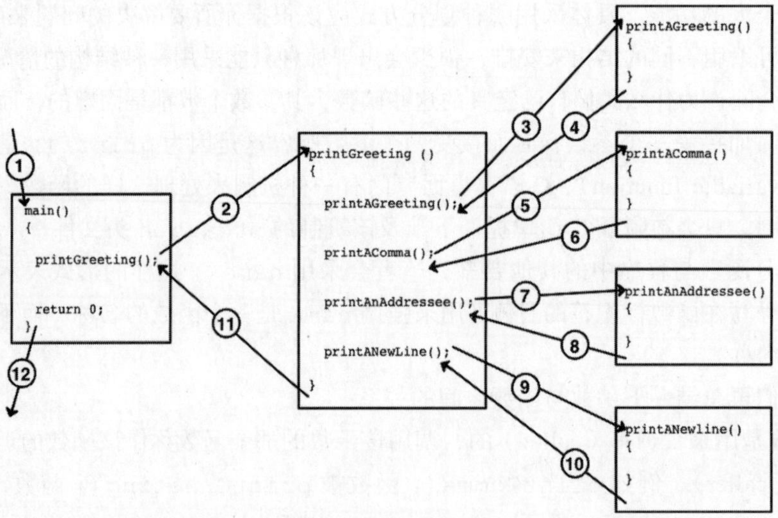

下面解释图中的每一个步骤。

1. 操作系统调用这个程序，并从它的 main() 函数开始执行。

2. main() 函数调用 printGreeting() 函数，于是程序跳转到后者的函数块，并执行其中的语句。

3. printGreeting() 函数调用 printAGreeting() 函数，于是程序跳转到后者的函数块，并执行其中的语句。

4. printAGreeting() 函数把函数块中的语句执行完毕后，将控制权返还给 printGreeting() 函数。

5. printGreeting() 函数调用 printAComma() 函数，于是程序跳转到后者的函数块，并执行其中的语句。

6. printAComma() 函数把函数块中的语句执行完毕后，将控制权返还给 printGreeting() 函数。

7. printGreeting() 函数调用 printAnAddressee() 函数，于是程序跳转到后者的函数块，并执行其中的语句。

8. printAnAddressee() 函数把函数块中的语句执行完毕后，将控制权返还给 printGreeting() 函数。

9. printGreeting() 函数调用 printANewline() 函数，于是程序跳转到后者的函数块，并执行其中的语句。

10. printANewline() 函数把函数块中的语句执行完毕后，将控制权返还给 printGreeting() 函数。

11. printGreeting() 函数把函数块中的语句执行完毕后，将控制权返还给 main() 函数。

12. 按照 main() 函数的定义，main() 函数必须返回一个整数值，因此，它现在该执行 return 0; 语句了，这条语句会令 main() 函数结束运行，并把控制权返还给操作系统。

只要程序从某个函数中返回，它就会由早前进入该函数时的位置开始继续往下执行。

如果 return 0; 或 return; 语句的后面还有其他语句，那么不会执行到那些语句。

大家可能注意到了，目前为止所举的例子都是先定义某个函数，然后再调用它。如果想按照相反的顺序来编程（也就是说，想把调用某个函数的语句先写出来，以后再定义这个函数），那该怎么办？为了解决这个问题，我们需要明白什么叫作函数声明（function declaration）。

2.6　了解如何声明函数

编译器看到我们要调用某个函数时，为了正确处理函数调用操作，它必须了解这是一个什么样的函数。换句话说，它先把这个函数的定义处理清楚，然后才知道如何处理函数调用操作。大家目前看到的程序都是按照这样的顺序编写的，我们总是先定义需要调用的函数，然后在程序的其他函数里面调用这个函数。

这样写其实有点死板，因为这样我们就不能在还没有编写函数定义的情况下提前调用这个函数。假如我们要这样调用，那就得把后来所写的函数定义上移到调用这个函数的地方之前，让编译器能够先看到函数的定义，然后再处理函数调用。但我们不应该总是这样迁就编译器，而是应该想办法让编译器来适应我们。

为此，C语言提供了一种机制，让我们先声明函数，让编译器通过声明充分了解与该函数有关的信息，以后再处理这个函数的完整定义。这样的声明就叫作函数声明（function declaration）。这种声明只需要把函数的返回类型、名称以及参数列表告诉编译器，三者结合即是我们早前提到的函数签名（或者叫作函数特征）。你在后面针对该函数所写的定义，必须在返回类型、名称以及参数列表这三个方面与早前的声明相符，而且还需要给出函数的语句块（也就是说，需要把函数的主体定义出来）。声明函数时所用的函数签名必须跟你定义这个函数以及调用这个函数时所用的相符。如果函数的声明与其定义不符，那么编译器就会报错。许多编程错误都是由这个原因所导致的。

函数声明也叫作函数原型（function prototype），这种称呼要比前者更容易同函数定义区分。然而这并不是强制要求，这两种叫法都是对的。但是在本书中，我们还是采用函数原型这个说法，因为函数声明比较容易同函数定义（function definition）混淆。下面这个hello7.c程序在开头部分书写了5个函数原型：

```
#include <stdio.h>

// function prototypes
void  printGreeting(      char* aGreeting , char* aName );
void  printAGreeting(     char* greeting );
void  printAnAddressee(  char* aName );
void  printAComma( void );
void  printANewLine();

int main()  {
 printGreeting( "Hi" , "Bub" );
 return 0;
}

void printGreeting( char* aGreeting , char* aName )  {
 printAGreeting( aGreeting );
 printAComma();
 printAnAddressee( aName );
 printANewLine();
}

void printAGreeting( char* greeting )  {
 printf( "%s" , greeting );
}

void printAnAddressee( char* aName )  {
 printf( "%s" );
}
```

```
void printAComma( void )  {
 printf( ", " );
}

void printANewLine()  {
 printf( "\n" );
}
```

hello7.c 程序把这几个函数的定义顺序也调整了一下，让它们按照受调用的先后次序出现。这样的实现方式称为自顶向下的实现方式[㊀]（top-down implementation），先受到调用的函数总是定义在后受到调用的函数之前。比方说，main() 函数受到调用的时机比其他函数都早，因此它在整个程序里面是最先定义的。printANewLine() 函数是最后一个受到调用的，因此，它定义在整个源文件的最后。这种定义顺序与把大问题拆解成多个小问题时所用的思路是相当接近的。与之相比，旧版程序所采用的实现方式叫作自底向上的实现方式[㊁]（bottom-up implementation），这种方式在定义函数时所用的顺序与程序调用这些函数时的顺序恰好相反，程序里面最先受到调用的函数（也就是 main() 函数）在源文件里面最后一个得到定义。这两种实现方式都可以写出正确的程序。

如果我们想采用自顶向下的实现方式，那么必须编写函数原型，以让编译器正确地处理这些函数。C 语言只要求函数的原型必须出现在调用这个函数的那条语句之前，至于多个函数原型之间的顺序，则没有要求。

为了编写 hello7.c 程序，你可以复制 hello6.c，并把新的文件保存为 hello7.c，然后重新排列这几个函数的定义顺序，同时给文件开头补上相应的函数原型。你也可以不这样做，而是从头开始，把刚才那段代码照原样录入计算机。这两种办法都可以。写完 hello7.c 文件之后，编译这个程序。你还可以试着把文件开头的 #include <stdio.h> 拿掉，看看这样编译 hello6.c 与 hello7.c 是不是会产生同样的错误。

新版程序的执行顺序并没有变化。虽然 hello7.c 文件修改了函数的定义顺序，但函数之间的执行顺序依然与 hello6.c 相同，因此，针对这个程序所画的执行顺序图其实与 2.5 节的那张图是相同的。

请你在 hello7.c 中按照刚才那段代码所写的顺序来定义这些函数，让 main() 函数的定义出现在其他函数之前，然后把相应的函数原型添加到文件开头。接下来编译并运行程序，最后验证该程序的输出结果与 hello6.c 程序相同。

各函数的原型应该集中放置在文件开头。这不是强制要求，但最好这样写。

函数原型之间的顺序不一定要跟这些函数得到定义的顺序相同。但笔者建议你还是应该确保两者一致，这样做虽然有点枯燥，但能够让你在寻找函数定义时更加方便，比方说，如果能确保两者的顺序一致，那么当你发现 function_C() 的原型位于 function_B() 之后，且在 function_D() 与 function_E() 之前时，你就能够肯定，这个函数的定义

㊀ 也叫由上而下的实现方式、从上到下的实现方式。——译者注
㊁ 也叫由下而上的实现方式、从下到上的实现方式。——译者注

也排在 `function_B()` 的定义之后，并且排在 `function_D()` 与 `function_E()` 的定义之前。这样，我们就可以把放置函数原型的这段代码当作一个索引，从而迅速找到某个函数在源文件中的定义。

学会声明函数原型，你就可以在 `main()` 函数之外定义任意数量的函数。只要这些函数的原型正确，你就可以按照自己想要的顺序来定义这些函数，并在程序里面调用它们。

2.7 小结

本章从一个相当简单的C程序出发，逐步讲解C语言中的各种语句。我们通过函数逐渐扩充了范例程序的功能。笔者讲解了怎样定义函数、调用函数，以及如何声明函数原型。最后我们还对比了实现程序的两种方式，也就是自顶向下以及自底向上的实现方式。

把大问题拆解成多个小的部分并逐个予以解决是一项基本的技能，无论采用哪种语言来编程，你都必须通过这项技能来解决复杂的问题。

在继续学习C语言的语法时，我们依然会通过函数来演示相关的特性，同时教大家修改函数，让程序能够更好地解决问题，并让阅读代码的人能够更加容易地理解我们解决问题时所用的办法。

下一章我们要开始学习数据类型。数据的类型决定了程序如何解读数据的值，也决定了你能够对值执行什么样的操作。

第 3 章 Chapter 3

基本的数据类型

计算机中的每一份数据都是一条由二进制位所构成的序列。C 语言内置了一些数据类型，让编译器能够告诉计算机，应该怎样解读某个二进制序列所表示的数据。

明确了数据的类型之后，一条二进制序列就能够变成一份有意义的数据。数据类型不仅能够让二进制序列变为有意义的值，而且还能帮我们判断这样的值支持哪些操作。这里所说的操作包括修改该值，也包括将其从一种数据类型转换成另一种数据类型。

一旦掌握了 C 语言固有的数据类型，我们就能够以此为基础学习更复杂的数据表现方式。本书的第 8～16 章会讲解一些复杂的数据表现方式，你必须先学好本章，才能懂后续几章要讲的内容。

本章涵盖以下话题：

- 什么是字节，什么是数据块。
- 怎样操作整数。
- 怎样操作有小数点的数。
- 怎样使用单个字符。
- 假值（false）与真值（true）之间的区别（或者说，零值与不完全等于 0 的值之间的区别）。
- 通过 `sizeof()` 了解各种数据类型在计算机中是如何实现的。
- 什么是强制类型转换（cast）。
- 怎样判断每种数据类型在计算机中所能取到的最小值与最大值。

3.1 技术要求

在本书接下来的章节中，除非笔者另有说明，否则我们还是沿用第 1 章的技术要求，也就是要求大家必须使用一台带有下列三种软件的计算机：

- 你自己选择的某一款纯文本编辑器。
- （操作系统所提供的）控制台程序、终端（终端机）程序或命令行程序。
- 编译器，这可以是 GCC（GNU Compiler Collection），也可以是 `Clang`（`clang`），具体选用哪款，要考虑到你所使用的操作系统是否支持。

为了保持连贯，你最好能采用同一套编程工具来做本书中的所有练习，这样你就能够集中精力关注 C 语言在你这台计算机上的详细情况，而不用过多地担心各种工具之间的差别。

本章的范例代码也可以从 `https://github.com/PacktPublishing/Learn-C-Programming` 访问获得。

3.2 了解数据类型

计算机中的每一份数据都是一条由二进制数位（binary digit）所构成的序列，其中的二进制数位也简称位（bit，音译比特）。单个的二进制位要么是 0，要么是 1，这两种取值分别对应于开启（on）与关闭（off）这两种状态。八个二进制位合起来构成一个字节（byte）。字节是基本的数据单元，它可以单独表示某份数据。另外，我们可以把两个字节合起来称作一个十六位的字（16-bit word），也可以把四个字节合起来称作一个三十二位的字（32-bit word），或者把八个字节合起来称作一个六十四位的字（64-bit word）。字节以及长度不同的字有下面几种用法：

- 用来表示 CPU 的指令（以及指令所涉及的数据）。
- 用来表示计算机中某份数据所在的地址。
- 用来表示某份数据的值。

怎样根据 C 语言的语句来产生相应的二进制指令是由编译器负责的，我们无须担心。大家只要写出符合 C 语言语法的代码就行。

另外，我们还可以通过计算机的某个部件（或者说，某个设备）所在的地址来与这个部件相交互。但一般来说，我们用不着直接这样操作。例如，我们只需要调用 `printf()` 函数，就可以把相应的字符串打印到控制台，函数本身会设法将调用时所传入的字符串数据移动到计算机中的相关部件上，并让那个部件将这些信息显示到控制台上。我们不需要关注那个部件所在的地址，因为该地址可能会随着计算机以及操作系统的版本而变化。

当然，计算机中某些数据的地址需要由我们自己去操作，这些情况将在第 13 章中讲解。然而，在大多数情况下，我们不用自己处理相关的地址，因为编译器会替我们处理这些问题。

指令与地址都跟数据有关。指令用来操作并移动数据，而地址则用来告诉指令它所要获取的数据在什么地方，或者它应该把数据保存到什么地方。指令根据地址获取某份数据，然后操作它，最后把它保存到适当的地址上。

正式开始操作数据之前，我们首先必须了解数据是怎么表示的，并且要知道操作每一种类型的数据时应该注意哪些事项。

下面来看一个基本的问题。如果我们在白色的背景上用黑颜色的笔写出这样一个图案，那它表示的是什么？

单看这一个图案，或许没办法适当地做出判断，因此，我们应该把这个图案放在一系列图案中去考虑，比方说，我们把它跟下面两个图案排列到一起。在这种情况下，这个图案表示的是什么意思？

大家应该看出来了，它表示的是整数 13。但是别急，如果把它跟另外两个图案放在一起，那它表示的又是什么意思？

把这两种情况合起来，就可以看出问题了。

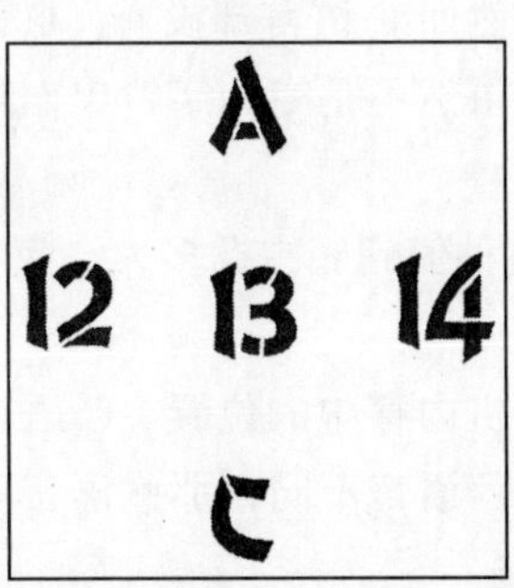

这张图可以说是一个二维的表格，它的第二行与第二列都排了 3 个图案。最中间那个图案如果跟同一行左右的两个图案合起来看，那么表示的就是整数 13，但如果跟同一列上下的两个图案合起来看，那么表示的则是字母 B。我们必须先明确该图案所在的情境

（context，也叫作语境或上下文），知道它是跟哪些图案放在一起考虑的，然后才能厘清它的含义。具体应该如何解读这个图案取决于我们把它放在哪个情境里面观察。

这个例子中的图案跟编译器所生成的字节序列很像。CPU 处理这些字节序列时也需要先厘清它的含义。在计算机内部，命令、地址与数据，其实都是由 1 和 0 这两种二进制位所构成的字节序列，只不过这些序列的长度有所不同。计算机具体如何解读这样的字节序列完全取决于编程语言及使用这种语言来开发程序的人给这个字节序列所设置的情境。

因此，我们在编写程序时，必须给编译器提供相关的指导，进而让 CPU 明白应该怎样解读某个二进制序列。具体到 C 语言来说，我们必须给自己想要操作的这份数据明确指定一种类型。

C 语言是强类型语言（strongly typed language），也就是说，它里面的每个值都必须与某个类型相关联。大家还应该知道，有一些语言能够依照数据的用法来推断其类型，而且在必要时会按照预设的方式把数据从一种类型转换成另一种类型。那些语言叫作弱类型语言（loosely typed language，也写成 weekly typed language）。C 语言虽然也能把数据从一种类型转换成另一种类型，但是跟那些语言相比，C 语言的转换规则更加明确。

C 语言跟大多数编程语言一样具备 5 种基本的固有数据类型。所谓固有，意思是说，这些类型以及它们所支持的操作是内置在编程语言里面的，而不需要由程序库、开发者自己或第三方来提供。

这 5 种基本的数据类型是：

- **整数**：可以只用来表示某个范围内的正整数，也可以用来表示某个范围内的正整数及负整数。
- **小数**：指的是位于某两个整数之间的数，比如 1/2、3/4、0.79、1.125 以及 π 的近似值 3.141 59（当然也包括准确度更高的近似值，例如 3.141 592 653 589 793 238 462 643 3）。这里所说的小数，包含值为负的小数。
- **字符**：在 C 语言里面，字符是构成字符串的基本单位。某些编程语言会专门提供一个类型用来表示字符串，然而 C 语言却没有。C 语言的字符串只是一种特殊形式的字符数组，这种数据类型虽然不是专为字符串而设的，但却可以用来表示连续出现的多个字符。
- **Boolean 值（布尔值）**：这种值到底占据多大空间要看编译器与计算机选用什么样的方式来表示整数。
- **地址**：指某个字节在计算机内存中的位置。C 语言可以直接访问某个值在内存中的地址，这与其他的许多编程语言不同，那些语言不允许开发者直接通过地址来操作数据。

这 5 种类型又可以细分成多个小类型，每个小类型会采用不同的数据尺寸来支持不同的取值范围。C 语言制定了一套相当具体的规则来判定怎样把一种类型的数据转换成另外一种。有些类型之间能够有效地转换，而另一些类型转换起来则没有意义。我们会在第 4

章详细讲解这个话题。

现在，我们需要了解基本的数据类型，以及这些类型分别能够表示多大的值。

3.3　字节与数据块

C 语言里面最小的数据值是 1 个二进制位（bit，简称位，又叫作比特）。然而位操作的开销相当大，并且许多编程问题用不到这种操作，因此，我们在本书中不会深入讲解位操作。如果你需要详细研究 C 语言的位操作，那么请阅读专门讨论这个话题的书籍。

C 语言里面较为基础的一种数据值是字节，或者说，是由 8 个二进制位所构成的序列。1 个字节可以有 256（也就是 2^8）种不同的取值。这些取值可以对应 0～255（也就是 2^8-1）的整数。0 必须包含在这 256 种取值里面，除了 0 之外的 255 种取值可以跟 1～255（也就是 2^8-1）的正整数相对应，也可以跟 −128～−1 的负整数以及 1～127 的正整数相对应。总之，由值为 1 或 0 的 8 个二进制位所构成的字节只能有 256 种取值。

虽然我们在日常生活中不太需要处理多达 256 种取值，但这个取值数量对于计算机来说其实相当少。字节是最小的数据块（chunk of data），内存中的每个字节都有独特的地址，我们可以直接通过该地址定位到这个字节。另外，我们还用字节来表示那种由字母与数字所构成的文本（比如许多英文书籍），但是对于 Unicode 这种字符数量很多的文本标准来说，单个字节就显得太小了，不足以表示有可能出现的 Unicode 字符。我们会在第 15 章详细讲解 ASCII 字符与 Unicode 字符。

数据块的字节数量可以是 1 个、2 个、4 个、8 个或 16 个。每一种尺寸的数据块其字节数量都是前一种尺寸的 2 倍。下面这张表格列出了这些数据块的用途。

字节数	二进制位的个数	所能表示的最大整数值	该值相当于 2 的多少次方减 1	常见的用途
1	8	255	$(2^8)-1$	ASCII 字符
2	16	65 535	$(2^{16})-1$	整数 比较小的实数 Unicode 字符 小型内存空间中的某个地址
4	32	作为整数时，是 4 294 967 295，作为小数时则超过 4.2×10^9	$(2^{32})-1$	整数 实数 Unicode 字符 中型内存空间中的某个地址
8	64	作为整数时，是 18 446 744 073 709 551 615，作为小数时则超过 1.8×10^{19}	$(2^{64})-1$	特别大的整数 比较大的实数 大型内存空间中的某个地址
16	128	超过 3.40×10^{38}	$(2^{128})-1$	特别大的实数 超大型内存空间中的某个地址

从计算机的发展历史来看，最基本的计算单元所含的字节数一直在上升。早期比较原始的 CPU 所使用的整数由一个字节（也就是 8 个二进制位）构成，但很快就出现了 16 位的计算机，这种计算机能够用两个字节（也就是 16 个二进制位）来表示内存地址及整数值。计算机能够采用更多的字节来表示内存中的地址，同时也意味着它能够采用更多的字节来表示整数与浮点数，使得这两种数的取值范围也相应扩大。

后来，计算机需要处理比早前更为复杂的问题，因此本身的处理能力也需要扩充。于是就有了能够用 4 个字节（也就是 32 个二进制位）来表示内存地址的计算机，这种计算机也能够表示需要用 4 个字节来容纳的整数。20 世纪 90 年代至 21 世纪初，这样的计算机很流行。

目前我们使用的桌面计算机基本上都是 64 位设备，它支持的内存空间相当广，而且能够处理的问题规模也很大，这样的计算机所能表示的最大数值或许比宇宙中的总原子数还多。如果你在处理某些问题时所要用到的值比这个还大，那就需要使用 128 位的数值了，这种数值需要用更高级、更专业的计算机来计算。

我们很少需要考虑这种跟天文数字一样大的值，但是在解决某些很庞大、很令人费解的复杂问题时，还是需要用到这种值的。这里的重点在于，各种大小的数据块都可以用适当的类型表示出来。我们要理解的是，无论数据块占用多少个字节或多少个二进制位来表示数据，它都遵循着同一套原理。

注意观察表格里面每种数据块的二进制位数，与它所能表示的最大值里面的那个指数有何关系。另外还要注意，数据块所包含的字节数都是 2 的整数次方，例如 1（也就是 2 的 0 次方）、2（2^1）、4（2^2）、8（2^3）等。没有 3 字节、5 字节或 7 字节的数据块。计算机不需要这些尺寸的数据块。

这张表格还显示出一条规律：数据块的常见用法跟它的大小有直接联系。在 C 语言里面，计算机表示整数时所优先选用的数据块大小一般跟它在表示地址时所用的大小相同。也就是说，计算机最多能用多少个字节来表示地址，它最多就能用多少个字节来表示整数。这虽然不是一条强制规则，但却是普遍的规律。

每种数据类型所占的字节数以及所能表示的取值范围会随着具体的计算机而变化。嵌入式计算机、平板电脑以及手机所采用的字节数可能跟桌面计算机与超级计算机不同。本章后面会创建一个 `sizes_ranges.c` 程序，以确认并验证你的计算机是用多少个字节来表示整数的，并给出这种类型在计算机上的取值范围。如果你要在某个新的系统上开发 C 语言程序，那么可以先通过这样一个工具来了解这方面的信息。

3.4 如何在 C 语言代码中表示整数

最基本的整数类型是 integer，在程序代码里面写为 `int`。这种整数分成两个小类，一类只能取（0 值和）正值，这叫作 `unsigned int`（无符号的整数、不带符号的整数），另一个类还可以取负值，这叫作 signed int（有符号的整数、带符号的整数）。大家都知道，我们通常用整数来计算事物的个数，如果你不需要处理负值，那么应该明确地使用 unsigned int。

默认的 int 类型是 signed int，其中的 signed 可以不写。

无符号的整数其最小值是 0（也就是所有二进制位全都是 0 时的那个值）。这种整数的最大值是所有二进制位全都取 1 时的那个值。假设无符号整数在你的计算机上是用一个字节（也就是 8 个二进制位）来表示的，那么它的取值范围就是 0～255（2^8-1），虽然它能够表示出 256 个值，但最大的那个值是 255，而不是 256，因为这个范围是从 0 开始计算的。我们在计数时总是会遇到这种多算一个或少算一个的问题（one-off problem）。在编写程序的过程中，我们同样要注意跟着计算机的计数方式来调整思路，否则也容易遇到这种问题。完全适应这种计数方式之前，你可能经常容易出现偏差，并写出有 bug 的代码。在讲解循环（第 7 章）、数组（第 11 章、第 12 章）以及字符串（第 15 章）的时候，我们还会谈到这个问题。

3.4.1 如何在 C 语言代码中表示正整数与负整数

在需要使用负整数（也就是小于 0 的整数）时，我们可以给 int 前面加上 signed 关键字，这种带符号的整数称作 signed int。如果我们要表示某个可能大于 0 也可能小于 0 的数，那么自然会用到这种整数。如果你没有指明某个 int 是 signed int 还是 unsigned int，那它默认就是 signed int。

带符号的整数会用其中一个二进制位来表示它是正数还是负数。一般来说，用来表示符号的这个二进制位是*最高有效位*（most significant bit）（也就是最左侧的那一位），与之相对还有一个二进制位叫作*最低有效位*（least significant bit）（也就是最右侧的那一位），在其他二进制位都为 0 且该位为 1 的情况下，该整数的值就是 1。带符号的整数所能取到的值跟不带符号的整数一样多，但取值范围要比不带符号的整数低，在数轴上看，就是偏左。比方说，在只用一个字节来表示整数的前提下，带符号的整数虽然也能取 256 个值，但这 256 个值所涵盖的范围是 −128～127（而不是 0～255）。注意，0 本身也在带符号的整数所能表示的值里面，由于有这个值，因此带符号的整数所能表示的负数个数跟正数个数不同（这又属于刚才提到的多算一个或少算一个的问题）。

3.4.2 如何在 C 语言代码中采用大小不同的数据块来表示整数

整数可以用各种尺寸的数据块来表示。最小的数据块是单字节的数据块，这种数据块在 C 语言里面叫作 char。之所以这样称呼是有历史原因的。在 Unicode 标准还没有出现之前，C 语言采用一个字节（byte）来表示英语文本里面出现的各种字符（character），例如大写字母、小写字母、数字、标点以及某些特殊字符，由于这些字符不超过 256 种，因此只需要用一个字节就能表示出来。有些编程语言会把这种由单个字节所构成的整数类型直接称作 byte，可惜 C 语言没有采用这个称呼。

C99 标准添加了许多整数类型，这些类型都能保证计算机至少会用相应个数的二进制位来实现这样的整数。其中最基本的一组类型是 int<n>_t 或 uint<n>_t 形式的类型，<n> 可以取 8、16、32 或 64。这些类型都明确规定了实现这种类型的值时所使用的二进制位个数，于是，我们就可以更加放心地把采用这种类型所写的程序从一台计算机移植到另一台计算机上，而不用担心它的宽度（也就是它所包含的二进制位个数）会随着计算机的 CPU 与操作系统而发生变化。除了下面这张表格所列出的相关类型之外，还有一些整数类型也属于这种便于移植的类型。

类型	字节数	等效的写法
char	1	signed char
int8_t	1	
unsigned char	1	
uint8_t	1	
short	2	signed short, short int, signed short int
int16_t	2	
uint16_t	2	
int	4 (?)	signed, signed int
unsigned	4 (?)	unsigned int
long	4 (?)	signed long, long int, signed long int
unsigned long	4 (?)	unsigned long int
int32_t	4	
uint32_t	4	
long long	8 (?)	signed long long, signed long long int
int64_t	8	
unsigned long long	8 (?)	unsigned long long int
uint64_t	8	

注意：

- 如果你明确指出某类型是 signed，那么这种类型的值既可以是正数，也可以是负数，如果你明确指出某类型是 unsigned，那么这种类型的值只能是（0 或）正数。如果你没有明确指出某类型是 signed 还是 unsigned，那么 C 语言可能默认它是 signed。
- short 类型至少会用 2 个字节来实现，而某些计算机可能会采用更多的字节来实现这种类型。

- int、unsigned、long 与 unsigned long 至少会用 4 个字节来实现，而某些计算机可能会采用更多的字节来实现这几种值。
- long long 与 unsigned long long 至少会用 8 个字节来实现，而某些计算机可能会采用更多的字节来实现这两种值。

大家不要让这么多种变化形式给吓到。对于大多数情况来说，我们还是可以先从最简单的 int 写起，等确实需要把程序移植到各种计算机上时，再考虑改用更便于移植的类型。

int 类型可以用来表示整数，但它所表示出的这些整数只占所有数值中的一小部分，因为在整数与整数之间还有很多小数需要表示。

3.5　如何在 C 语言中表示小数

并非所有的数都是整数，我们有时必须用到小数。在度量某个物体的某项指标时，我们经常会用到这样的数。

实数（real number）采用下面的形式来表示：

$$\text{significand} \times 10^{\text{exponent}}$$

其中的 significand（有效数字）与 exponent（指数）都是带符号的整数。这两部分到底采用多少个字节来实现取决于你在表示这个实数时所选用的类型。这些类型没有 unsigned 与 signed 之分。它们都可以表示出相当大的范围，这些范围既涵盖正值，也涵盖负值，而且可以表示出那种非常接近 0 的小数。

类型	字节数
float	4
double	8
long double	16

一般来说，实数用在对精确度要求比较高，或者取值范围比较大的情况下。

还需要说明的是，小数只是实数中的一部分。实数包括有理数与无理数，其中有理数包含小数，也包含不带小数的纯整数，无理数包含 π 这样的超越数（transcendental number）。实数指的是数轴上的所有数字，小数只不过是其中的一部分。跟实数相对的是虚数（imaginary number），实数与虚数合起来构成复数（complex number）。我们把形如 $z=a+bi$（a、b 均为实数）的数称为复数。其中，a 称为实部，b 称为虚部，i 称为虚数单位（$i^2=-1$）。当 z 的虚部 $b=0$ 时，则 z 为实数；当 z 的虚部 $b\neq 0$ 时，实部 $a=0$ 时，常称 z 为纯虚数。

C 语言中的值，除了可以用来表示数，还可以用来表示字符。

3.6　如何在 C 语言中表示单个字符

在 C 语言里，我们可以采用 char 或 unsigned char 来表示单个字符。C 语言诞生于

Unicode 标准面世之前，那时它所依赖的字符集是根据 ASCII（American Standard Code for Information Interchange，美国信息交换标准代码）制定的，该标准所支持的打印控制字符、设备控制字符，以及普通的字符与标点，总共只需要用 7 个二进制位就能涵盖，因为这些字符总共只有 128 种，也就是 2^7 种。

当年选用 ASCII 标准的一个原因是，它的大写字母与小写字母之间有很方便的对应关系。同一个字母的大写形式与小写形式只在一个二进制位上有所区别。因此，只需要翻转这个二进制位，就能在大写与小写之间切换。附录 D 会给出一份 ASCII 字符表，我们在第 15 章也会开发一款程序，打印出这样一张完整的表格。

下面我们概括地介绍 ASCII 字符集的内容。

范 围	用 途	范 围	用 途
0 至 31	与打印及设备通信有关的控制字符	96 至 127	小写字母以及一些标点
32 至 63	标点与数字	128 至 255	未使用
64 至 95	大写字母以及一些标点		

后来，Unicode 标准出现了，它采用 2 个字节或 4 个字节来表示世界上的各种语言所采用的字符。为了向后兼容，它把 7 位的 ASCII 码也涵盖了进来，确保这些编码在 Unicode 里面的含义，跟它们在 ASCII 标准中所表示的字符相同。然而，并不是所有的操作系统都实现了（或都采用同一种方式实现了）Unicode 标准。

3.7 如何在 C 语言中表示布尔值

布尔值（Boolean 值）是那种只能取 `true`（真）或 `false`（假）的值。在某些系统上，`YES` 或 `yes` 相当于 `true`（真），`NO` 或 `no` 相当于 `false`（假）。比方说，“Is today Wednesday?”（今天是星期三吗？）只有七分之一的概率为 `true`，如果今天不是星期三，那么它就是 `false`。

在 C99 标准出现之前，C 语言并没有明确为布尔值设计某种类型。C 语言把跟 0 完全相等的值视为布尔值中的 `false` 值，并把其余的值（也就是跟 0 不完全相等，或者说，不跟 0 完全相等的值）视为布尔值中的 `true` 值。实数很少会跟 0 完全相等，尤其是当你在其上执行了各种操作之后，更难确保结果恰好为 0。因此，如果一个值是采用与实数有关的某种类型来表示的，那么它在 C 语言中几乎总是 `true` 值，用这样的类型来表示布尔值是不明智的。

从 C99 开始，我们可以使用 `_Bool` 类型来表示这种只能为 0（假）或 1（真）的值。如果引入了 `stdbool.h` 文件，那么还可以用 `bool` 类型来表示。这个词要比难写的 `_Bool` 一词更清晰。

要想正确使用布尔值，你可以遵循这样一条建议，也就是总应该采用 0 或 1 来明确地表示假或真，而不要用那种不太容易判定真假的值来表示，因为编译器在判断某个值是不是相当于布尔值中的真值时所使用的规则可能比较微妙。

3.8　如何在C语言中查询各种数据类型的大小

前面说过，某个数据类型需要用多少个字节来表示跟它所支持的取值范围有多大是有直接关系的。但前面说的只是理论，现在我们写一个程序，把各种数据类型的大小实际演示出来。

3.8.1　sizeof() 运算符

sizeof() 运算是C语言内置的函数，我们把某种数据类型传给它作参数，就可以得到该类型占据的字节数。下面就写一个程序，看看这个运算符如何使用。

在程序的第一部分，我们通过 #include 指令把必要的头文件包含进来，然后声明函数原型，并创建 main() 函数。虽然笔者把整个程序分成两部分展示，但这两个部分实际上是写在同一个文件（也就是 sizes_ranges1.c 文件）里的。下面就是该程序第一部分的代码：

```
#include <stdio.h>
#include <stdint.h>
#include <stdbool.h>

 // function prototypes
void printSizes( void );

int main( void )
{
  printSizes();
}
```

这段程序先引入 stdio.h 这个头文件，然后引入了两个我们以前没有见过的头文件，也就是 stdint.h 与 stdbool.h。第一个头文件 stdio.h 包含许多内容，其中有我们要用的一个函数，也就是 printf() 函数的原型。第二个头文件 stdint.h 声明了每一种固有数据类型的字节数。第三个头文件 stdbool.h 定义了 bool 这个数据类型，以及 true 与 false 这两个 bool 值。这三个头文件都是C语言标准库（C Standard Library）的一部分。我们后面还会用到C语言标准库里的许多头文件，但并不会把每个文件都用一遍。本书附录G会列出C语言标准库里的各种文件，并简单地介绍每个文件。我们在第24章会详细讲解头文件。

大家都看到了，main() 函数会调用 printSizes() 函数，这个函数我们已经声明过了（或者说，我们已经把它的原型给声明出来了），但还没有为它编写完整的定义。于是，我们在该程序的第二部分定义这个函数：

```
  // function to print the # of bytes for each of C11's data types
  //
void printSizes( void )
{
  printf( "Size of C data types\n\n" );
  printf( "Type              Bytes\n\n" );
  printf( "char                %lu\n" , sizeof( char ) );
  printf( "int8_t              %lu\n" , sizeof( int8_t ) );
  printf( "unsigned char       %lu\n" , sizeof( unsigned char ) );
  printf( "uint8_t             %lu\n" , sizeof( uint8_t ) );
  printf( "short               %lu\n" , sizeof( short ) );
  printf( "int16_t             %lu\n" , sizeof( int16_t ) );
  printf( "uint16t             %lu\n" , sizeof( uint16_t ) );
  printf( "int                 %lu\n" , sizeof( int ) );
  printf( "unsigned            %lu\n" , sizeof( unsigned ) );
  printf( "long                %lu\n" , sizeof( long ) );
  printf( "unsigned long       %lu\n" , sizeof( unsigned long ) );
  printf( "int32_t             %lu\n" , sizeof( int32_t ) );
  printf( "uint32_t            %lu\n" , sizeof( uint32_t ) );
  printf( "long long           %lu\n" , sizeof( long long ) );
  printf( "int64_t             %lu\n" , sizeof( int64_t ) );
  printf( "unsigned long long %lu\n" , sizeof( unsigned long long ) );
  printf( "uint64_t            %lu\n" , sizeof( uint64_t ) );
  printf( "\n" );
  printf( "float               %lu\n" , sizeof( float ) );
  printf( "double              %lu\n" , sizeof( double ) );
  printf( "long double         %lu\n" , sizeof( long double ) );
  printf( "\n" );
  printf( "bool               %lu\n" , sizeof( bool ) );
  printf( "\n" );
}
```

这个程序必须包含 `<stdint.h>` 头文件，因为该程序提到了一些宽度固定的整数类型，而这些类型是由这份头文件来定义的。如果不引入，那么编译时就会出错。大家试着把引入头文件的这行 `include` 指令注释掉，然后编译程序，看看会有什么结果。

程序还提到了 C 语言后来定义的 `bool` 类型，因此也必须把定义该类型的 `<stdbool.h>` 文件包含进来。大家试试看，如果不引入这份文件，编译时会有什么问题。

在笔者的系统上，`sizeof()` 的返回类型是 `unsigned long`，因此，为了让 `printf()` 函数正确地打印出这样的返回值，我们应该使用 `%lu` 这个格式说明符来描述该值[⊖]。

该程序在笔者的系统上运行会产生这样的输出信息。

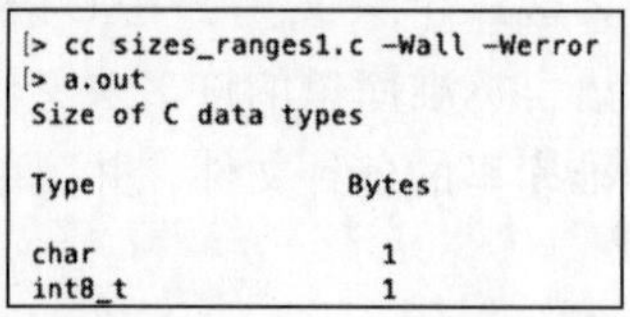
```
[> cc sizes_ranges1.c -Wall -Werror
[> a.out
Size of C data types

Type              Bytes

char                1
int8_t              1
```

⊖ 在 Linux 操作系统上，可以通过 `echo | gcc -E -xc -include 'stddef.h' - | grep size_t` 命令查询 `sizeof()` 的实际返回类型。另外，也可以改用 `%zu` 作说明符，这样就不用关注 `sizeof()` 的实际返回类型了。——译者注

```
unsigned char        1
uint8_t              1
short                2
int16_t              2
uint16t              2
int                  4
unsigned             4
long                 8
unsigned long        8
int32_t              4
uint32_t             4
long long            8
int64_t              8
unsigned long long   8
uint64_t             8

float                4
double               8
long double          16

bool                 1
_Bool                1

>
```

笔者使用的是 64 位操作系统，它用 8 个字节（也就是 64 个二进制位）来表示指向某个内存地址的指针，因此，`long` 与 `unsigned long` 类型也是用 8 个字节来实现的。

大家在自己的操作系统上运行这个程序，看看结果跟这里有什么区别。

3.8.2 各种数据类型的取值范围

接下来我们扩充这个程序，让它打印出每种数据类型的取值范围。其实这些范围也能手工计算出来，但由于 C 语言已经把它们定义在了 `limits.h` 与 `float.h` 这两份头文件里，因此直接打印会更简单（前一份头文件针对整数，后一份针对浮点数）。为此，我们需要再声明一个函数原型，并在 `main()` 函数里面添加一条语句，以调用该函数，最后，我们把这个打印取值范围的函数（也就是 `printRanges()` 函数）完整地定义出来。在这个函数里面，我们使用宽度固定的数据类型以排除因操作系统不同而造成的差异。

下面我们就来添加这个函数。我们把新编写的两条 `include` 指令，与新添加的这个函数原型，用粗体标出来：

```
#include <stdio.h>
#include <stdint.h>
#include <stdbool.h>
#include <limits.h>
#include <float.h>

 // function prototypes
void printSizes( void );
void printRanges( void );

int main( void )  {
  printSizes();
  printRanges();
}
```

声明了 `printRanges()` 函数的原型之后，我们来编写这个函数的定义。另外那个 `printSizes()` 函数则与扩充之前的程序相同：

```
void printRanges( void )  {
  printf( "Ranges for integer data types in C\n\n" );
  printf( "int8_t %20d %20d\n" , SCHAR_MIN , SCHAR_MAX );
  printf( "int16_t %20d %20d\n" , SHRT_MIN , SHRT_MAX );
  printf( "int32_t %20d %20d\n" , INT_MIN , INT_MAX );
  printf( "int64_t %20lld %20lld\n" , LLONG_MIN , LLONG_MAX );
  printf( "uint8_t %20d %20d\n" , 0 , UCHAR_MAX );
  printf( "uint16_t %20d %20d\n" , 0 , USHRT_MAX );
  printf( "uint32_t %20d %20u\n" , 0 , UINT_MAX );
  printf( "uint64_t %20d %20llu\n" , 0 , ULLONG_MAX );
  printf( "\n" );
  printf( "Ranges for real number data types in C\n\n" );
  printf( "float %14.7g %14.7g\n" , FLT_MIN , FLT_MAX );
  printf( "double %14.7g %14.7g\n" , DBL_MIN , DBL_MAX );
  printf( "long double %14.7Lg %14.7Lg\n" , LDBL_MIN , LDBL_MAX );
  printf( "\n" );
}
```

我们在调用 printf() 函数时所使用的某些格式说明符，现在看上去好像有些奇怪，但笔者会在第 19 章详细解释它们的含义。这个程序不仅会输出旧版程序所输出的那些内容，而且还会给出这样一段信息：

```
Ranges for integer data types in C

int8_t                   -128                  127
int16_t                -32768                32767
int32_t           -2147483648           2147483647
int64_t  -9223372036854775808  9223372036854775807
uint8_t                     0                  255
uint16_t                    0                65535
uint32_t                    0           4294967295
uint64_t                    0 18446744073709551615

Ranges for real number data types in C

flaot          1.175494e-38    3.402823e+38
double        2.225074e-308   1.797693e+308
long double  3.362103e-4932  1.189731e+4932

> 
```

大家在自己的操作系统上看到的取值范围，跟这里相比有没有区别？

3.9 小结

本章我们看到了许多跟数据类型、数据块大小以及取值范围有关的细节。然而要记住，本章的重点在于，C 语言的数据其实只有四类：整数、实数、字符与布尔值。另外还有一类叫作指针（pointer），但它其实只是整数类型的一个特例（或者说，是一种特殊的整数类型）。

下一章要讲解如何创建各种类型的变量，以及怎样把各种数值赋给这些变量。

第 4 章 Chapter 4

使用变量并为变量赋值

程序需要操作数据值。有时它只需执行一项简单的计算（比如把华氏温度转化成摄氏温度），或者只需要把某份数据显示出来，有时则要执行比较复杂的计算与交互，但无论哪种情况，程序操作的都是可访问（accessible）且可赋值（assignable）的值。可访问指这个值是保存在计算机内存里面的，程序能够获取它。可赋值指我们可以把这个值（可能是某次计算的结果）保存到计算机内存中的某个地方，以便稍后从那个地方获取该值。每个值都有它的数据类型，另外可能还有一个名称，用来指代存放该值的那个地方。这些值可以是变量，也可以是常量。

（狭义的）变量（variable）用来保存有可能在程序执行过程中发生变化的值，这个值指的可能是某项运算的结果，或者某份数据。常量（constant）则是那种一旦获得取值就不会再变化的量。常量与狭义的变量合起来构成广义的变量㊀。无论是常量还是变量，都通过赋值（assignment）获得取值。在 C 语言里，我们可以通过一条简单的表达式完成赋值。除了常量与变量之外，还有字面量 [literal，也称为字面量值（literal value）或字面值]，它们是直接编写在程序代码里面的值，这些值绝对不会发生变化。

本章涵盖以下话题：

- 怎样选择合适的类型，以表示你想要操作的值。
- 用 `#define` 指令来定义常量，可能会出现哪些问题？我们为什么应该优先考虑在普通的程序代码里面定义常量，而不采用 `#define` 指令来定义？
- 编写一款范例程序，通过不同的方式设定各种常量。
- 编写一款范例程序，在该程序中设定常量与变量，并予以使用。

㊀ 如果变量一词用作广义，那么狭义的变量可以叫作可变的变量，常量则称为恒定的变量（constant variable，常变量）。后文所说的变量，有时是狭义，特指可以改变的量，有时则是广义，包括可以改变的量与不能改变的量（也就是常量）。具体是哪种含义，需要根据上下文推断。——译者注

❑ 了解C语言中的四种赋值形式。

4.1 技术要求

我们还是沿用第1章的技术要求，也就是要求大家必须使用一台带有下列三种软件的计算机：

❑ 你自己选择的某一款纯文本编辑器。
❑（操作系统所提供的）控制台程序、终端（终端机）程序或命令行程序。
❑ 编译器，这可以是GCC（GNU Compiler Collection），也可以是Clang（`clang`），具体选用哪款，要考虑你所使用的操作系统是否支持。

本章的范例代码也可以从`https://github.com/PacktPublishing/Learn-C-Programming`访问获取。

4.2 选用合适的类型来表示数据值

计算机程序中的每个值都有相关的类型。这个类型可以根据它在程序代码里面的用法或写法来推断，也可以由你（也就是编写这款程序的程序员）明确地指定。C语言里的值总是有其类型，这个类型可以由C语言自动地（也叫作*隐式地*）推断出来，或者由开发者明确地（也叫作*显式地*）指定。

字面值的类型会由系统自动推断。字面值是程序代码里的一串文本，这串文本表示的是一种会由编译器在编译期（也就是在它编译程序时）自动判断的值。字面值绝不会发生变化，它是固定写在程序代码中的。

如果你明确指定了某个值的类型，那么编译器就会给该值设定这样的类型。然而这样一个值以后还可以转化成另一种类型，这种转化可能是在使用该值的过程中自动发生的，也可能是开发者通过类型转换操作[⊖]（typecasting）明确执行的。

因此，一说到值，我们就应该立刻想到它的类型，因为这个类型不仅决定了C语言如何解读该值，而且还决定了它的有效取值范围。

看到某个值，我们就该问：*这个值的类型是什么？*看到某个类型，我们则应该问：*这个类型能取哪些值？*如果某个变量是这种类型，那么我们还要问：*这个变量目前的值是什么？*以后学习循环与数组时，这种思考方式是相当重要的。

4.3 学习变量的用法

变量是内存中的一个地点，用来存放某种类型的值，在该变量的生命期内，它所保存

⊖ 为了与自动转换（或者称为隐式转换）相对照，这种明确的（或者说显式的）类型转换，有时也叫作强制类型转换。——译者注

的值可以发生变化，我们通过变量的*名称*（name）来指代这个地点。我们在定义变量时需要指出它的*类型*（type）与*标识符*（identifier，也就是名称），定义好之后，这个变量的生命期就开始了，它的取值可以在整个生命期内固定不变，也可以为程序所修改或覆写，也就是说，我们可以把同类型的另一个值赋给该变量。如果当初声明该变量的这个代码块执行完毕，那么变量的生命期就结束了，它所占据的内存会为系统所释放（也叫作解除分配，deallocate）。我们会在第 25 章详细讨论变量的生命期。

总之，变量就是内存中某个带有标识符（也就是名称）的地点，它有相关的类型，能够用来表示该类型的某个值。变量必须具备三个要素：

- 独特的标识符或名称
- 类型
- 值

变量总是应该从某个已知的值开始用起，就算这个值是 0，我们也应该明确地把它设置给该变量，而不能想当然地认为这个变量在刚登场时值必定是 0。这种给变量设定初始值的行为叫作*初始化*（initialization）。假如不给变量设置初始值，那我们就没办法确定该变量的值，而且它的值可能会在每次运行这个程序或函数时都有所不同。这是因为，你在运行这个程序或函数之前可能还运行了其他的程序或函数，而那个程序或函数可能也会使用该变量所占据的这块内存。系统在执行完那个程序或函数之后会把它所占据的内存释放掉，但这并不意味着系统会自动清理内存中的值，系统有可能会把这些值留在那里，于是，我们运行当前这个程序或函数时看到的变量值，可能是上一个程序或函数遗留下来的值。因此，在使用变量之前，总是应该先把变量所占据的内存初始化成某个已知且合理的值。

变量的初始化与修改都通过赋值操作完成，给变量赋值意思就是把这个值保存到该变量所指代的内存位置。你也可以给常量赋值，然而赋值之后就不能再修改了。

开始讲解变量的取值与赋值之前，我们首先必须知道，怎样在创建并声明变量时明确指定该变量的类型。

4.3.1　给变量命名

每个变量都要有标识符，这个标识符就是该变量的名称。变量的名称是 C 语言里的一种标识符，函数的名称也是 C 语言里的一种标识符。我们后面还会在各种场合见到 C 语言里的其他一些标识符。

变量的标识符（或者说，变量的名称）是由大写字母（从 `A` 至 `Z`）、小写字母（从 `a` 至 `z`）、数字（从 `0` 至 `9`）以及下划线（`_`）所构成的字符序列。标识符不能以数字开头。变量名区分大小写，因此，`achar`、`aChar`、`AChar` 与 `ACHAR` 是四个不同的变量。标识符不能跟 C 语言的关键字（也称为保留字）重合。本书附录 A 列出了 C 语言中的所有关键字。

与函数的标识符一样，你在给变量指定标识符时，也不应该仅通过大小写来区分多个变量。最基本的一条变量命名原则就是：变量的名称总是应该跟它的取值密切相关。变量的名称要反映出它保存的是什么值，例如 inch、foot、yard 与 mile 都是合适的变量名，一看到这样的名称，就知道它们分别表示的是英寸数、英尺数、码数与英里数。

变量的命名风格有好多种。要想让变量名看起来比较清晰，可以使用最常见的两种命名风格，也就是驼峰命名法（camel-case）与下划线分隔命名法（underscore-separated，也叫作蛇形命名法（snake-case））。前者是让第一个单词以外的词都用大写字母开头，后者则是把这些词拿下划线连起来：

- **全小写命名法**：inchesperminute、feetpersecond、milesperhour
- **驼峰命名法**：inchesPerMinute、feetPerSecond、milesPerHour
- **蛇形命名法（下划线分隔命名法）**：inches_per_minute、feet_per_second、miles_per_hour

全小写命名法看起来比较乱，但仍然比全大写的形式要好。按照后面两种办法所起的名称，读起来会容易一些，因此，你应该在后两种里选择一种。我们在本书中总是采用驼峰命名法给变量起名。

选好某种命名方式之后，就应该在整个程序里面坚持使用，而不应该混用各种命名方式，因为那样会让开发者很难记住某个东西（例如函数标识符或其他标识符）的准确名称，进而容易写出有问题的代码。

现在我们可以开始讲解怎样明确指定变量的类型了。

4.3.2 显式地指定变量类型

声明变量有两种形式，一种是 type identifier;，另一种是 type identifier1, identifiers, ...;。

其中，type 可以是我们前面提到过的某种数据类型，identifier 是我们正在声明的这个变量所具备的名称。第一种形式用来声明单个变量。第二种形式用来声明多个同类型的变量，这些变量的标识符之间用逗号隔开。注意，这两种形式都是 C 语言里面的语句，因为它们都以 ; 结尾。我们现在来看这样一段变量声明代码：

```
#include <stdbool.h>    /* So we can use: bool, true, false */

int         aNumber;
long        aBigNumber;
long long aReallyBigNumber;
float       inches;
float       feed;
float       yards;
double      length, width, height;
bool        isItRaining;
```

我们在这段代码里面添加了一些空格，让这些变量的类型与名称分别对齐，这样读起来比较清晰。用这种方式来声明变量并不好，因为这样做只是声明了变量，而没有给变量指定初始值。也就是说，这些变量虽然声明出来了，但并没有得到初始化。

4.3.3　显式地指定变量类型并初始化

要声明某个变量，比较好的写法应该是在声明变量时就初始化这个变量，或者说，给它指定初始值，例如 type identifier1 = value1;、type identifier2 = value2;，或者：

```
type identifier1 = value1 , identifier2 = value2 , ... ;.
```

其中的 value 可以是某个字面常量或某个已经声明过的变量。另外要注意，如果采用第二种形式来声明变量，那么应该给其中的每个变量都指定初始值。我们经常会忘记给其中的某个变量设定初始值，因此，还是采用第一种形式比较好。下面我们来看这样一段带有初始化的变量声明代码：

```
#include <stdbool.h>    /* So we can use: bool, true, false */

int       aNumber           = 10;
long      aBigNumber        = 3211145;
long long aReallyBigNumber  = 425632238789;
float     inches            = 33.0;
float     feet              = 2.5;
float     yards             = 1780;
double    length = 1 , width = 2 , height = 10;
bool      isItRaining       = false;

int myCounter = 0;
int aDifferentCounter = myCounter;
```

跟刚才那段代码类似，这段代码也通过适当的空格，让这些变量的类型及名称在垂直方向上对齐，同时对齐的还有它们的初始值。这样做是为了看上去能够整齐一些。虽然这不是强制要求，但一般来说，我们还是应该添加一些空格，让这几个部分能够对齐。

初始化也是赋值的一种形式，跟普通的赋值相比，初始化所赋的是初始值。我们通过 = 符号执行初始化赋值。

另外要注意，由于我们在声明变量时明确指定了变量的类型，因此，程序会把我们赋给该变量的值转换成这种类型，具体到本例来说，就是把相关的字面常量（literal constant），从这些常量本身的类型转换成接受赋值的那个变量所具备的类型。因此，下面这种写法虽然符合语法，但如果阅读代码的这位程序员已经有些疲惫了，那么可能会误以为这三个变量的类型都是字面常量的类型，而忽视了声明变量时所指定的那个类型 double：

```
double length = 1 , width = 2 , height = 10;
```

针对这三个变量所做的初始化操作用逗号（,）来分隔。虽然我们初始化了三个变量，但这仍然算作一条语句，因为这段代码只有一个分号（;）。我们会在第 5 章详细讲解这个话题。

如果把这三个变量的初始化操作分别写成三条语句，那么看起来会更加明确，虽然这不是强制要求，但一般来说，总是比合起来写在一条语句中好：

```
double length = 1.0;
double width  = 2.0;
double height = 10.0;
```

这样写让我们能够在每一条语句里面都明确地看出该变量的类型、标识符以及初始值。

说完了这种值可以变化的变量之后，我们该讲解另一种变量了，也就是一旦赋值就不能再修改的变量。这种变量叫作常变量（constant variable）。另外我们还要讲解字面常量。

4.4 学习常量的用法

变量用来表示通过计算得到的值，或者在生命期内可能有所变化的值，例如计数器（counter）。另外，我们还需要用到一种值，也就是在生命期内绝对不会改变的值。这些值叫作常量，它们可以通过多种方式定义，每一种方式都有各自的用途。

4.4.1 字面常量

考虑下面这几个用字符序列（character sequence）的形式所书写的常量：

```
      65
     'A'
     8.0
131072.0
```

这四个常量在计算机内部都是用 `0000 0000 0100 0001` 这种字节流（byte stream）来表示的。由于我们在书写这些常量时添加了相关的标点（例如小数点、单引号），因此编译器可以根据这些信息推断出它们各自的类型：

```
      65 --> int
     'A' --> unsigned char
     8.0 --> float
131072.0 --> double
```

这些值都是按照字面形式录入源代码的，它们的类型会由编译器根据字面写法来推断，或者说，会由编译器根据其中的相关标点来推断，因为这些标点本身就已经说明了这是个什么样的值。

这几个值在计算机内部都用二进制格式（也就是前面说到的字节流）来表示。例如 `65` 这个字面值，计算机总是会把它表示成一个二进制的整数，这个整数的值就是 65。`'A'` 这个字面值属于单个的字符，计算机会用含义跟该字符相当的二进制值来表示它。`8.0` 这个字面值，计算机可以把它当成 float（单精度浮点数）来表示，也可以把它当成 double（双精度浮点数）来表示，这两种表示方式在二进制格式上稍微有一点区别。`131072.0` 这个字面值，同样可以采用 float 或 double 来表示，如果计算机把它跟 `8.0` 都当成 double 来表示，那么这两个值的二进制格式就是相同的，只不过具体的取值有所区别。

下面我们再分别针对这三种常量，多举几个例子：

- **整数常量**（integer constant）：65、1024、-17、163758、0、-1
- **双精度浮点数常量**（double constant）：3.5、-0.7、1748.3753、0.0、-0.0000007、15e4、-58.1e-4
- **字符常量**（character constant）：'A'、'a'、'6'、'0'、'>'、'.'、'\n'

请注意，这三种常量里面都出现了跟 0 有关的值，但由于类型不同，因此计算机在表示这些值时，所使用的二进制格式也不相同。整数常量 0 和双精度浮点数常量 0.0 都是数学上的零值，但字符常量 '0' 在数学上则不是零值，这个问题我们到第 15 章再讲。

另外，大家可能会注意到，双精度浮点数常量里面，有两个值的写法看上去比较奇怪，也就是 15e4 与 -58.1e-4。这两个值用的是科学计数法（scientific notation），第一个值相当于 15×10^4（也就是 150000），第二个值相当于 -58.1×10^{-4}（也就是 -0.000581）。如果某数太大或太小，用普通的小数形式写起来很麻烦，那我们就会采用科学计数法来简短地表示这个数。

如果整数常量的值太大，超出了默认类型所能表示的范围，那么编译器就会改用另一种类型来表示这个值。根据计算机的架构，编译器可能会改用 long int 或者 long long int 来表示 int 类型无法容纳的整数。这是一种隐式类型转换（implicit typecasting，也叫作自动类型转换）。假如编译器不这么做，那它就得把这个值塞到一个比较小的空间里面，从而导致其中的部分内容丢失。

单精度浮点数常量与双精度浮点数常量也会出现这样的情况。编译器如果发现默认的类型表示不了这个值，那就会自动选用范围更大的类型来表示它。

前面那些数字都是用以 10 为底的数制来表示的，或者说，都是用十进制来表示的。在这种数制下，我们可以用 0 至 9 这十种数位来表示某个数。每个十进制的数都可以表示成有 10 的整数次方参与的连加式，例如，2573 可以表示成 2000 + 500 + 70 + 3，然后，我们把其中的每一项都写成相应位置上的数位与 10 的某个整数次方相乘的形式，这样就得到：$2573 = 2 * 10^3 + 5 * 10^2 + 7 * 10^1 + 3 * 10^0$。

有时我们还会用以 8 为底或者以 16 为底的数制来表示某个数，这两种数制分别称为八进制（octal）与十六进制（hexadecimal）。在 C 语言里面，八进制数用 0 开头，后面的那些数位都必须是有效的八进制数位，也就是说，只能在 0 至 7 这 8 种数位里面挑选。十六进制数用 0x 或 0X 开头（也就是先写 0，然后写字母 x 或 X），后面的数位必须是有效的十六进制数位，也就是说，只能在 0 至 9 与 a 至 f（或 A 至 F）这 16 种数位里面挑选。

这里不打算详细讲解八进制与十六进制，仅举一些例子供大家参考：

- **八进制整数**：07、011、036104
- **无符号的八进制整数**：07u、011u、036104u
- **八进制长整数**：07L、011L、036104L
- **十六进制整数**：0x4、0Xaf、0x106a2、0x7Ca6d
- **无符号的十六进制整数**：0x4u、0Xafu、0x106a2u、0x7Ca6du

- **十六进制长整数**：0x4L、0XafL、0x106a2L、0x7Ca6dL

我们现在只需要记住：十进制、八进制、十六进制是表达同一个数值的几种方式。

另外，如果你要把某个小数明确地表示成 float（单精度浮点数）类型，而不是占用空间比较大的 double（双精度浮点数）类型，那么可以给这个小数的后面添加 f 或 F。如果你想表示的是一个相当大的双精度浮点数，那么可以给浮点数的末尾添加 l 或 L 后缀。笔者建议你使用大写字母 L，因为小写字母 l 容易跟数字 1 混淆。下面举几个例子：

- **单精度浮点数字面量**：0.5f、-12E5f、3.45e-5F
- **双精度浮点数字面量**：0.5、-12E5、3.45e-5
- **长双精度浮点数字面量**：0.5L、-12E5L、3.45e-5L

这些字面常量会由编译器来解读，并嵌入编译之后的程序中。

字面量通常有两种用途，一种是像上一节说的那样用来初始化变量，另一种则是用来对变量执行某种已知的运算，例如像下面这样，让变量与某个已知的值相除：

```
feet  = inches / 12.0;
yards = feet / 3.0;
```

在刚才那两条语句中，除法的除数均为小数，因此，无论被除数是整数还是小数，整个除法的计算结果都是小数。例如，对于第一条语句来说，无论 inches 变量是什么类型，它与 12.0 相除的结果都是小数，然后程序会把这个结果转化成 feet 变量所属的类型，并通过赋值操作（= 操作）赋给 feet。与之类似，对于第二条语句来说，无论 feet 变量是什么类型，它与 3.0 相除的结果都是小数（可能是单精度浮点数，也可能是双精度浮点数），然后，程序在给 yards 变量赋值的时候，会把这个结果转化成 yards 所属的类型。

4.4.2 用预处理指令定义常量值

还有一种定义常量的办法是采用 #define 这个预处理指令来做。该指令的格式为 #define symbol text，其中的 symbol 是一个标识符，text 可以是字面常量，也可以是早前已定义过的某个 symbol。为了跟普通代码里面的变量名相区分，symbol 的名称通常采用全大写的形式，单词之间用下划线连接。

我们举例说明。该例采用预处理指令来定义每英尺的英寸数（也就是 1 英尺相当于多少英寸），以及每码的英尺数（也就是 1 码相当于多少英尺）：

```
#define INCHES_PER_FOOT 12
#define FEET_PER_YARD    3

feet  = inches / INCHES_PER_FOOT;
yards = feet / FEET_PER_YARD;
```

在编译程序的过程中，编译器会在预处理环节对 #define 指令所定义的常量做文本替换（textural substitution）。定义这些常量符号的时候，我们没有指出常量值的类型，编译器也不会去验证我们在程序代码中对这个符号的用法是否合理。因此，笔者不建议你采用这种方式定义常量。之所以讲解这种方式，是因为许多旧式的 C 程序可能频繁使用该机制来定义常量。

由于 #define 指令能够做文本替换，因此除了用来定义常量，它还有许多用途。这是一个相当强大的功能，如果你真的要用，那就必须特别小心，以免滥用或误用。以前有许多因素促使我们依赖 #define 这样的预处理指令，但这些因素现在基本上都消失了。至于如何恰当地使用预处理指令，那应当会在更为高级的编程课里面讲解。

4.4.3 显式地定义某种类型的常量

C 语言提供了一种较为稳妥的方式，让我们能够定义带有名称的常量（named constant，也叫作具名常量或命名常量）。这种方式跟定义变量时所采用的写法类似，只不过前面要加上 const 关键字，也就是要写成：const type identifier = value;。其中 type、identifier 与 value 都跟声明变量时类似，区别只在于，我们声明常量时总是应该指出它的初始值，而不像声明变量时那样，可以先不指定初始值，稍后再去赋值。由于常量的值在程序执行完声明该常量的那条语句之后就不能再变化了，因此假如我们不给它指定初始值，那以后就没有办法再指定了。所以说，未指定初始值的常量是没有意义的。

用这种方式声明的常量是带有名称的，而且具备类型及取值，这个取值不能修改。4.4.2 节的那段代码，换用这种方式来写，会变成下面这样：

```
const float kInchesPerFoot = 12.0;
const float kFeetPerYard   =  3.0;

feet  = inches / kInchesPerFoot;
yards = feet / kFeetPerYard;
```

这种写法比采用预处理指令更稳妥，因为编译器已经知道了这些常量的类型，如果我们所写的代码没有正确使用该常量，或者想对它做某种无效的类型转换操作，那么编译器就会报错。

给常量名加字母 k 作前缀并不是一项强制的要求，你也可以不加。还有一种命名习惯，是给常量的名称加 Const 后缀，例如把刚才那段代码中的两个常量分别命名为 inchesPerFootConst 与 feetPerYardConst。当然，你也可以既不加前缀，也不加后缀，而是直接写成 inchesPerFoot 与 feetPerYard。无论怎么写，只要你在常量已经初始化之后继续给它赋值，编译器就会报错。

4.4.4 给常量命名

C 语言本身并不在变量的标识符与常量的标识符之间区分。但我们写代码时通常还是应该注意区分这两者，让看代码的人能够通过标识符知道这究竟是一个变量还是一个常量。

跟函数及变量类似，常量也有好几种起名的方式。下面这几种方式，都经常用来区分常量与变量：

- 给常量添加 k 或 k_ 前缀，例如 kInchesPerFoot、k_inches_per_foot。
- 给常量添加 Const 或 _const 后缀，例如 inchesPerFootConst、inches_per_foot_const。
- 全大写的蛇形命名法（也叫全大写的下划线分隔命名法），例如 THIS_IS_A_CONSTANT。这种全大写的形式，看上去并不是十分清晰。一般来说，这种形式用在 #define 指令里面，我们通过这样的形式来表示这个东西其实并不是严格意义上的C语言常量，它仅仅是 #define 指令所定义的一个符号（symbol），例如 INCHES_PER_FOOT。
- 采用跟变量相同的命名方式。由于C语言本身并不对常量的名称提出特殊要求，因此，inchesPerFoot 这种名称既可以写在 int inchesPerFoot 这样的代码里面作为变量的名称出现，也可以写在 const int inchesPerFoot 这样的代码里面作为常量的名称出现。就算我们直接拿 inchesPerFoot 给常量命名，看到这个名称的人也不会误以为它是一个变量，因为从名称的含义上就可以看出，它说的是每英寸的英尺数（inches per foot），这当然是一个固定不变的值。只不过这种命名方式让人无法单从写法上区分某个名称指的是常量还是变量。

与其他东西的命名方式一样，如果你决定采用某种方式给常量起名，那么就应该明确指出这种方式，并在当前这个程序或这组程序里面坚持使用该方式，而不要混用各种方式。笔者喜欢采用刚才说的第一种或最后一种方式给常量命名。

4.5 把类型适当的值赋给变量

现在大家已经知道，变量具备特定的类型，并且保存着该类型的某个值，我们可以通过变量的标识符来获取并操作这个值。那么，这个值到底应该怎么使用呢？其实要说使用，我们只能把这个值从一个地方复制到另一个地方。要想修改变量的值或给常量设定初始值，我们只能通过赋值来实现。如果你在某行代码里面提到了这个变量，那么程序在执行这行代码时会求出这个变量的值，以计算整行代码的执行结果，程序在求值时并不会修改这个值。要想在变量的生命期内修改它的值，我们必须把新值复制到这个变量中，以替换掉旧值。具体的复制方式有好几种，下面我们就把这几种修改变量值的方式罗列出来：

- 通过 = 运算符把值明确地赋给变量。
- 在调用函数的时候，把值传给函数的参数。
- 通过函数的返回（return）语句，把值返回给该函数的调用方。
- 利用隐式赋值（implicit assignment，也就是自动赋值）机制来修改变量（这种方式我们会在第5章讲解）。

我们分别用三个小节来讲解这三种把值复制到变量中的方式。

4.5.1　通过赋值语句显式地赋值

其实我们在前面讲解如何初始化变量与常量时就已经用到了这种明确的赋值方式。现在要说的是，声明完变量之后，我们可以通过 = 运算符（也就是赋值运算符）来修改该变量的取值。赋值语句的格式为 `identifier = value;`，其中的 `identifier` 是一个已经声明过的变量，`value` 可以是常量，也可以是变量，还可以是某项运算的结果或某个函数的返回值。我们后面就会看到，这几种 `value` 其实都是表达式（expression），程序在赋值时会对 = 右侧的表达式求值，并把结果赋给 = 左边的变量。

下面就是一条赋值语句：

```
feet = 24.75;
```

程序先对 = 右侧的字面常量 `24.75` 求值，把它当作一个 float 或 double 类型的数值来对待，然后，将该值赋给 = 左侧的 `feet` 变量。下面再举一个例子：

```
feet = yards/3.0 ;
```

程序先获取 `yards` 变量的值，然后把它跟 `3.0` 这个字面常量相除，最后把除法的结果赋给 `feet` 变量。= 右侧的 `yards` 变量在这条语句的执行过程中不会改变。下面再看一个例子：

```
feet = inchesToFeet( inches );
```

程序先获取 `inches` 变量的取值，然后用这个值作为参数调用 `inchesToFeet()` 函数。等该函数执行完毕后，程序把它的执行结果（也就是返回值）赋给 `feet` 变量。`inches` 变量的值在执行这条语句的过程中不会改变。

4.5.2　通过给函数传递参数来赋值

在声明函数原型的时候，如果我们打算让这个函数带有参数，那么还需要声明这些参数，这时的参数称为形式参数（formal parameter，简称形参）。形式参数没有值，只有类型，另外，你还可以给它命名。等到真正调用这个函数的时候，我们会把实际参数（actual parameter，简称实参）传给该函数，这时，程序会将实际参数中的值复制到形式参数所表示的相应变量里面。

下面这段范例程序声明了 `printDistance()` 函数的原型，并且给出了该函数的完整定义：

```
#include <stdio.h>

void printDistance( double );

int main( void )
{
  double feet = 5280.0;
  printDistance( feet );
```

```
  printf( "feet = %12.3g\n" , feet );
  return 0;
}

  // Given feet, print the distance in feet and yards.
  //
void printDistance( double f )
{
  printf( "The distance in feet is %12.3g\n" , f );
  f = f / 3.0 ;
  printf( "The distance in yards is %12.3g\n" , f );
}
```

我们要关注的是调用printDistance()函数时传入的参数feet与程序在执行该函数（也就是执行我们给printDistance()函数所写的定义代码）时所使用的参数f之间的关系。

由printDistance()函数的原型可知，该函数接受一个double型的参数。我们在原型里面并没有给这个参数命名，因为C语言不要求函数原型里的参数必须带有名称。就算我们在编写函数原型时指出了参数的名称，这个名称也不一定要跟正式定义这个函数时所用的参数名相同。在给该函数编写定义代码时，我们使用的参数名是f。程序在执行到printDistance()函数时，会创建一个名为f的double型变量，并把调用该函数时传入的值复制到f变量中。这就相当于把main()函数里面那个feet变量赋给printDistance()函数的f参数。实际上，程序正是这么做的。程序在刚开始执行printDistance()函数时，f参数（即f变量）的值跟我们调用该函数时所传入的feet一样，都是5280.0。接下来，我们可以在函数里面操作这个f变量，具体到本例来说，我们把f变量的值跟3.0相除，并把结果赋回给f变量，最后，将f变量的新值打印到控制台。f变量的生命期，在程序执行完它所处的这个函数（即printDistance()函数）时就结束了。我们在该函数中对f所做的修改不会影响main()函数里面的feet变量。

为了把printDistance()函数所执行的操作表达得更明确一些，我们应该将这个函数的代码改成下面这个样子。你在编写其他函数时也应该像这样来写：

```
  // Given feet, print the distance in feet and yards.
  //
void printDistance( double feet )
{
  double yards = feet / 3.0 ;
  printf( "The distance in feet is %12.3g\n" , feet );
  printf( "The distance in yards is %12.3g\n" , yards );
}
```

修改之后的版本更加清晰：

- 我们把参数的名称由f改为feet，让调用这个函数的人清楚地知道这个参数指的是英尺数。
- 我们明确地声明了一个叫作yards的变量，用来表示换算之后的码数。我们把

feet 参数（也就是有待换算的英尺数）与 3.0 相除的结果赋给该变量，而不是像旧版的函数那样把该值写回 f 参数。

对于 printDistance() 函数的 feet 参数与 yards 变量来说，它们的生命期都从程序执行函数块开始，到程序执行完函数块结束。

4.5.3 通过 return 语句来赋值

函数（function）本身其实也是一条语句，这条语句能够把它的执行结果返回给调用方。如果函数的返回类型不是 void，那么程序就会把函数的返回值放在调用该函数的那个地方，并且可以把它赋给类型兼容的变量。

我们可以把函数的返回值明确地赋给某个变量，也可以把这个值用在某一条语句里面。对于后一种用法来说，程序会在执行完这条语句之后丢弃该值。

下面我们看这样一个程序，它声明了 inchesToFeet() 函数的原型，并为该函数编写了定义代码：

```
#include <stdio.h>

double inchesToFeet( double );

int main( void )
{
  double inches = 1024.0;
  double feet = 0.0;
  feet = inchesToFeet( inches );
  printf( "%12.3g inches is equal to %12.3g feet\n" , inches , feet );
  return 0;
}

  // Given inches, convert this to feet
  //
double inchesToFeet( double someInches)
{
  double someFeet = someInches / 12.0;
  return someFeet;
}
```

观察这段代码时，我们要注意的地方在于，inchesToFeet() 函数如何通过 return 语句把结果返回给调用方，以及调用方（也就是 main() 函数）如何将该值赋给 feet 变量。

inchesToFeet() 函数把有待转换的英寸数（也就是 someInches 参数的值）通过一条简单的算式转化成英尺数，并把这个英尺数赋给函数中的 someFeet 变量。然后，函数把 someFeet 变量的值返回给调用方。程序在执行完这个函数后，会把 main() 函数里面写着 inchesToFeet(inches) 的那个地方换成 inchesToFeet() 函数的实际执行结果，也就是说，它会把 inchesToFeet() 函数返回的值赋给 feet 变量（也可以说复制到 feet 变量里面）。

刚才那段代码是把 feet 变量的声明语句跟赋值语句分成两行来写的：

```
double feet = 0.0;
feet = inchesToFeet( inches );
```

其实这两行代码可以合并成一行：

```
double feet = inchesToFeet( inches );
```

合并之后的这条语句声明了一个叫作 feet 的 double 型变量，并且用 inchesToFeet(inches) 所返回的执行结果初始化该变量。

4.6 小结

变量是一种存储值的方式，我们可以把相关类型的值保存在这种类型的变量里面。我们需要通过变量的名称来指代该变量。声明变量时，程序会给该变量分配内存空间，让它在生命期内能够占据这块空间。变量的生命期取决于你是在哪里声明这个变量的。如果你是在某个语句块里面声明的，那么它就只存在于程序执行这块语句的过程中（也就是说，只存在于相应的 { 与 } 之间）。变量的值可以在程序的执行过程中变化，与之相对的量叫作常量，它一旦得到取值，就不能再修改了。还有一种量叫作字面量，它的值绝对不会发生变化。

声明变量（与常量）的时候必须明确指出它的类型。C 语言能够根据某些值的用法推断该值所属的类型。例如字面值就是这样，它是一种固定不变的值，编译器会根据它的写法与用法来推断该值所属的类型。

变量的值只能通过赋值来修改。我们在声明变量或常量时，可以通过初始化来给这个变量或常量设定初始值。以后如果要修改变量的值，那么就只能通过赋值来完成。赋值有许多种方式，我们可以直接赋值，也可以用函数的返回值来赋值，还可以在调用函数时把某个值传给函数的某个参数，以便将该值赋予该参数。程序会把这样的值复制到这个参数里面，并在函数返回之后丢弃该参数。

你现在可能会问：除了简单地复制之外，我们还能怎样操作变量？其实，我们可以把表达式的求值结果赋给变量，C 语言提供了许多运算符，让我们能够编写出各种表达式。这正是下一章要讲的内容。

第 5 章 Chapter 5

运算符与表达式

我们现在已经学会了怎样把值保存到变量里面，以及如何从变量中获取值，这两种操作都是相当重要的，然而除此之外，我们还可以对值做出许多处理。我们想用这样一些方式来操作计算机程序里面的值，让程序能够在日常生活中通过这些值实现出有用的功能，比方说，计算到餐馆吃饭花了多少钱，计算距离奶奶家有多远以及过去需要多长时间等。

某个值或某些值支持哪些操作完全取决于它们的数据类型。你能够对某种类型的数据执行某项操作并不意味着该操作也必定适用于另外一种数据。本章要讲解我们能够对值所执行的各种操作。

本章涵盖以下话题：

- 什么是表达式？什么是运算符？
- 我们能够在数字值上执行哪些运算？在操作这种值时应该特别注意哪些问题？
- 如何将某种类型的值转换成另一种类型的值？（什么是隐式类型转换？什么是显式类型转换？）
- 我们能够对字符执行哪些操作？
- 有哪些办法能够比较两个值之间的关系？
- 编写一款打印真值表（truth table）的程序。
- 研究一段范例代码，以了解怎样执行简单的位操作。
- 学习如何使用条件运算符。
- 了解什么是序列运算符（也叫逗号运算符）。
- 学习如何使用复合的赋值运算符。
- 了解如何在一条表达式里面给多个变量赋值。
- 学习使用自增运算符与自减运算符。

- ❑ 编写一款程序，以演示如何通过括号来表达自己想要的求值顺序。
- ❑ 了解各种运算符之间的求值顺序，并懂得我们为什么最好不要依赖这样的顺序来编写代码（如果不依赖这种顺序，而是通过括号来明确表达自己想要的求值顺序，那么程序写起来会更加容易）。

5.1 技术要求

详情请参见本书 1.1 节。本章还是要求大家继续使用早前选定的工具来学习。

本章的范例代码也可以从 `https://github.com/PacktPublishing/Learn-C-Programming` 访问获取。

5.2 表达式与运算符

什么是表达式？简单地说，表达式就是用来表示我们想要如何对某个值执行运算的一种式子。前面在讲函数和返回值的时候已经用到了表达式。本章要关注的是 C 语言里面比较基础的算术运算符，包括加法、减法、乘法与除法运算符。这些运算符在其他编程语言里面也很常见。另外，我们还要学习 C 语言里面的另一些运算符，包括自增 / 自减运算符、关系运算符（也称比较运算符）、逻辑运算符、位运算符等。然后，我们要学习各种形式的赋值运算符。最后，我们要了解 C 语言里面的几个特殊运算符，例如条件运算符与序列运算符（也称逗号运算符），这些运算符在其他编程语言里面不太常见。

本章要讲的表达式是由一个或多个值搭配运算符而构成的。表达式可以作为一条完整的语句单独出现，也可以与其他表达式一起，形成一条复杂的语句。某些运算符可以施加在一条表达式上，另一些运算符则用来连接多个表达式，这些表达式可以是简单的表达式，也可以是复杂的表达式：

- ❑ 5 这样的字面值是一条字面表达式（literal expression），该表达式的求值结果就是 5 本身。
- ❑ 5 + 8 这样的算式是一条算术表达式（arithmetic expression），它由两个简单的表达式（也就是 5 与 8 这两个字面量所分别形成的两条字面表达式）与一个算术运算符（也就是加法运算符）构成。该表达式的求值结果为 13。
- ❑ 5 + 8 - 10 这样的表达式比前面两种都复杂。它实际上是由两条表达式（也就是算术表达式 5 + 8 与字面表达式 10）及一个算术运算符（也就是减法运算符）组合而成的。程序需要先求出第一条表达式的值，然后在这个值与第二条表达式的值之间，做减法运算。
- ❑ `5;` 这样的写法是一条表达式语句（expression statement），这条语句里面只有一个表达式（也就是字面表达式 5），只要求出了这个表达式的值，这条语句就算执行完了，程序可以继续执行下一条语句。还有一种形式的表达式语句更有意义，也就是

aValue = 5; 这样的语句，这条语句里面有两个表达式需要求值，第一个表达式是字面表达式 5，求出这个表达式的值之后，程序还需要对 aValue = 5 这个赋值表达式求值，为此，它需要将赋值运算符（也就是 = 号）右边的值赋给左边的 aValue 变量。

表达式里面的值，可以是下面三种值之一：

- ❑ 字面常量
- ❑ 变量值或常量值
- ❑ 调用某函数后所得到的返回值

下面这条表达式把这三种值全都用了一遍：

```
5 + aValue + feetToInches( 3.5 )
```

考虑下面这样一条语句：

```
aLength = 5 + aValue + feetToInches( 3.5 );
```

这条语句实际上需要执行 5 项操作：

- ❑ 从 aValue 变量中获取该变量的值。
- ❑ 调用 feetToInches() 函数。
- ❑ 把字面值 5 与 aValue 的值相加，得到一个中间结果。
- ❑ 将这个中间结果与调用函数所得到的结果相加，得到另一个中间结果。
- ❑ 把刚才得到的中间结果赋给 aLength 变量。

还有一种写法也能得到相同的结果，也就是把刚才那条复杂的语句拆分成下面三条简单的语句：

```
aLength = 5;
aLength = aLength + aValue;
aLength = aLength + feetToInches( 3.5 );
```

这种写法分别对不同的表达式求值，并将求值结果与 aLength 当前的值相加，然后赋回给 aLength 变量本身。这么写总共需要执行三次赋值。这种写法不需要计算临时的中间结果，因为我们明确地写出了每一个步骤，我们先把当前这个步骤的结果记录到 aLength 里面，然后再用这个值去执行下一个步骤。

下面我们编写一个简单的程序 calcLength.c，这个程序把刚才说的那些简单表达式与复杂表达式全都演示了一遍。代码如下：

```
#include <stdio.h>

int feetToInches( double feet )
{
  int inches = feet * 12;
  return inches;
}

int main( void )
{
```

```
    int aValue   = 8;
    int aLength  = 0;

    aLength = 5 + aValue + feetToInches( 3.5 );
    printf( "Calculated length = %d\n" , aLength );

    aLength = 5;
    aLength = aLength + aValue;
    aLength = aLength + feetToInches( 3.5 );
    printf( "Calculated length = %d\n" , aLength );
}
```

这个程序会把三个值加起来以确定 aLength 的取值，这三个值分别是字面值 5、变量值 aValue 以及调用 feetToInches() 函数所返回的值。然后，程序把 aLength 的值打印到控制台。这个程序本身并没有太大的作用，因为我们看不出要计算的是个什么结果，也不清楚为什么要选用这样几个值来计算这个结果。该程序的重点在于：同一个 aLength 变量，可以有两种计算方式。除了写一条复杂的语句把三个值加起来，我们还可以分别采用三条简单的语句来完成。

现在请你创建一个名叫 calcLength.c 的文件，把刚才那段代码录入该文件，然后保存并编译，最后运行程序。你应该会看到这样的输出结果。

```
> cc calcLength.c -o calcLength
> calcLength
Calculated length = 55
Calculated length = 55
> 
```

大家都看到了，用三条语句来计算 aLength 要比用一条语句更啰嗦，但这并不意味着篇幅比较长（或比较短）的那种写法是错误的，也不意味着其中某个写法比另一个高明。如果要做的计算比较简单，那么合起来写到一条语句里面可能较为清晰。如果要做的计算比较复杂，那还是拆分成多个步骤更好。具体怎样写需要仔细思考，你需要在缩短代码行数与提升清晰程度之间寻找平衡。如果二者不能兼顾，那宁可选择清晰一些但是篇幅稍长的写法。

5.3 在数字值上执行运算

我们可以对数字型的值执行基本的算术运算（arithmetic operator），这包括加法（+）、减法（-）、乘法（*）与除法（/）。这些运算都是二元运算，也就是说，需要有两个数字表达式参与。这四种运算既适用于整数，也适用于实数。两个实数相除结果仍为实数。两个整数相除结果仍为整数，这意味着，如果有小数部分，那么这一部分会遭到丢弃。另外还有一个运算符叫作模运算符（%，也称为求余运算符（remainder operator）），用来计算两个整数相除的余数。

比方说，12.0 / 5.0 的结果是 2.5（因为 12.0 与 5.0 都是实数，所以结果也用实数来表示），但 12 / 5 的结果则是 2（因为 12 与 5 都是整数，所以结果也用整数来表示）。如果我们要计算 12 与 5 这两个整数相除的余数，那么可以使用求余运算符 %。12 % 5 的结果，是整数 2。

许多编程语言都有求幂的运算符，但 C 语言没有。在 C 语言中，要想对某个表达式执行幂运算，可以利用 C 语言标准库所提供的 `pow( x , y )` 函数。这个函数的原型是 `double pow( double x , double y );`。它会求出 x 的 y 次方（也就是 x 的 y 次幂），并把求值结果表示成 `double`（双精度浮点数）。要想使用这个函数，你应该在自己的程序文件里包含 `<math.h>` 头文件，因为该函数的原型是在这份头文件里声明的。

我们现在新建一个叫作 `convertTemperature.c` 的文件，并且在里面编写这样两个有用的函数，也就是 `celsiusToFahrenheit()` 与 `fahrenheitToCelsius()`：

```
  // Given a Celsius temperature, convert it to Fahrenheit.
double celsiusToFahrenheit( double degreesC )
{
  double degreesF = (degreesC * 9.0 / 5.0 ) + 32.0;
  return degreesF;
}

  // Given a Fahrenheit temperature, convert it to Celsius.
double fahrenheitToCelsius( double degreesF )
{
  double degreesC = (degreesF - 32 ) * 5.0 / 9.0 ;
  return degreesC;
}
```

这两个函数都接受一个 `double` 型的参数，并把转换后的值作为 `double` 返回给调用方。这些函数里面有几个地方需要注意。

首先，函数中的那两行代码本来是可以合起来写成一行的，例如第一个函数可以写成：

```
return (degreesC * 9.0  / 5.0 ) + 32;
```

另一个函数也是这样：

```
return (degreesF - 32 ) * 5.0 / 9.0;
```

许多程序员都会这么写，但这其实并没有节省多大的空间，而且你熟悉编程之后就会发现，这样写不仅没有好处，而且会给调试造成困难，让你在使用调试器（debugger）调试程序时耗费更多的时间（如何用调试器来调试程序，是一个比较高级的话题）。

另外，还有许多开发者会把这两个函数改用 `#define` 指令来实现，也就是把它们定义成宏符号（macro symbol，这又是一个比较高深的话题）：

```
#define celsiusToFahrenheit( x )  ((x * 9.0  / 5.0 ) + 32)
#define fahrenheitToCelsius( x )  ((x - 32 ) * 5.0 / 9.0)
```

采用宏的形式来模拟函数可能是比较危险的，因为这种做法忽略了类型信息，导致我们所编写的这个展开式（例如 `((x * 9.0 / 5.0 ) + 32)`）未必适用于程序中的每一个 `x`。在用预处理指令定义这种符号时必须特别小心，以免产生意外的结果。总之，无论是把两行语句合并成一行，还是改用预处理指令来实现，都有可能引发问题，因此，我们不应该仅为了少打几个字就采用这两种有问题的写法。

> 开发者总是喜欢多用——甚至滥用——预处理指令，这会给程序带来许多风险。如果你考虑到某种原因，确实很想使用这种指令，那么请参看 24.4.2 节。

第二个应该注意的地方在于，我们用群组运算符（grouping operator，也就是算式中的括号）来确保计算机总是能按照我们想要的顺序来求值，而不是依照各运算符之间的默认顺序求值。目前大家只需要记住：算式里面由 (与) 括起来的这一部分总是会优先求值。具体的细节放在本章后面再讲。

说完这两个函数之后，我们就可以把程序中的其他代码列出来了。请将这些代码也写在 convertTemperature.c 文件里面，并放在那两个函数的定义之前：

```
#include <stdio.h>

double celsiusToFahrenheit( double degreesC );
double fahrenheitToCelsius( double degreesF );

int main( void ) {
  int c = 0;
  int f = 32;
  printf( "%4d Celsius    is %4d Fahrenheit\n" ,
          c , (int)celsiusToFahrenheit( c ) );
  printf( "%4d Fahrenheit is %4d Celsius\n\n"  ,
          f , (int)fahrenheitToCelsius( f ) );
  c = 100;
  f = 212;
  printf( "%4d Celsius    is %4d Fahrenheit\n" ,
          c , (int)celsiusToFahrenheit( c ) );
  printf( "%4d Fahrenheit is %4d Celsius\n\n"  ,
          f , (int)fahrenheitToCelsius( f ) );
  c = f = 50;
  printf( "%4d Celsius    is %4d Fahrenheit\n" ,
         c , (int)celsiusToFahrenheit( c ) );
  printf( "%4d Fahrenheit is %4d Celsius\n\n"  ,
         f , (int)fahrenheitToCelsius( f ) );
  return 0
}

// function definitions here...
```

把所有内容都准备好之后，我们保存这份文件，然后编译并运行程序。你应该会看到类似下面这样的输出结果。

```
> cc convertTemperature.c -o convertTemperature
> convertTemperature
   0 Celsius    is   32 Fahrenheit
  32 Fahrenheit is    0 Celsius

 100 Celsius    is  212 Fahrenheit
 212 Fahrenheit is  100 Celsius

  50 Celsius    is  122 Fahrenheit
  50 Fahrenheit is   10 Celsius

> 
```

请大家注意观察，我们是如何采用特定的输入值来验证这两个函数的。首先，选用水的冰点所对应的摄氏温度作输入值，看看第一个函数能不能把它正确地换算成华氏温度。然后选用冰点对应的华氏温度作输入值，看看第二个函数能不能把它正确地换算成摄氏温度。接下来，用水的沸点所对应的摄氏与华氏温度作输入值，把这两个函数测试了一遍。最后，选一个简单的中间值（也就是 50）作为输入值，再把这两个函数测一遍。

你可能会问，如果程序想使用 `double` 类型之外的值来调用这两个温度换算函数，那应该怎么办？在这种情况下，有些人可能会尝试创建多个版本的换算函数，让这些同名函数在参数与返回值的类型上有所区别，以适应各种用法。然而，这种方案在 C 语言中行不通，因为 C 语言不允许两个函数重名，就算它们在参数与返回值的类型上有所区别也不行。尝试编译 `convertTemperature NoNo.c` 程序，看看会得到什么错误。

C 语言只通过函数的名称来区分函数，其他因素（例如参数的个数以及参数与返回值的类型等）都不足以区分两个函数。因此，如果你已经写了一个返回值为某类型，且带有两个参数的函数，那么即便你想写一个返回值为另一种类型，且不带任何参数的同名函数，C 语言也不会允许你这样做。

有些人可能想把参数与返回值的类型嵌入函数名称中，以区分同一系列的各个函数，例如，参数类型为 `double` 且返回值类型为 `int` 的版本叫作 `fahrenheit`**`Dbl`**`ToCelsius`**`Int`**`()`，参数类型为 `int` 且返回值类型为 `double` 的版本叫作 `fahrenheit`**`Int`**`ToCelsiusDbl()`。像这样给参数与返回值之间的每一种组合方式都声明并定义相应的函数版本是相当枯燥的。而且，这种写法也让函数变得特别难用。我们可能会打错函数的名称，也可能会在调用函数时传入类型错误的参数，这些都会让编译器报错，对于一款庞大或者复杂的程序来说，这会让我们花费许多时间去应对这些错误。那么，我们在 C 语言里面究竟应该怎样做才好呢？

别急！我们在下一节就会讲到这个话题，到时还会有一款完整的程序，给大家演示怎样使用各种类型的参数来调用这些函数。

执行数字运算时需要特别注意的问题

针对数字值执行运算时，必须考虑到输入值与输出值的范围。每一种数值类型都有它所能取到的最大值与最小值。这些值定义在 C 语言标准库的 `limits.h` 头文件里面，该文件所写的具体大小跟你当前使用的操作系统也有一定关系。

编写程序的时候，你必须确保代码对某个值所执行的算术运算，其结果不会超出该值所属的数据类型所能容许的取值范围，或者说，你必须检查输入值是否有效，以防止由于无效输入而产生的无效输出。有三种情况可能会让 C 程序在运行的过程中，因为遇到无效的输出值而崩溃，这三种情况是：运算结果为 NaN（Not a Number）、运算发生下溢（underflow），以及运算发生上溢（overflow）。

NaN

NaN是一种表示运算结果的方式，用来指出某项运算的结果是未定义的（undefined），或者无法表示成数字。

考虑这样一个算式：$y = 1 / x$。如果x从数轴正向趋近原点，那么y的值会怎样变化？当x从右侧无限趋近于0的时候，y的值趋近于正无穷。如果x从数轴负向趋近原点，那么y的值又会怎样变化？当x从左侧无限趋近于0的时候，y的值会趋近于负无穷。从数学上来说，这个函数在x为0时具备不连续性（discontinuity），也就是说，这个函数在x为0时的取值是无法求出的。x从左、右两个方向分别趋近于0点时，y值的虽然都是无穷大，但正负号不同，一个是负无穷大，一个是正无穷大。因此，1 / 0这样的算式在数学上是没有定义或者未定义的，计算机用NaN表示这种算式的结果。

还有一些情况也会导致NaN，比方说，你要对实数做某种运算，而这种运算的结果必须用复数才能表示出来，例如对负值取平方根，或者计算负值的对数。此外，对于某些反三角函数来说，如果该函数在你传入的这个参数点上不连续，那么就会导致运算结果为NaN。

下溢NaN

下溢是指某项算术运算的结果太小，因而没办法表示成某种类型的值。

对于整数来说，下溢有两种情况，一种是针对无符号的（`unsigned`）整数而言的，也就是说，由于计算结果小于0，因此没办法表示成无符号的整数。另一种是针对带符号的（`signed`）整数而言的，也就是说，计算结果是个很“大”的负数，比这种整数所能表示的最“大”负数还“大”（这里的大是指去掉负号的那一部分，如果带上负号，那么从数学上来看应该叫作“小”，例如 −2 小于 −1）。

对于实数来说，下溢指的是计算结果跟0特别接近（或者说，计算结果是个很小的小数），以致无法予以表示。比方说，把一个很小的数跟一个很大的数相除，或者把两个很小的数相乘，就有可能出现下溢。

上溢NaN

上溢是指某项运算的结果太大，比某种类型所能表示的最大值还大。

如果让两个特别大的数相加或相乘，或者用一个特别大的数除以一个特别小的数，那么就有可能发生上溢。

精度

用实数执行运算的时候，需要考虑参与运算的两个实数在数量级上的差距。如果其中一个特别大（这种数用科学计数法来表示的时候，指数部分是个很大的正整数），而另外一个特别小（这种数用科学计数法来表示的时候，指数部分是个很大的负整数），那么在这两个数之间执行运算时，就有可能让人看不出运算结果与其中一个数有何差异，或者会让运算结果变成NaN。比方说，如果把这个很大的数跟这个很小的数相加或相减，那么计算出来的结果可能跟计算之前的这个大数没有什么明显的区别。如果把这个很大的数与这个很小的数相乘或相除，那么计算结果可能会无法表示，因而变成 NaN。把一个特别小的值加到一个特别大的值上是不会让这个值产生明显变化的，因此，这样运算会导致精度丢失，也就是说，会让计算结果不够精确或不够准确。

只有当两个值在数量级上比较接近时，运算结果才有可能处于合理的范围之内，从而能够准确地进行表示。

我们现在可以用多达 64 个二进制位来表示整数，并用多达 128 个二进制位来表示实数，因而能够表示出相当庞大的值，这些值已经超出了普通人所能想象的范围。但问题在于，我们所遇到的许多程序代码通常使用的还是那种范围比较有限的数据类型（而未必总是会选用范围最大的类型来表示整数及浮点数），因此，我们依然需要注意这样的程序代码能否给出准确的计算结果。

5.4　类型转换

C 语言提供了类型转换机制，可以把值从一种类型转换成另一种类型。如果转换之后没有丢失精度，或者说，转换之后的值跟转换之前完全相等，那么程序就可以使用转换之后的值正确地往下运行。然而要注意的是，有时即便转换之后丢失了精度，或者说，转换之后的值跟转换之前不完全相等，C 语言的编译器也不会主动发出警告。

5.4.1　隐式类型转换

如果某条表达式里面的两个操作数（operand）不是同一个类型，那么程序会如何处理呢？比方说，把 `int` 型的值与 `float` 型的值相乘，或把 `short` 型的值与 `double` 型的值相减。

为了回答这个问题，我们重新看看第 3 章的 `sizes_ranges2.c` 程序。那个程序当时演示了各种数据类型所占据的字节数，有的占一个字节，有的占两个字节，有的占四个字节，还有很多类型占八个字节。

如果 C 语言发现表达式里面有不同类型的数据，那么首先会对（字节数）较小的那种数据做隐式转换（implicit conversion），把它转成（字节数）最大的那种数据所属的类型。这种转换是想把该数据从取值范围比较窄的类型转化成取值范围比较宽的类型。

考虑下面这段代码中的算式：

```
int    feet  = 11;
double yards = 0.0;
yards = feet / 3;
```

在这个算式中，`feet` 变量与字面量 `3` 都是整数值，因此，这个除法表达式的结果也是整数。程序把这个整数赋给 `yards` 变量时，会将其隐式地（也就是自动地）转化成 `double`

类型，这样 double 的值就是 3.0，这显然跟我们想要的结果不符。这个算式有两种修改办法，一种是把 feet 手工转换成 double 型，另一种是把字面量 3 改为 3.0：

```
yards = (double)feet / 3;

yards = feet / 3.0;
```

第一条语句先把 feet 变量的值手工转换成 double 类型，然后再做除法，这样计算出来的结果也是 double 类型。第二条语句采用 3.0 作除数，这是一个 double 型的字面量，因此 feet 变量与它相除的结果也是 double 类型。无论你采用哪一条语句来写程序，它都会把计算结果直接赋给 yards 变量，而不像刚才那样，必须先把结果从 int 型转为 double 型，然后再赋值。现在的计算结果是 3.666667，这与我们预想的相符。

你在调用函数时所传的实参值，如果跟函数定义中所写的参数类型不符，那么程序也会试着执行隐式类型转换。

像这样把值从某个较小的类型转换成较大的类型是很简单的，例如把整数值从某个表示范围比较窄的类型，转换成某个表示范围比较宽的类型，或者把小数从单精度浮点数类型转换成双精度浮点数类型。

我们考虑下面这段函数声明与调用代码：

```
long int add( long int i1 , long int i2 )  {
  return i1 + i2;
}

int main( void )  {
  unsigned char b1 = 254;
  unsigned char b2 = 253;
  long int r1;
  r1 = add( b1 , b2 );
  printf( "%d + %d = %ld\n" , b1 , b2 , r1 );
}
```

add() 函数有两个参数，它们的类型都是 long int，占 8 个字节。我们在调用 add() 函数时传入的那两个变量（也就是值为 254 的 b1 变量与值为 253 的 b2 变量）其类型只占 1 个字节。因此，程序会把这两个变量的值从 unsigned char 隐式地（也就是自动地）转换成 long int，然后将转换后的值分别复制到 add() 函数的 i1 参数与 i2 参数里面。调用完函数之后，得到的结果是 507，这个结果是正确的。

许多整数值都可以顺利转换成单精度型（float）或双精度型（double）的浮点数值。如果你把 int 型的整数（这种整数占 4 个字节）与 float 型的浮点数（这种浮点数也占 4 个字节）相乘，那么程序就会执行隐式转换，它会把 int 值转换成 float 值。这种乘法表达式的结果默认也是 float 型。

如果你把 short 型的整数值（这种值占 2 个字节）与 double 型的浮点数值（这种值占 8 个字节）相减，那么程序会对 short 值做两次转换，首先把它转换成 long 类型的整数值（这种值占 8 个字节），然后再将这个 long 类型的整数值转换成 double 型的浮点数值。这样一条减法表达式的结果默认是 double 类型。如果这条减法表达式是某个复合表达式中的一部分，那么程序可能还会对减法表达式的结果继续做出转换。具体怎么转，要看复合表达式里的下一项运算所涉及的操作数有没有明确指定类型。如果明确指定了，那么程序可能把结果转换成那个操作数所属的类型；如果没有明确指定，那么程序会把结果转换成各操作数里面取值范围最宽的那个类型。

然而，如果你把表达式的结果（无论这种结果的类型是你明确指定的，还是程序根据 C 语言的默认规则所确定的）赋给某个取值范围比较小的变量，那么就有可能导致数据不准确（这也叫作精度丢失）。对于整数来说，这样做会导致权重较高的那些二进制位丢失。例如将 32000000（二进制形式为 00000001 11101000 01001000 00000000）这样的 int 值（这种值占 4 个字节）转换成 char 类型的值（这种值占 1 个字节），结果肯定是 0。因为权重较高的那 24 个二进制位，或者说，权重较高的那 3 个字节，会在转换之后丢失。对于实数来说，这种转换会造成截取（truncation）误差或舍入（rounding）误差。把 double 型的浮点数转化成 float 型的浮点数会引发舍入或截取，具体情况要看编译器的实现方式。把 float 型的浮点数转化成 int 型的整数会导致小数部分丢失，因为这一部分在转换时被截断了。

考虑下面这段代码：

```
long int add( long int i1 , long int i2 )  {
  return i1 + i2;
}
int main( void )  {
  unsigned char b1 = 254;
  unsigned char b2 = 253;
  unsigned char r1;
  r1 = add( b1 , b2 );
  printf( "%d + %d = %ld\n" , b1 , b2 , r1 );
}
```

这段代码跟早前那段相比只有一个区别，就是 r1 变量的类型不同。它现在成了一个单字节的 unsigned char 型变量。程序执行这段代码时会先把 b1 与 b2 的值拓宽成 long int 型，然后传入 add() 函数并得到一个 long int 型的结果，但由于这次接收该结果的变量 r1 是一个单字节的类型，因此程序必须将 long int 型的结果截取为一个字节，以便赋给 r1。这样计算出来的结果是 252，这个结果是错误的。

如果你要编写的表达式比较复杂，而你又要求计算结果必须相当精确，那么在计算的过程中，最好把操作数转化成其中最宽的那种数据类型，等到有了最终的结果，再将其转换成比较窄的类型。

我们写一个简单的程序来测试一下。我们在这个 truncRounding.c 程序里面定义两个函数，一个接受 double 值作参数，并将其打印出来，另一个接受 long int 值作参数，并将其打印出来。通过这个程序，我们可以看到 C 语言会如何将调用函数时所传入的参数值转换成函数定义里面所要求的那种类型：

```
#include <stdio.h>

void doubleFunc(  double   dbl );
void longintFunc( long int li );

int main( void ) {
  float floatValue    = 58.73;
  short int intValue = 13;
  longintFunc( intValue );
  longintFunc( floatValue ); // possible truncation

  doubleFunc( floatValue );
  doubleFunc( intValue );

  return 0;
}

void doublFunc( double dbl ) {
  printf( "doubleFunc %.2f\n" , dbl );
}

void longintFunc( long int li ) {
  printf( "longintFunc %ld\n" , li );
}
```

我们还没有讲解怎样用 printf() 函数打印各种形式的值，大家现在只需要知道：%.2f 这个格式说明符的意思是把 double 值显示到小数点后面第 2 位；%ld 这个格式说明符的意思是显示一个长整数（long int）。详细的含义我们会在第 19 章讲解。

请大家录入这段代码，然后保存文件，最后编译并运行程序。你应该会看到类似下面这样的输出信息。

```
> cc truncRounding.c -o truncRounding -std=c11 -Wall -Werror
> truncRounding
longIntFunc   13
longIntFunc   58
doubleFunc 58.73
doubleFunc 13.00
> 
```

请注意，程序在调用 longintFunc(floatValue) 时需要把 58.73 转换成 long int 型的整数。这时它并没有根据小数点后第一位做四舍五入，而是直接丢弃小数部分。这种处理方式称为截取（truncation），也叫作截断或截尾。程序在调用 doubleFunc(intValue) 时需要把 58 这样的 short int 值转换成 double 值，这个转换是没有问题的，另外，程序在执行 doubleFunc(floatValue) 时要把 float 值转换成 double 值，这个转换也没有问题。

另外还要注意，虽然把 float 转为 long int 会丢失精度，但编译器在编译 truncRounding.c 这个源代码文件的时候并没有报错[⊖]，而且我们在运行编译之后的程序时也不会看到警示信息。

⊖ 如果使用 gcc 来编译这份文件，并加上 -Wconversion 选项，那么编译器就会对有可能导致值发生变化的隐式转换现象给出警告。——译者注

5.4.2　显式类型转换

隐式类型转换可能会出现错误的或者不符合我们期望的结果。为了避免这种现象，我们可以显式地改变某个值的类型，然而这只是一种临时措施，并不影响 C 语言默认的处理规则。这样的类型变化操作称为 casting⊖。它的意思是说，我们把某个变量的值显式地（明确地）转换成另一种类型，让它临时当作那种类型的值来使用。这项操作并不会修改变量本身的类型与取值。

我们可以给任何一个表达式（或者变量）前面添上（type），继而将这个表达式的值从它的显式类型转换为 type 类型，这种转换只在程序执行这个表达式的过程中有效，一般来说，这意味着这种转换只在程序执行该表达式所在的那条语句时有效。这个操作不会修改变量的显式类型，也不会修改该变量的取值。下面我们写一个名为 casting.c 的范例程序：

```
#include <stdio.h>

int main( void ) {
  int numerator    =  33;
  int denominator  =   5;
  double result    = 0.0;
  result = numerator / denominator;
  printf( "Truncation: %d / %d = %.2g\n" ,
          numerator , denominator , result );
  result = (double) numerator / denominator;
  printf( "No truncation: %.2f / %d = %.2f\n" ,
         (double)numerator , denominator , result );

  result = numerator / (double)denominator;
  printf( "               %d / %.2f = %.2f\n" ,
          numerator , (double)denominator , result );
  return 0;
}
```

请录入这段代码，然后保存文件，最后编译并运行 casting.c 程序。你应该会看到类似下面这样的输出信息。

```
> cc casting.c -o casting
> casting
Truncation:     33 / 5 = 6
No truncation: 33.00 / 5 = 6.60
                33 / 5.00 = 6.60
> 
```

在 casting.c 程序中，第一条除法表达式没有做手工类型转换，而且程序也不会自动转换这两个操作数的类型，因此，它们相除的结果依然是整数，不会带有小数部分。程序在把这个结果赋给 result 变量时会自动将其转换成 double 类型，但这并不会让除法所产生的小数部分也出现在 result 里面，因为程序刚才执行的是整数除法，这种除法本身就不考虑商的小数部分。第二与第三条除法表达式都将其中一个操作数手工转换为

⊖ 俗称强制类型转换。本书酌情译为手工类型转换或手动类型转换。——译者注

double 类型，从而使程序将另一个操作数也自动地（隐式地）转换为 double，以便在两个 double 值之间执行实数除法。这样算出来的商同样是 double 类型，把这种值赋给 double 型的 result 变量不会引发截取（也叫截断或截尾）现象。

对 numerator 或 denominator 变量值所做的手工类型转换，只在程序执行到该值所处的表达式时生效，而不会永久地修改这两个变量值的类型。

5.5 字符型数据支持的操作

字符在程序内部也使用整数来表示，因此，凡是能够施加在整数上的操作都可以施加在字符上。然而，在这些操作中，只有一部分能够产生有意义的结果，这指的就是加法型的操作（也叫作加性操作，具体来说，就是算术加法与算术减法）。两个字符值相乘或相除虽然不违背 C 语言的语法，但这种结果是没有实际意义的。在涉及 char 的加法与减法操作里面，比较有用的是下面这三种：

- ❑ 把两个 char 值相减的结果当作 int 值使用。
- ❑ 把 char 值与 int 值相加的结果当作 char 值使用。
- ❑ 把 char 值与 int 值相减的结果当作 char 值使用。

大家要注意，char 类型只是一个无符号的字节，因此，如果加法或减法的结果超出了 0 至 255 的范围，那么就会产生意外的结果，因为权重较高的某些二进制位会被截掉[⊖]。

有一种需求经常促使我们对字符做加减法，这就是大小写转换。大写字符（大写字母）加上 32 就可以转换成小写。小写字符（小写字母）减去 32 就可以转换成大写。下面这个 convertUpperLower.c 程序就演示了如何在大写与小写之间转换：

```
#include <stdio.h>

int main( void ) {
  char lowerChar = 'b';
  char upperChar = 'M';

  char anUpper = lowerChar - 32;
  char aLower  = upperChar + 32;

  printf( "Lower case '%c' can be changed to upper case '%c'\n" ,
          lowerChar , anUpper );
  printf( "Upper case '%c' can be changed to lower case '%c'\n" ,
          upperChar , aLower );
}
```

从小写字母 'b' 中减去 32 就得到大写字母 'B'，给大写字母 'M' 加上 32 就得到小写字母 'm'。我们会在第 15 章详细讲解与字符有关的问题。

⊖ 实际上，char 类型是带符号的还是无符号的，应该由 C 语言的每一种具体实现来决定。这段话可以理解成：对 char 类型所做的加减法，其结果不应超出一个字节所能表示的范围。——译者注在编辑器里新建一个名叫的 convertUpperLower.c 文件，并录入上述代码。然后编译程序并在终端窗口运行。我们会看到类似下面这样的输出。

```
> cc convertUpperLower.c -o convertUpperLower -std=c11 -Wall -Werror
> convertUpperLower
Lower case 'b' can be changed to upper case 'B'
Upper case 'M' can be changed to lower case 'm'
> 
```

还有一种需求经常促使我们在两个字符之间相减，这就是把数位（也就是 '0'～'9' 这十种字符）转换成它所对应的实际数值（也就是 0～9）。字符 '0' 的值在计算机里是用某个整数来表示的，但这个整数并不是 0 本身。为了把该字符转换成零值，我们只需要从中减去 '0' 就可以了（其他 9 个数位也是这样，只要跟 '0' 相减，就能得出该数位所对应的字符与 '0' 这个字符之间的差距，从而实现转换）。下面这个 convertDigitToInt.c 范例程序便演示了这种用法：

```
#include <stdio.h>

int main( void ) {
  char digit5 = '5';
  char digit8 = '8';

  int sumDigits = digit5 + digit8;
  printf( "digit5 + digit8 = '5' + '8' = %d (oh, dear!)\n" ,
  sumDigits );

  char value5 = digit5 - '0'; // get the numerical value of '5'
  char value8 = digit8 - '0'; // get the numerical value of '8'
  sumDigits = value5 + value8;
  printf( "value5 + value8 = 5 + 8 = %d\n" ,
          sumDigits );
}
```

如果直接把两个数位所对应的那两个字符加起来，那么很可能出现奇怪的结果。但如果先把这两个数位分别转换成实际的数值，然后再相加，那么结果就是正确的。

请在编辑器里新建一份名叫 convertDigitToInt.c 的文件，并录入上述代码。然后编译程序并在终端窗口运行。你会看到类似下面这样的输出。

```
> cc convertDigitToInt.c -o convertDigitToInt -std=c11 -Wall -Werror
> convertDigitToInt
digit5 + digit8 = '5' + '8' = 109 (oh, dear!)
value5 + value8 = 5 + 8 = 13
> 
```

字符与计算机表示该字符时所用的值有何关系，我们会在第 15 章详细讲解。

5.6　逻辑运算符与关系运算符

早期的 C 语言没有明确定义布尔（又写作 bool）数据类型，以表示 true 与 false

这样的真值和假值。那时，C语言会把零值默认为假，并把不是0的值默认为真，这种默认规则虽然能让我们在写代码时省略一些内容，但我们还是必须谨慎地使用，以免产生与预期不相符的结果。

后来，C语言引入了bool类型，我们只需要在源代码文件里面添加#include <stdbool.h>指令，就可以使用true与false这两个布尔值了。另外，我们自己还可以通过枚举来定义布尔值，或利用自定义的类型来表示布尔值，这两个话题分别在第9章与第10章中讲解。

C语言支持下面三种布尔运算符（也就是逻辑运算符）：

- ||：二元逻辑或（Logical OR）运算符。
- &&：二元逻辑与（Logical AND）运算符（也叫逻辑和运算符）。
- !：一元逻辑非（Logical NOT）运算符（也叫逻辑反运算符或逻辑取反运算符）。

这些逻辑运算符的结果要么是true（非零），要么是false（零值）。逻辑或（||）跟逻辑与（&&）运算符之所以连用两个相同的字符来表示，是为了同另外两种运算符相区分，那两种运算符只用单个字符来表示，也就是按位或（|）及按位与（&），它们是用来操作二进制位的，这个我们后面会简单地介绍一下。

前两种逻辑运算符可以按照下列格式来连接expressionA与expressionB这两条表达式：

```
expressionA operator expressionB
```

对于逻辑与（&&）运算符来说，如果expressionA是false，那么它就不会再去求expressionB的值（因为无论expressionB是什么值，整个表达式的结果都是false）。如果expressionA是true，那么它必须求出expressionB的值，以确定整个表达式的结果。

对于逻辑或（||）运算符来说，如果expressionA是true，那么它就不会再去求expressionB的值（因为无论expressionB是什么值，整个表达式的结果都是true）。如果expressionA是false，那么它必须求出expressionB的值，以确定整个表达式的结果。

一元的逻辑非（!）运算符直接写在某条表达式的左侧，例如!expressionC。

这个运算符会把expressionC的值自动转换成布尔值，然后把运算结果定为与该布尔值相反的另一种布尔值。因此，!true的值是false，!false的值是true。

下面我们要写一个名叫logical.c的程序，这个程序会打印三张表格，以展示每一种逻辑运算符的求值规则。这些表格叫作真值表（truth table）。我们会把结果用1或0这样的数字来展示，但实际上，它们代表的是对应的布尔值，也就是true（真）与false（假）。首先打印逻辑与（AND）运算符的真值表，这张表格用printLogicalAND()函数来显示：

```
void printLogicalAND( bool z, bool o )
{
  bool zero_zero = z && z ;
  bool zero_one  = z && o ;
  bool one_zero  = o && z ;
  bool one_one   = o && o ;

  printf( "AND | %1d | %1d\n"    , z , o );
  printf( " %1d | %1d | %1d \n"   , z , zero_zero , zero_one );
  printf( " %1d | %1d | %1d \n\n" , o , zero_one  , one_one );
}
```

接下来打印逻辑或（OR）运算符的真值表，这张表格用 `printLogicalOR()` 函数来显示：

```
void printLogicalOR( bool z, bool o )
{
  bool zero_zero = z || z ;
  bool zero_one  = z || o ;
  bool one_zero  = o || z ;
  bool one_one   = o || o ;

  printf( "OR | %1d | %1d\n"      , z , o );
  printf( " %1d | %1d | %1d \n"   , z , zero_zero , zero_one );
  printf( " %1d | %1d | %1d \n\n" , o , zero_one  , one_one );
}
```

最后打印逻辑非（NOT）运算符的真值表，这张表格用 `printLogicalNOT()` 函数来显示：

```
void printLogicalNOT( bool z, bool o )
{
  bool not_zero = !z ;
  bool not_one = !o ;
  printf( "NOT \n" );
  printf( " %1d | %1d \n"   , z , not_zero );
  printf( " %1d | %1d \n\n" , o , not_one );
}
```

请创建一份名为 `logicals.c` 的文件，并把刚才那三个函数的代码录入该文件，然后将下面这段代码写在那三个函数上方，这样就把 `logicals.c` 程序写完了：

```
#include <stdio.h>
#include <stdbool.h>

void printLogicalAND( bool z, bool o );
void printLogicalOR( bool z, bool o );
void printLogicalNOT( bool z, bool o );

int main( void )
{
  bool one = 1;
  bool zero = 0;

  printLogicalAND( zero , one );
  printLogicalOR( zero , one );
  printLogicalNOT( zero , one );
  return 0;
}
```

请保存并编译 `logicals.c` 文件，然后运行程序。你应该会看到下面这样的输出结果。

```
> cc logical.c -o logical
> logical
AND | 0 | 1
  0 | 0 | 0
  1 | 0 | 1

OR  | 0 | 1
  0 | 0 | 1
  1 | 1 | 1

NOT
  0 | 1
  1 | 0

> 
```

这些表格就是真值表。如果要对第一行中的某个值与第一列中的某个值做 `AND` 或 `OR` 运算，那你就沿着第一个值向下查，并沿着第二个值向右查，这两个方向交汇处的那个单元格指的就是这次运算的结果。例如 `1 AND 1` 等于 `1`，`1 OR 0` 等于 `1`。`NOT` 运算直接从第一列中的某个值向右查，就可以查到结果，例如 `NOT 0` 等于 `1`。

并不是所有的运算都可以用这几种逻辑运算符来实现。有时我们想判断两个值之间是否有某种关系，并把判断结果表示成 `true` 或 `false`，这样我们就可以将这个结果用在 `if` 或 `while` 结构中，以决定程序的走向。这样的判断可以由关系运算符（也称为比较运算符）来做。

关系运算符用来比较某个表达式的值与另一个表达式的值，确定它们之间是否存在某种关系。它们都是二元运算符，因此同逻辑与（`&&`）及逻辑或（`||`）运算符一样，需要写在两个表达式之间。这些运算符的计算结果都是布尔值。这样的运算符一共有 6 个：

- **>（大于）**：如果 `expressionA` 大于 `expressionB`，那么结果为 `true`。
- **>=（大于或等于）**：如果 `expressionA` 大于或等于 `expressionB`，那么结果为 `true`。
- **<（小于）**：如果 `expressionA` 小于 `expressionB`，那么结果为 `true`。
- **<=（小于或等于）**：如果 `expressionA` 小于或等于 `expressionB`，那么结果为 `true`。
- **==（等于。注意，这是两个等号，而不是一个。单个的等号是赋值运算符）**：如果 `expressionA` 等于 `expressionB`，那么结果为 `true`。
- **!=（不等于）**：如果 `expressionA` 不等于 `expressionB`，那么结果为 `true`。

等我们在后续章节里讲到 `if`、`for` 与 `while` 语句的时候，再详细讨论这些运算符。

5.7 位运算符

位运算符（bitwise operator）能够依照常用的方式操作二进制值。按位与（也叫按位和，AND，`&`）、按位或（OR，`|`）以及按位异或（XOR，`^`）运算符都会逐位比较两个操作数，以计算出结果。移位（也叫按位移动）运算符会把第一个操作数的所有二进制位向左

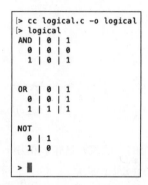

或向右移动一段距离（这段距离由第二个操作数确定）。按位取反（也叫按位求补，bitwise complement）运算符会翻转操作数的每个二进制位以确定计算结果。

我们可以拿8个、16个或32个二进制位构造一个位字段（bit field，又称位域），以便用其中的每个二进制位来充当开关（switch）或标志（flag），从而决定程序中的某项功能或特性是处于*停用*（off，0）状态，还是处于*启用*（on，1）状态。用位字段中的二进制位来启用或停用某项特性，主要的缺点在于，这些二进制位的含义只有读到了源代码之后才能明白，于是这就要求我们必须提供源代码，而且要在里面详细注明这些二进制位的意思。

目前，位运算的意义已经不像原来那样大了，因为现在的内存与CPU寄存器资源都比较充裕，而且价格比较低，另外，在目前这种情况下执行位运算，开销反而会比较大。有时我们确实需要在程序里面使用这种运算，但这样的场合并不多见。

C语言一共有6个位运算符：

- `&`：按位与（也叫按位和）。如果两个操作数对应位置上的两个二进制位都是1，那么在表示运算结果的数里，这个二进制位也是1。
- `|`：按位或。如果两个操作数对应位置上的两个二进制位至少有一个为1，那么在表示运算结果的数里，这个二进制位也是1。
- `^`：按位异或。如果两个操作数对应位置上的两个二进制位，其中一个是1而另一个不是，那么在表示运算结果的数里，这个二进制位是1。
- `<<`：按位左移。把第一个操作数的每个二进制位都向左（也就是朝着权重较高的方向）移动一段距离（这段距离由第二个操作数确定）。例如`value << 1`就相当于`value * 2`。`0010`这个二进制值，左移一位之后就变成了`0100`。
- `>>`：按位右移。把第一个操作数的每个二进制位都向右（也就是朝着权重较低的方向）移动一段距离（这段距离由第二个操作数确定）。例如`value >> 1`就相当于`value / 2`。`0010`这个二进制值，右移一位之后就变成了`0001`。
- `~`：按位取反（也叫按位求补、按位非、按位否）。把操作数的每个二进制位翻转（也就是把`1`变成`0`，把`0`变成`1`），以确定计算结果。

下面这段范例代码演示了如何用位运算符来操作位字段里面的标志：

```
 /* flag name */  /* bit pattern */
const unsigned char lowercase 1; /* 0000 0001 */
const unsigned char bold 2; /* 0000 0010 */
const unsigned char italic 4; /* 0000 0100 */
const unsigned char underline 8; /* 0000 1000 */

unsigned char flags = 0;

flags = flags | bold; /* switch on bold */
flags = flags & ~italic; /* switch off italic; */
if((flags & underline) == underline) ... /* test for underline bit 1/on? */
if( flags & underline ) ... /* test for underline */
```

除了用位字段里面的二进制位来表示各种开关，我们还可以考虑定义自己的枚举

(enumeration)类型，或采用更为明确的数据结构（例如哈希表)，这两种方案通常比位字段更好。

5.8 条件运算符

这个运算符也叫作三元条件运算符。它需要使用三个表达式，也就是testExpression、ifTrueExpression与ifFalseExpression。这个运算符的格式为：

```
testExpression ? ifTrueExpression : ifFalseExpression
```

程序在处理整个表达式的时候，要先求testExpression这一部分的值。如果是true（或者说，如果不是零值)，那么就求ifTrueExpression这一部分的值，并把求值结果视为整个表达式的值。如果是false（或者说，如果是零值)，那么就求ifFalseExpression这一部分的值，并把求值结果视为整个表达式的值。总之，ifTrueExpression与ifFalseExpression里面必然有一个需要求值，但绝对不会出现两个都需要求值的情况。

这个运算符可以用在一些比较特殊的场合，例如设定开关选项、构建字符串或者根据某项条件输出不同的信息等。下面这条语句用条件运算符判断变量len的值是不是1，如果不是，那就把表示复数的后缀字母s添加到meter这个英文单词的尾部：

```
printf( "Length = %d meter%c\n" , len, len == 1 ? '' : 's' );
```

另外，我们还可以换一种做法，也就是把单词的单数形式与复数形式完整地写出来，并且分别放在条件运算符的相应位置上（这更适合那些复数形式不规则的词)：

```
printf( "Length = %d %s\n" , len, len == 1 ? "foot" : "feet" );
```

下面这段程序演示了条件运算符的用法：

```
#include <stdio.h>

void printLength( double meters );

int main( void ) {
 printLength( 0.0 );
 printLength( 1.0 );
 printLength( 12.0 / 39.67 ); // very nearly 1 foot
 printLength( 2.5 );
}

void printLength( double meters ) {
 double feet = meters * 39.67 / 12.0;
 printf( "Length = %f meter%c\n" ,
         meters,
         meters == 1.0 ? ' ' : 's' );
 printf( "Length = %f %s\n" ,
         feet,
         0.99995 <= feet && feet < 1.00005 ? "foot" : "feet" );
}
```

在刚才的程序里面，输出英尺数所用的那条语句为什么如此复杂呢？这是因为，feet 变量的值不是直接写好的，而是通过计算得到的。由于 feet 的数据类型是 double，因此就算它本来应该是1，程序计算出来的结果也未必跟1完全相等，或者说，小数点后面不一定全都是0。我们这个程序在计算 feet 时还做了除法，所以更容易出现这种情况。为此，我们要适当放宽判定范围，把那些跟1相当接近但并不完全等于1的值也视作1。当然，这个例子比较简单，所以不用把这个范围定得太窄，我们规定，只要根据小数点后第五位做四舍五入的结果等于1（也就是等于1.0000），那么程序就认为 feet 的值应该是1，于是它就输出单数形式 "foot"。

把上面这段代码录入程序，并保存为 printLength.c 文件，然后编译并运行。你应该会看到类似下面这样的输出结果。

```
> cc printLength.c -o printLength -std=c11 -Wall -Werror
> printLength
Length = 0.000000 meters
Length = 0.000000 feet

Length = 1.000000 meter
Length = 3.305833 feet

Length = 0.302496 meters
Length = 1.000000 foot

Length = 2.500000 meters
Length = 8.264583 feet

> 
```

大家要注意，三元条件运算符虽然有用，但不能滥用，它只应该用来实现比较简单的值替换功能。下一章会讲解一种更加明确的办法，用来实现更为一般的条件逻辑。

5.9 序列运算符

有时，我们需要把一系列表达式当成一条语句来执行，而不是把它们分别写在各条语句里面。这种场合比较少见，普通的代码是不需要这样写的。

如果想这么写，那就用逗号来连接这些表达式。程序会按照从左至右的顺序计算这些表达式的值，并把最右侧的那个表达式的求值结果当作整个表达式的求值结果。

比方说，考虑下面这段代码：

```
int x = 0, y = 0, z = 0;  // declare and initialize.
...
...
x = 3 , y = 4 , z = 5;
...
...
x = 4; y = 3; z = 5;
...
...
x = 5;
```

```
y = 12;
z = 13;
```

第一行代码是把三个变量的声明与初始化写在了同一行里面，这样写完全符合语法。但问题是，对于这个程序来说，这种写法并没有太大意义，因为就目前这段代码而言，这三个变量之间的关系好像不太密切，或者说，我们好像看不出这三者之间有紧密的联系。

接下来的那行代码是给这三个变量分别赋值。这样写也符合语法，但很少需要这么做。

真正应该使用序列运算符（逗号运算符）的是那种表示迭代的结构，例如 `while()...`、`for()...` 与 `do ... while()`。这个话题我们在第7章讲解。

5.10 复合赋值运算符

我们在前面已经看到了，多个表达式之间可以形成一条复合表达式。有些表达式（例如涉及加、减、乘、除的算术表达式）经常会跟赋值表达式一起使用，以达到计算并赋值的效果，由于这种用法很常见，因此C语言专门提供了一套运算符让我们简化此类操作。这些运算符都是先在它左边的操作数与它右边的操作数之间执行某种运算，然后把运算结果赋回给左边的那个变量。

复合赋值运算符的用法是 `variable operator = expression`。

最常用的复合赋值运算符是 += 运算符，用来实现相加并赋值的效果。例如：

```
counter = counter + 1;
```

这行代码改用 += 运算符来写，就变成：

```
counter += 1 ;
```

整套复合赋值运算符共有10个：

- += 将变量与某值相加，并把结果赋回给该变量
- -= 将变量与某值相减，并把结果赋回给该变量
- *= 将变量与某值相乘，并把结果赋回给该变量
- /= 将变量与某值相除，并把结果赋回给该变量
- %= 取变量与某值相除的余数，并把结果赋回给该变量
- <<= 将变量按位左移，并把结果赋回给该变量
- >>= 将变量按位右移，并把结果赋回给该变量
- &= 对变量与某值执行按位与（按位和）操作，并把结果赋回给该变量
- ^= 对变量与某值执行按位异或操作，并把结果赋回给该变量
- |= 对变量与某值执行按位或操作，并把结果赋回给该变量

这些运算符能够让算式更加简洁，如果用得恰当，会让代码更加清晰。

5.11 在一条表达式中给多个变量赋值

前面我们学到了怎样通过逗号运算符把多个表达式连接成一条复合表达式，以便在同一条语句里为多个变量赋值。这也可以用赋值运算符来实现，比方说我们可以像下面这样，先声明三个变量，然后在同一条语句里用三个赋值符号把这三个变量都设置成同一个值：

```
int height, width, length;
height = width = length = 0;
```

这样的表达式会按照从右到左的顺序执行，整条表达式的最终结果是最后那个赋值操作的结果。对于本例来说，程序会把 0 赋给这三个变量，让每个变量的值都变为 0。

要想在同一条语句里给多个变量赋值，还有一种写法是用逗号表达式来连接多项赋值操作，比方说，我们可以像下面这样，在同一条语句里面做三次赋值，以交换 first 与 second 这两个变量的取值：

```
int first, second, temp;

 // Swap first & second variables.
temp = first, first = second, second = temp;
```

这三项赋值操作会按照从左到右的顺序执行。这就相当于分别执行下面三条语句：

```
temp = first;
first = second;
second = temp;
```

这两种写法都对。有些人可能觉得，由于这三项操作合起来是为了交换两个变量的取值，因此适合写在同一行里，所以他们喜欢第一种写法。应该采用哪种写法要看个人的习惯，也要看具体的情况。你总是应该选择清晰而不是难懂的那一种。

5.12 增量运算符

除了复合赋值运算符之外，C 语言还提供了几个更便捷的运算符，可以进一步缩短代码的篇幅。这就是自增运算符与自减运算符。

counter = counter + 1; 这样的语句可以用复合赋值运算符改写得简单一些，也就是写成 counter += 1;。这种运算相当常见，尤其是在操作计数器或下标（索引）的时候更是经常用到，于是 C 语言提供了一种更简单的写法，让我们不用指出增量 1，而是可以直接写成 counter++; 或 ++counter;，这就是一元增量运算符。

这两种写法都会让 counter 的值变得比原来大 1。

C 语言提供了下面两种一元增量运算符：

- ++ 自增 1，可以放在变量前面，也可以放在变量后面
- -- 自减 1，可以放在变量前面，也可以放在变量后面

后置增量运算符与前置增量运算符的区别

增量运算符写在变量的前面还是写在变量的后面会对程序计算表达式的办法产生微妙的影响。

如果把 ++ 写在变量的前面，那么程序会先让变量自增，然后再求表达式的值。如果把 ++ 写在变量的后面，那么程序会先求表达式的值，然后再让变量自增。

下面举例来说明区别。

在这个例子里面，我们给变量设定一个取值，然后分别采用前置增量运算符与后置增量运算符操作这个变量。最后，我们再采用一种更容易预测出结果的写法来操作该变量，也就是把自增操作单独放在一条语句里面，这样就能够确保程序的求值结果总是与我们预想的相同：

```
int main( void )
{
  int aValue = 5;

    // Demonstrate prefix incrementation.
  printf( "Initial: %d\n" , aValue );
  printf( " Prefix: %d\n" , ++aValue );  // Prefix incrementation.
  printf( "  Final: %d\n\n"  , aValue );

  aValue = 5;   // Reset aValue.

    // Demonstrate postfix incrementation.
  printf( "Initial: %d\n" , aValue );
  printf( " Prefix: %d\n" , aValue++ );  // Postfix incrementation.
  printf( "  Final: %d\n\n"  , aValue );

    // A more predictable result: increment in isolation.
  aValue = 5;
  ++aValue;
  printf( "++aValue (alone) == %d\n" , aValue );
  aValue = 5;
  aValue++;
  printf( "aValue++ (alone) == %d\n" , aValue );

  return 0;
}
```

录入这段代码，并将其保存成 prefixpostfix.c 文件，然后编译并运行程序。你应该会看到类似下面这样的输出结果。

```
> cc prefixPostfix.c -o prefixPostfix
> prefixPostfix
Initial: 5
 Prefix: 6
  Final: 6

Initial: 5
Postfix: 5
  Final: 6

++aValue (alone) == 6
aValue++ (alone) == 6
> 
```

从输出的值里面，我们可以体会到在通过 `printf()` 函数打印变量值的时候前置写法与后置写法的效果有何区别。前置自增运算符会让程序先给变量做自增，然后再把变量值传给 `printf()` 函数，后置自增运算符则会让程序把变量值先传给 `printf()` 函数，然后再对该变量做自增。另外我们也注意到，如果把自增操作单独放到一条语句里面执行，那么就不用担心这个问题了，因为无论那条语句用的是前置自增还是后置自增，接下来的那条 `printf()` 语句使用的都是自增之后的值。

有些程序员在用 C 语言写代码时喜欢把许多表达式与运算都挤在同一条语句里面，其实并没有充足的理由促使我们这样做。笔者阅读这样的代码时经常容易看花眼。不同的编译器处理前置与后置的自增 / 自减运算符所用的做法可能有微妙区别，而且以后我们有可能要修改这些表达式，因此，把它们全都挤在一行代码里面是不太好的。为了避开由自增运算符的前置或后置所造成的困扰，我们最好把自增操作单独放到一行里面，并在必要时通过括号来明确表达自己想要的求值顺序（这个话题 5.13 节会讲到）。

5.13 运算符之间的优先次序以及括号的用法

如果表达式里面有两个或两个以上的运算符，那么一定要弄清楚这些运算之间的执行次序。这种顺序又称为求值顺序（order of evaluation）。并非所有表达式都按照从左至右的方向来执行这些运算。

考虑 3 + 4 * 5 这个式子。如果先算加法，后算乘法，那要先算出 3 + 4 的结果，并把这个结果（也就是 7）与 5 相乘，得出 35。如果先算乘法，后算加法，那么要先算出 4 * 5 的结果，并让 3 与这个结果（也就是 20）相加，得出 23。

如果不太确定运算符之间的默认次序，那么可以通过括号来消除疑虑。依旧以此算式为例，如果要表达前一种意思，那么就把 3 + 4 这一部分括起来，写成 (3 + 4) * 5，如果要表达后一种意思，那么就把 4 * 5 这一部分括起来，写成 3 + (4 * 5)。

C 语言会用一套涉及优先次序与结合方向的规则来决定算式中的各项运算应该按照什么顺序执行。其中，优先次序指的是哪种操作先执行，哪种操作后执行，结合方向指的是优先次序相同的多项操作之间应该从左往右结合，还是应该从右往左结合。

下面这张表格涵盖了我们已经遇到的所有运算符，以及目前还没有遇到的一些运算符，例如后缀运算符里面的 `[]`、`.`、`->` 以及一元运算符里面的 `*`、`&`，这些运算符会在后面的章节中讲解。表格第一行的后缀运算符优先次序最高，表格最后一行的序列运算符优先次序最低。

组　别	运算符	结合方向
后缀运算符	`() [] . ->`	从左至右
一元运算符	`! ~ ++ -- + - * & (type)sizeof`	从右至左
乘法类的运算符	`* / %`	从左至右

（续）

组　别	运算符	结合方向
加法类的运算符	+ -	从左至右
移位运算符	>> <<	从左至右
关系运算符	< <= > >=	从左至右
等同判定运算符	== !=	从左至右
按位与运算符	&	从左至右
按位求补运算符	^	从左至右
按位或运算符	|	从左至右
逻辑与运算符	&&	从左至右
逻辑或运算符	||	从左至右
条件运算符	:?	从右至左
赋值运算符	= += -+ *= /= %= &= != <<=>>=	从右至左
序列运算符	,	从左至右

这里有两个地方值得注意：第一，用括号括起来的部分总是优先运算；第二，语句中的赋值操作一般放在最后执行。当然，严格来说，还有比赋值运算符的优先次序更低的运算符，也就是序列运算符（逗号运算符），但是这种运算符在普通语句里面用得不多。它主要用在 for 这样的复杂语句中，我们会在第 7 章讲解这个话题。

运算符之间的优先次序与结合方向是相当重要的，然而笔者还是建议大家在表达式里面通过括号明确指出自己想要先算哪一部分，因为这样更加清晰，不会引发歧义。后续章节会讲解其他一些运算符，到时我们会回过头来再观察这张表格。

5.14 小结

表达式是一种计算值的方式，我们一般用运算符把常量、变量或函数的执行结果组合起来，以构成表达式。

我们在本章学习了 C 语言中的许多种运算符。大家看到了怎样把算术运算符（例如加、减、乘、除、求余）用在整数、实数以及字符等各种类型的数据上。然后，我们看到了与字符有关的一些操作，笔者会在第 15 章详细讲解这些操作。接着，我们学习了隐式类型转换（自动类型转换）与显式类型转换（手动类型转换），又学习了 C 语言的布尔值，并打印了各种逻辑运算符的真值表，还学习了怎样用关系运算符来构建表达式，这种表达式的求值结果是布尔值。之后我们学习了几种能够简化赋值操作的运算符，以及两种极简的运算符，也就是自增运算符与自减运算符。最后，我们学习了 C 语言的各种运算符之间的优先次序，以及如何通过添加括号来明确指定自己想要的运算顺序。在本章的学习过程中，我们编写了多个程序用以演示这些运算符的用法。表达式与运算符是语句的核心要素。本章所讲的知识，对于后面的各种程序来说都相当重要。

在接下来的两章中，我们不仅要用这些表达式执行运算，而且还要用它们构造其他一些复杂的语句，例如 `if() ... else ...` 语句、`for() ...` 语句、`while() ...` 语句以及 `do ... while()` 语句。我们会编写更加有趣也更加有用的程序。

Chapter 6 第6章

用条件语句控制程序流

在程序运行的过程中，变量的取值会发生变化，而且程序的执行流程也有可能会改变，因为程序能够根据条件表达式的结果来决定应该执行哪一块语句。条件语句一般有两个分支（branch)，程序会根据条件是否成立来执行其中一个分支。如果条件成立，它就执行第一个分支；如果不成立，则执行第二个分支。

我们用下面这个简单的例子来演示什么叫作 branching（按照条件是否成立来执行相应的分支)：

今天是星期六吗？

如果是，就洗衣服。

如果不是，就散步。

按照上面这个条件语句所做的设计，如果今天是星期六，那我们就洗衣服。如果今天不是星期六，那我们就散步。

这种条件语句相当简单，它只根据一项条件表达式来做判断，如果条件成立，那么就执行第一个分支；如果条件不成立，那么就执行第二个分支。我们后面会讲到，怎样在条件语句里面根据多项条件做判断。到时我们还会讲解怎样编写带有更多分支的条件语句。

本章涵盖以下话题：

- 了解各种条件表达式。
- 用 `if() ... else ...` 语句判断某个值是偶数还是奇数。
- 用 `switch() ...` 语句判断某个字符的内容，并显示相应的消息。
- 用 `if() ... else if() ... else if() ... else ...` 形式的语句判断某个变量的取值范围。

- 学会编写嵌套的 if() ... else ... 语句。
- 了解嵌套的 if() ... else ... 语句有何缺点。

6.1 技术要求

详情请参见本书 1.1 节。本章还是要求大家继续使用早前选定的工具来学习。

本章的范例代码也可以从 https://github.com/PacktPublishing/Learn-C-Programming 访问获取。

6.2 了解各种条件表达式

我们在前面已经学会了怎样编写多条简单的语句，让程序执行完前一条语句之后接着执行下一条语句。我们还学会了调用函数，这可以让程序转而执行另一段语句，并在执行完那段语句之后回到当初调用函数的地方继续往下执行。现在，我们要学习怎样通过复杂的条件语句控制程序的流程，让程序能够根据条件是否成立来决定是该执行某段代码，还是该跳过这段代码。

程序的执行流程会根据条件表达式的求值结果而变化，表达式如何求值我们已在第 5 章讲过。条件表达式可以写得比较简单，也可以写得比较复杂。如果要判断的条件较为复杂，那就应该尽量写得清晰一些，不要引发歧义。如果你发现某个条件语句不够清晰，那就试着调整这条语句的写法，改用不复杂的方式来书写。要是调整之后仍然很费解，那就得给整个语句编写详细的注释。编写条件语句时，要注意这种语句所判断的变量其取值是否有效，还要注意它的判断结果是否与自己想要的效果相符。

条件表达式需要放在条件语句中的特定位置上。这种表达式写在一对圆括号里面。无论条件表达式是简单还是复杂，它的求值结果总是 true 或 false。

下面举几个条件表达式作为例子：

```
( bResult == true )
( bResult )                          /* A compact alternative. */

( status != 0 )
( status )                           /* A compact alternative where
status is     */
                                     /* only ever false when it is 0
*/
( count < 3 )
( count > 0 && count <= maxCount ) /* Both must be true for overall
expression  */
                                     /* to be true.
*/
```

这些条件表达式只可能有两种求值结果，要么是 true，要么是 false。我们可以根据这些条件表达式的求值结果来决定程序的走向，让程序进入其中一个或另一个分支。

6.3 if() ... else ... 语句

if() ... else ... 语句是一种复杂的语句，它有两种形式，一种只带有 if() ... 部分，另一种带有 if() ... 与 else ... 两个部分。

完整的 if() ... else ... 语句有两个分支，会在条件为真（true）与条件为假（false）的情况下分别执行。未得到执行的那一个分支里面的语句会被程序忽略。if() ... 形式的语句没有 false 分支，如果条件成立，程序就执行 true 分支，如果不成立，则会跳过这个 if 结构。

if 语句有两种形式，其语法规则如下：

- 第一种是简单形式，也就是不带 false 分支的形式：

```
if( expression )
  statement1

statement3          /* next statement to be executed */
```

- 第二种是完整形式，也就是既带有 true 分支，又带有 false 分支的形式：

```
if( expression )
  statement1
else
  statement2

statement3        /* next statement to be executed */
```

简单形式与完整形式都要对 expression 求值。如果求值结果是 true，那么就执行 statement1。对于完整形式来说，如果求值结果是 false，那么就执行 statement2。无论是 true 还是 false，程序执行完整个 if 结构之后都会继续执行下一条语句，也就是 statement3。

请注意，这两种形式中的 statement1 与 statement2 后面都没有写分号。因为它们既可以是以分号结尾的简单语句，也可以是用一对大括号来标识的复合语句。如果是复合语句，那么其中可以包含许多条以分号结尾的简单语句，但这个复合语句本身是不以分号结尾的。

条件语句有一种简单的用法，可以判断出某个整数值是偶数还是奇数。我们在做这样的判断时，正好可以使用前面提到的求余运算符（%）。下面这个函数采用简单形式的 if 语句做判断：

```
bool isEven( int num )  {
  bool isEven = false;  // Initialize with assumption that
                        // it's not false.
  if( (num % 2) == 0 )
    isEven = true;
  return isEven;
}
```

这个函数首先把判断结果定为 false（或者说，首先假设这个值不是偶数），然后用简单形式的 if 语句来判断它与 2 相除的余数，并在余数为 0 时修改判断结果，最后返回这个判断结果。这里的 if() ... 语句只有一个分支，我们想在 num % 2 为 0 的情况下执行该分支，因此需要使用 == 这个关系运算符来判断 num % 2 的结果是不是 0。假如不这么写，而是直接将 num % 2 用作条件，那么当 num % 2 为 0 时，程序会把它视为布尔值 false，从而跳过该分支。所以，我们必须通过适当的写法，让程序把 num % 2 为 0 时的情况视为 true（真），从而进入该分支。在条件为假的情况下，程序不执行 if 分支，而是直接把函数开头设置给 isEven 变量的默认值作为判断结果返回给调用方。

这个函数也可以改用另一种写法来实现，这种写法会在能够判断出结果时立刻通过 return 语句返回该结果，因而会出现多条 return 语句。它不像刚才那种写法那样，把判断结果保存在 isEven 变量里面，等到函数即将结束时再返回：

```
bool isEven ( int num)  {
  if( num % 2 )
    return false;
  return true;
}
```

这个函数所使用的判断条件相当简单，只有当 num 为奇数时，这项条件才能成立，因此，在这种情况下，我们应该让函数返回 false，以表示这个数不是偶数。该函数有两个退出点，其中一个会在条件成立的情况下触及，另一个会在条件不成立的情况下触及。如果 num 是偶数，那么第一条 return 语句是不会执行到的。

这个函数用最简省的写法来实现是：

```
bool isEven ( int num)  {
  return !(num % 2 )
}
```

如果 num 是偶数，那么 num % 2 就是 0（这相当于 false），我们对这个结果做逻辑非（NOT）运算（相当于把 false 变为 true），并将运算结果返回给调用方。

如果用完整形式的 if 语句来写，那么这个函数[⊖]的代码应该是：

```
bool isOdd ( int num)  {
  bool isOdd;
  if( num % 2 ) isOdd = true;
  else          isOdd = false;
  return isOdd;
}
```

这个函数没有给 isOdd 变量设定初始值，因此，我们必须设法保证，无论调用方传入的 num 是奇数还是偶数，该变量都会正确地设置成 true 或 false。在本例中，if 语句的每一个分支都只包含一条简单的语句，用来给 isOdd 变量赋值。

为了让大家更多地了解 if 语句的用法，我们来写这样一个函数，以判断某年是否为闰

⊖ 注意，这次的版本是在 num 为奇数时返回 true。——译者注

年。西方世界直到1752年才开始普遍采用目前这种闰年制度。一个太阳年（solar year）约为365.25日，也就是365又1/4日，如果把一个公历年定为365日，那么每4年就短大概1天，因此需要把年份能够为4所整除的公历年定为闰年，让这一年有366日。于是，我们先试着用下面这种写法来实现这个判断某年是否为闰年的函数：

```
bool isLeapYear( int year )  {
    // Leap years not part of Gregorian calendar until after 1752.
    // Is year before 1752?
    // Yes: return false.
    // No: "fall through" to next condition.
    //
 if( year < 1752 ) return false;

   // Is year an multiple of 4? (remainder will be 0)
   // Yes: return true.
   // No: "fall through" and return false.
   //
  if( (year % 4) == 0 ) return true;

  return false;
}
```

在函数体中，我们只要能确认year参数所表示的这个年份必定不是闰年，或者必定是闰年，那就直接用return语句把结果返回给调用方，而不让函数再继续执行。另外要注意，第二个条件表达式（也就是判断year与4相除的余数是否为0的那个表达式）有好几种写法，例如：

```
if(  (year % 4) == 0 ) …
if(  (year % 4) < 1 ) …
if( !(year % 4) ) …
```

在这三种写法里面，第一种最直观，第三种最简省。当然，它们的效果都是相同的。

除了刚才那个函数，我们还要给这个程序编写下面的代码：

```
#include <stdio.h>
#include <stdbool.h>

bool isLeapYear( int );

int main( void )  {
  int year;

  printf( "Determine if a year is a leap year or not.\n\n" );
  printf( "Enter year: ");
  scanf( "%d" , &year );

   // A simple version of printing the result.
  if( isLeapYear( year ) )
    printf( "%d year is a leap year\n" , year );
  else
    printf( "%d year is not a leap year\n" , year );
```

```
    // A more C-like version to print the result.
  printf( "%d year is%sa leap year\n" , year , isLeapYear( year ) ? " " : "
not " );

  return 0;
}
```

在 main() 函数的主体里面，我们用两种办法打印判断结果，一种是通过 if() ... else ... 语句，另一种是通过三元条件运算符，后者更符合 C 语言的风格。这两种方法都没错。第二种方法里面的 %s 用来指代某个字符串（也就是用一对双引号括起来的某条字符序列），printf() 会把这个字符串放在 %s 所处的位置上。

新建一份名为 leapYear1.c 的文件，并将上述代码录入该文件。然后编译并运行程序。你应该会看到类似下面这样的输出结果。

```
> cc leapYear1.c
> a.out
Determine if a year is a leap year or not.

Enter year: 2000
2000 year is a leap year
2000 year is a leap year
> a.out
Determine if a year is a leap year or not.

Enter year: 1900
1900 year is a leap year
1900 year is a leap year
> 
```

这个程序的结果正确吗？不正确，因为它没有把整百的年份处理好。2000 年是闰年，但 1900 年不是。为什么有一些整百的年份虽然能为 4 所整除，但却不是闰年呢？这是因为，太阳年其实要比 365.25 天稍微短一点，也就是相当于 365.2425 天，换句话说，就是 365.25－0.0075 天，这可以表示成 365＋1/4－3/400。于是，这意味着如果每 4 年设置一个闰年，那么每 400 年就要多算 3 天，因此，我们必须把 4 个整百年份之中的那三个不能为 400 所整除的年份定为平年。这个函数的正确写法会比刚才看到的稍微复杂一点。这个问题我们在讲完下一节之后再说。

6.4　switch() ... 语句

if() ... else ... 语句所使用的表达式是一个条件表达式，这种表达式只可能有两种求值结果：true 和 false。如果是 true，程序就转入 if 分支；如果是 false，程序就转入 else 分支。如果我们想要判断的这个表达式会有两种以上的求值结果，而又想让程序转到与每一种结果相对应的分支里面去执行，那该怎么办呢？

这可以通过 switch() ... 语句实现。这种语句会根据表达式的求值结果，选出一条与该结果相匹配的分支，并进入这条分支，向下执行。

switch() ... 语句的语法是：

```
switch( expression )  {
  case constant-1 :     statement-1
  case constant-2 :     statement-2
  …
  case constant-n :     statement-n
  default :             statement-default
}
```

程序会对这里的 expression 求值。接下来的那一部分（也就是 { 与 } 之间的那一部分）叫作 case 语句块（case-statement block），其中可以包含一个或多个 case：标签，另外，还可以有一个 default：标签。程序会把 expression 的求值结果跟 case 语句块里面每个 case：标签中的值（也就是 constant-1、constant-2 等值）对比，如果发现它与某个标签中的值相等，那么就从该标签所标注的那个地方开始往下执行。这些标签都要按照 case <value>：的格式来写。如果 expression 的求值结果不能跟任何一个 case：标签中的常量值相匹配，并且 case 语句块中有 default：标签，那么就从 default：标签所标注的地方开始往下执行。

虽然 C 语言并不要求 case 语句块里一定要有 default：标签，但最好还是写出这样一个标签，哪怕仅在下面打印一条错误信息也好，这样能够确保这个 switch 语句不会出现意外的结果。因为有时你会调整 case 标签中的常量值，或者会忘记处理 expression 可能取到的某个值，default：标签能够提醒你注意这些问题。

与 if ()... else ... 语句中的两个分支类似，case：与 default：标签所标注的既可以是简单语句，也可以是复合语句。

刚才那个函数里面的闰年判断逻辑如果改用 switch 语句来写，那就是下面这样：

```
switch( year % 4 )  {
  case 0 :
    return true;
  case 1 :
  case 2 :
  case 3 :
  default :
    return false;
}
```

请注意，代码块中的 case1 :、case 2：与 case 3：标签本身并不是语句，switch 语句决定了自己应该转入的标签之后，会从该标签所在的那个地方开始继续往下执行，在执行过程中就算遇到其他标签也不停止。如果有多个标签上下叠放，那么上面那些标签所标注的其实跟最下面那个标签所标注的是同一条语句，无论 switch 语句转入的是哪个标签，它开始执行的那条语句都是最下面那个标签所标注的那条语句。具体到本例来说，无论 switch 转入的是 case 1:、case 2:、case 3：还是 default:，它所执行的第一条语句都是 default ：标签所标注的那条语句，也就是 return false;。

由于我们只关注 year 与 4 相除的余数是不是 0，而不关注余数为 1、2、3 的那三种情况，因此可以把 switch 语句里面的另外三个标签简化掉：

```
switch( year % 4 )  {
  case 0 :
    return true;
  default :
    return false;
}
```

程序在执行 isLeapYear() 函数中的 switch 结构时，如果遇到 return 语句，那么不仅会跳出 switch，而且会从整个函数里面返回。

我们经常需要让 switch 语句在执行完某个分支之后就及时结束，而不要再继续执行下一个分支。也就是说，我们只想让 switch 语句在跳转到与表达式相匹配的标签之后，将该标签所对应的这段代码执行完就好，不再继续进入下一个标签。因此，我们需要采用一种办法，让程序能够从 switch 语句的 case 代码块中跳出来，这个办法就是 break。

break 语句的作用是让程序从该语句所在的代码块里面跳出来，跳到这个代码块的末尾。

为了演示 break 语句的用法，我们编写一个 calc() 函数，让该函数根据 operator 这个字符参数所表示的某种运算来处理它所收到的两个操作数（也就是 operand1 与 operand2），并返回运算结果：

```
double calc( double operand1 , double operand2 , char operator )  {
  double result = 0.0;

  printf( "%g %c %g = " , operand1 , operator , operand2 );
  switch( operator )  {
    case '+':
      result = operand1 + operand2;        break;
    case '-':
      result = operand1 - operand2;        break;
    case '*':
      result = operand1 * operand2;        break;
    case '/':
      if( operand2 == 0.0 )  {
        printf( "*** ERROR *** division by %g is undefined.\n" ,
                operand2 );
        return result;
      } else {
        result = operand1 / operand2;
      }
      break;
    case '%':
      // Remaindering: assume operations on integers (cast first).
      result = (int) operand1 % (int) operand2;
      break;
    default:
      printf( "*** ERROR *** unknown operator; operator must be + - * / or
%%\n" );
      return result;
      break;
  }
  /* break brings us to here */
```

```
  printf( "%g\n" , result );
  return result;
}
```

我们想让这个函数的适用范围大一些，因此，把这两个操作数的类型都设计成 double。如果调用方传入的是 int 或 float 值，那么程序会执行隐式类型转换，把它们自动转成 double。虽然这个函数的返回值类型是 double，但调用方可以将该值手动转换成它所需要的类型，比方说，如果调用方传入的是两个 int 型的操作数，那么可以把函数的返回值明确地转换成 int。

用来表示运算的字符总共有 5 个，我们针对每个字符都编写相应的 case 分支。对于除法来说，我们还会进一步检查除数是否为 0。

你可以做个实验，把整个 if() ... else ... 语句注释掉，然后直接做除法，看看程序在除数为 0 的情况下会怎样。

对于求余运算来说，由于该运算要求两个操作数都必须是整数，因此，我们要将 operand1 与 operand2 参数的值手工转换成 int 类型。

你可以再做个实验，把这两个手工转型操作去掉，然后拿各种实数作为参数来调用 calc() 函数，让该函数在这些实数之间做求余运算，看看程序会出现什么问题。

另外还要注意 default : 分支的作用，它可以把 calc() 函数不支持的运算拦截下来。在 switch 语句里面内置这样的错误检测逻辑是很有用的，因为这个程序将来可能会由其他许多位程序员做出各种各样的修改，default : 分支或许能把修改之后所产生的某些问题暴露出来。

为了把这个程序写完整，我们还需要补充下面这些代码。请把这段代码与刚才的 calc() 函数合起来写在名为 calc.c 的源文件中：

```
#include <stdio.h>
#include <stdbool.h>

double calc( double operand1, double operand2 , char operator );

int main( void )  {
  calc( 1.0 , 2.0 , '+' );
  calc( 10.0 , 7.0 , '-' );
  calc( 4.0 , 2.3 , '*' );
  calc( 5.0 , 0.0 , '/' );
  calc( 5.0 , 2.0 , '%' );
  calc( 1.0 , 2.0 , '?' );

  return 0;
}
```

在这个程序中，我们用 5 种有效的运算符分别调用 calc() 函数，然后再拿一种无效的运算符来调用它。其中，第四次调用所要执行的是除法，我们故意将除数设为 0，看看程序会有什么表现。请保存这份文件，然后编译并运行程序。你应该会看到类似下面这样的输出信息。

```
> cc calc.c
> a.out
1 + 2 = 3
10 - 7 = 3
4 * 2.3 = 9.2
5 / 0 = *** ERROR *** division by 0 is undefined.
5 % 2 = 1
1 ? 2 = *** ERROR ***  unknown operator; operator must be + - * / or %
> 
```

我们看到，无论执行的是有效运算还是无效运算，程序都能合适地予以处理。另外，别忘了做刚才说的那两项实验。

如果要测试的变量只有一个，而这个变量的取值可能有许多种，那么就比较适合拿 `switch() ...` 语句来判断。下一节我们要讲解另一种判断方式，它比 `switch() ...` 语句更灵活。

6.5 多个 if() ... else ... 语句

`switch() ...` 语句测试的是单个值。我们能不能用另一种办法来做这样的测试呢？可以，即通过 `if() ... else if() ... else if() ... else ...` 形式的结构来做。如果用这种结构来实现 `calc()` 函数，那么该函数的代码就是：

```
double calc( double operand1 , double operand2 , char operator )  {
  double result = 0.0;

  printf( "%g %c %g = " , operand1 , operator , operand2 );
  if( operator == '+' )
      result = operand1 + operand2;
  else if( operator == '-' )
      result = operand1 - operand2;
  else if( operator == '*' )
      result = operand1 * operand2;
  else if( operator == '/'
      if( operand2 == 0.0 ) {
        printf( "*** ERROR *** division by %g is undefined.\n" ,
                operand2 );
        return result;
      } else {
        result = operand1 / operand2;
      }
  else if( operator == '%') {
     // Remaindering: assume operations on integers (cast first).
     result = (int) operand1 % (int) operand2;
  } else {
     printf( "*** ERROR *** unknown operator; operator must be + - * / or
%%\n" );
     return result;
  }
  printf( "%g\n" , result );
  return result;
}
```

这种写法完全正确，然而其中有好几个地方需要解释：

- 第一个 `if() ...` 以及后面的那些 `else if() ...`，分别对应于 `switch() ...` 语句的每一个 `case :` 分支，最后那个 `else ...` 对应于 `switch() ...` 语句的 `default:` 分支。
- 前三个 `if() ...` 的 `true` 分支都是一条简单的语句。
- 第四个 `if() ...` 的 `true` 分支虽然包含许多行代码，但这些代码合起来其实是一个完整的 `if() ... else ...` 结构，因此这个结构可以视为一条复杂语句。于是我们可以说，第四个 `if() ...` 的 `true` 分支，跟前三个 `if() ...` 的 `true` 分支一样，都只包含一条语句，只不过这次是一个复杂语句，而不是简单语句。

  第四个 `if() ...` 里面的 `if() ... else ...` 结构跟它外面的那一系列 `if` 稍微有点区别，因为这个结构检测的是另一个变量，也就是 `operand2` 变量，而不像外面那些 `if` 那样检测 `operator` 变量。这种 `if() ... else ...` 结构被称作嵌套的（nested）`if() ...` 语句。
- 外面这个大 `if` 结构的最后两个分支都各自包含多条简单的语句[⊖]，为了把这些简单的语句合并起来，我们将其括在了花括号中间。

  你可以做个实验，把语句外围的 `{` 与 `}` 去掉，看看会出现什么问题。
- 有人可能认为，对于 `calc()` 函数来说，用 `switch() ...` 语句来实现会更加清晰，因此他们会选用 `switch() ...` 语句来写这个函数，但另一些人可能不这么认为。

刚才这个例子是把某个变量的值与一系列常量作对比，因此既可以用 `switch() ...` 语句实现，又可以用 `if() ... else if() ... else if() ... else ...` 实现。然而有些需求却根本无法用 `switch() ...` 实现。比方说，有时我们想让程序判断某变量的值是否位于某个取值范围内，并根据判断出来的范围给一个或多个变量赋值。例如下面这个 `describeTemp()` 函数就是如此，它需要根据调用方传入的 `degreesF` 变量，给出一条与该温度相符的描述信息。这个函数的代码是这样的：

```
void describeTemp( double degreesF )  {
 char* message;
 if( degreesF > 100.0 ) message = "hot! Stay in the shade.";
 else if( degreesF >= 80.0 ) message = "perfect weather for swimming.";
 else if( degreesF >= 60.0 ) message = "very comfortable.";
 else if( degreesF >= 40.0 ) message = "chilly.";
 else if( degreesF >= 20.0 ) message = "freezing, but good skiing
weather.";
 else message= "way too cold to do much of anything!" ;
 printf( "%g°F is %s\n" , degreesF , message );
}
```

⊖ 严格来说，第五个 `if` 分支下面只有一条语句，笔者这里把 `// Remaindering: ...` 注释也算作了一条语句。——译者注这个函数所接受的 degreesF 变量是 double 类型，用来表示有待判断的华氏温度值。函数需要通过一系列 if() ... else ... 形式的语句来判断这个温度值处于哪个范围，并据此给出一条与该范围相对应的描述信息，以描述人在这种温度下的感受。像这样的需求就很难用 switch() ... 语句实现。

除了刚才那种写法，我们还可以改用 && 逻辑运算符来实现 describeTemp() 函数：

```
void describeTemp( double degreesF )  {
  char* message;
  if( degreesF >= 100.0 )
    message = "hot! Stay in the shade.";
  if( degreesF < 100.0 && degreesF >= 80.0 )
    message = "perfect weather for swimming.";
  if( degreesF <  80.0 && defgredegreesF >= 60.0 )
    message = "very comfortable.";
  if( degreesF <  60.0 && degreesF >= 40.0 )
    message = "chilly.";
  if( degreesF <  40.0  degreesF >= 20.0 )
    message = "freezing, but good skiing weather.";
  if( degreesF < 20.0 )
    message= "way too cold to do much of anything!" ;

  printf( "%g°F is %s\n" , degreesF , message );
}
```

这个版本的 describeTemp() 函数用多个 if() ... 结构来判断 degreeF 变量是否位于某个取值范围。除了第一个与最后一个 if 之外，其余的 if 所采用的条件表达式都包含一个上限值与一个下限值，以判断受测变量是否位于这两个限值之间。另外我们还要注意，无论 degreesF 取什么值，这些 if 中都只会有一个 if 跟它匹配，而且必然会有这样的一个 if。采用这种写法时，一定要保证这些 if 能够将受测变量可能取到的值全部覆盖到。这样的判断逻辑称为 fall-through 逻辑（下沉判断逻辑），这种逻辑会把受测变量按照从上到下的顺序依次代入相应的条件中，以判断该变量的值是否能让其中某个条件成立。大家在下一节还会看到更多的 fall-through 范例。

完整的程序代码写在 temp.c 文件中这个程序不仅会定义刚才那样一个函数，而且会用位于各种范围内的受测值来调用这个函数，以验证其功能是否正确。编译并运行该程序，你会看到类似下面这样的输出信息：

```
> cc temp.c
> a.out
100°F is hot! Stay in the shade.
85°F is perfect weather for swimming.
70°F is very comfortable.
55°F is chilly.
40°F is chilly.
25°F is freezing, but good skiing weather.
10°F is way too cold to do much of anything!
-5°F is way too cold to do much of anything!
> 
```

现在我们可以回到判断闰年的程序了。我们这次所写的程序会正确地处理整百的年份。

请复制早前的 leapYear1.c 文件，并把副本起名为 leapYear2.c，我们将要在副本上修改代码。前面那个版本所写的 isLeapYear() 函数，有一部分内容依然会得到沿用，但是这次，我们会把整四百的年份，与不是整四百但却是整百的年份分开处理：

```
  // isLeapYear logic conforms to algorithm given in
  // https://en.wikipedia.org/wiki/Leap_year.
  //
bool isLeapYear( int year )  {
  bool isLeap = false;

    // Leap years not part of Gregorian calendar until after 1752.

  if( year < 1752 )                // Year is before leap years known.
    isLeap = false;
  else if( (year % 4 ) != 0 )      // Year is not a multiple of 4.
    isLeap = false;
  else if( ( year % 400 ) == 0 )   // Year is a multiple of 400.
    isLeap = true;
  else if( (year % 100) == 0 )     // Year is multiple of 100.
    isLeap = false;
  else
    isLeap = true; // Year is a multiple of 4 (other conditions 400
                   // years, 100 years) have already been considered.
  return isLeap;
}
```

我们这次所用的逻辑很适合用连续出现的 if() ... else ... 结构实现。现在我们已经能够正确处理整四百的年份与不是整四百但却是整百的年份了。请保存 leapYear2.c 文件，编译并运行该文件。你会看到下面这样的输出信息。

```
> cc leapYear2.c
> a.out
Determine if a year is a leap year or not.

Enter year: 2000
2000 year is a leap year
> a.out
Determine if a year is a leap year or not.

Enter year: 1900
1900 year is not a leap year
>
```

我们通过一系列 if() ... else ... 结构把受测年份转化成一个简单的布尔值。这次我们没有像原来那样，只要一发现判断结果就立刻从函数中返回，而是把判断结果保存到一个名为 isLeap 的局部变量里面，等到函数即将结束时，再把该变量的值返回给调用方。这样做有时要比在各分支里面直接用 return 语句返回更好，如果函数比较长，或者其中的逻辑比较复杂，那么这种写法的优势会更加明显。

大家注意看，程序现在已经能够正确判断出 2000 年是闰年而 1900 年不是闰年了。

6.6 嵌套的 if() ... else ... 语句

有时我们可以在 if() ... else ... 结构的其中一个分支或两个分支里面撰写嵌套的

if() ... else ... 结构，以便更加清晰地表达想要实现的逻辑。

对 isLeapYear() 这个例子来说，如果有人不太清楚格里高利历（Gregorian calendar，也叫格里历，就是现行公历）的发展过程，或者不太了解如何判断整百的年份是否为闰年，那么看到这种由多个 if() ... else ... 所构成的 fall-through 逻辑时可能会有点困惑。实际上这个例子还算是比较简单的，有些例子比这要复杂得多。为了把判断逻辑表达得更清楚一些，我们可以在大的 if() ... else ... 结构中嵌入小的 if() ... else ... 结构。

请复制 leapYear2.c，命名为 leapYear3.c，我们要在这个副本上修改。修改后的 isLeapYear() 函数是这样的：

```
bool isLeapYear( int year )  {
  bool isLeap = false;

    // Leap years not part of Gregorian calendar until after 1752.
    //
  if( year < 1751 )             // Year is before leap years known?
    isLeap = false;
  else if( (year % 4 ) != 0 )  // Year is not a multiple of 4.
    isLeap = false;
  else {                        // Year is a multiple of 4.
    if( (year % 400 ) == 0 )
      isLeap = true;
    else if( (year % 100 ) == 0 )
      isLeap = false;
    else
      isLeap = true;
  }
  return isLeap;
}
```

这次我们也是把判断结果保存在名为 isLeap 的局部变量里面。如果程序执行的是 if 结构的最后那个 else 分支，那么意味着受测年份肯定能够被 4 整除。于是，我们在该分支里面嵌入一个小的 if() ... else ... 结构，以便正确处理整百的年份。有人觉得像这样采用嵌套式的 if 结构来判断闰年是比较清晰的，另一些人则不这么认为。

还要注意的是，我们把这个小的 if() ... else ... 结构用一对花括号括了起来，让它形成一个语句块。这样做不仅让代码看起来更加清楚，而且能够避免 dangling else 问题。

dangling else 问题

有时你只想给 if() ... 结构的 true 分支书写一条语句，但是编译器却按照 C 语言的规则把你想用来表示 false 分支的那个 else 语句与刚才那条语句优先组合成了一个 if() ... else ... 结构。这样程序的执行效果可能就跟你想要的不同了。涉及这种 else 语句的问题叫作 dangling else 问题。我们用下面这段代码举例：

```
if( x == 0 ) if( y == 0 ) printf( "y equals 0\n" );
else printf( "what does not equal 0\n" );
```

这段代码中的 else ... 到底属于哪一个 if() ... ？是第一个（外面那个）还是第二个（里面那个）？为了消除歧义，我们总是应该把 if() ... else ... 结构的相应分支用花括号括起来，也就是用一条复合语句来实现这个分支，这样就不会引发歧义了。刚才那种写法会让许多编译器发出警告：warning: add explicit braces to avoid dangling else [-Wdangling-else]。

但也有一些编译器不会发出这种警告。总之，要想消除误解，最好的办法就是用花括号把外面那个 if 结构的 true 分支所包含的语句给括起来。比方说，如果我们这样修改，那么既能够消除误解，又能够让编译器不再发出警告：

```
if( x == 0 )  {
  if( y == 0 ) printf( "y equals 0\n" );
}
else printf( "x does not equal 0\n" );
```

这种写法会把 else ... 明确地跟外面那个 if() ... 关联起来，以表示那个 if 结构的 false 分支。于是，在 x 不等于 0 的情况下，我们会看到程序输出 x does not equal 0。

还有一种改法是把 else ... 分支跟第二个 if() ... 括在一起，以便明确地同第二个 if() ... 关联起来。这会让程序在 x 为 0 且 y 不为 0 的情况下输出 y does not equal 0。依照这种写法，第一个（外面那个）if() ... 结构没有 false 分支：

```
if( x == 0 )  {
  if( y == 0 ) printf( "y equals 0\n" );
  else printf( "y does not equal 0\n" );
}
```

注意，这种写法能够明确表示出外面那个 if (x == 0) 结构里嵌套了一个小的 if (y == 0) else ... 结构。

根据笔者的编程经验，很少会遇到 if() ... else ... 结构里面的两个分支都是简单语句的情况。就算一开始是这样，以后也经常需要向里面继续添加逻辑代码，因此，到时还是得把那些代码括在一对花括号里，让它们合起来构成一条复合语句。既然这样，那不如一开始就拿花括号把分支里面的语句括起来，这样以后就可以向其中直接添加其他语句，而不用担心自己会忘记写花括号了。总之，笔者的办法是，在还没有开始写条件表达式与那两个分支里面的语句之前，先把 if 结构的轮廓搭建好，让两个分支都以复合语句的形式出现：

```
if( )  {
  // blah blah blahblah
} else {
  // gabba gabba gab gab
}
```

有些人可能觉得，else 分支应该另起一行，而不要紧跟着 if 分支的右花括号，但另一些人还是觉得刚才那种写法比较好。下面这段代码演示了 else 分支另起一行的写法：

```
if( ) {
  // blah blah blahblah
}
else {
  // gabba gabba gab gab
}
```

第一种写法是把 else 分支的起始花括号（左花括号）跟 if 分支的收尾花括号（右花括号）写在同一行。第二种写法是把 else 分支与它的起始花括号写在另外一行。第一种写法篇幅较短，第二种写法比它多一行。这两种写法都没有问题，具体应该采用哪种需要考虑花括号括起来的这段代码是不是比较长、比较复杂。

有人喜欢让某个分支的起始花括号独占一行，例如把 if 分支的起始花括号单独写在一行里面：

```
if( )
{
  // blah blah blahblah
} else {
  // gabba gabba gab gab
}
```

有人不把 if 分支的起始花括号单独写在一行里面，但却把 else 分支的起始花括号单独写在一行里面：

```
if( ) {
  // blah, blah blah blah.
}
else
{
  // gabba gabba, gab gab.
}
```

有人觉得起始花括号总是应该另起一行，有人则认为这种花括号应该跟上一个分支的收尾花括号写在同一行里。这两种写法都对。你可以根据个人喜好选用其中的某种写法，然而你还得考虑到你所在的代码库有没有针对花括号的风格制定规范，如果制定了，那就应该遵从那种规范。总之，一旦选定了其中某种写法，就必须坚持下去。

6.7 小结

我们不仅可以通过调用函数来改变程序的走向，而且还能让程序根据某条件是否成立来执行其中某部分代码并忽略其余的代码，这正是我们在本章所学的内容。我们可以通过 switch() ... 语句检测某个变量的取值，把它跟一系列常量相对比，并让程序进入能够与变量值相匹配那个分支。接下来，我们学习了 if() ... else ... 语句的用法，这种语句的形式与用法比较丰富，它可以串成 if() ... else if() ... else if() ... else ... 形式，以实现与 switch() ... 类似的效果，这样写其实比 switch() ... 更灵活，因为它能够针对多个变量做判断，而不像switch() ... 那样，只能根据一个变量的取值来判断。另外我们还看到，if() ... else ... 结构的两个分支里面都可以嵌入小的if() ... else ... 结构，这样写可以让各分支更加清晰，也可以简化某个分支所采用的判断条件。

这些条件语句的执行顺序还是相当直观的，它们都从上往下执行，只不过会根据条件是否成立而执行其中的一部分语句，并忽略其余语句。下一章我们要讲解如何将同一段语句反复执行许多遍，我们会看到各种形式的循环结构，还会讲到有些人比较讨厌的goto语句。

第 7 章 Chapter 7

循环与迭代

程序有时需要把某些操作执行很多遍，以求出最终的结果。在这种情况下，我们可以把执行这些操作的代码复制许多遍，但这样很麻烦，于是，我们会改用 for ...、while ... 与 do ... while 这样的循环来实现。循环是一种针对需要多次执行的语句而书写的结构。我们在本章要讲解 C 语言的循环结构。之后我们会谈谈被许多人指责的 goto 语句。

本章涵盖以下话题：

- 把某段代码手工复制许多遍（以制造循环效果）会有哪些缺点。
- 如何使用 while() ... 语句。
- 如何使用 for() ... 语句。
- 如何使用 do() ... while 语句。
- 怎样在各种循环语句中选择。
- 怎样换用另一种循环语句来实现某段循环代码。
- 如何善用 goto 语句，如何避免滥用 goto 语句。
- 如何用更为稳妥的 continue 与 break 语句来取代 goto。
- 如何适当地使用无限循环。

7.1 技术要求

详情请参见本书 1.1 节。本章还是要求大家继续使用早前选定的工具来学习。

本章的范例代码也可以从 https://github.com/PacktPublishing/Learn-C-Programming 访问获取。

7.2 重复执行代码

我们经常需要重复执行一系列语句。比方说，我们可能要对某一组值里面的每个值都执行某项运算，或者要用这一组里面的所有值来完成一项计算。对于这样一组值来说，我们可能还要迭代它们，以便在其中搜寻想找的那个值，或者要计算这一组里面一共有多少个值，另外，我们有可能想调整这一组值，例如给它们排列顺序。

许多方法都能够实现这样的需求。其中最简单、最僵化的一种叫作*蛮力法*（brute-force method，也叫暴力法）。无论你用的是哪种编程语言，都可以通过这种方法来重复执行某段代码。另外一种办法比蛮力法更为灵活，也就是对集合进行迭代或反复循环。C 语言提供了三种相关的循环语句：`while() ...`、`for() ...` 与 `do ... while ()`。每种语句都有一条*控制表达式* [control expression，或者叫作延续表达式（continuation expression）] 以及一个*循环体*（loop body）。这三种语句里面最通用的一种是 `while() ...` 循环。另外还有一种古老的循环方式是通过 `goto` 语句跳转到相关的标签。与其他一些语言不同，C 语言没有 `repeat ... until ()` 语句[⊖]，然而这种语句的功能很容易就可以通过其他形式的语句实现。

每种循环语句都有两个基本部件：

- 循环延续表达式
- 循环体

循环延续表达式如果是 `true`，那么就执行循环体，然后再回到循环延续表达式，继续求该表达式的值。如果还是 `true`，那么就再次执行循环体，然后继续判断循环延续表达式，直到它的值是 `false` 为止。此时循环结束，程序从循环之后的那条语句开始往下执行。

循环语句的延续表达式通常分成两类：

- **根据计数器来判断循环是否应该继续**。这种循环的迭代次数取决于某个计数器的值。我们提前就知道这样的循环应该迭代多少次。我们可以在循环过程中递增或递减这个计数器，让它在经过一定次数的迭代之后，使延续表达式取到 `false` 值，从而让程序跳出循环。
- **根据某个条件或某个标记值来决定循环是否应该继续**。这种循环的迭代次数取决于某个条件是否依然成立，或者程序是否还没有碰到某个标记值。我们提前并不清楚这样的循环需要迭代多少次。标记值（sentinel）是一种用来判断循环是否完成的值，程序必须先遇到这样的值，才算执行完这个循环。

本章我们要讲的是由计数器所控制的循环。等后面说到如何从控制台获取输入信息，以及如何读取文件中的输入数据时，我们再谈由标记值所控制的循环。

C 语言还提供了其他几种控制循环的办法，例如 `break` 与 `continue`。其中的 `break`，我们在第 6 章讲解 `switch() ...` 语句时提到过。如果普通的计数器或标记值没有办法满

⊖ 意思是反复执行 `...` 所表示的这一部分，直到 `until()` 条件成立为止。——译者注

足某些特定的循环需求，那我们就会考虑通过这些办法调整循环的执行逻辑。

笔者想通过一个问题来把迭代与重复讲解得更有趣一些，这个问题就是数学家高斯（Gauss，1777—1855）小时候巧妙解决过的连加问题。高斯读小学的时候，有一次，老师为了填补下课前的空闲时间，让大家把 1～100（或者从 1 到某个整数）的所有整数加起来。其他人都在一个一个地往上加（也就是所谓蛮力法），但高斯却发现了一条规律，从而立刻求出了最终结果。这条规律是：

```
sum(n) = n * (n+1) / 2
```

公式中的 n 是指从 1 开始的这一系列自然数里面最大的那个数。

在本章中，我们就以高斯小时候面对的连加题为例来讲解循环。我们首先要说的是如何用 C 语言来表达高斯发现的这个巧妙规律。然后，我们开始研究各种以编程方式（而非数学方式）所构造的解法。第一是蛮力法，这当然是高斯当时不愿意采用的那种方法。第二是循环法，我们要演示如何用 C 语言中的各种循环结构来解决这道题。最后我们要讲怎样用 goto 语句来实现这个需求，这种方案不太好写。

下面这段代码是一个名为 sumNviaGauss() 的 C 函数，它运用高斯发现的连加公式来解决求和问题：

```
int sumNviaGauss( int N )  {
  int sum = 0;
  sum = N * ( N+1 ) / 2;
  return sum;
}
```

调用函数的时候需要输入参数 N。函数求出的结果是从 1～N 的各整数之和。这个函数是 gauss_bruteforce.c 程序的一部分，该文件包含一些链接，那些链接所指向的网页很好地解释了这条连加求和规律的原理，以及这个问题的各种变化形式。笔者就不在这里展开讲解这些内容了。大家可以下载 gauss_bruteforce.c 文件并访问其中的网址。

注意，N * (N+1) / 2 这个式子中的 N+1 必须用一对括号括起来，因为它左边的乘法与右边的除法其优先级都比这一部分里面的加法要高，假如不括起来，那么程序就会把 N+1 中的 N 与 1 分别跟左边的 N * 与右边的 / 2 相结合，变成计算 N * N 与 1 / 2 的和。只有括起来，才能计算出我们想要的结果。

为什么要在开始讲解循环之前先给出这种通过公式来求解的方案呢？C 语言提供了许多强大的语句，让我们能够执行各种复杂的运算以解决复杂的数学问题。然而大家必须注意，有的时候，其实本来就存在某个比较通用的公式或算法（algorithm），能够更简单地解决这个问题，而不需要我们再去重新创造。因此，每个程序员都应该看看 *Numerical Recipes in X* 一类的书（其中的 *X* 指的是 C、Fortran 或 C++），这些书会告诉你如何用 *X* 语言实现已有的公式或算法，从而解决各种复杂的数学问题，这些数学问题都是相当有意义而且解决起来比较费劲的问题，有许多数学家、科学家、工程学家、计算机学家以及运筹学家都在研究它们的解法，如果你不去参考他们的成果，而是自己探索，那可能会吃苦头。

> 顺便说一下，笔者应该指出的是，自己在研究计算机科学时遇到过某些特别有意义的算法，而那些算法是由研究运筹学的人所提出的。他们似乎总是想解决某些极其困难然而又极其重要的问题。当然，这个话题已经超出了本书的讨论范围。

虽然高斯当年不想用蛮力法来解决问题，但有时我们只能采用这种办法来实现，它在某些情况下甚至是最好的解法，只不过这种情况不多。下一节我们讲解蛮力法。

7.3 蛮力法实现重复执行代码

要想用蛮力法反复执行一系列语句，我们需要将这套语句手工复制许多遍，直至达到要求的次数为止。这是最僵化的一种重复执行方式，因为重复次数是写死的，无法在程序运行的过程中修改。

用这种办法做重复执行有许多缺点。首先，如果你想修改这一系列语句之中的某一条或某几条，那该怎么办？这时你要做的工作必定是十分枯燥的，因为你只有两个办法，一种是逐个修改（这当然很容易出错），另一种是把它们全删掉，然后重新写出一个修改之后的版本，再把这个版本手工复制许多遍（这当然也很容易出错）。另外，这样做还会让源文件毫无必要地膨胀。如果你复制的这套语句只有10行，那或许不会有太大问题，但如果有成百上千行，那就会大幅增加文件的尺寸。

然而，有些情况下，我们确实需要把同一条语句复制许多遍，这主要发生在需要执行*循环展开*（loop unrolling或loop unwinding）时，这是个高深的话题，不在本书的讨论范围之内。如果你学完本章之后有兴趣研究这个话题，可以自己寻找更多的资料。这里只提醒一句，就是它跟某些对性能要求很高的特殊需求有关。你在开始学习这项技术之前，还有许多基础知识要学。

下面这个`sum100viaBruteForce()`函数用蛮力法来解决早前提到的连加问题，这个函数的代码是这样的：

```
int sum100bruteForce( void )  {
  int sum = 0;
  sum  = 1;
  sum += 2;
  sum += 3;
  …
  …
  sum += 99;
  sum += 100;
  return sum;
}
```

请大家注意，我们这里并没有把函数中的一百多行代码全写出来，那样相当乏味。这个函数确实可以正确计算出1～100的整数和，但它只对这一个例子有效。如果我们要计算的是 1～10 或 1～50 的整数和，那么这个用蛮力法实现出的函数就不再适用了。这个缺点让该函数显得更加无聊。

还有一种蛮力解法是通过 C 语言的自增运算符来实现。这个版本叫作 sum100viaBruteForce2()，它的代码是这样写的：

```
int sum100bruteForce2( void )  {
  int sum = 0;
  int num = 1;

  sum  =    num;
  sum += ++num;
  sum += ++num;
  sum += ++num;
  …
  …
  sum += ++num;
  sum += ++num; // 100

  return sum;
}
```

请注意，这次我们也没有把函数中的一百多行代码全写出来。这个函数虽然不要求把 1～100 的每个数字都写一遍，但它跟早前那个函数一样烦琐，而且笔者觉得，这个函数实际上比刚才那个（也就是 sum100viaBruteForce()）更难写，因为这次我们很难看出当前已经写了多少个 sum += ++num; 语句。为此，笔者每隔几行代码就要加一条注释，以便记录当前的重复次数，大家打开 gauss_bruteforce.c 文件就可以看到这些注释。

这两个函数的代码都超过了一百行，这种感觉就好比你在大热天开车穿过一百英里的荒野，而且中途不能休息、不能喝冷饮一样。编译器当然不会觉得这有什么麻烦，但阅读和修改代码的人确实相当难受。

你在录入这种代码的时候当然可以用复制与粘贴功能来简化输入。

下面是 gauss_bruteforce.c 程序的 main() 函数：

```
#include <stdio.h>
#include <stdbool.h>

int sum100bruteForce( void );
int sum100bruteForce2( void );
int sumNviaGauss( int N );

int main( void )  {
  int n = 100;
  printf( "The sum of 1..100 = %d (via brute force)\n" ,
          sum100bruteForce() );
  printf( "The sum of 1..100 = %d (via brute force2)\n" ,
          sum100bruteForce2() );
  printf( "The sum of 1..%d = %d (via Gaussian insight)\n" ,
          n , sumNviaGauss( n ) );
  return 0;
}
```

请创建名为 gauss_bruteforce.c 的文件，然后录入 main() 函数以及三个 sum 函数的代码。接下来，用 cc gauss_bruteforce.c -o gauss_bruteforce 命令编译这个程序。其中的 -o 选项用来指定编译之后所产生的可执行文件（以前我们并没有指定这个选项，因此编译之后的可执行文件会默认叫作 a.out）。运行 gauss_bruteforce 程序，你应该会看到类似下面这样的输出信息。

```
Learn C : Chapter 7 > cc gauss_bruteforce.c -o gauss_bruteforce
Learn C : Chapter 7 > gauss_bruteforce
The sum of 1..100 = 5050 (via brute force)
The sum of 1..100 = 5050 (via brute force2)
The sum of 1..100 = 5050 (via Gaussian insight)
Learn C : Chapter 7 >
```

从这张截图中大家看到，这三个函数都能计算出 1～100 的整数和，而且计算结果都是正确的。

所幸我们有更好的办法实现连加，这些办法虽然不如直接套用高斯的求和公式，但毕竟要比蛮力法强，而且它们可以用来演示本章要讲的话题，也就是循环。

我们接下来讲解这些循环方式的时候，使用的例子都是这个高斯求和问题。这样做有两个好处。第一，由于这个问题我们已经用公式法与蛮力法解决过了，因此，在利用循环法来求解的过程中，如果控制迭代次数的计数器有错，那我们很容易就能通过求和结果意识到这个错误：只要结果跟以前不同，就说明循环写得不对。第二，由于我们已经通过两种方式解决了该问题，因此这已经不是一个新问题了，大家对这个问题应该已经比较熟悉了，于是，我们在改用各种形式的循环来解决这个问题时会比较容易。

7.4 while () ... 循环语句

while () ... 语句的语法是：

```
while( continuation_expression ) statement_body
```

程序首先求 continuation_expression 的值，如果是 true，就是执行 statement_body（语句体），然后再度求 continuation_expression 的值，并重复此过程。如果 continuation_expression 是 false，那么循环就结束了，程序接着执行整个循环结构之后的那条语句。如果程序首次判断 continuation_expression 的时候就发现它的值是 false，那么根本不会执行 statement_body。

statement_body 这一部分可以是一条简单的语句，甚至可以是一条 null 语句（空语句，也就是不带任何表达式，直接以 ; 结尾的语句）。然而，在大多数情况下，它都是一条复合语句。请注意，while() ... 本身是不加分号的。如果 statement_body 是一条简单语句，那么这条简单语句要以分号结尾，但如果 statement_body 是一条复合语句，那么该语句会用一对花括号括起来，这对花括号的末尾不加分号。

另外要注意，在 statement_body 这一部分里面，你必须设法修改 continuation_expression 所用到的值。假如不这么做，那么循环一旦启动，就会一直执行。这种情况叫作无限循环（infinite loop）。如果 continuation_expression 是通过计数器来判断循环是否应该继续的，那你就必须在循环体（也就是 statement_body 部分）里面设法修改计数器的值，让循环能够适时地终止。

现在回到高斯求和问题。这次我们用 while() ... 循环来编写函数，让这个函数接受名为 N 的参数，以表示有待求和的这个整数序列里面值最大的数。该函数返回 1 与 N 之间的各整数之和。我们需要用一个变量（即 sum 变量）来保存求和结果，这个变量的初始值是 0。另外，我们还需要用一个计数器（即 num 变量）来控制迭代次数，这个计数器的初始值也是 0。它会依次取从 0 到 (N-1) 之间的各个整数。循环条件是：计数器是否小于 N？如果计数器本身的值已经变得与 N 相等了，那么这个循环条件就不再成立（因为 N 本身并不小于 N），于是循环就会结束。在循环体中，我们把计数器所对应的整数值（也就是 num + 1）累计到表示求和结果的变量里面，然后递增该计数器。循环完成之后，我们把求和结果返回给调用方。

这个 sumNviaWhile() 函数写在 gauss_loops.c 程序里面，它的代码是这样的：

```
int sumNviaWhile( int N )  {
  int sum = 0;
  int num = 0;
  while( num < N ) // num: 0..99  (100 is not less than 100)  {
    sum += (num+1); // Off-by-one: shift 0..99 to 1..100.
    num++;
  }
  return sum;
}
```

这段代码中有一个小问题需要注意，也就是容易出现 off-by-one（多算一个或少算一个）的现象。这个问题不仅容易发生在编写 C 程序的时候，你在用其他语言做开发时也容易碰到，只不过形式有所区别。num 计数器会从 0 取到 N-1，从而让循环迭代 N 次。其实还有另外两种写法，一种是让 num 从 1 取到 N，但那样写的话，循环条件就不是 num < N 了，而应该改成 num < N + 1（或者 num <= N，同时还要把循环体里面的 num+1 改成 num）。第二种是让 num 从 0 取到 N，并把循环条件改成 num <= N（或者 num < N + 1，同时还要把 return sum; 改成 return sum-num;）。第二种改法虽然也能算出正确答案，但是循环体的迭代次数是 N + 1，而不像现在这种写法以及刚才提到的第一种改法那样，只需迭代 N 次即可。比方说，如果 N 是 10，那么第二种改法会让计数器从 0 取到 10，使得循环体总共需要迭代 11 次。

我们让计数器从 0 开始计算是有理由的，因为这跟 C 语言处理数组下标（array index，也叫数组索引）的方式相符，这个问题会在第 11 章讲解。大家现在可能觉得让计数器或下标从 0 开始计算似乎有点奇怪，但这其实是 C 语言一贯的原则。你应该熟悉这种方式，这样可以在计算数组下标与做指针加法的时候避开许多错误。

为了减少与计数器的取值范围有关的错误，笔者发现，我们最好把表达式能够成立的这个取值范围用注释标出来，用以表示如果计数器或下标的值位于该范围内，那么条件表达式就是成立的。这样写可以提醒自己在计数器上执行必要的操作，以便将它的值转化成我们执行运算时需要的那个值，比方说刚才那个函数就会给计数器的值加 1，以确定有待计入求和结果的这个整数。

除了这种写法，还有一种写法也能解决高斯求和问题（C语言跟大多数编程语言一样，都允许你用不同的写法来解决同一个问题）。这种写法还是用 `while() ...` 循环来实现，但不让计数器递增，而是让它递减，这样就不用专门用一个变量来表示计数器了，而是可以直接用函数的参数 `N` 充当计数器。前面说过，程序会把调用方在调用函数时所传入的参数值复制到函数的相应参数里面，因此，对于这个函数来说，它的参数 `N` 实际上也可以像局部变量一样使用，我们可以用这个参数充当计数器。这次让它逐渐变小，而不是像刚才那样让它逐渐变大。计数器的值会从 `N` 逐渐降为 `1`。当计数器是 `0` 的时候，我们让这个循环终止，为了表示这个逻辑，我们不需要把 `while` 循环的条件表达式写成 `N != 0` 或 `N > 0`，而是可以直接写成 `N`，因为 `N` 一旦为 `0`，这个条件表达式的结果就是 `false`，这会促使程序结束 `while` 循环。

我们把决定循环是否应该继续的这个 `continuation_expression` 表达式直接写成了 `N`，这样只要 `N` 不是 `0`，循环就会继续执行。其实本来也可以写成 `while( N > 0 )`（或 `while ( N !=0 )`），那样写虽然没什么必要，但会让代码更加明确。另外，这个版本的函数还有一个小优势，就是不会出现 off-by-one（多算一个或少算一个）的问题，而且，这次的计数器本身正是我们在做求和运算时需要用到的这个值，因此不需要像原来那样先调整计数器的值，然后再用它执行运算。

这次的 `sumNviaWhile2()` 函数写在 `gauss_loops2.c` 程序中，它的代码是这样的：

```
int sumNviaWhile2( int N )  {
  int sum = 0;
  while( N )  {       // N: N down to 1 (stops at 0).
    sum += N;
    N--;
  }
  return sum;
}
```

在这两种写法里面，有没有哪种写法肯定会比另一种好呢？其实并没有。而且对于我们这个例子来说更不会出现这样的情况，因为这个例子实在是太简单了。如果循环体（也就是 `statement_body` 这一部分）变得比较复杂，那么其中一种写法读起来可能会比另一种更加清晰。笔者在这里用两种写法来解决同一个问题是想让大家从不同的角度思考这个问题，当然，这样写出来的代码在清晰程度上可能也会稍有区别。对于本例来说，这两种写法之间的差异在于如何点算有待求和的这些整数是从小到大累加，还是从大到小累加。

7.5　for() ... 循环语句

for() ... 语句的语法是：

```
for( counter_initialization ; continuation_expression ; counter_increment )
    statement_body
```

for() ... 语句由控制表达式跟语句体组成，其中，控制表达式分成 counter_initialization（计数器初始化）、continuation_expression（延续表达式，也叫条件表达式）与 counter_increment（计数器递增㊀）这三部分，相邻两部分之间用分号隔开。这三部分都有各自的用途，顺序不能互换。

程序刚遇到 for() ... 语句时，会求出 counter_initialization 表达式的值，这个表达式只在程序第一次遇到 for() ... 语句的时候求值一次。然后，程序开始求 continuation_expression 的值，如果它是 true，那么就执行 statement_body（语句体）。执行完这次的 statement_body 之后，程序会求 counter_increment 表达式的值。接下来，程序会再度求 continuation_expression 的值，并重复上述过程，直到 continuation_expression 是 false 为止。如果第一轮求值就发现 continuation_expression 是 false，那么 statement_body 一次也不会执行。

其中，statement_body 这一部分可以是一条简单的语句，甚至可以是空语句（也就是不带任何表达式，只以 ; 结尾的语句），然而在大多数情况下，它都是一条复合语句。请注意，for() ... 语句本身是不以分号结尾的，如果它的语句体是一条简单语句，那么这条简单语句要用分号结尾，如果它的语句体是一条复合语句，那么这条复合语句应该用一对花括号括起来，这对花括号的末尾不加分号。

在 for() ... 语句里面，所有的控制元件（control element，也就是控制循环是否应该继续执行的那些元件）都会出现在 for 右侧的那对括号里面。C 语言是故意这么设计的，因为这样可以让开发者把这些元件全都写在一起。如果语句体（也就是 statement_body 这一部分）比较复杂或者比较长，那么这样写的好处尤其明显，它会让阅读代码的人注意到这个循环所使用的各种控制变量。

counter_increment 表达式可以是任何一条用来递增、递减或修改计数器的表达式。另外要注意，在 for 循环里面所声明并初始化的变量不能放在 for 的语句体（也就是 statement_body）之外使用。这就好比函数的参数只能在函数体里面使用一样。这个问题我们会在第 25 章详细讲解。

现在回到高斯求和问题，我们这次用 for() ... 循环来实现这个函数，让它接受名为 N 的参数，用以表示有待求和的这个整数序列里面最大的那个数。这个函数返回 1～N 的整数之和。我们需要用一个变量（也就是 sum 变量）来存放求和结果，这个变量的初始值应该是 0，另外还需要在 for () ... 语句的第一部分（也就是 counter_initialization

---

㊀ 也可以叫作计数器调整，因为 for 循环所用的计数器不一定总是递增的。——译者注

这一部分）里面声明并初始化一个 num 变量，以充当计数器。这个变量会从 0 取到 (N-1)，当它变为 N 的时候，for 循环的循环条件就不再成立（这个条件是 num < N，如果 num 本身也是 N，那么 N 并不小于 N，因此条件不再成立），这时程序会结束循环。在循环体里面，我们只需要把当前这个整数（也就是由 num+1 所表示的这个整数）累计到 sum 里面即可。循环结束之后，把 sum 变量的值返回给调用方。

这个名叫 sumNviaFor() 的函数写在 gauss_loop.c 程序里面，它的代码是这样的：

```
int sumNviaFor( int N )  {
  int sum = 0;
  for( int num = 0 ; num < N ; num++ ) { // num: 0..99 (it's a C thing)
    sum += (num+1); // Off-by-one: shift 0..99 to 1..100.
  }
  return sum;
}
```

与之前讲解 while() ... 循环时类似，这次我们也要注意 off-by-one 问题。另外，具体到这个例子来说，用 for() ... 循环求解跟用 while() ... 循环一样，也有两种办法。我们除了从小往大算，还可以从大往小算。这种办法也使用函数的参数 N 作为计数器，因此不需要另建一个计数器变量。前面讲过，调用函数时程序会把调用方传入的参数值复制到相应的参数里面，因此这种参数可以像局部变量一样在函数内部使用。于是，我们就用参数 N 充当计数器。这次不让它从 0 开始递增，而是让它从 N 开始递减，等它降到 0 时，循环条件就会变成 false，这会让程序结束循环。

与之前用 while() ... 循环求解时类似，这次用 for() ... 循环求解时的第二种写法也要比第一种写法稍微好一些，因为它避免了 off-by-one 问题，而且它所采用的计数器表示的正是我们做求和运算时所要计入的这个整数。

用这种写法写成的 sumNviaFor2() 函数会放在 gauss_loop2.c 程序文件里面，它的代码是这样的：

```
int sumNviaFor2( int N )  {
  int sum = 0;
  for( int i = N ;  // range: 100..1
       i > 0 ;      // stops at 1.
       i--    )  {
    sum += i;       // No off-by-one.
  }
  return sum;
}
```

最后要注意，这次的 sumNviaFor2() 函数把 for 右侧那一对括号里面的代码写成了三行，让每一部分都占据一行。如果某一部分的写法比较复杂，那么这种格式就很便于阅读，而且便于单独针对这一部分撰写注释。

比方说，如果我们的计数器有两个，其中一个要递增，另一个要递减，那么就可以把这两个计数器都写在 counter_initialization 这一部分里面，并用序列运算符（也就是逗号运算符）相连接。这两个计数器变量的递增与递减操作可以放在 counter_increment 这一部分里面执行，这两项操作也用逗号（,）连接。下面以一个这样的 for() ... 循环为例：

```
for( int i = 0 , int j = maxLen ;
     (i < maxLen ) && (j > 0 ) ;
     i++ , j-- )  {
  ...
}
```

为了把控制表达式与循环体清楚地区分开，我们应该适当地使用缩进。刚才这个例子实在太简单了，因此不一定非得调整代码格式，但如果控制表达式比较复杂，那就必须注意代码的格式了。

7.6 do ... while() 循环语句

do ... while() 语句的语法是：

```
do statement_body while( continuation_expression );
```

这个语句与 while() ... 循环语句只有一个区别，就在于 statement_body 是在 continuation_expression 求值之前得到执行的。如果 continuation_expression 是 true，那么继续执行下一轮循环；如果是 false，那么循环就结束。请注意，do ... while() 语句本身需要以分号结尾。如果第一轮循环就让 continuation_expression 取到 false 值，那么 statement_body 这一部分只会执行一次。

现在回到高斯求和问题。刚才我们已经解释了 do ... while() 与 while() ... 之间的区别。具体到这个例子来看，这两种写法之间还是稍有不同。

下面这个 sumNviaDoWhile() 函数写在 gauss_loop.c 程序文件里面，它的代码是：

```
int sumNviaDoWhile( int N )  {
  int sum = 0;
  int num = 0;
  do {
    sum += (num+1);        // Off-by-one: shift 0..99 to 1..100.
    num++;
  } while ( num < N );    // num: 0..99 (100 is not less than 100).
  return sum;
}
```

请注意，由于这个循环的循环体包含多行代码，因此需要用一对花括号把这些代码括起来，让它们形成一个代码块，不然编译器会报错。

与前面两种循环一样，用 do ... while() 循环来解决高斯求和问题时，我们也可以把函数的参数 N 本身当成计数器使用，并按照从大到小的顺序计算。

下面这个 sumNviaDoWhile2() 函数写在 gauss_loop2.c 程序文件里面，它的代码是：

```
int sumNviaDoWhile2( int N )  {
  int sum = 0;
  do {
    sum += N;
    N--;
  } while ( N );     // range: N down to 1 (stops at 0).
  return sum;
}
```

在继续往下讲之前，我们应该先把已经写过的函数测试一遍，为此，我们需要把这些函数所在的两个程序文件（也就是 gauss_loop.c 与 gauss_loop2.c 文件）补充完整。

gauss_loop.c 程序的 main() 函数是这样的：

```
#include <stdio.h>
#include <stdbool.h>

int sumNviaFor(      int n );
int sumNviaWhile(    int n );
int sumNviaDoWhile( int n );

int main( void )  {
  int n = 100;
  printf( "The sum of 1..%d = %d (via while() ... loop)\n"  ,
          n , sumNviaWhile( n ) );
  printf( "The sum of 1..%d = %d (via for() ... loop)\n"    ,
          n , sumNviaFor( n ) );
  printf( "The sum of 1..%d = %d (via do...while() loop)\n" ,
          n , sumNviaDoWhile( n ) );
  return 0;
}
```

请你创建一份名为 gauss_loops.c 的文件，并把 main() 函数以及早前提到的那三个 sum 函数录入该文件。然后用 cc gauss_loops.c -o gauss_loops 命令编译程序，最后运行该程序。你应该会看到类似下面这样的输出信息。

```
Learn C : Chapter 7 > cc gauss_loops.c -o gauss_loops
Learn C : Chapter 7 > gauss_loops
The sum of 1..100 = 5050 (via while() ... loop)
The sum of 1..100 = 5050 (via for() ... loop)
The sum of 1..100 = 5050 (via do...while() loop)
Learn C : Chapter 7 >
```

从这张截图可以看出，用三种不同的循环语句所实现的这三个函数都能计算出 1～100 的所有整数之和，并得出跟早前的 gauss_bruteforce 程序相同的结果。

gauss_loop2.c 程序的主体部分是：

```
#include <stdio.h>
#include <stdbool.h>

int sumNviaFor2(      int N );
int sumNviaWhile2(    int N );
int sumNviaDoWhile2( int N );
```

```
int main( void ) {
  int n = 100;
  printf("The sum of 1..%d = %d (via while() ... loop 2)\n" ,
         n , sumNviaWhile2(n) );
  printf("The sum of 1..%d = %d (via for() ... loop 2)\n" ,
         n , sumNviaFor2(n) );
  printf("The sum of 1..%d = %d (via do...while() loop 2)\n",
         n , sumNviaDoWhile2(n) );
  return 0;
}
```

请创建 gauss_loops2.c 文件，把 main() 函数与早前的三个 sumXXX2 函数录入该文件。然后用 cc gauss_loops2.c -o gauss_loops2 命令编译程序，最后运行该程序。你应该会看到类似下面这样的输出信息。

```
Learn C : Chapter 7 > cc gauss_loops2.c -o gauss_loops2
Learn C : Chapter 7 > gauss_loops2
The sum of 1..100 = 5050 (via while() ... loop 2)
The sum of 1..100 = 5050 (via for() ... loop 2)
The sum of 1..100 = 5050 (via do...while() loop 2)
Learn C : Chapter 7 >
```

从这张截图可以看出，这三个采用不同的循环语句所实现的函数都能够计算出 1～100 的所有整数之和，并且能够得出跟以前相同的结果。

7.7 如何把一种循环改写成另一种循环

我们刚才把三种循环语句都讲述了一遍，而且讲解了每一种循环语句的两种实现逻辑（也就是递增式的逻辑与递减式的逻辑），从这些内容中大家应该能够意识到，这些循环语句是有相似之处的。对于由计数器控制的循环来说，我们其实可以很快地把它从一种形式改写为另一种形式。

现在我们就来比较一下，看看由计数器所控制的这三种循环其各个部件之间有着怎样的对应关系。

首先是 while() ... 循环。如果要实现一个由计数器所控制的 while 循环，那我们会遵照这样的语法来写：

```
counter_initialization;
while( continuation_expression ) {
  statement_body
  counter_increment;
}
```

注意，初始化计数器所用的 counter_initialization，以及递增（或者说调整）计数器所用的 counter_increment，都必须添加到适当的位置，因此，该语法与 7.4 节所列的基本语法相比会显得稍微复杂一些。

同样一个循环如果改用 for() ... 语句来实现，那么语法就是：

```
for( counter_initialization ; continuation_expression ; counter_increment )
 statement_body
```

我们完全可以把 for() ... 循环当作 while() ... 循环的特例。

由计数器所控制的循环如果采用 do ... while() 语句来写，那么语法是：

```
counter_initialization;
do {
  statement_body
  counter_increment;
} while( continuation_expression );
```

注意，为了控制计数器变量，我们必须把相应的表达式添加到适当的位置，因此，与 7.6 节所列的基本语法相比，这里的语法会显得稍微复杂一些。

对于由计数器所控制的循环来说，我们首先应该考虑用 for() ... 语句来写，另外两种循环语句其实也可以。但如果我们要实现的是由标记值（sentinel）所控制的循环，那么这几种形式之间就不太容易像刚才那样互相转换了。对于那种循环来说，while() ... 语句在许多情况下都要比另外两种语句方便得多，如果我们想在找到标记值时结束循环，那么 while() ... 语句的优势会更加明显。

7.8 善用 goto 语句以实现无条件跳转

goto 语句会让程序立刻且无条件地跳转到函数体内的指定标签处，也就是说，goto 会让程序从那个标签开始往下执行。目前的 C 语言跟早期的版本不同，它现在已经不允许我们通过 goto 语句跳转到函数体之外了，因此，我们既不能通过 goto 进入别的函数，也不能通过该语句跳转到另一个程序里面（这两种用法在当年并不少见）。

goto 语句有两个要素。首先，你必须声明一个标签，这个标签（例如叫作 label_identifier）可以独占一行，比方说可以写成 label_identifier :，也可以跟它所标注的语句（例如叫作 statement）合起来写在同一行里，比方说可以写成 label_identifier : statement。

第二，你需要把这个标签的名称（例如刚才说的 label_identifier）写在 goto 关键字的右侧以构成一条 goto 语句。该语句的语法是：

```
goto label_identifier;
```

为什么有人不建议使用 goto 语句呢？这是因为早期还没有结构化编程（structured programming）这一概念，后来业界才提出了这种只有一个入口点与一个出口点的编程范式。今天我们已经不再提这个问题了，因为目前的程序员所受的训练比那时要好，而且从 C 语言开始，各种编程语言都变得比较规范，所以不再需要通过 goto 语句来实现某些逻辑了，因而也就很少出现滥用 goto 的问题。当年推行结构化编程是想反制那种比它更早的意大利面条式代码（spaghetti code），那时由于缺乏规范的跳转机制，因此开发者会频繁使用 goto 语句，这有时会让代码彻底失控。那种程序可以从一个地方随意跳到另一个地方，这会让阅读程序代码的人很难看懂代码的含义，因而也就很难修改这些代码（goto 语句让人很难把程序有可能出现的执行路径全都掌握清楚）。那时的开发者经常会问：*我是怎么跑到这个地方来的？程序是沿着哪条路径执行到这个地方的？*这些问题很难说清，而且有些情况下根本说不清。C 语言以及从它衍生出来的其他语言已经限制了 goto 语句的用法，让这种语句变得更加规范。

C 语言的设计者觉得我们偶尔还是需要用到 goto 的，因此尽管这种用法比较少见，但他们还是把 goto 保留在了 C 语言之中。C 语言的 goto 语句是严格受到限制的，因为它“只能”在限定的范围内跳转。我们不能像以前那样通过 goto 跳转到其他函数之中的某个标签那里。我们既不能让 goto 跳转到当前函数之外，也不能让它跳转到别的程序，乃至运行时库（runtime library）与系统代码（system code）里面。以前有人那么写只是为了省事，他们并没有考虑到那种做法会给以后的代码维护工作带来哪些困难。当时有很多问题都是由于滥用 goto 而产生的，但这些问题现在已经不会再出现了，至少对于 goto 来说是如此。

目前的 C 语言只允许你用 goto 跳转到当前函数的某个标签那里。如果你想从多层嵌套的 if... else... 结构或循环结构里面跳出来，那么采用 goto 语句来做会相当方便。我们确实会遇到这样的情况，然而它毕竟是极其罕见的。另一种需要用到 goto 的场合是在执行高性能计算的时候。考虑到这两项需求，我们还是有必要了解 goto 这个语句的。

C 语言虽然限制了 goto 语句的用法，但同时提供了另外两个相当有用而且相当规范的语句，让我们可以改用那两种语句来实现以前需要用 goto 去做的某些功能，这个问题会在下一节讲解。

在本节接下来的内容里，我们要学习怎样以结构化的方式使用 goto 语句，以实现前面学过的那几种循环结构。在用 goto 实现早前学过的每种结构时，笔者都会安排两个标签以标注起始位置（begin_loop:）与结束位置（end_loop:），这两个位置之间的代码就相当于那种循环结构的循环体。

第一个例子是用 goto 实现 do ... while() 循环。这种情况下其实没必要写出结束标签，但为了让代码清晰一些，笔者还是把这个标签写了出来。下面这个 sumNviaGoto_Do() 函数写在 gauss_goto.c 程序文件里面：

```
int sumNviaGoto_Do( int N )
{
  int sum = 0;
  int num = 0;
begin_loop:
  sum += (num+1);
  num++;
  if( num < N ) goto begin_loop;     // Go up and repeat: loop!
  // Else fall-through, out of loop.
end_loop:
  return sum;
}
```

以前我们学习do ... while()循环时所写的那些范例代码，全都出现在了这个sumNviaGoto_Do()函数里面。begin_loop:标签所标注的是循环体的起点，end_loop:标签所标注的则是循环体的终点，这两部分之间的代码就相当于do ... while()的循环体。按照现在的这种写法，程序在首次判断num < N这个循环表达式之前肯定会把循环体先执行一遍。以上就是如何用goto语句来实现等效的do ... while()循环。

接下来我们可能会考虑怎么用goto语句实现出等效的while() ...循环。下面就是实现代码，这个sumNviaGoto_While()函数写在gauss_goto.c程序文件里面：

```
int sumNviaGoto_While( int N )
{
  int sum = 0;
  int num = 0;
begin_loop:
  if( !(num < N) ) goto end_loop;
  sum += (num+1);
  num++;
  goto begin_loop;
end_loop:
  return sum;
}
```

请注意，我们改写时要稍微调整一下循环的条件，也就是要把它写得跟等效的while() ...循环恰好相反。这样的话，如果循环条件为true，那么程序就会执行goto end_loop;语句，以跳出循环。为了跳出这个循环逻辑，我们必须这样写，这就好比在使用while() ...循环结构时，要想跳出循环，我们必须设法让条件表达式变为false。

最后，我们用goto语句来实现等效的for() ...循环。这个sumNviaGoto_For()函数也写在gauss_goto.c程序文件中：

```
int sumNviaGoto_For( int N )
{
   int sum = 0;
   int num = 0;

   int i = 0;                      // Initialize counter.
 begin_loop:
   if( !(i < N) ) goto end_loop;   // Loop continuation condition.
   sum += (num+1);
   num++;
   i++;                            // Counter increment.
   goto begin_loop;
 end_loop:
   return sum;
}
```

这次我们需要添加一个名为i的局部变量，并把它初始化为0。我们每次都要判断它当前的值是否小于N，如果是，那就执行循环体，然后还要记得让这个局部变量自增，最后我们通过goto语句，无条件地跳转到循环体的开头，也就是begin_loop:标签那里。

大家应该能够看出这种写法里面的相关代码与 for() ... 语句中的相关部分之间的联系。

汇编语言是一种几乎可以跟机器语言直接对应的编程语言，在那种语言里面，开发者没有 for() ...、while() ... 与 do ... while() 等循环语句可用，他们只能使用类似 goto 这样的跳转指令。因此，我们刚才用 goto 写出来的那些逻辑能够比较整齐地对译为汇编语言乃至机器语言的代码。但我们的重点并不在这里，笔者之所以要讲这些内容，只是想让大家知道怎样在各种循环结构与等效的 goto 实现方案之间转换而已。

下面给出 gauss_goto.c 程序的 main() 函数：

```
#include <stdio.h>
#include <stdbool.h>
int sumNviaGoto_While( int N );
int sumNviaGoto_Do( int N );
int sumNviaGoto_For( int N );

int main( void )
{
  int n = 100;
  printf( "The sum of 1..%d = %d (via do-like goto loop)\n" ,
          n , sumNviaGoto_Do(n) );
  printf( "The sum of 1..%d = %d (via while-like goto loop)\n" ,
          n , sumNviaGoto_While(n) );
  printf( "The sum of 1..%d = %d (via for-like goto loop)\n" ,
          n , sumNviaGoto_For(n) );
  return 0;
}
```

请创建名为 gauss_goto.c 的文件，并把 main() 函数以及刚才那三个 sum 函数录入该文件。然后用 cc gauss_goto.c -o gauss_goto 命令编译这份文件，最后运行程序。你应该会看到类似下面这样的输出信息。

```
Learn C : Chapter 7 > cc gauss_goto.c -o gauss_goto
Learn C : Chapter 7 > gauss_goto
The sum of 1..100 = 5050 (via do-like goto loop)
The sum of 1..100 = 5050 (via while-like goto loop)
The sum of 1..100 = 5050 (via for-like goto loop)
Learn C : Chapter 7 > 
```

从这张截图可以看出，用这三种办法实现出的 goto 循环也能计算出 1～100 的各整数之和，而且计算结果与早前相符。

现在的问题是：goto 语句确实能实现出循环效果，但我们在什么样的情况下才需要这么做呢？

答案很明确：无论在什么样的情况下，我们都不需要这么做。应该优先考虑用 for() ...、while() ... 与 do ... while() 这样的循环语句来实现。

我们可以用这三种成熟的循环语句写出清晰的代码，因此不需要再用 goto 去模拟循环效果了。就算这些语句所表达的依然是跳转逻辑，那也应该由编译器替我们去把它转化成相应的跳转指令，而不需要由我们自己拿 goto 模拟。因此，对于一般的编程需求来说，很少需要用到goto。只有在实现某些对性能要求比较高的计算任务时，我们才会考虑使用goto。

总之，大家要记住，滥用或误用goto会导致程序出现大问题。一定要明智地使用goto。

7.9 用 break 与 continue 语句来控制循环

如果想从嵌套较深的结构里面跳出来，除了使用goto，其实还可以使用C语言所提供的另外两种机制。这两种机制就是break与continue，它们的功能与goto类似，但是更加规范。

break语句会让程序跳转到该语句所在的这个语句块之外，continue语句则用在循环体里面，它会让程序跳过这条语句与当前这轮循环的末尾之间的所有语句，并立刻进入下一轮循环。

我们在上一章讲switch语句时其实用过break，那时是为了让程序立刻跳出switch结构，并从该结构之后的那条语句开始继续往下执行。其实break也可以用在循环结构里面，用来跳出它所在的整个循环。

下面这个判断受测数字是否为素数（也称为质数）的isPrime()函数就用到了break语句，它的每一轮循环都会判断受测数字num是否能为当前的计数器i所整除，如果能，那就表明num不是素数，于是就通过break跳出整个for循环。

这个isPrime()函数写在primes.c程序文件里面：

```
bool isPrime( int num )  {
  if( num < 2 )   return false;
  if( num == 2 )  return true;

  bool isPrime = true;   // Make initial assumption that num is prime.
  for( int i = 2 ; i < num ; i++ )  {
    if( (num % i) == 0 )  {  // We found a divisor of num;
                             // num is not prime.
      isPrime = false;
      break;               // No need to keep checking; leave the loop.
    }
  }
  return isPrime;
}
```

刚才这个演示break语句用法的例子是相当简单的。本来我们在发现num可以为计数器所整除时只需要让程序通过return false;语句直接从函数中返回就好，但那样就没办法演示break语句的意义了。我们这样举例是想让大家看到，break不仅能用来跳出switch结构，而且能够跳出for这样的循环结构，让程序从整个循环结束之后的那语句（也就是紧跟在循环体末尾那个右花括号之后的那条语句）开始继续往下执行。

与 break 语句不同，continue 语句只能用在循环结构的循环体里面。它会让程序跳到本轮循环体即将结束之前的那一点（也就是循环体的右花括号之前那一点），然后准备执行下一轮循环。当然，程序还是得先判断循环条件是否为 true，如果是，才会执行下一轮循环。

比方说，我们想分别统计出 1～N 的所有素数之和与所有非素数之和。为此，我们可以分别编写相应的函数，并在函数的循环体里面调用刚才写的 isPrime() 函数，以判断当前这个数是不是素数。在统计所有素数之和的时候，如果发现当前这个数字不是素数，那我们就不用再继续考虑它了，而是可以直接开始判断下一个数字。下面就是统计所有素数之和的 sumPrimes() 函数，这个函数写在 primes.c 程序文件里面：

```
int  sumPrimes( int num )  {
  int sum = 0;
  for( int i = 1 ; i <  (num+1) ; i++ )  {
    if( !isPrime( i ) ) continue;

    printf( "%d " , i);
    sum += i;
  }
  printf("\n");
  return sum;
}
```

与这个函数类似，我们还可以写一个 sumNonPrimes() 函数以统计所有的非素数之和，这个函数也写在 primes.c 程序文件中：

```
int  sumNonPrimes( int num )  {
  int sum = 0;
  for( int i = 1 ; i < (num+1) ; i++ )  {
    if( isPrime( i ) ) continue;

    printf( "%d " , i);
    sum += i;
  }
  printf("\n");
  return sum;
}
```

用 continue 语句跳过本轮循环时，一定要记得更新计数器的值，而不要让 continue 语句把调整计数器的取值所用的操作也跳过去。忘记更新计数器的取值容易导致无限循环（也就是“死循环”）。

刚才写的三个函数演示了 break 与 continue 语句的用法，现在我们把这三个函数纳入 prime.c 程序，该程序的 main() 函数要做三件事。第一，通过 for() ... 循环调用 isPrime() 函数，简单地验证一下这个函数的功能是否正确。第二，调用 sumPrimes() 函数并把调用结果通过 printf() 打印到控制台。第三，调用 sumNonPrimes() 函数并把调用结果通过 printf() 打印到控制台。如果整个程序的逻辑全都没有错误，那么 1～100 的所有素数之和与所有非素数之和相加就应该跟早前那个求和程序所给出的结果一致（也就是 5050）。我们可以通过这一点来验证 prime.c 程序是否正确。这个程序的 main() 函数是这样写的：

```
#include <stdio.h>
#include <stdbool.h>

bool isPrime( int num );

int  sumPrimes(    int num );
int  sumNonPrimes( int num );

int main( void )  {
  for( int i = 1 ; i < 8 ; i++ )
    printf( "%d => %sprime\n", i , isPrime( i ) ? "" : "not " );
  printf("\n");
  printf( "Sum of prime numbers 1..100     = %d\n" ,
          sumPrimes( 100 ) );
  printf( "Sum of non-prime numbers 1..100 = %d\n" ,
          sumNonPrimes( 100 ) );
  return 0;
}
```

创建名为 prime.c 的文件，把 main() 函数以及早前写的 isPrime() 函数、sumPrimes() 及 sumNonPrimes() 函数的代码录入该文件。然后执行 cc primes.c -o primes 命令编译程序，最后运行程序。你应该会看到类似下面这样的输出信息。

```
Learn C : Chapter 7 > cc primes.c -o primes
Learn C : Chapter 7 > primes
1 => not prime
2 => prime
3 => prime
4 => not prime
5 => prime
6 => not prime
7 => prime

2 3 5 7 11 13 17 19 23 29 31 37 41 43 47 53 59 61 67 71 73 79 83 89 97
Sum of prime numbers 1..100     = 1060
1 4 6 8 9 10 12 14 15 16 18 20 21 22 24 25 26 27 28 30 32 33 34 35 36 38 39 40 4
2 44 45 46 48 49 50 51 52 54 55 56 57 58 60 62 63 64 65 66 68 69 70 72 74 75 76
77 78 80 81 82 84 85 86 87 88 90 91 92 93 94 95 96 98 99 100
Sum of non-prime numbers 1..100 = 3990
Learn C : Chapter 7 >
```

通过刚才的截图可以看到，我们首先用 1～7 的整数来验证 isPrime() 函数实现得是否正确。然后，我们打印 1～100 所有的素数之和与非素数之和，大家不仅能够看到求和结果，而且还能看到素数与非素数这两部分之中的每一个具体数字，我们也可以通过这些数字来验证这个程序是否正确。这两个求和结果（也就是 1060 与 3990）加起来跟 1～100 的所有整数之和（也就是 5050）相等。

下面我们通过一段模板代码来对比 break、continue、return 与 goto 这四种语句：

```
int aFunction( ... ) {
  ...
  for( ... )  {  /* outer loop */
    for( ...)  { /* inner loop */
```

```
      ...
      if( ... ) break;          /* Get out of inner loop. */
      ...
      if( ... ) continue;       /* Next iteration of inner loop. */
      ...
      if( ... ) goto ERROR;     /* Get out of ALL loops. */
      ...
      /* Next statement after continue; */
      /* Also next iteration of inner-loop. */
    }
    /* Next statement after break; still in outer-loop. */
    ...
  }
  return 0;  /* normal function exit */

ERROR:         /* Error recovery */
  ...
  return -1; /* abnormal function exit */
}
```

这段代码有两层 for() ... 循环。break 语句只会跳到离它最近的那个代码块之外，具体到这个例子来看，就是跳到内层 for 循环的循环体之外，并开始执行其后的那条语句（那条语句位于外层 for 循环的循环体中）。continue 语句会让程序跳到离该语句最近的那一层循环体即将结束前的那一点，并准备执行下一轮循环。goto ERROR 语句会让程序跳转到函数体末尾的 ERROR: 标签，使得程序能够在该函数返回之前，先处理错误。ERROR: 标签上方有一条 return 0 语句，这样写的意思是，如果函数在执行过程中没有遇到错误，那么就会在这里正常地返回，而不会执行 ERROR: 标签下方的错误处理逻辑。

7.10 无限循环

我们目前看到的循环都带有明确的条件表达式，使得循环会在该表达式不成立时结束。对于大多数需求来说，我们确实应该编写这种循环。但有时我们也会写出永不结束的循环，也就是所谓的*无限循环*（infinite loop），这可能是因为开发者不小心，也可能是考虑某种原因而故意这么做。比方说，下面几种情况可能需要编写无限循环：

- 用户需要跟我们的程序交互，直至他决定退出该程序为止。
- 提供输入数据的这条渠道没有明确的结尾，例如我们要通过网络接收数据，但并不清楚网络中什么时候不再传来数据。
- 操作系统要实现事件循环（event loop），以处理系统运行过程中发生的各种事件。这个事件循环在操作系统启动时就必须开始运作，直至该系统关闭为止。

如果程序要接受用户的输入信息（例如按键或鼠标动作），那么就可以通过无限循环来处理这些输入。我们还需要在无限循环的循环体里面通过 break、goto 或 return 语句适当地跳出该循环。

下面我们就用 for() ... 语句实现一个简单的无限循环：

```
void get_user_input( void )
{
 ...
 for( ; ; )
 {
 ...
 if( ... ) goto exit;
 ...
 if( cmd == 'q' || cmd == 'Q' ) break;
 ...
 }

 exit:
 ... // Do exit stuff, like clean up, then end.
}
```

在 for() ... 语句的控制表达式之中，如果条件表达式没有明确写出，那么程序就默认这一部分的求值结果是 true，控制表达式的另外两部分（也就是计数器的初始化语句及调整语句）同样可以省略。

我们再举一个例子，比方说计算机操作系统的主例程，它在把自己需要用到的各种附属程序都加载进来之后，可能就会进入类似下面这样的循环逻辑：

```
void system_loop( void  )
{
  ...
  while( 1 )
  {
    ...
    getNextEvent();
    handleEvent();
    ...
    if( system_shutdown_event ) goto shutdown;
    ...
  }
  shutdown:
  ...  // Perform orderly shut-down activities, then power off.
}
```

虽然这个例子是个极度简化的版本，但我们依然可以通过它感受到计算机的操作系统如何通过无限循环来维持运作并处理各种事件。

7.11 小结

我们在本章学到了各种循环技术，首先我们看到了比较粗糙的蛮力迭代法，然后学习了三种比较规范的循环语句（并且谈了如何通过 break、continue 及 goto 语句控制循环的走向）。大家在前面的章节里面学到了函数与条件表达式，又在本章学到了循环语句，这三者合起来构成了 C 语言的控制流（或者说，流程控制）机制。学会这些内容之后，你几乎可以按照类似的方式理解其他编程语言里面的对应概念。

我们目前操作的都是形式较为简单的数据，在接下来的章节中我们要扩展视野，学习并理解如何操作形式更加复杂的数据。下一章要讲的是一种名称可以定制的值，也就是枚举值。

第 8 章 Chapter 8

创建并使用枚举值

现实世界很复杂，远远不是整数、小数、布尔值与字符所能涵盖的。为了给复杂的世界建模，C 语言提供了各种机制，让我们能够定制复杂的数据类型。接下来的 8 章将讲解怎样扩展 C 语言固有的数据类型，以便用这些类型组合出更符合现实情况的模型。

我们首先要说的是*枚举类型*（enumerated type）。这种类型用来表示一组相互关联的值，其实重点并不在值本身，而在于我们想通过名称来区分这些值。至于每个名称所对应的具体是什么值我们并不关心，我们关心的是该值在所属的一组*枚举项*（enumerated item）中的独特名称。在实现枚举类型时，我们既可以给里面的每一项都明确指定取值，也可以让编译器自动决定。`switch` 语句能够方便地处理这些枚举项，我们把这样的枚举项也称作*枚举值*（enumeration）。本章涵盖以下话题：

- 怎样通过枚举来限定取值范围。
- 怎样声明枚举类型与其中的枚举值。
- 怎样在编写函数时使用我们声明过的枚举值。
- 怎样用 `switch` 语句判断枚举型变量的取值，以执行与每种枚举值相对应的操作。

8.1 技术要求

详情请参见本书 1.1 节。本章还是要求大家继续使用早前选定的工具来学习。

本章的范例代码也可以从 `https://github.com/PacktPublishing/Learn-C-Programming` 访问获取。

8.2 枚举值

有时我们想让程序或函数中的某个变量只能在有限的几个值里面挑选。为了更清楚地表达这种想法，我们会给每个值都赋予相应的名字，这样就会形成一套名称，这套名称所表示的是一组相互关联的值。

比方说，我们想用一个变量来表示某张扑克的花色。平常玩牌的时候，我们会用某种花色的名字来指代这种花色，例如黑桃（spade）、红桃（heart，又叫红心）、梅花（club，又叫草花）、方块（diamond，又叫方片）。然而 C 语言本身并没有花色这个概念，因此，我们需要把每个花色与一个表示该花色的值对应起来，这个值可以由我们自己选，例如用 4 表示黑桃，用 3 表示红桃，用 2 表示方块，用 1 表示梅花。设计好这样的对应关系之后，我们就可以像下面这样写代码了：

```
int card;
...
card = 3; // Heart.
```

然而这样做有一个问题，就是必须记住每个值所对应的花色。这是一个比较容易出错的地方。

除此之外，我们还有一种办法，就是通过预处理指令定义一组用来表示花色名称的符号，让这些符号分别与相关的常量值对应起来：

```
#define spade   4
#define heart   3
#define diamond 2
#define club    1

int card = heart;
```

另外还有第三种方案，也就是定义四个常变量（简称常量），让它们的名称能够表示相应的花色，并把四个不同的整数值分别设置成这四个常量的初始值：

```
const int spade   = 4;
const int heart   = 3;
const int diamond = 2;
const int club    = 1;

int card = heart;
```

1、2、3、4 这四个值虽然能够准确地跟相关花色对应起来，但它们之间毕竟是没有联系的，由于 card 变量是 int 型，因此它除了可以取这四个值之外，还可以取其他 int 值，于是，我们有时很难判断 card 变量的取值到底表示哪种花色，也不知道它表示的是不是有效的花色。例如 card 变量可以取 1～4 之外的其他整数，在那种情况下，它的值是没有意义的。

C 语言提供了一种机制，让我们可以明确表达这些值之间的相互关系，并且让这种类型的变量只能在这一组值里面挑选，也就是说，它只能取这组值里面的某一个值[⊖]，而不能

⊖ 原文如此，但目前的 C 语言从自身语法层面上似乎很难做到。后面出现的类似说法，也应该这样理解。——译者注

取范围之外的其他值。

8.2.1　定义枚举类型与枚举值

枚举类型用来指定一套（或者说一组）值，让这种类型的变量只能在这些值里面挑选。如果你把某个不属于该组（或者该范围）的值赋给这样的变量，那么编译器就会报错[⊖]。C 语言让这样的代码在编译期就出错，以防程序在正式运行时因执行错误的操作而崩溃。

我们定义枚举类型时要遵循这样的语法：

```
enum name { enumeration1, enumeration2, … , enumerationN };
```

枚举类型本身由 enum 与 name 这两部分构成，enum 是关键字，name 是你要定义的这种枚举类型的名字。后面的那一对花括号里面用来放置该类型所包含的各种枚举项，相邻两项之间用逗号隔开。定义完之后，要在右花括号后面写分号。

我们现在就定义一个用来表示扑克花色的枚举类型：

```
enum suit { spade , heart , diamond , club };
```

当然，其中每个枚举项都可以独占一行：

```
enum suit {
  spade ,
  heart ,
  diamond ,
  club
 };
```

现在我们就创建出了一种新的数据类型，这种类型叫作 enum suit。第 10 章会讲到 typedef 机制，它可以简化这个类型的写法。

定义好这个类型之后，凡是类型为 enum suit 的变量，都只能在这四个值里面选取。定义这样一个类型，让我们不用再去记忆每个花色所对应的整数值，只需要用该类型的某个枚举项来指代这个值。

在定义枚举类型时，编译器会自动选择某个整数值，以便跟其中的每个枚举项关联起来。我们也可以自己指定这个值，但这并不是强制的要求。另外，就算要明确指定枚举项的值，也不一定非得把枚举类型中的每个枚举项都指定一遍，而是可以将其中一些留给编译器去自动指定。

```
enum suit {
  spade   = 4, // assignments not needed.
  heart   = 3,
  diamond = 2,
  club    = 1
 };
```

⊖ 这只是一个笼统的说法，具体是否报错要看你赋给该变量的值，其类型能不能跟用来实现这种枚举的那个类型兼容。——译者注

5.7 节简单地说过位运算，当时我们讲了怎样用只有一个二进制位是 1 的常量来表示某个标志（并把这些标志组合成一个位字段，以表示状态）。这些标志如果用枚举项来表示会更加方便，只是我们在给这些枚举项指定取值时必须小心，别把值写错了。下面我们定义一个名为 enum textStyle 的枚举类型，用其中的每个枚举项来表示一种可以施加于文本的风格：

```
/* flag name         binary value */
enum textStyle {
    lowercase       = 0x00000001,
    bold            = 0x00000002,
    italic          = 0x00000004,
    underline       = 0x00000008
}
```

这些枚举项的值都只有一个二进制位是 1，只不过这个数位的位置在各枚举项之间有所区别。如果这个 1 位于最右侧，那么整个枚举项（也就是整个位字段）的值就是 0x00000001（这相当于 2 的 0 次方，也就是 1），如果这个 1 位于从右往左数的第二位，那么整个枚举项的值就是 0x00000002，这相当于 2 的 1 次方，也就是 2。知道了这条规律之后，我们就可以把 enum textStyle 中的值从十六进制改写成十进制：

```
/* flag name binary value */
enum textStyle {
 lowercase = 1,
 bold = 2,
 italic = 4,
 underline = 8,
}
```

改用十进制来写时要特别小心，因为这种写法所对应的位模式（或者说，这种写法所对应的二进制形式）并不是十分明显。有些程序员可能会草率地增加一个枚举项，但这个枚举项或许跟已有的含义冲突，例如他可能会给 enum textStyle 里面添加这样一项，以表示删除线：

```
strikethrough = 5;
```

这样添加之后，如果用户给某段文本加了删除线，那么程序就会误以为这段文本运用的是斜体（italic）与小写（lowercase）这两种效果，因为这两种效果所对应的枚举值相加（4 + 1），正好跟刚才定义删除线效果时所用的枚举值（5）重合。要想给 enum textStyle 里面正确地添加枚举项，必须保证该项的取值也是 2 的整数次方，以免与已经定义好的枚举项冲突。例如我们把它定义成 2 的 4 次方，也就是 16：

```
enum textStyle {
    lowercase     =  1,
    bold          =  2,
    italic        =  4,
    underline     =  8,
    strikethrough = 16,
}
```

我们确实能够用枚举来模拟各种标志位，而且在某些情况下，这样做很有必要。定义好这样的枚举类型之后，可以通过枚举项的名称来表示各种标志所对应的效果。只要能仔细给每个枚举项指定适当的取值，那么将来就可以用 enum textStyle 里面的这些枚举项组合出相应的整数值，或者判断某个整数型变量所表示的位字段是否开启了 enum textStyle 里面的某些枚举项所对应的标志：

```
int style      = bold | italic;        // Style has bold and italic
                                       // turned on.
int otherStyle = italic + underline;   // OtherStyle has italic and
                                       // underline turned on.

if( style & bold ) ...                // bold is on
if( !(otherStyle & bold) )            // bold is off
```

style 变量是 int 类型，我们可以对 enum textStyle 里面的枚举值执行按位运算或算术运算，然后把运算结果赋给该变量。虽然我们不能改变 bold、italic 等枚举项所对应的值，但是可以在代码中使用这些值，也可以把它们的值赋给其他变量。那些变量的值是可以修改的，而且还可以把那些变量的值组合起来构成位字段。

8.2.2　使用枚举值

定义好某种枚举类型以及其中的各个枚举项之后，我们可以定义一个这种枚举类型的变量，并把某个枚举项赋给该变量。

下面我们就来定义一个 enum suit 类型的变量：

```
enum suit card;
...
card = spade;
...
if(      card == club )    ...
else if( card == diamond ) ...
else if( card == heart )   ...
else if( card == spade )   ...
else
   printf( "Unknown enumerated value\n" );
```

由于 card 变量是枚举类型，因此它只能在这个类型所指定的几个枚举项里面取值，如果你给它指定了别的值，那么编译器就会报错。大家还应该注意到，刚才那段代码不仅判断了 card 变量是否与已经定义好的这几个枚举值相符，而且还考虑到了它与任何一个值都不相符的情况。对于 card 这种简单的枚举类型来说，我们不一定非得这样做，因为扑克的花色不太可能多过 4 种，因此，以后我们也不太可能会给 enum suit 里面再添加新的枚举项。另外还考虑到，card 变量本身是枚举类型，因此不能接受其他值。

但是，如果枚举类型里面的枚举项将来还会扩充，那么大家就应该像刚才那样多做一种判断，以确保程序已经将新添加进来的枚举项考虑到了。假如程序没有考虑到，那么就会进入那个分支并显示提示消息，这会促使开发者修改代码以处理漏掉的情况，从而防止程序因为这种问题崩溃。总之，就算某个变量目前能够取到的值只有少数几种，我们也还是应该考虑程序以后会不会出现无法涵盖所有枚举项的问题，因为以后可能会给枚举类型里面添加新的枚举项，如果没有同步地编写处理新枚举项的代码，那么就会出现这个问题。

举个例子。比方说某程序一开始把 enum shape 类型定义成这样：

```
enum shape { triangle, rectangle , circle };
```

但是后来，我们发现 enum shape 里面还需要添加一些枚举项，以表示更多的形状：

```
enum shape { triangle, square, rectangle, trapezoid, pentagon, hexagon,
octagon, circle };
```

早前针对 triangle（三角形）、rectangle（长方形 / 矩形）、circle（圆形）这三种形状而写的代码依然能够正常运行，但由于我们给 enum shape 里面添加了新的枚举项，因此必须记得编写相应的代码，以处理这些新的形状。有时我们很难记住程序有没有在使用这种枚举类型的地方把所有形状全都处理好，而早前编写的那种 else 分支则可以帮我们将漏掉的情况查出来。

我们在 7.9 节说过，如果程序比较大，涉及的文件比较多，那么可能需要判断程序是否出错，并在出现错误的情况下合理地退出。其实我们在处理枚举类型的数据时也可以这样做，例如：

```
int shapeFunc( enum shape shape )
{
  ...
  if(       shape == triangle ) ...
  else if( shape == rectangle ) ...
  else if( shape == circle ) ...
  else
    goto error:
  }
  ...
  return 0;  // Normal end.

error:
  ...        // Error: unhandled enumerated type. Clean up, alert user,
exit.
  return -1; // Some error value.
}
```

在编写刚才这样的代码时，我们可能因为时间紧迫，来不及处理新添加进来的几种枚举值，也就是 square（正方形）、trapezoid（梯形 / 不规则的四边形）、pentagon（五边形）、hexagon（六边形）与 octagon（八边形），或者可能会忘记处理其中的一、两种图形，其实后面这种疏忽更加常见。最后那个 else 分支虽然不能把程序运行期间有可能发生的怪异行为全都消除，但至少能降低因忘记处理一、两种枚举值而产生的负面影响。

另外，我们其实也可以把函数的返回值类型设计成一种枚举类型，并让调用该函数的人根据自己所收到的调用结果做出相应的处理：

```
enum result_code
{
    noError = 0,
    unHandledEnumeration,
    ...
    unknownError
};
```

在定义这个枚举类型的时候，我们把表示函数未出错的这个枚举项（也就是 noError）明确地设为 0，并让编译器自动给其他那些枚举项指定彼此不同的取值。定义好这种枚举类型之后，我们就可以把刚才那个函数改写成下面这样：

```
enum result_code shapeFunc( enum shape )  {
  ...
  if( shape == triangle ) ...
  else if( shape == square )...
  else if( shape == circle ) ...
  else
    return unHandledEnumeration;
  }
  ...
  return noError;
}
```

调用方在调用完这个函数之后，应该把表示调用结果的代号赋给某个 result_code 型的枚举变量（即本例中的 result 变量），并通过该变量的值来判断这次调用是否成功，如果不成功，可以对相关的错误情况做出处理：

```
enum result_code result;
enum shape       aShape;
...
result = shapeFunc( aShape );
if( noError != result )
{
  ... // An error condition occurred; do error processing.
}
...
```

上面这一套调用函数并处理其错误的逻辑可以简写为：

```
if( noError != shapeFunc( aShape ) )
{
  ... // An error condition occurred; do error processing.
}
```

程序在执行到刚才这个 if 结构时，需要判断 if 后面那一对括号里的条件表达式是否成立，为此，它必须调用 shapeFunc() 函数，并把调用所得到的结果（这个结果是一个 result_code 类型的枚举值）与 noError 相比较。请注意，在编写这种将某个枚举值与另一个值相对比的代码时，我们应该把用作参照的这个枚举值（即本例中的 noError）写在左侧，这样的话，如果我们不小心把比较两个值是否相等的符号（==）写成了赋值符号（=），那么编译器就会报错，因为 noError 这种枚举值，已经在我们定义它所处的那个

result_code 类型时设计好了，C 语言不允许它再发生变化。下面详细解释。

如果我们先写枚举变量，然后才写这个用作参照的枚举值，那么代码就是：

```
if( result == noError ) ...  // continue.
```

按照这种顺序来写很容易因为漏掉一个等号（也就是把 == 误写为 =）而改变程序的含义：

```
if( result = noError ) ...  // continue.
```

这种写法会让程序把 noError 的值（也就是 0）赋给 result 变量，由于 result 变量收到的值是 0，因此程序会把 result = noError 这个式子的结果视为 0（也就是视为 false），从而跳过 if 分支里面的代码。我们本来是想让程序在函数调用操作没有出现错误的情况下执行这段代码，但由于少写了一个等号，因此程序误以为这次函数调用操作出现了错误，于是跳过了这段代码。

这个例子提醒我们应该采用比较稳妥的方式来编写涉及枚举的条件表达式，也就是说，总是应该把无法改变的那一部分写在左侧。例如刚才的 noError 枚举值是早就定义好的，因而无法改变，但跟它对比的 result 变量则有可能发生变化，于是我们先写 noError，后写 result。按照这种顺序来写可以防止程序的行为由于我们把 == 号误写为 = 号而发生变化。

我们再说说刚才的简化版本：

```
if( noError != shapeFunc( aShape ) )
{
  ... // An error condition occurred; do error processing.
}
```

这样写是直接把函数所返回的枚举值跟 noError 相比较，而不是先将其保存到 result 变量中，然后再去比较。这有好处，也有坏处。好处在于省去了 result 变量，但坏处在于，它只能告诉我们函数调用出现了错误，但没法告诉我们具体是哪种错误。假如我们要分别处理每一种错误，那么还是得引入 result 变量来保存函数所返回的错误代号，以便根据该代号的值处理相应的错误情况。

下一节我们要介绍另一种使用枚举值的方式，其能避免频繁出现本节说到的各种疏忽。

8.3 用 switch()... 语句判断枚举变量的取值

switch()... 语句很适合用来判断只能在几个值里面选取的变量。这听起来是不是很像枚举？没错，确实是这样，除了用来判断普通的变量，switch()... 也适合处理枚举型的变量。

用 switch()... 语句来判断枚举型变量的取值能够简化代码的写法，并防止在编写过程中发生各种疏忽。上一节的 shapeFunc() 函数改用 switch()... 语句实现，就变成下面这样：

```
enum_result_code shapeFunc( enum shape aShape)
{
  ...
  switch( aShape )
  {
    case triangle:
      ...
      break;
    case rectangle:
      ...
      break;
    case circle:
      ...
      break;
    default:
      ...         // Error: unhandled enumerated type. Clean up, alert user,
return.
      return unHandledEnumeration;
      break;
  }
  ...
  return noError; // Normal end.
}
```

这样的 switch()... 语句能够清楚地表达出我们的意图，也就是说：我们只关注 shape 变量的取值。这个意图也可以通过 if()... else... 结构来表达，但那种结构更为通用，它会促使我们在编写条件表达式的过程中引入更多的变数，从而减弱 shape 变量的重要地位。另外，switch 语句还让我们不用再通过 goto 语句跳转到专门处理错误的那个标签，而是可以把处理这种情况（具体到本例来说，就是遇到了未知的形状）时所采用的逻辑，放到 default: 分支里面。请注意，尽管 default: 分支带有 return 语句，但为了稳妥，我们还是在它下面加了 break 语句。假如不写 break，那么万一以后有人给 default: 分支后面添加其他分支，而且又删去了 default: 分支中的 return 语句，那么程序的逻辑就会出错。

现在我们把这段代码写成一个函数，并制作一款程序来演示它。我们在 sides.c 程序文件里面定义一种枚举类型以表示各种形状，然后让程序调用 PrintShapeInfo() 函数打印出某种形状的边数。在编写这个函数的 switch 结构时，我们采用了 fall-through（下沉判断）逻辑，把处理方式相同的几种情况（例如 square、rectangle、trapezoid）合并到一起。PrintShapeInfo() 函数的实现代码是这样的：

```
void PrintShapeInfo( enum shape aShape)
{
  int nSides = 0;
  switch( aShape )  {
    case triangle:
      nSides = 3;
      break;
    case square:
    case rectangle:
```

```
    case trapezoid:
      nSides = 4;
      break;
    case circle:
      printf( "A circle has an infinite number of sides\n" );
      return;
      break;
    default:
      printf( "UNKNOWN SHAPE TYPE\n" );
      return;
      break;
  }
  printf( "A %s has %d sides\n" , GetShapeName( aShape) , nSides );
}
```

这个函数用来判断 aShape 变量所表示的图形并打印出这种图形的边数。请注意，由于 square（正方形）、rectangle（长方形 / 矩形）与 trapezoid（梯形 / 不规则四边形）都是四条边，因此我们把这三种情况合在一起处理，也就是让表示边数的这个 nSides 变量取 4 这个值。圆形没有边这个概念（或者说，圆形有无数条边），因此只需要打印出相关的信息并让函数返回即可。对于本函数所支持的其他几种图形来说，我们调用 getShapeName() 函数以获取图形名称，并把这个名称与 nSides 变量所表示的边数交给 printf 语句去打印。

刚才那个 switch 结构并没有把枚举类型里面所定义的每种枚举项全都覆盖到，它不支持的那几种枚举项会在 default: 分支之中得到合适的处理。这个函数只用来显示某种图形的名称与边数，它不需要给调用方返回某种处理结果，因此我们没有给它设计返回值。

刚才提到的 GetShapeName() 函数是这样实现的：

```
const char* GetShapeName( enum shape aShape) {
  const char * name;
  switch( aShape )  {
    case triangle:  name = nameTriangle;  break;
    case square:    name = nameSquare;    break;
    case rectangle: name = nameRectangle; break;
    case trapezoid: name = nameTrapezoid; break;
    case pentagon:  name = namePentagon;  break;
    case hexagon:   name = nameHexagon;   break;
    case octagon:   name = nameOctagon;   break;
    case circle:    name = nameCircle;    break;
    default:        name = nameUnknown;   break;
  }
  return name;
}
```

这个函数接受一个 enum shape 类型的枚举变量，并返回该变量所表示的这种图形叫什么名字。我们把 switch 结构所要处理的每种情况都单独写在一行里面，这些代码行都是由 case: 标签、相应的赋值语句以及 break 语句这三部分构成的。有人可能会问，赋给 name 变量的这些值都是从哪里来的呢？这个问题到第 15 章再讲。我们现在只需要知道这样写没错就好。为了在函数中使用这些值，我们必须将其定义成全局常量（global constant）。假如我们把这些值定义在函数里面，那么当程序执行完这个函数之后，就会把这些值销毁，等到调用方需要使用的时候，这些值已经不见了。因此，我们需要让这些值成为全局常量，这样的话，它们就会在整个程序的运行过程中一直存在，并且不会发生变化（实际上它们也不需要发生变化）。这个问题到第 25 章再详细讲解。现在我们来定义这些表示图形名称的常量：

```
#include <stdio.h>

const char* nameTriangle  = "triangle";
const char* nameSquare    = "square";
const char* nameRectangle = "rectangle";
const char* nameTrapezoid = "trapezoid";
const char* namePentagon  = "pentagon";
const char* nameHexagon   = "hexagon";
const char* nameOctagon   = "octagon";
const char* nameCircle    = "circle";
const char* nameUnknown   = "unknown";

enum shape { triangle, square, rectangle, trapezoid, pentagon, hexagon,
octagon, circle };

void        PrintShapeInfo( enum shape aShape );
const char* GetShapeName(   enum shape aShape );

int main( void )  {
  PrintShapeInfo( triangle );
  PrintShapeInfo( square );
  PrintShapeInfo( rectangle );
  PrintShapeInfo( trapezoid );
  PrintShapeInfo( pentagon );
  PrintShapeInfo( hexagon );
  PrintShapeInfo( octagon );
  PrintShapeInfo( circle );
  return 0;
}
```

C 语言不允许用枚举类型来定义字符串值，但我们又不想让这些值发生变化，因此，我们决定用常量表示各图形的名称。

创建名为 shapes.c 的文件，把主函数与刚才那两个函数录入该文件，然后保存。接下来编译并运行程序。你应该会看到下面这样的输出信息。

```
> cc shapes.c -o shapes
> shapes
A triangle has 3 sides
A square has 4 sides
A rectangle has 4 sides
A trapezoid has 4 sides
UNKNOWN SHAPE TYPE
UNKNOWN SHAPE TYPE
UNKNOWN SHAPE TYPE
A circle has an infinite number of sides
> 
```

从这张截图中大家看到，程序会把三种形状判定为UNKNOWN SHAPE（未知形状），这可能是因为我们忘了在程序里面处理这三种形状。请你编辑程序文件并添加必要的代码，以处理这些形状。这里的 shape.c 文件以及能够把所有枚举项都处理到位的 shape2.c 文件均可在本书的GitHub代码仓库中找到。

8.4 小结

枚举类型是由一系列带有名称的值构成的。这些值本身在大多数情况下并不重要，真正重要的地方在于：它们所属的那个枚举类型里面只应该有这样的几种值，而不应该有位于该范围之外的其他值。我们可以用枚举类型来表示现实中的某个集合或某一组值，例如扑克的四种花色，或各种各样的形状等。switch 语句很适合用来处理枚举类型中的枚举项。

单靠一种枚举类型很难给现实中的物品建模。比方说，在一副扑克里面，每张牌都有花色与点数，这必须分别用不同的枚举类型来表示，而且我们必须把这两种枚举纳入同一个对象才能用这样的对象来表示一张扑克，为此，我们需要引入另外一种定制的数据类型，也就是结构体。

第二部分 *Part 2*

复杂的数据类型

现实是复杂的，为了表示出复杂的现实，C 语言提供了各种复杂的数据类型。这包括结构体、数组以及由二者组合而成的类型。

此部分包含第 9～16 章。

Chapter 9 第 9 章

创建并使用结构体

如果多个值都属于同一事物，那我们可以把这些值安排到一个结构体里面。结构体（structure）是一种由用户所定义的类型，其内能够包含多个值，这些值的类型可以相同，也可以不同。我们也可以把结构体说成由信息所构成的集合，这些信息合起来表示一个复杂的对象（object）。

结构体不仅能够更为真实地表现复杂的对象，而且允许我们在其中创建一些函数，用以操作该结构体。所以，我们可以像对待一组相互关联的数据一样，把一批相互之间有所联系的函数也安排在同一个结构体里面。

C 语言本身并不是面向对象编程（Object-Oriented Programming，OOP）语言，然而 OOP 这个概念从 20 世纪 90 年代初开始就已经成为编程语言与程序设计中的一个重要概念。我们学完 C 语言之后，很有可能会接触到面向对象编程的概念，因此，笔者介绍完 C 语言的结构体以及能够在结构体上执行的操作之后，会讲一讲怎样通过结构体来理解 OOP 思想。如果我们能够从特定角度思考 C 语言，那么就可以由此出发逐渐过渡到面向对象编程的语言。

本章涵盖以下话题：

- 怎样声明结构体。
- 怎样给各种结构体中的值做初始化。
- 怎样编写函数，以对结构体执行简单的操作。
- 怎样修改结构体，让它包含另一种较小的结构体。
- C 语言的结构体与函数，跟面向对象编程语言中的对象有何异同。

现在我们开始讲解这些话题。

9.1　技术要求

详见本书 1.1 节。本章还是要求大家继续使用早前选定的工具来学习。

本章的范例代码也可以从 `https://github.com/PacktPublishing/Learn-C-Programming` 访问获取。

9.2　结构体

假如所有东西都是由数字或名称组成的，那么用 C 语言表示起来就会相当容易。比方说，假如每个人都可以单靠名字或者一系列数字来表示，那么人就变得跟车一样了，因为每辆车都能够通过唯一的 VIN（Vehicle Identification Number，车辆识别码）确定身份，这个 VIN 概括了这辆车的各种属性。

我们用 C 语言编写一些程序是想解决现实之中的问题，因此，必须给现实中的复杂对象建模。C 语言允许我们对现实物体的各个方面做出抽象，并通过 C 语言中的结构体为其建模。上一章其实已经用一种相当简单的手法研究了两种实际的对象，一种是扑克，另一种是二维图形（或者说平面图形）。然而我们并没有把这些对象的每个方面都研究到。

我们当时所提到的只是这些对象里面的一小部分属性。比方说扑克，我们只表示了每张牌的花色，而没有表示它的点数，要想把一副扑克中的 52 张牌全都表示出来，只靠花色是不够的。另外，我们可能还得考虑牌与牌之间的大小问题（例如黑桃比红桃大，点数为 A 的牌可能比其他点数的牌要大或者要小）。笔者后面会告诉大家怎样把 52 张不同的牌放在同一个集合里面，让这个集合能够表示出一整副扑克。但是现在，我们先要学习如何准确地表示这些牌。

与扑克类似，我们在上一章表示二维图形时，也只考虑到了其中一个相当基本的方面，就是边的数量（或者说，角的数量）。其实我们可能还想对这种图形执行其他操作，因此，或许还得考虑每条边的长度与每个角的大小，另外可能还要考虑图形的其他方面，例如表面积。

如果要在二维平面中绘制图形，那么需要考虑每个图形的横坐标与纵坐标，还要考虑绘制时所用的线条宽度、线条颜色、填充颜色，以及这些图形之间的叠放顺序等，另外可能还要考虑其他一些因素。与绘制该图形有关的因素，可以合起来用一个结构体表示，然而这个结构体里面的某些属性本身可能又是一个小的结构体，例如表示位置与颜色的属性就是如此。位置本身可以设计成一种包含 x 值与 y 值的结构体，以便与平面坐标系中的点（x, y）相对应。颜色本身则可以设计成一种包含四个值的结构体，前三个值是该颜色的 R（Red 红）、G（Green，绿）、B（Blue，蓝）分量，后一个值是透明度（当然，这只是表示颜色的一种办法而已，此外还有其他许多种办法）。

第 6 章讲了怎样计算某个年份是否为闰年。如果把日期（date）当作一个结构体，那么年份信息只是该结构体中的一小部分，除此之外我们还需要设计其他一些数据，以完整地表示出某个日期。实际上，这种用来表示日期与时间的结构体有可能会实现得相当复杂，因为我们想要在世界上的各种历法与各种时区之间准确地换算。

最后要注意的是，我们在考虑结构体的各个方面时，还必须同时考虑到这种结构体所支持的操作。这就好比我们在使用基本的数据类型时也要考虑这些类型所支持的操作。然而，由于结构体是针对具体的程序与问题来定制的，因此，我们必须让这些结构体支持特定的操作，使得开发者能够通过这些操作来操控该结构体以实现程序的需求，例如我们要提供设置与获取结构体中某项信息的操作，要提供在两个结构体之间做比较的操作，或者其他一些必要的操作，例如把某个时间段与结构体所表示的时刻相加，用以表示另一个时刻，或者把两个结构体所表示的颜色相混合，以形成另一种颜色等。另外，我们还要考虑怎样操控一组结构体，例如给它们排序、从中寻找某个特定的结构体，或者对它们执行其他操作等。

9.2.1 声明结构体

我们可以用结构体类型来组织一系列相关的变量，以便对某种事物建模，这些变量分别表示该事物的某个方面或某个部件。我们所要建模的事物可能只包含几项属性，然而在很多情况下，这些事物所含的属性都是相当多的。结构体中每个字段的类型可以是 C 语言固有的数据类型（例如整数、实数、布尔、字符、复数等），也可以是以前定义过的某种定制类型（custom type，或称自定义类型）。同一个结构体中的各个字段在类型上不需要保持一致。这正是结构体比较灵活的地方，它让我们能够把某件事物的各个方面都融合到同一种定制的数据类型中，这种类型在 C 语言里指的就是结构体。我们可以像使用其他类型的数据一样，使用结构体类型的数据。

定义结构体类型时需要遵循这样的语法：

```
struct name {
  type componentName1;
  type componentName2;
  … ;
  type componentNameN;
};
```

这样定义出来的结构体叫作 `struct name`。结构体里面的各个字段需要写在 `name` 后面的那一对花括号中，相邻两个字段之间用分号隔开。把整个花括号写完之后，还要再写一个分号。结构体里面定义的这些字段与我们用 C 语言固有的数据类型所定义的变量不同，这些字段不会在你定义该结构体时得到初始化。它们要等到你声明一个这种结构体类型的变量时才进行初始化。

现在，我们定义两个表示花色与点数的枚举类型，并通过这两个类型来定义一种结构体，从而表示扑克：

```
enum Suit {
  club = 1,
  diamond,
  heart,
  spade
};

enum Face {
  one = 1,
  two,
  three,
  four,
  five,
  six,
  seven,
  eight,
  nine,
  ten,
  jack,
  queen,
  king,
  ace
};

struct Card {
  enum Suit suit;
  int       suitValue;
  enum Face face;
  int       faceValue;
  bool      isWild;
};

struct Card card;
```

注意，我们必须先把 enum Suit 与 enum Face 这两种枚举类型定义出来，然后才能在定义结构体的时候使用它们。另外，在结构体中，suit 字段与 face 字段的类型（也就是 enum Suit 与 enum Face）虽然跟这两个字段本身的名字很像，但由于首字母的大小写不同，因此我们还是能够区分出哪个是类型名，哪个是字段名。其实类型名称与该类型的字段名称首字母到底用大写还是用小写并没有强制要求，笔者选择的办法是让类型名称以大写开头，让该类型的变量（也就是字段）名称以小写开头。

现在，我们的 struct Card 结构体已经包含了足够的信息，因而能够准确地表示出一张牌的花色与点数。笔者在这里还添加了另外两个变量，以便用整数的形式来体现这张牌的花色及点数。其实这两个变量也可以不写，而是直接用 enum Suit 型与 enum Face 型字段的值当作花色与点数来运算，但那样做会让我们在以后编写程序的时候遇到问题，因此笔者还是决定多用两个字段来表示花色与点数这两个属性。在某些扑克游戏（或者说纸牌游戏）里面，A 比其他点数的牌大，在另一些游戏里则比那些点数的牌小。大多数扑克游戏都区分花色，比方说黑桃是最大的花色，梅花是最小的花色。Blackjack（二十一点）这款游戏不区分花色，但它允许玩家根据需要把 A 牌的点数解释成比其他牌都大或都小的值。我们这个 struct Card 结构体已经把刚才说的这些情况都考虑到了。

在定义完结构体之后，我们声明一个类型为 struct Card 的 card 变量。笔者在这里所采用的命名习惯还是让类型名称以大写字母开头，让该类型的变量名称以小写字母开头。

card 变量是它里面那 5 个小变量（也就是 suit、suitValue、face、faceValue 与 isWild 这 5 个字段）的合称。声明这样一个 card 变量时，程序必须分配足够的空间以容纳该变量之中的各个字段。如果 enum 类型占 4 个字节，bool 类型占 1 个字节，那么 sizeof(card) 的值就应该是 17。这意味着每声明一个 struct Card 型的变量，就必须分配 17 个字节。

注意，我们在这里只是假设枚举类型的变量都跟 int 型的变量一样占 4 个字节，并假设 bool 型变量占 1 个字节。实际上，编译器会根据枚举所覆盖的取值范围来决定这种枚举类型需要用多少个字节表示。因此，在编写实际的代码时，我们不能总是依赖刚才那样的假设。你可以在自己的电脑上通过这样几行代码来验证 struct Card 中的那两种枚举类型以及 int 与 bool 型所占据的字节数：

```
printf( "  enum Suit is %lu bytes\n" , sizeof( enum Suit ) );
printf( "  enum Face is %lu bytes\n" , sizeof( enum Face ) );
printf( "        int is %lu bytes\n" , sizeof( int ) );
printf( "       bool is %lu bytes\n" , sizeof( bool ) );
```

我们把受测类型的名称传给 sizeof()。为了显示 sizeof () 的结果，我们在调用 printf() 函数时需要用 %lu 来指代这个结果。与 %lu 这种格式描述符有关的问题，会在第 19 章详细讲解。除了可以把类型名称传给 sizeof()，我们还可以传入该类型的变量名，例如：

```
printf( "struct Card is %lu bytes\n" , sizeof( struct Card ) );
printf( "       card is %lu bytes\n" , sizeof( card ) );
```

我们刚才对 struct Card 的尺寸做了一个假设，现在我们通过这段代码来验证该假设是否正确：

```
// add necessary includes

// add definitions for enum Suit, enum Face, and struct Card

int main( void )  {
  struct Card card;

  printf( " enum Suit is %lu bytes\n" , sizeof( enum Suit ) );
  printf( " enum Face is %lu bytes\n" , sizeof( enum Face ) );
  printf( " int is %lu bytes\n" , sizeof( int ) );
  printf( " bool is %lu bytes\n" , sizeof( bool ) );

  printf( "struct Card is %lu bytes\n" , sizeof( struct Card ) );
  printf( " card is %lu bytes\n" , sizeof( card ) );

  return 0;
}
```

请创建名为card.c的文件并录入上述代码，另外，你还得添加必要的头文件并定义必要的enum与struct。把这些内容都写好之后，保存文件，最后编译并运行。你应该会看到下面这样的结果。

```
> cc card.c -o card
> card
  enum Suit is 4 bytes
  enum Face is 4 bytes
        int is 4 bytes
       bool is 1 bytes
struct Card is 20 bytes
       card is 20 bytes
> 
```

我们早前假设struct Card占17个字节，但程序给出的结果却是20个字节。这是怎么回事呢?

从这个结果来看，程序似乎在背后做了一些处理。这就是所谓的结构体对齐（structure alignment)，它会给结构体中的相关字段后面填充一些字节，让结构体的总大小成为其中最大的字段所占大小的整数倍。具体到struct Card来看，由于其中最大的字段（也就是suit、suitValue、face或faceValue字段）所占的大小是4个字节，因此该结构体的总字节数必须是4的整数倍，为此，我们需要在最后那个bool型字段的后面填充3个字节，让这个结构体的大小由原来的17变为现在的20。

我们再来做两个实验。第一个实验是给struct Card结构体最后再添加一个bool型的变量（或者说bool型的字段)，然后运行程序。这次我们发现，修改后的结构体所占的字节数依然是20。这是因为结构体原来的大小从17变为18，但18仍然不是4的整数倍，因此需要给新添加进来的这个bool字段后面再增加2个字节，让结构体的总大小变成20个字节。这个结构体跟修改之前相比，需要填充的字节数由3降为2。第二个实验是给原结构体增加一个类型为double的变量（或者说double型字段)，然后运行程序。这次我们发现，struct Card的大小变成了32，因为结构体里面尺寸最大的字段（也就是新添加的这个double型字段）占8个字节，因此我们必须给bool字段的后面添加7个字节，让结构体的总字节数从原来的25变成32（因为25不是8的整数倍，而32是)。

填充的这些字节可能会出现在两个字段之间，也可能会出现在最后一个字段之后。这样的话，结构体中的那两个字段之间或最后那个字段之后就会出现空缺。然而在大多数情况下，我们都不需要担心这些字节究竟填充到了结构体中的哪个位置。

但问题是，由于有了填充字节，因此我们不能把两个结构体分别视为一个整体，并在这两个整体之间做比较（看它们是不是在所有的字节上全都相同)。因为如果这种结构体里面有填充字节，那么这些字节的内容可能是未定义的（具体要看该结构体如何得到初始化)。即便两个结构体的布局完全相同，它们各自的填充字节所具备的内容也很有可能是不同的，假如我们将这两个结构体分别视为一个整体来比较，那就有可能因为受到填充字节干扰，而把两个数据相同的结构体误判为不同。

所以，如果要判断两个结构体是否等同，我们应该编写专门的函数，让该函数去逐个比较这两个结构体的相应字段，而不是相应字节。这个问题会在 9.3 节详细讲解。

9.2.2 初始化结构体并访问其中的字段

定义完结构体之后，我们就可以声明这种结构体类型的变量了。这样的变量在使用之前必须先初始化。C 语言允许我们根据需要采用不同的方式做初始化。

假设已经定义了名为 struct Card 的结构体类型。我们可以用下面三种方式来初始化该类型的变量：

- **在声明时做初始化**：这是第一种初始化结构体变量的方式，它的写法是：

```
struct Card c1 = { heart , (int) heart , king, (int)king , false };
```

  这种写法要求我们必须把结构体的各个字段值写在 = 号右侧的那一对花括号里面，相邻字段值之间用逗号隔开。我们要注意这些值之间的先后次序，因为程序会按照定义该结构体时所用的顺序把这些值赋给相应的字段。刚才那行代码会把 c1 的 suit 字段设为 heart，并把 suitValue 字段设为与 heart 这个枚举项相关联的 int 值，它还会把 face 字段设为 king，并把 faceValue 字段设为与 king 这个枚举项相关联的 int 值，最后它会将 isWild 字段设为 false。采用这种方式给变量做初始化的时候必须注意各字段的初始值之间的先后次序，以确保它们跟你在定义 struct Card 时所采用的顺序一致。

  如果想把某个结构体的初始状态设置为全零状态，那么可以采用下面这样的写法，这种写法会把结构体的所有字节都清零（或者说置零）：

```
struct Card card3 = {0};   // Entire structure is zero-d.
```

  这种给结构体清零的写法只能用在声明变量的时候。

- **在声明变量时，用另一个变量所表示的结构体来本变量做初始化**：第二种初始化结构体变量的方式是采用另一个变量所表示的结构体来初始化本变量所表示的这个结构体，让这两者完全相同（或者说，让这两者的每个字段都相同）。例如：

```
struct Card card2 = card1;
```

用这种方式来声明 card2 变量会让它的每一个字段都跟 card1 所表示的那个结构体的对应字段相同。采用这种写法时必须确保 = 号两侧的结构体是同一种类型，否则就会出现不可预测的赋值效果。由于结构体之间的赋值是按位赋值（或者说，是逐位复制），因此赋值符号两侧的结构体应该在字段（与填充字节）的布局上面完全一致才对。

- **先声明变量，然后给其中的每个字段分别赋值**：最后一种初始化结构体变量的方式是先把这个变量声明出来，然后再给它的各个字段分别赋值。如果要采用这种方式，那么最好先将整个结构体清零。我们在结构体变量后面写一个圆点（.），然后写出该结构体中的某个字段，以此来指代该字段。例如：

```
struct Card card3 = {0}; // Entire structure is zero-d.
card3.suit = spade;
card3.suitValue = (int) spade;
card3.face = ace;
card3.faceValue = (int)ace;
card3.isWile = true;
```

这种方式会给结构体中的每个字段直接赋值。我们所采用的赋值顺序不一定要跟当初定义这些字段时所用的顺序相符，但最好一致。这种初始化方式是按字段来初始化的，虽然写起来有点麻烦，但却是最不容易出错的一种写法：就算你调整了该结构体中各个字段之间的定义顺序，代码依然能够正常运行，因为它是按照字段名称（而不是它们在结构体中的定义顺序）来赋值的。在采用这种写法给结构体赋值之前，最好先把该结构体初始化成默认的状态，例如你可以把它设为全零状态，或将其中每个字段都设为默认值。

你可以为某种结构体类型创建一个默认的常量，这样就能够在声明该类型的变量时先把这个常量赋给该变量，以简化变量的初始化工作，因为我们只需要给自己想调整的那些字段赋值，而不用把每个字段全都赋一遍：

```
const struct Card defaultCard = { club , (int)club , two , (int)two , false
};

struct Card c4 = defaultCard;
c4.suit = ... /* some other suit */
...
```

对于我们要做的扑克游戏来说，这样一个默认的 defaultCard 常量没有太大意义。但如果你遇到的是某种比较复杂的结构体类型，其中包含许多字段，那么这种默认常量就很有帮助了，因为它可以确保程序中的所有结构体变量都是从同一种状态出发的，该状态可能是指全零状态，也可能是指每个字段都取某个有效值的那种状态。

9.3　用函数操作结构体

结构体本身除了赋值操作外并不具备其他操作。要想对某个结构体执行某种操作，或在两个结构体之间执行某种操作，我们必须编写函数来实现这样的操作。

例如我们前面提到，要想比较两个结构体是否相同，我们应该编写一个函数来比较这两个结构体中的各个字段。下面就是这样的一个函数，它能够比较两个 struct Card 型的结构体是否相同：

```
bool isEqual( struct Card c1 , struct Card c2 )  {
  if( c1.suit != c2.suit ) return false;
  if( c1.face != c2.face ) return false;
  return true;
}
```

请注意，我们没有把 struct Card 的每个字段都纳入比较范围。只有在必须考虑完所有字段才能判明二者是否相等的情况下才需要那么做。对于我们这个扑克的例子来说，只要 suit 与 face 字段相同，我们就认定这两个结构体所表示的两张牌也相同。

我们是不是还必须编写相关的函数，以便在两个结构体之间执行某一种（或所有的）算术运算呢？通常来说并不需要，但你最终还是得根据结构体的实际用法来决定。

比方说对于 Blackjack（二十一点）这款扑克游戏来说，我们就需要计算出手中的牌总共是多少个点。为此，我们必须按照 Blackjack 的规则正确地设置每张牌的 faceValue 字段，以表示这张牌在游戏中的点数。然后，我们需要创建一种操作，把两张牌的点数（faceValue）加起来。这样的操作有两种实现方式。第一种是直接访问这两张牌的 faceValue 字段，并将字段值相加：

```
int handValue = card1.faceValue + card2.faceValue;
if( handValue > 21 ) {
  // you lose
} else {
  // decide if you want another card
}
```

第二种是编写一个函数，让该函数完成加法并返回相加的结果：

```
int sumCards( struct Card c1 , struct Card c2 )  {
  int faceValue = c1.faceValue + c2.faceValue;
  return faceValue;
}
```

有了这样的函数之后，我们就可以像下面这样，计算两张牌的点数之和并做出处理：

```
int cardsValue = sumCards( card1 , card2 );
if( cardsValue > 21 ) ...
```

这两种方法用哪一种好呢？这取决于这样几个因素。首先，如果程序里面对 faceValue 字段执行加法操作的地方只有一、两处，那么前面那种方法就没有问题。但如果程序里面有许多地方都要对 faceValue 字段做加法，那就应该把这种相加操作表示成一个专门的函数。这样的话，以后如果要改，那么只改这个函数就好，而不用修改调用该函数的那些代码。

比方说，A 牌的点数可以比其他牌都高（例如 14），也可以比其他牌都低（例如 1）。按照前一种写法，如果有待相加的这两张牌里包含 A 牌，那我们就必须先正确地认定这张牌的点数，然后才能执行加法。每次遇到 A 牌，我们都必须根据情况来修改它的点数值（或者说，给它赋予正确的点数值），因此，凡是遇到需要给两张牌的 faceValue 字段做加法的地方，我们都得编写相关的代码来处理这个问题。但是按照后一种写法，我们只需要在一个地方处理就好，也就是在负责对这两张牌做加法的那个 sumCards 函数里面。

请注意，在刚才那个函数中，faceValue 变量跟 c1.faceValue 与 c2.faceValue 是三个不同的变量。虽然它们的名称相似，但这三者并不冲突。faceValue 是 sumCards() 函数的局部变量，c1.faceValue 是 c1 里面的 faceValue 字段，c2.faceValue 是 c2

里面的 faceValue 字段。这三者在内存中占据不同的位置，因而可以分别取不同的值。

现在我们把上面这些内容写成一个简单且可以正常运作的程序。

复制 card.c 文件，命名为 card2.c。然后将 isEqual() 与 sumCards() 函数的原型及实现代码添加到该文件中。接下来把原有的 main() 函数删去，并将其替换为下面这段代码：

```
int main( void ) {
  struct Card card1 = { heart , (int) heart , king, (int)king , false };
  struct Card card2 = card1; // card 2 is now identical to card 1

  struct Card card3 = {0};
  card3.suit = spade;
  card3.suitValue = (int)spade;
  card3.face = ace;
  card3.faceValue = (int)ace;
  card3.isWild = true;

  bool cardsEqual = isEqual( card1 , card2 );
  printf( "card1 is%s equal to card2\n" , cardsEqual? "" : " not" );

  cardsEqual = isEqual( card2 , card3 );
  printf( "card2 is%s equal to card3\n" , cardsEqual? "" : " not" );
  printf( "The combined faceValue of card2(%d) + card3(%d) is %d" ,
  card2.faceValue ,
  card3.faceValue ,
  sumCards( card2 , card3 ) );
  return 0;
}
```

保存文件。然后编译并运行 card2.c 程序。你应该会看到下面这样的输出信息。

```
> cc card2.c -o card2
> card2
card1 is equal to card2
card2 is not equal to card3
The combined faceValue of card2(13) + card3(14) is 27
> 
```

这个程序首先用相关的枚举值与 int 值给三个 struct Card 结构体的相应字段赋了值，然后采用早前写过的 isEqual() 函数判断两个结构体是否相同。接下来我们还用 sumCards() 函数计算了两张牌的点数和。请注意，除了赋值操作可以用 C 语言本身的 = 号表示之外，其他的操作（例如比较两个结构体是否相同或对两个结构体的某个字段执行加法等）都必须通过我们自编的函数来做。

现在我们已经学会了如何用 C 语言固有的类型（例如 int）以及自己定制的类型（例如各种枚举类型）来创建结构体，接下来我们要学习怎样创建那种包含其他结构体的结构体。

9.4 包含其他结构体的结构体

结构体中的字段可以是任意类型，这也包括其他的结构体类型。

比方说，我们想创建一种结构体来表示玩家手中的 5 张牌。为此，我们可以定义下面这样一个结构体类型，让它包含 5 个 struct Card 型的字段，以分别表示这 5 张牌：

```
struct Hand {
  int cardsDealt;
  struct Card c1;
  struct Card c2;
  struct Card c3;
  struct Card c4;
  struct Card c5;
}
```

这个结构体也可以用下面这种办法来定义，这样写更简单：

```
struct Hand {
  int cardsDealt;
  struct Card c1, c2, c3, c4, c5;
];
```

这两种定义方式的效果是相同的。大家还记得我们在第 4 章也说过类似的写法吗？当时我们把好几个类型相同的简单变量声明在了同一行里面，而现在则是把好几个类型相同的结构体变量（也就是 c1、c2……）声明在了同一行里面。在逐渐熟悉 C 语言的过程中，大家还会发现很多这样的相似写法。这些相似点让我们能够用 C 语言写出更加精简、更加一致（当然这指的是基本一致，而不是完全一致），也更加容易理解的代码。

第 16 章我们会介绍一种更为合适的表示方法，那种方法采用含有 struct Card 数组（而不是 5 个 struct Card 型变量）的结构体来表示玩家手中的这些牌。

在刚才定义的这种 struct Hand 结构体里面，我们采用名为 cardsDealt 的计数器来记录玩家手里的实际牌数，虽然该结构体最多支持 5 张牌，但玩家目前并不一定真的拿满 5 张。

定义好这样的结构体之后，我们可以用前面说过的那个办法把结构体里面的每个字段置零：

```
struct Hand h = {0};
```

这行代码会把 h 这个 struct Hand 型结构体里面的每个字段都初始化为 0，如果其中某个字段本身也是结构体，那么它就会把那个结构体里面的每个字段初始化为 0。

现在我们可以直接访问 h 结构体里面的 cardsDealt 字段与每一张牌了：

```
h.c1.suit      = spade;
h.c1.suitValue = (int) spade;
h.c1.face      = two;
h.c1.faceValue = (int) two;
h.c1.isWild    = false;
h.cardsDealt++;
```

上面这段代码相当于给玩家手里添了一张牌。这样一项操作用这么多行代码来写显得比较烦琐。我们也可以改用下面这种方式，先把有待添加的这些牌都创建出来，然后再设法把它添加到玩家手里：

```
struct Card c1 = { spade   , (int)spade   ,
                   ten   , (int)ten    , false };
struct Card c2 = { heart   , (int)heart   ,
                   queen , (int)queen  , false };
struct Card c3 = { diamond , (int)diamond ,
                   five  , (int)ten    , false };
struct Card c4 = { club    , (int)club    ,
                   ace   , (int)ace    , false };
struct Card c5 = { heart   , (int)heart   ,
                   jack  , (int)jack   , false };
struct Card c6 = { club    , (int)club    ,
                   two   , (int)two    , false };
```

这样写虽然也有点长，但至少比刚才那种写法简单，而且这种写法让我们能够更为明确地观察到每张牌的每项属性，因为同一个属性在这 6 行语句里面总是出现在相同的位置上。

9.4.1 用函数初始化结构体

还有一种办法也能把某张牌发到玩家手里，这个办法就是编写一个函数，让调用方把要发给玩家的这张牌当作参数传进来，由这个函数负责将这张牌添加到正确的位置。下面就是这样一个 addCard() 函数：

```
struct Hand addCard( struct Hand oldHand , struct Card card )  {
  struct Hand newHand = oldHand;
  switch( newHand.cardsDealt )  {
    case 0:
      newHand.c1 = card;  newHand.cardsDealt++;  break;
    case 1:
      newHand.c2 = card;  newHand.cardsDealt++;  break;
    case 2:
      hewHand.c3 = card;  newHand.cardsDealt++;  break;
    case 3:
      hewHand.c4 = card;  newHand.cardsDealt++;  break;
    case 4:
      hewHand.c5 = card;  newHand.cardsDealt++;  break;
    default:
      // Hand is full, what to do now?
      // ERROR --> Ignore new card.
      newHand = oldHand;
      break;
  }
  return newHand;
}
```

我们要求调用方在调用这个函数时必须传入 oldHand 与 card 这样两个参数。前面说过，把变量当作参数传给函数时，程序会将该变量复制一份（也就是给它制作一份副本），让函数使用复制出的这一份副本来操作，对于结构体类型的变量来说也是如此。我们要求调用方把玩家手里现有的牌（也就是还没有添加这张牌之前的那个状态）当作参数传给函数，让函数把这张牌添加进去，然后将添加之后的版本（也就是更新之后的状态）返回给调用方，这个版本是根据调用方传入的 oldHand 所制作出来的一个副本。最后，调用方可以把函数返回的处理结果赋给自己想要更新的变量。下面演示这个函数的用法：

```
struct Card aCard;
struct Hand myHand;
...
aCard  = getCard( ... );
myHand = addCard( myHand , aCard );
...
```

getCard() 函数的实现代码到第 16 章再说。

这个函数在把 hand 参数所表示的 struct Card 赋给 struct Hand 中的相应属性（例如 c1）时，并没有逐个复制 hand 里面的字段，而是直接将 hand 本身赋给该属性。

另外要注意，程序在执行这个函数时会针对调用方传入的 struct Hand 制作一份副本，这个函数根据这份副本新建一个 struct Hand，用以表示更新之后的持牌状态，它是在这个新建的 struct Hand 上修改的。用这种办法给玩家发牌效率不一定最优，但这是我们在编写这种操作结构体的函数时经常采用的一种写法，也就是先根据参数新建一个副本，然后在这个副本上修改，并把修改后的结构体返回给调用方，让调用方用他收到的返回值覆盖原来那个变量所表示的结构体。到了第 13 章，我们会看到另外一种方式，那种方式不需要多次复制结构体。

这个函数没有对发牌之前牌数已满 5 张的情况做出处理。如果遇到这种情况，我们是不是可以考虑在发牌之前，先通过另一个函数（例如一个叫作 discardCard() 的函数），把其中一张牌丢掉，然后再调用 addCard() 函数给玩家发牌呢？下面这段代码演示了这个逻辑：

```
...
card = getCard();
if( myHand.cardsDealt >= 5 )  {  // should never be greater than 5
  myHand = discardCard( myHand, ... );
}
myHand = addCard( myHand, card );
...
```

为了把例子写得简单一些，我们将持牌超过 5 张的情况视为编程错误。addCard() 函数在添加新牌之前如果发现玩家已有牌数达到 5 张，那就直接把有待添加的这张牌忽略掉，让玩家手里的牌保持原样。

9.4.2 复用某个函数以打印大结构体中的多个小结构体

下面创建一个名为 printHand() 的函数来显示玩家手中的牌。这个函数会通过另外一个函数（即 printCard() 函数）来显示每一张具体的牌。这样设计可以尽量缩短 printHand() 函数的篇幅，因为无论要打印的是第几张牌，我们都把这张牌传给 printCard() 去打印，而不是把打印这张牌所需的代码直接写在打印它的这个地方。下面这个函数接受 struct Hand 型的结构体做参数，它判断当前应该打印的是第几张牌，然后把这张牌当作参数，传给 printCard() 去打印：

```
void printHand( struct Hand h ) {
  for( int i = 1; i < h.cardsDealt+1 ; i++ )  {  // 1..5
    struct Card c;
    switch( i )  {
      case 1: c = h.c1; break;
      case 2: c = h.c2; break;
      case 3: c = h.c3; break;
      case 4: c = h.c4; break;
      case 5: c = h.c5; break;
      default:  return; break;
    }
    printCard( c );
  }
}
```

这个 printHand() 函数会迭代玩家手里的每张牌。每遇到一张牌，它就把这张牌复制到名为 c 的临时变量里面，后续操作都针对该变量来执行。我们把这个变量传给 printCard() 函数（这个函数的代码后面就会给出），以打印当前这张牌，该函数会根据这张牌的牌面点数（face）与花色（suit）打印出相应的信息。虽然每次迭代时传入的牌不同，但 printCard() 都会按照同一套逻辑显示这张牌。其实我们还可以用另一种写法来实现 printHand() 函数：

```
void printHand2( struct Hand h )  {
  int dealt = h.cardsDealt;
  if( d == 0 ) return;
  printCard( h.c1 ); if( dealt == 1 ) return;
  printCard( h.c2 ); if( dealt == 2 ) return;
  printCard( h.c3 ); if( dealt == 3 ) return;
  printCard( h.c4 ); if( dealt == 4 ) return;
  printCard( h.c5 ); return;
}
```

这种写法采用 fall-through 逻辑打印玩家手里的这些牌，如果发现自己还没有把玩家手里的牌打印完，那么就继续打印下一张牌，否则就提前返回。

printCard() 函数采用两个 switch 打印每张牌，其中一个负责牌面的点数，另一个负责花色：

```
void printCard( struct Card c )  {
  switch( c.face )  {
    case two:   printf( "    2 " ); break;
    case three: printf( "    3 " ); break;
    case four:  printf( "    4 " ); break;
    case five:  printf( "    5 " ); break;
    case six:   printf( "    6 " ); break;
    case seven: printf( "    7 " ); break;
    case eight: printf( "    8 " ); break;
    case nine:  printf( "    9 " ); break;
    case ten:   printf( "   10 " ); break;
    case jack:  printf( " Jack " ); break;
    case queen: printf( "Queen " ); break;
    case king:  printf( " King " ); break;
    case ace:   printf( "  Ace " ); break;
    default:    printf( "  ??? " ); break;
  }
```

```
  switch( c.suit )  {
    case spade:   printf( "of Spades\n");   break;
    case heart:   printf( "of Hearts\n");   break;
    case diamond: printf( "of Diamonds\n"); break;
    case club:    printf( "of Clubs\n");    break;
    default:      printf( "of ???s\n");     break;
  }
}
```

现在我们用上面这些内容编写一个简单且能够运行的程序。

复制 card2.c 文件并名为 card3.c，删掉文件里面已有的函数原型及函数实现代码。然后把 addCard()、printHand()、printHand2() 以及 printCard() 函数的原型及实现代码添加进来。最后将 main() 函数改写成下面这样：

```
int main( void ) {
  struct Hand h = {0};

  struct Card c1 = { spade   , (int)spade   ,
                     ten   , (int)ten   , false };
  struct Card c2 = { heart   , (int)heart   ,
                     queen , (int)queen , false };
  struct Card c3 = { diamond , (int)diamond ,
                     five   , (int)ten   , false };
  struct Card c4 = { club    , (int)club    ,
                     ace   , (int)ace   , false };
  struct Card c5 = { heart   , (int)heart   ,
                     jack  , (int)jack  , false };
  struct Card c6 = { club    , (int)club    ,
                     two   , (int)two   , false };

  h = addCard( h , c1 );
  h = addCard( h , c2 );
  h = addCard( h , c3 );
  h = addCard( h , c4 );
  h = addCard( h , c5 );
  h = addCard( h , c6 );
  printHand( h );
  printf("\n");
  printHand2( h );
  return 0;
}
```

编译 card3.c 文件并运行程序。你应该会看到类似下面这样的输出结果。

```
> cc card3.c -o card3
> card3
   10 of Spades
Queen of Hearts
    5 of Diamonds
  Ace of Clubs
 Jack of Hearts

   10 of Spades
Queen of Hearts
    5 of Diamonds
  Ace of Clubs
 Jack of Hearts
> 
```

由此结果可知，这两个版本的 printHand() 函数打印出的内容都跟我们早前设定的玩家持牌状态相符。

最后还要说的是，结构体里面不能包含类型为该结构体本身的字段。比方说，struct Hand 这个结构体里面不允许出现一个类型同样是 struct Hand 的字段，然而，它可以包含那种指针类型的字段，指针所指向的类型可以是该结构体本身。比方说，我们不能像下面这样给 struct Hand 结构体里面设立一个同类型的字段：

```
struct Hand {
    int cardCount
    struct Hand myHand;    /* NOT VALID */
};
```

由于 myHand 字段的类型跟它所处的结构体相同，因此这种定义违背了 C 语言的语法。但是，如果把 myHand 字段改成这样，那么代码就可以正常编译了：

```
struct Hand {
  int cardCount;
  struct Hand * myHand;    /* OK */
}
```

这是因为，myHand 字段现在已经不是 struct Hand 类型了，而是一个指针类型（即 struct Hand * 类型），只不过这个指针所指向的类型是 struct Hand 而已。我们会在第 13 章详细讲解指针。

9.5　从结构体入手理解面向对象编程

面向对象编程（OOP）语言有好几项基本特征。首先，所有面向对象的编程语言都把对象当作核心。对象能够包含一组数据，它很像 C 语言的结构体，我们为该对象中的数据所提供的操作则很像 C 语言里面针对该结构体所写的函数。对象有两个要素，第一是它里面的这组数据，第二是我们能够在这组数据上面所执行的各项操作。有的时候，OOP 语言允许我们把对象的内部细节彻底隐藏起来，让外界看不到这些细节，外界只能通过某些函数来访问该对象之中的数据，这样的函数又称为访问器或存取器（accessor）。这种函数与用 C 语言写的函数相比更加自成一体，C 语言中的函数通常独立于（或者说，不太依赖于）具体的数据或结构体，调用方必须把自己想要操作的数据传给这个函数才行。因此 C 语言里面的函数（又称数据操作方，manipulator of data）与它所要操作的数据之间结合得较为松散（其中，结合也可以说成耦合）。

本章采用几种数据结构与枚举来表示现实中的扑克。我们还专门针对这些数据编写了 addCard()、printCard() 与 printHand() 等函数，以操作此类数据。

数据结构与操作它们的函数合起来构成面向对象编程的基础。数据与该数据所支持的操作能够结合为一种内聚的独立单元，也就是类（class）。如果这个类比较通用，那我们还可以从中派生出更加具体的类，比方说，图形（shape）是个较为宽泛的类别，而正方形（square）则是一种特殊的图形，它比一般的图形更加具体。因此，正方形这个类具备图形类中的属性，而且还可以有自己的一些特殊属性。这样一种派生关系叫作*继承*（inheritance），这也是各种面向对象的编程语言都具备的一个概念。如果某个函数专门用来操作类中的数据，那我们就把这样的函数叫作该类的*方法*（method），或者叫作该类的*成员函数*（member function），而受到此函数操作的这些数据则称为该类的*成员数据*（member data）。

到第 24 章，我们会看到如何在 C 语言中用面向对象的思维来编程，那时我们把某套数据及相关常量与用来操作这些数据结构的一批函数合起来放在同一个文件中。这样的文件既含有数据，也含有用来操作这套数据的函数，于是，我们就能够以此为基础，从 C 语言这种面向函数的编程语言向某种面向对象的编程语言迁移。

9.6 小结

本章讲述了由用户所定义的 C 语言结构体。这是一种相当强大的机制，它能够集中而明确地表示出现实生活中的事物。首先，我们学习了怎样声明结构体，以及如何用 C 语言中的各种基本类型与自定义类型（这里指 `enum`）来设计结构体中的字段。然后，我们看到了怎样直接访问并操作结构体中的某个字段。如果将结构体视为一个整体，那么 C 语言只提供了一种从整体上操作它的运算符，也就是赋值运算符（即 = 号）。

大家还学到了怎样编写函数以操作结构体，我们可以通过函数访问并操作结构体中的字段，还可以操作整个结构体，乃至同时操作多个结构体。接下来，我们又看到了如何定义那种包含小结构体的大结构体，也就是用某种结构体类型的数据作字段组合出更大的结构体。最后我们说到，C 语言本身虽然不是面向对象的语言，但可以从 C 语言的结构体入手，逐渐掌握面向对象的编程思维。

我们发现，定义完 `enum`（枚举）或 `struct`（结构体）类型之后，在使用这些类型时，必须记得在类型名称前面添加相应的 `enum` 或 `struct` 关键字，这似乎比较麻烦。下一章会介绍 `typedef` 这个类型说明符，它能够让我们更加方便地使用已经定义出来的各种 `enum` 与 `struct` 类型。笔者以前说过，变量的名称应该表达出它的作用，与之相似，类型的名称也应该反映出该类型的用途，而 `typedef` 机制正好可以帮助我们给各种数据类型起一个更加容易理解的别名。

第 10 章 Chapter 10

用 typedef 创建自定义数据类型

通过前面两章，我们看到 C 语言允许开发者定义自己的枚举类型与结构体类型。而本章，我们还会看到 C 语言允许开发者重新定义已有的类型，给它起一个用起来更方便、更清晰的名称。重新定义出来的类型会成为原类型的同义类型（synonym）。给原类型创建别名能够帮助我们很好地表达变量的作用，因为这意味着我们不仅可以选择变量的名称，而且还可以把它所属的类型写成原类型的某个别名。总之，这种机制的好处相当多。

本章涵盖以下话题：

- 如何针对固有类型创建自定义的别名类型。
- 如何针对自定义的别名类型创建新的别名类型。
- 如何通过类型别名机制简化枚举类型的用法。
- 如何通过类型别名机制简化结构体类型的用法。
- 如何使用编译器的某些重要选项。
- 如何将一批自定义类型以及用 typedef 说明符所定义的别名类型放到一份头文件中。

10.1 技术要求

详情请参见本书 1.1 节。本章还是要求大家继续使用早前选定的工具来学习。

本章的范例代码也可以从 https://github.com/PacktPublishing/Learn-C-Programming 访问获取。

10.2 用 typedef 给固有类型起别名

我们在前面已经看到了 C 语言中的各种基本数据类型（data type），包括整数、实数、复数、字符、枚举以及布尔类型等。我们把这些类型叫作固有的（intrinsic）数据类型，因为它们本身就是内置在 C 语言里面的，无须创建即可直接使用。另外，“数据类型”一词用在这里严格来讲并不是十分准确，我们之所以这样称呼是为了强调：我们在使用这些类型的变量时关注的是该变量所表示的数据。其实严格来说，C 语言将这些类型称为算术类型。除了算术类型，C 语言还有其他类型，例如我们已经讲过的函数类型、结构体类型、void 类型，以及还没有讲到的数组类型、指针类型、联合体类型等。其中，数组类型与指针类型会在后面的章节中详细讨论。

以上类型都可以在 C 语言里起别名。这样做只是为了方便，它并不改变底层类型。我们通过 typedef 关键字来给某个基础类型创建别名，也就是给它创建同义类型（别名类型），创建好之后，我们就能用这个别名来声明变量，从而提供附加的信息，以便更清楚地描述该变量的用途。typedef 的语法是：

```
typedef aType aNewType;
```

aType 是某种固有类型或自定义类型，aNewType 是我们给 aType 起的别名。以后，凡是能用 aType 来声明的地方都可以改用 aNewType 来做。

大家要记住，程序在定义某个枚举类型或结构体类型时并不会分配内存。与之类似，用 typedef 说明符给某个类型起别名也不会引发内存分配。程序要到了我们声明某种类型的变量时才会为该变量分配相应的内存，无论这个类型是枚举类型、结构体类型，还是通过 typedef 所起的别名类型，都是如此。

接下来我们看看怎样使用别名类型，以及这样做所带来的好处。

使用别名类型

目前为止，我们只是通过变量名称来表示该变量的作用。这个名称是写给人（也就是程序员）看的，让我们知道这个变量应该包含什么样的内容。计算机则并不关心该变量叫什么，它仅将这个变量视为内存中的某个位置，并用该位置来保存某种类型的数据。

比方说，我们需要用 height、width 与 length 这三个变量来表示高度、宽度与长度。这三个变量可以声明成 int 类型：

```
int height, width, length;
```

这样的变量用起来当然很直观，然而问题在于：它们是用什么单位来度量的呢？单从 int 这个类型上看不出这一点。我们可以通过 typedef 给 int 起别名（例如 meters，米），让这个别名体现度量单位，然后，我们就可以拿别名来声明这三个变量了：

```
typedef int meters;

meters height, width, length;
```

```
height = 4;
width  = height * 2;
length = 100;
```

meters 现在成了 int 类型的同义类型。我们既可以用 meters 类型声明单独的变量，也可以用它声明函数的参数，这样声明能够让阅读代码的人意识到这些变量与参数不是普通的 int（整数）值，而是以米为单位的 int 值。我们通过 meters 这个词把度量单位（也就是米，meter）明确地体现到了该类型的名称中。你可以把 int 值赋给这种类型的变量，也可以像操作一般的 int 型变量那样对这些变量执行相关的操作。如果你赋给这种变量的值是小数值，那么小数部分会在程序执行类型转换的过程中遭到截取。

采用别名来声明变量还有个好处，就是让我们能够更加方便地修改这个别名所依据的底层类型。假如我们直接采用底层类型（这可能是某种固有类型或自定义类型）来声明，那么这个变量的类型就会固定为这种类型。用刚才那三个变量作例子，如果我们不通过 typedef 给 int 起别名，而是直接把那三个变量声明成 int 类型，那么以后要想改用范围更广的 long long 类型或支持小数的 double 类型，应该怎么办？在这种情况下，我们必须找到声明这些变量的地方，以及使用这些变量作为参数的那些函数，把变量的声明类型以及那些函数的参数类型全都改过来，这相当麻烦，而且容易出错。如果我们当初用了 typedef，那就简单多了，因为只需要修改 typedef 所在的那一行代码：

```
typedef double meters;
```

修改了 typedef 说明符所针对的底层类型之后，meters 这个名称就不再指代 int 类型了，而是成了 double 类型的别称。这种机制让我们能够相当灵活地修改程序中某些数据的类型。

请注意，用 typedef 创建出的类型只是原类型的一个别名，这个别名类型所支持的操作跟原类型没有区别。凡是能够施加在原类型上的操作都可以用在别名类型上面。

虽然 typedef 并不改变类型所支持的操作，但这依然是一种相当有用、相当方便的机制。比方说，在某些情况下，我们需要通过网络连接来收发数据，这时必须让开发者能够用一套简洁而明确的方式声明各种变量，以便用这些类型的变量来表示相应尺寸的数据。为此，我们可以通过 typedef 创建下面几种别名类型，方便开发者采用这些别名类型来声明变量：

```
typedef          char       byte;    // 7-bits + 1 signed bit
typedef unsigned char       ubyte;   // 8-bits
typedef unsigned short      ushort;  // 16 bits
typedef unsigned long       ulong;   // 32 bits
typedef          long long  llong;   // 63 bits + 1 signed bit
typedef unsigned long long  ullong;  // 64 bits
```

有了这些别名类型之后，开发者就可以用 ubyte 等类型来声明变量了，我们只要一看到这样的变量，就知道这是个由单字节（byte，或者说，8 个二进制位）所构成的值，它只能取 0 或正数（而不能取负数），因为它是无符号的（unsigned）。ubyte 这个别名类型所对应的底层类型是 unsigned char，这正好是一种与计算机的单个字节相符的类型，该类型的每个数据都包含 8 个二进制位。与直接使用底层类型相比，使用别名类型来声明变量还能少打好几个字母。

前面说过，用 typedef 给 unsigned char 起了 ubyte 这个别名之后，凡是出现 unsigned char 的地方都可以用 ubyte 代替，这也包括 typedef 声明本身。也就是说，我们可以用已经声明好的别名作底层类型来继续声明另一种别名：

```
typedef ubyte Month;
typedef ubyte Day;
typedef ulong Year;

struct Date {
  Month m;
  Day   d;
  Year  y;
};
```

struct Date 结构体的每个字段其类型都是 ubyte 或 ulong 的别名，而 ubyte 与 ulong 本身则是 unsigned char 与 unsigned long 的别名。也就是说，我们可以采用别名类型来定义一些字段，并用这些字段组合成某种自定义的结构体。具体到本例来说，我们用 Month 与 Day 这两个别名类型定义了 m 与 d 字段，并用 Year 这个别名类型定义了 y 字段，让这三个字段合起来形成 struct Date 结构体。表示月份的 m 字段与表示日期的 d 字段用 Month 与 Day 类型来定义是比较合适的，因为这两种类型所对应的原类型都是 unsigned char，而该类型的取值范围是 0～255，足以涵盖每一种有可能出现的月份值与日期值。表示年份的 y 字段是用 Year 类型定义的，其实对于日常的应用来说，只需要把 Year 视为 ushort 的别名类型就够了，但我们在这里还是把它跟一种表示范围更大的类型对应了起来，也就是 ulong 类型。

用 typedef 所声明的别名类型来定义变量能够让我们更加清晰地看到这个变量的用法，并减少误解。如果你不太确定某个变量最终应该设计成哪种类型，那么可以暂且选定一种类型，并为其创建别名，然后用这个别名类型来声明该变量以及与此有关的函数参数，这样的话，以后如果要修改最终类型，只需要修改创建别名的那条 typedef 声明。另外，你还可以按照自己的标准制作一套 typedef 说明符，用以表示你在编写程序时经常用到的一些别名类型。本章后面会讲解怎样把这些 typedef 声明合起来放到文件里面，这样的话，如果要修改这些声明，那么只需要修改该文件。

10.3 用 typedef 简化枚举类型的用法

在开始讲如何用 typedef 简化枚举类型的用法之前，我们首先需要把它的用法介绍完整。前面说过，只定义某种新的类型并不会使程序分配内存，必须到声明该类型的变量时才会引发内存分配。前面两章我们都是先把某种枚举类型定义出来，然后再声明该类型的变量。比方说：

```
  // First define some enumerated types.

enum Face { one , two , three , ... };
enum Suit { spade , heart, ... };

  // Then declare variables of those types.

enum Face f1 , f2;
enum Suit s1 , s2;
```

我们先用两行代码定义了 enum Face 与 enum Suit 这样两个枚举类型，然后用另外两行代码来声明这两种类型的变量，也就是 f1 与 f2，以及 s1 与 s2。

除了这种写法，还有一种写法是在定义枚举类型的这行代码里面直接声明该类型的变量，例如：

```
   // Defining an enumeration and declaring variables of
   // that type at same time.

enum Face { one , two , three , ... }  f1, f2;
enum Suit { spade , heart , ... }      s1 , s2;
```

这样写只需要用两行代码就可以达成刚才那四行代码的效果。这两行代码都是先定义某种枚举类型，然后直接用这种类型来声明变量。如果这种枚举类型只在某一个函数或文件里面使用，那么这种写法就比较合适，否则，我们还是应该像刚才那样，把定义枚举类型的代码与采用这种类型来定义变量的代码分开写。本章后面会告诉大家，为什么应该把这些用来定义枚举类型的代码写在头文件中。

有了 typedef 之后，枚举类型的定义方式就发生了变化。typedef 与枚举之间总共有三种结合形式。第一种形式需要分两步来写，首先定义枚举类型，然后用 typedef 给该类型创建别名：

```
enum name { enumeration1, enumeration2, … , enumerationN };
typedef enum name synonym_name;
```

第一步所定义的这个枚举类型叫作 enum name，这个类型跟 C 语言的固有类型一样，都可以用 typedef 起别名。刚才那个例子如果用 typedef 来写，那就变成：

```
enum Face { one , two , three , ... };
enum Suit { spade, heart , ... };

typedef enum Face Face;
typedef enum Suit Suit;
```

这样写，相当于先定义了两种枚举类型，也就是 enum Face 与 enum Suit，然后给这两种类型分别起了别名，叫作 Face 与 Suit。以后凡是用到 enum Suit 的地方，都可以拿 Suit 这个比较简单的别名来代替。

第二种形式是把定义枚举类型与为该类型起别名合起来放在同一条语句里面完成：

```
typedef enum name { enumeration1, enumeration2, … , enumerationN }
synonym1, synonym2, …;
```

这样创建出来的自定义枚举类型叫作 enum name，我们给这种类型起了 synonym1、synonym2 等别名。这种形式，跟前面说的把定义枚举类型与声明该类型的变量写在同一行是有区别的，因为这种形式只是给定义出来的枚举类型起了别名，而没有声明变量，因此不会引发内存分配。我们现在就用这种形式来给 enum Face 与 enum Suit 分别创建 Face 与 Suit 这样两个别名：

```
typedef enum Face { one , two , three , ... } Face;
typedef enum Suit { spade , heart , ... }     Suit;
```

这两行代码都定义了某种枚举类型，并且直接为该类型创建别名。前面我们说过如何把定义枚举类型与声明该类型的变量放在同一行里完成，而刚才介绍的这种给枚举类型起别名的写法，虽然看上去跟前者相似，但实际上是不同的，因为这是 typedef 定义，它在这里的功能是给枚举类型起别名，并没有用这个别名去声明变量，所以不会分配内存；而前面说的那种写法，其功能则是定义某种枚举类型的变量，由于定义了变量，因此会引发内存分配。

第三种形式比第二种更简单，它省略了其中的 name，这相当于定义一个*未命名的*（unnamed，亦称无名的）或者*匿名的*（anonymous）枚举类型，并为该类型起别名。刚才那段代码改用这种形式来写就变成：

```
typedef enum { one , two , three , ... } Face;
typedef enum { spade , heart , ... }     Suit;
```

这种写法创建了两个匿名的枚举类型，我们只能分别通过 Face 与 Suit 这两个别名来指代二者。无论你用哪一种形式给 enum Face 与 enum Suit 创建别名，现在都可以像下面这样采用别名来声明这两种类型的变量：

```
Face face;
Suit suit;
```

我们声明的这两个变量分别叫作 face 与 suit。请注意，我们在这里所采用的命名习惯是：让自定义类型（例如 Face）的名称以大写开头，让该类型的变量（例如 face）全部采用小写字母。

在这三种形式里面，最常使用的是第三种。因为我们在给枚举类型起过别名之后，很少需要提到该类型的本名，当然这并不意味着我们必须采用第三种形式。你可以根据自己所遇到的情况选择最合适的一种。

10.4 用 typedef 简化结构体类型的用法

刚才说的那三种简化形式同样适用于结构体。下面我们就逐个讲解这三种形式。

开始讨论如何通过 typedef 简化结构体的用法之前，我们必须先把它的用法介绍完整。上一章我们是先把结构体定义出来，然后再用这种结构体类型来声明变量：

```
  // First define a structured type.

struct Card { Face face; Suit suit; ... };

  // Then declare variables of that type.

struct Card c1 , c2 , c3 , c4 , c5;
```

我们首先定义了名叫 struct Card 的结构体类型，然后单独用一行代码来声明该类型的五个变量，也就是 c1、c2、c3、c4 与 c5。

还有一种写法也能实现相同的效果，这就是把定义结构体与声明该结构体类型的变量放在同一行代码里面来做：

```
// Defining an structure and declaring variables of that type
// at the same time

struct Card { Face face; Suit suit; ... } c1 , c2 , c3 , c4 , c5;
```

这种写法只用一行就实现了原来需要用两行实现的效果。这行代码先定义了名为 struct Card 的结构体类型，然后直接用这种类型来声明 5 个变量。如果某结构体只会在一个函数或一份文件里面使用，那么这种做法就比较合适，否则我们还是应该像前面那样分成两步，也就是先定义结构体，然后再声明该结构体类型的变量。本章后面会告诉大家，我们为什么应该把这种用来定义结构体类型的代码写在头文件中。

引入 typedef 机制之后，结构体类型的定义方式就发生了变化。typedef 与结构体之间有三种结合形式。第一种形式需要分成两步，首先定义结构体，然后用 typedef 说明符为该结构体类型创建别名：

```
struct name { type component1; type component2; … ; type componentN };
typedef struct name synonym_name;
```

我们定义的这种结构体叫作 struct name。这个类型跟 C 语言固有的数据类型一样，也可以用 typedef 起别名。如果把刚才的例子改用 typedef 来写就变成：

```
struct Card { Face face; Suit suit; ... };

typedef struct Card Card;
```

这样写相当于给 struct Card 这个自定义的结构体类型起别名，叫作 Card。以后凡是出现 struct Card 的地方都可以用 Card 这个简称来代替。

第二种形式是把定义结构体与为该结构体起别名合起来放在一条语句里面：

```
typedef struct name {
 type component1;
 type component2;
 … ;
 type componentN
} synonym1, synonym2, …;
```

这样写相当于创建了名为 struct name 的结构体类型，并给该类型起了 synonym1、synonym2 等别名。我们前面说过一种写法，是把定义结构体与声明该结构体类型的变量，放在同一条语句里面，那种写法虽然跟刚才的写法相似，但其实是有很大区别的。刚才的写法只是定义了结构体并为该结构体类型起别名，它并没有声明结构体类型的变量，因而不会引发内存分配。早前的例子改用第二种形式来写就变成：

```
typedef struct Card { Face face; Suit suit; ... } Card;
```

这行代码定义了名为 struct Card 的结构体，并针对该结构体创建了别名 Card。这虽然与前面那种把定义结构体与创建该结构体类型的变量写在同一行里的做法相似，但本质是不同的，因为这次我们是在用 typedef 给类型起别名，而不是用这种类型去定义变量，这不会引发内存分配。

第三种形式比第二种更短，也就是省略 name 这一部分。这种形式会定义出一个未命名的或者说匿名的结构体类型。早前的例子改用第三种形式来写，就是：

```
typedef struct { Face face; Suit suit; ... } Card;
```

这样创建出来的结构体只能通过别名（也就是 Card）来指代。无论用哪一种形式给结构体创建别名，我们都可以像下面这样，用这个别名类型来声明变量：

```
Card c1 , c2 , c3, c4, c5;
```

我们声明了 5 个变量，分别叫作 c1、c2、c3、c4 与 c5。这里采用的命名习惯是：结构体类型的名称以大写字母开头，该结构体类型的变量，其字母均采用小写。

在这三种形式里面，第三种形式是最常用的，因为我们给结构体类型起了别名之后，很少需要提起该类型的本名。这当然不是说你必须得采用这种形式，你应该根据自己遇到的具体情况选择最为合适的形式。

现在我们把上述内容合起来放在一个程序里面演示一遍。我们修改上一章的 card3.c 程序，运用 typedef 机制给枚举类型及结构体类型起别名，并运用这些别名简化该程序的代码。请将 card3.c 文件复制一份，起名为 card4.c，然后按照下列步骤修改该文件：

- 用 typedef 给 enum Suit 及 enum Face 起别名。
- 用 typedef 给 struct Card 及 struct Hand 起别名。
- 把结构体里面用到 enum Suit 及 enum Face 的地方，改用别名代替。
- 把提到 struct Card 与 struct Hand 的地方分别换成二者的别名（提示：你需要考虑其他结构体、函数原型以及函数参数等是否用到了那两个结构体）。

保存并编译 card4.c 文件，然后运行程序。你应该会看到类似下面这样的输出结果。

```
> cc card4.c -o card4
> ./card4
   10 of Spades
Queen of Hearts
    5 of Diamonds
  Ace of Clubs
 Jack of Hearts
```

```
    10 of Spades
Queen of Hearts
     5 of Diamonds
  Ace of Clubs
 Jack of Hearts
> 
```

最后，请把你编辑过的 card4.c 文件跟本书代码库里的 card4.c 文件对比一遍。这份文件里面应该只有两个地方用到了 enum 关键字，也只有两个地方用到了 struct 关键字。该程序输出的结果应该与上一章的 card3.c 相同。

10.5 typedef 的其他用法

从本章开始，我们要讲解 C 语言里面除了算术类型与自定义类型（也就是定制类型）之外的各种类型。typedef 不仅可以用在本章提到的这些类型上，还可以运用于下列类型：

- 数组（我们会在第 11 章讲解）
- 指针类型（这个话题在第 13 章讲解）
- 函数
- 指向函数的指针（简称函数指针）

列出这四条只是为了让大家完整地知道 typedef 的用法。其中第二条我们会在讲解指针时提到，那时大家会看到 typedef 如何帮助我们采用更简单的写法来声明各种指针类型的变量。其他几种用法则是比较高级的话题，超出了本书的范围。

10.6 几个有用的编译器选项

到目前为止，我们编译程序的时候只用到了 -o output_file 这一个选项。其实你所使用的编译器（无论是 gcc、clang 还是 icc）还具有相当多的选项，只是你不知道而已。

你要是好奇，可以在命令行界面输入 cc -help，看看到底有多少种选项[⊖]。这里必须注意：其中的大多数选项你都用不到。在那些选项里面，有的选项是专门针对编译器设定的，有的选项则是专门针对链接器而设定的。那两类选项都涉及相当专业的系统软件配置问题，它们是给编写编译器与链接器的人使用的。

如果你使用的是 UNIX 或类 UNIX 系统，那么可以输入 man cc，这样打印出来的选项列表会较为清晰地解释每个选项的含义。

在编译器所支持的各种选项里面有一个选项相当重要，而且我们从现在开始会明确地使用该选项，这就是 -std 选项。我们会通过 -std=c17 或 -std=c11 这样的写法把该选项的值设为 c17 或 c11。这个选项用来告诉编译器应该以哪个版本的 C 语言标准来编译这个程序。如果你不指定该选项，那么某些编译器可能默认采用老式的 C 语言标准（例

⊖ 或者输入 cc --help。——译者注

如 C89 或 C99）来编译以扩大兼容范围。现在几乎所有的编译器都支持最新的 C 语言标准，也就是 C17 标准。笔者编写本书时所采用的这个系统比较老，它不支持 C17，但是在另外一个更新过的系统上，-std 选项是可以设为 c17 的，因此笔者在那个系统上编程时会开启 -std=c17 选项。

还有一个比较重要的选项是 -Wall。以 -W 开头的选项能够让编译器针对它所遇到的某个问题或所有（all）问题给出警告。如果不写该选项，那么就算编译器遇到了有问题的写法，它也不一定会发出警告。

我们还应该养成一个良好的习惯，就是在编译程序的时候启用 -Werror 选项。这个选项会把编译器所发出的警告视为错误，从而不让编译器继续往下处理。这样的话，只要在编译环节遇到警告，编译器就认为这是个错误，因而不会进入链接环节去调用链接器，也不会创建可执行的输出文件。

为什么总是应该加上 -Wall 与 -Werror 这两个选项呢？原因很多。等你阅读了大量的 C 语言程序与书籍之后就会发现，有许多代码都特别依赖老式的 C 语言所提供的某些机制，这些机制目前的效果可能会跟当年有轻微的差别。其中有些机制是合理的，另一些则不太合理。新版的编译器可能支持，也可能不支持那些机制。假如不使用 -Wall 与 -Werror 选项，那么编译器有可能会对涉及那些机制的用法给出警告，也有可能不给出警告。万一你遇到的是后一种情况，那就相当糟糕，因为这会导致编译出来的程序不按照预定的方式运行，或在运行过程中崩溃。还有一个原因也促使我们使用这两个选项，即它能够帮助我们拦截那些*不符合经典的用法*，也就是说，如果我们没有按照某项机制应有的用法来使用该机制，那么编译器就会发出警告。如果遇到了警告，你一定要记得按照以下步骤处理：

1. 首先搞清楚为什么会有这个警告（或者说，你做了什么才导致编译器给出这个警告）。
2. 然后把导致编译器给出该警告的原因去掉，以修复此问题。
3. 反复编译程序代码，直至没有错误或警告为止。

编译器总是会给出一些很难懂的警告信息。所幸现在有互联网可以帮助我们了解这些信息的含义。如果你遇到了一条自己看不懂的错误或警告信息，那就把这条信息从命令行界面中复制下来，然后打开自己常用的网页浏览器，将该信息粘贴到浏览器的搜索框里面，以查询其含义。

说完这些道理之后，我们从现在开始就会采用下面这种标准的命令格式来编译源文件：

```
cc source.c -std=c17 -Wall -Werror -o source
```

这里的 source.c 是有待编译的 C 语言源文件。如果你的系统不支持 c17，那就把 -std 选项设为 c11（或者考虑更新你的编译器 / 系统）。每次总是要打这样一长串选项可能有点烦，但现在你还是应该手工输入这些选项，以加深印象。

10.7 把自定义类型及 typedef 说明符放在头文件中

我们已经讲解了各种自定义类型（这包括枚举类型、结构体类型，以及用 typedef 说明符所声明的别名类型），现在应该谈谈怎样将这些类型放在各自的头文件（header file）中，并让程序包含这些头文件。

以前我们看过这样的代码：

```
#include <stdio.h>
#include <stdbool.h>
```

这种写法用来包含预定义的头文件，那些头文件里面写有某些函数的原型，还写有与那些原型相关的 typedef 说明符、枚举以及结构体。如果头文件的名称括在一对尖括号里面（也就是写在 < 与 > 之间），那么编译器就会在一系列预设的位置中寻找这些文件。它会把找到的文件打开，并将其中的内容插入当前这份源文件，这就好比你自己把那些内容复制下来，并粘贴到当前的源文件里。

我们也可以创建自己的头文件（例如 card.h 文件），并在程序中包含这个头文件。但是，这样的头文件应该放在什么地方呢？我们可以找到系统预设的那几个存放头文件的地方，并把头文件放在那里，但这个办法并不好，因为我们后来可能会开发许多程序，假如那样放置头文件，那么开发每款程序时，都要在两个地方（也就是存放头文件的那个地方与存放当前程序文件的这个地方）编辑、保存，并更新相关的文件，这很麻烦，而且容易出错。所幸 C 语言提供了另外一种方法。

这个方法就是把头文件的名字写在一对双引号（也就是 " 与 "）之间，让编译器首先从它要编译的这个 .c 源文件所在的目录中寻找这份头文件，如果找不到，再去其他地方查找。如此我们就可以把 card.h 这样的头文件放到跟程序的源代码文件（例如叫作 card5.c）相同的目录中，并在源代码文件里面，通过下面这行指令来让编译器包含这份头文件：

```
#include "card.h"
```

我们给当前开发的这款程序创建头文件时，几乎总是可以把这些头文件放置在跟程序源文件相同的目录里面。这样我们就可以在源文件中通过 #include"..." 这样的写法把某份头文件包含进来，这样的头文件称作*局部头文件*或*本地头文件*（local header file），这种头文件总是出现在跟需要包含它们的源代码文件相同的目录中。

说完了头文件的存放位置，我们现在必须考虑的是，哪些内容应该写在头文件里面，哪些内容不应该。

按照惯例，每一份 C 语言源文件都应该有一份与之相关联的头文件。这份头文件用来声明函数原型以及它所关联的源文件里面使用的自定义类型。本节我们会通过一个简单的例子来演示如何编写并使用这样的头文件。概括地说，凡是既不用来定义变量（假如定义了变量，那就会引发内存分配）又不用来定义函数的那些代码都可以写在头文件里面。反之，用来定义变量（这会引发内存分配）或用来定义函数的那些代码则应该写在源代码文件中。

有个问题需要提前说清：*应该*放到头文件里面，并不等于说*必须*放到头文件里面。大家在前面也看到了，有些东西本来可以放在头文件里面，但我们还是将其写在了源代码文件中。第 24 章与第 25 章会告诉大家如何判断某个东西是写在头文件里面好，还是写在源代码文件里面好。如果某份头文件需要在多个地方使用，那么情况就会变得复杂起来。本节我们要演示的是最简单的一种情况：也就是针对某一份源代码文件来创建与之关联的一份头文件，以便将整个程序的代码清晰地划分到这两个文件中。

我们现在要以 card4.c 为基础制作名为 card.h 的头文件与名为 card5.c 的源代码文件，这两个文件合起来所实现出的效果与 card4.c 相同。某些编辑器可能不太容易在多份文件之间复制并粘贴文字，因此，笔者想出了这样一个办法，让大家不需要使用编辑器的复制与粘贴功能就可以制作出这样两份文件。这个办法是这样的：

1）把 card4.c 复制一份，命名为 card.h。

2）把 card4.c 再复制一份，命名为 card5.c。

3）分别打开这两份文件，把不需要用到的代码从文件中删掉。

打开 card.h 文件，把 #include 指令、main() 函数的定义以及其他函数的定义全都删掉。这样文件里面应该只剩下这些内容：

```
typedef enum {
  club  = 1 , diamond , heart , spade
} Suit;

typedef enum {
  one = 1, two, three, four, five, six, seven, eight, nine, ten, jack,
queen, king, ace
} Face;

typedef struct {
  Suit suit;
  int  suitValue;
  Face face;
  int  faceValue;
  bool isWild;
} Card;

typedef struct {
  int  cardsDealt;
  Card c1, c2, c3, c4, c5;
} Hand;

Hand addCard(    Hand oldHand , Card card );
void printHand(  Hand h );
void printHand2( Hand h );
void printCard(  Card c );
```

接着，打开 card5.c 文件，把定义枚举及结构体类型并用 typedef 为其制作别名的那些代码全都删掉，把各函数的原型声明也删掉。最后在文件开头补上这么一行：

```
#include "card.h"
```

这样 card5.c 文件就变成：

```
#include <stdio.h>
#include <stdbool.h>
#include "card.h"

int main( void)  {
 ...
 ...
}

// and all the rest of the function definitions.
...
...
```

我们所做的其实就是将 card4.c 文件的内容拆分成 card.h 与 card5.c 两个部分。现在请编译 card5.c 文件（记得添加前一节所讲的那三个新选项），并运行程序。你应该会看到下面这样的输出结果（这个结果跟 card4.c 文件所编译出来的程序应该是相同的）。

```
> cc card5.c -o card5 -Wall -Werror -std=c11
> ./card5
   10 of Spades
Queen of Hearts
    5 of Diamonds
  Ace of Clubs
 Jack of Hearts

   10 of Spades
Queen of Hearts
    5 of Diamonds
  Ace of Clubs
 Jack of Hearts
>
```

大家现在可以先停下来，看看目前的文件是怎么组织的。我们有一份源代码文件，里面定义了 main() 函数以及其他一些函数，另外还有一份头文件，里面定义了枚举类型与结构体类型，并通过 typedef 为这些类型起了别名，另外还声明了各函数的原型。用 C 语言开发程序的时候，这是最基本的一种文件组织方式。笔者在本节只是简单地介绍了如何创建头文件，以及如何在源代码文件里面使用这样的头文件。后面我们还会多次创建并使用这种定制的（或者说自定义的）头文件，当然，在大多数情况下，我们创建的头文件都只会有一份。到第 24 章，笔者会介绍更复杂的情况，那时我们会看到如何创建并安排多份头文件。

10.8　小结

本章讲了怎样给固有类型及自定义类型（也就是我们自己定义的枚举与结构体类型）创建替代名称（alternative name），或者说别名。笔者介绍了 typedef 机制的各种形式，让大家能够方便地给固有类型创建别名，并简化枚举类型及结构体类型的用法。这些别名类型能够让代码变得更加明确，而且能够提供附加的信息，让我们更清楚地了解这些类型的变量所要表示的是什么样的值。

另外，大家也应该能意识到，操作同一种结构体类型的多份数据是比较烦琐的，尤其是当这些数据属于同一组的时候（例如它们表示的都是同一位玩家手里的牌）。

下一章我们就会说到如何把类型相同而值不同的数据归为一组，以便访问并操控这组数据。这样的一组数据称为数组，它能够帮助我们给各种事物（例如一副含有 52 张牌的扑克）建模，让我们更方便地操作建立出来的模型。

第 11 章 Chapter 11

数组

我们已经学习了结构体的用法，它可以只包含一份数据，也可以把许多份类型不同的数据组织起来。然而我们还经常会遇到一种情况，就是需要把类型相同的数据归为一组，这样的一组数据叫作数组（array）。它是由同一类型的数据所构成的集合，这批数据都位于该数组名下。数组中的每个元素都可以通过一个基本的名称以及一个偏移量（offset）来表示，这个量指的是当前元素与数组首个元素之间相差几个元素。数组有许多用途，它可以表示类型相同的多份数据，还可以用来实现字符串，也就是由字符所构成的数组。

大家首先必须知道如何声明与操作数组，掌握这些基础内容之后，我们再来学习数组的其他用法。

本章涵盖以下话题：

- 如何声明数组以表示类型相同的一组值。
- 如何用各种方式来初始化数组。
- 如何访问数组中的每个元素。
- 数组的下标为什么从 0 开始。
- 如何给数组中的元素赋值并操作该元素。
- 如何用循环语句访问数组中的各个元素。
- 如何让函数采用数组引用作参数。

11.1 技术要求

详情请参见本书 1.1 节。本章还是要求大家继续使用早前选定的工具来学习。

本章的范例代码也可以从 https://github.com/PacktPublishing/Learn-C-Programming 访问获取。

11.2 声明并初始化数组

数组是由两个或更多个值所构成的集合，这些值都是同一种类型，而且共用同一个基础名称（或者说共用同一个数组名称）。只包含一个值的数组是没有意义的，因为那种数组可以改成普通的变量。定义数组时要遵循下面的语法：

```
dataType arrayIdentifier[ numberOfElements ];
```

其中，dataType 可以是 C 语言中的任何一种固有类型或自定义类型，arrayIdentifier 是数组的基础名称（也就是数组名），numberOfElements 用来指定这个数组里面有多少个 dataType 型的值。无论 numberOfElements 本身是何种类型的值，它都会转换成整数值。数组中的元素是连续存放的（也就是一个挨着一个存放），因此，数组所占的字节数就等于每个元素所占据的字节数乘以数组的元素个数[⊖]。

要想声明一个元素个数为 10 且元素类型为 int 的数组，我们可以这样写：

```
int anArray[10];
```

anArray 是这 10 个 int 型元素所共用的基础名称（即数组名）。这条声明会创建出 10 个变量（或者说 10 个元素），这 10 个元素都可以通过 anArray 这个名称来访问，访问时你需要指定 0 至 9 之间的某个整数作偏移量，以表明你访问的这个元素与数组首个元素之间相差几个元素。

除了用数字直接写出数组的元素个数，你还可以用变量、常量或表达式来指定。比方说，我们可以像下面这样，用一个常量来表示数组的元素个数：

```
const int kArraySize = 10;
int anotherArray[ kArraySize ];
```

这里的 kArraySize 是一个整数常量，它的值不会改变。我们这里采用的代码风格是让这种常量以字母 k 开头，这样写可以提醒我们在后续的代码中通过这个常量来指代数组的元素个数。请注意，假如我们声明数组时是用变量而不是常量来指定元素个数的，那么就算这个变量的值以后发生变化，数组的元素个数也不会改变，它的元素数量在程序定义它的那一刻就固定下来了，一旦得到定义，就不再变化。

比方说，我们想记录各种车辆每个轮胎的气压与花纹深度。假设我们已经有了一个叫作 getNumberOfWheels(enum VehicleKind) 的函数，它能够根据车辆种类返回一个 int 值以表示这种车辆的轮胎数，那我们就可以像下面这样，利用这个函数来声明两个数组：

⊖ 数组的元素个数也叫作数组的长度（length）或尺寸（size），但为了跟数组所占据的总字节数相区分，译文在有可能发生混淆的场合，酌情避开数组长度、数组尺寸或数组大小等说法。——译者注

```
double tireTread[ getNumberOfWheels( tricycle ) ];
double tirePressure[ getNumberOfWheels( tricycle ) ];
```

我们声明数组的时候，以 tricycle（三轮车）为参数来调用 getNumberOfWheels() 函数，这会让程序把这次调用的结果（也就是 3）视为数组的元素个数，因此，刚才这两行代码会声明出两个元素数量为 3 且元素类型为 double 的数组。其中一个叫作 tireTread，用来记录这三个轮胎的花纹深度；另一个叫作 tirePressure，用来记录这三个轮胎的气压。如果我们想记录的不是三轮车的各个轮胎，而是汽车（automobile）的各个轮胎，那么可以把代码改成下面这样：

```
double tireTread[ getNumberOfWheels( automobile ) ];
double tirePressure[ getNumberOfWheels( automobile ) ];
```

这样写会让程序用 getNumberOfWheels(automobile) 的结果（也就是 4）作为数组的元素个数，声明两个元素数量为 4 且元素类型为 double 的数组。其中一个叫作 tireTread，用来记录这四个轮胎的花纹深度；另一个叫作 tirePressure，用来记录这四个轮胎的气压。

请注意，我们不能在同一个函数里面声明两个重名的变量，与之类似，我们也不能声明两个重名的数组，就算这两个数组的元素个数有所区别，你也不能采用相同的名称来声明它们。因此，刚才那两段范例代码必须分别写在不同的地方，如果你要将那两段写在同一个函数中，那么必须换用不同的数组名称。

初始化数组

与变量类似，使用数组之前必须把其中的各个元素都初始化成某个已知的值。我们在第 9 章说过，结构体可以用许多种办法来初始化，其实数组也是这样。

最基本的一种方式是在定义数组时将其中的所有元素都初始化成同一个值。比方说，我们可以像下面这样初始化数组中的所有元素[㊀]：

```
int anArray[10] = {0};
double wheelTread[ getNumberOfWheels( tricycle ) ] = { 1.5 };
```

这种写法会把花括号里的那个值分别设置给数组中的每个元素[㊁]。因此，anArray 数组中的 10 个元素全都会设置为 0，wheelTread 数组中的 3 个元素全都会设置为 1.5。除了直接写出具体的数值，你还可以把常量值、变量值或表达式的求值结果写在这一对花括号里面。给元素设置过初始值之后，你将来还可以修改它的值。

如果你想给每个元素赋予不同的初始值，那就把这些初始值全都写在这对花括号中，

㊀ 第二行代码不符合 C 语言的语法。用来表示数组元素个数的这个值如果不是常数，那么这种数组无法通过花括号形式初始化。——译者注

㊁ 这个说法跟 C 语言的实际效果并不完全一致。如果花括号里的这个值不是 0，那么这样写只会把数组的首个元素设为该值，而其余元素则会默认取 0。——译者注

并用逗号来分隔相邻的值，例如：

```
int anArray[10] = { 2 , 4 , 6 , 8 , 10 , 12 , 14 , 16 , 18 , 20 };
```

这样写，会把 anArray 数组中的每个元素都设置成相应的偶数。wheelTread 数组不便采用这种写法，因为我们在定义这个数组的元素数量时用的不是固定值，而是 getNumberOfWheels() 函数的调用结果，这样我们就很难知道数组里面究竟有多少个元素。花括号中的值如果比数组的实际元素数量还多，那么会引发编译问题。

如果声明数组时没有写出数组的元素个数，那么这种数组是可以通过花括号来初始化的。只不过，一旦初始化之后，你就没有机会再指定元素个数了，因为程序会按照花括号里写了多少个值来确定这个数组有多少个元素。例如：

```
float lengthArray[] = { 1.0 , 2.0 , 3.0 , 4.0 , 3.0 , 2.0 , 1.0 };
```

这样定义出来的 lengthArray 数组包含 7 个浮点值。这 7 个 float 型元素的取值以后还可以修改，但 lengthArray 数组本身的元素数量已经固定设为 7 了。到第 15 章我们会看到，这个特性对于定义字符数组（也就是字符串）是相当关键的。

如果知道数组中的元素是什么类型，那我们可以像下面这个程序一样计算出数组的长度：

```
#include <stdio.h>

int main( void )
{
  int   anArray[10]  = {0};  // Initialize the whole thing to 0.
  int typeSize    = sizeof( int );
  int arraySize   = sizeof( anArray );
  int elementNum = arraySize / typeSize;

  printf( "       sizeof(int) = %2d bytes\n"   , typeSize  );
  printf( "  sizeof(anArray) = %2d bytes\n"    , arraySize );
  printf( "  anArray[] has %d elements\n\n"    , elementNum );

     // Dynamically allocate array size via initialization.

  float lengthArray[] = { 1.0 , 2.0 , 3.0 , 4.0 , 3.0 , 2.0 , 1.0 };

  int floatSize   = sizeof( float );
  int arraySize   = sizeof( lengthArray );
  int elementNum = arraySize / floatSize;

  printf( "      sizeof( float ) = %d bytes\n" , floatSize  );
  printf( "  sizeof(lengthArray) = %d bytes\n" , arraySize  );
  printf( "lengthArray has %d elements\n"      , elementNum );
}
```

用编辑器创建名为 array1.c 的文件，将上述代码录入该文件。然后用上一章讲过的选项编译这个文件，最后运行程序。你应该会看到类似下面这样的输出信息：

```
> cc array1.c -o array1 -Wall -Werror -std=c11
> ./array1
     sizeof(int) =  4 bytes
  sizeof(anArray) = 40 bytes
  anArray[] has 10 elements

      sizeof(float) =  4 bytes
  sizeof(lengthArray) = 28 bytes
   lengthArray[] has 7 elements
> 
```

anArray 数组的元素个数是在定义时直接写出来的，也就是 10，我们把该数组的每个元素都初始化为 0。我们虽然没有写出 lengthArray 数组的元素数量，但程序会根据我们在初始化该数组时写了多少个值来确定它有多少个元素。开发者可以通过 sizeof() 运算符在程序运行的过程中查询某个数组实际占据的字节数，并将该数与每个元素所占据的字节数相除以得出数组的元素个数。

其实还有一种方法，也能对数组进行初始化，那就是逐个指定元素的取值。但是在讲这种方法之前，我们必须先学会如何访问每个元素，这正是下一节要谈的话题。到 11.4 节，我们还会讲解怎样采用循环来访问数组中的各个元素。

11.3 访问数组中的元素

数组中的每个元素都通过基础名称（即数组名称）与索引来访问，这个索引（index）也称为下标（subscript）。我们采用下面这种写法来访问数组中的元素：

```
arrayName[ index ]
```

其中，index 必须大于或等于 0，而且必须小于或等于数组的元素个数减 1。数组中的任何元素都可以通过这种写法来表示。跟声明数组时所指定的元素个数类似，访问数组元素时所指定的这个下标既可以写成字面值，也可以写成变量的值、函数调用的结果，或者表达式的求值结果。比方说：

```
float anArray[10] = {2.0};
int   counter = 9;
float aFloat  = 0.0;

aFloat = anArray[ 9 ];              // Access last element.
aFloat = anArray[ counter ];        // Access last element via value
                                    // of counter.
aFloat = anArray[ exp( 3 , 2 )  ];  // Access element at result of
                                    // function.
aFloat = anArray[ (sizeof(anArray)/sizeof(float) - 1 ]; // Access
                                    // last element via expression.
```

后四条语句都会访问数组中的最后一个元素，并把该元素的值赋给 aFloat 变量。这四行代码对应于刚才说的四种下标写法，它们分别采用字面值、变量值、函数调用的结果，以及表达式的求值结果作下标。这些下标都是 9，因此，这四种写法访问的都是数组中的最后一个元素。

元素个数为 10 的数组，最后一个元素的下标为什么不是 10 而是 9 呢？为了理解这个问题，我们必须明白：数组的下标其实是当前元素与数组首个元素（也就是数组的基础名称或数组名所指的那个元素）之间相差多少个元素。我们以后把这样的下标叫作*数组偏移量*（array offset）。数组的第一个元素与它自身之间的距离是 0，因此，该元素的数组偏移量为 0，于是我们在访问这个元素时所使用的下标自然也是 0。

我们声明一个元素数量为 4 的整数数组：

```
int arr[4] = {0}; // 4 elements
```

然后，我们可以依次设定每个元素的初始值：

```
arr[0] = 1;  // 0th offset, 1st element
arr[1] = 2;  // 1st offset, 2nd element
arr[2] = 3;  // 2nd offset, 3rd element
arr[3] = 4;  // 3rd offset, 4th element (last one)

arr[4] = 5;  // ERROR! there is no 5th element.
```

这段代码演示了怎样逐个设置每个元素的初始值。对于元素数量为 4 的数组来说，每个元素在数组中的偏移量（或者说下标）只能位于 0 至 3 之间。这种下标叫作*从 0 开始的下标*（zero-based indexing），也就是说，首个（即第一个）元素的下标是 0。这有时会引发 off-by-one 问题（多算一个或少算一个的问题），如果你忘了数组的下标是从 0 开始计算的，那么可能经常会写出错误的代码。其实第 7 章在讲 for() ... 循环时就说过这个到底是从 0 还是从 1 开始算的问题，有人认为 C 语言是故意让下标从 0 开始算的。因此，对于数组的下标来说其实并没有 off-by-one 问题，之所以出现这个问题，是因为开发者忘了下标是从 0 开始算的。

如果从偏移量的角度来理解下标，那么就不会有这个困惑了，因为首个元素与它自身之间当然没有距离（或者说距离为 0，也就是相差 0 个元素），因此，它的下标是 0。这样想就可以避开刚才说的 off-by-one 问题了。大家后面就会看到，从 0 开始计算下标让我们能够更加方便地用循环来遍历数组。

请注意，程序员必须自己来保证访问数组时所使用的下标确实位于该数组的有效范围内。如果下标越界，那么编译器有时会给出警告，有时不会。

下面我们就看看什么样的下标越界问题能够为编译器所发现，什么样的问题无法由编译器拦截。请把 array1.c 复制一份，命名为 array2.c，然后删掉其中的 main() 函数，并录入下面这段代码：

```
int main( void )  {
  int    anArray[10]  = {0}; // Initialize the whole thing to 0.
  int x, y , z;
  x = 11;
  y = 12;
  z = 13;
```

```
    anArray[ 11 ] = 7; // Compiler error!
    anArray[ x]   = 0;  // No compiler error, but runtime error!
}
```

编译 array2.c 文件并运行 array2 程序。你应该会看到类似下面这样的输出信息㊀。

```
> cc array2.c -o array2 -Wall -Werror -std=c11
array2.c:20:3: error: array index 11 is past the end of the array (which
      contains 10 elements) [-Werror,-Warray-bounds]
  anArray[ 11 ] = 7; // Compiler error!
  ^        ~~
array2.c:14:3: note: array 'anArray' declared here
  int    anArray[10]    = {0}; // Initialize the whole thing to 0.
  ^
1 error generated.
> 
```

编译器发现了 anArray[11] 这样的越界问题，并报告了相关的错误。现在我们把 main() 函数的倒数第二行代码，也就是 anArray[11] = 7; 这一行注释掉，然后再次编译 array2.c 文件并运行 array2 程序。这次的输出结果应该如下所示㊁。

```
> cc array2.c -o array2 -Wall -Werror -std=c11
> ./array2
Abort trap: 6
> 
```

我们看到，anArray[x] 这样的越界问题并没有让编译器拦截下来，而是到了程序运行的时候才暴露，这会导致程序显示 Abort trap:6。编译器之所以没有把这个有问题的写法给拦截下来，是因为它在编译代码时无法判断变量 x 的值是否超出 anArray 数组的下标范围。等到程序真正运行的时候会因为使用越界的下标来访问数组而出现错误。

此例表明，编译器未必总是能发现下标越界问题。因此，我们不能总是依靠编译器帮助自己拦截这样的代码。

给数组中的元素赋值

知道了如何表示数组中的元素，我们就可以获取该元素的值，并且能够像操作其他变量那样给这个元素赋值。

我们可以像给普通变量赋值那样，通过各种写法修改数组中某个元素的值：

```
float anArray[10] = {0.0};
int   counter = 9;
float aFloat  = 2.5;
```

㊀ 实际效果可能跟具体的开发环境有关。编译器所报告的有可能是变量未予使用的问题，而不是数组下标越界问题。为了排除干扰，可以把声明 y、z 变量并为其赋值的那些代码去掉，并调用一次 printf() 函数以打印 anArray[0]。要想让编译器对下标越界问题给出警告，可能还需要添加 -O2 与 -fsanitize=object-size 这两个选项。——译者注

㊁ 实际看到的错误信息可能跟具体的开发环境有关。——译者注

```
anArray[ 9 ]                              = aFloat;
anArray[ counter ]                        = getQuarterOf( 10.0 );
anArray[ pow( 3 , 2 )  ]                  = 5.0 / 2.0;
anArray[ (sizeof(anArray)/sizeof(float) - 1 ] = 2.5;
```

这四行代码分别采用四种方式计算某个数值，并把该值赋给数组中的最后一个元素，在确定这个元素的下标时，我们所采用的也是四种不同的写法。这四种写法所确定的下标都是 9，用这个下标来访问 anArray 数组，所访问到的都是该数组的最后一个元素。pow() 函数用来做幂运算，它的第一个参数表示底数，第二个参数表示指数，例如 pow(3, 2) 就是求 3 的 2 次方（或者说平方），结果是 3^2，也就是 9。这四条语句给数组的最后一个元素所赋的值都是 2.5。

总之，我们可以通过数组的名称与下标取得数组中每个元素的值，或为该元素赋值。

11.4 通过循环来操作数组

面对数组，我们最常执行的操作就是迭代其中的所有元素。为此，我们一般使用 for() ... 循环来实现。其实第 7 章讲过的其他几种循环也能实现这个功能，但由于我们在迭代数组之前，通常已经知道了该数组的元素数量（也就是说，我们已经确定了循环需要执行几次），因此，采用由计数器所控制的 for() ... 循环来实现是比较简单也比较可靠的一种办法。到了第 15 章，我们将讲解如何迭代字符数组（也就是字符串），那时会看到另一种形式的循环，该循环由标记值（sentinel）而不是计数器所控制。

为了用 for()... 循环迭代数组，我们在 for 语句的第一个部分需要把表示下标的计数器设为 0，意思是说，我们要从偏移量为 0 的这个元素开始处理。我们还需要在 for 语句的第二个部分编写正确的条件表达式，以判断计数器的值是否小于数组的元素数量（如果是，就执行这轮循环；如果不是，就结束整个循环）。在 for 语句的第三个部分，我们递增计数器的值以处理下一个元素。下面举例说明如何用 for()... 循环迭代数组：

```
const int kArraySize = 25;
int anArray[ kArraySize ];

for( int i=0 ; i < kArraySize ; i++ )  {    // i: 0..24 (kArraySize-1)
  anArray[ i ] = i;
}
```

anArray 这个数组有 25 个元素，每个元素在该数组中的偏移量都位于 0 至 24 之间。我们刚才写的这个循环会把每个元素的偏移量赋给该元素本身，令其成为这个元素的初始值。另外，我们还在声明下标计数器（也就是变量 i）的这一行末尾撰写了注释，明确指出该变量的变化范围。在 C 语言出现之前，有一些历史因素促使开发者采用 i、j、k 这样的变量名来表示数组下标，那些因素多半与另一种老式的编程语言，也就是 FORTRAN 语言（现为 Fortran）有所关联。C 语言也沿用了这种命名惯例。

for 语句的第二部分（也就是条件表达式这一部分）写得相当简洁，我们只用 i <

kArraySize这样一个简单的式子就判断出了循环是否应该继续。之所以能够这样写，是因为数组下标是从0开始算的。因此，我们只需判断下标是否小于（<）数组的元素数量。虽然这个式子还有其他写法，但那些写法都不如这种写法简单。当年的CPU（Central Processor Unit，中央处理器）比较慢，也比较原始，因此C语言里面有许多种习惯的写法都是为了配合那时的CPU而构造出来的，虽然今天很少会遇到有必要这样来写的场合，但这种理念依然延续了下来。这样一种写法体现了C语言天生就有的简洁特性。

11.5 使用函数来操作数组

数组其实就是由一组变量所构成的集合，只不过这些变量都共用同一个名称，因而需要通过偏移量加以区分。数组中的每个元素都可以像普通的变量那样予以使用，而且我们可以像对待普通的变量那样，把数组中的某个元素当成参数值传给函数。例如：

```
#include <math.h>
int anArray[10] = {0};

anArray[3] = 5;
anArray[3] = pow( anArray[3] , 2 );
```

这段代码会把5这个值赋给数组的第四个（也就是下标为3的那个）元素。然后调用pow()函数（此函数声明于math.h头文件中），对这个元素的值取二次幂（或者说取它的平方），并将计算结果赋回给该元素，使得这个元素的值变为25。

我们可能想创建这样一种函数，无论数组中有多少个元素，该函数都能操作这些元素。如果我们无法确定数组的元素个数，那么在设计这样的函数时，还能不能把有待处理的这个数组用参数表示出来呢？实际上是可以的，C语言允许我们在设计函数的参数时不写出这个参数所表示的数组有多少个元素。为了设计这样的参数，我们需要把表示元素个数的这个地方（也就是[与]之间的这个地方）留空，例如：

```
int findMin( int size, int anArray[] );
int findMax( int size, int anArray[] );

double findMean(   int size , int anArray[] );
double findStdDev( int size , int anArray[] );
```

如果用这样的参数来表示有待处理的数组，那么C语言并不会保存该数组的元素数量，因此，程序员必须知道该函数每次执行时所处理的这个数组到底有多少个元素，以确保不会发生下标越界的问题。于是，我们在声明刚才那几个函数时都首先设计了一个名为size的参数，用来表示有待操作的数组包含多少个元素。知道了元素个数，函数就能够正确地操作它所要处理的每一个数组了。接下来我们设计第二个参数，以表示有待操作的数组，为此，我们需要指出该数组的元素类型（在本例中是int），然后写出这个数组参数的名称（在本例中是anArray），最后写一对方括号。你不需要在这对方括号里面指出该数组的元素个数。

除了用来在数组中寻找最小值与最大值的 findMin() 与 findMax() 函数之外，我们还声明了另外两个函数，这两个函数稍后就会讲到。这四个函数所声明的数组参数都没有指出元素个数，而是要求调用方通过 size 参数传入这个值。

有人可能觉得，程序在调用这样的函数时会像处理普通的参数那样，把整个数组都复制一份并传给该函数。实际上程序并不会做这样的复制。早前我们说过一条规律，程序在执行函数时会把调用方传入的值复制一份，并赋给函数中的相应参数。如果传给函数的是数组，那么程序是否就不再遵循这条规律了呢？其实程序依然遵循这条规律，具体的原因我们到第 14 章再讲。现在大家只需要记住，作为参数出现的这个数组名称，其实并不是数组本身，而是一个命名的引用（named reference），它所引用的是该数组在内存中的位置（memory location，或者说该数组在内存中的地址），因此，程序在执行函数时仍然会做复制，只不过复制的不是数组本身，而是指向该数组的这个引用。那么，我们在编写函数的代码时，为什么可以通过这个指向内存地址的命名引用与一个距离该地址的偏移量来表示数组中的每个元素呢？这个问题我们也会在第 14 章讲解。现在，我们把上面提到的那两个函数定义出来：

```
int findMin( int size , int a[] )  {
  int min = a[0];
  for( int i = 0 ; i < size ; i++ )
    if( a[i] < min )  min = a[i];
  return min;
}

int findMax( int size , int a[] )  {
  int max = a[0];
  for( int i = 0 ; i < size ; i++ )
    if( a[i] > max ) max = a[i];
  return max;
}
```

这两个函数分别把数组的首个元素（也就是下标为 0 的那个元素）的值赋给 min 与 max 变量，然后把数组里面的其他元素逐个与该变量对比，如果发现元素值小于 min 变量的当前值，或者大于 max 变量的当前值，那就用该值来更新 min 或 max 变量，以表示目前记录到的最小值或最大值。有人可能发现，函数在初次执行循环时会把 a[0] 的值与 min 或 max 对比，这是多余的，因为在进入整个循环结构之前，我们已经把 min 或 max 设置成 a[0] 了。其实多出来的这一轮循环所引发的计算开销是相当小的。如果你想去掉这次多余的对比，那么可以修改下标计数器 i 的初始值，让 for()... 循环从偏移量为 1 而不是为 0 的那个元素开始处理。

寻找最小值与最大值的操作对数组来说是相当有用的。另外，我们可能还需要计算一系列数值的平均值（mean）与标准差（standard deviation）。平均值的计算方式是把数组中的所有元素值相加，并除以元素的数量，findMean() 函数的 for()... 循环正是用这样的逻辑来计算平均值的。标准差用来反映数组中的各元素在整体上与平均值之间的差距。如果标准差较小，那说明数组中各元素的取值较为接近；如果标准差较大，则说明这些元素的取值较为分散。这两个函数的定义代码如下：

```
double findMean( int size , int a[] )
{
  double sum  = 0.0;
  for( int i = 0 ; i < size ; i++ )
    sum += a[i];
  double mean = sum / size;
  return mean;
}

double findStdDev( int size , int a[] )
{
    // Compute variance.
  double mean     = findMean( size , a );
  double sum      = 0.0;
  double variance = 0.0;
  for( int i = 0; i < size ; i++ )
    sum += pow( (a[i] - mean) , 2 );
  variance = sum / size;
    // Compute standard deviation from variance.
  double stdDev = sqrt( variance );
  return stdDev;
}
```

findMean() 与 findStdDev() 函数中，有几个地方需要注意。第一，给函数编写实现代码的时候，我们不一定非要把所有的变量都声明在函数体刚开始的那个地方，而是可以在即将用到某个变量时再声明它。第二，我们编写刚才这段代码时用到了 pow() 与 sqrt() 这两个函数，它们都是声明在 math.h 头文件中的数学函数，这个头文件是 C 语言标准运行时库的一部分。为了在程序代码里面引入该文件，我们需要使用 #include <math.h> 指令。第三，前面说过，声明函数原型时不一定要指出参数的名称，如果你指出了这个名称（例如刚才的 anArray），但定义该函数时却在参数列表中使用了另一个名称（例如刚才的 a），那么函数的实现代码就应该采用后面这个名字来指代这个参数。

为了使用这四个函数，我们新建名为 array3.h 的头文件，并在该文件中声明这些函数的原型。然后，创建名为 array3.c 的文件并录入下面这段代码，以编写该程序的 main() 函数，另外，还要把这四个函数的实现代码也写进来：

```
// build with:
// cc array3.c -o array3 -lm -Wall -Werror -std=c11

#include <stdio.h>
#include <math.h>
#include "array3.h"
int main( void )
{
  int array1[] = { 3 , 4 , 6 , 8, 13 , 17 , 18 , 19 };
  int array2[] = { 34 , 88 , 32 , 12 , 10 };
```

```
  int size = sizeof( array1 ) / sizeof( int );
  printf( "array1: range, mean, & standard deviation\n" );
  printf( "    range = [%d..%d]\n" ,
          findMin( size , array1 ) ,
          findMax( size , array1 ) );
  printf( "     mean = %g\n" ,  findMean( size , array1 ) );
  printf( "  std dev = %g\n\n", findStdDev( size , array1 ) );

  size = sizeof( array2 ) / sizeof( int );
  printf( "array2: range, mean, & standard deviation\n" );
  printf( "    range = [%d..%d]\n" ,
          findMin( size , array2 ) ,
          findMax( size , array2 ) );
  printf( "     mean = %g\n" ,  findMean( size , array2 ) );
  printf( "  std dev = %g\n\n", findStdDev( size , array2 ) );
}
```

这个程序定义并初始化了 array1 与 array2 这样两个数组，它在定义时没有直接指出数组的元素个数，而是让程序根据花括号里面有多少个值来决定数组包含多少个元素。用数组作参数来调用这四个函数时，我们只需要将数组的名称传过去，而不用在后面添加一对花括号并指出数组的元素数量，因为这个数量已经体现在函数的第一个参数 size 里面了，函数的实现代码会通过该参数确保自己总是能够正确地访问数组。程序会用这两个数组作参数，调用我们早前实现的那四个函数，让它们根据程序传入的数组计算出结果，程序会把结果打印到控制台。现在请你编译并运行这个程序。你应该会看到下面这样的输出信息㊀。

```
> cc array3.c -o array3 -Wall -Werror -std=c11
> array3
array1: range, mean, & standard deviation
    range = [3..19]
     mean = 11
  std dev = 6.12372

array2: range, mean, & standard deviation
    range = [10..88]
     mean = 35.2
  std dev = 28.1879

> 
```

array1 数组含有 8 个整数元素，我们调用刚才那四个函数来统计该数组的取值范围，以及各元素的平均值与标准差。array2 数组有 5 个整数元素，我们同样调用刚才那四个函数来统计数组的取值范围，以及各元素的平均值与标准差。我们在定义这两个数组时都没有写出元素个数，而是让程序根据我们初始化该数组时所用值的个数来决定数组中包含多少个元素㊁。

11.6 小结

我们在本章中学到：数组是由同类型的一组数据所构成的，它跟结构体不同，后者之

㊀ 图中的第一行命令，也就是 cc 命令，还需要添加 -lm 参数。——译者注

㊁ 原书把这种写法叫作 dynamically assign（动态赋值）。——译者注

中的各个字段未必是相同的类型。另外，我们还学会了怎样声明数组，并根据声明该数组时所用的写法以各种形式给其中的元素设置初始值。声明数组时不一定要写出元素数量，而是可以让程序根据我们对数组做初始化时所用值的个数来决定这个数组里有多少个元素。数组一旦声明好，元素数量就不能再变化。我们看到了怎样通过元素在数组中的偏移量（也就是索引或下标）来访问这个元素，另外讲了如何通过 `for() ...` 循环来操作最简单的一种数组，也就是一维数组（one-dimensional array，又称单维数组），最后我们说了怎样把数组用作函数的参数。

本章是我们开始学习第 12～16 章的内容之前必须要先掌握的一章，后面 5 章会讲解数组的各个方面，只有先学了这一章，你才能理解那些比较复杂的内容。其中，第 12 章要讲解如何声明、初始化并操作二维、三维乃至维数更多的数组。第 13 章虽然不直接谈数组，但你必须学习那一章，如此才能理解第 14 章要讲的内容，也就是数组与指针之间的关系，而第 14 章的内容又是学习第 15 章所必备的。到第 16 章，我们要讲解由结构体所构成的数组，以及包含数组的结构体，并结束与数组有关的研究。

Chapter 12 第 12 章

多维数组

只有先理解了第 11 章，你才能理解本章要讲的这些概念。所以，在开始看本章之前，必须要先读上一章，并确保你已经学会了那一章所讲的内容。

第 11 章说的一维数组是由类型相同且连续排列的一组数据所构成的，我们可以通过数组名称与元素在数组中的索引或下标来访问其中的某份数据。而本章要把数组这一概念从一维扩展到多维。多维数组能够表示出现实中的许多物体，其中有些物体表示起来比较简单，例如跳棋或国际象棋（西洋棋）的棋盘、乘法表，以及屏幕上的像素等，还有一些表示起来比较复杂，比方说立体空间中的三维物件。我们后面就会讲到，这些数组其实都是在一维数组的基础上扩展而成的。

本章涵盖以下话题：

- 数组的基本概念。
- 如何声明并初始化各种维度的数组。
- 如何访问各种维度的数组中的元素。
- 如何用循环来遍历多维数组。
- 如何在函数中使用多维数组。

12.1 技术要求

详情请参见本书 1.1 节。本章还是要求大家继续使用早前选定的工具来学习。

本章的范例代码也可以从 `https://github.com/PacktPublishing/Learn-C-Programming` 访问获取。

12.2 从一维数组到多维数组

我们经常把二维数组当成一种特殊的一维数组，这种一维数组的每个元素本身也是一个一维数组。同理，三维数组也可以当成一维数组，只不过这种一维数组里的每个元素本身是一个二维数组。总之，任何一个 N 维数组都可以视为一个一维数组，只不过这个一维数组的每个元素本身是一个 $(N-1)$ 维数组。

这种说法虽然在数学上成立，但对于我们理解多维数组来说并不是一个特别有用的框架。因此，在开始讲解如何用 C 语言声明、初始化并访问多维数组之前，我们必须搭建起一套合适的概念框架，并通过这套框架来透彻地理解多维数组，然后，我们才能开始讲解在用 C 语言代码来操作这种数组时所要遵循的语法。

12.2.1 重新审视一维数组

一维数组是一个区域，用来连续地存放类型相同的一组数据，让其中的每份数据（也就是每个元素）都可以通过基本名称（也就是数组名称）与偏移量来访问。

某些领域把一维数组叫作 vector，还有一些则将其称为线性数组（linear array）。我们把上一章讲的概念回顾一遍，因为我们要以此概念为基础来讲解二维数组：

```
int array1D[5] = { 1 , 2 , 3 , 4 , 5 };
```

这行代码创建了名叫 array1D 的数组，它里面有 5 个整数型的元素，我们把这 5 个元素（也就是偏移量为 0 至偏移量为 4 的这 5 个元素）的初始值分别设为 1、2、3、4、5。这 5 个元素是连续存放的（或者说，是一个挨着一个存放的），因此，数组所处的这个区域在内存中要占 5 * size(int) 个字节。这个数组有 5 个元素，它们与数组的基本位置之间的偏移量（也就是它们跟数组首个元素之间相差的元素数量）分别是 0、1、2、3、4。这样一个线性数组可以用垂直方向的示意图来表示（也就是竖着画）。

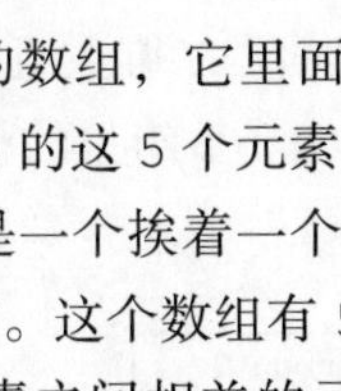

另外，我们还可以用水平方向的示意图来表示（也就是横着画）。

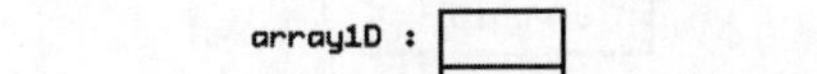

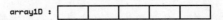

这两种画法都能表示出包含 5 个元素的一维数组。无论采用哪种画法，我们均可通过递增数组下标来访问数组中的下一个元素。这是 C 语言的数组所具备的一项关键属性，在我们从一维数组向二维数组拓展的时候，大家必须记住这个属性。

在这两种画法里面，前一种从技术角度来看更加准确，因为它较好地反映了计算机给数组分配内存空间并访问其中各个元素时的情况。我们在第 13、14 章中还会用到这种画法。

但是对于目前所要搭建的概念框架来说，后一种画法更加方便，它能够较好地体现出数组元素是沿着一个方向（而不是同时沿着两个方向）排列的。采用这种方式来绘制 array1D 的示意图可以帮助我们从一维数组顺利过渡二维数组。

12.2.2 由一维数组来理解二维数组

二维数组在概念上既可以当成元素本身是一维数组数的那种一维数组，也可以当成一个由行与列所构成的矩阵（matrix）。我们接下来讨论二维数组时所用的这个例子叫作 array2D，你可以把它理解成含有四个一维数组的一维数组，那四个一维数组本身各自包含 5 个元素，你也可以把它理解成 4 行 5 列的矩阵。这两种理解方式指的其实都是同一个意思。

现实中有很多东西都可以表示成二维数组，比方说，给酒店中的各个房间投递邮件的那个区域、高层建筑的某个墙面中的各扇窗户、播放视频文件时某个画面中的那些像素、元素周期表、由多行多列的数据所构成的电子表格、自动售货机里面的各种零食，以及记录棒球比赛每局分数与总分数的记分板等。总之，C 语言里面的二维数组是一个相当有用的工具，能够给现实中的许多矩阵或网格状的事物建模。

如果我们把 array2D 这个二维数组当作一个包含小数组的大数组，那么这个大数组的四个元素其实都是同一种类型，而这种类型我们在前面已经定义过了，它指的就是含有 5 个元素的一维数组，这 5 个元素都是整数。因此，大数组里面的这四个元素都是含有 5 个整数的小数组。于是，这个大数组（也就是二维数组）所含的整数个数就等于它里面的小数组（也就是一维数组）的数量，乘以每个小数组里的整数个数，也就是 4 × 5 = 20。这样一种理解方式可以用下面这张图来表示。

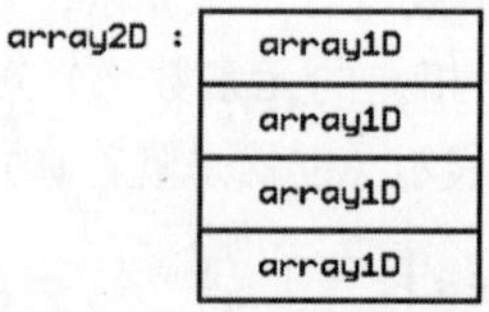

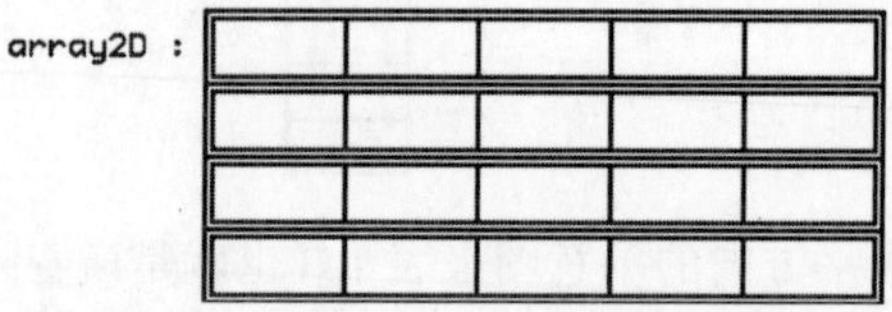

如果我们把 array2D 当作一个矩阵，那么它就是一种表格状（或者说网格状）的结构，这个结构包含 5 列 4 行。我们可以把列数 5 与行数 4 相乘，以求出这个二维数组所含的整数个数，也就是 20。这种理解方式可以用下面这张图来表示，它跟刚才那张图所说的意思类似，只不过这次我们没有像刚才那样，先把二维数组拆分成 4 个一维数组（也就是拆成 4 行），然后再把每个一维数组拆分成 5 个整数元素（也就是拆成 5 列），而是直接从行与列这两个方向展开。这张示意图如下。

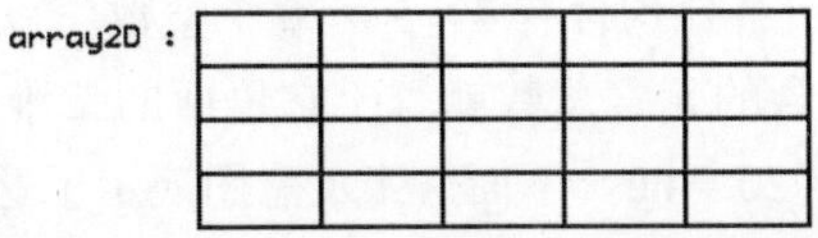

无论怎么理解，array2D 都是一块连续存放着 20 个整数的区域。另外要注意，array2D 这个名称本身指向这块区域的起始位置，这在刚才那两张示意图里面说的都是表格状区域的左上角，也就是这些元素里面的头一个元素。

我们现在已经从一维数组跨越到了二维数组，接下来，我们还要继续运用同样的思路，从二维数组跨越到三维数组。

12.2.3　由二维数组来理解三维数组

三维数组可以理解成一个特殊的一维数组，只不过这个一维数组里的每个元素本身是个二维数组而已，另外，它还可以理解成一种三维图形，这种图形沿着 *X*、*Y* 与 *Z* 轴展开，其中 *Z* 指的是深度，*Y* 与 *X* 分别指的是高度（相当于二维数组的行数）与宽度（相当于二维数组的列数）。我们接下来要讨论的这个三维数组叫作 array3D，你可以把它理解成元素数量为 3 的一维数组，这个一维数组里的 3 个元素本身又都是一个二维数组，这个二维数组跟 12.2.2 节里用作范例的 array2D 类似，包含 4 行 5 列，共计 20 个整数，另外，你也可以把它理解成一个三维图形，这个图形共有 3 层（或者说，它在 *Z* 轴上的深度为 3），每一层有 4 行（或者说，它在 *Y* 轴上的高度为 4），每一行有 5 列（或者说，它在 *X* 轴上的宽度为 5）。这两种理解方式，说的都是同一个意思。*层*（layer）这个说法并没有特别的含义，笔者只不过是临时拿它来描述三维数组在 *Z* 轴上的深度。

我们稍后就会看到，数组每一维的大小在顺序上是很重要的，如果你调换了数组在各维度上面的尺寸，那么 C 语言就认为这是两个不同的数组，例如 4 行 5 列的数组与 5 行 4 列的数组是不一样的。大家平常习惯按照 *X* 轴、*Y* 轴、*Z* 轴这样的顺序来描述三维空间中的物体，但是在 C 语言里面，我们却应该从较高（或者说较大）的那个维度开始思考，也就是先考虑数组有多深（*Z* 轴），然后考虑每一层有多高（*Y* 轴），最后考虑每一行有多长（*X* 轴）。一定要记住这一点，因为下一节要讲解 C 语言里面与多维数组有关的语法，那时我们必须按这样的顺序思考。

现实中有很多三维数组的例子，比方说那种每层都有许多间办公室的多层建筑、我们所在的三维空间（制作三维游戏时，就需要模拟这样的空间），以及放置立体模型的那种三维环境等。总之，三维数组也是 C 语言里面的一项强大工具，可以给现实中的许多立体图形及三维环境建模。

如果我们按照刚才说的第一种理解方式把 array3D 当成一个一维数组，那么这个一维数组里面的 3 个元素其实都是同一种类型，这种类型我们在前面已经定义过了，它指的就是含有 4 个一维数组的二维数组，那 4 个一维数组各自包含 5 个整数元素。因此，这个三维数组里面的那 3 个二维数组各自均含有 4×5 = 20 个整数。

于是，这个三维数组所含的元素总数就等于它里面的二维数组的个数，乘以每个二维数组的元素数量，也就是 3×20 = 60。下面这张示意图演示了这种理解方式。

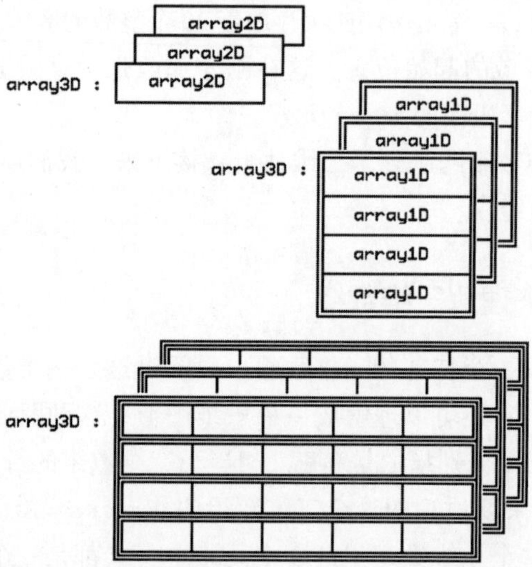

如果我们按照刚才说的第二种理解方式，把 array3D 当成一个立体图形，那么这个图形就有 3 层，每层有 4 行，每行有 5 列。于是，三维数组所含的元素总数就是 3×4×5 = 60 个。这种理解方式可以用下面这张图来表示，它跟刚才那张图的意思类似，只不过这次我们没有像刚才那样，把这个三维数组拆分成 3 个二维数组，再把每个二维数组拆分成 4 个一维数组，而是直接从深度（也就是层数）、高度（也就是每层的行数）与宽度（也就是每行的列数）这三个方向来考虑。这张示意图如下。

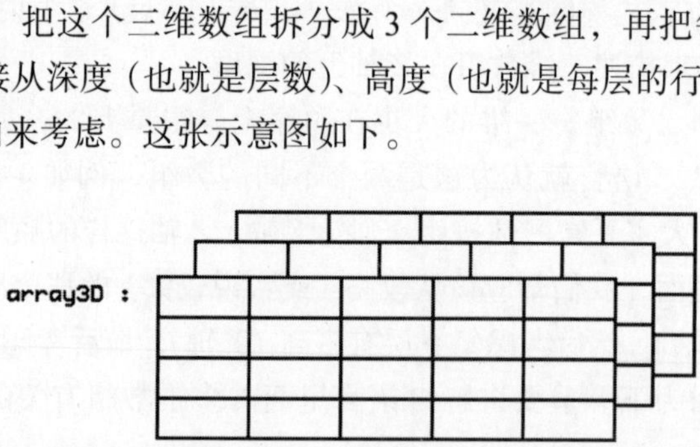

无论怎么理解，array3D 都是一块连续存放着 60 个整数的区域（3×4×5 = 60）。另外要注意，array3D 这个名称本身指向这块区域的起始位置，这在刚才那两张示意图里面说的都是最靠前的那一层的左上角，也就是这些元素里面的头一个元素。

这个用示意图来表示多维数组的讲解过程，到这里就结束了。为什么我们不再继续用示意图来表示四维及四维以上的数组呢？这是因为，首先，那些数组很难用示意图表示；其次，就算找到了某种能够以示意图来表示那些数组的办法，我们也很难将那个办法用直观的图形呈现出来；最后，由于我们已经知道了如何通过一维数组来理解二维数组，以及如何通过二维数组来理解三维数组，因此，我们可以沿用同样的思路去理解维数更多的数组。

12.2.4　理解 N 维数组

在面对四维、五维乃至维数更多的数组时，我们还是可以沿用刚才说的那两种理解方式。一种是把 N 维数组理解成一个一维数组，这个数组的每个元素都是一个 (N−1) 维的数组。另一种是把整个数组理解成一块连续的区域，这个区域所存放的元素总数等于各维度的大小相乘之积。比方说，有一个名叫 array4D 的四维数组，它的四个维度分别是 7、3、4、5。按照第一种理解方式，这个数组其实就是个一维数组，只不过这个一维数组里的每个元素本身都是一个像 array3D 那样的三维数组。按照第二种理解方式，这个数组是一块连续的区域，其中保存着 7 × 3 × 4 × 5 = 420 个元素。

对于这个四维数组来说，最小的那一维是 5，第二小的那一维是 4，第三小的那一维是 3，最大的那一维是 7。

C 语言从理论上来说没有限制数组的维数，具体能支持多少维取决于你所使用的编译器。然而实际上使用维数太多（例如大于三或大于四）的数组是不明智的，因为那种数组理解起来很困难，而且给它分配内存空间也比较麻烦。这不是说我们绝对不能使用维数较多的数组，只是说我们可以考虑用更加明智的方式来表达这样的数据，例如第 16 章就会说到，我们能够用各种方式把数组与结构体组合起来，以简洁而清晰的模型来表达现实中的复杂事物。

12.3　声明并初始化多维数组

透彻地理解了多维数组的概念之后，我们就可以讲解在 C 语言中声明数组时所用的语法了。我们刚才使用 array1D、array2D、array3D 与 array4D 这四个范例数组来讲解如何从一维过渡到二维、三维，乃至多维，现在我们继续沿用这些数组来讲解本节的内容。声明数组时，一定要注意各维度的书写顺序。我们总是应该把最高的那一维也在最左边，把最低的那一维写在最右边（例如 array2D 含有 4 行 5 列，因此要把 4 写在左边，把 5 写在右边）。

声明数组之前，我们先定义这样几个常量：

```
const int size1D = 5;
const int size2D = 4;
const int size3D = 3;
const int size4D = 7;
```

声明数组时也可以直接用数字表示每一维的大小，但我们在这里还是把这些值定义成了名叫 size1D、size2D、size3D 与 size4D 的常量，这样做能够提醒我们在学习本节乃至本章接下来的内容时牢固地记住各维度的书写顺序，也就是说，无论是声明并初始化多维数组，还是访问其中的元素，我们都应该按照高维在左、低维在右的顺序来写。

12.3.1 声明二维数组

跟声明一维数组时类似，二维数组的每一维也需要分别放在一对方括号（也就是中括号）里面。刚才用作范例的那个 array2D 数组，可以像下面这样来声明，这种声明方式直接用数字表示每一维的大小：

```
int array2D[4][5];
```

另外，我们还可以用早前定义的常量来声明这个名叫 array2D 的二维数组：

```
int array2D[size2D][size1D];
```

第三种声明方式是改用变量来表示二维数组的每一维：

```
int rows = 4;
int cols = 5;

int array2D[rows][cols];
```

用变量作维度所声明的数组，在声明完之后，其维度是固定的，虽然变量的值以后可以修改，但该数组的维度不会随着那个变量的取值而发生变化。

12.3.2 初始化二维数组

我们可以在声明 array2D 的同时，对这个二维数组做初始化。其中一种写法是：

```
int array2D[4][5] = {0};
```

这样写会把 array2D 的所有元素都初始化为 0。请注意，这种写法可以用来初始化那种直接拿数字来定义其维度的数组，但如果你在声明 array2D 这个二维数组时是用刚才定义的那两个常量来指定其维度的，那么就不能采用这种写法给数组做初始化了。你可以试一试，看编译器会给出什么样的错误信息。

要想在声明二维数组的同时给各元素指定不同的初始值，我们可以这样写：

```
int array2D[4][5] = { {11 , 12 , 13 , 14 , 15 } ,
                      {21 , 22 , 23 , 24 , 25 } ,
                      {31 , 32 , 33 , 34 , 35 } ,
                      {41 , 42 , 43 , 44 , 45 } };
```

这条声明会把 array2D 数组第一行之中的 5 个元素分别设为 11～15 的对应值，并把第二行之中的 5 个元素分别设为 21～25 的对应值。注意观察，这种初始化方式跟本章前面讲的那种（从一维数组出发来）理解二维数组的思考方式是相当接近的。

12.3.3 声明三维数组

讲完了二维数组，我们来看三维数组。这种数组每一维的大小可以直接用数字来指定，例如：

```
int array3D[3][4][5];
```

另外，我们也可以用早前定义过的常量来指定 array3D 这个数组在三个维度上的大小：

```
int array3D[size3D][size2D][size1D];
```

第三种写法是用变量来表示每一维的大小：

```
int x = 5;
int y = 4;
int z = 3;

int array3D[z][y][x];
```

注意，在声明三维数组的时候，首先写的应该是它在 z 轴上的深度（也就是最高的那一维的大小），最后写的应该是它在 x 轴上的长度（也就是最低的那一维的大小）。

12.3.4　初始化三维数组

声明三维数组的时候可以同时给该数组进行初始化。其中一种写法是：

```
int array3D[3][4][5] = {0};
```

这样写会把 array3D 的所有元素都设为 0。请注意，采用这种写法时，用来指定维度大小的这个值应该是一个固定的数字，而不能是早前声明过的那种常量。你可以试一试，看那样做会让编译器给出什么错误信息。

要想在声明三维数组时给每个元素指定不同的初始值，我们可以这样写：

```
int array3D [3] [4] [5]   =
                        { { {111 , 112 , 113 , 114 , 115 },
                            {121 , 122 , 123 , 124 , 125 } },
                          { {211 , 212 , 213 , 214 , 215 },
                            {221 , 222 , 223 , 224 , 225 } },
                          { {311 , 312 , 313 , 314 , 315 },
                            {321 , 322 , 323 , 324 , 325 } } };
```

这条声明会把位于三维数组第一层的那个二维数组，用 111～115 以及 121～125 的值来进行初始化，把位于三维数组第二层的那个二维数组用 211～215 以及 221～225 的值来进行初始化，把位于三维数组第三层的那个二维数组用 311～315 以及 321～325 的值来进行初始化。跟初始化二维数组时类似，用这种方式初始化三维数组也跟我们前面讲到的那种（由二维数组出发来）理解三维数组的思考方式相当接近。

12.3.5　声明并初始化 *N* 维数组

array4D 这样的四维数组，可以这样声明：

```
int array4D[size4D][size3D][size2D][size1D];
```

注意，size4D 常量表示的是这个数组最高维的大小，它要写在最左边的那一对方括号里，size1D 常量表示的是这个数组最低维的大小，它要写在最右边的那一对方括号里。声明 array4D 时，如果直接用固定的数字来指定各维度的大小，那么就可以写上 = {0}，以便将该数组的所有元素都初始化为 0。维数比较多的数组或者大型的数组（也就是那种每个维度上的元素数量比较多的数组）很难在声明的同时进行初始化，因为那样写起来特别麻烦。本章后面会讲解如何通过循环给数组中的各元素赋予初值。

12.4 访问多维数组中的元素

要想正确地访问多维数组中的某个元素，我们必须确保访问时所写的维数是正确的，而且每一维的下标也在有效的偏移范围之内。

访问元素的时候，必须把该元素在各个维度上的偏移量分别写在相应的方括号里面。而且大家要记住，C 语言的数组偏移量（或者说下标、索引）从 0 开始算，这个偏移量指的是该元素与基准位置（也就是数组在这一维的开头）之间的距离。比方说，如果数组只有一维，而你要访问的就是这一维里面的首个元素，那么访问时所用的这对方括号应该写成 [0]，如果数组有两维，而你要访问的是第一行里面的某个元素，那么访问时所用的这两对方括号应该写成 [0][x]，其中的 x 指的是该元素在 x 轴方向（也就是横向）的偏移量，如果数组有三维，而你要访问的是第一层里面的某个元素，那么访问时所用的这三对方括号，应该写成 [0][y][x]，其中的 y 与 x 分别指的是该元素在 y 轴方向（即纵向）与 x 轴方向（即横向）的偏移量，总之，元素在各维度上的偏移量都必须写在与该维度相关联的那一对方括号里面。明白了这个道理，我们就可以像下面这样访问各种维度的数组里面的某个元素了（本例访问的是第 3 个元素）：

```
int third;
third = array1D[2];          // third element.
third = array2D[0][2];       // third element of 1st row.
third = array3D[0][0][2];    // third element of 1st layer and 1st row.
third = array4D[0][0][0][2]; // third element of 1st volume, 1st layer,
                             // and 1st row.
```

如果我们在访问元素时把每一维的偏移量都写成在该维度上所能取到的最大偏移量（或者说最大下标），那么这样访问到的就是整个数组中的最后一个元素。用早前那四个数组作例子，我们可以这样写：

```
int last;
last = array1D[4];          // last element.
last = array2D[3][4];       // last element of last row.
last = array3D[2][3][4];    // last element of last layer of last row.
last = array4D[6][2][3][4]; // last element of last volume, last layer,
                            // and last row.
```

如果我们早前记录了每一维的大小，那么可以用另一种方式来获取整个数组的最后一个元素，这种方式虽然写起来稍微有点麻烦，但是不容易出错。本章在前面定义了四个常量，用来指代那四个范例数组在相关维度上的大小，因此，刚才那段代码也可以改写成下面这样：

```
int last;
last = array1D[size1D-1];                       // last element.
last = array2D[size2D-1][size1D-1];             // last element of
                                                // last row.
last = array3D[size3D-1][size2D-1][size1D-1]; // last element of last
                                                // layer of last row.
last = array4D[size4D-1][size3D-1][size2D-1][size1D-1];
```

这种写法会用比每一维的大小少1的那个值来指定元素在这一维上的偏移量。为什么要减1呢？因为数组的下标或者偏移量是从0开始算的，第1个元素的偏移量是0，第2个元素的偏移量是1，以此类推。这样写不容易出错，而且代码能够适应将来的变化。就算以后我们修改了声明常量时所用的值，这段代码也会正确地计算出相应的下标，并通过这些下标获取到相应数组中的最后那个元素（当然，前提是你在整个程序里面，总是通过 `size...` 这套常量来定义数组在每一维上的大小，并且总是通过这套常量来计算你在访问数组元素时所用的下标）。

除了可以获取数组中某个元素的值，我们还可以把值赋给数组中的元素。这意味着，凡是能够使用普通变量的地方，都能够使用这种以下标形式所表示的数组元素：

```
last = INT_MAX;
array1D[size1D-1] = last;
array2D[size2D-1][size1D-1] = last;
array3D[size3D-1][size2D-1][size1D-1] = last;
array4D[size4D-1][size3D-1][size2D-1][size1D-1] = last;
```

这四行代码会把 `last` 变量的值分别赋给四个范例数组的最后那个元素。`last` 变量的值相当于 `limits.h` 头文件里面预定义的 `INT_MAX` 常数。

12.5 用多层循环操作多维数组

用循环来访问多维数组有许多种方式，其中最好的一种就是拿多层嵌套的 `for()...` 循环来做。在这种多层嵌套的循环结构中，最外面那一层循环会包含一层或多层小循环，这些小循环完全包括在最外面那个大循环之内。这种循环结构通过最外层的循环来控制数组最高维的下标，并通过最内层的循环来控制数组最低维的下标。我们会演示怎样通过两层与三层循环来访问二维与三维数组。学会之后，你就可以把这种方式拓展到三维以上的数组了。

编写嵌套循环时，按照惯例，可以采用 `i`、`j`、`k` 这样的变量名称来表示每一维的偏移量，例如用 `i` 表示第一维的偏移量，用 `j` 表示第二维的偏移量，用 `k` 表示第三维的偏移量。你不一定非要遵循这个惯例，也可以用 `row` 与 `col` 来表示二维数组的行下标与列下标，或者用 `z`、`y`、`x` 来表示三维数组在每一维上的下标。具体怎样命名应该根据你所面对的情况与这个数组所表示的数据来决定。

12.5.1 用二层的嵌套循环遍历二维数组

二维数组可以通过双层循环来遍历。外层循环控制行下标（也就是行偏移量），内层循环控制列下标（也就是列偏移量）。这种循环结构可以这样来写：

```
for( j = 0; j < size2D ; j++ )  {     // j : 0..(size2D-1)
  for( i = 0; i < size1D ; i++ )  {  // i : 0..(size1D-1)
    array2D[j][i] = (10*j) + i ;
  }
}
```

这会让 array2D 的每个元素都获得一个根据 i 与 j 计算出来的值。

请注意，我们给这两层循环所使用的计数器变量都添加了注释，以标注该变量的有效范围。这些注释并不是可执行的代码，它们只起到提醒的作用，让我们注意检查偏移量是否位于适当的范围之内。

12.5.2 用三层的嵌套循环遍历三维数组

为了遍历三维数组，我们可以在双层的循环结构外面再写一层循环。最外围的循环控制的是层下标，中间的循环控制的是行下标，最里面的循环控制的是列下标。下面这段代码就采用这种循环结构来访问三维数组：

```
for( k = 0 ; k < size3D ; k++ )  {       // k : 0..(size3D-1)
  for( j = 0 ; j < size2D ; j++ )  {     // j : 0..(size2D-1)
    for( i = 0 ; i < size1D ; i++ )  {  // i : 0..(size1D-1)
      array3D[k][j][i] = (k*100) + (j*10) + i ;
    }
  }
}
```

这会让 array3D 的每个元素都获得一个根据 i、j 与 k 计算出来的值。

如果想让 array3D 最后一层的元素分别取 array2D 中对应元素的值，那应该怎么写呢？我们还是可以用嵌套循环来实现，例如可以这样写：

```
for( j = 0; j < size2D ; j++ )
{
  for( i = 0; i < size1D ; i++ )
  {
    array3D[(size3D-1)][j][i] = array2D[j][i] + (100*(size3D-1));
  }
}
```

由于我们要访问的是最后一层，因此表示层的这个下标应该固定写成 (size3D-1)，另外两维的下标则应该在程序执行双层循环的过程中变化。

12.6　在函数中使用多维数组

学会了声明、初始化并访问多维数组之后，我们看看怎样创建能够操作这种数组的函数：

1. 首先，我们创建这样两个函数，分别用来初始化二维与三维数组：

```
void initialize2DArray( int row , int col , int array[row][col] )
{
  for( int j = 0 ; j < row ; j++ )  {        // j : 0..(row-1)
    for( int i = 0 ; i < col ; i++ )  {      // i : 0..(col-1)
      array[j][i] = (10*(j+1)) + (i+1);
    }
  }
}

void intialize3DArray( int x , int y , int z , int array[z][y][x]
){
  for( int k = 0 ; k < z ; k++ )  {          // k : 0..(z-1)
    for( int j = 0 ; j < y ; j++ )  {        // j : 0..(y-1)
      for( int i = 0 ; i < x ; i++ )  {      // i : 0..(x-1)
        array[k][j][i] = (100*(k+1)) + (10*(j+1)) + (i+1);
      }
    }
  }
}
```

这两个函数都采用嵌套循环来迭代整个数组，并把每个元素都设置成一个根据该元素的下标所计算出来的值。

2. 接下来，我们再创建两个函数，分别用来计算二维与三维数组中的所有元素之和：

```
int sum2DArray( int row , int col , int array[row][col])  {
  int sum = 0;
  for( int j = 0 ; j < row ; j++ )  {        // j : 0..(row-1)
    for( int i = 0 ; i < col ; i++ )  {      // i : 0..(col-1)
      sum += array[j][i];
    }
  }
  return sum;
}

int sum3DArray( int z , int y , int x , int array[z][y][x] )  {
  int sum = 0;
  for( int k = 0 ; k < z ; k++ )  {            // k : 0..(z-1)
    for( int j = 0 ; j < y ; j++ )  {          // j : 0..(y-1)
      for( int i = 0 ; i < x ; i++ )  {        // i : 0..(x-1)
        sum += array[k][j][i];
      }
    }
  }
  return sum;
}
```

这两个函数都会迭代这个二维或三维数组，并把其中每个元素的值记入表示汇总结果的 sum 变量中。

3. 然后，我们创建这样两个函数，以打印二维或三维数组的内容：

```
void print2DArray( int row , int col , int array[row][col] ) {
  for( int j = 0 ; j < row ; j++ )  {       // j : 0..(row-1)
    for( int i = 0 ; i < col ; i++ )  {     // i : 0..(col-1)
      printf("%4d" , array[j][i]);
    }
    printf("\n");
  }
  printf("\n");
}

void print3DArray( int z , int y , int x , int array[z][y][x] ) {
  for( int k = 0 ; k < z ; k++ )  {           // k : 0..(z-1)
    for( int j = 0 ; j < y ; j++ )  {         // j : 0..(y-1)
      for( int i = 0 ; i < x ; i++ )  {       // i : 0..(x-1)
        printf("%4d" , array[k][j][i]);
      }
      printf("\n");
    }
    printf("\n");
  }
}
```

4. 最后，我们创建 main() 函数，并在其中调用刚才写的那些函数，以验证它们确实能够正确地操作多维数组：

```
#include <stdio.h>
#include "arraysND.h"

int main( void )
{
  const int size1D = 5;
  const int size2D = 4;
  const int size3D = 3;

  int array2D[size2D][size1D];
  int array3D[size3D][size2D][size1D];

  int total = 0;
  initialize2DArray(  size2D , size1D , array2D );
  print2DArray(       size2D , size1D , array2D );
  total = sum2DArray( size2D , size1D , array2D );
  printf( "Total for array2D is %d\n\n" , total );
  initialize3DArray(  size3D , size2D , size1D , array3D );
  print3DArray(       size3D , size2D , size1D , array3D );
  total = sum3DArray( size3D , size2D , size1D , array3D );
  printf( "Total for array3D is %d\n\n" , total );
}
```

这个程序首先声明了一批常量用来表示数组每一维的大小，然后声明了一个二维数组与一个三维数组，接下来，它调用刚才创建的那些函数以操作这两个数组：首先初始化每个数组，然后打印数组的内容，最后计算数组中的所有元素之和。

如果你还没有创建程序文件，那现在就创建一个。这个文件可以叫作 arraysND.c（其中的 ND 表示 *N*-dimensional，多维）。请用你习惯的编辑器来创建该文件，并把 main() 函数以及刚才那批函数写进去。另外，要记得创建一个名为 arraysND.h 的头文件，并在其中编写刚才那批函数的原型。现在可以编译 arraysND.c 文件了。写这个程序的时候，你可能会打错字，所以你或许要经过许多轮的编辑—存档—编译，才能正确制作出最终的可执行文件。运行这个文件，你应该会看到类似下面这样的输出信息。

```
> cc arraysND.c -o arraysND -Wall -Werror -std=c11
> arraysND
   11  12  13  14  15
   21  22  23  24  25
   31  32  33  34  35
   41  42  43  44  45

Total for array2D is 560

  111 112 113 114 115
  121 122 123 124 125
  131 132 133 134 135
  141 142 143 144 145

  211 212 213 214 215
  221 222 223 224 225
  231 232 233 234 235
  241 242 243 244 245

  311 312 313 314 315
  321 322 323 324 325
  331 332 333 334 335
  341 342 343 344 345

Total for array3D is 13680

> 
```

你要是想挑战一下自己，可以试着修改 print2DArray() 与 print3DArray() 函数，让它们在打印数组内容时把表头也打印出来，这样你就能在输出结果中查到每个元素在每一维的下标了。调整打印效果是比较麻烦的，肯定需要费一些功夫。你恐怕得经过许多轮的编辑—编译—运行，才能实现出类似下面这样的效果。

```
> cc arraysND.c -o arraysNDpretty -Wall -Werror -std=c11
> arraysNDpretty
     [0] [1] [2] [3] [4]
[0]   11  12  13  14  15
[1]   21  22  23  24  25
[2]   31  32  33  34  35
[3]   41  42  43  44  45

Total for array2D is 560

[0]       [0] [1] [2] [3] [4]
      [0] 111 112 113 114 115
      [1] 121 122 123 124 125
      [2] 131 132 133 134 135
      [3] 141 142 143 144 145

[1]       [0] [1] [2] [3] [4]
      [0] 211 212 213 214 215
      [1] 221 222 223 224 225
      [2] 231 232 233 234 235
      [3] 241 242 243 244 245

[2]       [0] [1] [2] [3] [4]
      [0] 311 312 313 314 315
      [1] 321 322 323 324 325
      [2] 331 332 333 334 335
      [3] 341 342 343 344 345

Total for array3D is 13680

> 
```

笔者在制作这种输出效果时，重复了好多次编辑—编译—运行—验证的过程，最终总算把可能出问题的地方全都写对了，从而实现出了自己想要的效果。这样虽然费事，但却很有意义。

如果你实在写不出来（当然你还是要尽量尝试自己去写！），那就到本书的 GitHub 代码库里面，看看基本的打印函数与刚说的那种增强版的打印函数是怎么写的。等你自己把增强版的打印函数正确实现出来之后，再跟 GitHub 库里的代码相对比。

12.7 小结

在本章里，我们从第 11 章所讲的一维数组出发，逐渐认识了二维、三维乃至 *N* 维的数组。笔者提出了一套概念模型，让大家通过这套模型来理解这些多维的数组。接下来，我们看到了怎样在 C 语言里面声明、初始化、访问并迭代多维数组。笔者强调了两个重点，一个是下标（更准确地说，是偏移量）要从 0 开始计算，另一个是下标要按照高维在左、低维在右的顺序写。这种顺序刚好跟我们用多层嵌套的循环结构来迭代多维数组时相似，我们总是让外层循环修改高维下标，让内层循环修改低维下标。本章似乎有点长，因为笔者想让大家体会到，一维数组与多维数组在概念上其实是一致的。

12.2.1 节提到了数组的基本（base）名称，也就是数组的基本地址或基本位置（简称基址），但当时我们并没有展开讲解。要想透彻地了解数组基址这一概念，必须先了解 C 语言里面另一项关键而独特的功能，也就是指针。第 13 章讲述指针以及与内存有关的基础知识，笔者还会讲解基本的指针算术（pointer arithmetic，也叫指针运算），学完此章，我们就可以继续学习第 14 章，该章会详细讲解数组基址，并告诉大家怎样通过各种方式来操控指针，以访问并遍历数组中的元素。

第 13 章 Chapter 13

指针

指针是这样一种变量，它的值是某个位置（或者说，是内存中的某个地址），这个地址上存有另一个值。如果我们知道某个变量是指针类型，那同时还能知道该指针所表示的这个地址上存放了一个什么样的值，例如，整数或浮点数。

我们必须了解“指针本身的值”（也就是它所表示的这个地址）与“指针的目标值”（也就是该地址上的那个值）这两种说法之间有什么区别。本章正是想帮助大家清楚地认识 C 语言的指针。

开发者如果能在 C 语言里面正确地使用指针，那么不仅能通过代码更加清晰地反映出自己的思路，而且能扩大程序的适用范围。

本章涵盖以下话题：

- 介绍一些与 C 语言的指针有关的知识，以消除大家对指针的疑惑。
- 了解计算机会把值存放到什么地方，以及计算机如何访问这些值。
- 如何声明指针并给这种变量起合适的名字。
- 什么是空指针（NULL 指针），什么是 void* 型指针。
- 学会做指针运算（又称指针算术）。
- 学会访问指针本身以及该指针所指向的值。
- 学会对指针做比较。
- 如何用正确的说法描述指针，如何用正确的思路考虑指针。
- 如何用指针作函数的参数。
- 如何通过指针访问结构体。

13.1 技术要求

详情请参见本书 1.1 节。本章还是要求大家继续使用早前选定的工具来学习。

本章的范例代码也可以从 `https://github.com/PacktPublishing/Learn-C-Programming` 访问获取。

13.2 C 语言中的难点：指针

为了理解如何声明、初始化并使用指针，我们必须首先介绍与 C 语言的指针有关的一些知识，以消除大家对它的误解。

很多人都把指针当成 C 语言里面特别麻烦的一个概念，因此，后来有许多编程语言都不支持指针，并把这当作它们比 C 语言强的地方。这是令人遗憾的，因为这样做会制约编程语言在很多场景中的功能与表现能力。另外还有一些编程序言虽然支持指针，但严格限定了指针的用法。

跟其他一些支持指针的编程语言相比，C 语言里面的指针属于功能特别强大的指针，这样的指针要求程序员必须负责任地使用它。也就是说，程序员不仅要知道怎样正确而恰当地使用这种功能，而且还要知道它的局限，明白在哪些场景中不该使用指针。

如果在程序中误用或滥用指针，而且没有仔细测试并予以验证，那么程序的行为可能就会错乱。如果在没有理解指针的用法之前就修改代码，或修改了之后没有充分测试，那么程序就不一定能像以前那样正常地运行。程序的流程以及由该流程所决定的行为都会变得错乱而费解。错误地使用指针确实会带来严重危害。而且，有时无论是否涉及指针，程序员都有可能写出一些极其复杂难懂的代码。其实，有些编程问题并不是由指针本身引起的，而是因为使用指针的人没有正确地运用它。

笔者认为，充分地了解 C 语言的指针能够让程序员更为透彻地理解程序与计算机的运作原理，而且与使用指针有关的所有编程错误（或者至少可以说，大多数编程错误），都是由开发者从没有经过验证的判断出发，用不正确的观念与不成熟的编程手法来书写代码所造成的，因此，我们需要运用正确的观念来验证自己所做的判断，并利用良好的编程手法来书写代码，以避免这些问题。

我们在前面各章中一直强调，要通过测试与验证（test and verify）来确保程序的行为准确无误。这样做不仅对一般的程序很有好处，而且对于使用了指针的程序来说，好处尤为明显。笔者希望这已经成为大家在开发程序时的一种思考习惯了。通过实际的试验与范例来积累经验并获得知识（前面各章其实已经做了许多这样的试验与范例），可以让我们更加深入地理解指针并迅速掌握它，从而写出安全可靠的代码。

为什么要使用指针

既然指针容易引发许多问题，那为什么还要使用指针呢？其实首先必须说明的是：指针本身没有问题，有问题的地方在于某些开发者对指针的用法。

指针主要有下面几种用途：

- **克服由于程序在调用函数时按值传递参数而引发的限制**：指针可以让我们把函数写得更加灵活，以便修改（而不是仅读取）函数的参数。
- **用一种无须指定下标的方式来访问数组**：我们可以用指针的形式访问数组中的元素，这种做法不用在数组名称右侧添加一对方括号并在其中写出该元素的下标。
- **管理 C 语言的字符串**：指针可以让我们较为容易地分配并操作 C 语言的字符串（其实这种字符串用起来已经很容易了，只不过指针能够进一步简化它的用法）。
- **处理动态的数据结构**：指针让我们能够在程序运行的过程中分配内存，从而实现某些有用的动态数据结构，例如链表、树，以及那种需要根据动态因素决定元素个数的数组。

本章讲解第一种用途，也就是通过指针机制让函数能够修改它的参数。另外三种用途分别在第 14 章、第 15 章与第 18 章讲解。

指针让程序能够为现实中的*动态*（dynamic）对象建模，所谓动态，是说这种对象的大小或元素数量无法在我们编写程序代码时确定，而且有可能会在程序运行的过程中发生变化。例如购物清单：一开始你可能只在上面写了 6 件东西，但是后来你可能想再加一件，让它上面有 7 件东西，你在去商店的路上或许又想起另外 3 件需要添加进来的东西。像这样的购物清单就是一种动态的对象。

指针给我们提供了另一种访问结构体、数组以及函数参数的方式，让我们能够把程序写得更加灵活。这也意味着我们可以根据程序的具体需求来决定是否使用指针这一机制来实现其中的某些功能。

13.3 指针的基础知识

指针（pointer）是这样一种变量，它的值是内存中的某个位置（也可以说某个地址或某个地点），这个位置上面存放着另外一个变量的值。这是个特别基础的概念，为了帮助大家理解指针，我们有必要再把它重复一次。

变量用来表示某个固定位置上面所保存的某个值。变量由类型与标识符这两个要素构成。变量所表示的那个位置在定义该变量时会由程序自动决定，而且一旦定好就不能再改。变量所要表示的那个值就保存在这个位置上。这个位置具体在哪里要看你是在程序中的什么地方声明这个变量的。变量的标识符是我们给存放该值的这个位置所起的名称，于是，这个位置就成了一个*带有名称的位置*（named location），它上面存有一个指定类型的值。我们很少会关注该位置的具体地址，实际上，我们在前面的内容里从来都没用过这种地址。也就是说，我们从来都不关注变量本身的具体地址，只关心这个变量（或者说，这个地址）叫什么名字。

指针变量跟其他变量一样，也用来表示某个固定位置上面所保存的某个值。这种变量也有自己的类型与标识符。只不过它所表示的这个值本身是另一个变量所处的地址（或者说，是另一个带有名称的位置）。跟对待普通变量时类似，我们同样不关心指针变量本身的地址，只关心它的值，也就是它所指向的另外一个变量所在的地址。

变量本身的位置不能修改，但变量的内容可以修改。对于指针变量来说，这意味着该指针一开始可以取某个值（也就是指向某个位置），后来又可以取另一个值（也就是可以指向另一个带有名称的位置）。两个或两个以上的指针可以指向同一个带有名称的位置，或者说，它们可以指向同一个地点。

这样一来，我们就有了两种访问值的办法，一种是通过表示该值的普通变量来访问，另一种是通过指向这个普通变量所在地址的指针变量来访问，为了强调这两种访问方式之间的区别，我们必须理解直接寻址和间接寻址这两个概念。

13.3.1 直接寻址与间接寻址

通过普通变量（也就是非指针的那种变量）来访问值的时候，我们是通过该变量的标识符（也就是该变量所在地的名字）来访问这个值的。这种访问方式叫作*直接寻址*（direct addressing，也叫直接定址）。

通过指针变量来访问该变量所指的那个值时，我们首先通过指针变量本身的值确定*那个目标值所在的地址*，然后再获取那个地址上的实际值。其实那个地址本身可能也有自己的名字（这就是上一段提到的那种普通变量的名字），只不过我们没有直接用那个名字来访问，而是通过指向该地址的指针变量来访问。这种访问方式叫作*间接寻址*（indirect addressing，也叫间接定址）。

在继续讲解指针之前，我们还必须先介绍一些与内存及内存地址有关的概念。

13.3.2 内存与内存寻址

首先大家必须知道，计算机要运行的所有东西都位于内存之中。计算机运行某个程序时，必须先从磁盘里读取这个程序，把它载入内存，令其成为一条可以执行的流（execution stream）。这个程序本身可能要在执行过程中读取磁盘、光盘或闪存盘（例如优盘）中的某份文件，执行这种操作时，它也必须先把这份文件载入内存，然后从内存里面开始读取，而不是直接从存放该文件的设备中开始读取（当然，这只是一个极其简化的说法，具体细节要比这复杂一些）。我们在程序中声明的每个变量、结构体与数组，在内存中都有它们自己的位置。另外，我们能够读取或写入的那些计算机设备在内存中也有预先定义好位置，程序通过这些位置来读取或写入相关的设备。至于操作系统如何处理程序对系统设备、系统资源（例如内存）以及文件系统所做的操作，就不是这本书所要讲的了。

现在我们已经知道，计算机要运行的所有东西都位于内存之中，然而我们还必须知道，内存中的每个字节都有它的地址（或者说，每个字节都是可以取址或可以寻址的）。字节的内存地址可能指的是某个值、某个函数乃至某个设备的起始位置。计算机在运行某个程序时会把内存视为一块连续的区域，让其中的每个字节都有它的地址，这些地址从 1 开始编号，一直编到该计算机上面最大的那个无符号整数（也就是 unsigned int 在该计算机上所能取到的最大值）。0 号地址有特殊含义，这个我们在本章后面会讲到。总之，计算机内存中的每个字节都有它的地址，*n* 号地址表示的是内存中的第 *n* 个字节。

如果计算机采用 4 个字节（也就是 32 个二进制位）来表示 unsigned int 型的值，那么这台计算机所能访问的内存地址就位于 1～4294967295（2 的 32 次方减 1）的范围内，该范围涵盖的字节数超过四十亿，或者说大约是 4GB（Gigabyte）。这种地址空间叫作 32 位地址空间（32-bit address space）。这样的空间听上去似乎很大，但目前的大多数计算机都至少装配了 4GB 内存，有些甚至带有 8GB、16GB 乃至 64GB 的内存。因此，如果计算机只能访问 4GB 以内的地址，那么在内存比较多的计算机上面会有相当大的一块内存无法编订地址，因而也就无法得到访问。

如果计算机采用 8 个字节（也就是 64 个二进制位）来表示 unsigned int 型的值，那么它所能访问的内存地址就位于 1～18446744073709551615（2 的 64 次方减 1）的范围内，该范围所涵盖的字节数超过 18 个百亿亿（quintillion）。这种地址空间叫作 64 位地址空间（64-bit address space），它所能表示的内存量比今天的任何计算机都大好多个数量级，而且在可以预见的未来也不会有计算机装配比这更多的内存。

计算的实际物理内存（也就是计算机上实际安插的内存条的容量）可能远远没有刚才说的那么大，刚才说的那个内存空间是计算机在运行每个程序时所虚拟的一套空间。64 位的计算机在理论上所能访问的内存超过 18 个百亿亿字节，但实际上，计算机所装配的物理内存不会有这么多。于是，操作系统会提供相关的机制，把虚拟内存空间之中的字节与物理内存空间之中的字节对应起来，并在必要时管理这两者之间的对应关系。

64 位地址空间给程序提供了相当大的工作区域。如果程序要给次原子级别的反应建模，对极大的结构（例如特别长的桥）做有限元分析，模拟喷气发动机以测试其性能，或建立星系级别的天文模型，那么确实得使用相当庞大的地址空间。

所幸我们目前乃至将来，都无须担心地址空间不够用的问题。因为 64 位地址空间已经足以满足程序的要求了，而且我们还能够采用一套很简单的概念来操作这样的地址空间。

13.3.3 管理并访问内存

C 语言让程序能够分配、释放并访问虚拟内存，这块内存是从物理内存的地址空间中划分的，具体的划分工作由操作系统负责。操作系统会根据需要把物理内存中的某些区域划拨给程序，当作该程序的虚拟内存，并在必要时收回。程序只需要关注它所拿到的这块虚拟内存就好。

C 语言还对程序能够访问哪些内存以及能够在这些内存上面执行什么操作做出了限制。第 17 章会讲到 C 语言给开发者所提供的一些手段，我们可以通过这些手段在一定程度上控制程序使用内存的方式。第 20 章与第 23 章会讲到如何让 C 语言的程序通过命令行获取用户输入的信息，以及如何读取并写入数据文件，以便动态地取得数据。那几章都会继续讲解与内存有关的一些概念，以及程序使用内存的一些方式。

C 语言诞生的那个年代还没有出现 GUI（Graphical User Interface，图形化用户界面），因此也就没有像素、颜色空间、音频端口或网络接口（也叫网络界面卡，俗称网卡）等说法。对 C 语言来说，这些东西都只是 I/O 流而已（I 表示 Input，输入；O 表示 Output，输出），每条 I/O 流都与某个设备相绑定，这个设备在内存中有它自己的地址，我们可以通过某款中介程序或中介程序库，从该地址读取数据或向该地址写入数据，以此来访问这个设备。

最后要注意，每次运行程序时程序所面对的这块内存地址在具体编号上可能都会与前一次运行时有所不同。因此，我们在编写代码时总是会用带有名称的位置来指代某个地址，而不会使用具体的地址编号，因为那样做无法保证程序所要处理的数据一定位于这个地址号上。

好了，现在我们把目前讲到的内容总结一下：

- 内存可以视为一大块连续的区域。
- 计算机里的每个东西都保存在内存中的某个地方，或者说，都可以通过内存中的某个位置来访问。
- 计算机内存里的每个字节都有它的地址。
- 变量一旦创建好，就会固定在内存中的某个位置上，我们可以通过该变量（也就是该位置）的名称来访问这个位置上的值。

13.3.4 用现实示例来类比指针

现实中有许多例子都跟指针相似。下面举出其中的两个，以帮助大家理解指针。

第一个例子是这样的：John、Mary、Tom 与 Sally 各自拥有一样东西，我们向其中某个人要这样东西时，那个人就会把这个东西给我们。John 有一本书，Mary 有一只猫，Tom 有一首歌，Sally 有一辆自行车。如果想找那首歌，就去问 Tom 要；如果想找自行车，就去问 Sally 要。总之，无论想找的是什么，我们都直接去问有这件东西的人索要。这就是*直接寻址*。

如果我们并不清楚每个人拥有的是什么东西，那该怎么办？假设这次我们还认识一个人，她叫作 Sophia，她知道那四个人各自拥有的是什么。我们要找东西的时候，可以去问 Sophia，让她去问有这件东西的那个人索要，Sophia 会把那个人给她的这件东西，转交给我们。比方说，我们想要那本书，于是，我们就把这个要求告诉 Sophia，她会向有这本书的人（也就是 John）索要，并把拿到的书转交给我们。又比如我们想找那只猫，于是，我们就把这个要求告诉 Sophia，她会向有猫的人（也就是 Mary）索要，并把猫转交给我们。在这种情况下，我们只需要跟 Sophia 一个人打交道就够了，而不用直接联系那四个人，因为无论要找的是什么东西，我们都通过 Sophia 间接地获取，而不是直接去问有这个东西的人索要。这叫作*间接寻址*。

这里的 John、Mary、Tom 与 Sally 就好比普通的变量，它们各自保存着一件东西，我们可以直接访问相应的变量来获取这件东西。Sophia 则好比指针变量，我们不需要知道每件东西在谁手里，只需要通过这个指针来访问就好，因为它会指向有这件东西的那个人，并把那个人拥有的东西转交给我们。这样我们就通过这个指针间接拿到了自己想要的东西。

第二个例子采用邮递员与寄存邮件的邮箱来打比方。城市中的每栋建筑都有编号（例如某某街某某号），这个编号与该建筑所在的城市、州（或省），以及邮编等信息结合起来构成一个独特的地址，该地址能够确定这栋建筑的身份。无论是住宅、农场、办公楼或工厂，都可以通过这样的地址来确定。建筑物的前边或旁边会有邮箱，这个邮箱与该建筑相关联。每栋建筑可能都会单独设立邮箱，也有可能出现相邻建筑把各自的邮箱集中到一起的情况。邮箱里面可以投放信件、包裹或杂志等物品。任何人都可以给某个邮箱投递某件物品，收件者（也就是住在这栋建筑里的人）可以从邮箱中移除（也就是拿走）该物品。

这些邮箱就好比变量的名字（它们所在的位置是固定的），给邮箱中投递的物品就好比我们想要赋给这些变量的值。每个邮箱都有唯一的地址（这个地址不会跟其他邮箱重复），该地址由多个部分构成。C 语言里的变量也是如此，每个变量都有唯一的地址（这个地址不会跟其他变量冲突）。然而，变量的地址只由一个数字构成，这个数字指的就是该变量所在字节的内存地址。与邮箱类似，我们也可以向这个变量“投递”物品，或者从这个变量中“获取”物品，只不过这个物品指的是我们想要赋给该变量（或者想要从该变量中获取）的值。

其实我们在投递物品时，不一定总是直接跑到收件人所在的那栋建筑，并把这件东西放到与那种建筑关联的那个邮箱里面，而是会把它交给邮递员（这位邮递员相当于一个带有名称的标识符），让邮递员替我们去收件人所在的地方，并把这件东西投递到与该地址相关联的邮箱。

邮递员就好比指针，他知道收件方的地址，会把物品投递到与该地址相关联的邮箱之中（也可以说，他知道发件方的地址，他会把发件方想要寄送的物品从该地址取走）。

类比很少能做到完全准确，刚才打的那两个比方也是如此，它们都无法完全精准地表达出笔者想要讲的意思。因此，我们来画一张内存示意图，用三个普通变量以及一个指针变量来演示这个道理，这个指针变量能够指向某个普通变量所在的位置。

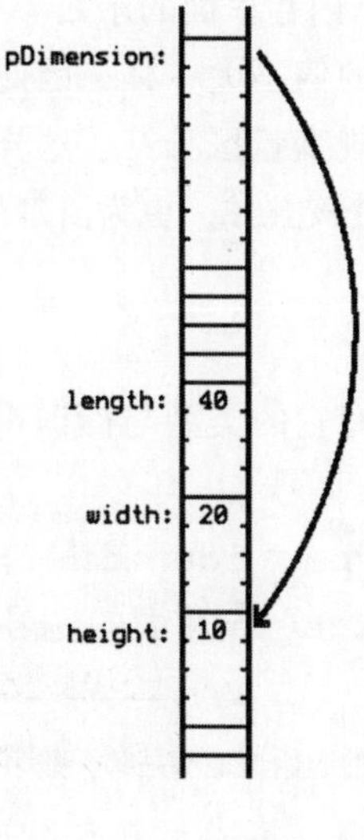

这张图把内存视为一条直线式的连续字节流。我们不关心其中每个字节的具体地址，因而没有标出这些地址。图中有三个带有名称的位置，每个位置的名称都是与之相关的那个 int 型变量的名称，也就是 length、width 与 height。由于这三个变量都是 int 型，因此各占 4 字节。另外还有一个变量叫作 pDimension，这是个指针变量，它占 8 字节。该变量目前指向的位置叫作 height，于是，pDimension 的当前值就是名为 height 的这个位置所对应的地址。只不过我们并不关心这个地址的具体号码，也就是说我们并不关心 pDimension 这个指针变量的具体值，关心的是这个值所表示的那个位置叫什么名字（或者说，这个指针指向的是哪个变量）。

请注意，图中有一些字节没有名字，而且我们也没有用到这些字节。这样的字节属于填充字节（padding byte），为了让各种尺寸的变量能够对齐[㊀]，编译器会适当安排一些填充字节。我们在第 9 章讲结构体时说过类似的概念。这里大家只需要知道内存中可能会有这么一些填充字节就行了，至于什么时候会有，什么时候不会，这无法由我们自己来控制，因此，大家不用过分关注这样的字节。

后面会详细讲解如何声明指针并给指针赋值，那时我们还会用到这张图。

13.4 指针型变量的声明、命名及赋值

以下三个方面，是我们在学习指针时，所要掌握的基本内容：

- 如何声明某个指针类型的变量。
- 如何把某个已经声明好的变量所在的位置（或者说地址），赋给指针变量。
- 如何在指针上面执行它所支持的这几种运算。

指针变量也是变量，因此它的值是可以改变的，但我们不能随意地给它赋值。也就是说，我们赋给指针变量的这个值必须是某个已经声明过的变量所在的位置。这意味着指针所指向的东西必须是一个已经存在于内存里面的东西。

由于指针变量的值跟普通变量的值不太一样，因此我们在声明指针变量时应该考虑采用某种命名方式把这样的变量与常规变量区分开。这样一种命名方式只是一套惯例，而不是强制的规则，我们只不过是想通过该方式，更为清楚地指出这是一个指针变量。

13.4.1 声明指针型变量

指针变量也是变量，因此同样有它的类型与标识符。但是，我们在声明指针变量时会用到一个特殊的符号，也就是 * 号（星号）。

声明指针变量所用的语法是 type * identifier;，其中的 type 可以是 C 语言的某种固有类型，也可以是自定义类型，type 后面的 * 号表示这是个指针，它所指向的数据

㊀ 这里说的对齐，意思是让这些变量的起始地址都是某个数字（例如 8）的倍数。——译者注

是一份类型为 type 的数据，* 号后面的 identifier 就是这个指针变量的名称。这样声明出来的指针变量，其类型不能仅写为 type，而是要加上 * 号，也就是要写成 type *。这种类型的变量属于间接变量（indirect variable），而不像普通的变量那样，属于直接变量（direct variable）。

声明指针时必须写出这个指针所指向的是个什么类型的数据。指针的目标类型可以是 C 语言里的任何一种固有类型（例如 int、long、double、char 等），也可以是某种已经定义过的自制类型（例如数组、结构体，或是用 typedef 所定义的别名类型）。指针的值可以是任何一个带有名称的位置所对应的地址，或者说，可以是任何一个变量所在的地址，只不过那个变量的类型必须跟指针的目标类型相符。我们后面会讲到如何访问位于该地址的那个值，那时大家就会明白这二者为什么必须相符了。

下面举例说明怎样声明一个指向 int 型数据的指针：

```
int height;
int width;
int length;

int* pDimension;
```

这里我们声明了三个 int 型的变量，也就是 height、width 与 length，然后声明了一个指针变量叫作 pDimension，它可以指向某个 int 型变量所在的地址。但是，我们不能把其他类型（例如 float、double 或 char 类型）的变量所在的地址赋给它，因为这个指针的类型是 int*，而不是 float*、double* 或 char*。

这段代码仅声明了这样几个变量，但没有给其中任何一个变量赋值。

13.4.2 命名指针型变量

由于指针所持有的是目标值的地址，而不是目标值本身，因此，我们应该采用跟普通变量稍有区别的方式来为这种变量命名。下面给出几种常见的命名风格，这些风格都有许多人在使用。总之，它们都是给名称前面或后面添加 ptr 或 p，以表示这是一个指向目标变量的指针变量，而不是普通变量。下面这段代码分别用这四种风格来声明一个指针，用以指向 anInteger 变量：

```
int anInteger;

int* ptrAnInteger;  // prefix ptr-
int* pAnInteger;    // prefix p- (shorthand)
int* anIntegerPtr;  // suffix -Ptr
int* anIntegerP;    // suffix -P (shorthand)
```

无论你采用其中哪一种风格，都应该在整个代码库中坚持使用这样的风格。在上述四种风格里面添加 p- 前缀可能是最常见的一种，因为这种风格需要打的字符比较少，而且读起来也比较顺口。本书接下来将会采用这种风格给指针命名。因此，我们只要一看到 pDimension 这样的变量名，就马上知道这是个指针（pointer）变量，而不是普通变量。

这样的命名习惯有助于我们正确地为指针变量赋值，并访问这样的变量。

13.4.3 给指针赋值（让指针指向某个地址）

与其他变量一样，指针变量也必须在得到赋值之后才能表现出某种意义。如果你只是声明某个变量，并没有在声明的同时给它赋值，那么这条声明的作用仅在于表示这是一个能够容纳某种值的变量而已。指针变量也是如此，我们先必须给它赋予有意义的值，然后才能有效地使用该变量。

指针变量所要保存的是另一个带有名称的地点（或者说，另一个变量）所在的地址。这个地址叫作该指针的目标。我们可以说，该指针指向那个变量所在的地点。那个变量的值就是该指针的目标值。为了给指针变量赋值，我们需要使用 & 运算符（取地址运算符或取址运算符），并把这个运算符写在另一个变量的左侧，例如：

```
int  height;
int* pDimension;

pDimension = &height;
```

这样写会把 height 这个带有名称的地点（或者说，把 height 这个变量）所在的地址赋给名为 pDimension 的指针变量。至于 &height 所表示的具体地址号我们并不关注（笔者在前面已经说过），我们关注的是 pDimension 这个指针现在指向了 height 变量所在的地址。另外，这条赋值语句还可以说成：把 pDimension 的当前目标设为 height。

下一节会详细讲解怎样使用已经赋过值的指针。

13.5 与指针有关的操作

我们只讲下面几种与指针有关的操作：

- 赋值。
- 访问指针的目标值。
- 在指针上执行它所支持的几种算术运算。
- 比较两个指针。

我们会依次讲解这几类操作。在讲述过程中，笔者还会提到一个特殊的指针值，也就是 NULL，这个值表示 0 号地址，取这个值的指针称为空指针（null pointer），另外，我们要提到一种特殊的类型，也就是 void *，这种类型用来表示指针所指的目标类型尚未确定，这样的指针，又叫作目标类型为空类型（void type）的指针。

13.5.1 给指针赋值

我们前面已经说过怎样把某个地址赋给指针变量，让这个指针变量指向那个地址所表示的位置（或者说，指向处在那个地址的另一个变量）：

```
int height;
int width;
int length;
int* pDimension;

pDimension = &height;
```

跟这段代码有关的内存示意图，我们会在13.5.3节画出。

以后，我们还可以给pDimension这个指针变量赋予其他的值（或者说，给它重新赋值）：

```
pDimension = &width;
```

这样写会把width变量的地址赋给pDimension变量，现在，pDimension变量所含的这个地址值，正是width变量所在的地址。或者说，pDimension的目标由从前的height变成了现在的width。

每次给pDimension赋地址值时，这个地址值都必须是某个已经定义过的变量所在的地址值，例如：

```
pDimension = &height;
  // Do something.
pDimension = &width;
  // Do something else.
pDimension = &length;
  // Do something more.

pDimension = &height;
```

这段代码先把pDimension的目标设为height，然后又把目标改成width，接下来又改成length。最后，把目标重新设置回height。

13.5.2 NULL指针与void*指针

我们总是应该给指针变量赋予某个值。在不知道指针变量取什么值之前，我们不应该使用这个指针变量。但问题在于，有时我们暂时没有办法给指针变量赋予合适的地址，或者说，我们目前还不知道这个指针变量应该指向哪个地址，在这种情况下，我们可以让它指向一个名为NULL的固定地址，这样的指针叫作NULL指针（空指针）。这个地址值定义在stddef.h头文件之中，它相当于0号地址。NULL是这样定义的：

```
#define NULL ((void*)0)
```

这里的(void*)是一种指针类型，这种类型的指针其目标类型是void。我们用void来表示某个暂时没有确定或者目前还不存在的类型。请注意，虽然指针变量的类型可以是void*，但指针变量所指向的普通变量其类型却不能是void。函数的返回类型可以写成void，用来表示该函数不返回任何值。我们前面说过，返回类型为void的函数没有返回值。

理解 void* 型指针的意义

有时指针的目标类型是无法确定的，这种情况主要出现在 C 语言的库函数上。

为了应对这种情况，C 语言用 void* 型的指针来表示通用指针，也就是尚未确定目标类型的指针。换句话说，我们在声明这种指针的时候，还不知道它将来所指向的，到底是个什么类型的变量。以后，我们可以把其他类型的指针，赋给这种 void* 型的指针，也可以在赋值之后访问 void* 型指针所指向的目标值，只不过在访问时必须通过类型转换操作指出目标值的类型：

```
void* aPtr = NULL;  // we don't yet know what it points to.
...
aPtr = &height;     // it has the address of height, but no type yet.
...
int h = *(int*)aPtr; // with casting, we can now go to that address
                    // and fetch an integer value.
```

这段代码的第一行声明了一个叫作 aPtr 的指针，但我们在声明该指针时还不知道它将来会指向什么类型的变量。因此，我们把指针的类型写为 void*，并把该指针初始化为 NULL。接下来的那条语句把 height 变量的地址赋给 aPtr，注意，虽然 height 变量是 int 型，但这条语句并不能让程序在此刻了解 aPtr 所指向的是什么类型的变量。有人可能觉得 C 语言会根据 height 变量的类型推断出 aPtr 当前的目标类型，但实际上 C 语言还没有这么智能。编译器不会把与变量有关的某些信息保留到程序运行时，因此，程序在运行时无法做出相关的推断。到了最后一条语句，我们想要获取 aPtr 这个指针变量的目标值，获取时必须先通过 (int*) 这样的写法将这个指针的类型从 void* 转换为 int*，以表示它是一个指向 int 值的指针。只有这样，编译器才能知道究竟需要获取多少个字节，以及如何解读获取到的这些字节。我们会在 13.5.3 节详细讲解怎样获取指针的目标值。

现在回头说 NULL，我们刚才已经看到，C 语言是用零值来定义它的，而且在定义时把这个零值转换成了 void* 型，也就是通用的指针类型。这意味着无论指针的目标类型是什么类型，我们都可以将 NULL 赋给该指针，让这个指针指向 0 号地址。这个地址上并不存在有意义的值。因此，把某个指针设为 NULL 意思就是该指针将来会指向某个目标值，但这个目标值现在还无法确定。

我们可以像下面这样，给任何一个指针赋予 NULL 值：

```
int* pDimension = NULL;
...
pDimension = &height;
...
pDimenions = NULL;
```

首先，我们声明了一个叫作 pDimension 的指针变量，它将来可以指向一个 int 型的变量，但是现在，我们把它初始化为 NULL。然后，把 height 变量的地址赋给 pDimension。最后，重新将 pDimension 设为 NULL。

为什么要这样写呢？等我们讲到如何对比两个指针值的时候，大家就会明白。

13.5.3 访问指针的目标

程序必须了解指针指向的数据是什么类型，只有这样，它才能够在访问这个目标数据的时候知道自己应该获取多少个字节。如果不了解指针的目标类型，那么程序就无法确定它在访问目标数据的时候应该获取多少个字节。比方说，如果某个指针的目标类型是 int，那么程序就知道在访问这个指针的目标值时应该获取的字节数是 4，因为一个 int 型的数据占 4 个字节（这个指针本身占 8 个字节，但这跟它的目标值占几个字节是两回事）。

为了通过指针变量间接地访问目标值，我们必须通过 * 运算符对指针做解引用（dereference）。这个操作会用指针变量中的地址来确定该指针所指向的值（或者说，确定该指针的目标值）。另外，如果要给指针的目标赋值，那我们同样需要用到 * 运算符：

```
int  height;
...
int* pDimension = &height;
...
height = 10;
...
*pDimension = 15;
```

在这段代码中，我们直接通过 height 变量的标识符（也就是该变量的名称）将变量的值设为 10。然后，我们又通过指向 height 的 pDimension 指针把 height 的值改成了 15。由于 pDimension 指向 height，因此，给 *pDimension 赋值就相当于给 height 赋值。height 与 *pDimension 这两种写法指的都是内存中的同一个位置。

注意，在声明指针变量与对指针变量解引用的时候都会用到 * 号。

我们不仅可以通过解引用给目标变量赋值，而且可以通过解引用来获取目标变量的值：

```
pDimension = &height;
int aMeasure;
...
aMeasure = height;
...
aMeasure = *pDimension;
```

这段代码采用两种方式实现同一个效果，一种是通过 height 变量直接访问该变量的值，另一种是通过指向 height 变量的 pDimension 指针来访问这个值。其中，第一种方式直接访问 height 并把值赋给 aMeasure，这可以细分成两步：

1. 首先把 height 这个变量名，解析成该变量在内存中的位置（这个位置已经确定下来了）。
2. 然后把这个位置上的值赋给 aMeasure 变量。

第二种方式通过指向 height 的 pDimension 指针（或者说，目标为 height 的 pDimension 指针）间接地完成赋值，这可以细分成三步：

1. 首先求 pDimension 本身的值，在本例中，这个值就是 height 的地址。

2. 然后解析该地址上的值，这相当于解析 pDimension 的目标值（也就是解析 height 变量的值）。

3. 最后把这个值赋给 aMeasure。

下面我们用一个简单的程序来演示直接访问变量与通过指针间接访问变量这两种访问方式。

为了打印出 pDimension 本身的值（也就是它所指向的地址号），我们必须稍微调整一下 printf() 语句，在其中使用适当的格式说明符，并通过 (unsigned long) 这样的写法把指针转换成一种可以打印的地址值：

```
#include <stdio.h>
int main( void )
{
  int height = 10;
  int width  = 20;
  int length = 40;
  int* pDimension;
  printf( "  sizeof(int) = %2lu\n" , sizeof(int) );
  printf( "  sizeof(int*) = %2lu\n" , sizeof(int*) );
  printf( "  [height, width, length] = [%2d,%2d,%2d]\n\n" ,
           height , width , length );
  printf( "  address of pDimension = %#lx\n" ,
           (unsigned long)&pDimension  );

  pDimension = &height;
  printf( "  address of height = %#lx, value at address = %2d\n" ,
           (unsigned long)pDimension , *pDimension );
  pDimension = &width;
  printf( "  address of width  = %#lx, value at address = %2d\n" ,
           (unsigned long)pDimension , *pDimension );
  pDimension = &length;
  printf( "  address of length = %#lx, value at address = %2d\n" ,
           (unsigned long)pDimension , *pDimension );
}
```

用编辑器新建一个名叫 pointers1.c 的文件，并录入上述代码。尤其注意 printf() 里面的格式说明符。另外还要注意把 pDimension 变量中的地址转换成适当的类型，这样才能让 printf() 把这个地址值打印出来。

这个程序在打印 sizeof() 所返回的大小时用的是 %2lu 这个格式说明符，其中的 2 表示我们预留两个数位的宽度来打印这个值，lu 表示无符号的长整数（unsigned long），sizeof() 会以长整数的形式来表达某个数据或某个类型所占的字节数。在打印具体的地址号时，我们使用的是 %#lx 这个格式说明符，lx 表示这个值是个十六进制的（hexadecimal）长整数（long），而且其中的 a 至 f 这几种数位采用小写字母显示（假如写成 lX，那么这几种数位就会用大写字母来显示），# 号意思是给这个数前面加上 0x 以表示这是个十六进制的数。另外，我们得还把 pDimension 从指针型转换成 unsigned long 型，假如不转换，那么 printf() 语句就会因为类型不匹配而报错。

编译并运行这个程序。你应该看到类似下面这样的输出结果。

```
[> cc pointers1.c -o pointers1 -Wall -Werror -std=c11
[> pointers1

Values:

   sizeof(int) =  4
   sizeof(int*) =  8
   [height, width, length] = [10,20,40]

   address of pDimension = 0x7ffee48b3888

Using address of each named variables...

      address of height = 0x7ffee48b389c, value at address = 10
      address of width  = 0x7ffee48b3898, value at address = 20
      address of length = 0x7ffee48b3894, value at address = 40

> █
```

我们看到，打印出来的这些地址号，全都是大小为 8 个字节的十六进制值。你在自己的系统上运行该程序时，所看到的具体地址号应该跟刚才那张截图不同。仔细观察截图里面的那些号码，你会发现，它们的顺序与程序定义这些变量的顺序好像不太一样。例如程序先定义的是 `height` 变量，最后定义的是 `pDimension` 变量，但是程序在内存中给 `height` 变量分配的地址号反而是最大的，给 `pDimension` 变量分配的地址号则是最小的。我们用下面这张内存图来演示这些变量。

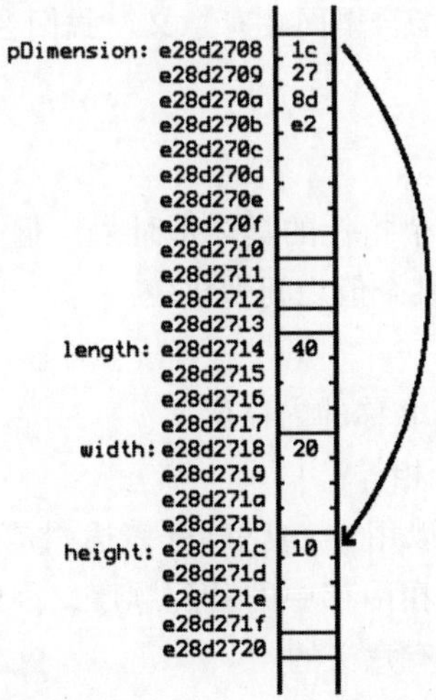

这张图里的地址号跟刚才那张截图不同，因为这是笔者根据程序的另一次运行结果而绘制的。虽然图里的地址号都是 32 位，但实际上笔者是在一台 64 位的计算机上运行该程序的，因此，实际的地址号依然是 64 位，笔者为了节省篇幅，没有写出较高的那 32 个二进制位。

观察这张图时，应该留意这些变量之间的相对（relative）位置。你的编译器在给这些变量安排内存位置时，所采用的顺序不一定与笔者这里演示的顺序相同。在笔者绘制的这张图里，程序最后声明的那个 `pDimension` 变量所具备的地址号反而比其他几个变量都小，程序最先声明的那个 `height` 变量所具备的地址号则比其他几个变量都大。这里必须注意的是，我们无法准确预测编译器到底会按照什么样的顺序来安排这些变量在内存中的位置，它采用的顺序有可能跟这些变量的声明顺序相同，也有可能不同。因此，我们总是应该用带有名称的内存位置（或者说，变量的名字，例如 &height）来指代某个变量，而不应该直接采用某个固定的地址号。编译器在给变量分配内存时未必会考虑我们声明这些变量时所采用的顺序。

另外，你可以做个实验，把用到 %2lu 与 %#lx 的地方全都改成 %d，然后编译程序，看看会有什么结果（请你先把原来的文件复制一份，在复制出来的这份文件上修改）。

13.5.4 指针算术

虽然指针的值也是一种整数，但这种整数只支持特定的算术运算。请注意，给指针值加上某个数，其效果未必等同于给普通的整数值加上某个数。比方说，把 1 这个数加到普通的整数值（例如 9）上得到的结果是 9 + 1 = 10，然而如果加到指针值上，那么则相当于先把 1 乘以指针的目标类型所占的字节数，然后再把相乘的结果加到该指针的地址号上。以刚才那张图为例，如果把 1 加到 pDimension 上，那么会让地址号比原来大 4，因为程序要先把 1 跟 pDimension 的目标类型（也就是 int 类型）所占的字节数（也就是 sizeof(int)，这相当于 4）相乘，然后再执行加法。如果 pDimension 的值是 0x328d2720，那么 pDimension + 1 就是 0x328d2720 + (1 × 4) = 0x328d2724。

指针算术只有在涉及数组的场合里面才有意义。我们会在第 14 章详细讲解这些运算。

13.5.5 比较指针

前面说过，我们并不关心某个指针的具体地址号。但是，我们有时会关心下面几个问题，这些问题要求我们在指针和某个值之间做比较：

- ❑ 该指针是否等于 NULL？
- ❑ 该指针是否指向某个带有名称的内存位置？
- ❑ 该指针是否与另一个指针相等？

针对这三个问题，我们都可以用 == 或 != 来表达“是否等于”或“是否不等于”这两个意思。由于我们无法预测变量在内存中的分配顺序，因此，判断某个指针是否大于（>）或是否小于（<）另一个指针是没有意义的。

如果我们总是能像前面建议的那样，在使用某个指针之前先给它赋予有效的值（若暂时无法确定，则先设为 NULL），那么就可以用下面的写法来做比较了：

```
if( pDimension == NULL ) printf( "pDimension points to nothing!\n" );

if( pDimension != NULL ) printf( "pDimension points to something!\n" );
```

第一条语句判断的是 pDimension 是否指向 NULL，如果是，那意味着这个指针还没有指向某个有效的地址，或者它曾经指向了某个有效的地址，但是后来我们把它重新设为 NULL 了。第二条语句判断的是 pDimension 是否指向 NULL 以外的某个地址。请注意，即便这项判断成立，也不意味着 pDimension 肯定指向某个有效的地址，它只意味着

pDimension 指向的肯定不是 NULL。如果我们在声明指针时总是能够把暂且没有明确目标的指针设为 NULL，而且总是能够在用完这个指针之后把它重新设为 NULL，那么这条语句就能够比较可靠地提示我们，pDimension 很可能指向了某个有效的地址。

刚才那两种判断可以分别简写成下面这样：

```
if( !pDimension ) printf( "pDimension points to nothing!\n" );

if( pDimension ) printf( "pDimension points to something!\n" );
```

如果 if 语句的条件表达式里只有 pDimension 这一个变量，那么当该变量的值不为 NULL 时，程序就会将其视为 true（真）。如果值为 NULL，那么程序则将其视为 false（假），因此，我们要想让 if 语句在 pDimension 变量为 NULL 的情况下进入分支，必须通过！符号对变量做 not 运算，这样才能令 if 语句的条件表达式在 pDimension 变量为 NULL 的情况下成立，从而使程序执行我们想要进入的分支。

这两套写法都能够正确地做出判断。笔者更喜欢第一套写法，因为那样写能够清晰地表达出我们是在 pDimension 与 NULL 之间对比。采用第二套写法时，我们可能会忘记添加！符号，或把它写到错误的地方。

如果要把某个指针与某个带有名称的地点（也就是某个变量所在的内存位置）相对比，那么可以这样来写：

```
if( pDimension == &height )
  printf( "pDimension points to height.\n" );

if( pDimension != &height )
  printf( "pDimension does not point to height!\n" );
```

第一条 if 语句会在 pDimension 指向 height 变量所在的地址时进入分支。如果 pDimension 指向的是其他地址（这也包括空地址 NULL），那么这条 if 语句的条件表达式就不成立，因而程序也就不会进入分支。第二条 if 语句会在 pDimension 指向 height 变量所在地址之外的其他地址（这也包括空地址 NULL）时进入分支，如果 pDimension 指向的正是 height 变量所在的地址，那么这条 if 语句的条件表达式就不成立，因而程序也就不会进入分支。

如果我们要对比两个指针的值是否相同，那么可以这样写：

```
int* pDim1 = NULL;
int* pDim2 = NULL;
...
pDim1 = &height;
pDim2 = pDim1;
...
pDim2 = & weight;
...
if( pDim1 == pDim2 )
  printf( "pDim1 points to the same location as pDim2.\n" );
...
```

```
if( pDim != pDim2 )
  printf( "pDim1 and pDim2 are different locations.\n" );
```

我们首先声明两个名为pDim1与pDim2的指针，并将其初始化为NULL。然后，我们让pDim1指向height变量，接下来，我们让pDim2也指向与pDim1相同的目标。此时，这两个指针的目标是相同的，因此它们的值相等。

后来，我们把weight变量的地址赋给了pDim2指针。如果pDim1与pDim2指向同一个目标，或者都指向NULL地址，那么第一条if语句的条件表达式成立。如果pDim1与pDim2指向同一个目标，或者都指向NULL地址，那么第二条if语句的条件表达式不成立。

另外要说的是，如果两个指针的目标相同（比方说，pDim1与pDim2都指向height），那么我们就可以用两种方式来修改目标变量的值。也就是说，我们既可以对pDim1解引用，也可以对pDim2解引用，无论解引用的是哪个指针，我们都可以把某个值赋给解引用之后的结果，从而修改这两个指针所指向的height变量。

我们必须要知道C语言里面与指针有关的语法，只有这样，才能通过代码来操作指针，然而另一方面，我们还必须清楚地知道某段代码在指针上执行的到底是一种什么样的操作。因此，我们必须学会明确地说出自己在指针上执行的每一种操作，这样大家才明白你要执行的是这种操作，而不是另外一种操作。下面我们就来谈谈应该怎样用日常语言描述与指针有关的各种操作。

13.6 表述指针的操作

本章讲述我们在描述指针本身、指针的目标以及指针的用法时可以使用的几种方式。现在我们要说说怎样用口头语言来表达与指针有关的操作。把涉及指针的操作用清晰而一致的话语说给自己听，有助于你更牢固地掌握这些操作的原理与实际效果。

> 正确的措辞有助于形成正确的思路。

下面这张表格列出了涉及指针的各种操作，以及每种操作在C语言中的语法，另外还指出了如何用日常语言来表达该操作。

操　作	语　法	口语中的说法
声明指针	int* pDim;	把pDim声明成一个指向整数的指针
把某个带有名称的位置赋给指针	pDim = &height;	让pDim持有height的地址，让pDim指向height，或者让height成为pDim的目标
访问指针的目标	*pDim	对pDim解引用，取pDim的目标值，取pDim所指向的值，或者取pDim所在地址上的值

（续）

操 作	语 法	口语中的说法
给指针所指向的位置赋值	*pDim = 10;	把 10 赋给 pDim 的目标变量，或者说，让 pDim 的目标值成为 10
把指针所指向的目标值赋给某个变量	width = *pDim;	把 pDim 的目标值赋给 width，让 width 变得与 pDim 的目标值相同，或者对 pDim 解引用并把得到的值赋给 width
判断两个指针是否相等	if(pDim1 == pDim2)	如果 pDim1 与 pDim2 的目标相同，或者说，如果 pDim1 与 pDim2 指向同一个地址
判断两个指针是否不相等	if(pDim1 != pDim2)	如果 pDim1 与 pDim2 指向不同的目标
判断两个指针所指向的目标是否相等	if(*pDim1 == *pDim2)	如果 pDim1 的目标值与 pDim2 的目标值相等，如果对 pDim1 解引用所得的值，与对 pDim2 解引用所得的值相等，或者如果 pDim1 所指向的值与 pDim2 所指向的值相等

你可能要练习一段时间并重复许多遍，才能学会用一致的措辞来描述某种涉及指针的操作。

我们现在已经把指针的基础知识讲完了，这包括怎样声明指针、怎样给指针赋值、怎样访问指针、怎样比较两个指针，以及怎样用口头语言来描述指针的各种操作。在讲解这些内容的时候，笔者还举了一些范例，有人可能觉得自己以后不太会用到这些操作。这种说法或许没错。然而接下来，我们还是要在这些知识的基础上继续讲解指针，讲一些更实用的话题。

本章接下来的这部分内容会讲解如何把函数的参数设计成指针，以及如何在函数体内使用指针，然后，我们会讲解指向结构体（而不是普通变量）的指针，以及如何把函数的参数设计成这种指向结构体的指针。

13.7 可变函数参数

我们在第 2 章说过，C 语言的函数参数是按值传递（call-by-value）的。也就是说，如果你在定义函数时让这个函数接受参数，那么程序在调用函数时会把参数值复制一份，让函数在复制出来的这一份值上操作。以下面这段代码为例，程序在调用 RectPerimeter() 函数时会把 height 与 width 的值复制一份，并把复制出来的这一份分别传给函数的 h 与 w 参数，因此函数所操作的 h 与 w 并不是 height 与 witdh 本身，而是它们的一份副本：

```
double RectPerimeter( double h , double w )  {
  h += 10.0;
  w += 10.0;
  return 2*(w + h) ;
}
```

```
int main( void ) {
  double height = 15.0;
  double width  = 22.5;
  double perimeter = RectPerimeter( height , width );
}
```

在这个例子中，RectPerimeter() 函数接受两个参数，也就是 h 与 w，它会根据这两个参数算出（一个长度及宽度均比原矩形大 10 的）矩形的周长，并把这个周长值返回给调用方。程序在调用 RectPerimeter() 时会为这次调用创建出 h 与 w 这样两个变量，并把 height 的值赋给 h，把 width 的值赋给 w。函数在它的主体部分会修改 h 与 w 的值，然后用修改过的值去计算返回值。程序从函数中返回时会对 h 与 w 做解除分配（或者说，会把这两个变量丢弃），然而调用该函数时所使用的 height 与 width 变量并不会受到影响，它们的值还跟调用前一样。

这就是按值调用的原理。这样做有一个好处在于，函数是在复制进来的副本上操作的，因此，修改副本并不影响调用时所使用的原值。但缺点则在于，如果调用时所用的值是一个相当大的数组或结构体，那么这种复制操作会让程序的效率变低，有时甚至令程序崩溃。

如果我们就是想要修改调用时所针对的原值，那该怎么办呢？

其中一个办法是专门构造一种结构体，让它分别用多个字段来表示涉及该函数的那些值。我们调用函数时把这个结构体传进去，程序就会将该结构体的一份副本交给函数去操作，函数会在这份副本的相关字段上修改并执行计算，然后把副本返回给我们，这样我们就可以用函数所返回的这个结构体来替换调用时所使用的那个结构体，从而变相地实现修改原值的效果。下面给出这种办法的代码：

```
typedef struct _RectDimensions {
 double height;
 double width;
 double perimeter;
} RectDimensions;
RectDimensions RectPerimeter( RectDimensions rd ) {
 rd.height += 10.0;
 rd.width += 10.0;
 rd.perimeter = 2*(rd.height+rd.width);
 return rd ;
}

int main( void ) {
 RectDimensions rd;
 rd.height = 15.0;
 rd.width = 22.5;
 rd = RectPerimeter( rd );
}
```

这样写虽然能实现出我们想要的效果，但是太过麻烦，而且这种写法其实根本就没有必要。我们在 13.8 节会讲解指向结构体的指针，那时大家会看到更好的写法。

13.7.1 按引用传递

如果我们想让函数所做的修改，在该函数返回之后依然有效，那么可以把函数的参数从普通参数改为指针。也就是说，我们这次不把原变量直接传给函数，而是把原变量所在的地址传进去，这样函数就可以通过指针参数接收这个地址，并对其做解引用的操作，以获取乃至修改原变量的值（注意，是通过指针修改原变量的值，而不是修改原变量的地址，那个地址是不能改的）。这种做法称为按引用传递[⊖]（passing by reference）。我们把刚才那个范例程序改写成下面这样：

```
double RectPerimeter( double* pH , double *pW )
{
  *pH += 10.0;
  *pW += 10.0;
  return 2*( *pW + *pH ) ;
}

int main( void )
{
  double height = 15.0;
  double width  = 22.5;
  double* pHeight = &height;
  double* pWidth  = &width;
  double perimeter = RectPerimeter( pHeight , pWidth );
}
```

RectPerimeter() 函数现在接受的不是两个普通参数，而是两个指针参数，也就是 pH 与 pW。程序调用函数时会为这次调用创建 pH 与 pW 指针变量，并把 pHeight 与 pWidth 分别赋给 pH 与 pW，这样 pH 所指的目标就变得跟 pHeight 所指的目标相同，而 pW 所指的目标也变得跟 pWitdh 所指的目标相同。接下来，我们对相关的指针做解引用的操作，以此来访问该指针所指向的原变量，并在原变量的值上加 10.0，这里我们采用 *pH += 10.0; 这种简化的写法前面说过，这种写法相当于 *pH = *pH + 10.0;。

程序调用完 RectPerimeter() 函数之后，height 变量的值会变成 25.0，width 变量的值会变成 32.5。你可以写一个相似的程序来验证这种效果。那个程序只需要大致沿用刚才那段代码就行，你要做的仅仅是在调用 RectPerimeter() 之前与之后打印 height 与 width 的值。

如果函数修改了函数体之外的值，那么这个函数就带有副作用（side effect）。在本例中，这种副作用是我们故意要实现出来的。如果你本来不想让函数带有某种副作用，但是由于疏忽，使得函数具备了这样的副作用，那么就有可能造成你意料不到的结果，因此，必须谨慎地应对副作用。

⊖ 这只是个俗称，本质上还是按值传递，因为传给函数的依然是值，只不过这个值不是原变量的值，而是原变量所在的地址，该地址引用的是我们想要让函数访问并修改的那个原变量（例如范例代码中的 height 或 width）。——译者注

我们现在回到 13.5.1 节的那个范例程序，当时我们想打印 height、width 与 length 变量的值与地址。大家把那个程序的源文件看一遍就会发现，它在打印时所用的那一部分代码写得有点乱，如果能写得清晰一些就好了。于是，我们现在创建这样一个函数，让它接受两个指针型的参数，并让这两个参数分别指向有待打印的那个变量所具备的名称以及变量本身，这次的这个函数跟刚才的 RectPerimeter() 不同，它只会在函数体中访问指针的目标，而不修改该目标，也就是说，它没有副作用。

把 pointers1.c 文件复制一份，命名为 pointers2.c，然后按下列步骤修改：

1. 添加这样两个函数（这两个函数要写在 #include <stdio.h> 指令后面，并且要写在 int main() 函数的前面）：

```
void showInfo( int height, int width , int length )  {
  printf( "  sizeof(int)   = %2lu\n" , sizeof(int) );
  printf( "  sizeof(int*) = %2lu\n" , sizeof(int*) );
  printf( "  [height, width, length] = [%2d,%2d,%2d]\n\n" ,
           height , width , length );
}

void showVariable( char* pId , int* pDim )  {
  printf( "       address of %s = %#lx, value at address = %2d\n" ,
          pId,
          (unsigned long)pDim ,
          *pDim );
}
```

2. 把 main() 函数的主体部分修改成下面这样：

```
int height = 10;
int width  = 20;
int length = 40;
int* pDimension = NULL;
char* pIdentifier = NULL;

printf( "\nValues:\n\n");
showInfo( height , width , length );
printf( "  address of pDimension = %#lx\n" ,
        (unsigned long)&pDimension  );
printf( "\nUsing address of each named variables...\n\n");

pIdentifier = "height";
pDimension = &height;
showVariable( pIdentifier , pDimension );
pIdentifier = "width ";
pDimension = &width;
showVariable( pIdentifier , pDimension );
pIdentifier = "length";
pDimension = &length;
showVariable( pIdentifier , pDimension );
```

修改后的程序把那些比较复杂的 printf() 语句都移动到了 showInfo() 与 showVariable() 函数里面。其中的 showInfo() 函数接受的是普通参数，程序会以按值传递的方式执行这个函数。这跟我们以前讲的那些函数类似。

需要注意的地方是 showVariable() 函数的两个参数，这两个参数都是指针参数，前者是一个指向 char 的指针（这个指针的目标其实是个字符串，表示有待打印的那个变量所具备的标识符，也就是变量名称），后者是一个指向 int 的指针（这个指针的目标，是有待打印的那个变量的值）。每次调用 showVariable() 函数时，我们都传入这样两个指针，让它们分别指向有待打印的那个变量所具备的名称字符串与所在的内存地址。至于为什么能用指向 char 的指针来操作字符串，我们到第 15 章再讲。

保存并编译文件，然后运行程序。你应该会看到类似下面这样的输出信息。

```
[> cc pointers2.c -o pointers2 -Wall -Werror -std=c11
[> pointers2

Values:

  sizeof(int)  =  4
  sizeof(int*) =  8
  [height, width, length] = [10,20,40]

  address of pDimension = 0x7ffee16b7888

Using address of each named variables...

      address of height = 0x7ffee16b789c, value at address = 10
      address of width  = 0x7ffee16b7898, value at address = 20
      address of height = 0x7ffee16b7894, value at address = 40
>
```

我们从程序输出的结果中可以看到 int 类型与指向 int 的指针类型所占据的字节数，还可以看到 height、width 与 length 这三个带有名称的地点上（或者说，这三个变量中）所保存的值。然后，程序让 pDimension 指针依次指向这三个变量，并通过 showVariable() 函数打印指针当前所指的目标变量以及这个变量的值，于是，我们就看到了这三个变量的内存地址，而且还看到了地址上所保存的值，这三个值跟刚才那段信息里面打印的那三个值是能够对应起来的，这说明程序确实正确地使用了指针。另外，大家还能够观察到，这些地址之间的距离都是 4 个字节，这并不是巧合，出现这种现象是因为这些地址上存放的都是 int 型的值，而每个 int 型的值所占据的字节数正是 4。

13.7.2　直接把地址传给函数，而不通过指针变量

我们可以简化代码的写法，也就是让 main() 函数在调用相关的函数时直接把正确的地址传过去，而不像刚才那样，先把这个地址放在某个指针变量（比方说刚才那个例子里面的 pDimension）里面，然后再把这个指针变量传给函数。当然，受调用的那个函数本身，还是要声明指针参数的，只不过我们在 main() 函数里面调用那个函数时不再专门创建指针变量而已。

请把 pointers2.c 复制一份，命名为 pointers3.c，然后修改 main() 函数，把它的代码改成下面这样：

```
    int height = 10;
    int width  = 20;
    int length = 40;
    printf( "\nValues:\n\n");
    showInfo( height , width , length );
    printf( "\nUsing address of each named variables...\n\n");
    showVariable( "height" , &height );
    showVariable( "width " , &width );
    showVariable( "length" , &length );
```

showInfo() 与 showVariable() 函数不用修改。你只需要把涉及 pDimension 的 printf() 语句去掉就行。保存并编译文件，然后运行程序。这个程序输出的内容跟前面两个版本差不多，只是这次它不再显示跟 pDimension 有关的信息了：

```
> cc pointers3.c -o pointers3 -Wall -Werror -std=c11
> pointers3

Values:

  sizeof(int)  =  4
  sizeof(int*) =  8
  [height, width, length] = [10,20,40]


Using address of each named variables...

      address of height = 0x7ffee8de789c, value at address = 10
      address of width  = 0x7ffee8de7898, value at address = 20
      address of length = 0x7ffee8de7894, value at address = 40
>
```

这个版本的程序没有创建 pDimension 变量，你在自己的计算机上运行这个程序时，另外三个变量所在的地址可能会跟上一版不同，也可能跟上一版相同。笔者在制作这张截图时所遇到的情况是后一种。

13.7.3 指向指针的指针

既然指针能够指向一个普通的变量，那它也应该能够指向一个指针型的变量，我们可以让那个指针型的变量指向最终的目标变量。这种现象叫作*双重间接*（double indirection）。对于指向指针的指针[⊖]来说，我们必须连做两次解引用才能拿到最终的目标值。那么，为什么需要用到这种指针呢？

为了解释这个问题，我们考虑 pointers2.c 程序中的这行代码：

```
printf( "  address of pDimension = %#lx\n" ,
        (unsigned long)&pDimension  );
```

你有没有想过，我们当时为什么要把这行代码写在 main() 函数里，而不移动到 showInfo() 函数中？这是因为，假如那样做，那就得给 showInfo() 函数增设一个指针型的参数，让我们能够在调用该函数时把 pDimension 也传进去，可是，程序在执行这次调用操作时会另外创建一个变量以表示那个指针型的参数，并把 pDimension 的值复

⊖ 也称为双重指针、二重指针、二级指针。——译者注

制给那个变量，等 showInfo() 函数执行到这条 printf() 语句时，它通过 & 符号所取的地址是那个变量的地址，而不是 pDimension 的地址。为了把这条语句正确地移动到 showInfo() 函数中，我们必须运用一些技巧来操作指针。

为了在 showInfo() 函数中显示出函数外的某个指针（比如本例中的 pDimension）所在的地址，我们需要创建一种指向指针的指针，并把它传给 showInfo() 函数。这样一种指针所指向的是另一个指针，而那个指针所指向的则是一个带有名称的地点。或者说，这样一个指针变量所指向的是另一个指针变量，而那个指针变量所指向的才是最终的目标变量。

这个话题稍微有点高深，我们就不再继续展开了，笔者通过一个例子演示它的效果。请把 pointers2.c 文件复制一份，命名为 pointers4.c，并按照下列步骤修改该文件：

1. 修改 showInfo() 函数的实现代码。修改之后的代码应该是这样：

```
void showInfo( int height, int width , int length , int** ppDim )
 {
 printf( " sizeof(int) = %2lu\n" , sizeof(int) );
 printf( " sizeof(int) = %2lu\n" , sizeof(int) );
 printf( " [height, width, length] = [%2d,%2d,%2d]\n\n" ,
 height , width , length );
 printf( " address of pDimension = %#lx\n" ,
  (unsigned long)ppDim );
}
```

2. 修改 main() 函数调用 showInfo() 函数的方式，让它把有待打印的这个 pDimension 指针所在的地址传进去。

3. 让 main() 函数在调用完 showInfo() 之后，不再通过 printf() 语句打印 pDimension。修改之后的这段代码应该是这样的：

```
int* pDimension = NULL;
int** ppDimension = &pDimension;
char* pIdentifier = NULL;

printf( "\nValues:\n\n");
showInfo( height , width , length , ppDimension );
```

请保存并编译文件，然后运行程序。你应该会看到跟 pointers2 程序一样的结果。

```
> cc pointers4.c -o pointers4 -Wall -Werror -std=c11
> pointers4

Values:

  sizeof(int)  =  4
  sizeof(int*) =  8
  [height, width, length] = [10,20,40]

  address of pDimension = 0x7ffee4b94888

Using address of each named variables...

      address of height = 0x7ffee4b9489c, value at address = 10
      address of width  = 0x7ffee4b94898, value at address = 20
      address of height = 0x7ffee4b94894, value at address = 40
> 
```

你可能觉得这样写有点绕，确实是这样，许多开发者初次接触这样的代码时都有这种感觉，笔者也如此。二重指针是个稍微高深一些的话题，笔者在这里讲这个话题，只是让大家知道有这样一种用法而已，以后你可以继续研究。我们在接下来的内容里面，只会偶尔用到这种指针。

13.8 指向结构体的指针

讲完普通的指针之后，我们要把指针的目标类型从固有类型拓展到结构体类型。然后，我们就可以像用 typedef 给结构体类型起别名那样，用 typedef 给指向结构体的指针类型起别名了。

前面说过，指针指向目标数据的首个字节。我们以前讲的指针其目标数据的类型都是 C 语言固有的类型，那些固有类型已经在第 3 章讲过了。另外，我们还说过，结构体类型是一种可以由开发者命名的自定义类型，其中可以包含一批由开发者命名的字段。结构体类型本身有它自己的名称，这正如结构体里面的各个字段（或者说，各个成员）也有它自己的名称一样。

定义完某种结构体类型之后，我们就可以声明该类型的变量了。在声明这样的变量时，程序会在内存中分配适当的空间以保存这种结构体类型的值。我们可以直接在变量后面写圆点（.），然后写出其中某个字段的名称，以访问这个结构体的相应字段。

我们可以像声明普通的指针那样声明指向结构体变量的指针。这个指针所指向的必须是个已经声明过的结构体变量（这意味着，程序已经给这个结构体变量分配了内存）。与指向普通变量的指针类似，这种指针所指向的地址也是该结构体的首个字节所在的位置。

为了演示这样的指针，我们先创建一个名为 Date 的结构体类型，让该类型采用三个数字型的字段来表示年、月、日。这个类型的定义代码如下：

```
typedef struct {
   int day;
   int month;
   int year;
} Date;
```

然后，我们就可以声明这种类型的变量了，例如：

```
Date anniversary;
```

接下来，我们可以给这个变量的三个字段分别赋值，例如：

```
anniversary.month = 8;
anniversary.day   = 18;
anniversary.year  = 1990;
```

最后，我们可以声明一个指向该结构体变量的指针：

```
Date* pAnniversary = &anniversary;
```

这时，pAnniversary 所指向的是整个的结构体变量，这跟指向普通变量的指针一样。然而我们在使用这种指针时，所关注的重点并不在于如何访问结构体本身，而在于如何访问结构体里面的各个字段。

13.8.1 通过指针访问结构体及其字段

指向结构体变量的指针跟指向普通变量的指针一样也支持解引用操作，因此，*pAnniversary 与 anniversary 所说的是内存中的同一个位置。

要想通过指针访问 anniversary 中的字段，我们可以先对指针解引用，然后再访问。但是，我们不能直接写成 *pAnniversary.month，因为 . 运算符的优先级比 * 运算符高，于是，这种写法就相当于先取 pAnniversary 之中的 month 字段，然后给该字段解引用，可是 pAnniversary 只是个指向 Date 结构体的指针，它本身并不是一个 Date 结构体，因此没有 month 字段。为了正确地访问字段，我们需要通过括号来表达自己想要的求值顺序：

```
(*pAnniversary).day;   // <--  anniversary.day
(*pAnniversary).month; // <--  anniversary.month
(*pAnniversary).year;  // <--  anniversary.year
```

通过指针来访问结构体的成员是一个相当常用的操作，所以 C 语言还提供了一种写法用来表示这样的操作，这就是 -> 运算符。这个运算符的用法如下：

```
pAnniversary->day;   // <--  (*pAnniversary).day
pAnniversary->month; // <--  (*pAnniversary).month
pAnniversary->year;  // <--  (*pAnniversary).year
```

这种写法有个小小的好处，就是能够比原来那种写法少打两个字符。你可以在这两种写法里面选定自己喜欢的一种，并在整个代码库中坚持使用该写法。

13.8.2 在函数中使用指向结构体的指针

大家已经看到了，我们可以通过指向结构体变量的间接引用（也就是指针）来访问结构体与其中的成员，这跟以前通过直接引用（也就是结构体变量本身）来访问同样简单。我们还可以把函数的参数也改为间接引用，这样程序在调用函数时就不用再创建一个临时的结构体变量来表示该参数，并把原结构体复制一份了，它只需要复制指向结构体的指针。下面我们来演示怎样把函数的参数设计成指向结构体的指针：

```
void printDate( Date* pDate );
```

我们在声明 printDate() 函数时给它设计了一个指向 Date 这种结构体类型的指针参数。于是，在定义该函数（也就是给该函数编写实现代码）时就可以通过这个指针参数，访问它所指向的原结构体中的各个成员：

```
void printDate( Date* pDate ) {
   int m, d , y;
   m = pDate->month;
   d = pDate->day;
   y = pDate->year;
   printf( "%4d-%2d-%2d\n" , y , m , d );

// or

   printf( %4d-%2d-%2d\n" , pDate->year , pDate->month , pDate->day );
}
```

编写 printDate() 函数的代码时，我们可以创建局部变量，并把对指针解引用之后所获取到的字段值，赋给这个局部变量（例如 m），然后再使用。另外，我们也可以不创建这样的临时变量，而是直接使用对指针解引用之后所获得的字段值（例如 pDate->month）。

这个 printDate() 函数，可以这样来调用：

```
Date anniversary = { 18 , 8 , 1990 };
Date* pAnniversary = &anniversary;

printDate( pAnniversary );

// or

printDate( &anniversary );
```

大家都看到了，这样一个函数有两种调用方式，一种是先声明一个指向原结构体的指针变量，然后把这个指针（也就是本例中的 pAnniversary）传给函数，另一种是直接取原结构体的地址，并把该地址（也就是本例中的 &anniversary）传给函数，这样就不用创建指针变量了。

现在我们回到 13.7 节提到的 RectDimensions 问题。如果我们能把那个函数的参数从结构体改成指向结构体的指针，那么在调用函数时，程序就不用把整个结构体都复制一份，也不用把修改后的副本返回给调用方了，而是可以通过这个指针参数来修改原结构体：

```
typedef struct _RectDimensions  {
 double height;
 double width;
 double perimeter;
} RectDimensions;

void CalculateRectPerimeter( RectDimensions* pRD )  {
  pRD->height += 10.0;
  pRD->width += 10.0;
  pRD->perimeter = 2*(pRD->height + pRD->width);
}

int main( void )  {
  RectDimensions rd;
  rd.height = 15.0;
  rd.width = 22.5;
  CalculateRectPerimeter( &rd );
}
```

main() 函数声明一个名为 rd 的 RectDimensions 型变量（这相当于在内存中给该变量分配必要的空间），并给它的相关字段设定初始值。然后，取该变量的地址，并用这个地址作参数来调用 CalculateRectPerimeter() 函数。这虽然也会引发复制，但复制的只是地址，而不是该地址上的整个结构体。CalculateRectPerimeter() 函数可以通过这个指向结构体的指针参数，来访问并操作原结构体（也就是 rd）。

13.9 小结

我们在本章中看到，指针变量是这样一种变量，它指向（或者说引用）某个带有名称的位置（也就是某个内存地址），让我们能够通过这个指针来访问该地址上的值。为了使用指针，我们不仅要把指针本身的值（也就是它所指向的地址）告诉程序，而且要让程序知道目标值的类型，这个类型可以在定义该指针时明确写出，也可以先定义一个通用的指针，等到需要使用目标值时再把它转换为指向那种类型的指针。我们总是应该给指针设定初始值，让它指向某个带有名称的位置，或者让它暂且指向 NULL，以表示它的目标暂时还没有确定。大家看到了指针所支持的几种操作。跟普通变量相比，指针变量所支持的操作少一些，我们可以给指针赋值，可以对指针做解引用（也就是访问指针的目标），还可以对比指针。另外，我们还把指针的目标从普通变量拓展到结构体变量，这种指针让我们能够访问目标结构体中的各个字段。最后我们说了怎样把函数的参数设计成指针，以及怎样把指向原数据的指针传给这样的函数，让函数可以通过这种参数灵活地操作指针所指的原数据。

只有理解了本章的内容，我们才能够学习下一章，下一章将会把指针的目标从普通变量与结构体变量扩展到数组。我们会看到怎样通过指针来访问并遍历数组。大家要记住，数组也是一个带有名称的位置，它里面存有一系列的元素，这些元素都是同一种类型，但它们没有独立的名称。这些元素从整体上可以通过它们所属的数组来标识，但每个元素都没有单独的名字，我们可以通过数组的名字以及该元素与数组首个元素之间的偏移量（也就是二者相差的元素个数）来确定这个元素。大家马上就会看到，数组这一概念跟指针其实是相当贴近的，我们能够像操作其他数据那样通过指针来操作数组。

Chapter 14 第 14 章

数组与指针

C 语言的指针与数组是密切相关的，有时甚至到了可以互换的地步。但这并不意味着指针与数组完全相同。我们在本章要讲解二者的关系，让大家知道，为什么能够通过指针来访问数组中的元素，并实现出跟直接访问数组元素一样的效果。

本章所要提到的数组与指针这两个概念分别在第 11 章与第 13 章讲解过了，你必须先理解那两章的内容才能看懂本章。所以在读本章之前，一定要先把那两章看一遍。

本章涵盖以下话题：

- 数组在内存中的布局。
- 数组名称与指针之间的关系。
- 如何通过各种方式使用指针，以访问并遍历数组。
- 进一步了解指针运算，尤其是涉及数组元素的指针运算。
- 创建一个指针数组，让其中的每个指针都分别指向某个一维数组，然后对比这样的指针数组与普通二维数组，以了解其异同。

14.1 技术要求

详情请参见本书 1.1 节。本章还是要求大家继续使用早前选定的工具来学习。

本章的范例代码也可以从 `https://github.com/PacktPublishing/Learn-C-Programming` 访问获取。

14.2 数组名称与指针之间的关系

前面说过，数组中的元素总是可以通过数组名称与该元素跟首元素之间的偏移量（这个偏移量是个整数，用以表示二者相差的元素个数）来确定。然而有时通过指针访问数组中的元素其实更加方便，这样访问的效果与通过数组名与偏移量来访问是一样的。

下面我们先声明一个数组与两个指针：

```
const int arraySize = 5;
int       array[5] = { 1 , 2 , 3 , 4 , 5 };
int*      pArray1  = NULL;
int*      pArray2  = NULL;
```

我们声明了一块连续的区域，这个区域中有 arraySize 个元素（也就是 5 个元素），每个元素都是整数。声明数组时不能直接用 arraySize 来表示它的元素数量，因为 arraySize 虽然是常量，但这样的常量其实是常变量（常变量也是一种变量，而编译器只允许采用编译期已知的值来确定元素数量）。我们还声明了两个指向整数的指针，也就是 pArray1 与 pArray2。在笔者所用的操作系统上，这几个变量在内存中是这样安排的。

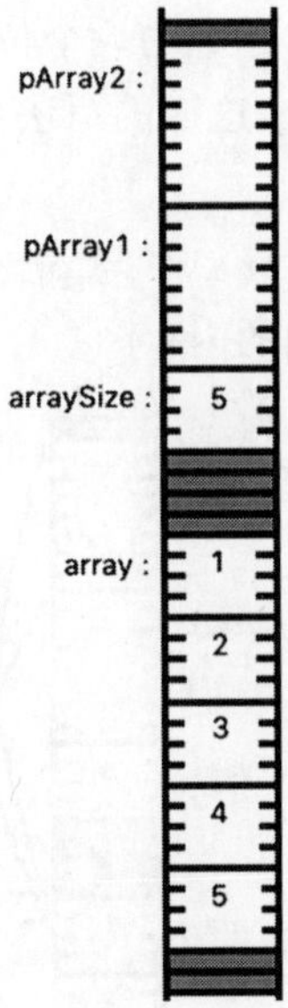

前面说过，这几个变量之间的顺序我们无法控制，但对于其中的数组变量来说，我们可以确定：它所在的必定是一块连续的区域，这个数组变量的名称指的就是该区域的起始处。

数组的名称表示的是该数组首个元素（也就是下标为 0 的元素，或者说，第 0 个元素）所在的位置或地址。这听起来跟指针有点像。没错，其实如果不写那一对方括号，那么数组的名称确实可以像指针一样使用。我们可以把数组名理解成一个特殊的位置，这个位置说的就是数组所在区域的开头。由于数组名称可以像指针一样使用，因此我们能够执行下面这样的赋值操作：

```
pArray1 = array;
```

这会让 pArray1 的值也变成 array[] 数组的第 0 个元素所在的地址。

把数组第 0 个元素的地址赋给指针时还可以采用下面这种形式，它比刚才那种写法更加明确：

```
pArray2 = &array[0];
```

这会把 pArray2 的目标设为 array[] 的第 0 个元素。我们可以通过括号来强调自己想要的求值顺序，也就是先取 array[] 的第 0 个元素，然后取该元素的地址：

```
pArray2 = &(array[0]);
```

上面三种写法都能实现出相同的赋值效果。

其实 [] (取元素) 运算的优先级要比 & (取地址) 运算高，因此，就算不写这一对括号，程序也还是会先取元素，然后取该元素的地址。array[0] 这种写法会让程序访问 array[] 数组中偏移量为 0 的元素。array 本身可以当成指针来用，它相当于一个带有名称的位置，&array[0] 指的也是内存中的一个位置，这个位置刚好跟 array 本身所表示的位置一样。我们可以把 array[n] 这样的写法当成一种特殊的变量，这些变量都位于 array[] 这个数组的名下。

现在，array、&array[0]、pArray1 与 pArray2 所指向的都是同一个位置。下面画出这几个变量在笔者的操作系统里面的内存图。

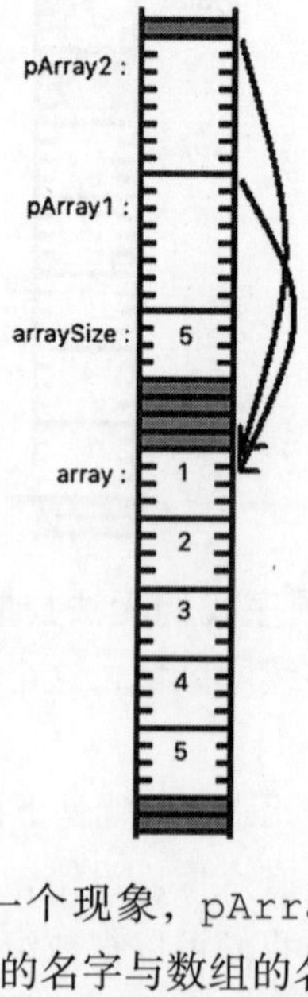

从这张图中，你可能会观察到一个现象，pArray1 与 pArray2 是指针的名字，而 array 则是数组的名字，为什么指针的名字与数组的名字都可以指向内存中的同一个位置，也就是这个整数数组的开头呢？其实如果你把数组也当成一种指针，那就比较容易理解这个现象了，这样一种特殊的指针指向该数组在内存中所占区域的起始地址。只不过，这种指针与 pArray1、pArray2 那样的指针不同，那两个指针变量的值可以修改（也就是说，我们可以让它指向别的地方），但 array 的值却无法改动。这个问题我们在下一节解释。

14.3 数组元素与指针之间的关系

数组中的每个元素都可以用两种方式访问：一种是下标形式，另一种是指针形式。

前面我们讲过如何通过下标形式来访问数组中的元素。我们需要把该元素的下标写在一对方括号里面，并添加到数组名称之后，例如：

```
array[0] = 1;  // first element (zeroth offset)
array[1] = 2;
array[2] = 3;
array[3] = 4;
array[4] = 5;  // fifth element (fourth offset)
```

这 5 条语句把 1～5 的每个整数，依次赋给数组中的每个元素。这样实现出来的效果跟我们刚才在声明 array[5] 这个数组时通过花括号直接给各个元素设置初始值是一样的。

通过指针访问数组中的元素

我们可以在指针上面做算术运算，因此，我们可以把 array 这个数组名称当作指针（或者说，把它赋给某个指针变量，例如下面的 pArray1），给该指针加上某个偏移量，然后对相加得到的地址解引用，以访问相应的元素：

```
*(pArray1 + 0) = 1;  // first element (zeroth offset)
*(pArray1 + 1) = 2;  // second element (first offset)
*(pArray1 + 2) = 3;  // third element (second offset)
*(pArray1 + 3) = 4;  // fourth element (third offset)
*(pArray1 + 4) = 5;  // fifth element (fourth offset)
```

由于 pArray1 是指针，因此给它加上某个整数之后所得到的值是一个地址值，我们必须用 * 号对这个值解引用才能访问位于该地址上的数据。上面的第 2 至第 5 条语句需要访问数组的第 1～4 个元素，因此我们必须先给 pArray1 加上相应的偏移量，以求出目标元素所在的地址，然后再对该地址做解引用。注意，为了确保程序先执行加法操作后执行解引用操作，我们必须把做加法的这一部分用括号括起来。另外，头一行里的 *(pArray1 + 0) 实际上就相当于 *pArray1。

大家可能注意到了，给数组的基址（也就是指向该数组的指针）加上某个偏移量并解引用所得到的结果跟把这个偏移量用作下标所访问到的结果是相当接近的。我们可以把这两种方式所访问到的元素对照一遍：

```
array[0]          *(pArray1 + 0)
array[1]          *(pArray1 + 1)
array[2]          *(pArray1 + 2)
array[3]          *(pArray1 + 3)
array[4]          *(pArray1 + 4)
```

注意，这里的 array 与 pArray1 都保持不变。array 是一个数组，它所在的地址是不会变的，pArray1 是一个变量，它所指向的地址可以改变，但在这个例子里面，我们也让它保持不变，或者说，让它固定地指向 array。我们给 pArray1 所指的地址加上相应的偏移量，从而构造一个临时的（或者说，起中介作用的）地址，然后对这个临时的地址做解引用，以访问相应的元素。下一节会讲解另一种写法，那种写法会把构造出的临时地址值赋给指针，并用修改后的指针值去访问数组中的元素，以实现遍历。

14.4 通过指针操作数组

在进入这一章之前，我们只经由指针执行过一种操作，也就是给指针所指的目标赋值。然而，由于指针还支持几种简单的算术运算（也就是几种加法与减法），因此，我们可以借助这几种运算，用指针相当轻松地实现出遍历数组的功能。

14.4.1 在指针上执行算术运算

对指针做算术运算可以得到一个整数值，这个整数值表示的也是内存中的某个地址，我们可以通过该地址访问位于这个地址上的元素。如果把某个整数与指针相加，那么计算机会先将这个整数自动换算成与指针的目标类型相对应的字节数，然后再把换算后的这个字节数与指针地址相加。这样做的效果相当于我们先给下标加上这个整数，然后用相加所得的新下标来访问数组。

除了空指针之外，其他指针值跟普通的正整数类似，它们都是大于 0 的整数，都支持加法与减法，而且能够互相比较。只不过，在一个指针与一个普通整数之间做加减法，其含义与在两个普通整数之间做加减法稍有区别。下面列出指针与普通整数之间的四种运算，以及这四种运算所产生的结果：

指针 + 普通整数→指针

普通整数 + 指针→指针

指针 - 普通整数→指针

指针 - 指针→普通整数

给一个普通的整数变量加 1 就相当于让这个变量的值变得比原来大 1。但如果给一个指针变量加 1，那么实际加上去的到底是多少要看指针的目标类型所占的字节数。比方说，如果指针所指向的是 double 值，那么给这样的指针加 1 实际上相当于给指针所指的地址加 8，也就是加 1 * sizeof(double)，这个新地址指向内存中的下一个 double 值。如果指针所指向的是 byte 值[⊖]，那么给这样的指针加 1 实际上相当于给指针所指的地址加 1，也就是加 1 * sizeof(byte)。

⊖ C 语言没有 byte 类型，这里可以近似地理解成 char。——译者注

如果要在指针上连续执行一系列运算，那么通过两种写法来实现。一种是保持指针本身的值不变，每次给它加上不同的整数，另一种是把指针与整数相加的结果赋给该指针，并通过修改后的指针来操作。前一种写法我们已经演示过了，也就是给指针加上相应的偏移量，然后解引用，以访问数组中的相关元素。我们把 14.3 节的代码再列一遍：

```
*(pArray1 + 0) = 1;  // first element (zeroth offset)
*(pArray1 + 1) = 2;  // second element (first offset)
*(pArray1 + 2) = 3;  // third element (second offset)
*(pArray1 + 3) = 4;  // fourth element (third offset)
*(pArray1 + 4) = 5;  // fifth element (fourth offset)
```

pArray1 的值在整个过程中保持不变。我们必须给加法算式两边写上括号，让程序先做加法，然后再解引用。另外，*(pArray1 + 0) 实际上就相当于 *pArray1。

第二种写法是先给指针做递增运算，让它指向下一个元素，然后再对递增过的指针解引用以访问这个元素：

```
pArray1 = array;

 *pArray1 = 1; // first element (zeroth offset)
pArray1+=1; *pArray1 = 2; // second element (first offset)
pArray1+=1; *pArray1 = 3; // third element (second offset)
pArray1+=1; *pArray1 = 4; // fourth element (third offset)
pArray1+=1; *pArray1 = 5; // fifth element (fourth offset)
```

由于递增指针所用的语句与为该指针的目标赋值所用的语句紧密相关，因此我们把这两条语句写在同一行里，于是，在这段代码的最后四行中，每行都有两个分号（;）。这样写当然比较麻烦，因为我们要把对指针做加法并赋值（pArray1 += 1）的这个操作重复四遍。

14.4.2　对指针使用自增运算符

另外一种写法是在给指针目标赋值的这条语句里面同时采用 ++ 运算符（自增运算符，也叫递增运算符）对指针做自增。这样就可以把代码写得更加精简，因为我们不用再单独编写那四条给指针做加法并赋值的语句了：

```
*pArray1++ = 1;  // first element (zeroth offset)
*pArray1++ = 2;  // second element (first offset)
*pArray1++ = 3;  // third element (second offset)
*pArray1++ = 4;  // fourth element (third offset)
*pArray1   = 5;  // fifth element (fourth offset)
```

在同一条语句中访问指针的目标并对指针做自增是 C 语言里面一种很常见的写法。由于一元自增运算符（++）的优先级跟解引用（*）运算符相同[⊖]，因此程序会按照这个级别的

⊖ 这只是个笼统的说法。严格来说，自增运算符如果出现在操作数的后面（例如 x++），那么叫作后置自增运算符，这种运算符的优先级比 * 高，而且是按照从*左*至*右*的顺序结合的。如果它出现在操作数的前面（例如 ++x），那么确实跟 * 位于同一级别，且按照从*右*至*左*的顺序结合。本段其余的内容根据 C 语言的实际规则来写，不对译原文。——译者注

运算符所具有的结合方向来决定先算哪一部分。具体到本例来说，由于我们用的是后置自增运算符，因此程序会先计算 pArray1++ 这一部分，并用 pArray1 在自增之前的值来解引用，然后把等号右边的值（也就是 1）赋给解引用所得到的目标，假如我们用的是前置自增运算符，也就是 ++pArray1，那么程序在解引用时所使用的就是 pArray1 自增之后的值了，无论用的是后置自增还是前置自增，执行完这条语句后，pArray1 都会指向数组中的下一个元素，区别只在于解引用时所用的是 pArray1 在自增之前的值，还是自增之后的值。因为后置自增运算符的优先级比解引用运算符高，因此我们无须使用括号将 pArray1++ 这一部分括起来。

如果一定要在这种语句里面使用括号，那就会产生一个问题。由于括号括起来的这一部分必须先算，因此我们会问：(*pArray1)++ 跟 *(pArray1++) 有什么区别？

这两种写法的含义完全不同，它们的区别在于程序究竟是对谁做自增，是对指针所指的目标，还是对指针本身。前一种写法先对 pArray1 解引用，因此自增操作是在解引用之后的数据上面执行的，而后一种写法则是先对 pArray1 做自增，并使用自增之前的本值做解引用，它的自增操作所针对的不是 pArray1 的目标，而是 pArray1 本身。

现在我们看看怎样把这种技巧跟循环结构搭配起来，以实现遍历数组的功能：

```
#include <stdio.h>
int main( void )  {
  const int arraySize = 5;
  int  array[5] = { 1 , 2 , 3 , 4 , 5 };
  int* pArray1  = array;
  int* pArray2  = &(array[0]);
  printf("Pointer values (addresses) from initial assignments:\n\n");
  printf( "       address of array = %#lx,    value at array = %d\n" ,
          (unsigned long)array , *array );
  printf( "  address of &array[0] = %#lx, value at array[0] = %d\n" ,
          (unsigned long)&array[0] , array[0] );
  printf( "    address of pArray1 = %#lx,  value at pArray1 = %#lx\n" ,
          (unsigned long)&pArray1 , (unsigned long)pArray1 );
  printf( "    address of pArray2 = %#lx,  value at pArray2 = %#lx\n\n" ,
          (unsigned long)&pArray2 , (unsigned long)pArray2 );
```

这段程序首先创建一个数组，然后建立两个指针，让它们都指向该数组的首个元素。虽然我们创建每个指针时所用的写法稍有不同，但实现出的效果却是相同的，这可以从第 4 与第 5 条 printf() 语句观察出来。第 2 与第 3 条 printf() 语句是为了演示访问数组元素的两个办法，一个是把数组名称当作指向该数组首个元素的指针来使用，并对这个指针解引用，另一个是在数组名称后面写一对方括号并写出下标 0，这两种办法都能访问到数组中的首个元素。后面两条 printf() 语句分别打印出 pArray1 与 pArray2 自身的地址及目标地址。

接下来，我们要在程序中采用三种方式遍历数组：

- ❑ 数组名与下标

❑ 指针与偏移量

❑ 指针自增

尤其注意第一种与第三种方式，也就是通过数组名与下标来遍历数组，以及通过对指向数组元素的指针做自增来访问数组：

```
  printf( "\n(1) Using array notation (index is incremented): \n\n" );
  for( int i = 0; i < arraySize ; i++ )
    printf( "  &(array[%1d]) = %#lx, array[%1d] = %1d, i++\n",
            i , (unsigned long) &(array[i]), i , array[i] );

  printf( "\n(2) Using a pointer addition (offset is incremented): \n\n");
  for( int i = 0 ; i < arraySize; i++  )
    printf( "  pArray2+%1d = %#lx, *(pArray2+%1d) = %1d, i++\n",
            i , (unsigned long)(pArray2+i) , i , *(pArray2+i) );

  printf("\n(3) Using pointer referencing (pointer is incremented):\n\n");
  for( int i = 0 ; i < arraySize ; i++ , pArray1++ )
    printf( "  pArray1 = %#lx, *pArray1 = %1d, pArray1++\n",
            (unsigned long) pArray1 , *pArray1 );
}
```

为了节省篇幅，这里印出来的代码显得比较挤，如果不仔细看，可能会觉得有点乱。你可以查看本书代码库里面的代码，其格式更加清晰。

`printf()` 语句里面有几个格式说明符需要解释。其中的 `%1d`，表示仅包含 1 个数位的十进制（decimal）整数值，注意，百分号后面的字符是数字 `1` 不是字母 `l`。`%#lx` 表示以 `0x` 开头的长十六进制（long hexadecimal）整数值。另外，为了把指针的值（也就是指针所指向的地址）按照这种形式打印出来，我们必须将指针从它自己的类型转换成 `(unsigned long)` 型。这些格式说明符，我们会在第 19 章详细讲解。最后要说的是，由于这三个 `for() ...` 循环的循环体都只有一条语句，因此我们无须使用一对花括号将这条语句括起来。

平常编写这种循环时应该添加必要的空白，让每个循环结构与其中的 `printf()` 语句都显得更加清晰，本书为了节省篇幅没有添加这么多空白。

新建一份名为 `arrays_pointers.c` 的文件，录入刚才那两段代码，并保存文件。然后编译并运行程序。你应该会在终端窗口中看到类似下面这样的输出结果。

```
> cc arrays_pointers.c -o arrays_pointers -Wall -Werror -std=c11
> arrays_pointers
Pointer values (addresses) from initial assignments:

       address of array = 0x7ffeeef61930,      value at array = 1
   address of &array[0] = 0x7ffeeef61930, value at array[0] = 1
     address of pArray1 = 0x7ffeeef61910,   value at pArray1 = 0x7ffeeef61930
     address of pArray2 = 0x7ffeeef61908,   value at pArray2 = 0x7ffeeef61930


(1) Array values using array notation (index is incremented):

  &(array[0]) = 0x7ffeeef61930, array[0] = 1, i++
  &(array[1]) = 0x7ffeeef61934, array[1] = 2, i++
  &(array[2]) = 0x7ffeeef61938, array[2] = 3, i++
  &(array[3]) = 0x7ffeeef6193c, array[3] = 4, i++
  &(array[4]) = 0x7ffeeef61940, array[4] = 5, i++
```

```
(2) Array values using a pointer addition (offset is incremented):

  pArray2+0 = 0x7ffeeef61930, *(pArray2+0) = 1, i++
  pArray2+1 = 0x7ffeeef61934, *(pArray2+1) = 2, i++
  pArray2+2 = 0x7ffeeef61938, *(pArray2+2) = 3, i++
  pArray2+3 = 0x7ffeeef6193c, *(pArray2+3) = 4, i++
  pArray2+4 = 0x7ffeeef61940, *(pArray2+4) = 5, i++

(3) Array values using pointer referencing (pointer is incremented):

  pArray1 = 0x7ffeeef61930, *pArray1 = 1, pArray1++
  pArray1 = 0x7ffeeef61934, *pArray1 = 2, pArray1++
  pArray1 = 0x7ffeeef61938, *pArray1 = 3, pArray1++
  pArray1 = 0x7ffeeef6193c, *pArray1 = 4, pArray1++
  pArray1 = 0x7ffeeef61940, *pArray1 = 5, pArray1++
> ▯
```

请确保你的程序也能得出跟这张截图相似的效果。在继续学习其他内容之前，你应该先花一点时间来做下面几项试验：

- ❑ 把代码里面出现括号的地方去掉。例如第二个 `for()...` 循环里面有 `(unsigned long)(pArray2+i)` 这样的写法，如果把 `(pArray2+i)` 的括号去掉，那么打印出的地址会有什么变化？为什么会出现这样的变化？
- ❑ 把代码里面使用 `(unsigned long)` 做类型转换的地方去掉。
- ❑ 把 ++ 写在指针的前面（也就是对指针做前置自增运算），看看程序会有什么变化。
- ❑ 还有一个附加题是按照反向顺序来遍历数组，也就是从数组的最后一个元素开始访问，然后递减偏移量或下标，逐渐访问到首个元素。在修改程序的过程中，你应该注意观察：这三种遍历方式里面哪一种方式写起来比较容易。代码库里有个名叫 `syarra_sretniop.c` 的文件，该文件提供了一份参考答案。你所采用的写法可能跟那份文件里面的有很大区别。

在做这些试验时，你要注意观察，其中哪一种方式修改起来比较简单，哪一种方式理解起来比较容易，哪一种方式的执行效率比较高。

14.4.3 将数组作为重新访问的函数指针传递

现在，我们可以再来讲讲这种作为函数参数而出现的数组了，大家会看到，这样的数组其实是个指向数组的指针。假如它是一个真正的数组，那么程序在调用函数时就必须把整个数组的内容复制一份，传给这个函数去操作。这样做效率很低，对于比较大的数组来说尤其如此。如果你把函数的某个参数设计成数组，那么这个参数其实并不是一个真正的数组，而是一个指向数组的引用，因此，程序在执行函数时，复制的也不是整个数组，而是这个引用。函数可以通过这个引用来访问该引用所指向的那个数组中的元素。这个引用其实就是一个指针值，或者说，是一个地址值。

总之，程序调用这种函数时，复制的不是整个数组，而是数组首个元素所在的地址。程序在函数体内会把 `array` 这样的数组参数（注意，这里单说数组名称 `array`，不加后面那一对方括号）视为指向该数组首个元素的指针值（或地址值），也就是 `&array[0]`，让函数通过这个指针值（或地址值）来访问数组中的元素。

14.4.4　数组名称与指向该数组的指针有时可以互换

C 语言真正强大的地方在于，它允许我们在涉及函数参数的地方，把数组名称与指向该数组的指针交替使用。具体来说，我们要在本节演示四种用法：

- 把数组名称传给函数的参数，并在函数里面采用数组名与下标的形式操作。
- 把指向数组的指针传给函数的参数，并在函数里面采用指针的形式来操作。
- 把数组名称传给函数的参数，但是在函数里面采用指针的形式来操作。
- 把指向数组的指针传给函数的参数，但是在函数里面采用数组名与下标的形式来操作。

第三种与第四种用法大家现在应该不会觉得奇怪了吧？我们在下面这个 arrays_pointers_funcs.c 程序里面声明四个函数原型，这四个函数分别用来演示刚说的四种用法。我们在程序的主函数里面创建一个简单的数组，并打印出与数组地址有关的信息，然后把这个数组分别交给这四个函数去遍历。这样做是想说明，这四种用法所实现出来的效果（或者说，这四个函数所输出的元素值）是相同的，因此，数组名称与指向该数组的指针在这些情况下是可以互换的：

```
#include <stdio.h>

void traverse1( int size , int  arr[] );
void traverse2( int size , int* pArr );
void traverse3( int size , int  arr[] );
void traverse4( int size , int* pArr );

int main( void )  {
  const int arraySize = 5;
  int array[5] = { 1 , 2 , 3 , 4 , 5 };

  printf("Pointer values (addresses) from initial assignments:\n\n");
  printf( " address of array = %#lx, value at array = %d\n" ,
          (unsigned long)array , *array );
  printf( " address of &array[0] = %#lx, value at array[0] = %d\n" ,
          (unsigned long)&array[0] , array[0] );

  traverse1( arraySize , array );
  traverse2( arraySize , array );
  traverse3( arraySize , array );
  traverse4( arraySize , array );
}
```

这个程序的结构跟本章早前的范例程序很像，然而有个地方或许让你觉得奇怪：它竟然能够采用同样的写法来调用这四个在参数上有所区别的函数。虽然有些函数的参数是 int arr[] 形式，有些函数的参数是 int* pArr 形式，但我们都可以把 array 传给这个参数。array 在这里既是数组的名称，也是一个指向该数组首元素（或者说，偏移量为 0 的那个元素）的指针。

第一个函数在遍历数组时所用的办法与我们前面讲的相似。它采用数组形式的参数，并在循环体里面用数组名称与下标的形式来访问数组中的元素：

```
void traverse1( int size , int arr[] ) {
  printf("\n(1) Function parameter is array, using array notation:\n\n");
  for( int i = 0; i < size ; i++ )
    printf( "  &(array[%1d]) = %#lx, array[%1d] = %1d, i++\n",
            i , (unsigned long)&(arr[i]), i , arr[i] );
}
```

第二个函数把指向数组首元素的指针当作参数，并在循环结构里面通过操作指针来访问数组中的元素，以实现遍历：

```
void traverse2( int size , int* pArr )  {
  printf("\n(2) Function parameter is pointer, using pointer :\n\n");
  for( int i = 0 ; i < size ; i++ , pArr++ )
    printf( "  pArr = %#lx, *pArr = %1d, pArr++\n",
            (unsigned long)pArr , *pArr );
}
```

注意看这个 for()... 循环的递增部分：它用序列运算符（也就是 , 号）把 i++ 与 pArr++ 这两项操作连了起来，让 i 与 pArr 都能在程序执行完每一轮循环之后分别自增。我们经常会像这样，把多个自增操作合起来写在 for()... 循环的递增表达式里面，假如只在这个表达式中执行一项自增操作，那么其余的自增操作就得写在循环体里面了。

第三个函数跟第一个函数相同，它采用的也是数组形式的参数，但由于数组名称与指向数组首元素的指针可以互化，因此，它在遍历数组时采用了指针的形式。这个函数也像第二个函数那样，把两项自增操作合起来写在了 for()... 循环的递增表达式里面：

```
void traverse3( int size , int arr[] )  {
  printf("\n(3) Function parameter is array, using pointer:\n\n");
  for( int i = 0 ; i < size ; i++ , arr++ )
    printf( "  arr = %#lx, *arr = %1d, arr++\n",
         (unsigned long)arr , *arr );
}
```

最后来看第四个函数，它跟第二个函数一样，也把指向数组首元素的指针当作参数，但由于这种指针跟它所指的数组之间可以互化，因此，它在遍历数组时采用了数组名称与下标的形式：

```
void traverse4( int size , int* pArr )  {
  printf("\n(4) Function parameter is pointer, using array notation
:\n\n");
  for( int i = 0; i < size ; i++ )
    printf( "  &(pArr[%1d]) = %#lx, pArr[%1d] = %1d, i++\n",
         i , (unsigned long)&(pArr[i]) , i , pArr[i] );
}
```

请在编辑器中新建名为 arrays_pointers_funcs.c 的文件，并录入上面 5 段代码。然后保存并编译文件，最后运行程序。你应该会看到类似下面这样的输出结果。

```
> cc arrays_pointers_funcs.c -o arrays_pointers_funcs -Wall -Werror -std=c11
> arrays_pointers_funcs
Pointer values (addresses) from initial assignments:

      address of array = 0x7ffee276a920,     value at array = 10
  address of &array[0] = 0x7ffee276a920, value at array[0] = 10

(1) Function parameter is an array, using array notation:

  &(array[0]) = 0x7ffee276a920, array[0] = 10, i++
  &(array[1]) = 0x7ffee276a924, array[1] = 20, i++
  &(array[2]) = 0x7ffee276a928, array[2] = 30, i++
  &(array[3]) = 0x7ffee276a92c, array[3] = 40, i++
  &(array[4]) = 0x7ffee276a930, array[4] = 50, i++

(2) Function parameter is a pointer, using pointer:

  pArr = 0x7ffee276a920, *pArr = 10, pArr++
  pArr = 0x7ffee276a924, *pArr = 20, pArr++
  pArr = 0x7ffee276a928, *pArr = 30, pArr++
  pArr = 0x7ffee276a92c, *pArr = 40, pArr++
  pArr = 0x7ffee276a930, *pArr = 50, pArr++

(3) Function parameter is an array, using pointer:

  arr = 0x7ffee276a920, *arr = 10, arr++
  arr = 0x7ffee276a924, *arr = 20, arr++
  arr = 0x7ffee276a928, *arr = 30, arr++
  arr = 0x7ffee276a92c, *arr = 40, arr++
  arr = 0x7ffee276a930, *arr = 50, arr++

(4) Function parameter is a pointer, using array notation :

  &(pArr[0]) = 0x7ffee276a920, pArr[0] = 10, i++
  &(pArr[1]) = 0x7ffee276a924, pArr[1] = 20, i++
  &(pArr[2]) = 0x7ffee276a928, pArr[2] = 30, i++
  &(pArr[3]) = 0x7ffee276a92c, pArr[3] = 40, i++
  &(pArr[4]) = 0x7ffee276a930, pArr[4] = 50, i++
> 
```

大家通过这个程序应该清楚地看到了，数组名称与指向数组首元素的指针之间是可以交替使用的。你应该根据自己当前要写的代码选择较为清晰的一种形式，并坚持使用这种形式来操作相关的数组。

14.5 指向数组的指针数组

在本章的最后，笔者还需要介绍这样一个概念，也就是由指向一维数组的指针所构成的一维数组。我们可以用这种数组来模拟普通的二维数组。这样模拟出来的二维数组在内存布局上跟以前讲的标准二维数组有所区别。虽然它的内存布局与普通的二维数组不同，但我们还是可以像以前一样操作这种数组。只不过，在遍历这种数组时需要注意一些问题。

标准的二维数组是这样声明的：

```
int arrayStd[3][5];
```

系统会在内存中划出一块连续的区域，以保存 15 个（也就是 3 × 5 个）整数，并把这个区域分配给该数组。我们用下面这张内存示意图表示这个区域，该区域可通过 arrayStd 这个名称来引用。

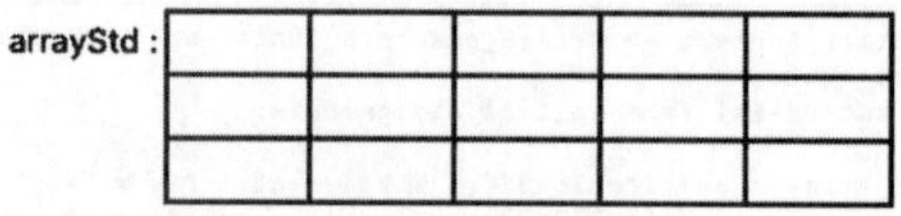

如果想用指针数组（也就是刚才说的那种由指向一维数组的指针所构成的一维数组）来模拟二维数组，那我们需要像下面这样声明：

```
int* arrayPtr[3] = {NULL};
...
int array1[5];
int array2[5];
int array3[5];
arrayPtr[0] = array1;
arrayPtr[1] = array2;
arrayPtr[2] = array3;
...
```

我们首先声明一个叫作 arrayPtr 的指针数组，这个数组里面有 3 个 int* 型的指针。顺便提醒大家，声明指针时，最好能够尽快把它初始化为某个已知的值。具体到本例来说，我们在声明这个指针数组时立刻将其中的每个指针都初始化为 NULL。然后，我们声明 array1、array2 与 array3 这三个一维数组，它们各自包含 5 个整数。笔者在接下来的内容里会把这些数组叫作子数组（sub-array）。最后，我们把这三个数组的地址分别赋给 arrayPtr 数组里的相应指针。我们用下面这张内存示意图来表示这个指针数组与它所指向的那三个一维数组。

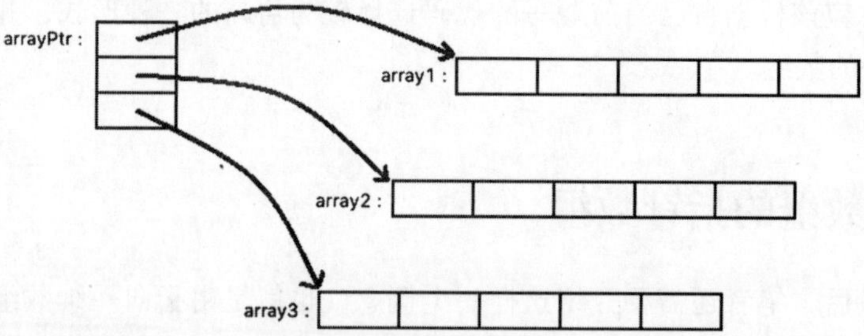

这个内存布局跟普通二维数组的内存布局有很大区别。我们这次创建了四个数组，其中一个数组包含三个指针，这三个指针分别指向另外三个数组。这四个数组虽然各自都在内存中占据一小块连续的区域，但由于我们是分开声明的，而不是像普通的二维数组那样一次就声明好，因此这四个区域彼此之间未必紧密相邻。虽然这四个数组各自占据的区域都是连续的，但如果把它们视为一个整体，那么这个整体在内存中所占据的空间却不一定连续。尽管我们在代码里面是一个接着一个声明的，但还是无法保证系统会把我们声明的这四个数组连续地安排在内存中。

另外要注意，声明指针数组所用的这条语句与声明子数组所用的那些语句之间可能还会有许多代码。而且，本例声明的子数组都是静态的，也就是说，这些子数组的元素个数与声明的时机在程序运行之前就可以确定下来。然而有时我们可能会采用其他方式来声明子数组，例如会在其他函数里面，或者在其他一些时间点上声明。那样的声明叫作动态声明，因为数组的元素个数与声明时机必须等程序运行起来才能够确定。静态内存分配与动态内存分配，会在本书第 17 章与第 18 章讲解。

我们可以用数组名称与下标的形式来访问第二行的第三个元素，这种访问形式既能运用在普通的二维数组上面，也能运用在由指针数组模拟而成的二维数组上面（注意，下标从 0 开始算，因此第二行对应的行下标是 1，第三列对应的列下标是 2）：

```
arrayStd[1][2];
arrayPtr[1][2];
```

接下来我们会看到一个值得注意的现象。虽然这两种二维数组的内存结构相差很大（普通的二维数组是一个连续的整块，而模拟出来的二维数组则是四个分散的小块），但是在采用数组名称与下标形式来遍历时，我们却可以使用同一种写法：

```
for( int i=0 ; i<3 ; i++ )
  for( int j=0 ; j<5 ; j++ )  {
     arrayStd[i][j] = (i*5) + j + 1;
     arrayPtr[i][j] = (i*5) + j + 1;
  }
```

这样很棒。但是，如果采用指针形式来遍历，那么这两种数组所对应的写法，就会稍有区别了。请注意我们给数组中的每个元素所赋的值，也就是 `(i*5) + j + 1`。这个算式很重要，它体现出了二维数组中第 `i` 行第 `j` 列（这个序号从 `0` 开始算）的元素在所有元素之中排第几（这个序号从 `1` 开始算）。

用指针形式遍历普通的二维数组时，我们只需要先让指针指向整个区域的开头，然后在每一轮小循环中递增这个指针即可：

```
int* pInteger = &(arrayStd[0][0]);
for( int i=0 ; i<3 ; i++ )
  for( int j=0 ; j<5 ; j++ )
  {
     *pInteger = (i*5) + j + 1;
      pInteger++;
  }
```

由于 `arrayStd` 是个二维数组，因此我们必须取首个元素的地址，并把这个地址赋给 `pInteger` 指针，而不能直接将数组名称赋给指针，那样会出现类型不兼容的问题[⊖]。通过指针形式迭代标准的二维数组时，我们让变量 `i` 表示当前元素所在的行，并让变量 `j` 表示当前元素所在的列，这两个变量的意义跟我们早前在第 12 章讲解多维数组的遍历方式时所用的那两个变量类似。

用指针形式遍历模拟的二维数组时，我们必须在每次进入内层循环之前都给指针赋予

⊖ 这里的 `pInteger` 是 `int*` 型，而 `arrayStd` 本身则是 `int (*)[5]` 型，所以不兼容。另一种写法是把 `arrayStd[0]` 赋给 `pInteger`。——译者注

相应的值，而不能像遍历普通的二维数组时那样，只在整个循环结构的开头赋值：

```
for( int i=0 ; i<3 ; i++ )
{
  int* pInteger = arrayPtr[i];

  for( int j=0 ; j<5 ; j++ )
  {
     *pInteger = (i*5) + j + 1;
      pInteger++;
}
```

由于 array1、array2 与 array3 这三个子数组是分开声明的，因此我们无法保证三者必定相邻，这意味着，从整体上来看，这三个子数组所占据的三块内存区域不一定是连续的。所以，我们在开始迭代每个子数组之前都必须先把指针指向这个子数组的首个元素，然后才能开始迭代，而不能让指针在迭代完上一个子数组之后简单地自增，因为我们无法保证这两个子数组必定相邻，它们之间可能还有别的数据。注意，要想采用这种写法来迭代由指针数组所模拟的二维数组，我们首先必须确认，这个“二维数组”里面的每个子数组都包含相同数量的元素，具体到本例来说，这三个子数组都包含 5 个元素。

现在我们把这些知识写成一款可以运行的程序，以演示如何通过数组形式与指针形式来遍历这两种二维数组。这个程序首先把有待遍历的这两个二维数组构建出来，然后分别用数组名与下标形式以及指针形式来遍历二者。这两种遍历方式所输出的结果应该是相同的：

```
#include <stdio.h>

int main( void)  {
    // Set everything up.
    // Standard 2D array.
  int arrayStd[3][5] = { { 11 , 12 , 13 , 14 , 15 } ,
                         { 21 , 22 , 23 , 24 , 25 } ,
                         { 31 , 32 , 33 , 34 , 35 } };
    // Array of pointers.
  int* arrayPtr[3] = { NULL };
    // Array sizes and pointer for pointer traversal.
  const int rows = 3;
  const int cols = 5;
  int* pInteger;
    // Sub-arrays.
  int array1[5]      = { 11 , 12 , 13 , 14 , 15 };
  int array2[5]      = { 21 , 22 , 23 , 24 , 25 };
  int array3[5]      = { 31 , 32 , 33 , 34 , 35 };
  arrayPtr[0] = array1;
  arrayPtr[1] = array2;
  arrayPtr[2] = array3;
```

我们在声明 arrayStd 这个标准的二维数组时直接给里面的每个元素赋了初始值。另外，我们在制作由指针数组模拟而成的二维数组时也分别给每个指针所指的子数组做了初始化，让其中的各元素与标准二维数组中的对应元素值相符。我们还创建了两个常变量，以表示二维数组的行数与列数，另外又声明了一个指针变量。这三个变量会在遍历数组的时候用到。首先我们采用数组名与下标的形式来遍历这两个数组。无论是标准的二维数组，还是用指针数组模拟出来的二维数组，我们都可以采用同样的写法来访问其中的元素，进而实现遍历：

```
  // Do traversals.

  printf( "Print both arrays using array notation, array[i][j].\n\n");

  for( int i = 0 ; i < rows ; i++ )  {
    for( int j = 0 ; j < cols ; j++ ) {
      printf( " %2d" , arrayStd[i][j]);
    }
    printf( "\n" );
  }
  printf("\n");
  for( int i = 0 ; i < rows ; i++ )  {
    for( int j = 0 ; j < cols ; j++ )  {
      printf( " %2d" , arrayPtr[i][j]);
    }
    printf( "\n" );
  }
  printf("\n");
```

然后，我们采用指针的形式来遍历这两个数组。在遍历的时候会用到刚才声明的那个临时指针，也就是 pInteger 变量：

```
  printf( "Print both arrays using pointers, *pInteger++.\n\n");

  pInteger = &(arrayStd[0][0]);
  for( int i = 0 ; i < rows ; i++ )  {
    for( int j = 0 ; j < cols ; j++ )  {
      printf( " %2d" , *pInteger++);
    }
    printf( "\n" );
  }
  printf("\n");

    // Experiment:
    //  This is here if you comment out "pInteger = arrayPtr[j];",
    //  below.
    //  Otherwise, pInteger is reassigned with that statement
    //  and this one has no effect.
  pInteger = arrayPtr[0];
  for( int i = 0 ; i < rows ; i++ )  {
    pInteger = arrayPtr[i];  // Get the pointer to the
                             // correct sub-array.
    for( int j = 0 ; j < cols ; j++ )  {
      printf( " %2d" , *pInteger++);
    }
    printf( "\n" );
  }
  printf("\n");
}
```

遍历 arrayStd 所表示的标准二维数组时，只需要把指针设置成数组首元素的地址即可，然后使用双层循环来访问每一行、每一列的各个元素，每访问完一个元素，我们就让该指针自增一次。遍历 arrayPtr 所模拟的二维数组时，每开始处理一个子数组，就要通过下面这条语句，让 pInteger 这个临时指针指向子数组的开头：

```
pInteger = arrayPtr[i];
```

这段代码里面还有一行实验代码，用来验证 arrayPtr 所模拟的二维数组在内存上面不一定是连续排列的。请先确保程序本身能够正确运行，然后再把 pInteger = arrayPtr[i]; 注释掉，以便启用这一行实验代码，看看程序会输出什么结果。

在编辑器里新建一份名为 arrayOfPointers.c 的文件，录入早前那三段代码。然后保存并编译文件，最后运行程序。你应该会看到类似下面这样的输出结果。

```
> cc arrayOfPointers.c -o arrayOfPointers -Wall -Werror -std=c11
> arrayOfPointers
Print both arrays using array notation, array[i][j].

 11 12 13 14 15
 21 22 23 24 25
 31 32 33 34 35

 11 12 13 14 15
 21 22 23 24 25
 31 32 33 34 35

Print both arrays using pointers, *pInteger++.

 11 12 13 14 15
 21 22 23 24 25
 31 32 33 34 35

 11 12 13 14 15
 21 22 23 24 25
 31 32 33 34 35

> 
```

我们看到，这两种遍历方式得到的结果相同，这说明这个程序是正确的。

然后，我们来做刚才的实验，这次看到的结果应该类似下面这样。

```
> cc arrayOfPointers.c -o arrayOfPointers -Wall -Werror -std=c11
> arrayOfPointers
Print both arrays using array notation, array[i][j].

 11 12 13 14 15
 21 22 23 24 25
 31 32 33 34 35

 11 12 13 14 15
 21 22 23 24 25
 31 32 33 34 35

Print both arrays using pointers, *pInteger++.

 11 12 13 14 15
 21 22 23 24 25
 31 32 33 34 35

 11 12 13 14 15
 32766 379602179  1 -401057600 32766
 -401057632 32766 -401057664 32766 -401057424

> 
```

这张图说明我们设计的这个实验也是正确的，因为程序清楚地显示出了指针使用不当所造成的错乱结果。我们由此可以看出，通过指针来迭代由指针数组所模拟的二维数组与通过指针来迭代普通的二维数组是不一样的。如果按照迭代普通二维数组的写法来迭代模拟的二维数组，那么在处理完第一个子数组之后，指针不一定会指向第二个子数组，而是有可能指向其他数据，这可以从 `printf()` 打印出的最后两行内容观察出来：那两行里面的值比较奇怪，不是我们模拟的这个二维数组在最后两行所具备的元素值。另外，这个实验还提醒我们，指针有可能超越数组边界，从而让程序出现混乱的结果，因此，我们必须反复测试并验证。大家可以通过这个例子了解我们为什么在前面总是强调这一点。

用指针数组来模拟二维数组有许多好处，尤其是可以让每个子数组（也就是每一行）的元素个数互不相同。所以，大家一定要掌握这个概念。我们会在第 15 章、第 18 章与第 20 章回顾并扩展该概念。

14.6　小结

本章讲解了数组名称与指向数组首元素的指针之间的关系，并演示了这二者之间是可以互化的。其中，数组与指针这两个概念我们已经在第 11 章与第 13 章讲过了。

我们看到了数组与指针在内存中的布局，然后学到了访问并遍历数组的各种方式，这些方式既适用于主函数里面的数组，也适用于其他函数通过其参数所接收的数组。另外，大家了解到指针算术与普通的整数算术之间的区别，也就是说，在对指针执行运算时，还得考虑它所指向的元素所占据的字节数。接下来，我们比较了普通的二维数组与通过指针数组所模拟的二维数组之间有何异同（前者在内存中占据一块连续的区域，用来容纳其中的各个元素；后者其实是一个由指针所构成的一维数组，其中的每个指针都分别指向某个一维数组，那些一维数组在内存中未必相邻，但它们合起来能够模拟出二维数组里面的各行）。最后，我们通过一套简单的范例程序演示了前面讲述的概念。

知道了数组与指针的相互关系，我们就可以利用这些知识实现一些有意义的功能。这正是下一章要讲的内容。

Chapter 15

第15章 字符串

C语言的字符串是一种特殊的数组，它有两个特别之处。第一，这种数组只能包含字符；第二，这种数组必须用一个特殊的字符来结尾，也就是 null 字符。有人觉得字符串是C语言的一个弱项，笔者并不这样认为。C语言的字符串建立在一套完善的机制上，我们可能会在不经意间突然意识到这样的字符串其实很不错。

程序所要操作的值未必总是数字。我们还经常需要操作单词、短语和句子，这些都得通过字符串来构造。前面我们在用 printf() 语句输出信息时已经写过一些简单的字符串。为了让程序接收用户所输入的字符串与数组，我们还必须继续学习与字符串有关的知识，这样才能把用户输入的内容转化成合适的值。本章我们要讲解字符串中的元素与基本单元，还要讲解在C语言中操作字符串的各种方式。

要想看懂本章，必须先理解第11章、第13章与第14章讲过的概念。你应该先读完那几章，然后再来学习本章，尤其不能跳过第14章。

本章涵盖以下话题：

- 字符串的基本单元：字符。
- 研究C语言的字符串。
- 了解C语言字符串的优点与缺点。
- 声明并初始化字符串。
- 创建并使用字符串数组。
- 使用标准库中的函数对字符串执行常见操作。
- 学会稳妥地操作字符串，以避开某些问题。

笔者在本章要介绍一种开发程序的方式，它叫作迭代式的程序开发（iterative program development）。我们首先写出一个简单且能够正常运作的小型程序，然后反复迭代，每一次迭代都给程序中添加一些新的功能，最终实现我们想要的结果。

15.1 技术要求

详情请参见本书1.1节。本章还是要求大家继续使用早前选定的工具来学习。

本章的范例代码也可以从 `https://github.com/PacktPublishing/Learn-C-Programming` 访问获取。

15.2 字符串的基本单元：字符

C语言的字符串是一个数组，这个数组中的每个元素都是某种字符集（character set）里面的一个字符（character）。C语言使用的这种字符集叫作ASCII（American Standard Code for Information Interchange，美国信息交换标准代码），它包含一些可打印的字符以及一些控制字符。

控制字符让数字设备之间能够彼此通信，数字设备可以通过这种字符来控制数据流，并调整数据的排版与空白。下面列出几种控制字符，这些字符能够改变其他字符的显示方式，并简单地调控字符的位置：

- **水平制表符**（Horizontal Tab，HT，也叫水平定位符号，让光标沿着水平方向（也就是沿着同一行向右）移动一定的距离）。
- **垂直制表符**（Vertical Tab，VT，也叫垂直定位符号，让光标移动到下一行的同一个位置，这个位置与移动之前的位置，跟各自的行首之间的距离相同）。
- **回车**（Carriage Return，CR，让光标回到本行的首列）。
- **换行**（Line Feed，LF，把光标推进到下一行）。
- **换页**（Form Feed，FF，把光标推进到下一页）。
- **退格**（BackSpace，BS，让光标后退一格）。

有一个特殊的控制字符叫作`NUL`，它的值是`0`。这个字符称为null字符（空字符）或`'\0'`字符。在C语言里面，所有的字符串都需要用这个特殊的字符值收尾，如果省略这个字符，那么可能会让字符串的结构出现问题。

除了上述字符，还有一些控制字符用来在设备之间通信，或充当数据分隔符（data separator，也叫数据分割符），它们能够把大块的数据（例如文件之中的数据）划分成一条一条的记录，进而把每条记录细分成一个一个的单元。

可打印的字符是指那些能够显示在屏幕上或打印到纸上的字符。这包括数字、大写字母、小写字母与标点符号。有一类控制字符叫作空白（whitespace），这类字符本身没有打印效果，但却能够影响其他字符的位置，这包括空格（space）字符，以及用来调控字符位置的那几种控制字符。

总之，下面几类字符都是受C语言支持的：

- **大写字母与小写字母**（共计52个）：A B C D E F G H I J K L M N O P Q

R S T U V W X Y Z 及 a b c d e f g h i j k l m n o p q r s t u v w x y z

- **数字的数位**（共计 10 个）：0 1 2 3 4 5 6 7 8 9
- **空白**（共计 6 个）：空格（SPACE）、水平制表符（HT）、垂直制表符（VT）、换页符（FF）、换行符（LF）、回车（CR）
- **空字符**：NUL
- 响铃（BEL）、退出（ESC）、退格（BS）、删除（DEL），最后这个字符又叫作有擦除作用的退格（destructive backspace）。
- **图形字符**（共计 32 个）：! # % ^ & * ( ) - + = ~ [ ] " ' 及 _ | \ ; : { } , . < > / ? $ @ `

所有的字符集几乎都要把其中的每个字符与某个值关联起来。计算机诞生之后，出现了各种字符集，许多计算机制造商都有自己的字符集，那些字符集之间可能有所重叠，它们都以某种标准的字符集为基础，按照自己的方式做出扩展。然而每个厂商所做的扩展可能都不太一样，因此各自扩展出来的字符集也就互不相同了。在计算机出现之前，有一种使用标准数字码的老式电传打印机（teleprinter），那种数字码标准是 1870 年左右制定的。在电传打印机之前还有电报机，那是 1833 年发明的，那些机器使用各种非数字形式的编码系统来通信。所幸，目前的计算机所使用的字符集只有少数几种，不像当年的通信设备那样繁多，刚才说的 ASCII 字符集就是其中一种。ASCII 是 UTF-8（Unicode Transformation Format 8-Bit）的一个子集。

同一个字符集里面的字符其实可以按照任意顺序排列。但为了操作起来方便，我们还是应该选出一种合理的方式来排列这些字符。我们在 15.2.1 节会讲到 ASCII 字符集是怎么排列这些字符的。

15.2.1 char 类型与 ASCII 字符集

ASCII 是根据比它更早的一些标准而制定的，它产生并发展的时间跟 C 语言出现的时间差不多。这套字符集里面有 128 个字符值，这些值都可以用一个 char 类型的值来表示。虽然 char 类型可以取 256 个值，但其中只有 0～127 的值才是有效的 ASCII 字符值（注意，是 0～127，不是 1～128，这又是多算一个或少算一个的问题，我们在 7.4 节首次提到这个问题）。这个范围内的每个值都对应于一个字符。

我们在 C 语言里面提到某个字符（例如控制字符、数字的数位、大写字母、小写字母或标点）时，其实是在说跟该字符在字符集里面的位置相对应的那个字节值，也就是 char 值。

除了 0～127 的值，不带符号的 char 类型（也就是 unsigned char 类型）还能够表示出大于 127（且小于或等于 255）的值，带符号的 char 类型（也就是 signed char 类型）还能够表示出小于 0（且大于或等于 -128）的值，但那些值都不对应于有效的 ASCII

字符。那些值可能跟其他字符集（例如某种基于 ASCII 字符集的非标准扩展集，或者 Unicode 字符集）中的字符相对应，但那些字符不属于有效的 ASCII 字符。

ASCII 字符集可以分成四组，每组 32 个字符，总共 128 个字符。这四组字符分别是：

- 控制字符（取值范围：0～31）
- 标点符号与数位（取值范围：32～63）
- 大写字母与其他一些标点符号（取值范围：64～95）
- 小写字母、其他一些标点符号以及 `DEL` 符（取值范围：96～127）

下面这张 ASCII 字符表有四个大列，分别对应刚才说的那四组。

Table of 7-Bit ASCII and
Single-Byte UTF-8 Character Sets

Control Characters					Printable Characaters (except DEL)								
SYM	Fmt	Ch	Dec	Hex	Ch	Dec	Hex	Ch	Dec	Hex	Ch	Dec	Hex
NUL	\0	^@	0	0		32	0x20	@	64	0x40	`	96	0x60
SOH		^A	1	0x1	!	33	0x21	A	65	0x41	a	97	0x61
STX		^B	2	0x2	"	34	0x22	B	66	0x42	b	98	0x62
ETX		^C	3	0x3	#	35	0x23	C	67	0x43	c	99	0x63
EOT		^D	4	0x4	$	36	0x24	D	68	0x44	d	100	0x64
ENQ		^E	5	0x5	%	37	0x25	E	69	0x45	e	101	0x65
ACK		^F	6	0x6	&	38	0x26	F	70	0x46	f	102	0x66
BEL	\a	^G	7	0x7	'	39	0x27	G	71	0x47	g	103	0x67
BS	\b	^H	8	0x8	(	40	0x28	H	72	0x48	h	104	0x68
HT	\t	^I	9	0x9	)	41	0x29	I	73	0x49	i	105	0x69
LF	\n	^J	10	0xa	*	42	0x2a	J	74	0x4a	j	106	0x6a
VT	\v	^K	11	0xb	+	43	0x2b	K	75	0x4b	k	107	0x6b
FF	\f	^L	12	0xc	,	44	0x2c	L	76	0x4c	l	108	0x6c
CR	\r	^M	13	0xd	-	45	0x2d	M	77	0x4d	m	109	0x6d
SO		^N	14	0xe	.	46	0x2e	N	78	0x4e	n	110	0x6e
SI		^O	15	0xf	/	47	0x2f	O	79	0x4f	o	111	0x6f
DLE		^P	16	0x10	0	48	0x30	P	80	0x50	p	112	0x70
DC1		^Q	17	0x11	1	49	0x31	Q	81	0x51	q	113	0x71
DC2		^R	18	0x12	2	50	0x32	R	82	0x52	r	114	0x72
DC3		^S	19	0x13	3	51	0x33	S	83	0x53	s	115	0x73
DC4		^T	20	0x14	4	52	0x34	T	84	0x54	t	116	0x74
NAK		^U	21	0x15	5	53	0x35	U	85	0x55	u	117	0x75
SYN		^V	22	0x16	6	54	0x36	V	86	0x56	v	118	0x76
ETB		^W	23	0x17	7	55	0x37	W	87	0x57	w	119	0x77
CAN		^X	24	0x18	8	56	0x38	X	88	0x58	x	120	0x78
EM		^Y	25	0x19	9	57	0x39	Y	89	0x59	y	121	0x79
SUB		^Z	26	0x1a	:	58	0x3a	Z	90	0x5a	z	122	0x7a
ESC	\e	^[	27	0x1b	;	59	0x3b	[	91	0x5b	{	123	0x7b
FS		^\	28	0x1c	<	60	0x3c	\	92	0x5c	|	124	0x7c
GS		^]	29	0x1d	=	61	0x3d	]	93	0x5d	}	125	0x7d
RS		^^	30	0x1e	>	62	0x3e	^	94	0x5e	~	126	0x7e
US		^_	31	0x1f	?	63	0x3f	_	95	0x5f	DEL	127	0x7f

本章后面会制作一个程序完整地输出这张表格。开始讲那个程序之前，我们必须先把表格的内容看一遍。

第一大列由控制字符组成。这一组的 5 个小列含义如下：

- 第一小列是每个控制键（也就是控制字符）的助记符（mnemonic symbol，也叫助记码）。
- 第二小列是如何在 `printf()` 语句里面用格式说明符（也叫格式序列）来表示这个字符（如果没有对应的格式说明符，那么就留空）。
- 第三小列是怎样在键盘上打出这个符号，其中的 ^ 表示 <Ctrl> 键，你需要按下 <Ctrl> 键不放，并按 ^ 之后的那个键，然后松开这两个键。

- 第四小列是这个控制字符所对应的十进制值。
- 第五小列是这个控制字符所对应的十六进制值。

不要随意使用这些控制键！如果你在终端窗口（也就是命令行界面或者控制台界面）里输入这些 ASCII 字符，那么可能会让控制台出现奇怪的行为或奇怪的结果。今天我们已经不需要（在终端窗口里）直接输入这些字符了，除非你是想在某个终端程序中跟其他设备通信。总之，不要随意输入这些字符。

终端窗口是一种以软件方式（或者说，非硬件的方式）来模拟实体终端设备的程序。实体的**终端设备**（terminal device，也叫终端机设备）现在基本上没人用了，它由一个输入设备与一个输出设备组成，其中的输入设备通常指的是键盘，输出设备通常指的是 CRT 显示器的屏幕。终端设备既用来给计算机输入（Input）信息，也用来输出（Output）计算机所给的信息，所以有时也叫作 **I/O 设备**。这种设备很笨重，它们需要连接到中心计算机或大型机（mainframe）上。终端设备本身并没有运算能力，它们只是把用户通过键盘录入的命令与数据输入给计算机，并把这些内容以及计算机对命令所给出的执行结果，输出到（也就是回显到）CRT 显示器的屏幕上。

大家注意，表格中的每一个字符都有十进制的值与十六进制的值。其中，十六进制的值按照惯例应该带 `0x`（或 `0X`）前缀，以便跟十进制的值相区分。十六进制数所使用的数位共有 16 种，也就是 `0` 至 `9` 以及 `a` 至 `f`（或 `A` 至 `F`）。

我们还没有在本书中专门讲过二进制（以 2 为底的数值）、八进制（以 8 为底的数值）或十六进制（以 16 为底的数值）等计数系统，但是大家可以趁着这个机会来熟悉一下十六进制格式。根据笔者自身的经验来看，接触十六进制的机会远比接触八进制乃至二进制要高。你可以把同一个字符的十进制值与十六进制值对比一下，看看这两种值之间的关系。

其余三个大列说的都是可以打印的字符，这三个大列各自细分为三个小列，用以表示字符本身、该字符的十进制值，以及该字符的十六进制值：

- 第二个大列里面是数字的数位以及某些标点符号。
- 第三个大列里面包含所有的大写字母以及某些标点符号。
- 第四个大列里面包含所有的小写字母、其他一些标点符号以及 DEL 符。

这套字符集中有这样几个地方值得注意：

- 除了 `DEL` 之外，其他控制字符全都排在开头的 32 个位置上面（或者说，它们的值都位于 `0` 至 `31` 之间）。`DEL` 是整套字符集的最后一个字符。
- 可打印的字符，其取值均位于 `32` 至 `126` 之间（相当于刚才那张表格的第二、第三、第四大列）。
- 大写字母 `A` 与小写字母 `a` 的值相差 `32`，其余大写字母与相应的小写字母之间，取值也相差 `32`。这样做让开发者能够相当轻松地在大写与小写之间转换，因为我们只需要在二进制形式中反转一个二进制位，就能够实现加 32 或减 32 的操作。

- 标点符号并没有全部集中在一起，而是分散成了几个区段。这看上去似乎比较随意，但还是有一点规律可循的——有些标点排在数位的前面，有些标点排在数位与大写字母之间，还有一些排在大写字母与小写字母之间，最后一些排在小写字母之后。
- 虽然 `char` 类型能够容纳 8 个二进制位，但整套字符集只使用了其中的 7 位。这样做可以让 ASCII 字符集自动成为 UTF-8 与 Unicode 的一部分。也就是说，如果某个单字节的字符值大于或等于 0 且小于或等于 127，那么这个值所表示的字符，既是有效的 ASCII 字符，又是有效的 Unicode 字符。如果字符值超出这个范围，那么它虽然不是有效的 ASCII 字符，但我们可以进一步判断，以确认它是不是有效的 Unicode 字符。

C 语言需要使用 ASCII 字符集来表示它所用到的各种字符，这是情理之中的事。当然，其中有些控制字符未必会出现在代码里面。

15.2.2 比 ASCII 更大的字符集：UTF-8 及 Unicode

7 位 ASCII 码的最大优势，在于能够把英语中的所有字符，都用单个字节表示出来。这样可以高效地存储文本信息，以节省存储空间。7 位 ASCII 码的最大缺点则是它只能表示出英语这一种语言所用到的字符。它无法完全表示出采用拉丁字母所书写的其他语言，例如法语、西班牙语、德语以及北欧与东欧的一些语言。要想涵盖那些语言所使用的字符，我们必须采用范围更大的字符集，也就是 Unicode 字符集。

如果把世界上从古到今的各种语言所使用的字符与表意符号（ideogram）全都包括进来，那么总共需要 1 112 064 个码点（code point），这样才能让每一种字符与表意符号都与某个独特的码点相对应。注意，这里用的词是码点，它比字符的含义更广，还包括表意符号。由码点所构成的字码集（又叫码点集或码集）要比由字符所构成的字符集更大，我们可能需要用两个乃至四个字节才能表示出其中的码点。

Unicode 是我们对这种较为规范的编码体系所使用的总称呼，它里面包含各种具体的编码标准，例如 UTF-8（8 指的是这种编码标准最少只需要使用 1 个字节，即 8 个二进制位)、UTF-16（16 指的是这种编码标准最少需要使用两个字节，即 16 个二进制位)、UTF-32（32 指的是这种编码标准需要使用四个字节，即 32 个二进制位）等，这些编码标准都能够表示出世界上的各种书写系统所使用的字符。Unicode 又叫作*通用编码字符集*（Universal Coded Character Set，UCS）。在这么多种 Unicode 标准里面使用最广的一种是 UTF-8。到 2009 年，它已经成了主流的编码标准。UTF-8 能够用 1～4 个字节完整地表示出 Unicode 里面的 1 112 064 个码点。

UTF-8 最好的地方在于它能够完全兼容老式的 7 位 ASCII 码，因此，这种编码标准得到了广泛运用（实际上，有大约 95% 的网页都是用 UTF-8 来编码的）。

如果用 UTF-16 或 UTF-32 标准来编码，那么字码集里面的每一个字符都需要用 2 个字节或 4 个字节来表示。这体现出了 UTF-8 标准的另一项优势，也就是说，它会根据有待表示的这个码点来决定表示该码点所用的字节数，有些码点只需要用 1 个字节就能表示出来，另一些则需要用 2 个、3 个乃至 4 个字节来表示。这种方案能够节省存储空间与内存用量，因为它会采用尽可能少的字节数来表示每个码点。

如何在各种宽字节的编码标准（例如 Unicode 里的 UTF-16 与 UTF-32 标准，以及 Unicode 之外的一些编码标准）之间转换，并不是本书所要讲解的内容。C 语言支持各种复杂的字码集，然而在学习那些之前，我们要把重点先放在单字节的 UTF-8 上（UTF-8 兼容 7 位的 ASCII 码）。笔者会在必要时指出 ASCII 码与 Unicode 码可以互用的情况。现在，我们着重讨论 UTF-8 里面的 ASCII 这一部分。本书附录会介绍一些在程序中使用 Unicode 的办法，以及 C 语言标准库里面能够操作多字节字码集（multibyte code set）的一些函数。

15.2.3 字符支持的操作

虽然字符本身也是一种整数值，但这些值只支持少数几种操作。首先要说的两项操作是声明与赋值。我们可以像下面这样声明几个字符变量：

```
signed char  aChar;
       char  c1 , c2, c3 , c4;
unsigned char  aByte;
```

char 是 C 语言固有的数据类型，它占一个字节（也就是 8 个二进制位）。我们把 aChar 这个变量声明成带符号的 char（也就是 signed char），因此，它所能容纳的值，位于 -128 至 127 之间。如果没有明确指定 char 是带符号的（signed）还是无符号的（unsigned），那么在大多数系统中它默认就是带符号的，然而我们在这里还是把 aChar 的类型明确地写为 signed char。接下来，我们声明四个单字节的变量，（在大多数系统中）这四个变量的取值范围也位于 -128 至 127 之间。最后，我们声明一个不带符号的（unsigned）单字节变量，叫作 aByte，它能够容纳 0 至 255 之间的值。

我们也可以在声明的同时给字符变量赋予初始值：

```
signed char aChar = 'A';
       char    c1 = 65 ;
       char    c2 = 'a';
       char    c3 = 97 ;
       char    c4 = '7';
unsigned char aByte = 7;
```

下面我们来解释这几条声明及赋值语句的意思：

- 首先，声明一个叫作 aChar 的变量，并把它的初始值设为字符集里面的字符 'A' 所对应的值。这种赋值操作要求我们把字符括在一对单引号之中。
- 然后，声明一个叫作 c1 的变量，并用 65 这个整数字面量给 c1 赋予初始值。这个值在字符集里对应的字符是 'A'。你可以参照 15.2.1 节的字符表来确定整数值与字符之间的对应关系。使用 'A' 这样的方式来赋值要比使用 65 更容易，因为这种方式不要求我们记住字符表里的每个字符所对应的整数值。C 语言的编译器会把 'A' 字符转换成它在字符集里的相应整数值，也就是 65。

- 接下来，我们把 c2 变量的初始值设置成字符 'a' 所对应的整数值，并把 c3 变量的初始值设为 97 这个整数字面量，这个值在字符集里对应的字符是 'a'。
- 最后，我们看看括在一对单引号之中的字符 '7' 与整数值 7 之间有何区别。它们在字符集里面的意思完全不同。前者对应整数值 55，该值在字符表里指的是 '7' 这个数位字符，后者本身就是整数值 7，该值在字符表里对应的是 BEL 这个控制字符。这个字符会让终端发出简短的响铃。最后的这两条声明与赋值语句是想展示字符 '7' 与字面量 7 之间的区别（前者的值是 55，后者的值就是 7）。

为了演示这种区别，我们现在写个程序来验证。下面这段代码会用刚才那几条语句声明几个变量，然后把每个变量分别交给 showChar() 函数去显示：

```
#include <stdio.h>

void showChar( char ch );

int main( void )  {
    signed char aChar = 'A';
           char c1    = 65 ;
           char c2    = 'a';
           char c3    = 97 ;
           char c4    = '7';
  unsigned char aByte = 7;

  showChar( aChar );
  showChar( c1 );
  showChar( c2 );
  showChar( c3 );
  showChar( c4 );
  showChar( aByte );
}
```

main() 函数仅用来声明并初始化 6 个字符变量。真正的功能由 showChar() 函数实现，这个函数的代码是：

```
void showChar( char ch )  {
  printf( "ch = '%c' (%d) [%#x]\n" , ch , ch , ch );
}
```

showChar() 函数把它收到的这个 char 型参数 ch，以三种形式打印出来。第一种形式是 %c，这样打印的是字符本身；第二种形式是 %d，这样打印的是该字符对应的十进制整数值；第三那种形式是 %#x，这样打印的该字符对应的十六进制整数值。由于我们给 x 前面加了 # 号，所以 printf() 在打印时会在十六进制前面添加 0x 前缀。

打开编辑器，创建名为 showChar.c 的文件，并录入 main() 函数与 showChar() 函数的代码。编译并运行程序。你会看到下面这样的输出结果，而且会听到一声响。

```
[> cc showChar.c -o showChar -Wall -Werror -std=c11
[> showChar
ch = 'A' (65) [0x41]
ch = 'A' (65) [0x41]
ch = 'a' (97) [0x61]
ch = 'a' (97) [0x61]
ch = '7' (55) [0x37]
ch = '' (7) [0x7]
>
```

从输出的信息里，我们可以看到每个字符以及它所对应的十进制和十六进制值。

现在我们考虑一个问题，也就是怎样让 showChar() 函数能够兼容 Unicode。该函数目前的参数类型是 char，这意味着它只能接受单字节的值。所以，这个函数只能处理 ASCII 字符，而无法处理有可能需要占据多个字节的 Unicode 字符。不过没关系，要想让它既支持 ASCII 又支持 Unicode，我们只需要把参数类型从 char 改为 int：

```
void showChar( int ch) ...
```

这样修改之后，如果你传给函数的是个单字节的字符（也就是普通的 char），那么程序会把这个字符值转化成 4 字节的 int 值并交给 ch 参数，函数可以像处理原来的 char 型参数那样处理这个 int 型的 ch 参数。如果你传给函数的是个多字节的 Unicode 字符，那么程序也会把这个字符值转化成 4 字节的 int 值，让函数以及函数里的 printf() 语句能够正确地处理这样的值。

15.2.4 判断字符是否具备某项特征

接下来我们要考虑如何判断某个字符到底是什么样的字符。我们从某个数据源拿到一个字符之后，可能想知道该字符是否具备下列某一项或某几项特征：

- 这是不是一个控制字符？
- 这是不是一个空白字符（换句话说，它是不是 SPACE、FF、LF、CR、VT 与 HT 中的一个）？
- 这是不是一个数位字符或字母？
- 这是不是一个大写字母？
- 这是不是一个 ASCII 字符？

我们或许可以参考早前那张字符表里的四个大列来编写相应的函数，以实现上述几项判断功能。比方说，要想判断某个字符是不是书写十进制数所用的数位，我们可以这样来做：

```
bool isDigit( int c )  {
  bool bDigit = false;
  if( c >= '0' && c <= '9' )
    bDigit = true;
  return bDigit;
}
```

这个函数判断受测值是否大于或等于字符 '0' 所对应的值，且小于或等于字符 '9' 所对应的值。如果该条件成立，那说明它确实是书写十进制数时所用的某个数位字符，于是我们让函数返回 true。否则，就说明它不在这个范围内，于是我们让函数返回 false。现在大家可以想一想，刚才说的那几项判断应该分别采用什么样的逻辑来检测。

下面这个函数用来判断某个字符是不是空白字符：

```
bool isWhitespace( int c)  {
  bool bSpace = false;
  switch( c ) {
    case ' ':    // space
    case '\t':   // tab
    case '\n':   // line feed
    case '\v':   // vertical tab
    case '\f':   // form feed
    case '\r':   // carriage return
      bSpace = true;
      break;
    default:
      bSpace = false;
      break;
  }
  return bSpace;
}
```

isWhitespace() 函数采用 switch()... 结构来判断。这个结构的每个 case 分支都会把受测字符与某个空白字符比较。虽然有的空白字符看上去好像是两个字符，但实际上仅是一个字符，因为这些空白字符都是用转义的形式来表达的，开头那个反斜线（\）是指让后面的字符从字面意思转换为另一种意思，从而使整个转义序列对应于某个控制字符，例如 't' 本身的意思是小写字母 t，但如果给它前面加上反斜线写成 '\t'，那意思就是水平制表符（HT，又叫 TAB）。假如我们想把某个字符变量设置成反斜线这个字符本身，那么可以这样写：

```
aChar = '\\' ;  // Backslash character
```

注意观察这个 switch()... 语句所采用的下沉判断逻辑：只要这 6 条 case 里面有一条成立，程序就会把 bSpace 设置成 true，并通过其后的 break; 语句跳出 switch()... 结构。另外要记住，所有的 switch()... 结构都应该写上 default: 分支，这样更加安全。

除了上面几种操作，我们最后还想实现这样两种操作，也就是把大写字母转成小写，以及把小写字母转成大写。另外，我们还想把某个表示数位的字符转换成这种数位的实际数值。要想将大写字母转成小写，可以先判断这个字符是不是大写字母，如果是，就给它加 32；如果不是，就什么也不要做（返回原字符本身）：

```
int toUpper( int c )  {
  if( c >= 'A' && c <= 'Z' ) c += 32;
  return c;
}
```

把小写字母转成大写也类似，我们先判断这个字母是不是小写字母，如果是，就从中减去 32。

把表示数位的字符转换成该数位的实际值，可以这样写：

```
int digitToInt( int c)  {
  int i = c;
  if( c >= '0' && c <= '9' ) i = c - '0';
  return i;
}
```

这个 digitToInt() 函数，首先判断受测字符是不是有效的数位字符。如果是，那么让该字符与 '0' 这个数位字符相减，这样得到的就是这个字符所对应的实际数值；如果不是，那就直接返回原字符。

我们确实可以自己来创建这样一批函数，而且有人可能很愿意这么做，但实际上，其中有许多操作都已经由 C 语言的标准库实现出来了。你可以查看 ctype.h 这个头文件以了解 C 语言标准库到底提供了哪些函数。你会看到，标准库里面有各种各样的函数，能够判断受测字符是否属于某类字符，或者对受测字符执行转换。下面这些库函数都能够对受测字符 c 执行某种简单的测试[⊖]：

```
int  isalnum(int c);   // alphabets or numbers
int  isalpha(int c);   // alphabet only
int  isascii(int c);   // in range of 0..127
int  iscntrl(int c);   // in range 0..31 or 127
int  isdigit(int c);   // number ('0'..'9')
int  islower(int c);   // lower case alphabet
int  isnumber(int c);  // number ('0'..'9')
int  isprint(int c);   // printable character
int  ispunct(int c);   // punctuation
int  isspace(int c);   // space
int  isupper(int c);   // upper case alphabet
```

这些函数都用值为 0 的返回结果来表示 FALSE，并用值不为 0 的返回结果来表示 TRUE。注意，受测字符 c 的类型是 int，采用这种类型来设计参数 c 是因为 c 的值可能是由一个、两个、三个乃至四个字节所表示的 Unicode 码点。将参数类型设为 int 使得这些函数能够应对任何一个 UTF-8 或 Unicode 字符，无论该字符的值需要用一个字节来表示，还是需要用四个字节来表示，我们都可以把这个值存放到 int 型的参数里面，假如把参数类型设计成比 int 的表示范围更小的某种整数类型，那就不一定能应对所有的字符了。

15.2.5 操作字符

下面这三个函数能够改变某个字符：

```
int digittoint(int c);   // convert char to its number value
int tolower(int c);      // convert to lower case
int toupper(int c);      // convert to upper case
```

这些函数会把改变之后的字符返回给调用方，如果原字符无须转换，或者不受本函数

⊖ 其中的 isnumber() 以及 15.2.5 节提到的 digittoint() 函数，不一定在所有的操作系统里面都受支持。——译者注

支持，那么函数返回的就是原字符的值。

ctype.h 里面还写了其他一些函数，这里为了节省篇幅，没有把那些函数列出来。其中有的函数用来应对非 ASCII 字符，还有一些用来判断某字符是否属于多个群组中的一组，而不像 15.2.4 节的函数那样只判断该字符是否属于某一个群组。你要是想了解那些函数，可以打开自己计算机中的 ctype.h 文件，看看其中的内容。

本章后面会讲解字符串，讲完字符串，我们就会用刚才提到的一些函数来编写代码。但是在开始讲解字符串之前，我们先把本章前面提到的那个打印 ASCII 字符表的程序初步实现一遍。这一版的程序只打算显示整个字符表里面的一个大列，也就是第二大列，这个大列中的字符都是可以打印的字符。程序代码写起来特别简单。我们只需要用一个 for()... 循环，就能把 ASCII 字符表的这个大列打印好。程序代码如下：

```
#include <stdio.h>

int main( void )  {
  char c2;
  for( int i = 32 ; i < 64 ; i++ )  {
    c2 = i;
    printf( "%c %3d %#x" , c2 , c2 ,c2 );
    printf( "\n" );
  }
}
```

这个循环打印的是第二大列中的字符，这些字符的值位于 32 与 63 之间，它们全都是标点符号与数位。printf() 语句用三种形式打印 c2 这个字符。第一种形式由 %c 这个格式说明符来表示，意思是以字符的形式打印；第二种形式由 %d 这个格式说明符来表示，意思是以十进制值的形式打印；第三种形式由 %#x 这个格式说明符来表示，意思是以十六进制值的形式打印，我们给 x 前面加了 # 号，这样会在十六进制值前面添加 0x 前缀，让打印出的结果看起来更加明确，因为按照惯例，以 0x 开头的数是十六进制数。

像这段代码中的 printf() 语句这样，用多种形式解读同一个值，大家应该并不陌生。因为我们在第 3 章说过，任何一个值其实都是由多个值为 0 或 1 的二进制位所构成的二进制值，只不过我们会根据这个值的意思做出不同的解读。我们在传给 printf() 函数的第一个参数（也就是那个字符串）里面可以指定多个格式说明符，让它们用各自的方式来解读我们传给 printf() 的其他参数。具体到本例来说，我们传给 printf() 的第一个参数里面有三个格式说明符，传给 printf() 的其他三个参数全都是 c2，这意味着让 printf() 以三种不同的形式打印 c2 这个值，一种是字符形式，一种是十进制值形式，还有一种是十六进制值形式。

请创建名为 printASCII_version1.c 的文件，并录入程序代码。编译并运行程序，你应该看到下面这样的输出信息[⊖]。

⊖ 截图里面提到的源文件名与程序名应以实际范例为准。后面两张截图也是如此。——译者注

```
[> cc printASCII_temp1.c -o printASCII_temp1 -Wall -Werror -std=c11
[> printASCII_temp1
   32 0x20
 ! 33 0x21
 " 34 0x22
 # 35 0x23
 $ 36 0x24
 % 37 0x25
 & 38 0x26
 ' 39 0x27
 ( 40 0x28
 ) 41 0x29
 * 42 0x2a
 + 43 0x2b
 , 44 0x2c
 - 45 0x2d
 . 46 0x2e
 / 47 0x2f
 0 48 0x30
 1 49 0x31
 2 50 0x32
 3 51 0x33
 4 52 0x34
 5 53 0x35
 6 54 0x36
 7 55 0x37
 8 56 0x38
 9 57 0x39
 : 58 0x3a
 ; 59 0x3b
 < 60 0x3c
 = 61 0x3d
 > 62 0x3e
 ? 63 0x3f
> 
```

我们已经把整张ASCII字符表里的一个大列打印出来了。这是个很好的起点。我们会在这个基础上反复修改，直到能够打印出完整的ASCII字符表为止。

在下一版的 printASCII.c 里面，我们还想打印出第三大列与第四大列，而且想给表格添加表头，以表示每个大列中的三个小列分别是什么意思：

- 打印表头所用的代码是这样的：

  ```
  printf( "| Ch Dec  Hex | Ch Dec  Hex | Ch Dec  Hex |\n" );
  printf( "|-------------|-------------|-------------|\n" );
  ```

  我们在大列与大列之间采用竖线符号（|）来分隔。每个大列包含三个小列，指的分别是字符本身、它的十进制值与十六进制值。

- 接下来，我们需要添加一些字符变量，以便在打印每个大列中的字符时使用：

  ```
  char c1 , c2 , c3 , c4;
  ```

  c1 指的是第一大列中的某个字符值，c2 用来存放第二大列中的某个字符值，c3 与 c4 以此类推。注意，这个版本不打算处理第一大列，因为那里面有控制字符，不过我们还是先把处理第一大列所需的 c1 变量写了进来。

- 接着我们需要修改 for()... 循环，让循环变量 i 从 0 出发，迭代到 31 为止。每次迭代都给循环变量 i 分别加上某个偏移量，也就是 0、32、64 与 96，并把加法的结果赋给相应的四个字符变量，用以表示这四个大列中的相关字符：

```
for( int i = 0 ; i < 32; i++) {
  c1 = i;     // <-- Not used yet (a dummy assignment for now).
  c2 = i+32;
  c3 = i+64;
  c4 = i+96;
```

- 最后，我们要让 printf() 语句把第二、第三、第四大列中的这三个字符（以及每个字符的十进制与十六进制值）都打印到同一行里面：

```
printf( "| %c %3d %#x | %c %3d %#x | %c %3d %#x |" ,
         c2 , c2 , c2 ,
         c3 , c3 , c3 ,
         c4 , c4 , c4 );
printf( "\n" );
}
```

这个语句比前一版的 printf() 语句似乎复杂一些，但实际上它只不过是把那一版的三个格式说明符又多写了两遍而已，因为这次它除了要打印第二大列中的那个字符，还要打印第三与第四大列之中的相应字符。

按照上述方式修改代码[⊖]之后，程序的运行效果应该如下所示。

```
> cc printASCII_temp2.c -o printASCII_temp2 -Wall -Werror -std=c11
> printASCII_temp2
| Ch Dec  Hex | Ch Dec  Hex | Ch Dec  Hex |
|-------------|-------------|-------------|
|     32 0x20 |  @  64 0x40 |  `  96 0x60 |
|  !  33 0x21 |  A  65 0x41 |  a  97 0x61 |
|  "  34 0x22 |  B  66 0x42 |  b  98 0x62 |
|  #  35 0x23 |  C  67 0x43 |  c  99 0x63 |
|  $  36 0x24 |  D  68 0x44 |  d 100 0x64 |
|  %  37 0x25 |  E  69 0x45 |  e 101 0x65 |
|  &  38 0x26 |  F  70 0x46 |  f 102 0x66 |
|  '  39 0x27 |  G  71 0x47 |  g 103 0x67 |
|  (  40 0x28 |  H  72 0x48 |  h 104 0x68 |
|  )  41 0x29 |  I  73 0x49 |  i 105 0x69 |
|  *  42 0x2a |  J  74 0x4a |  j 106 0x6a |
|  +  43 0x2b |  K  75 0x4b |  k 107 0x6b |
|  ,  44 0x2c |  L  76 0x4c |  l 108 0x6c |
|  -  45 0x2d |  M  77 0x4d |  m 109 0x6d |
|  .  46 0x2e |  N  78 0x4e |  n 110 0x6e |
|  /  47 0x2f |  O  79 0x4f |  o 111 0x6f |
|  0  48 0x30 |  P  80 0x50 |  p 112 0x70 |
|  1  49 0x31 |  Q  81 0x51 |  q 113 0x71 |
|  2  50 0x32 |  R  82 0x52 |  r 114 0x72 |
|  3  51 0x33 |  S  83 0x53 |  s 115 0x73 |
|  4  52 0x34 |  T  84 0x54 |  t 116 0x74 |
|  5  53 0x35 |  U  85 0x55 |  u 117 0x75 |
|  6  54 0x36 |  V  86 0x56 |  v 118 0x76 |
|  7  55 0x37 |  W  87 0x57 |  w 119 0x77 |
|  8  56 0x38 |  X  88 0x58 |  x 120 0x78 |
|  9  57 0x39 |  Y  89 0x59 |  y 121 0x79 |
|  :  58 0x3a |  Z  90 0x5a |  z 122 0x7a |
|  ;  59 0x3b |  [  91 0x5b |  { 123 0x7b |
|  <  60 0x3c |  \  92 0x5c |  | 124 0x7c |
|  =  61 0x3d |  ]  93 0x5d |  } 125 0x7d |
|  >  62 0x3e |  ^  94 0x5e |  ~ 126 0x7e |
|  ?  63 0x3f |  _  95 0x5f |    127 0x7f |
>
```

⊖ 这个源文件在本书的范例代码库里面叫作 printASCII_version2.c，由于其中声明了 c1 变量但未使用，因此编译器会给出警告。编译时需要把截图里的 -Werror 选项去掉，否则编译器就会把警告视为错误，导致无法编译。后面那个版本（printASCII_version3.c）也是如此。——译者注效果还行，但是有一个问题，就是那个值为 127 的 DEL 字符不太好处理。这个字符应该怎么处理呢？

最简单的办法是采用 if()... 语句来判断 c4 是不是 DEL 字符。如果不是，就像原来那样打印；如果是，我们就改用一个内容为 "DEL" 的字符串来代替这个字符，而不要把该字符直接打印出来，因为那样会让这个字符表现出删除效果，从而将控制台中的其他某个字符删掉。此时的 printf() 语句，需要稍微修改一下：

```
printf("| %c %3d %#x | %c %3d %#x |%s %3d %#x |" ,
        c2 , c2 , c2 ,
        c3 , c3 , c3 ,
        "DEL" , c4 , c4 );
```

修改之后的程序文件应该是下面这样的：

```
#include <stdio.h>

int main( void )  {
  char c1 , c2 , c3 , c4;
  printf("| Ch Dec  Hex | Ch Dec  Hex | Ch Dec  Hex |\n" );
  printf("|-------------|-------------|-------------|\n" );
  for( int i = 0 ; i < 32; i++)
  {
    c1 = i;    // <-- Not used yet (a dummy assignment for now).
    c2 = i+32;
    c3 = i+64;
    c4 = i+96;

    if( c4 == 127 ) {
      printf( "| %c %3d %#x | %c %3d %#x |%s %3d %#x |" ,
              c2 , c2 , c2 ,
              c3 , c3 , c3 ,
              "DEL" , c4 , c4 );
    } else {
      printf( "| %c %3d %#x | %c %3d %#x | %c %3d %#x |",
              c2 , c2 , c2 ,
              c3 , c3 , c3 ,
              c4 , c4 , c4 );
    }
    printf( "\n" );
  }
}
```

大家注意，虽然这个 if()... else... 结构的每个分支都只包含一条语句，但我们还是把这条语句用一对花括号括了起来，因为这两个分支中的代码以后可能会修改，从而变得更加复杂，这对花括号能够确保修改后的代码仍然位于分支之内。另外，我们还添加了适当的空白，让 printf() 语句里的各部分显得更加清晰。

请按照刚才说的修改程序文件，然后编译并运行程序。这次应该会看到这样的结果。

```
[> cc printASCII.c -o printASCII -Wall -Werror -std=c11
[> printASCII
| Ch Dec  Hex | Ch Dec  Hex | Ch Dec  Hex |
|-------------|-------------|-------------|
|     32 0x20 | @  64 0x40 | `   96 0x60 |
| !   33 0x21 | A  65 0x41 | a   97 0x61 |
| "   34 0x22 | B  66 0x42 | b   98 0x62 |
| #   35 0x23 | C  67 0x43 | c   99 0x63 |
| $   36 0x24 | D  68 0x44 | d  100 0x64 |
| %   37 0x25 | E  69 0x45 | e  101 0x65 |
| &   38 0x26 | F  70 0x46 | f  102 0x66 |
| '   39 0x27 | G  71 0x47 | g  103 0x67 |
| (   40 0x28 | H  72 0x48 | h  104 0x68 |
| )   41 0x29 | I  73 0x49 | i  105 0x69 |
| *   42 0x2a | J  74 0x4a | j  106 0x6a |
| +   43 0x2b | K  75 0x4b | k  107 0x6b |
| ,   44 0x2c | L  76 0x4c | l  108 0x6c |
| -   45 0x2d | M  77 0x4d | m  109 0x6d |
| .   46 0x2e | N  78 0x4e | n  110 0x6e |
| /   47 0x2f | O  79 0x4f | o  111 0x6f |
| 0   48 0x30 | P  80 0x50 | p  112 0x70 |
| 1   49 0x31 | Q  81 0x51 | q  113 0x71 |
| 2   50 0x32 | R  82 0x52 | r  114 0x72 |
| 3   51 0x33 | S  83 0x53 | s  115 0x73 |
| 4   52 0x34 | T  84 0x54 | t  116 0x74 |
| 5   53 0x35 | U  85 0x55 | u  117 0x75 |
| 6   54 0x36 | V  86 0x56 | v  118 0x76 |
| 7   55 0x37 | W  87 0x57 | w  119 0x77 |
| 8   56 0x38 | X  88 0x58 | x  120 0x78 |
| 9   57 0x39 | Y  89 0x59 | y  121 0x79 |
| :   58 0x3a | Z  90 0x5a | z  122 0x7a |
| ;   59 0x3b | [  91 0x5b | {  123 0x7b |
| <   60 0x3c | \  92 0x5c | |  124 0x7c |
| =   61 0x3d | ]  93 0x5d | }  125 0x7d |
| >   62 0x3e | ^  94 0x5e | ~  126 0x7e |
| ?   63 0x3f | _  95 0x5f |DEL 127 0x7f |
>
```

现在，我们已经把所有可以打印的字符全都显示出来了，而且还处理了一个控制字符，也就是"DEL"字符，这个字符并没有像其他控制字符那样，出现在第一大列（也就是最前面的那 32 个位置）中。接下来，我们要处理第一大列，以便完整地打印出这张 ASCII 字符表，由于这一大列里面有控制字符，因此我们要想一个合适的办法来打印，而不要把这些字符直接发送到控制台，为此，我们需要再学习一些字符串方面的知识。

大家要记住，如果直接把控制字符打印到控制台，那么终端程序就会像实体的终端机硬件一样，执行这个控制字符所表示的效果，从而影响我们在控制台窗口里面看到的内容。如果你并不打算采用这种方式来控制显示效果，那就别把控制字符直接发给控制台。

15.3 C 语言字符串

前面讲解了每一种字符以及这些字符所支持的操作。我们经常需要在程序中处理单个的字符，然而除此之外，我们还经常要用字符来构造并操作词与句子。因此，我们需要一种由字符所构成的序列，也就是字符串。

15.3.1 带有终结符的字符数组

字符串是一种特殊的字符数组，它的特殊之处在于：字符串中的最后一个字符之后必须出现一个特殊字符，也就是 NUL 符[⊖]。该字符的值为 0。这个字符用来表示字符串到此结束。

字符串扩展了普通的数组，它是一种有特殊格式的字符数组，这种数组必须用 NUL 符收尾。这个字符有时也叫作标记值（sentinel）。这样的值用来表示某一组字符或某一组符号到此结束。例如，我们通过循环结构处理字符串中的元素（也就是字符）时可以把 NUL 字符当成标记值：只要遇到这个符号，就说明我们已经把该字符串中的每个元素（也就是每个字符）都处理完了。为了便于处理，我们必须记得让每个字符串都以 NUL 结尾。

单个的字符写在一对单引号里面，例如 'x'；字符串则要写在一对双引号里面，例如 "Hello"。这种形式的字符串叫作字符串字面量或者字符串字面值（string literal），它是一种常量，无法修改。用这种形式定义字符串时，null 字符会自动出现在相应的字符数组末尾。这也就意味着字符数组里的元素个数总比字符串中的有效字符数多一个，多出来的这个元素就是 NUL 字符。比方说，"Hello" 这个字符串所对应的字符数组里面有 6 个元素，前 5 个元素分别对应于字符串中那 5 个可以打印的字符，最后一个元素是 NUL 字符。

如果不加 NUL 字符，那么这种数组就成了无效的字符串，或者说，它只是一个由字符所构成的数组，而不是一个有效的字符串。在这样的无效字符串上面执行字符串操作可能导致程序的数据错乱。同理，对不以 NUL 标记值收尾的字符串做循环也有可能破坏数据。因此，为了让字符数组能够成为有效的字符串，我们必须添加 NUL 这个终结符。

15.3.2 C 语言字符串的优点

C 语言的字符串所具备的最大优势在于这种字符串很简单，而且是根据已有的机制（也就是字符、数组与指针）构建而成的。这意味着我们可以把数组、指向数组的指针，以及指向数组中某个元素的指针等概念，继续套用到字符串上。我们能够像处理普通的数组那样通过循环结构来迭代字符串。

C 语言的字符串还有一项优势，在于 C 语言的标准库提供了丰富的函数用来操作这种字符串。我们可以通过这些函数，以简便而连贯的方式来创建、复制、追加、提取、对比及搜索字符串。

15.3.3 C 语言字符串的缺点

C 语言的字符串也有一些明显的缺陷。其中最突出的就是 NUL 终结符的用法。这个符号有时会由 C 语言自动替我们添加，有时则需要由我们自己通过编程的手段来手工添加。这种不一致的现象导致我们经常容易在创建字符串时出错，为了确保字符串的格式准确无误，我们必须特别提醒自己注意：什么时候需要在字符串末尾手工添加 NUL 字符。

C 语言的字符串有个比较小的缺点，在于这种字符串的效率有时可能稍微低一些。比

⊖ NUL 字符也可以说成 null 字符或空字符，下同。——译者注

方说，要想知道字符串的长度（也就是有效字符的个数），我们必须把整个字符串从头到尾过一遍。这正是 strlen() 函数所采用的办法，它会遍历整个字符串，以计算初次遇到 '\0' 字符之前所经过的字符数量。这样的遍历在运行程序的过程中可能要执行许多次。这对于计算速度较快的设备来说，可能并不会大幅影响性能，但对于计算速度较慢的简单设备及嵌入式设备来说，则有可能对性能造成一些影响。

本章及后续各章还是会使用 C 语言的字符串来讲解，并让大家熟悉这种字符串的用法。如果你在用了一段时间之后，觉得 C 语言的字符串太麻烦、太容易误用，导致项目不稳定，那么再去考虑其他方案。其中一个替代品是 Better String Library，也就是 Bstrlib 库。这是个稳定且经过彻底测试的字符串库，很适合用来开发正式的软件产品。本书附录会简要地介绍这个库。

15.4　声明并初始化字符串

字符串有许多种声明并初始化的方式。我们接下来就要讲解如何用各种方式来声明并初始化字符串。

15.4.1　声明字符串

字符串有许多种声明方式，第一种方式是声明大小固定（也就是元素数量固定）的字符数组，例如：

```
char aString[8];
```

这样会创建出元素数量为 8 的字符数组，这个数组能够容纳 7 个有效字符（另一个位置必须留给收尾的 NUL 字符）。

声明字符串的第二种方式跟第一种类似，区别在于不指定字符数组的元素数量[㊀]：

```
char anotherString[];
```

我们必须给这样声明出来的 anotherString 字符串做初始化，才能让它变得有意义，初始化字符串的办法会在 15.4.2 节讲解。根据第 14 章讲过的内容，用这种形式声明出来的数组跟指向该数组的指针有点像，实际上，如果不考虑初始化，那确实可以这样说。

声明字符串的最后一种方式就是声明一个指向字符（即 char）的指针：

```
char * pString;
```

跟刚才那种方式类似，要想让这样声明出来的 pString 变得有意义，我们要么给它做初始化，要么就得让它指向某个已有的字符串字面量或某个已经声明过的字符数组。最后这两种方式，在不谈初始化的前提下，也可以用来声明函数的参数，这样声明出来的参数

㊀ 采用这种写法的时候，必须同时给数组做初始化，否则编译器会报错。——译者注

用以指代函数所接收的某个字符串，这个字符串必须是已经得到声明并经过初始化的。

对于这三种方式来说，我们最好是能够在声明字符串的这条语句里面，顺便给字符串做初始化。

15.4.2 初始化字符串

声明并初始化字符数组时，有这样几种写法是大家必须要知道的。下面我们就来解释这些写法的意思：

1. 第一种写法是声明并初始化一个空白的字符串，这样一个字符串中不包含任何可以打印的字符：

```
char  string0[8] = { 0 };
```

这样创建出的 string0，是含有 8 个元素的字符数组，这 8 个元素的初始值都是 NULL，也就是 NUL 字符，或者可以说，它们的初始值都是 0。

2. 第二种写法是声明一个字符串，并分别初始化其中的每个字符：

```
char  string1[8] = { 'h' , 'e' , 'l' , 'l', 'o' , '\0' };
```

采用这种写法时，必须记得添加最后那个 nul 字符，也就是 '\0' 字符。另外要注意，尽管我们声明该数组时指定的元素数量是 8，但实际上，我们只写出了前 6 个元素的初始值。这种写法是比较烦琐的。

3. 好在 C 语言提供了第三种写法，让我们能够更加方便地初始化字符串的内容：

```
char  string2[8] = "hello";
```

这样制作出来的 string2 数组含有 8 个元素，其中前 6 个元素的初始值分别对应于 "hello" 这个字符串字面量中的相应字符。也就是说，编译器会把字符串字面量中的每个字符（也包括收尾用的 nul 字符，即 '\0'）分别复制到字符数组的相应位置上。由于我们在声明数组时指定了元素的数量，因此需要注意：这个数量必须等于或大于字符串字面量中的字符数（nul 字符也要算在里面）。如果数组的元素数量小于字符串字面量中的字符数（记得算上 nul 字符），那么编译器就会报错。这种写法也比较麻烦。

4. C 语言还提供了更方便的写法，让开发者无须指定字符数组的元素数量：

```
char  string3[]  = "hello";
```

我们声明 string3 数组时没有指定它的元素数量，然而 C 语言的编译器会根据字符串字面量中的字符数（也包括收尾的 nul 字符）来给这个数组准确地分配空间，并把字面量中的相应字符复制过去。于是，string3 数组的元素数量就是 6，我们不需要提前计算并在声明该数组时写出这个数量。

用上面几种写法初始化而成的数组，其中的每个元素（或者说，每个字符）都能以数组名称及下标（即 []）的形式来访问，或通过指针的形式来遍历。而且，我们可以修改数组中的每个元素（或者说，每个字符）。遍历或修改这种数组所用的办法跟我们在第 14 章讲的类似。

声明一个未指定元素个数的字符数组并用字符串字面量来初始化该数组，与声明一个字符指针并让它指向那个字符串字面量，区别很大。"hello" 这样的字符串字面量本身，其内容正如 593 这样的数字式字面量一样，不可修改。

我们可以像下面这样声明一个指向字符的指针，并用字符串字面量来初始化该指针：

```
char* string4     = "hello";
```

string4 是个指向字符的指针，它所指向的字符是 "hello" 这个字符串字面量的首字符。这种写法并不会引发字符复制。稍后我们可以给 string4 赋予其他值，让它指向另一个字符串字面量或另一个字符数组。另外，"hello" 是一种常量，这意味着我们只能通过 string4 这个字符指针来遍历 "hello" 字符串或访问其中的每个字符，而不能修改那些字符。

如果某个字符串是用字符数组表示的，那我们就可以像修改其他类型的数组那样修改这个字符数组中的每个元素（或者说，每个字符），但如果字符串是用字面量表示的，那就不能修改了。下面这个程序用刚才说的各种写法来初始化字符串，并修改每个字符串的首个字符：

```
#include <stdio.h>
#include <ctype.h>

int main( void )
{
  char  string0[8] = { 0 };
  char  string1[8] = { 'h' , 'e' , 'l' , 'l', 'o' , '\0' };
  char  string2[8] = "hello";
  char  string3[]  = "hello";
  char* string4    = "hello";
  printf( "A) 0:\"%s\" 1:\"%s\" 2:\"%s\" 3:\"%s\" 4:\"%s\"\n\n" ,
           string0 , string1 , string2 , string3 , string4 );

  string0[0] = 'H';
  string1[0] = 'H';
  string2[0] = toupper( string2[0]);
  string3[0] = toupper( string3[0]);
//  string4[0] = 'H';  // Can't do this because it's a pointer
                       // to a string literal (constant).
  char* string5 = "Hello"; // assign pointer to new string
  printf( "B) 0:\"%s\"  1:\"%s\"  2:\"%s\"  3:\"%s\"  4:\"%s\"\n\n" ,
          string0 , string1 , string2 , string3 , string5 );
}
```

现在我们解释这个程序之中的各个部分：

1. 首先，我们要声明并初始化字符数组。string0 是个空白的字符串，它里面没有任何可以打印的字符。这个数组的元素个数是 8，string1 与 string2 的元素个数也是 8。

这三个数组的元素个数都比保存它们的内容所需使用的元素个数要多。string3 的元素个数恰好等于保存 "hello" 这个字符串所需的元素个数，也就是 6（注意，不是 5，因为我们还得算上收尾的 nul 字符）。string4 是一个指向字符串字面量的指针。

2. 然后，我们用一条 printf() 语句打印这些字符串。为了在每个字符串两边打上双引号，我们需要把相应的双引号也写在传给 printf() 函数的首个参数中，为了与该参数左右两端的总双引号相区分，我们必须在这些双引号左边加上 \ 字符，也就是要写成 \"。

3. 最后，我们修改每个字符数组的首个元素（也就是每个字符串的首个字母），让它从小写变成大写。修改前两个字符串时，我们是把 'H' 直接赋给相应的元素，然而在修改后面两个字符串时，我们则是先调用标准库里的 toupper() 函数，让该函数去执行转换，然后再把转换后的结果赋给相应的元素。

请创建名为 simpleStrings.c 的文件并录入上述代码。保存文件，然后编译并运行程序。你应该会看到下面这样的输出信息。

```
> gcc simpleStrings.c -o simpleStrings  -Wall -Werror -std=c11
> simpleStrings
A) 0:""    1:"hello"  2:"hello"  3:"hello"  4:"hello"

B) 0:"H"   1:"Hello"  2:"Hello"  3:"Hello"  4:"Hello"

> 
```

你可以在这个程序的基础上做实验。比方说，如果试着修改 string4 的首个字母，那程序会怎样？如果试着把 string1 初始化成一个字符数超过其容量（也就是 8）的字符串，例如 "Ladies and gentlemen"，那会怎样？另外，你还可以试着编写一个循环结构，把 string2 中的每个字符都转成大写，并根据 strlen() 函数所给出的字符串长度或根据当前是否遇到 '\0' 字符来决定何时终止该循环。使用 strlen() 函数之前必须先包含 <string.h> 头文件，这个函数会在 15.6 节讲到。这些实验的参考代码也写在本书源码库中的 simpleStrings.c 文件里。

15.4.3 把字符串传给函数

我们可以让函数的参数以数组形式或指针形式来接收普通的数组，而对于表示字符串所用的字符数组来说，其实也一样：

1. 第一种方式是在参数中明确写出这个字符数组的元素个数：

```
void Func1( char aStr [8] );
```

这样声明参数会让 Func1() 函数接受一个有效字符数量最多为 7 的字符数组（注意，不是 8，因为要扣掉收尾的 nul 字符）。编译器会验证调用方传给 Func1() 的这个字符数组确实包含 8 个字符元素[⊖]。如果你知道自己要处理的字符串应该是多长，那么用这种方式

⊖ 实际上并不会执行这样的验证。——译者注

来设计参数就比较有用。

2. 第二种设计参数的办法是不指定字符数组的元素个数，例如：

```
void Func2( char aStr [] );
void Func3( int size, char aStr [] );
```

Func2() 函数只要求调用方传入字符数组，而没有要求同时传入数组的元素数量，这样做意味着我们设计这个函数时，默认调用方给 aStr 参数所传的字符串肯定会用 '\0'（也就是 nul 字符）收尾。如果想设计得更保险一点，那么可以像 Func3() 函数那样，要求调用方同时传入数组的元素数量（或字符串的长度）。

3. 最后一种设计方式是让函数接受一个指向某字符串开头的指针。这个指针所指的字符串既可以是字符数组，又可以是字符串字面量：

```
void Func4( char* pStr );
```

4. 如果要保证函数不会修改它所接受的字符串，那么可以给这些参数分别加上 const 修饰符，例如：

```
void Func1_Immutable( const char aStr[8]);
void Func2_Immutable( const char aStr[]);
void Func3_Immutable( int size, const char aStr[]);
void Func4_Immutable( const char* pStr);
```

这样声明出来的函数能够确保函数的定义（也就是函数的实现代码）不会修改调用方所传入的字符串之中的字符。

15.4.4 空白字符串与空字符串

如果字符串里没有可以打印的字符，那么这种字符串就称为空白字符串（empty string）。下面这三种方式所定义的字符串都是空白字符串：

```
char emptyString1[1] = { '\0' };
char emptyString2[100] = { 0 };
char emptyString3[8] = { '\0' , 'h' , 'e' , 'l' , 'l' , 'o' , '\0' } ;
```

第一个空白字符串是仅包含一个元素的字符数组，这个元素就是 nul 字符（即 '\0' 字符）。第二个空白字符串是包含 100 个元素的字符数组，这 100 个元素全都是 nul 字符（即 '\0' 字符）。第三个空白字符串虽然在初始化时用到了可打印的字符，但这个数组的首元素（即下标为 0 的元素）是 nul 字符。只要一出现这个字符，就意味着字符串到此结束，所以无论该字符后面出现什么字符，这个字符串都是一个空白的字符串。

如果某个字符指针所指向的是 NULL，那么该指针所表示的字符串就叫作空字符串（null string）。

空白字符串与空字符串不是一回事。空白字符串是一个字符数组，其中至少有一个元素，也就是位于数组开头的那个 '\0' 的元素，用以表示 NUL 字符；而空字符串的背后则没有任何数据，程序不会给它分配任何内存，这只是一个用指向 NULL 的字符指针来表示的概念而已。

空白字符串与空字符串之间的区别，在我们创建或使用那种接受字符串的函数时显得尤其重要。函数可能要求调用方传入一个有效的字符串（也包括空白字符串），然而调用方所传入的字符串或许是一个空字符串。这会让程序的行为错乱。为了避免这种错误，我们在创建用字符串作参数的函数时必须检查参数的实际值是不是空字符串。我们在使用已有的字符串函数时，也应该提前确认该函数是否支持空字符串，或在调用前先判断字符串是不是为空。

15.4.5 重新审视 Hello, World! 程序

还有一种把字符串传给函数的办法是直接将字符串字面量传给相应的参数，例如：

```
Func5( "Passing a string literal" );
```

这条函数调用语句，在调用 Func5() 函数时，把 "Passing a string literal" 这个字符串字面量传给了该函数的参数。这个 Func5() 函数的参数有四种设计方式：

```
void Func5( char aStr [] );
void Func5( char* aStr );
void Func5( const char aStr [] );
void Func5( const char* aStr );
```

前两种设计方式是把函数的参数写为非恒常的（non-constant，或者说可以修改的）字符数组或字符指针形式，后两种设计方式则是把函数的参数写为恒常的（constant，或者说不可修改的）字符数组或字符指针形式。由于我们传给 Func5() 函数的是个字符串字面量，因此无论你采用哪种方式来设计参数，函数都不应该在它的函数体（也就是实现代码）里面修改这个 aStr 参数的内容，否则可能会让程序在运行时出问题。

这就引出了一种相当微妙的“初始化”方式，也就是把字符串字面量传给函数的参数，让参数的初始值指向这个字面量。这种写法其实在本书的第一个程序（也就是第 1 章的 Hello, World! 程序）里已经出现了，当时我们写过这样一条语句：

```
printf( "Hello, World!\n" );
```

现在我们来说说调用 printf() 函数时都发生了什么。程序执行到这条语句时会分配一个指针，用以指向 "Hello, World!\n" 这个字符串字面量。程序会让这个指针指向该字符串的首字符，并把指针传给 printf() 函数的首个参数。无论 printf() 函数的首个参数是通过指针形式还是通过数组形式来接受这个值，该函数都可以在函数体里面像访问其他数组那样访问这个字符数组（也就是这个字符串）。只不过，由于这个字符数组是由一个字符串字面量支撑的，因此该数组中的每个元素都相当于常量，不应该为 printf() 函数所修改。等到函数把控制权返回给主函数的时候，程序会对当初执行这条语句时所分配的这个指针执行解除分配（deallocate）的操作。

如果你想多次使用某个字符串，或者想在使用前先修改它的内容，那么可以采用下面这种方式来声明并初始化字符串：

```
char greeting[] = "hello, world!";
```

我们可以把这样创建出来的字符串传给 printf() 函数，让那个函数去使用这个字符串：

```
printf( "%s\n" , greeting );
```

然后，我们还可以把字符串里的所有字母都转成大写，并再度调用 printf() 函数，以打印转换之后的内容：

```
int i = 0;
while( greeting[i] != '\0' ) {
  greeting[i] = toupper( greeting[i] );
}
printf( "%s\n" , greeting );
```

这三段代码合起来所要表达的意思是：我们可以根据字符串字面量创建一个字符串，然后打印它的内容，接下来修改这个字符串，最后再次打印其内容。请新建名为 greet.c 的文件，并把刚才那些代码写到 main() 函数的函数体里面。这份文件除了要包含 stdio.h，还必须包含 ctype.h 头文件，因为我们要使用其中的 toupper() 函数。编译并运行程序，你应该会看到下面这样的输出结果。

```
> cc greet.c -o greet -Wall -Werror -std=c11
> greet
hello, world!
HELLO, WORLD!
> 
```

大家看到，程序首先打印了小写版的欢迎词。然后把其中的字母都转成大写，接着又打印了大写版的欢迎词。请注意，toupper() 函数只会把小写字母转成大写，而不会处理其他字母和字符，例如把逗号（,）与感叹号（!）交给该函数，得到的还是原来的字符。

另外，我们本来可以先求出字符串的长度，然后通过 for()... 语句做循环。但我们没有这么写，而是采用 while()... 语句来做循环，因为我们能够根据字符串里的标记值（也就是 '\0' 字符）决定该循环何时结束。

15.5 创建并使用字符串数组

有时我们需要创建一张表格，并把一组相互关联的字符串写在这张表格里面。这样的表格通常叫作查询表或查找表（lookup table），它可以有多种形式。有了查询表，我们就可以用下标来访问该表格以查出相应位置上的字符串。我们可以像下面这样声明一个一维数组，让其中的每个元素（也就是每个字符指针）都指向跟一星期中的这一天所对应的英文单词：

```
char* weekdays[] = { "Sunday" ,
                     "Monday" ,
                     "Tuesday" ,
                     "Wednesday" ,
                     "Thursday" ,
                     "Friday" ,
                     "Saturday" };
```

注意看，这些英文单词的长度（或者说，这些字符串的字符个数）并不完全一致。另外，我们是直接用字符串字面量给 weekdays 数组里的元素做初始化的，而不是先根据相应的字面量创建一批字符数组，然后再拿每个字符数组的地址来初始化 weekdays 里的元素，这样写没有问题，因为我们只是要查询每星期的这一天叫什么，而没有打算修改这些名字。有了这样一张表格，我们就可以把一星期中的某一天从数字形式转化成字符串形式并打印出来：

```
int dayOfWeek = 3;
printf( "Today is %s \n" , weekdays[ dayOfWeek ] );
```

如果 dayOfWeek 的值是 3，那么打印出来的就是 "Wednesday" 这个字符串，表示星期三。

我们可以按照同样的写法构建一张简单的查找表，并用一批字符串字面量来初始化这张表格（或者说，初始化这个一维数组），这样我们就能根据某个控制字符的值查出该字符的助记码，从而将 ASCII 表中的第一大列打印出来，进而完整地实现本章开头所提到的打印 ASCII 表的程序。这个针对控制字符的查询表可以像下面这样来创建：

```
char* ctrl[] = { "NUL","SOH","STX","ETX","EOT","ENQ","ACK","BEL",
                 " BS"," HT"," LF"," VT"," FF"," CR"," SO"," SI",
                 "DLE","DC1","DC2","DC3","DC4","NAK","SYN","ETB",
                 "CAN"," EM","SUB","ESC"," FS"," GS"," RS"," US" };
```

请注意，虽然有些控制字符的助记码是两个字母，有些是三个字母，但我们这张表格中的字面量全都由三个字符构成，这样可以让第一大列里面显示助记码的那个小列对齐，令输出效果更加美观。

现在我们可以把打印控制字符的功能添加到这个输出 ASCII 表的程序里面了。请把 printASCII.c 文件复制一份，命名为 printASCIIwithControl.c，然后按下列步骤修改：

1. 把创建 ctrl[] 这张查询表所用的代码添加到声明 c1 及 c4 那几个变量的代码之前或之后。

2. 在 for()... 循环内的第一条 printf() 语句之前添加这样一条语句：

```
printf("| %s ^%c %3d %#4x ",
       ctrl[i] , c1+64 , c1 , c1 );
```

3. 有些 printf() 语句可能会写得比较长。你可以添加适当的空白，把这些语句调整得更加清晰。

4. 现在的程序代码应该是这样：

```
#include <stdio.h>
int main( void ) {
  char* ctrl[] = { "NUL","SOH","STX","ETX","EOT","ENQ","ACK","BEL",
                   " BS"," HT"," LF"," VT"," FF"," CR"," SO"," SI",
                   "DLE","DC1","DC2","DC3","DC4","NAK","SYN","ETB",
                   "CAN"," EM","SUB","ESC"," FS"," GS"," RS"," US"
};
  char c1 , c2 , c3 , c4;
  printf( "|-----------------" );
  printf( "|---------------------------------------|\n" );
  printf( "| SYM Ch Dec  Hex " );
  printf( "| Ch Dec  Hex | Ch Dec  Hex | Ch Dec  Hex |\n" );
  printf( "|-----------------" );
  printf( "|-------------|-------------|-------------|\n" );
  for( int i = 0 ; i < 32; i++)
  {
    c1 = i;
    c2 = i+32;
    c3 = i+64;
    c4 = i+96;
    printf( "| %s ^%c %3d %#4x " ,
            ctrl[i] , c1+64 , c1 , c1 );
    printf( "|  %c %3d %#x " ,
            c2 , c2 , c2 );
    printf( "|  %c %3d %#x " ,
            c3 , c3 , c3 );

    if( c4 != 127 ) {
      printf( "|  %c %3d %#x \n" ,
              c4 , c4 , c4  );
    } else {
      printf( "|%s %3d %#x |\n",
              "DEL" , c4 , c4 );
    }
  }
  c1 = 0x7;
  printf("%c%c%c", c1 , c1 , c1);
}
```

5. 保存文件，然后构建并运行程序。你应该看到下面这样的输出效果。

```
[> gcc printASCIIwithControl.c -o printASCIIwithControl  -Wall -Werror -std=c11
[> printASCIIwithControl
           Table of 7-Bit ASCII and
         Single-Byte UTF-8 Character Sets

|Control Character|    Printable Characaters (except DEL)    |
|-----------------|-----------------------------------------|
| SYM Ch Dec  Hex | Ch Dec  Hex | Ch Dec  Hex | Ch Dec  Hex |
|-----------------|-------------|-------------|-------------|
| NUL ^@  0    0 |     32 0x20 | @  64 0x40 ||  `  96 0x60 |
| SOH ^A  1  0x1 |  !  33 0x21 | A  65 0x41 ||  a  97 0x61 |
| STX ^B  2  0x2 |  "  34 0x22 | B  66 0x42 ||  b  98 0x62 |
| ETX ^C  3  0x3 |  #  35 0x23 | C  67 0x43 ||  c  99 0x63 |
| EOT ^D  4  0x4 |  $  36 0x24 | D  68 0x44 ||  d 100 0x64 |
| ENQ ^E  5  0x5 |  %  37 0x25 | E  69 0x45 ||  e 101 0x65 |
| ACK ^F  6  0x6 |  &  38 0x26 | F  70 0x46 ||  f 102 0x66 |
| BEL ^G  7  0x7 |  '  39 0x27 | G  71 0x47 ||  g 103 0x67 |
|  BS ^H  8  0x8 |  (  40 0x28 | H  72 0x48 ||  h 104 0x68 |
```

```
|  HT ^I   9  0x9 |  )  41 0x29 |  I  73 0x49 ||  i 105 0x69 |
|  LF ^J  10  0xa |  *  42 0x2a |  J  74 0x4a ||  j 106 0x6a |
|  VT ^K  11  0xb |  +  43 0x2b |  K  75 0x4b ||  k 107 0x6b |
|  FF ^L  12  0xc |  ,  44 0x2c |  L  76 0x4c ||  l 108 0x6c |
|  CR ^M  13  0xd |  -  45 0x2d |  M  77 0x4d ||  m 109 0x6d |
|  SO ^N  14  0xe |  .  46 0x2e |  N  78 0x4e ||  n 110 0x6e |
|  SI ^O  15  0xf |  /  47 0x2f |  O  79 0x4f ||  o 111 0x6f |
| DLE ^P  16 0x10 |  0  48 0x30 |  P  80 0x50 ||  p 112 0x70 |
| DC1 ^Q  17 0x11 |  1  49 0x31 |  Q  81 0x51 ||  q 113 0x71 |
| DC2 ^R  18 0x12 |  2  50 0x32 |  R  82 0x52 ||  r 114 0x72 |
| DC3 ^S  19 0x13 |  3  51 0x33 |  S  83 0x53 ||  s 115 0x73 |
| DC4 ^T  20 0x14 |  4  52 0x34 |  T  84 0x54 ||  t 116 0x74 |
| NAK ^U  21 0x15 |  5  53 0x35 |  U  85 0x55 ||  u 117 0x75 |
| SYN ^V  22 0x16 |  6  54 0x36 |  V  86 0x56 ||  v 118 0x76 |
| ETB ^W  23 0x17 |  7  55 0x37 |  W  87 0x57 ||  w 119 0x77 |
| CAN ^X  24 0x18 |  8  56 0x38 |  X  88 0x58 ||  x 120 0x78 |
|  EM ^Y  25 0x19 |  9  57 0x39 |  Y  89 0x59 ||  y 121 0x79 |
| SUB ^Z  26 0x1a |  :  58 0x3a |  Z  90 0x5a ||  z 122 0x7a |
| ESC ^[  27 0x1b |  ;  59 0x3b |  [  91 0x5b ||  { 123 0x7b |
|  FS ^\  28 0x1c |  <  60 0x3c |  \  92 0x5c ||  | 124 0x7c |
|  GS ^]  29 0x1d |  =  61 0x3d |  ]  93 0x5d ||  } 125 0x7d |
|  RS ^^  30 0x1e |  >  62 0x3e |  ^  94 0x5e ||  ~ 126 0x7e |
|  US ^_  31 0x1f |  ?  63 0x3f |  _  95 0x5f ||DEL 127 0x7f |
> 
```

你还应该听到三声响。这个程序把 ASCII 表的第一大列打印了出来，这个大列里面包含下面四小列：

- ❑ 控制字符的助记码
- ❑ 控制字符所对应的键盘按键
- ❑ 控制字符的十进制值
- ❑ 控制字符的十六进制值

把程序输出的内容跟本章开头的表格对比一下，你会发现，显示控制字符的这个大列里面缺了一个小列。那一小列是指如何在 printf() 函数的格式字符串里面用转义符（\）与某个字符的形式来表示这个控制字符。前面说过，有些控制字符是用来控制计算机设备的，因此，并非所有的控制字符都有对应的转义序列。为了打印这一小列，我们需要增设一张查询表：

```
char format[] = {  '0',  0  ,  0  ,  0  ,  0  ,  0  ,  0 , 'a' ,
                   'b', 't' , 'n' , 'v' , 'f' , 'r' ,  0 ,  0  ,
                    0 ,  0  ,  0  ,  0  ,  0  ,  0  ,  0 ,  0  ,
                    0 ,  0  ,  0  , 'e' ,  0  ,  0  ,  0 ,  0  };
```

注意，这个数组的元素是单个字符，而不是字符串。为了把每个控制字符所对应的转义序列构造出来，我们需要先写反斜线（\），然后把与该控制字符相对应的某个字符写在反斜线的后面，以表示对这个字符做转义处理：

```
char fmtStr[] = "   ";
if( format[i] )
{
  fmtStr[1] = '\';
  fmtStr[2] = format[i];
}
```

这段代码应该写在 for()... 循环体的第一个 printf() 语句之前。每次执行循环体时，程序都会重新给 fmtStr 分配空间，并用一个含有三个空格的字符串来初始化 fmtStr。

然后我们判断查询表里面的对应条目是不是零值（或者说，是不是 NULL），如果不是，那就说明这个控制字符可以用转义序列的形式写在 printf() 函数的格式字符串里面，于是我们修改 fmtStr 的内容，让它采用一个反斜线（\）与一个适当的字符来表示当前这个控制字符。

接下来，我们还要修改循环体内的第一条 printf() 语句：

```
printf( "| %s %s ^%c %3d %#4x " ,
        ctrl[i] , fmtStr , c3 , c1 , c1 );
```

最后，我们需要调整表头，让它跟扩充之后的第一大列相符。请把 printASCIIwithControl.c 文件复制一份，起名为 printASCIIwithControlAndEscape.c。然后按下列步骤修改：

1. 添加 format[] 查询表。
2. 添加构建 fmtStr 所用的逻辑代码。
3. 修改打印第一大列的那条 printf() 语句，让它把 fmtStr 也打印出来。
4. 修改打印表头的那几条 printf() 语句，让它与扩充之后的第一大列相符。

编译 printASCIIwithControlAndEscape.c 文件并运行程序。你应该会看到下面这样的输出效果。

```
> gcc printASCIIwithControlAndEscape.c -o printASCIIwithControlAndEscape  -Wall
-Werror -std=c11
> printASCIIwithControlAndEscape
                 Table of 7-Bit ASCII and
              Single-Byte UTF-8 Character Sets

| Control Characters |  Printable Characaters (except DEL)  |
|--------------------|--------------------------------------|
| SYM Fmt Ch Dec  Hex | Ch Dec  Hex | Ch Dec  Hex | Ch Dec  Hex |
|--------------------|------------|------------|------------|
| NUL  \0 ^@   0    0 |     32 0x20 |  @  64 0x40 ||  `  96 0x60 |
| SOH     ^A   1  0x1 |  !  33 0x21 |  A  65 0x41 ||  a  97 0x61 |
| STX     ^B   2  0x2 |  "  34 0x22 |  B  66 0x42 ||  b  98 0x62 |
| ETX     ^C   3  0x3 |  #  35 0x23 |  C  67 0x43 ||  c  99 0x63 |
| EOT     ^D   4  0x4 |  $  36 0x24 |  D  68 0x44 ||  d 100 0x64 |
| ENQ     ^E   5  0x5 |  %  37 0x25 |  E  69 0x45 ||  e 101 0x65 |
| ACK     ^F   6  0x6 |  &  38 0x26 |  F  70 0x46 ||  f 102 0x66 |
| BEL  \a ^G   7  0x7 |  '  39 0x27 |  G  71 0x47 ||  g 103 0x67 |
|  BS  \b ^H   8  0x8 |  (  40 0x28 |  H  72 0x48 ||  h 104 0x68 |
|  HT  \t ^I   9  0x9 |  )  41 0x29 |  I  73 0x49 ||  i 105 0x69 |
|  LF  \n ^J  10  0xa |  *  42 0x2a |  J  74 0x4a ||  j 106 0x6a |
|  VT  \v ^K  11  0xb |  +  43 0x2b |  K  75 0x4b ||  k 107 0x6b |
|  FF  \f ^L  12  0xc |  ,  44 0x2c |  L  76 0x4c ||  l 108 0x6c |
|  CR  \r ^M  13  0xd |  -  45 0x2d |  M  77 0x4d ||  m 109 0x6d |
|  SO     ^N  14  0xe |  .  46 0x2e |  N  78 0x4e ||  n 110 0x6e |
|  SI     ^O  15  0xf |  /  47 0x2f |  O  79 0x4f ||  o 111 0x6f |
| DLE     ^P  16 0x10 |  0  48 0x30 |  P  80 0x50 ||  p 112 0x70 |
| DC1     ^Q  17 0x11 |  1  49 0x31 |  Q  81 0x51 ||  q 113 0x71 |
| DC2     ^R  18 0x12 |  2  50 0x32 |  R  82 0x52 ||  r 114 0x72 |
| DC3     ^S  19 0x13 |  3  51 0x33 |  S  83 0x53 ||  s 115 0x73 |
| DC4     ^T  20 0x14 |  4  52 0x34 |  T  84 0x54 ||  t 116 0x74 |
| NAK     ^U  21 0x15 |  5  53 0x35 |  U  85 0x55 ||  u 117 0x75 |
| SYN     ^V  22 0x16 |  6  54 0x36 |  V  86 0x56 ||  v 118 0x76 |
| ETB     ^W  23 0x17 |  7  55 0x37 |  W  87 0x57 ||  w 119 0x77 |
| CAN     ^X  24 0x18 |  8  56 0x38 |  X  88 0x58 ||  x 120 0x78 |
|  EM     ^Y  25 0x19 |  9  57 0x39 |  Y  89 0x59 ||  y 121 0x79 |
| SUB     ^Z  26 0x1a |  :  58 0x3a |  Z  90 0x5a ||  z 122 0x7a |
| ESC  \e ^[  27 0x1b |  ;  59 0x3b |  [  91 0x5b ||  { 123 0x7b |
|  FS     ^\  28 0x1c |  <  60 0x3c |  \  92 0x5c ||  | 124 0x7c |
|  GS     ^]  29 0x1d |  =  61 0x3d |  ]  93 0x5d ||  } 125 0x7d |
|  RS     ^^  30 0x1e |  >  62 0x3e |  ^  94 0x5e ||  ~ 126 0x7e |
|  US     ^_  31 0x1f |  ?  63 0x3f |  _  95 0x5f ||DEL 127 0x7f |
>
```

你可能要反复调整 printf() 语句才能把表头打印得完全正确。现在，我们有了一个能够完整显示 ASCII 字符表的程序，每次想查看这张字符表时，只需要运行这个程序即可。

大家可以再做一项实验，修改 printASCII.c 的代码，让它把 128 至 255 这一范围内的字符也打印出来。由于这些字符属于扩展的 ASCII 字符，因此同一个值在不同的操作系统上可能对应于不同的字符。并没有统一的标准来规范 128 至 255 之间的扩展 ASCII 字符。笔者建议你尽快做这项实验，你可以将自己编写的代码与本书代码库里的 printExtendedASCII.c 文件进行对比[⊖]。

15.6 用标准库中的函数执行常见的字符串操作

C 语言的标准库提供了许多针对字符的函数，同时也提供了许多针对字符串的函数。这些函数声明在 string.h 这份头文件里。我们先把这些函数简单地介绍一下，在后续的章节里面会用这些函数实现一些有意义的功能。

15.6.1 常用的字符串函数

如果你尝试过本章前面提到的实验，那应该已经碰到 strlen() 这个函数了，它会计算出字符串中（除了末尾的 nul 字符之外）的字符数。下面列出我们经常会用到的几类字符串函数，并介绍这些函数的功能：

- **复制、追加与裁剪字符串：**
  - strcat()：拼接两个字符串。该函数会把其中一个以 null 结尾的字符串（所具备的有效字符）拼接在另一个以 null 结尾的字符串（所具备的有效字符）后面，并在拼接成的内容尾部添加 '\0' 字符。目标字符串必须有足够大的空间来容纳拼接的结果。
  - strcpy()：把某个字符串的内容（也包括收尾的 '\0' 字符）复制到另一个字符串里面。
  - strtok()：把某个字符串拆分成多个标记（token），或者说，拆分成多个子字符串（sub-string，也叫子串）。
- **对比两个字符串：**
  - strcmp()：对比两个字符串。按字典顺序比较两个以 null 结尾的字符串。
- **搜寻字符串中的某个字符：**
  - strchr()：在字符串中搜寻某个字符。它返回首次遇到该字符的位置。
  - strrchr()：在字符串中反向搜寻某个字符。它返回该字符在字符串中最后一次出现时的位置。

⊖ 在某些操作系统的命令行界面中，128 至 255 之间的字符可能会显示为乱码。你可以考虑修改终端窗口所用的编码标准，例如从 UTF-8 改为 MAC_ROMAN 等。——译者注

- strpbrk()：在字符串中搜寻某一组字符中的任何一个字符。
- **搜寻字符串中的某串字符：**
  - strstr()：在字符串中搜寻某个子串。

这些函数都要求调用者所传入的字符串必须以 null 结尾。因此，我们在使用这些函数时必须小心，如果传入了没有以 null 收尾的字符串，那么可能导致程序的行为错乱。

15.6.2 更安全的字符串函数

有时我们无法确保某个字符数组（或者说，某个字符串）必定会有一个用来收尾的 null 字符。在从文件或控制台中读取数据，或采用非常规的方式动态构建字符串时，更容易遇到这种情况。为了防止程序的行为错乱，我们可以采用另外一组函数来操作字符串，这组函数内置了上限机制，它们只会处理字符数组（即字符串）中的前 *N* 个字符。下面举出几个能够安全操作字符串的函数：

- **复制与追加字符串：**
  - strncat()：拼接两个字符串。这个函数最多只会把以 null 结尾的源字符串中的 *N* 个字符拼接到以 null 结尾的目标字符串后面，然后在拼接而成的内容最后添加 '\0' 字符。目标字符串必须有足够大的空间来容纳拼接结果。
  - strncpy()：把某个字符串中的字符复制到另一个字符串里面，但最多只复制 *N* 个字符。这个函数会根据目标字符串的容量，给其中填充 nul 字符，但有时也会导致目标字符串不以 nul 字符收尾。
- **对比两个字符串：**
  - strncmp()：对比两个字符串。按字典顺序比较两个以 null 结尾的字符串，但最多只比较前 *N* 个字符。

为了演示这些函数的用法，我们创建名为 saferStringOps.c 的文件，并录入下列代码：

```
#include <stdio.h>
#include <string.h>
#include <ctype.h>
void myStringNCompare( char* s1 , char* s2 , int n);

int main( void )  {
  char salutation[] = "hello";
  char audience[]   = "everybody";
  printf( "%s, %s!\n", salutation , audience );
  int lenSalutation = strlen( salutation );
  int lenAudience   = strlen( audience );
  int lenGreeting1 = lenSalutation+lenAudience+1;
  char greeting1[lenGreeting1];
  strncpy( greeting1 , salutation , lenSalutation );
  strncat( greeting1 , audience   , lenAudience );
  printf( "%s\n" , greeting1 );
```

```
  char greeting2[7] = {0};
  strncpy( greeting2 , salutation , 3 );
  strncat( greeting2 , audience   , 3 );
  printf( "%s\n" , greeting2 );
```

在该程序的第一部分，我们通过 `strncpy()` 与 `strncat()` 函数，根据已有的字符串构建新字符串。这里的重点在于，这些函数会促使我们在调用时必须考虑字符串的长度，以及目标字符串是否有足够空间来容纳处理结果。

这个程序其余的代码是：

```
  myStringNCompare( greeting1 , greeting2 , 7 );
  myStringNCompare( greeting1 , greeting2 , 3 );
  char* str1 = "abcde";
  char* str2 = "aeiou";
  char* str3 = "AEIOU";
  myStringNCompare( str1 , str2 , 3 );
  myStringNCompare( str2 , str3 , 5 );
}

void myStringNCompare( char* s1 , char* s2 , int n)
{
  int result = strncmp( s1 , s2 , n );
  char* pResultStr;
  if( result < 0 )        pResultStr = "less than (come before)";
  else if( result > 0 ) pResultStr = "greater than (come after)";
  else                    pResultStr = "equal to";
  printf( "First %d characters of %s are %s %s\n" ,
           n, s1 , pResultStr , s2 );
}
```

在程序的这一部分，我们把 `strncmp()` 函数包裹在了自制的包装器函数（也就是 `myStringNCompare()` 函数）中，用以比较两个字符串的顺序。包装器函数（wrapper function，也叫包裹函数）执行某种简单操作，同时还把与该操作有关的一些附加操作也包在函数里面。具体到本例来说，这个附加操作是指用 `printf()` 语句打印出函数所收到的第一个字符串，是小于、等于还是大于第二个字符串。所谓小于，意思是说这个字符串按照字典顺序排在第二个字符串前面。每次比较的时候，我们都把字符上限设为 *N*。另外要注意，小写字母比相应的大写字母要大，这意味着按照字典顺序，这种字母要排在后面，因此，如果你在两个混用大小写的字符串之间比较，那么一定要留意这条规则。

请保存并编译这份文件，然后运行程序。你应该会看到类似下面这样的输出效果。

```
> cc saferStringOps.c -o saferStringOps -Wall -Werror -std=c11
> saferStringOps
hello, everybody!
helloeverybody
heleve
First 7 characters of helloeverybody are greater than (come after) heleve
First 3 characters of helloeverybody are equal to heleve
First 3 characters of abcde are less than (come before) aeiou
First 5 characters of aeiou are greater than (come after) AEIOU
> 
```

这个例子演示了如何通过 `strncmp()` 比较两个字符串的前 *N* 个字符，如果对比完前 *N* 个字符依然无法判定两个字符串的大小，那就不再继续对比，并认定二者相等。你应该继续做实验，用各种字符串来尝试这些复制、拼接与对比字符串的函数，以了解其功能。

除了前面说的这些，还有其他一些字符串函数能够用来执行比较专门的操作[㊀]。下面列出其中的几个：

- `stpcpy()`：这个函数跟 `strcpy()` 类似，但它所返回的指针指向这个以 `'\0'` 字符收尾的目标字符串末尾（而不是开头）。
- `stpncpy()`：跟 `stpcpy()` 类似，但它会精确地限定函数所复制的字符数。
- `strchr()`：参见 15.6.1 节。
- `strrchr()`：参见 15.6.1 节。
- `strspn()`：字符串从开头算起，有多少个连续的字符均位于给定的某组字符中。
- `strcspn()`：字符串从开头算起，有多少个连续的字符均不属于给定的某组字符中。
- `strpbrk()`：参见 15.6.1 节。
- `strsep()`：跟下面说的 `strtok()` 类似，用于将字符串按照指定的分隔符做分割。
- `strstr()`：参见 15.6.1 节。
- `strcasestr()`：跟 `strstr()` 类似，但是忽略大小写。
- `strnstr()`：跟 `strstr()` 类似，但最多只考虑 *N* 个字符。
- `strtok()`：把字符串分割成标记（token）。分割的时候使用某一组字符作为分隔符。
- `strtok_r()`：跟 `strtok()` 类似。

这些函数的详细功能不在本书的讨论范围之内。这里只是列出来让大家知道有这么一些函数而已。

15.7 小结

本章讲解了字符串中的基本元素，也就是字符。我们详细研究了 ASCII 字符表与其结构，并通过多次迭代，逐渐开发出了一款能够完整打印 ASCII 表的程序。另外，我们还讲了 C 语言标准库中能够操作字符的一些简单函数。

然后，我们开始讲解 C 语言的字符串，它其实是一种特殊的字符数组，这种字符数组以 NUL 字符收尾。我们在创建并操作字符串的时候必须注意这个用来表示字符串结尾的 NUL 字符。接下来我们看到，字符串与相关的字符串操作都建立在 C 语言中已有的数组与指针等概念之上。然后，我们谈了字符串字面量（这是一种常量）与可修改的字符串之间的区别，而且说了如何把这两种形式的字符串传给函数。这些与字符串有关的概念都体现在

㊀ 这些函数未必都是 C 语言标准库中的函数，有一些只出现在具体的函数库实现方案（例如 GNU C Library）里面。如果在标准库里找不到某个函数，可参见 www.gnu.org/software/libc/manual/html_mono/libc.html 与 www.freebsd.org/cgi/man.cgi。——译者注

我们开发的范例程序中，这个程序用来完整打印 7 位 ASCII 码的字符表。最后，我们介绍了 C 语言标准库中一些基本的字符串函数，后续章节还会详细讨论其中的某些函数。

虽然字符与字符串都建立在前面已经讲过的概念之上，但本章要理解的内容依然很多。你应该把其中提到的每段程序都彻底演练一遍，并把相关的实验也做一遍，然后再开始看接下来的章节。

本章讲到了一项特别重要的编程技术，也就是迭代式的程序开发。我们最终要实现的效果可能比较复杂，但我们先建立起一款相当简单的程序，并把最终效果里面的某个关键部分实现。具体到本章的范例程序来说，我们在首次迭代时，只打印出整张 ASCII 表里面的一个大列。然后反复修订程序，每次修订都向其中添加一些功能，让程序的效果逐渐接近最终的效果，具体到这个范例程序来说，就是让程序逐渐打印出 ASCII 表里的其他几个大列。接下来，我们处理了表格中的一个特殊字符，也就是 `DEL` 字符。最后，我们通过两轮迭代分别打印出了每个控制字符所对应的助记码与键盘按键，以及其中某些字符在 `printf()` 语句里面的转义序列。

本章到这里就结束了，此时，我们已经知道了 C 语言的基本编程语法。接下来的章节会以各种方式使用 C 语言中的这些语法，以解决某些有用或有趣的问题。每一章都构建在前面各章已经讲过的概念之上，并引入一些重要（而且或许有点抽象）的新概念，让程序变得更加健壮、更加可靠。

第 16 章 Chapter 16

创建并使用复杂的结构体

我们想要用各种类型的数据为现实中的物体建模，并通过程序代码操作这些模型，这样的模型通常应该以集合（collection）的形式来表现，我们前面看到，这些集合能够容纳多种数据，而且有时还可以设计得比较复杂。有些集合是同构的（homogenous），例如数组，其内的每个值都具备相同的类型与大小。还有一些集合则是异构的（heterogeneous），例如结构体，其内的每个值可能都属于 C 语言中某种简单的固有类型，但这些值彼此之间在类型上未必完全一致，因为这些值所对应的现实物体不一定是同一种东西。

本章要讲解比较复杂的结构体。我们会看到下面几种用法：

- 由结构体所构成的数组（也叫作结构体数组）。
- 由数组所构成的结构体。
- 由小结构体所构成的大结构体。
- 由结构体数组所构成的结构体。

刚看到这些概念时，你可能觉得特别困惑。其实这仅是我们对基础概念所做的延伸，前面我们讲过由固有类型的数据所构成的数组与结构体。现在，我们只不过是把其中的固有类型换成了结构体类型或数组类型，然后，我们又想把这样构建出来的复杂数组与复杂结构体嵌套到更大的结构体里面。大家在本章中还会看到访问复杂结构体中的元素时所用的一些新写法。

笔者希望大家能够通过本章了解一个道理，即 C 语言会把基于简单规则所建立的基础概念扩展成更为复杂的概念，而这些复杂的概念在规律上依然和它们所依赖的基础概念相一致。例如我们前面由一维数组出发来理解二维数组，由普通数组出发来理解字符数组乃至字符串。现在依然如此，我们要从简单的结构体出发来理解复杂的结构体。

这些复杂的结构体让我们能够更好地给现实中的物体建模。在学习这些结构体的过程中，我们会思考如何设计函数来操作某个特定的复杂结构体，进而学会操作各种各样的复杂对象。另外，我们还会看到怎样利用指针，把这些操作实现得更直观、更高效。

本章涵盖以下话题：

- ❑ 创建结构体数组。
- ❑ 访问数组中的结构体元素。
- ❑ 操作结构体数组。
- ❑ 创建含有其他小结构体的大结构体。
- ❑ 访问大结构体中的小结构体元素。
- ❑ 操作包含小结构的大结构体。
- ❑ 创建带有数组的结构体。
- ❑ 访问结构体中的数组。
- ❑ 操作带有数组的结构体。
- ❑ 创建包含结构体数组的结构体。
- ❑ 访问结构体中的这个数组里面的每个结构体元素。
- ❑ 操作包含结构体数组的结构体。

为了演示这些概念，我们会继续开发第 10 章提到的 `card4.c` 程序。到本章结束的时候，我们会制作出一个基本的扑克程序，它能够创建一叠牌，并随机洗牌，然后分发给四位玩家，让每位玩家手里有 5 张牌。

16.1 技术要求

详情请参见本书 1.1 节。本章还是要求大家继续使用早前选定的工具来学习。

本章的范例代码也可以从 `https://github.com/PacktPublishing/Learn-C-Programming` 访问获取。

16.2 为什么需要复杂的结构体

我们已经讲过了 C 语言固有的类型，也就是整数、单精度 / 双精度浮点数、Boolean 以及字符，我们还讲了 C 语言中的自定义（或者说定制）类型，这包括结构体与枚举。结构体能够把某物所具备的一系列相关属性分别用某种固有的数据类型表示出来，并将其归为一组，让程序通过该结构体来访问这些属性。另外，我们又讲了 C 语言中的集合类型，也就是数组，它能够把同类型的一批事物归为一组。

这些数据类型都能够在某种程度上给现实中的某些物体（或者说对象）建模，让我们能够在程序中操作该模型。然而现实中还有许多更为复杂的物体，那些物体很难单独使用刚才提到的某一种类型来适当地建模并予以操作。因此，我们必须把数组融入结构体之中，并建立由结构体所构成的数组以表示现实中的复杂事物。这样一来，我们就能给这些事物建模，并在 C 语言的程序中操作这些模型。对现实中的物体所做的复杂模型通常称为数据结构（data structure）。

创建数据模型能够提供丰富的语境，让我们更好地了解模型中的各个值所表示的含义。例如，单说某个值表示长度，我们很难知道它到底指什么东西的长度，但如果把这个值跟表示宽度、高度与各角度的值放在一起，那我们就能够意识到这些值是用来描述某个立体图形的，因此，长度指的是该图形的长度。假如我们没有把这些值合在一起考虑，那就很难看出它们之间的关系，因而很难理解每个值的含义。数据结构可以说是我们对现实物体所做的一种逻辑表述。

要想针对现实中的事物编写程序，我们必须掌握这样一个核心理念，也就是要从两个层面上做出抽象：

- 第一个层面是用极简且必要的方式把这个东西表示出来。
- 第二个层面是用对我们有意义的方式来操作这个或这些东西。

我们只需要用数据结构把这个事物的关键属性表示出来就行。没有必要把每个属性都表示出来，只需要表示那些我们想要操作的属性。另外，还得确定这种事物所支持的一套操作，我们要通过这套操作来控制表示该事务的数据结构。跟属性一样，我们也只需要把那些有效且有意义的操作包含进来。其中有的操作比较简单，例如判断这件事物是否与其他事物类似，或者说，判断它们是否相等（也就是判断该事物的各项属性是否均与另一件事物相同），这样的操作是许多事物都应该支持的。还有一些操作可能比较复杂，得根据要表示的具体事物来定，这些有可能只针对该物体本身，也有可能还涉及另一个物体，例如给两个对象做加法，或判断某个对象是否大于另一个对象。

接下来我们就要学习如何创建复杂的数据结构，大家会看到怎样访问每种数据结构的各个部分，以及如何把数据结构的各个部分当成一个整体，并在上面执行各种操作。

16.3　重新审视 card4.c

第 10 章把 card4.c 文件拆分成了一个名叫 card.h 的头文件与一个名叫 card5.c 的实现文件。然而现在我们并不打算沿着这种方式继续做多文件的程序开发，而是准备回到 card4.c 这种单文件的形式，然后把我们从第 10 章开始所学到的知识融入该文件，以编写一系列的 carddeck.c 代码。第 1 版的 carddeck.c 会相当简单，然后我们会持续修改代码，直至将该程序所要用的各种复杂结构全都添加进来为止。本章会采用这种单文件的形式来讲解。到第 24 章我们再讨论怎样把最终的 carddeck.c 文件按照逻辑切割成多份文件，并用这些文件来构建程序。

我们必须先对 card4.c 文件做一些修改，才能从该文件出发，逐渐添加复杂的数据结构并制作各种版本的 carddeck.c。所以我们先回到 card4.c 文件。请把这个文件复制一份，命名为 carddeck_0.c。如果你以前总是把所有文件都放在一个目录里，那么现在应该专门针对本章创建一个子目录，以容纳我们接下来所要编写的一系列 carddeck.c 文件。这样的子目录可以放在这种路径下：

```
$HOME/PackT/LearnC/Chapter16
```

其中的 $HOME 是指与你登录计算机时所用的用户名相对应的 home 目录（家目录）。

除了使用 $HOME 环境变量，你还可以使用波浪号（~）来指代 home 目录：

```
~/PackT/LearnC/Chapter16
```

这两种方式都能访问同一个目录。

如果你已经把前 15 章的文件都分别放在了相应的子目录里面，那么这种结构就跟本书范例代码库所用的一致。你可以直接将刚才复制出来的 carddeck_0.c 文件移动到 ../Chapter16 目录中。

carddeck_0.c 文件里面有一些结构体与函数，我们不再需要使用，或者说目前还不需要使用。这些东西稍后还要添加回来，然而那时的写法会跟现在有很大区别，所以先把这些删掉。在编辑器中打开 carddeck_0.c 文件，删除 struct Hand 结构体的定义代码、各函数的原型，以及 main() 函数里的所有语句，并把 main() 函数后面写的那些函数定义（也就是函数实现代码）也删掉。

修改之后的文件应该包含两条 #include 指令、enum Suit 及 enum Face 的定义代码、struct Card 的定义代码，以及一个空白的 main() 函数。这份文件的内容应该像下面这样：

```c
#include <stdio.h>
#include <stdbool.h>

typedef enum {
  club = 1,  diamond,  heart,  spade
} Suit;

typedef enum {
  one = 1, two,  three, four, five,  six,  seven,
  eight,   nine, ten,   jack, queen, king, ace
} Face;

typedef struct
{
  Suit suit;
  int  suitValue;
  Face face;
  int  faceValue;
  bool isWild;
} Card;

int main( void )
{
}
```

保存并编译文件。这次应该会顺利完成编译，你应该不会看到错误或警告信息。虽然程序没有执行任何操作，但依然是个有效的程序。我们把这叫作第 1 版*已知的好程序*[㊀]（known-good program）。我们要一步一步地给这个程序添加新功能，让它从一个已知的好程序演化成另一个已知的好程序。按照这种做法来构建程序，能够尽量减少程序在逐渐变复杂的过程中给我们带来的困惑。

根据笔者几十年的编程经验，从一个确认无误的状态推进到另一个确认无误的状态要比采用其他办法来开发程序更简单、迅速且顺畅，这样做让我们能够逐渐丰富并完善程序的各个方面，直到该程序满足需求为止。我们在相邻的两个步骤之间所添加或修改的代码通常是有一定数量的（一般会是一二十行），然而并不会太多，也就是说，我们不会一次就把好几百行未经测试的新代码添加进来。如果你修改的内容太多，而修改后的文件无法编译或编译出的程序无法得到正确结果，那么就很难迅速找到有问题的地方。

一次添加过多的代码可能会让程序中同时存在好几个问题。这种情况很难处理，因为你面对这样一大堆没有经过验证的代码时可能无从下手，找不到无意引入的错误。所以，我们在本章采用的做法是每次只修改少量的代码。

现在我们就来给文件里面添加一点代码。打开 carddeck_0.c，把下面的语句添加到 main() 函数中：

```
int main( void ) {
  Card aCard;

  aCard.suit      = diamond;
  aCard.suitValue = (int)diamond;
  aCard.face      = seven;
  aCard.faceValue = (int)diamond;
  aCard.isWile    = true;

  PrintCard( &aCard );
  printf( "\n" );
}
```

这段代码与前面见过的写法类似。我们声明一个类型为 Card 结构体的 aCard 变量，然后给这个变量所表示的结构体里面的每个元素赋值。然后用 PrintCard() 函数打印这些值。这时我们就需要把早前删掉的 PrintCard() 重新拿回来了。然而大家注意，这次调用该函数时传入的是 aCard 的地址（而不是 aCard 的值），因此，在声明与定义这个函数时应该把它的参数写成指针形式。请把下面这个函数原型添加到 main() 函数之前：

```
void PrintCard( Card* pCard );
```

然后在 main() 函数的后面写出 PrintCard() 函数的定义（也就是实现代码）：

㊀ 也可以说成确认无误的程序或确认良好的程序。——译者注

```
void PrintCard( Card* pCard ) {
  char cardStr[20] = {0};
  CardToString( pCard , cardStr );
  printf( "%18s" , cardStr );
}
```

这个函数跟第 10 章的 PrintCard() 函数相当不同。由于这次的参数用的是指向结构体的指针，因此程序不需要把整个结构体都复制到函数的参数里。程序只需要把结构体所在的地址复制给这个参数就好，而不用复制整个结构体。

另外，我们以前是采用两套 switch()... 结构来分别打印这张牌的两个字段（也就是花色与点数），而且这两套结构都采用 printf() 语句来打印每种情况。现在则不同，我们总共只使用一条 printf() 语句。

这一版的 PrintCard() 函数不仅在名称上跟以前稍有不同，而且它还声明了一个字符数组，让另一个函数能够通过该数组来构造一个字符串，以描述当前所要显示的这张牌，那个函数指的就是 CardToString()。有了这个表示最终结果的字符串，我们只需要调用一次 printf() 函数就可以了。调用该函数时，我们用 %18s 这样一个格式说明符，让函数只输出字符串中的 18 个字符（而不要把 20 个字符全都显示出来）。

这种写法要求我们必须声明 CardToString() 函数的原型。请把下面这行代码添加到 main() 函数之前：

```
void CardToString( Card* pCard , char pCardStr[20] );
```

把下面这段代码添加到文件最后：

```
void CardToString( Card* pCard , char pCardStr[20] )  {
  switch( pCard->face )  {
    case two:   strcpy( pCardStr , "    2 " ); break;
    case three: strcpy( pCardStr , "    3 " ); break;
    case four:  strcpy( pCardStr , "    4 " ); break;
    case five:  strcpy( pCardStr , "    5 " ); break;
    case six:   strcpy( pCardStr , "    6 " ); break;
    case seven: strcpy( pCardStr , "    7 " ); break;
    case eight: strcpy( pCardStr , "    8 " ); break;
    case nine:  strcpy( pCardStr , "    9 " ); break;
    case ten:   strcpy( pCardStr , "   10 " ); break;
    case jack:  strcpy( pCardStr , " Jack " ); break;
    case queen: strcpy( pCardStr , "Queen " ); break;
    case king:  strcpy( pCardStr , " King " ); break;
    case ace:   strcpy( pCardStr , "  Ace " ); break;
    default:    strcpy( pCardStr , "  ??? " ); break;
  }
  switch( pCard->suit )  {
    case spade:   strcat( pCardStr , "of Spades  "); break;
    case heart:   strcat( pCardStr , "of Hearts  "); break;
    case diamond: strcat( pCardStr , "of Diamonds"); break;
    case club:    strcat( pCardStr , "of Clubs   "); break;
    default:      strcat( pCardStr , "of ???s    "); break;
  }
}
```

这个函数跟以前的 printCard() 函数所用的写法类似。但这次没有调用 printf() 函数，而是在第一个 switch()... 结构里面调用 strcpy() 函数，并在第二个 switch()... 结构里面调用 strcat() 函数。我们采用的这个字符数组足以容纳每一张牌的花色与名称（计算容量时，别忘了算上收尾的 NULL 字符）。实际上，只需要把字符数组的元素个数定为 18 就好，但这里我们还是向上取整，把元素个数定成 10 的倍数，也就是 20。

还记得我们前面是怎么通过 -> 形式，访问指针所指向的结构体之中的成员吗？这个函数的参数是一个指向 Card 结构体的指针，把参数设计成指向结构体的指针（而不是结构体本身）能够让程序无须复制整个结构体。如果涉及的结构体比较复杂，或者特别庞大，那么采用指针可以大幅提升程序调用函数的效率，在函数需要调用成百上千次的情况下，这种优势尤其明显。比方说，如果我们要处理的数组包含许多元素，而且这些元素都是大型结构体，那么就会出现需要以结构体为参数来多次调用函数的情况。

注意看，我们是在调用 CardToString() 函数的这个函数（也就是 PrintCard() 函数）中分配字符数组的，然后将该数组交给 CardToString() 去填充，接下来用 printf() 打印填充好的结果，最后退出 PrintCard() 函数。由于 strcpy() 与 strcat() 函数不会为我们分配内存，因此我们必须自己分配。然而我们又不能直接在 CardToString() 里面分配，因为那样做会让程序在离开函数时对分配过的内存做解除分配，导致 PrintCard() 里面的 printf() 函数无法在需要用到该内存的时候使用它。因此，我们需要在主调函数（也就是调用 CardToString() 函数的这个 PrintCard() 函数）里面分配字符数组，把它传给受调函数（也就是为 PrintCard() 函数所调用的 CardToString() 函数）去填充，然后使用受调函数所返回的填充结果。这样的话，这个数组会在程序离开 PrintCard() 函数时才解除分配。这是我们在 C 语言里面创建并使用字符串时经常使用的一种写法。

我们为什么要修改 PrintCard() 函数呢？

- 首先，我们想把操作 C 语言的字符串时所用的一套常见写法，包装成这样一个 CardToString() 函数。
- 其次，我们不想在每行只显示一张牌，而是想要显示四张。

原来那一版 printCard() 函数直接把换行符嵌了进去，因此不能用来满足目前的需求。

现在稍微总结一下。我们保存这份文件并试着编译该文件。它能够顺利编译吗？不能，因为没有包含 string.h 头文件，只有包含了这个头文件，编译器才知道程序所要调用的 strcpy() 与 strcat() 函数写在哪里。请把下面这条指令添加到文件开头：

```
#include <string.h>
```

保存并编译文件，然后运行程序。你应该会看到下面这样的输出效果。

```
[> cc carddeck_0.c -o carddeck_0 -Wall -Werror -std=c11
[> carddeck_0
    7 of Diamonds
>
```

这一版的 carddeck_0.c 文件里还有最后一个地方要改。目前我们已经实现了两种针对 Card 结构体的操作，也就是打印单张牌的 PrintCard() 操作以及把牌的花色与点数转为字符串的 CardToString() 操作。最后还需要用一项操作来初始化单张的牌，这就是 InitializeCard() 操作。把 main() 函数改成下面这样：

```
int main( void )  {
  Card aCard;
  InitializeCard( &aCard, diamond , seven , true );
  PrintCard( &aCard );
  printf( "\n" );
}
```

接下来，把 InitializeCard() 函数的定义（也就是实现代码）添加到 main() 函数之后：

```
void InitializeCard( Card* pCard, Suit s , Face f , bool w )  {
  pCard->suit      = s;
  pCard->suitValue = (int)s;
  pCard->face      = f;
  pCard->faceValue = (int)f;
  pCard->isWild    = w;
}
```

注意看，我们其实只是把 main() 函数原有的一些语句移动到了 InitializeCard() 函数里面。这样会让 main() 函数变得简单而清晰。另外，这样还能让我们通过调用 InitializeCard() 函数的语句更加清楚地看到程序给每个 Card 结构体都设置了什么样的初始值。

保存并编译文件，然后运行程序。你应该会看到下面这样的输出效果（这跟修改之前是相同的）。

```
[> cc carddeck_0.c -o carddeck_0 -Wall -Werror -std=c11
[> carddeck_0
    7 of Diamonds
>
```

在本节最后，我们把为什么要给 Card 设计这样三种操作的原因总结一遍：

- 我们想把与 Card 结构体有关的细节分别写到对应的例程（这里指函数）中，这样程序中的其余部分基本上就不用再关注那些细节了，它们只需调用这些例程来执行相应的操作即可。
- 我们想让调用这些例程的函数，无须深入了解 Card 结构体。

- 我们想把实现相关功能所用的代码汇总到同一个函数里面，这样我们以后就不用同时面对一大堆代码了，而是只需要关注实现出来的这几个函数就行。
- 我们想把主调函数（即调用方）与受调函数（即受调用方或被调用方）之间的交互逻辑，定义得更加清晰。
- 我们想采用一套连贯而确定的形式在某个给定的结构体上执行这几种操作。
- 如果以后结构体发生变化，那我们想把需要修改的范围局限在与这次变化相关的几项操作里面，而不想去修改程序的其余部分。这样可以让我们在完善程序的过程中以一种更加连贯、更加稳定的方式执行操作。

这些想法都是很有道理的。由于我们要建模的对象与要开发的程序会越来越复杂，因此必须提出一种思路来简化这个逐渐庞大的问题，让它更容易解决。为此，我们要重新定义这个大问题，把它拆分成一系列小问题，并予以解决。这种把大问题拆解成一系列小问题的工作需要由开发程序的人（也就是我们自己）来完成。把针对这一系列小问题所给出的一系列小方案汇集起来就能够形成一个总的方案，用来解决这个大问题。这种开发方式也利于以后修改代码，因为只需要修改涉及这种结构体的少数几个例程就好，假如不这么做，那可能就得修改程序中的许多地方了。

到这里为止，我们已经把第 11～15 章所讲的许多概念都回顾了一遍。而且又引入了一些重要的新概念。我们已经把 card4.c 这份源文件修改成了一个更加灵活的版本，该版本的运行效果虽然与以前相同，但是扩展起来更加方便，可以更容易地添加新的功能。我们应该先把从 card4.c 演化到 carddeck_0.c 所经历的步骤总结一遍，然后再开始下一轮迭代，也就是从 carddeck_0.c 推进到 carddeck_1.c：

1. 我们以 card4.c 为基础来创建 carddeck_0.c，并删除原有的一些结构体与函数。这些东西以后还会加回来。

2. 我们创建了一个函数，让它接受一个指向 Card 结构体的指针，并打印这个结构体所表示的这张牌。这个函数会创建一个字符串并将其交给另一个函数去填充，然后打印该字符串。

3. 我们创建了一个小函数，让它专门负责把某张牌的描述信息（也就是花色及点数）填充到给定的字符串里面，并将该字符串返回给调用方（或者说，返回给主调函数）。

4. 我们又创建一个函数，让它接受一个指向 Card 结构体的指针及一系列初始值，以初始化这个结构体。这个函数专门负责给这张牌里的必要字段赋予初始值。

5. 我们调整了 main() 函数，用以验证刚才编写的这几个新函数是否正确。

大家可能会注意到，除了把函数的参数设计成指针形式，这一版里的许多代码其实都跟 card4.c 类似。然而我们要关注的重点其实在于：这一版是如何把函数设计得更加通用的。

如果你从范例代码库里下载了 carddeck_0.c，那么会发现，书里的代码缺少一些留白与注释。这样印刷是为了在保持代码有效的前提下尽量节省篇幅。

16.4 理解结构体数组

继续往下修改之前，请先把 carddeck_0.c 复制一份，命名为 carddeck_1.c。这一节会在 carddeck_1.c 文件里面修改。

在本章所要讲解的这些涉及复杂结构体的话题中，最容易讲的一个应该就是由结构体所构成的数组。前面说过，数组中的各元素在类型与大小上都相同。我们以前创建的数组，其元素类型都是 C 语言中的某种固有类型，然而现在，我们要把元素类型设为自定义的（定制的）类型。

16.4.1 创建结构体数组

我们在 carddeck_1.c 程序里面要针对一叠牌建模。为此，我们创建一个由 Card 结构体所构成的数组：

```
Card deck[52];
```

这条语句创建出一个由 52 张牌所构成的数组。

我们要注意的是，刚才那条语句里面出现了 52 这个奇妙数字㊀（magic number），这是一个字面量形式的数字，它在这里有特殊的含义。然而，由于代码里面没有提供与它的含义有关的信息，因此我们必须添加注释，让看代码的人知道这个数是什么意思。在代码里以这种方式使用数字会造成一些问题，因为同一个数字可能有多种用途，而且以后如果有人修改程序中的某个奇妙数字，那么他未必会记得把代码里面用到该数的地方全都同步修改一遍。为了避免这些问题，我们可以像下面这样用枚举的形式来定义这些数字：

```
enum  {
  kCardsinDeck = 52,
  kCardsinSuit = 13
}
```

我们用这样的 enum 结构来声明两个常量，并指出每个常量的值，让这些常量成为命名的字面常量（named literal constant）。本来，我们也可以采用这样的写法：

```
const int kCardsInDeck = 52;
const int kCardsInHand = 5;
...
```

这样定义的常量不能在声明数组时用来指定数组的大小（也就是数组的元素个数）。因为 C 语言把 const int 形式的常量视为常变量，虽然它的值是只读的（或者说，它的值不能修改），但常变量也是变量，而声明数组时所指定的数组大小不能是变量形式，因此我们无法用 const int 形式的常量来指定这个大小㊁。

㊀ 也叫神奇数字、魔法数字、魔术数字、魔幻数字。——译者注

㊁ 作者说的这个规则，只适用于声明数组并同时通过花括号形式来初始化该数组的情况。如果只声明数组而不做初始化，那么是可以使用变量（包括常变量）来指定数组大小的。——译者注

定义相关的枚举常量之后，我们就可以使用这个量来指定数组的大小了：

```
Card deck[ kCardsInDeck ];
```

这样声明出来的数组表示的也是由 52 张牌所构成的一叠牌。然而这么做的好处在于，如果我们以后想改动牌数（例如添加两张万能牌，把牌数扩充为 54，或者再添加一副扑克，把牌数扩充为 104），那么只需要修改这个枚举值并重新编译程序即可。稍后我们创建相关的方法来操作这叠牌的时候，会更为明确地看到使用枚举值来表示常量所带来的好处。

定义完这些枚举常量，我们顺便再定义两个常量，这样以后写起代码来会更加方便：

```
const bool kWildCard    = true;
const bool kNotWildCard = false;
```

这两个 Boolean 常量更为清晰地表达出了 true 与 false 这两种取值对于每张牌的 isWild 属性来说分别表示什么意思（前者表示这张牌是万能牌，后者表示它不是万能牌）。由于这两个值并不用来指定数组的大小，因此我们可以用 const 的形式来定义，而不一定非要采用枚举形式。

请把刚才那四个常量值定义在 main() 函数之前。然后，把声明 Card 数组的那行代码添加到 main() 函数里面。保存并编译文件。这次应该不会出现错误。

16.4.2　访问数组中的结构体元素

我们现在有了一个由 52 张牌所构成的数组。如果要访问（从 1 开始算的）第 4 张牌，那应该怎么写呢？

我们可以用下面这种写法来访问：

```
Card aCard = deck[ 3 ];
```

这种写法声明了一个新的 Card 型变量，叫作 aCard（这是个结构体型的变量），并把 deck 中的第 4 个元素（也就是下标为 3 的元素）赋给（或者说，复制给）该变量。这样我们就有了同一个结构体的两个副本，它们在各字段上的对应值都彼此相同。如果你在 aCard 上修改，那么 deck[3] 里的那一份数据并不会受到影响，因为你修改的这个结构体所在的地址跟 deck[3] 所表示的那个结构体所在的地址不同。

如果你想直接修改 deck[3] 结构体中的字段，那么应该使用圆点（.）表示法，例如写成：

```
deck[3].suit      = spade;
deck[3].suitValue = (int)spade;
deck[3].face      = five;
deck[3].faceValue = (int)five;
deck[3].isWild    = kNotWildCard;
```

这种写法首先求 deck[3]，这会得到一个结构体，然后，在结构体上用圆点表示法访问其中的具体元素（也就是具体字段）。

修改 main() 函数，让它像下面这样给数组中的一张牌做初始化：

```
int main( void ) {
  Card deck[ kCardsInDeck ];

  deck[3].suit      = spade;
  deck[3].suitValue = (int)spade;
  deck[3].face      = five;
  deck[3].faceValue = (int)five;
  deck[3].isWild    = kNotWildCard;
```

有时改用指针来访问结构体中的元素会更加方便，而且在某些情况下我们必须这样做。如果用指针给这张牌做初始化，那么应该写成：

```
Card* pCard = &deck[3];
pDeck->suit      = spade;
pDeck->suitValue = (int)spade;
pDeck->face      = five;
pDeck->faceValue = (int)five;
pDeck->isWild    = kNotWildCard;
```

首先，我们创建了一个指向 Card 结构体的指针，并把 deck 数组第 4 个元素的地址赋给该指针。前面说过，在给指针赋予地址值之前，必须先保证这个地址上确实存在有效的目标，或者说，必须先确保你要赋给指针的这个地址值是有效的。在本例中，我们已经创建出了一个含有 52 张牌的 deck 数组，因此可以从 deck 数组中取得 deck[3] 这个元素（该元素是一个 Card 结构体），然后用 & 运算符获取元素地址（由于取下标运算符的优先级比取地址运算符高，因此直接写成 &deck[3] 就好，而不用把 deck[3] 括起来）。接下来，我们在指针变量上面通过箭头（->）表示法分别访问其中的字段，并给每个字段赋值。

我们这次通过指针来引用 deck[3] 这个结构体所在的位置，这样做不会导致程序把整个结构体以及其中的各个成员全都复制一遍。

像这样通过指针访问数组中的结构体与通过指针访问单独的结构体其实是一样的。设计函数的时候，采用指向结构体的指针作参数能够让程序在函数里面直接修改该指针所指向的结构体，而不用像处理普通的结构体参数那样，必须先把原结构体复制一份传给这个参数，并在执行完函数之后，把修改后的结构体再复制一份传给调用方。

现在我们就来修改 main() 函数，让它通过指针初始化数组中的第 4 张牌，并打印这张牌：

```
int main( void ) {
 Card deck[ kCardsInDeck ];

 Card* pCard = &deck[3];
 pCard->suit = spade;
 pCard->suitValue = (int)spade;
 pCard->face = five;
 pCard->faceValue = (int)five;
```

```
    pCard->isWild = kNotWildCard;

    PrintCard( pCard );
    printf( "\n" );
  }
```

修改之后，保存并编译文件。你应该看到下面这样的输出效果。

```
> cc carddeck_1.c -o carddeck_1 -Wall -Werror -std=c11
> carddeck_1
     5 of Spades
>
```

然而，我们前面已经创建了 InitializeCard() 这个初始化函数，因此改用该函数初始化这张牌：

```
int main( void ) {
  Card deck[ kCardsInDeck ];
  Card* pCard = *deck[3];

  InitializeCard( pCard, spade , five , kNotWildCard );
  PrintCard( pCard );
  printf( "\n" );
}
```

大家看到，现在的 main() 函数不仅在代码行数上比原来少，而且更加清晰地表达出了每条函数调用语句所要执行的操作。它只有一个地方不太整齐，就是最后调用 printf() 函数的那条语句。前面说过，PrintCard() 函数不会打印换行符，因此我们现在必须自己换行。

保存并编译文件，然后运行这个版本的 carddeck_1.c 程序。你应该会看到下面这样的输出效果。

```
> cc carddeck_1.c -o carddeck_1 -Wall -Werror -std=c11
> carddeck_1
     5 of Spades
>
```

我们已经有了一个包含多张牌的数组，这个数组可以用来表示一副牌，我们还有了一些能够操作单张牌的函数。现在我们应该想想怎样把这一叠牌当成整体来操作。

16.4.3　操作结构体数组

有了这样一叠牌之后，我们应该会在上面执行哪些操作呢？首先想到的是这样两种操作，一种操作是把这叠牌中的每一张都初始化成合适的花色与点数，另一种操作是打印出这叠牌里的各张牌。

我们把下面这两个函数原型添加到程序代码中：

```
void InitializeDeck( Card* pDeck );
void PrintDeck(      Card* pDeck );
```

这两个函数都接受一个指向 Card 结构体的指针作参数，它可以通过这个指针访问我们的 Card 数组。这样函数就能够操作一整叠牌了，于是，我们不需要再给这些函数设计其他参数。

为了初始化这副牌，我们需要遍历这个数组，给其中每个结构体的相应字段设置相关的值。然而在开始遍历之前，我们先想一想这 52 张牌有什么规律。这些牌分成 4 种花色，每种花色有 13 张。这 13 张牌的 face 值位于 two（2）至 ace（A）之间。我们可以考虑下面三种遍历方式：

- 只用一个循环做遍历，让它迭代 52 次，每次我们都算出正确的 suit（花色）与 face（牌面点数）值，并将其赋给当前这张牌的 suit 与 face 属性。
- 写四个循环，每个循环迭代 13 次。每个循环对应一种 suit（花色），我们在每次迭代时修改 face（牌面点数）值，并将其赋给当前这张牌的 suit 与 face 属性。
- 只用一个循环做遍历，让它迭代 13 次，每次取一种 face（牌面点数），我们用这个 face 搭配四种 suit（花色），这样每次迭代就可以设置好四张牌。

第一种方式计算起来似乎有点麻烦。第二种方式还可以，但是要编写的循环结构比较多（这意味着代码量也比较大）。因此，我们选用第三种办法。采用这个办法的时候，如何才能不通过 switch()... 语句就设置好 face 的值呢？我们可以临时构造一张查询表，并根据循环下标从表中查出这四张牌的 face 值，然后赋给它们的 face 字段。

下面这个函数演示了怎样用一个循环初始化这些牌，并通过查询表来确定每张牌的 face：

```
void InitializeDeck( Card* pDeck )
{
 Face f[] = { two  , three , four , five , six  , seven ,
 eight , nine , ten , jack , queen , king , ace };
 Card* pCard;
 for( int i = 0 ; i < kCardsInSuit ; i++ ) {
 pCard = &(pDeck[ i + (0*kCardsInSuit) ]);
 pCard->suit = spade;
 pCard->suitValue = (int)spade;
 pCard->face = f[ i ];
 pCard->faceValue = (int) f[ i ];

 pCard = &(pDeck[ i + (1*kCardsInSuit) ]);
 pCard->suit = heart;
 pCard->suitValue = (int)heart;
 pCard->face = f[ i ];
 pCard->faceValue = (int) f[ i ];

 pCard = &(pDeck[ i + (2*kCardsInSuit) ]);
 pCard->suit = diamond;
 pCard->suitValue = (int)diamond;
 pCard->face = f[ i ];
```

```
pCard->faceValue = (int) f[ i ];

pCard = &(pDeck[ i + (3*kCardsInSuit) ]);
pCard->suit = club;
pCard->suitValue = (int)club;
pCard->face = f[ i ];
pCard->faceValue = (int) f[ i ];
}
```

为了理解这段代码，我们必须明确以下几点：

1. 首先，我们已经知道，数组与指向数组首元素的指针在函数的参数上面是可以互化的。我们给这个函数设计参数时，把该参数设计成了指针形式（而不是数组形式）。

2. 其次，我们要设置一张查询表以容纳各种 face 值。笔者本来想把表格的长度（也就是大小，或者说元素数量）明确写成 kCardsInSuit，但是在使用花括号形式来初始化数组时，C 语言不允许把变量（也包括常变量）的值用作数组的大小[㊀]，因此我们将这个地方留空，写成 f[]。

3. 最后，我们创建了一个循环，让它迭代 kCardsInSuit 次。每次迭代，我们都把点数相同但花色不同的四张牌给配置好。为此，我们需要用 5 条语句来设置其中的每张牌：

1）为了确定这张牌在数组中的下标，我们需要把循环计数器（即 i）的值和某个数字与每种花色的总牌数（即 kCardsInSuit）之积相加。这个数字指的就是与当前这张牌的花色相对应的那个整数。由于整副牌里面先出现的是黑桃，其次是红心、方块与梅花，因此第一张黑桃牌在数组中的下标是 0*kCardsInSuit，第一张红桃牌在数组中的下标是 1*kCardsInSuit，第一张方块牌在数组中的下标是 2*kCardsInSuit，第一张梅花牌在数组中的下标是 3*kCardsInSuit。在初始化这四张牌时，我们给循环计数器 i 所加的值都是“< 与这种花色的出现顺序相对应的整数 >*kCardsInDeck”这样的形式，这样更加明确地体现了它们是四种花色不同的牌。

2）把 suit 值赋给这张牌的 suit 字段。

3）把 suit 枚举值所对应的 int 型 suitValue 值赋给这张牌的 suitValue 字段。

4）根据循环下标从查询表中查出 face 值，并把它赋给这张牌的 face 字段。

5）把 face 枚举值所对应的 int 型 faceValue 值赋给这张牌的 faceValue 字段。

别急，我们突然发现：设置每张牌所用的那 5 条语句，有 4 条不是已经由前面写过的 InitializeCard() 函数实现出来了吗？所以我们改用它来编写 InitializeDeck()，这样要比刚才的写法好得多。把下面这个函数添加到 carddeck_1.c 里面：

```
void InitializeDeck( Card* pDeck )
{
  Face f[] = { two   , three , four , five , six   , seven ,
               eight , nine  , ten  , jack , queen , king  , ace };
```

㊀ 实际上这里可以写成 f[kCardsInSuit]，因为笔者在前面已经把 kCardsInSuit 定义成了枚举量，而不是 const ... 形式的常变量。——译者注

```
Card* pC;
for( int i = 0 ; i < kCardsInSuit ; i++ ) {
  pC = &(pDeck[ i + (0*kCardsInSuit) ]);
  InitializeCard( pC , spade , f[i], kNotWildCard );
  pC = &(pDeck[ i + (1*kCardsInSuit) ]);
  InitializeCard( pC , heart , f[i], kNotWildCard );

  pC = &(pDeck[ i + (2*kCardsInSuit) ]);
  InitializeCard( pC , diamond , f[i], kNotWildCard );

  pC = &(pDeck[ i + (3*kCardsInSuit) ]);
  InitializeCard( pC , club , f[i], kNotWildCard );
}
```

这种写法的总体效果跟刚才一样，但现在我们只用两条语句就能把一张牌给设置好，而不像刚才那样，需要使用5条语句。

我们还是需要用到查询表，并且要根据花色算出这个花色的牌在数组里面是从哪个下标开始的。然而这次，我们把初始化单张牌所需处理的细节交给 InitializeCard() 函数去做。这样不仅能少打一些代码，而且让阅读 InitializeDeck() 函数的人可以更加清楚地理解这个函数的意思。

如果我们要修改这叠牌的配置方式，那么只需要修改 InitializeDeck() 函数以及调用该函数的例程，而基本上不用改动操作单张牌的那些函数。反之，如果我们想修改的不是整叠牌的配置方式，而是其中每张牌的具体属性，那么只需要调整操作单张牌的那些函数，以及调用那些函数的例程即可。

carddeck_1.c 里面最后一个要改的地方是 PrintDeck() 函数。如果每行打印一张牌，那么这个函数只需要用一个简单的循环结构，做 kCardsInDeck 次迭代即可，每轮循环都调用一次 PrintCard() 函数。然而我们想把这副已经排好顺序而且没有洗乱的牌，用尽可能短的篇幅展现出来，因此决定每行打印四张牌，这样只需要13行就能显示完。

打印的时候，我们把点数相同但花色不同的四张牌显示在同一行里。这样，我们所要写的代码其实就跟初始化整副牌时的 InitializeDeck() 类似，只不过这次无须查表。请把下面这个函数添加到 carddeck_1.c 文件中：

```
void PrintDeck( Card* pDeck ) {
  printf( "%d cards in the deck\n\n" ,
        kCardsInDeck );
  printf( "The ordered deck: \n" );
  for( int i = 0 ; i < kCardsInSuit ; i++ )  {
    int index  = i + (0*kCardsInSuit);
    printf( "(%2d)" , index+1 );
    PrintCard( &(pDeck[ index ] ) );
    index = i + (1*kCardsInSuit);
    printf( "   (%2d)" , index+1 );
    PrintCard( &(pDeck[ index ] ) );

    index = i + (2*kCardsInSuit);
    printf( "   (%2d)" , index+1 );
```

```
    PrintCard( &(pDeck[ i + (2*kCardsInSuit) ] ) );

    index = i + (3*kCardsInSuit);
    printf( "   (%2d)" , index+1 );
    PrintCard( &(pDeck[ index ] ) );

    printf( "\n" );
  }
  printf( "\n\n" );
}
```

头两条printf()语句用来打印与这叠牌有关的信息。然后，我们用了一个跟InitializeDeck()类似的循环。每轮循环，我们都针对花色不同的四张牌分别执行下面这三条语句：

1. 把循环计数器 i 和一个表示花色出现顺序的整数与 kCardsInSuit 之积相加，以确定这张牌在数组中的下标。

2. 打印这张牌在这叠牌里面的总序号。注意，数组下标是从 0 开始算的，而我们想让这个序号从 1 开始计算，因此要给上一步所确定的 index 下标加 1（这又是多算一个或少算一个的问题）。

3. 调用 PrintCard() 函数，以打印这张牌。

每打印四张牌，我们就换一行。在执行完整个循环结构之后，我们又输出了两个空行。

请把这个函数添加到 carddeck_1.c 的末尾。保存并编译文件，然后运行程序。你应该会看到下面这样的输出效果。

```
> cc carddeck_1.c -o carddeck_1 -Wall -Werror -std=c11
> carddeck_1
52 cards in the deck

The ordered deck:
( 1)     2 of Spades     (14)     2 of Hearts     (27)     2 of Diamonds     (40)     2 of Clubs
( 2)     3 of Spades     (15)     3 of Hearts     (28)     3 of Diamonds     (41)     3 of Clubs
( 3)     4 of Spades     (16)     4 of Hearts     (29)     4 of Diamonds     (42)     4 of Clubs
( 4)     5 of Spades     (17)     5 of Hearts     (30)     5 of Diamonds     (43)     5 of Clubs
( 5)     6 of Spades     (18)     6 of Hearts     (31)     6 of Diamonds     (44)     6 of Clubs
( 6)     7 of Spades     (19)     7 of Hearts     (32)     7 of Diamonds     (45)     7 of Clubs
( 7)     8 of Spades     (20)     8 of Hearts     (33)     8 of Diamonds     (46)     8 of Clubs
( 8)     9 of Spades     (21)     9 of Hearts     (34)     9 of Diamonds     (47)     9 of Clubs
( 9)    10 of Spades     (22)    10 of Hearts     (35)    10 of Diamonds     (48)    10 of Clubs
(10)  Jack of Spades     (23)  Jack of Hearts     (36)  Jack of Diamonds     (49)  Jack of Clubs
(11) Queen of Spades     (24) Queen of Hearts     (37) Queen of Diamonds     (50) Queen of Clubs
(12)  King of Spades     (25)  King of Hearts     (38)  King of Diamonds     (51)  King of Clubs
(13)   Ace of Spades     (26)   Ace of Hearts     (39)   Ace of Diamonds     (52)   Ace of Clubs


> 
```

我们打印这些牌的时候，为什么还要把每张牌在整副牌里的总序号显示出来呢？因为我们想确认早前初始化整副牌时所使用的逻辑是否正确。初始化整副牌所用的InitializeDeck()函数与我们这里为打印整副牌所编写的PrintDeck()函数可以互相验证。在开发这款范例程序时，我们把这两个例程前后安排在一起，这样就算其中有错，我们也能尽快发现并修复错误。

现在简要地总结一下 carddeck_1.c 的流程：

1. 根据一个由 Card 结构体所构成的数组，创建一叠牌。

2. 添加一些常量，便于后面的代码使用这些常量，这样我们就不用在程序里面频繁使用那种字面量形式的“奇妙数字”了。

3. 创建一个函数，用以初始化某个数组所表示一叠牌。

4. 创建一个函数，用以显示一叠牌中的每一张牌。

5. 调用刚才那两个函数，并根据打印出的结果，判断这一叠牌有没有正确地得到初始化。

在确认这叠牌已经正确地配置好之后，我们就可以对它执行更有意义的操作了。目前的这样一叠牌并没有达到我们最终想要的程度，我们会把它写得更加复杂。但是在这之前，我们必须先说说结构体里面还能放入哪些内容。

16.5 包含小结构体的大结构体

在第 10 章的 card4.c 文件里，我们看到了一个名叫 Hand 的结构体，它里面还有一个名叫 Card 的小结构体。然而当初写那个程序的时候，我们访问的是这个小结构体本身。当时是把另一个 Card 结构体，通过 hand.card 这样的形式完整地复制给了 Hand 里面的这个 Card。如果要把大结构体中的小结构作为一个整体来操作，当然很方便，但同时我们还应该知道如何访问大结构中的小结构所具备的各个字段。

现在，我们就要看看怎样访问大结构体中的小结构所具备的各个字段。开始讲解之前，请先把 carddeck_1.c 文件复制一份，命名为 carddeck_2.c。我们要在 carddeck_2.c 里面添加一个包含小结构体的大结构体，这个大结构体叫作 Hand，我们还要添加一些用来操作 Hand 结构体的函数。

16.5.1 创建包含小结构体的大结构体

我们前面已经创建过这样一个包含 Card 结构体的 Hand 结构体，现在重复一遍：

```
typedef struct {
  int cardsDealt;
 Card card1;
 Card card2;
 Card card3;
 Card card4;
 Card card5;
} Hand;
```

Hand 结构体用来表示玩家手中所持有的一组牌。在我们这个范例程序中，Hand 最多可以容纳 5 个 Card 实例，每个实例都是一个 Card 型的结构体，我们用 card1～card5

的名称给这 5 个实例命名。cardsDealt 字段（或者说，cardsDealt 成员变量）用来记录这一手牌里面实际有几张牌。

请把刚才这段定义代码添加到 carddeck_2.c 文件中。

看到这样一个结构体，你可能会问，为什么不用数组来表示这 5 个 Card（而是要把它们分别设计成 5 个字段）呢？没错，数组确实适合用来表示类型相同的一组事物，这要比分别采用 5 个名称不同的字段更为合适。实际上，我们稍后就会改用数组来实现。但是现在，我们要通过这种写法讲解如何访问大结构体中的小结构体。讲完这个话题之后，我们会在 16.6 节修改 carddeck_2.c 文件，让它换用数组来表示这些牌。

16.5.2 访问大结构体中的小结构体所具备的字段

我们可以用下面这行代码声明一个 Hand 结构体类型的实例：

```
Hand h1;
```

然后，就可以访问这个结构体中的小结构体所具备的字段了：

```
h1.cardsDealt = 0;
Suit s;
Face f;

h1.card5.suit = club;
h1.card5.face = ace;

s = h1.card5.suit;
f = h1.card5.face;
```

注意，我们首先用一个圆点（.）来获取 h1 这个大结构体里的 card5 小结构体，然后又用一个圆点（.）来获取 card5 这个小结构体里面的字段。在刚才这段代码中，我们先把 card5 里的 suit 及 face 字段分别设置成想要的值，然后又把这两个字段的值分别保存到 s 与 f 变量中。

如果用的是指向 h1 结构体的指针，那么在访问该结构中的小结构体所具备的字段时，就要这样写：

```
Hand* pHand = &h1;

pHand->card5.suit = club;
pHand->card5.face = ace;

s = pHand->card5.suit;
f = pHand->card5.face;
```

用这种形式访问大结构体中的小结构体所具备的字段时，要注意 -> 符号与 . 符号的用法，由于 pHand 是个指向大结构体的指针，因此我们在访问大结构体里面这个名为 card5 的小结构体字段时要用 -> 符号，而 card5 字段本身就是结构体，而不是指向结构体的指针，因此在访问这个小结构体中的 suit 及 face 字段时要用 . 符号。与早前那段代码一样，我们也是先把 card5 里的 suit 及 face 字段分别设置成想要的值，然后又把这两个字段的值分别保存到 s 与 f 变量中。

我们还可以使用另一种指针，这种指针不指向大结构体，而是指向它里面的小结构体，这样我们就可以通过指针形式来访问这个小结构体中的字段了：

```
Card* pCard = &h1.card5;

pCard->suit = club;
pCard->face = ace;

s = pCard->suit;
f = pCard->face;
```

这个 pCard 指针直接指向 h1 这个大结构体里面名为 card5 的小结构体。注意观察我们是怎么把小结构体的地址赋给该指针的。由于圆点（.）运算符的优先级高于取地址（&）运算符，因此 &h1.card5 的意思就是先取 h1 中的 card5 字段，然后取这个字段（也就是这个小结构体）的地址，我们把这个地址赋给 pCard 指针。这样的话，我们就可以通过指针来访问 card5 中的字段了。

这种指针让我们能够复用早前的 InitializeCard() 函数来初始化 h1 这个大结构体中的某张牌：

```
Card* pCard = &h1.card5;

InitializeCard( pCard , club , ace , kNotWildCard );
```

注意，采用这种直接指向小结构体的指针让我们能够复用已经写好的函数来操作这个小结构体，因为对于这些函数来说，这样的小结构体跟不属于大结构体的独立结构体其实没什么区别。card5 是 h1 这个大结构体中的小结构体，我们可以把指向这个小结构体的指针传给 InitializeCard() 函数，让它通过该指针操作 card5，无论 card5 所属的大结构体是什么，函数都可以正常地操作这个小结构体。

让指针指向包含小结构体的大结构体与让它直接指向大结构体里面的小结构体相比并没有优劣之分。但由于我们已经创建出了操作 Card 结构体的函数，因此可以选用前一种办法，这样能够复用这些函数来操作大结构体里面的小结构体。假如采用后一种办法，那我们就得把这些函数所执行的操作通过大结构体再重复一遍。像 InitializeCard() 这样的函数有个好处，就是能够把它所要操作的这种结构体的内部字段，以及这些字段之间的关系，全都集中在一个地方处理。

16.5.3 操作包含小结构体的大结构体

我们想要对 Hand 结构体执行下面几项操作：

- ❑ InitializeHand()：把 Hand 结构体（各字段）的初始值设置成有效状态。
- ❑ AddCardToHand()：把玩家从牌堆里面拿到的一张牌，添加到这位玩家的手中。

- PrintHand()：打印出玩家手中持有的这些牌。

按照我们目前定义 Hand 的方式，还应该编写一个函数用于获取 Hand 里面的某张牌，以供我们操作这张牌。为此，我们需要这样一个函数：

- GetCardInHand()：该函数返回一个指针，这个指针指向玩家手里的某张牌。其他 Hand 函数需要通过这个方法来获取玩家手中的牌，并为这张牌中的各个字段设置相关的取值。

请把下面几个函数原型添加到 carddeck_2.c 文件中：

```
void  InitializeHand( Hand* pHand );
void  AddCardToHand(  Hand* pHand , Card* pCard );
void  PrintHand(      Hand* pHand , char* pHandStr , char* pLeadStr );
Card* GetCardInHand(  Hand* pHand , int   cardIndex );
```

这些函数都接受一个指向 Hand 结构体的指针。我们现在就来实现这几个函数。按照 Hand 结构体当前的定义，我们并没有太多的内容需要初始化，只需要把已经发到玩家手里的牌数记录好就行。InitializeHand() 可以这样写：

```
void InitializeHand( Hand* pHand ) {
  pHand->cardsDealt = 0;
}
```

我们把这个名叫 cardsDealt 的结构体成员（也就是字段）设置成 0，用来表示玩家手中目前没有牌（或者说，玩家的这一手牌是空白的）。本来还应该把那 5 张牌所对应的 card1～card5 字段也初始化成某个值，但我们现在并不打算这样做。我们想要在玩家拿到某张牌的时候再把这张牌赋给相应的 card<x> 字段。于是，这就要求我们必须特别小心：不要在还没给某个 card<x> 字段赋值之前就去访问该字段。

GetCardInHand() 函数接受一个指向 Hand 的指针与一个索引值。它会根据该索引值查出对应的牌，并把指向这张牌的指针返回给调用方：

```
Card* GetCardInHand(  Hand* pHand , int cardIndex ) {
  Card* pC;
  switch( cardIndex ) {
    case 0:  pC = &(pHand->card1); break;
    case 1:  pC = &(pHand->card2); break;
    case 2:  pC = &(pHand->card3); break;
    case 3:  pC = &(pHand->card4); break;
    case 4:  pC = &(pHand->card5); break;
  }
  return pC;
}
```

这个函数采用 switch()... 结构判断调用方传入的索引表示玩家手中的哪张牌。由于 & 与 -> 运算符的优先级相同，因此我们通过括号把 &pHand->card1 明确地写成 &(pHand->card1)，以强调该函数所返回的是一个指向 pHand->card1 的指针[⊖]。这样

⊖ 其实 -> 运算符的优先级更高，因此可以不加括号。——译者注

写会先计算 pHand->card1 这一部分，以获得一个 Card 结构体，然后再取这个 Card 结构体的地址。

注意，这里使用的这个 cardIndex 索引与数组下标一样都从 0 开始计算。这是我们故意设计出来的。这样设计的好处在于：无论这 5 张牌是分别采用单个字段来实现，还是采用一个数组来实现，我们都可以用从 0 开始计算的方式来指代其中的某一张。这样能够让我们在思路上保持一致。不用专门去记什么时候要从 0 开始算，什么时候要从 1 开始算，只需要一律从 0 开始算。

接下来实现 AddCardToHand() 函数。这个函数接受一个指向 Hand 结构体的指针与一个指向 Card 结构体的指针，它要把后者所指向的那张牌添加到玩家手中（也就是发给玩家）：

```
void AddCardToHand( Hand* pHand , Card* pCard ) {
  int numInHand = pHand->cardsDealt;
  if( numInHand == kCardsInHand ) return;

  Card* pC = GetCardInHand( pHand , numInHand );
  InitializeCard( pC , pCard->suit , pCard->face , pCard->isWild );
  pHand->cardsDealt++;
}
```

这个函数首先访问 cardsDealt 字段，并把该字段的值保存到 numInHand 变量中，然后将该变量与 kCardsInHand 常量相比较，以判断玩家手中是否拿满五张牌。如果已经拿满，那就直接返回，不做任何处理，这相当于把调用方要求添加的这张牌给忽略掉了。如果没有拿满，那就用 numInHand 作索引（或者说，作下标）来调用 GetCardInHand() 函数，以获取一个指针，让它指向与要添加的这张牌相对应的字段。接下来调用 InitializeCard() 函数，把指向该字段的 pC 指针与这张牌的相应属性传给此函数。

注意，这样做实际上是把总牌堆里面某张牌的字段值复制到了玩家手中的这张牌里，于是整个程序之中就出现了两张相同的牌，一张在总牌堆里面，另一张在玩家手中。这样设计不是很好，我们想要的效果应该是让这张牌从总牌堆里移动到玩家手中。稍后我们会修正这个设计。

最后，我们递增 cardsDealt 字段的值，以表示玩家手中所持的牌比原来多了一张。

PrintHand() 函数会接受两个字符串，以表示与这位玩家相关的信息，以及打印每张牌之前所要留出的空白。跟其他几个 Hand 函数类似，这个函数也要接受一个指向 Hand 的指针，以表示有待打印的这一手牌：

```
void PrintHand( Hand* pHand , char* pHandStr , char* pLeadStr ) {
  printf( "%s%s\n" , pLeadStr , pHandStr );
  for( int i = 0; i < pHand->cardsDealt ; i++ ) {
    Card* pCard = GetCardInHand( pHand , i );
    printf("%s" , pLeadStr );
    PrintCard( pCard );
    printf("\n");
  }
```

这个函数首先打印标题行，这一行的内容包括一个表示留白的先行字符串（也就是 pLeadStr），以及一个表示玩家信息的字符串（也就是 pHandStr）。然后，它用循环结构打印玩家所持有的每一张牌。每次执行循环时，我们都获取一个指向当前这张牌的指针，然后打印先行字符串，接着调用 PrintCard() 函数打印这张牌本身，最后打印换行符。

现在编辑 carddeck_2.c 文件，把 Hand 结构体以及四个用来操作 Hand 结构体的函数写进去。然后保存并编译文件。你应该不会看到警告或错误信息。在开始运行程序之前，我们还要修改几个地方。

首先要修改的是 Hand 结构体，我们这次想让它包含指向 Card 的指针，而不是 Card 本身，因为那样做会导致同一张牌出现两个副本。修改后的 Hand 结构体如下：

```
typedef struct {
  int cardsDealt;
  Card* pCard1;
  Card* pCard2;
  Card* pCard3;
  Card* pCard4;
  Card* pCard5;
} Hand;
```

现在，Hand 里面的每张牌都变成了指针形式，它们分别指向总牌堆中已经初始化好的某张牌。于是，游戏里的每一张牌现在都只有一个实例（而不像修改前，有可能存在两个副本），我们只需要让玩家手里的某个指针正确地指向总牌堆中的某张牌。

修改 Hand 结构体之后，操作该结构体的函数也需要做出改动。首先要把 Initialize-Hand() 函数稍微修改一下：

```
void InitializeHand( Hand* pHand ) {
  pHand->cardsDealt = 0;
  pCard1 = NULL;
  pCard2 = NULL;
  pCard3 = NULL;
  pCard4 = NULL;
  pCard5 = NULL;
}
```

我们把每个指针都初始化成 NULL。这样写的好处在于，我们只需要判断某个指针是不是 NULL，就能确定玩家手中的这个位置上是不是还没有牌。

由于结构体成员的名字从 card<x> 形式改成了 pCard<x> 形式，因此我们要把 GetCard-InHand() 里面的名字也改过来：

```
Card** GetCardInHand(  Hand* pHand , int cardIndex ) {
  Card** ppC;
  switch( cardIndex ) {
    case 0:  ppC = &(pHand->pCard1); break;
    case 1:  ppC = &(pHand->pCard2); break;
    case 2:  ppC = &(pHand->pCard3); break;
```

```
    case 3:  ppC = &(pHand->pCard4); break;
    case 4:  ppC = &(pHand->pCard5); break;
  }
  return ppC;
}
```

这次函数返回的不是指向某张牌的指针，而是这个指针所在的地址（也就是由 ppC 所表示的这个值）。我们不能直接返回指向玩家手中某张牌的 pCard<x> 指针，而是要返回这个指针的地址。我们需要用一个变量（也就是 ppC）来表示这个指针的地址（或者说，表示这个指向指针的指针）。这样做的原因在我们修改 AddCardToHand() 函数时就会体现出来：

```
void AddCardToHand( Hand* pHand , Card* pCard ) {
  int numInHand = pHand->cardsDealt;
  if( numInHand == kCardsInHand ) return;

  Card** ppC = GetCardInHand( pHand , numInHand );
  *ppC = pCard;
  pHand->cardsDealt++;
}
```

这个函数需要修改玩家手里的指针，让它指向总牌堆里的某张牌。由于我们要修改的是指针，因此 GetCardInHand() 必须返回这个指针的地址，这样我们才能对这个地址（也就是这个二级指针或者二重指针）做一次解引用的操作，以获取该地址上的一级指针，并把 pCard 赋给这个一级指针。

我们还可以换用一种比较容易理解的办法来实现 AddCardToHand() 函数：

```
void AddCardToHand( Hand* pHand , Card* pCard ) {
  int numInHand = pHand->cardsDealt;
  if( numInHand == kCardsInHand ) return;

  switch( numInHand ) {
    case 0: pHand->pCard1 = pCard; break;
    case 1: pHand->pCard2 = pCard; break;
    case 2: pHand->pCard3 = pCard; break;
    case 3: pHand->pCard4 = pCard; break;
    case 4: pHand->pCard5 = pCard; break;
    default: break;
  }
  pHand->cardsDealt++;
}
```

这个函数没有借助二级指针（或者说，没有使用双重间接（double indirection）的概念），而是直接把 pCard 赋给了 pHand 所指向的大结构体里面的相应字段。这种写法所用的代码比刚才那种写法要多。刚才那种写法之所以要让 GetCardInHand() 返回二级指针，主要是因为我们目前定义的这个 Hand 结构体采用指向 Card 的一级指针（而不是 Card 本身）来表示玩家手里的某张牌，为了修改这个一级指针，我们必须让 GetCardInHand() 返回二级指针，这样才能对这个二级指针解引用，并把 pCard 赋给解引用所得到的一级指针。总之，在这一版的 carddeck_2.c 文件里面，我们决定采用双重间接法来实现相关的操作。

我们还要修改 carddeck_2.c 里面的两个地方以便提供一些有用的输出结果，从而验证这次的版本实现得是否正确。第一处改动是给操作 Deck 的这套函数里面添加一个新的函数，也就是 DealCardFromDeck()：

```
Card* DealCardFromDeck( Card deck[] , int index ) {
  Card* pCard = &deck[ index ];
  return pCard;
}
```

这个函数接受一个名为 deck 的数组，以及一个索引，用来表示调用方想要获取的这张牌在该数组中的下标。其实我们本来可以把 deck 参数声明成指向 Card 的指针，但这里还是用了数组形式，以强调 deck 在底层是用数组实现的。这个函数会返回一个指针，该指针所指的这个 Card 结构体就是 deck 数组里面下标与 index 相符的结构体。

第二处改动是在程序中使用刚才编写的那些新方法。请修改 main() 函数，把它变成下面这样：

```
int main( void ) {
  Card deck[ kCardsInDeck ];
  Card* pDeck = deck;
  InitializeDeck( &deck[0] );
  Hand h1 , h2 , h3 , h4;
  InitializeHand( &h1 );
  InitializeHand( &h2 );
  InitializeHand( &h3 );
  InitializeHand( &h4 );

  for( int i = 0 ; i < kCardsInHand ; i++ ) {
    AddCardToHand( &h1 , DealCardFromDeck( pDeck , i    ) );
    AddCardToHand( &h2 , DealCardFromDeck( pDeck , i+13 ) );
    AddCardToHand( &h3 , DealCardFromDeck( pDeck , i+26 ) );
    AddCardToHand( &h4 , DealCardFromDeck( pDeck , i+39 ) );
  }
  PrintHand( &h1 , "Hand 1:" , "                    " );
  PrintHand( &h2 , "Hand 2:" , "  " );
  PrintHand( &h3 , "Hand 3:" , "                                       " );
  PrintHand( &h4 , "Hand 4:" , "                    " );
}
```

我们还是像以前那样声明并初始化 deck 数组。然后，我们声明并初始化四个 Hand 结构体。接下来，我们编写一个循环，让它在执行每轮循环时都调用 AddCardToHand() 函数，以便给这四个 Hand 各发一张牌。目前我们还没有实现随机发牌的功能。我们只是计算出每种花色的头一张牌在数组中的偏移量，并把它与循环计数器 i 相加，以确定发给每个 Hand 的是什么牌。随机选牌的功能到下一次迭代 carddeck.c 的时候再实现。最后，调用 PrintHand() 函数来打印这四个 Hand（也就是打印这四位玩家手里的牌）。

我们在这次的 carddeck_2.c 文件中修改了 Hand 结构体以及操作这样一个结构体所用的函数。我们给文件中添加了 DealCardFromDeck() 函数的原型，并给该函数编写了实现代码。最后，我们修改了 main() 函数，以便创建并初始化四个 Hand 结构体，给每个结构体里面添加 5 张牌，然后打印这四个 Hand 的内容。请编译 carddeck_2.c 文件并运行程序。你应该会看到下面这样的输出效果。

```
> cc carddeck_2b.c -o carddeck_2b -Wall -Werror -std=c11
> carddeck_2b
                Hand 1:
                     2 of Spades
                     3 of Spades
                     4 of Spades
                     5 of Spades
                     6 of Spades
Hand 2:
     2 of Hearts
     3 of Hearts
     4 of Hearts
     5 of Hearts
     6 of Hearts
                                Hand 3:
                                     2 of Diamonds
                                     3 of Diamonds
                                     4 of Diamonds
                                     5 of Diamonds
                                     6 of Diamonds
                Hand 4:
                     2 of Clubs
                     3 of Clubs
                     4 of Clubs
                     5 of Clubs
                     6 of Clubs

>
```

大家看到了，PrintHand() 函数能够根据它所收到的参数显示出与这手牌相对应的信息，并给其中的每张牌前面留出适当的空白。第一位玩家所持有的这手牌以"Hand 1"表示，其中的 5 张都是黑桃牌，而且是整副牌中黑桃牌的前 5 张，其他三位玩家所持有的也是整副牌中与其他三种花色相对应的前 5 张牌。

我们这次迭代 carddeck.c 时是按照下面这套步骤来修改的：

1. 创建一个包含 Card 结构体的 Hand 结构体。

2. 创建初始化 Hand、给 Hand 中添加一张牌、打印 Hand，以及获取指向 Hand 中某一张牌的指针所用的函数。这些函数所操作的都是总牌堆中某张牌的副本，而不是那张牌本身。

3. 修改 Hand 结构体，让它使用指向 Card 结构体的指针（而不是使用 Card 结构体的副本）。

4. 修改每一个涉及 Hand 结构体的函数，让它通过指针来操作其中的 Card，以便与刚才修改过的 Hand 结构体相匹配。

5. 添加 DealCardFromDeck() 函数，用以获取一个指向牌堆中某张牌的指针。

6. 修改 main() 函数，让它使用 Hand 结构体以及能够操作这种 Hand 结构体的每一个函数。

现在我们有了一副已经初始化完毕的牌，并且有了四个 Hand 结构体，用来持有指向牌堆中某张牌的指针。这个程序越来越复杂，也越来越完备。我们马上就会写出一款能够发牌的完整程序。

16.6 使用含有数组的结构体

我们现在已经能够用 Card 数组来表示一堆牌了。然而这种表示方式并不足以实现这堆牌所应支持的全部功能。我们还需要两种操作，一种是按照随机顺序来排列牌堆里面的各张牌，另一种是从这个随机排列的牌堆里面拿出一张牌。我们需要记录牌堆里有多少张牌已经拿走，还要记录这堆牌是不是已经洗过了。

我们要给牌堆创建的这个模型已经变得有点复杂了。这样的模型单纯用一个数组来表示是不够的。我们需要新建一个名为 Deck 的结构体来容纳与这堆牌有关的附加信息，例如它是不是已经洗开，或者说，是不是处于随机排列的状态。

在开始定义这个结构体以及它所支持的操作之前，我们首先想想如何洗这堆牌（或者说，如何随机排列这堆牌里的各张牌）。一种办法是把 deck 数组里面位于某下标处的这张牌跟位于另一个下标处的那张牌交换。然而由于我们现在已经学会使用指针了，因此可以利用这一点实现另一种洗牌的办法。这个办法是构建一个指针数组，让里面的每个指针都指向牌堆中的某张牌。我们会初始化这个数组，让其中的每个指针都指向总牌堆中的相应元素。然后，我们随机排列这个辅助数组里面的各个指针，通过打乱指针顺序的形式来变相地实现“洗牌”。为了做到随机排列，我们首先必须学习一点与随机及随机数生成器有关的知识。

16.6.1 了解随机与随机数生成器

计算机是一种具有确定性的机器。这意味着每次运行程序时所得到的结果都是相同的，不会出现一次运行跟另一次不同的情况。这种确定的行为对于实现有序的计算来说是相当关键的。无论我们是在一星期里的哪一天运行程序的，无论我们是在什么天气或什么条件下运行程序的，它都应该得出相同的结果。

然而，有时我们需要模拟一些随机发生的事件。洗牌就是个很典型的例子。假如每次游戏都给每位玩家发送同一套牌，那么这款游戏就没什么意思了。现实中有很多随机的事，例如天气变化、掷骰子，甚至包括指纹，这些都必然是随机出现的。

在计算机这种非随机的、确定的设备上实现随机，有两种办法。一种是硬件方式，这种方式最好的例子就是用一个故意损坏的发声芯片来制造杂讯。这种设备实现出来的随机效果是真正的随机。但这样的设备可能不切实际，或者无法在日常的计算机系统上使用。

第二种方式是通过伪随机数生成器（PseudoRandom Number Generator，PRNG）来模拟随机效果。

PRNG是一种算法，能够生成一个相当大的数列。这样一个庞大的数列叫作PRNG的周期数列，它的长度称为PRNG的周期性。这意思是说，在给出这么多个“随机”的数字之后，它又会重复给出最早的那个数字。周期性越大，PRNG的随机效果就越好。我们每次问PRNG索要“随机”数的时候，它给出的实际上是这个数列中的下一个数字。种子（seed）本身也是一种变化的数字，但变得不像PRNG那样剧烈。我们可以用当前这一秒与1970年头一秒之间的差距作种子，也可以用现在到当前这一秒里的第几个微秒作种子，还可以用磁头在磁盘盘片上的位置作种子。假如每次都用同一个数作种子，那么PRNG所给出的这个数列就总是相同的。

由此可见，PRNG有两项关键操作。第一是用种子（也就是某个起点）来初始化这个PRNG，第二是反复调用PRNG，让它给出数列中的下一个随机数。

每一种计算机系统都至少会给程序员提供一个PRNG。然而，由于PRNG对模拟现实中的随机事件起着关键作用，因此目前仍然受到广泛研究。PRNG可以分成许多种。每一种PRNG所给出的随机数都未必相同，而且它们的周期性也各有区别。某些PRNG比较简单，另一些则比较复杂。PRNG可能会返回一个位于`0`至某个最大值之间的整数，也有可能返回一个`0.0`与`1.0`之间的浮点数，我们可以把这个数字化成到自己想要的那个范围里面的某个数。

每个问题所要求的随机级别可能都各不相同。对于比较简单的游戏来说，一个较为简单的PRNG通常就足够用了。具体到本例来说，我们要引入`stdlib.h`文件中的PRNG，这是C语言标准库里面一个简单的PRNG。我们可以用`srand()`函数来初始化这个PRNG，并多次调用`rand()`函数。常见的办法是调用`time()`函数获取当前时间，并把这个时间传给`srand()`，`time()`函数获取到的时间是当前这一秒与1970年头一秒（又称为UNIX epoch）之间的秒数。由于我们每次运行程序的时刻都不一样，因此这意味着PRNG的种子也不同。

接下来我们就会看到如何利用这些函数实现洗牌。

16.6.2 创建含有数组的结构体

我们要创建一个名为`Shuffled`的结构体，用来存放一些与牌堆状态有关的信息，以及一个由指向`Card`的指针所构成的数组，这个数组表示的就是洗过之后的一副牌。我们这样来定义这个`Shuffled`结构体：

```
typedef struct {
 Card* shuffled[ kCardsInDeck ];
 int numDealt;
 bool bIsShuffled;
} Shuffled;
```

这个结构体包含一个由指向 Card 的指针所构成的数组，还包含两个字段，用来表示已经发出的牌数，以及这堆牌是不是已经洗过。

16.6.3　访问结构体所含数组中的元素

我们前面说过如何用圆点（.）访问结构体中的某个元素，如果有指向结构体的指针，那么还可以通过箭头（->）访问该指针所指向的结构体之中的元素。如果这个元素本身是个数组，那么我们就在数组名称后面加一对方括号，以访问数组中的某个具体元素。例如：

```
Shuffled  aShuffled;
Shuffled* pShuffled = &aShuffled;

aShuffled.numDealt    = 0;
aShuffled.bIsShuffled = false;
for( int i = 0 , i < kCardsInDeck; i++ )
  aShuffled.shuffled[i] = NULL;

pShuffled->numDealt    = 0;
pShuffled->bIsShuffled = false;
for( int i = 0 , i < kCardsInDeck; i++ )
  pShuffled->shuffled[i] = NULL;
```

这段代码声明一个名叫 aShuffled 的牌堆结构体，以及一个指向该结构体的指针（也就是 pShuffled），并把这个指针初始化成 aShuffled 的地址。接下来的三条语句采用圆点表示法来访问 aShuffled 中的每个元素。最后三条语句采用箭头表示法来访问 pShuffled 所指向的结构体中的每个元素。

现在我们可以考虑怎样设计自己想要在 Shuffled 结构体上执行的操作了。

16.6.4　操作结构体所含数组中的元素

我们早前已经在 main() 函数里写了一个叫作 deck 的 Card 数组，并给该数组设计了 InitializeDeck() 与 PrintDeck() 这样两项操作。现在我们又定义了一种叫作 Shuffled 的结构体，这种结构体同样需要有操作它的函数，例如 InitializeShuffled() 与 PrintShuffled()。另外，我们还需要添加一个叫作 ShuffleDeck() 的函数。于是，我们总共要针对 Shuffled 结构体声明下面三个函数原型：

```
void InitializeShuffled( Shuffled* pShuffled , Deck[] pDeck );
void PrintShuffled( Shuffled* pShuffled );
void ShuffleDeck( Shuffled* pShuffled );
```

InitializedShuffled() 跟 InitializeDeck() 函数稍微有点不同，因为后者只需要知道它所要初始化的这个东西，也就是这个用来表示整副牌的 Deck，而 Initialized-Shuffled() 函数除了需要知道它所要初始化的这个东西（即 Shuffled）之外，还需要了解另一个东西，也就是 Deck，因为它必须根据 Deck 来初始化 Shuffled 结构体里的指针数组。讲到这里，有人可能会问：Deck 以及针对 Deck 的那些操作跟这里的 Shuffled 以及针对 Shuffled 的这些操作好像有着很密切的关系啊？没错，确实是这样。到最终版的 carddeck.c 程序里面，我们会把 Deck 与 Shuffled 这两种数据结构，以及针对二者所写的操作合并起来。但是现在，我们还是单独处理这两者，于是，我们先看看 ShuffleDeck() 函数该怎么写。

在实现目前这个洗牌函数的时候，我们假设 pDeck 所指向的 Shuffled 结构体里面的 shuffled[] 数组已经初始化好了，也就是说，该数组的首元素 shuffled[0] 已经指向 deck 数组的首元素 deck[0]，该数组的第二个元素已经指向 deck 数组的第二个元素 deck[1]，总之，shuffled[] 数组中的每个元素都已经指向 deck[] 数组里面下标相同的那个元素了。现在我们先初始化 PRNG（伪随机数生成器），然后再迭代 shuffled[] 数组中的元素。每次迭代时，我们都调用 rand() 函数以获取下一个随机数，然后把这个数化到 0 至 51 这一范围内（也就是化成 shuffled[] 数组的有效下标）。转化之后的数表示的就是 shuffled[] 数组中的某个随机下标。我们把当前迭代的这个指针所指向的牌与位于随机下标处的那张牌交换。这个函数的代码是：

```
void ShuffleDeck( Shuffled* pDeck ) {
  long randomIndex;
  srand( time() );

  Card* pTempCard;
  for( int thisIndex = 0 ; thisIndex < kCardsInDeck ; thisIndex++ ) {
    randomIndex = rand() % kCardsInDeck; // 0..51
      // swap
    pTmpCard                          = pDeck->shuffled[ thisIndex ];
    pDeck->shuffled[ thisIndex ]      = pDeck->shuffled[ randomIndex ];
    pDeck->shuffled[ randomIndex ] = pTmpCard;
  }
  pDeck->bIsShuffled  = true;
}
```

我们首先声明 randomIndex 变量，然后调用 time() 函数以初始化 PRNG。为了交换两个值，我们还得声明一个叫作 pTempCard 的值作中介。每次迭代 shuffled[] 时，我们都获取下一个随机数，并通过模除把它化到 0 至 51 这一范围内，然后通过三条语句实现 swap（交换）操作。最后更新 bIsShuffled 这个状态变量的值，以表示现在这副牌已经洗过。

通过这段代码可以看到：访问结构体中某个简单数组里面的元素跟访问结构体中的其他成员其实差不多。区别只在于要给这个数组成员的后面写上一对中括号，并在其中写出要访问的元素所在的下标。

请把 carddeck_2.c 复制一份，命名为 carddeck3.c。本章接下来会在 carddeck_3.c 上修改。现在请在文件开头包含 stdlib.h 与 time.h 这两份头文件，因为程序代码需要用到其中的 rand()、srand() 与 time() 函数。

我们会修改 Hand 结构体，让它使用一个由指向 Card 的指针所构成的数组。这样能够简化 Hand 上的操作，而且能够省去 GetCardInHand() 函数。

16.6.4.1　重新审视 Hand 结构体

在 carddeck_2.c 里面，我们给 Hand 结构体中设计了 5 个命名的成员变量，以指向玩家所能持有的 5 张牌。这意味着我们需要使用一个函数来获取指向其中某张牌的指针。这么做虽然可行，但有点麻烦。早前说过，如果有多个类型相同的变量，而你又想把这批变量合起来管理，那么应该立刻想到采用数组来设计。因此，我们现在重新调整 Hand 结构体的定义代码，让它改用数组表示这几张牌，数组中的每个元素都是一个指向 Card 的指针：

```
typedef struct {
  Card* hand[ kCardsInHand ];
  int   cardsDealt;
} Hand;
```

修改之后的 Hand 结构体仍然能够表示 5 张牌，只不过现在这 5 张牌都位于同一个数组中。我们依然用 cardsDealt 来记录玩家实际持有的牌数。

稍后我们就会看到，这样写能够简化针对 Hand 的操作。

16.6.4.2　重新审视针对 Hand 结构体的操作

由于我们修改了 Hand 结构体的定义，因此需要对涉及该结构体的操作稍加调整。好在这些函数的原型都不用改，只需要修改实现代码就好：

1. 把 carddeck_3.c 文件中的 InitializeHand() 函数修改成下面这样：

```
void InitializeHand( Hand* pHand ) {
  pHand->cardsDealt = 0;
  for( int i = 0; i < kCardsInHand ; i++ )  {
    pHand->hand[i] = NULL;
  }
}
```

现在我们可以通过循环结构把 hand[] 数组里每一个指向 Card 的指针都设为 NULL 了，而不像以前那样，必须分别设置指向每一张牌的指针。

2. 接下来，我们简化 AddCardToHand() 函数的写法，因为这个函数现在已经不需要再调用 GetCardInHand() 方法了：

```
void AddCardToHand( Hand* pHand , Card* pCard ) {
  if( pHand->cardsDealt == kCardsInHand ) return;
  pHand->hand[ pHand->cardsDealt ] = pCard;
  pHand->cardsDealt++;
}
```

我们跟以前一样，还是要先检查玩家是不是已经拿满 5 张牌。如果没有拿满，那么只需要把调用方传入的这个指向 Card 结构体的 pCard 指针，赋给数组里面相应的元素。最后，跟以前一样，递增 cardsDealt 这个成员变量的值。

3. 另外，PrintHand() 函数也不需要再使用 GetCardInHand() 函数了：

```
void PrintHand( Hand* pHand , char* pHandStr , char* pLeadStr ) {
  printf( "%s%s\n" , pLeadStr , pHandStr );
  for( int i = 0; i < kCardsInHand ; i++ ) {  // 1..5
    printf("%s" , pLeadStr );
    PrintCard( pHand->hand[i] );
    printf("\n");
  }
}
```

由于玩家手中的牌这次是用同一个数组表示的，因此我们只需要通过方括号与下标的形式，就能访问到其中的某个元素，也就是访问到指向玩家所持有的某张牌的指针。除此之外，这个函数跟早前的版本是相同的。现在我们已经彻底不需要 GetCardInHand() 函数了。请把该函数的原型与定义代码从 carddeck_3.c 中删去。

4. 最后，我们会把四位玩家所持有的四手牌都放在同一个数组里面管理。因此，我们可以创建这样一个 PrintAllHands() 函数，以打印这四手牌：

```
void PrintAllHands(  Hand* hands[ kNumHands ] ) {
  PrintHand( hands[0] , "Hand 1:" , "                    " );
  PrintHand( hands[1] , "Hand 2:" , "  " );
  PrintHand( hands[2] , "Hand 3:" , "
" );
  PrintHand( hands[3] , "Hand 4:" , "                    ");
}
```

由于 hand[] 数组中的每个元素都是一个指向 Hand 结构体的指针，因此，我们可以通过数组与下标的形式访问到这个指针，并把它传给 PrintHand() 函数，以打印出该指针所指向的那手牌。记得将 PrintAllHands() 函数的原型添加到 carddeck_3.c 文件中。保存并编译程序，你应该会看到跟上一节的 carddeck_2.c 相同的输出结果。

16.7 使用含有结构体数组的大结构体

由于没有洗乱的一组牌，与刚才为表示洗过的牌而设计的 Shuffled 结构体很像，因此最好是把两者合并成一个结构体，这样就不用分开声明并操作它们了。这个合并而成的 Deck 结构体含有两个数组，一个用来容纳按默认顺序所排列的一副牌，另一个用来容纳指向其中每张牌的指针，后者可以根据需要打乱顺序，以实现洗牌的效果。我们还会给这个 Deck 结构体里面添加一些信息，用来记录这副牌是不是洗过，以及已经发给玩家的牌数。

接下来我们会增强这个 Deck 结构体，并创建或修改一些针对该结构体的操作，在这个过程中大家将要看到，针对其他结构体而创建的那些方法并不会受到多大影响，有的甚至根本不需要改动。

16.7.1 创建包含结构体数组的大结构体

旧版的 carddeck.c 采用一个简单的结构体数组来表示一副牌。然而现在，我们要把洗过的牌以及与这副牌有关的一些信息跟这副牌本身合并成一个名为 Deck 的大结构体，因此，原来那个简单的 Card 结构体数组会成为这个大的 Deck 结构体里面的一个成员，此外，Deck 还会包含一个由指向 Card 结构体的指针所构成的数组，以及其他一些与 Deck 有关的信息。

我们这样来定义这个新的 Deck 结构体：

```
typedef struct {
  Card  ordered[ kCardsInDeck ];
  Card* shuffled[ kCardsInDeck ];
  int   numDealt;
  bool  bIsShuffled;
} Deck;
```

ordered 成员数组用来容纳一副按默认顺序初始化好的牌。一旦初始化完毕，数组中的元素就不会再改动了。我们不直接在这个数组上洗牌，而是用 shuffled 数组来变相地实现洗牌，这是一个由指向 ordered 数组中各张牌的指针所构成的数组。另外，我们会用 bIsShuffled 这个成员变量来表示这副牌有没有洗过。

这个新定义的 Deck 结构体把各种类型的复杂信息汇集到了一起，它变得比原来那些结构体都要复杂。然而稍后我们就会看到，这样做能够令程序的结构与逻辑更加集中。

开始修改 Deck 结构体的各项操作之前，我们先说说怎样访问 Deck 这样的大结构体所包含的各种成员，尤其是其中的结构体数组里面的各个元素，也就是各个小结构体。

16.7.2 访问大结构体中的结构体数组内的各个小结构体

访问大结构体中的结构体数组里面的小结构体实际上是一种多层次的访问操作，我们要从最外层的大结构开始，逐渐深入，到达最里层的小结构元素。其实我们在本章前面的各节里已经简单提到了这样的访问形式。

然而，我们必须注意结构体是用什么样的数据类型来表示的。具体来说，就是必须注意它到底是结构体本身，还是指向结构体的指针。结构体本身与指向结构体的指针是不一样的，因为我们必须用不同的写法，也就是圆点（.）表示法与箭头（->）表示法，来访问其中的字段。

根据前面定义的这种 Deck 结构体，我们可以用下面这样的写法来访问其中的各个字段，以及其中的数组字段内的小结构体元素，还可以访问小结构体元素内的各个字段：

```
Deck deck;

deck.cardsDealt = 0;
deck.bIsShuffled = false;
deck.shuffled[0] = NULL;
```

```
deck.ordered[3].suit = spade;
deck.ordered[3].face = four;

deck.shuffled[14] = &(deck.ordered[35]);
(deck.shuffled[14])->suit = heart;
(deck.shuffled[14])->face = two;

Suit s = deck.ordered[3].suit;
Face f = deck.ordered[3].face;

s = (deck.shuffled[14])->suit;
f = (deck.shuffled[14])->face;
```

这段代码声明了一个 Deck 结构体类型的 deck 变量。接下来的两条语句用来设置这个结构体的两个字段。然后，我们把结构体中的 shuffled 数组里面下标为 0 的元素设为 NULL。接着我们访问 ordered 数组中的第四张牌（或者说，访问下标为 3 的 Card 结构体）里面的 suit 与 face 字段，并分别给二者赋值。

下面的一条语句让 shuffled 数组里面下标为 14 的这个指针元素指向 ordered 数组里面下标为 35 的 Card 结构体。然后，我们又通过两条语句来访问 shuffled 数组里面下标为 14 的这个指针元素所指向的结构体里面的 suit 与 face 字段，这实际上访问的是 ordered 数组里面下标为 35 的 Card 结构体中的相应字段。

最后四条语句演示了如何获取结构体中某个数组里面的小结构体中的相应字段。

现在我们看看怎样通过指向 Deck 结构体的指针来编写跟上面那段代码类似的代码：

```
Deck  anotherDeck
Deck* pDeck = &anotherDeck;

pDeck->cardsDealt = 0;
pDeck->bIsShuffled = false;
pDeck->shuffled[3] = pDeck

pDeck->shuffled[14].= &(deck.ordered[31]);
(pDeck->shuffled[14])->suit = heart;
(pDeck->shuffled[14])->face = two;

Suit s = pDeck->ordered[3].suit;
Face f = pDeck->ordered[3].face;

s = (pDeck->shuffled[14])->suit;
f = (pDeck->shuffled[14])->face;
```

这些语句使用的都是指向 Deck 结构体的指针，我们通过这个指针实现跟刚才那段代码类似的效果，也就是访问大结构体中某个数组里面的小结构体所具备的字段。

16.7.3 操作包含结构体数组的大结构体

既然刚才那两种方式都能访问，那就会有一个问题：什么时候应该直接通过结构体访问，什么时候应该使用指向结构体的指针来访问。这个问题并没有明确的答案，或者说，我们并不是必须要遵循其中某一种方式才行。

一般来说，如果结构体是在某个函数块中声明的，而且程序只在这块代码里面访问结构体中的字段，那么就应该采用直接访问的方式。但如果结构体是在另一个函数块中声明的，并且要放在这个函数块里面使用，那么在设计此函数时最好采用间接的方式（也就是采用指向结构体的指针）来表示这个有待操作的结构体。

明白这个道理，我们就可以给刚才说的那几项操作 Deck 的函数重新定义原型了：

```
void  InitializeDeck(   Deck* pDeck );
void  ShuffleDeck(      Deck* pDeck );
Card* DealCardFromDeck( Deck* pDeck );
void  PrintDeck(        Deck* pDeck );
```

这几个函数都不会把 Deck 结构体本身复制进来并在返回时复制一份给调用方。它们所复制的仅是指向某个已经存在的 Deck 结构体的指针而已，它们是通过这个指针来操作结构体本身的。

我们会在本章接下来的内容里面把每个函数再审视一遍。

16.7.4　写出最终版的 carddeck.c 文件

通过本节以及其中的各子节，我们要写出 carddeck.c 文件的最终版本，让它用新定义的 Deck 结构体创建一副牌，然后把这副牌洗开，接下来创建 4 个 Hand 结构体以表示四位玩家所分别持有的 4 手牌，最后从洗开的这一副牌里面给每位玩家手中发 5 张牌。我们会在程序执行的过程中多次打印出总牌堆里面的牌以及各位玩家手里的牌，以验证程序在各个阶段的执行效果是否正确。

16.7.4.1　重新审视 Deck 结构体

我们把 Deck 结构体的定义代码添加到 carddeck_3.c 文件中：

```
typedef struct {
  Card  ordered[ kCardsInDeck ];
  Card* shuffled[ kCardsInDeck ];
  int   numDealt;
  bool  bIsShuffled;
} Deck;
```

这就是刚才说的这个比较复杂的 Deck 结构体。

16.7.4.2　重新审视涉及 Deck 结构体的操作

由于这次的 Deck 结构体比较复杂，因此我们必须把涉及该结构体的操作，再逐个审视一遍：

1. 首先是 InitializeDeck() 函数。请把这个函数改成下面这样：

```
void InitializeDeck( Deck* pDeck ) {
  Face f[] = { two   , three , four , five , six   , seven ,
               eight , nine  , ten  , jack , queen , king  , ace };
```

```
  Card* pC;
  for( int i = 0 ; i < kCardsInSuit ; i++ )  {
    pC = &(pDeck->ordered[ i + (0*kCardsInSuit) ]);
    InitializeCard( pC , spade , f[i], kNotWildCard );
    pC = &(pDeck->ordered[ i + (1*kCardsInSuit) ]);
    InitializeCard( pC , heart , f[i], kNotWildCard );

    pC = &(pDeck->ordered[ i + (2*kCardsInSuit) ]);
    InitializeCard( pC , diamond , f[i], kNotWildCard );
    pC = &(pDeck->ordered[ i + (3*kCardsInSuit) ]);
    InitializeCard( pC , club , f[i], kNotWildCard );
  }
  for( int i = 0 ; i < kCardsInDeck ; i++ )  {
    pDeck->shuffled[i] = &(pDeck->ordered[i]);
  }
  pDeck->bIsShuffled = false;
  pDeck->numDealt    = 0;
}
```

我们还是得像原来一样使用数组形式的查询表。另外，我们这次还是得通过循环结构来初始化这些牌，每次都要初始化点数相同但花色不同的四张。跟以前相比，唯一的区别在于这次访问总牌堆里的某张牌时所用的写法，这次使用的是 `&(pDeck->ordered[ i + (0*kCardsInSuit) ])`。

2. 执行完这个循环之后，我们通过另一个循环结构来初始化 `shuffled` 数组，让其中的每个指针都指向 `ordered` 数组里面相应的牌。这副牌已经初始化好了，只是还没有洗开。因此，我们把 `bIsShuffled` 设为 `false`，把 `numDealt` 设为 `0`。现在，这副牌就彻底初始化完毕了。

我们在实现洗牌功能的时候，只需要修改 `shuffled` 数组里面各指针之间的顺序。请根据下面这段代码创建 `ShuffleDeck()` 函数：

```
void ShuffleDeck( Deck* pDeck ) {
  long randIndex;
  srand( time(NULL) ); // Seed our PRNG using time() function.
                       // Because time() ever increases, we'll get
a
                       // different series each time we run the
                       //  program.

  Card* pTmpCard;

    // Now, walk through the shuffled array, swapping the pointer
    // at a random card index in shuffuled with the pointer at the
    // current card index.

  for( int thisIndex = 0 ; thisIndex < kCardsInDeck ; thisIndex++ )
{
      // get a random index
    randIndex = rand() % kCardsInDeck;  // get next random number
                                        // between 0..51
      // swap card pointers between thisIndex and randIndex
```

```
    pTmpCard = pDeck->shuffled[ thisIndex ];
    pDeck->shuffled[ thisIndex ] = pDeck->shuffled[ randIndex ];
    pDeck->shuffled[ randIndex ] = pTmpCard;
  }
 pDeck->bIsShuffled = true;
}
```

这个函数里的 randIndex 变量会取 0 至 51 之间的随机整数。用 srand() 初始化 PRNG 之后，我们遍历这 52 张牌。每次迭代，我们都用 randIndex 这个随机下标去获取一个指向 Card 的指针，并把这个指针与通过循环计数器 thisIndex 所访问到的当前指针相交换。大家马上就会看到，这种交换操作所实现的正是我们想要的洗牌效果。最后我们把 bIsShuffled 设为 true，表示这副牌已经洗过。

3. 把 DealCardFromDeck() 函数的代码修改成下面这样：

```
Card* DealCardFromDeck( Deck* pDeck ) {
  Card* pCard = pDeck->shuffled[ pDeck->numDealt ];
  pDeck->shuffled[ pDeck->numDealt ] = NULL;
  pDeck->numDealt++;
  return pCard;
}
```

这次的 DealCardFromDeck() 函数，用 Deck 结构体里面的 numDealt 成员变量作下标，以确定接下来应该从这个已经洗开的指针数组里面获取哪一个指针，函数会把这个指针返回给调用方。请注意，在将这个指针赋给 pCard 变量之后，我们就让该指针指向 NULL，用以标注这张牌已经发过。接下来，递增 numDealt 的值，让它指向目前位于总牌堆顶部的那张牌，或者说，让它指向下一次执行此函数时所应派发的那张牌。最后，把 pCard 指针变量（该变量指向这次所发的这张牌）返回给调用方。

4. 最后要改的是 PrintDeck() 函数，请把它改成下面这样：

```
void PrintDeck( Deck* pDeck )  {
  printf( "%d cards in the deck\n" ,  kCardsInDeck );
  printf( "Deck %s shuffled\n", pDeck->bIsShuffled ? "is" : "is
not" );
  printf( "%d cards dealt into %d
hands\n",pDeck->numDealt,kNumHands );

  if( pDeck->bIsShuffled == true ) {                // Deck is shuffled.
    if( pDeck->numDealt > 0 )  {
      printf( "The remaining shuffled deck:\n" );
    } else {
      printf( "The full shuffled deck:\n");
    }
    for( int i=pDeck->numDealt , j=0 ; i < kCardsInDeck ; i++ , j++
) {
      printf( "(%2d)" , i+1 );
      PrintCard( pDeck->shuffled[ i ] );
      if( j == 3  )  {
        printf( "\n" );
        j = -1;
```

```
        } else {
          printf( "\t");
        }
      }
    } else {                                          // Deck is not
shuffled.
      printf( "The ordered deck: \n" );
      for( int i = 0 ; i < kCardsInSuit ; i++ )  {
        int index  = i + (0*kCardsInSuit);
        printf( "(%2d)" , index+1 );
        PrintCard( &(pDeck->ordered[ index ] ) );
        index = i + (1*kCardsInSuit);
        printf( "   (%2d)" , index+1 );
        PrintCard( &(pDeck->ordered[ index ] ) );
        index = i + (2*kCardsInSuit);
        printf( "   (%2d)" , index+1 );
        PrintCard( &(pDeck->ordered[ i + (2*kCardsInSuit) ] ) );
        index = i + (3*kCardsInSuit);
        printf( "   (%2d)" , index+1 );
        PrintCard( &(pDeck->ordered[ index ] ) );
        printf( "\n" );
      }
    }
    printf( "\n\n" );
}
```

PrintDeck() 函数现在会用几种不同的方式来打印这副牌。这个函数里的一些代码我们在前面已经说过了。该函数首先打印出与这副牌当前的状态有关的一些信息。然后，它判断这副牌是否洗过。如果已经洗过，那就判断游戏有没有从这副牌里给玩家发过牌，并根据判断结果打印相关的提示信息，然后将其中还没有发给玩家的那些牌打印出来。如果这副牌没有洗过，那就把按照默认顺序排列好的这些牌打印出来。

太棒了！这个复杂函数里面的每一种写法，大家现在都应该比较熟悉了吧？它可以说是总结了我们目前所学到的各种内容。

我们会多次调用该函数，以验证程序的各个部分运作得是否正确。

16.7.4.3 完成一款基本的扑克程序

我们已经定义了新的结构体并修改了已有的函数，令这些函数能够操作这种结构体。现在我们可以把所有内容拼成一款能玩的游戏了（虽然这个游戏目前只实现了发牌功能，但我们姑且说它“能玩”）。修改 carddeck_3.c 文件中的 main() 函数：

```
int main( void ) {
  Deck  deck;
  Deck* pDeck = &deck;
  InitializeDeck( pDeck );
  PrintDeck(       pDeck );
  ShuffleDeck( pDeck );
  PrintDeck(    pDeck );
  Hand h1 , h2 , h3 , h4;
  Hand* hands[] = { &h1 , &h2 , &h3 , &h4 };
```

```
  for( int i = 0 ; i < kNumHands  ; i++ ) {
    InitializeHand( hands[i] );
  }

  for( int i = 0 ; i < kCardsInHand  ; i++ )  {
    for( int j = 0 ; j < kNumHands  ; j++ )
    {
      AddCardToHand( hands[j]  , DealCardFromDeck( pDeck ) );
    }
  }
  PrintAllHands( hands );
  PrintDeck(       pDeck );
}
```

大家是不是很惊讶：main() 函数只用这么几行代码就把整个程序要做的事情全都表达出来了。之所以能这样，是因为我们已经把操作各种结构体所需的函数全都准备好了。现在笔者把 main() 函数的流程梳理一遍：

1. 首先，我们声明一个 Deck 结构体以及一个指向该结构体的指针。然后，我们用 InitializeDeck() 函数初始化 Deck 并打印它的内容。编辑文件，然后保存并编译，最后运行程序。程序第一次打印这副牌时应该会给出这样的信息：

```
> cc carddeck_3.c -o carddeck_3 -Wall -Werror -std=c11
[> carddeck_3
[52 cards in the deck
Deck is not shuffled
0 cards dealt into 4 hands
The ordered deck:
( 1)     2 of Spades    (14)     2 of Hearts    (27)     2 of Diamonds   (40)     2 of Clubs
( 2)     3 of Spades    (15)     3 of Hearts    (28)     3 of Diamonds   (41)     3 of Clubs
( 3)     4 of Spades    (16)     4 of Hearts    (29)     4 of Diamonds   (42)     4 of Clubs
( 4)     5 of Spades    (17)     5 of Hearts    (30)     5 of Diamonds   (43)     5 of Clubs
( 5)     6 of Spades    (18)     6 of Hearts    (31)     6 of Diamonds   (44)     6 of Clubs
( 6)     7 of Spades    (19)     7 of Hearts    (32)     7 of Diamonds   (45)     7 of Clubs
( 7)     8 of Spades    (20)     8 of Hearts    (33)     8 of Diamonds   (46)     8 of Clubs
( 8)     9 of Spades    (21)     9 of Hearts    (34)     9 of Diamonds   (47)     9 of Clubs
( 9)    10 of Spades    (22)    10 of Hearts    (35)    10 of Diamonds   (48)    10 of Clubs
(10)  Jack of Spades    (23)  Jack of Hearts    (36)  Jack of Diamonds   (49)  Jack of Clubs
(11) Queen of Spades    (24) Queen of Hearts    (37) Queen of Diamonds   (50) Queen of Clubs
(12)  King of Spades    (25)  King of Hearts    (38)  King of Diamonds   (51)  King of Clubs
(13)   Ace of Spades    (26)   Ace of Hearts    (39)   Ace of Diamonds   (52)   Ace of Clubs
```

2. 然后，我们调用 ShuffleDeck() 函数来洗这副牌，接着再把整副牌的内容打印一遍。这次看到的这副牌，应该会像下面这样。

```
52 cards in the deck
Deck is shuffled
0 cards dealt into 4 hands
The full shuffled deck:
( 1)   Ace of Clubs      ( 2)     3 of Hearts    ( 3)     2 of Spades    ( 4)     4 of Diamonds
( 5)  Jack of Diamonds   ( 6)     3 of Diamonds  ( 7)     7 of Spades    ( 8)  King of Diamonds
( 9) Queen of Hearts     (10)  Jack of Clubs     (11)     3 of Clubs     (12)     4 of Hearts
(13)     6 of Diamonds   (14)    10 of Clubs     (15)     2 of Clubs     (16)     6 of Hearts
(17)  Jack of Spades     (18)     5 of Diamonds  (19)     6 of Clubs     (20)    10 of Spades
(21)  Jack of Hearts     (22)     8 of Diamonds  (23)     9 of Hearts    (24)  King of Spades
(25)     7 of Diamonds   (26)   Ace of Spades    (27)     5 of Clubs     (28)     3 of Spades
(29)     9 of Clubs      (30)     9 of Diamonds  (31)     8 of Spades    (32)  King of Clubs
(33)     5 of Spades     (34)    10 of Hearts    (35)  King of Hearts    (36)     9 of Spades
```

```
(37) Queen of Spades   (38)     7 of Clubs     (39)   Ace of Hearts    (40)   10 of Diamonds
(41)      5 of Hearts  (42)     2 of Diamonds  (43)     7 of Hearts    (44)    8 of Clubs
(45)      2 of Hearts  (46) Queen of Clubs     (47)     6 of Spades    (48)    8 of Hearts
(49) Queen of Diamonds (50)   Ace of Diamonds  (51)     4 of Spades    (52)    4 of Clubs
```

你看到的顺序会跟截图里面的顺序不同，因为程序是用PRNG所产生的随机数来洗牌的。仔细检查这些牌，确认每张牌都在，并且没有重复，另外我们还看到，这些牌之间的顺序确实已经洗乱了。

3. 接下来，我们声明四个 Hand 结构体，并把指向这四个结构体的四个指针合起来放在一个数组里面。我们通过一个简单的循环结构，针对每个 Hand 来调用 InitializeHand() 函数。接着，我们用一个双层嵌套的循环结构给每个 Hand 发牌。外层循环的计数器 i 用来确定当前是在给哪位玩家发牌，内层循环的计数器 j 用来确定当前发的是这位玩家所能持有的第几张牌。注意看，我们是怎样把 DealCardFromDeck() 函数的返回值（该值是一个指向 Card 的指针）当作参数输入 AddCardToHand() 函数的。

4. 最后，我们调用 PrintAllHands() 函数把每位玩家手里的牌都打印一遍，并调用 PrintDeck()，以打印总牌堆中剩下的牌。你应该会看到类似下面这样的输出效果。

```
                 Hand 1:
                    Ace of Clubs
                   Jack of Diamonds
                  Queen of Hearts
                      6 of Diamonds
                   Jack of Spades
  Hand 2:
       3 of Hearts
       3 of Diamonds
    Jack of Clubs
      10 of Clubs
       5 of Diamonds
                                  Hand 3:
                                       2 of Spades
                                       7 of Spades
                                       3 of Clubs
                                       2 of Clubs
                                       6 of Clubs
                Hand 4:
                      4 of Diamonds
                   King of Diamonds
                      4 of Hearts
                      6 of Hearts
                     10 of Spades
52 cards in the deck
Deck is shuffled
20 cards dealt into 4 hands
The remaining shuffled deck:
(21)   Jack of Hearts    (22)     8 of Diamonds  (23)     9 of Hearts    (24) King of Spades
(25)      7 of Diamonds  (26)   Ace of Spades    (27)     5 of Clubs     (28)    3 of Spades
(29)      9 of Clubs     (30)     9 of Diamonds  (31)     8 of Spades    (32) King of Clubs
(33)      5 of Spades    (34)    10 of Hearts    (35)  King of Hearts    (36)    9 of Spades
(37) Queen of Spades     (38)     7 of Clubs     (39)   Ace of Hearts    (40)   10 of Diamonds
(41)      5 of Hearts    (42)     2 of Diamonds  (43)     7 of Hearts    (44)    8 of Clubs
(45)      2 of Hearts    (46) Queen of Clubs     (47)     6 of Spades    (48)    8 of Hearts
(49) Queen of Diamonds   (50)   Ace of Diamonds  (51)     4 of Spades    (52)    4 of Clubs

>
```

跟早前那一版类似，这一版的 carddeck.c 也在上一版的基础上做了一些添加与修改：

1. 它修改了 Hand 结构体的定义方式，让该结构体采用由指向 Card 的指针所构成的数组来表示这位玩家所能持有的这 5 张牌。

2. 它修改了用来操作 Hand 结构体的函数。

3. 它添加了一个新的函数，用来接收一个由指向 Hand 的指针所构成的数组，并打印出这些 Hand 的内容。

4. 它创建了一个复杂的 Deck 结构体。

5. 它修改了用来操作 Deck 结构体的函数。

6. 它利用这些结构体以及操作这些结构体的函数把整副牌洗开，并给四位玩家手里各发 5 张牌。

在开发这款程序的每个版本时，我们都是从上一个版本出发来编写代码的，这样能够让程序从一个已知的良好状态迁移到另一个已知的良好状态，从而确保这一版的程序也跟上一版一样是准确无误的。这样做不仅能帮助我们理解复杂的数据结构以及涉及这些结构的操作，而且能让我们体会到一般的程序开发流程。这种开发方式也叫作逐步细化（stepwise refinement）。

16.8　小结

本章不仅讲了复杂的结构体，而且把前面各章提到的所有概念几乎都回顾了一遍。

我们看到了怎样用各种方式访问普通的结构体数组、大结构体里面的小结构体，以及大结构体内部的小结构体数组。我们每开发完一版 carddeck.c 程序，就把这一版与上一版的区别总结一遍。

我们还学习了 PRNG（伪随机数生成器），并知道了怎样用系统提供的 PRNG 实现洗牌功能。

我们在本章中用逐步细化的方式来开发这款复杂程序，每一次迭代（或者说，每一轮细化），我们都会向其中添加一些结构体以及与这些结构体有关的操作。更重要的是，我们在这个过程里体会到了这套开发流程是如何逐渐完善一款程序的。这套流程要求我们在添加或修改结构体的时候也必须添加或修改相应的例程，以便正确地操作这些结构体。本章演示了第 1 章描述过的软件开发流程。

接下来的两章要讲解 C 语言的各种内存分配机制。第 17 章会回顾我们目前已经用过的内存分配方式，并适当地讲解一些新的方式，该章也是第 18 章的基础。我们在第 18 章要接触一些稍微有点困难的概念，然而这些概念能够帮助我们打好基础，以开发出更有意义的编程算法。

第三部分 Part 3

内存分配

程序里的每一个值与每一种复杂的数据都位于内存之中。我们在此部分要讲解各种分配并操作内存的方式。另外，我们还要讲解各种内存结构的生命期。

此部分包含第17章和第18章。

Chapter 17 第 17 章

理解内存分配与生命期

每一个值——无论是字面值、固有类型的值，还是某种复杂类型的值——都位于内存中。本章我们要讲解各种分配内存的方式。这些内存分配机制在 C 语言里面用*存储类*（storage class）这个概念加以区分。本章要回顾我们目前已经用到的存储类，也就是*自动*（automatic）存储类，另外还要介绍一种新的存储类，也就是*静态*（static）存储类。另外，我们还会讨论每种存储类的生命期，并介绍采用内部存储与外部存储这两种方式来存储的变量，分别具有怎样的*作用域*（scope）。

学过 automatic 与 static 这两种存储类之后，我们就可以学习一种特殊且相当灵活的存储类，也就是动态内存分配。这种强大而灵活的机制放在第 18 章讲解，该章会用它创建一种名为*链表*（linked list）的动态数据结构。

每种存储类都有特定的作用域（也称为作用范围或可见范围）。变量与函数的作用域将在第 25 章讨论。

本章涵盖以下话题：

- 定义 C 语言中的各种存储类。
- 知道固定（fixed）存储类（主要是其中的自动存储类）与动态（dynamic）存储类之间的区别。
- 知道内部（internal）存储类与外部（external）存储类之间的区别。
- 学习 `static` 存储类。
- 学习每种存储类的生命期。

17.1 技术要求

详情请参见本书 1.1 节。本章还是要求大家继续使用早前选定的工具来学习。

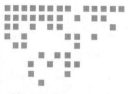

本章的范例代码也可以从 `https://github.com/PacktPublishing/Learn-C-Programming` 访问获取。

17.2 定义 C 语言中的各种存储类

C 语言提供了许多种存储类。这些存储类可以分成两类：

- 采用**固定存储分配**（fixed storage allocation）策略的存储类：固定存储分配是指，系统会在程序声明某个东西时把内存中某个固定的位置分配给这个东西（无论这个东西是立刻就要使用，还是先声明出来，以后再用）。采用固定存储策略所分配的东西都是带有名称的，对于变量来说，我们把变量的名称叫作该变量的标识符，或者直接叫作变量名。采用固定存储策略的存储类有两个，一个是自动存储类，另一个是静态存储类。目前声明的所有变量都属于自动存储类。我们在声明变量时还可以同时给它做初始化，但无论做不做初始化，声明出来的变量都默认属于自动存储类。至于静态存储类，我们在本章稍后讲解。
- 采用**动态存储分配**（dynamic storage allocation）策略的存储类：动态存储分配是指，系统会在程序真正需要用到这东西时再从内存中给它分配空间，这样分配出来的空间只能通过指针来引用。这个指针本身既可以是采用固定存储分配策略所制造出来的某个带有名称的变量，也可以是某个动态结构里面的一部分。

每种存储类都有两项特征，一项叫作可见性（visibility）或者作用域（也称作用范围），这是指属于这种存储类的东西能够用在程序中的哪些部分或哪些语句块里面，另一项叫作生命期（lifetime），这是指属于这种存储类的东西能够在内存里面生存多久。

采用固定存储分配策略的存储类，又可以细分成两个小类：

- 采用**内部存储分配**（internal storage allocation）策略的存储类：声明在函数块或复合语句里的东西（也就是声明在某一对花括号里的东西）采用的是内部存储分配策略。这样分配出来的东西在作用域及生命期两个方面都比较有限。
- 采用**外部存储分配**（external storage allocation）策略的存储类：声明在函数块之外的东西采用的是外部存储分配策略。这样分配出来的东西，其作用域及生命期都比采用内部存储策略所分配的东西更广。

下面我们就依次讲解每一组里面的存储类。

17.3 固定存储类（主要是其中的自动存储类）与动态存储类

前面章节用的都是固定且带有名称的存储分配策略。这意味着，程序声明某个变量或结构体的时候，系统会在内存中分配一块区域，并给这块区域标注相应的类型与名称。系统做出这种分配的时机，对于程序的主例程及函数来说是固定的。只要系统在内存中创建出了这样一块带有名称的区域，我们就可以通过这个名称直接访问该区域，或是利用一个指向该位置的指针，间接地访问这块区域。本章会详细讲解采用固定存储分配策略的几种存储类。

另外，我们在声明 `52` 或 `13` 这样的字面值时，编译器会直接把这个值放在程序的可执行代码里面，令其固定地出现在我们声明该值的地方。这些值跟程序的可执行代码位于同一大块内存中。

跟固定存储分配策略不同，采用动态存储分配策略制作出来的东西本身是没有名称的，我们只能通过指向这个东西的指针来访问它。动态内存分配是我们要在下一章详细讲解的内容。

17.3.1 固定存储类（主要是其中的自动存储类）

某个字面值、变量、数组或结构体属于固定存储类，意味着编译器会在我们声明它的这个地方给它分配内存空间。另外还有一个许多人不太注意的东西就是函数参数的参数，它们其实也属于固定存储类。采用固定存储策略分配出来的东西，其所占据的内存会在程序运行到特定的地点时自动予以释放（或者说，解除分配、取消分配）。触发分配与解除分配的这些地点，在 C 语言的规则中都有明确的定义。

属于固定存储类的东西，除了字面值之外，都具有名称及类型，我们可以通过该名称来指代此物，对于变量来说，这个名称是变量名。对于数组中的元素来说，这个名称是数组本身的名称与该元素在数组中的偏移量。

17.3.2 动态存储类

跟采用固定存储分配策略所制作出来的东西不同，属于动态存储类的东西其所占据的这块内存是不标注名称的，我们只能通过指向这块内存的指针来访问这个东西。C 语言提供了专门的库函数来分配并释放动态内存。我们在下一章就会说到，管理这种不带名称的动态内存时必须特别谨慎。

17.4 内部存储类与外部存储类

对属于固定存储类的东西（或者说，对利用带名称的内存分配策略所分配出来的东西）而言，C 语言会根据你给这个东西添加的说明符来运用相应的内存分配机制。C 语言里面有四个这样的说明符，它们都是关键字：

- `auto`
- `static`
- `register`
- `extern`

用auto关键字来说明的东西属于自动存储类，用static关键字来说明的东西属于静态存储类。用其他两种关键字所说明的东西也分别属于各自的存储类，这些存储类都有相应的内存管理机制，但目前我们只关注前两个存储类，也就是自动存储类与静态存储类。这些关键字可以出现在变量的说明信息之前，也就是下面这条规则中的<storage class>部分：

```
<storage class> [const] <data type> <name> [= <initial value>];
```

我们现在来解释这条说明信息中的各个部分：

- <storage class>部分可以出现上述四个关键字里面的一个，也可以省略。
- [const]部分是可选的，用来表示这个带有名称的内存位置在初始化之后能不能修改。如果写了const，那么必须提供初始值（或者说，必须做初始化）。
- <data type>部分可以是C语言中的某种固有数据类型，也可以是你自己定义的某种数据类型。
- <name>部分是变量或常量（也就是常变量）的名称，用来指代这个数据类型为<data type>的值。
- [= <initial value>]部分是可选的。写出这一部分，意思是给这个带有名称的内存位置赋予初始值。如果刚才加了const，那么这个内存位置里面的值以后就不能修改了；如果没加，那么以后还可以把别的值赋给这个位置。

如果省略<storage class>部分，那么C语言默认采用auto关键字来说明这个<name>。由于我们前面声明的变量都没有明确指出<storage class>，因此这意味着它们全都默认成为auto变量。函数的参数也可以视为auto变量，这些参数跟我们在函数体或复合语句中明确声明的那些不带<storage class>的变量一样，默认都是auto。

在老式的C语言里，register关键字能够告诉编译器，把某个值保存在CPU（Central Processing Unit，中央处理器）的寄存器中，让系统能够迅速访问该值。但由于现在的编译器比原来成熟得多，因此除了某些相当特殊的C语言编译器之外，其他编译器都会将这个关键字忽略。

extern关键字跟声明在其他文件中的外部变量的作用域有关。我们会在第25章讲解这个关键字的用法。

17.4.1 内部（或局部）存储类

前面各章声明的变量都是auto变量，这种变量的存储类按照大的分法应该属于17.2节说的固定存储分配，在固定存储分配这个大组里面有两个小组，一个是内部存储分配，一个是外部存储分配，auto变量属于前面那个小组。声明在复合语句中（也就是一对花括号中）的变量以及函数的参数都属于内部存储分配这一小组。

程序在进入循环结构时分配的循环变量在存储类上也属于内部存储分配，这种变量会在程序退出或完成循环结构时释放（或者说，予以解除分配）。

属于内部存储类的这些变量只能在声明它们的那个复合语句，以及该复合语句中的子复合语句里面访问。它们的作用域局限在那个复合语句的范围之内（也就是那一对花括号的范围之内）。其他函数（也包括调用本函数的那些函数）无法访问这些变量。因此，这样的存储类又称为*局部存储类*，因为这些变量的作用范围局限在声明它们的那个代码块里。

考虑下面这个函数：

```
double doSomething( double aReal, int aNumber ) {
  double d1 = aReal;
  double d2 = 0.0 ;
  int    n1 = aNumber;
  int    n2 = aNumber * 10 ;

  for( int i = 1; i < n1 , i++ ) {
    for( int j = 1; j < n2 ; j++ {
        d1 = i / j;
        d2 + = d1;
    }
  }
  return d2;
}
```

这个函数有两个参数及一个返回值。它的函数体里面声明了四个局部变量与两个循环变量。这样一个函数可以用下面这条语句来调用：

```
double aSum = doSomething( 2.25 , 10 );
```

程序调用这个函数时会分配 aReal 与 aNumber 这样两个存储类为 auto 的局部变量，并把 2.25 与 10 这两个值分别赋给（或者说复制给）二者。然后，程序就可以在整个函数体的范围内使用这两个变量了。函数体内声明的 d1、d2、n1 与 n2 这四个变量也是存储类为 auto 的局部变量，它们同样能够在函数体内使用。

然后我们创建了循环变量 i，这是一个仅为该循环而设的局部变量，它只能在这个循环的范围内访问。这个循环里面还有一个小循环，我们在其中声明了循环变量 j，这也是一个仅为该小循环而设的局部变量，它只能在这个小循环的范围内得到访问。在小循环里面，我们不仅可以访问小循环的局部变量 j，而且能访问大循环的局部变量 i，以及函数里面的其他局部变量。最后，函数返回 d2 的值。

我们刚才为调用该函数而写的这条语句，会把函数所返回的 d2 值赋给名为 aSum 的 auto 变量。程序执行完这个 doSomething() 函数之后，该函数在执行期间所分配的内存，就无法再访问了。

17.4.2 外部（或全局）存储类

外部存储指的是声明在函数体（也包括 main() 函数的函数体）之外的东西所占据的内存空间。这些变量可以从程序中的任何地方访问。由于开发者通常是在声明这些变量的这份文件里面访问它们的，因此这样的变量经常叫作*全局变量*（global variable）。

全局变量有个好处，就是便于访问。然而它也有坏处。由于这样的变量可以从程序中的任何地方访问，因此程序越大、越复杂，我们就越难了解这种变量是在什么时候修改的，以及是由哪些代码所修改的。

17.4.3 自动变量（即存储类为 auto 的变量）所具备的生命期

对属于各种存储类的变量而言，我们不仅要关注这些变量的创建与访问时机，而且还要知道它们会在什么时候为系统所释放或摧毁。也就是说，我们要了解变量的生命期，了解它从创建到销毁的过程。

存储类为 auto 的内部变量是在程序执行到声明它的这个复合语句或执行到它作为参数而出现的这个函数时创建的。这样的变量会在该复合语句或该函数退出时为系统所摧毁，并且无法继续接受访问。

以 doSomething() 函数为例，程序调用这个函数时会创建 aReal、aNumber、d1、d2、n1 与 n2 这样几个变量。它们都会在函数把 d2 的值返回给调用方后销毁。循环变量 i 会在程序执行到这个循环结构的时候创建，并在退出该循环时销毁。程序每次执行大循环里的那个小循环结构时都会创建变量 j，并在退出这次小循环结构时摧毁它，因此，程序会多次创建并摧毁这样一个名为 j 的变量。

局部变量的生命期只能跟声明它们的这条复合语句一样长。

与内部变量不同，外部变量是系统在把程序载入内存时就创建出来的，它们会在整个程序的生命期里面存在。直到程序退出（也就是从 main() 函数的函数体里面退出）时，系统才会把它们销毁。

17.5 理解静态变量（即存储类为 static 的变量）

有时我们想要分配这样一种变量，让它占据内存的时间能够比 auto 变量更长。比方说，如果我们要设计一段例程，让开发者能够在程序中的任何地方调用这段例程，每次调用该例程，它都会在上次调用的基础上递增某个值，用以表示页码或独特的记录标识符（record identifier）等概念。另外，我们可能还想让开发者能够给这样的例程（或者说这样的函数）指定起始值，让该例程从这个值出发来决定以后每次执行时所应返回的数字。我们后面就会看到如何实现这种函数。

这样的函数无法轻易通过存储类为 auto 的变量（也就是自动变量）实现。为此，我们需要用到存储类为 static 的变量（也就是静态变量）。这种变量又可以细分为声明在函数内部的静态变量以及声明在函数之外的静态变量。

17.5.1 函数内的静态变量

如果某个变量是在函数块里面用 static 关键字声明的，那么程序就只能在执行到这个函数块的时候访问该变量。静态变量的初始值是在编译期赋予的，而且不会在运行期（即程序运行时）重新评估。因此，赋给静态变量的值必须是一个能够在编译期确定的值，而不能是某个必须在运行期才能确定其值的表达式或变量。

考虑下面这个程序：

```
#include <stdio.h>

void printHeading( const char* aHeading );

int main( void )  {
  printHeading( "Title Page" );
  printHeading( "Chapter 1 " );
  printHeading( "          " );
  printHeading( "          " );
  printHeading( "Chapter 2 " );
  printHeading( "          " );
  printHeading( "Conclusion" );
}

void printHeading( const char* aHeading )  {
 static int pageNo = 1;
 printf( "%s \t\t\t Page %d\n" , aHeading , pageNo);
 pageNo++;
}
```

printHeading() 函数里面有个名叫 pageNo 的静态变量。程序启动时会把这个变量的初始值设为 1。每次调用 printHeading() 函数时，该函数都会打印出调用方所给的标题字符串以及当前的页码。然后它会令页码递增，为下次执行做准备。

创建名为 heading.c 的文件，录入上述代码。编译并运行程序。你应该会看到类似下面这样的输出结果。

```
> cc heading.c -o heading -Wall -Werror -std=c11
> heading
Title Page          Page 1
Chapter 1           Page 2
                    Page 3
                    Page 4
Chapter 2           Page 5
                    Page 6
Conclusion          Page 7
> 
```

静态变量递增后的值会在程序执行完声明该变量的这个 printHeading() 函数后予以保留。

现在我们看看，如果不加 static 关键字会怎么样。删掉 static 关键字，然后编译并运行程序。你应该会看到类似下面这样的输出结果。

```
> cc heading.c -o heading -Wall -Werror -std=c11
> heading
Title Page        Page 1
Chapter 1         Page 1
                  Page 1
                  Page 1
Chapter 2         Page 1
                  Page 1
Conclusion        Page 1
>
```

删掉 static 之后，pageNo 就成了 auto 变量（自动变量），程序每次调用函数时都会重新创建这样一个变量并将其初始化为 1，即便我们对该变量做了递增，这个变量也会在程序退出 printHeading() 函数时为系统所销毁。

17.5.2 函数外的静态变量

声明在函数之内的静态变量只能在该函数里面访问，然而我们有时还需要另一种静态变量，让开发者能够在函数外面初始化这样的变量，或者给这样的变量设定取值。这就是函数外的静态变量。

函数外的静态变量可以从声明该变量的这份文件里面访问，例如你可以在这份文件里面声明其他变量，并在声明时提到这种静态变量，也可以在这份文件所含的代码块（也包括函数块）中访问这种静态变量。对于这样的静态变量来说，我们最好是把声明该变量的代码与访问该变量的函数合起来放在同一份 .c 文件里面，例如：

```
// seriesGenerator.c

static int seriesNumber = 100; // default seed value

void seriesStart( int seed ) {
  seriesNumber = seed;
}

int series( void ) {
  return seriesNumber++;
}
```

要想让开发者能够在编写程序时使用这些函数，我们可以设计一份头文件，并在其中声明这些函数的原型，例如：

```
// seriesGenerator.h

void seriesStart( int seed );
int  series( void );
```

准备好这样一个 seriesGenerator.c 源文件与一个 seriesGenerator.h 头文件之后，开发者就可以在自己的源文件里添加 #include "seriesGenerator.h" 指令，以包含这份头文件，这样他就能够在编写代码时调用我们设计的这些函数了。开发者在编译程序时，需要把自己的源文件与我们提供的 seriesGenerator.c 源文件一起编译，以形成一份可执行文件。第 10 章稍微提了一下这种做法，后面的第 24 章还会详细讲解。

把这个数列生成器文件（即 seriesGenerator.c 文件）跟程序的主文件编译到一起之后，程序就能以我们在 seriesGenerator.c 文件里设定的初始值为基础，通过 series() 函数来产生数列中的下一个数字了，当然也可以调用 seriesStart() 函数，把某个已知的整数设为数列的首项（这叫作给这个数列生成器指定种子）。这样的话，后续调用 series() 函数所产生的数字就是以那个整数为基础的数列里面的值了。

这种用法跟上一章类似。那时我们使用 srand() 函数给伪随机数生成器（PRNG）指定种子，然后多次调用 rand() 函数，以获取与这个种子数相对应的随机数列里面的下一个数值。现在大家可以更准确地想象出 C 语言的标准库是怎样通过静态变量机制来实现 srand() 与 rand() 等函数的。

17.5.3 静态变量的生命期

无论是声明在函数内的静态变量，还是声明在函数外的静态变量，其生命期都一样。这些静态变量都是在程序开始执行其他语句之前就得到分配的，而且会在程序执行完毕或退出的时候予以销毁。因此，静态变量的生命期与程序的生命期一致。

17.6 小结

本章讲了各种存储类以及内存分配方式。在这些存储类中，本章重点讲解了其中的固定存储类，属于这种存储类的东西都具备名称，而且会在程序运行到固定的地点时得到分配，我们尤其强调了其中的 auto（自动）存储类。本章之前用到的变量全都是采用这种方式分配的。除了 auto 存储类，我们还介绍了另一种存储类，也就是 static（静态）存储类。对于这种存储类来说，我们区分了声明在函数内的静态变量以及声明在函数外的静态变量。在讲解上述三种变量（也就是自动变量、函数内的静态变量以及函数外的静态变量）时，我们都考虑了变量在内存中的生命期，也就是说，这样的变量到什么时候为止就不能再为程序所访问了。

接下来的一章要讨论一种更为灵活的存储类，这种存储类采用动态方式分配内存，这样分配出来的内存区域是不标注名称的，只能通过指向该区域的指针来访问。动态内存分配技术让我们可以开始利用动态的数据结构来实现相当强大的功能。

动态内存分配

并不是所有的数据都能用静态变量或自动变量来表示。有时，我们要操作的数据个数无法预知，这个数目要到程序运行时才能确定，而且每次运行所用的数目可能各不相同，具体取值要依赖外部的输入信息（例如用户输入的值或文件中的值）。上一章我们讲了两种存储类，也就是 auto 存储类与 static 存储类。现在我们来到了一个关键的地方，因为我们马上要接触 C 语言里面一项特别强大的功能，也就是动态内存分配与操作。跨过这道门槛，我们就能够看到许多灵活的动态数据结构。本章会简单地介绍这些数据结构及其用法。

上一章说过，动态内存是没有名称的，只能通过指向这块内存的指针来操作。另外，动态内存在生命期上也跟自动（auto）变量或静态（static）变量不同。

本章涵盖以下话题：

- 简单介绍动态内存分配机制，让大家了解该机制的强大与灵活之处。
- 如何分配并释放动态内存。
- 实现简单的链表（这是一种动态数据结构）。
- 创建并使用动态的函数指针。
- 使用动态内存时需要注意的事项。
- 了解其他一些重要的动态数据结构。

现在我们就开始讲解。

18.1 技术要求

详情请参见本书 1.1 节。本章还是要求大家继续使用早前选定的工具来学习。

本章的范例代码也可以从 https://github.com/PacktPublishing/Learn-C-

Programming 访问获取。

18.2 了解动态内存

我们是否总能准确地知道程序需要操作并分配多少内存？答案当然是否定的。

并不是每一种情况或每一项需求都能用自动变量或静态变量来处理。有时对象的数量要在程序运行的过程中确定，而且这次运行与下次运行时未必相同。对象的具体数量可能要根据用户输入的值来确定（这会在第 20、21 章讲解），也可能要从一个或多个文件中读取（这会在第 22、23 章讲解），或者从另外一个设备中获取，有时还要连接到远程服务器去查询。

另外，有些问题没办法通过自动变量或静态变量轻松地解决。比方说排序算法、高效的搜索算法、针对大型数据的查询算法，以及许多几何与图论方面的优化技巧。这些都是高级的编程话题，只有掌握了动态内存分配技术，我们才能编写这些美妙而强大的算法。

开始讲动态内存分配技术之前，我们先说说 C 语言如何在程序的内存空间里给属于各种存储类的数据分配内存。

C 语言的内存布局简介

现在我们该大致说说 C 语言载入并运行程序时是怎么分配内存的了。要想看懂这个问题，你必须先理解第 13 章的内容。我们考虑下面这张图。

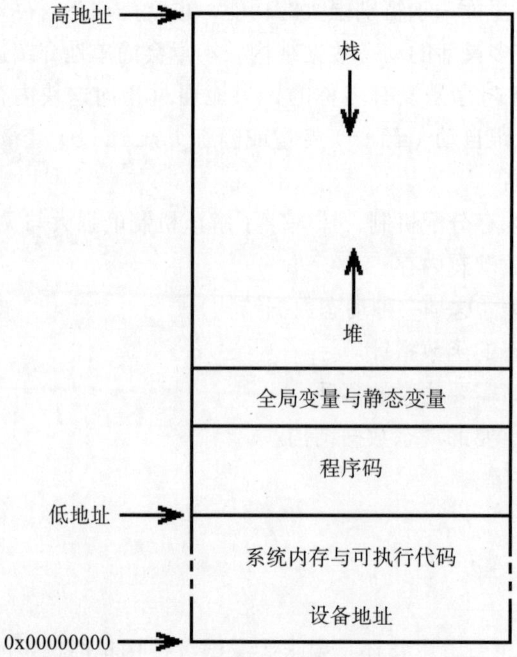

这是一张相当简化的概念图，用来描述程序的内存空间（memory space）。这个空间是

操作系统在加载并运行程序时分配的。C 语言的运行时系统（也叫运行期系统）会将该空间分成多个段（segment），让每一段内存都有特定的用途。下面就来介绍各个内存段：

- **系统内存**：这里面包含系统内存、系统程序以及计算机中所有设备的地址。系统会把这段内存映射给该系统所运行的每个程序，而不是单独去给每个程序再安排这样一段内存，于是，这些系统代码只需要在整个操作系统里存放一份，即可为该系统中运行的每个程序所共用。这段内存是专门由操作系统管理的。
- **程序码**：编译之后的程序代码会加载到这个区段中，并由计算机执行。
- **全局变量与静态变量**：系统把程序加载进来之后会将全局变量与静态变量分配到这个区段里面，并进行初始化。
- **调用栈**：程序执行函数调用操作的时候，系统会把这次操作所使用的参数，函数里面声明的自动变量，以及函数的返回值分配到这个区段里面，或者说，会把这些东西推入栈中（push onto the stack）。如果程序在执行这个函数的过程中，又要调用另一个函数，那么会促使调用栈从高内存往低内存方向增长，也就是朝着堆而增长。函数返回的时候，系统会把早前为调用该函数而分配的内存从栈中弹出（也就是释放这些内存，或者说，对这些内存做解除分配）。你可以把栈理解成一叠盘子，每调用一层函数，你就给栈顶放一个盘子，每执行完一层函数，你就从栈顶拿走一个盘子，放盘子与拿盘子的方向刚好是相反的。
- **堆**：如果程序要分配动态内存（也就是要做动态内存分配），那么这些内存会分配在这个区段之中。堆内存是从低地址往高地址方向增长的，也就是朝着栈而增长。发生在这个区段里面的分配操作大多处理得比较随意，也就是会按照最适分配法（best fit allocation scheme）来分配。系统会从地址最低的地方开始，寻找足够大的可用空间。如果系统后来释放了这块空间，那么还可以拿它来满足容量等于或小于该空间的内存分配申请。

每个程序都有它自己的内存空间。与整个操作系统有关的那段内存会映射到每个程序的内存空间之中，从而为所有的程序共用。操作系统把程序的可执行代码加载到该程序内存空间中的程序代码段之后，会给全局变量与静态变量分配空间，接着操作系统会调用程序的 `main()` 函数，让这个程序开始往下执行。调用某个函数会让系统跳转到该函数代码所在的内存地址并往下执行，同时会促使系统把执行这次调用所使用的参数、函数所声明的变量及返回值推入调用栈。系统执行完这个函数后会把相关的内存从栈中弹出，并回到早前调用函数时的那个位置，继续往下执行。

所有的动态内存都会分配在程序内存空间里面与堆内存有关的这个区段之中。下面我们就来讲解如何使用动态内存分配与释放机制。

18.3　分配并释放动态内存

动态内存是程序按照开发者的要求，在执行到某个地方时明确分配或释放的。这不是自动发生的，也不是偶然或意外出现的。开发者需要调用C语言标准库里面的相关函数来分配并释放动态内存。

18.3.1 分配动态内存

分配内存所用的例程声明在stdlib.h头文件中，它们是C语言运行时库的一部分。其中有两个相似的例程是malloc()与calloc()，二者都能从堆中分配新的内存。它们的主要区别在于，后者会把分配出来的这块内存清零，而前者则只分配，不清零。另外还有一个例程叫作realloc()，能够根据已经分配在堆中的某块内存，重新分配一块长度不同的内存。这三个函数的原型是：

```
void* malloc( size_t size );
void* calloc( size_t count , size_t size );

void* realloc( void *ptr , size_t size);
```

其中的size_t类型定义在stdlib.h文件中的某个地方：

```
typedef unsigned int size_t;
```

这些函数返回的都是指向堆中某块内存的void*型指针。前面说过，void*型指针，是一种指向类型未知的数据或者通用数据的指针，你必须先把它转换成指向某种目标类型的指针，然后才能够使用。另外要注意，malloc()函数只有一个size参数，意思是分配size个字节的内存，calloc()函数有一个count参数与一个size参数，意思是分配count个字节数为size的内存。

如果函数在堆中找不到这么大的内存空间可供分配，那么返回的指针就是NULL。我们总是应该在调用完这些例程之后，先判断返回的是不是空指针。

下面这段代码演示了怎样用这两个函数分配一块内存，以容纳1个Card结构体：

```
Card* pCard1 = (Card*)malloc( sizeof( Card ) );
if( pCard1 == NULL ) ...                        // out of memory error

Card* pCard2 = (Card*)calloc( 1 , sizeof( Card ) );
if( pCard2 == NULL ) ...                        // out of memory error
```

如果我们要分配的是能够容纳5个Card结构体的内存空间，那么就应该写成：

```
Card* pHand1 = (Card)malloc( 5 * sizeof( Card ) );
if( pHand1 == NULL ) ... // out of memory error

Card* pHand2 = (Card*)calloc( 5 , sizeof( Card ) );
if( pHand2 == NULL ) ... // out of memory error
```

第二段范例代码（分别采用两种方式）在动态内存空间中连续分配了5个Card。这好像跟数组有点像，不是吗？没错，实际上这确实可以当成一个元素数量为5的Card数组。但这种数组与Card hand1[5]及Card hand2[5]等写法所声明的自动数组不同，那些写法会把长度为 5 的 Card 数组分配在栈上，而 pHand1 与 pHand2 所指向的这两块连续内存，则是分配在堆中的。

前面说过，数组名称与指向数组的指针能够互化。于是，我们可以把指针当成数组名称使用，给它右边添一对中括号，并在其中写出下标，以访问该指针所指向的堆空间之中的某一张牌，例如 pHand1[3]、pHand2[i]。这确实很棒！无论数组是分配在栈上，还是分配在堆中，我们都可以通过数组名称与指向该数组的指针这样两种方式来访问。后面的 18.3.3 节会举例说明如何访问。

刚才那两段范例代码都分别调用了 calloc() 与 malloc() 这两个函数来分配内存，因此二者似乎是可以互换的。那么，什么时候应该用 calloc()，什么时候应该用 malloc()？是不是其中某个函数总比另一个好？要想回答这个问题，首先必须明确：calloc() 不仅分配内存，而且会把其中的每个字节都设为零（或者说，会把这块内存清零），而 malloc() 则只分配内存，并不会用 0 这样的值给这块内存做初始化。因此，我们的答案就是：应该优先考虑使用 calloc() 而不是 malloc()。

realloc() 函数会根据 ptr 所指向的内存空间重新分配一段空间，让新空间的大小成为 size 个字节，这个字节数可以比原空间的字节数大，也可以比它小。如果 size 比原来大，那么函数会把原来的内容复制到新分配的空间里面，而多出来的那一部分则不做初始化。如果 size 比原来小，那么函数会截取旧空间里面的前 size 个字节，将其复制到新空间之中。如果调用时传入的 ptr 是 NULL，那么调用 realloc() 的效果就跟调用 malloc() 一样。这个函数所返回的指针跟 malloc() 及 calloc() 类似，都必须先转换成指向某种具体类型的指针，然后才能使用。

18.3.2 释放动态内存

从堆中分配的内存如果已经使用完毕，那么可以通过 free() 函数予以释放。这个函数会把早前分配的这块内存返还给堆中的内存池。我们不一定要在分配内存的那个函数里面调用 free()，也可以在其他地方调用。该函数在 stdlib.h 文件中的原型是：

```
void  free( void* ptr );
```

传给 free() 函数参数值表示的必须是某一块早前由 malloc()、calloc() 或 realloc() 所分配的内存。由于参数类型是通用的 void* 型，因此我们可以直接把指向有待释放的那块内存的指针传进来，而无须先将其明确地转换为 void* 型。如果 ptr 是 NULL，那么 free() 函数不执行任何操作。

18.3.1 节所分配的那几块内存都可以用 free() 函数释放：

```
free( pCard1 );
free( pCard2 );
free( pHand1 );
free( pHand2 );
```

这四条语句会把早前分配的那四块内存释放。动态内存可以按照任意顺序释放，释放的顺序不一定要跟当初分配时的顺序相同。

18.3.3 访问动态内存

分配一块动态内存之后，我们可以通过内存分配函数所返回的指针来访问这块内存，这种指针与前面各章见到的其他指针用起来是一样的。比方说，前面写过一个初始化单张牌的 InitializeCard() 函数，这个函数其实也可以接受指向动态内存的指针：

```
InitializeCard( pCard1 , spade , ace , kNotWild );
InitializeCard( pCard2 , heart , queen , kNotWild );
```

pCard1 与 pCard2 这两个指针指向的都是动态分配出来的 Card 结构体，而不像早前的 carddeck.c 程序里的指针那样，指向某个采用自动（auto）存储类来分配的 Card 结构体，尽管如此，但我们还是可以像早前那样来使用 pCard1 与 pCard2。

我们再看一段代码：

```
pHand1[3].suit = diamond;
pHand1[3].face = two;

for( int i = 0 ; i < kCardsInHand , i++ ) {
   PrintCard( &(pHand2[i]) );
}
```

pHand1 与 pHand2 分别指向某一块连续的内存区域，那块区域里面容纳了 5 个 Card 结构体。前两行代码通过数组形式，访问 pHand1 所指向的那块内存区域里面的第四个（也就是下标为 3 的那个）Card 元素，并给该元素的 suit 及 face 字段赋值。后三行代码通过循环来打印 pHand2 所指向的内存区域里面的每一张牌，PrintCard() 函数要求调用方传入一个指向 Card 结构体的指针，而 pHand2 指向的则是一块含有多个 Card 结构体的连续内存，因此我们要先确定其中的某个 Card 结构体，然后取该结构体的地址，这样才能正确地用该地址调用 PrintCard() 函数。稍后我们还要继续调整 carddeck.c 程序，大家会在第 20、24 章看到相关的写法。

堆内存确实可以当作数组来使用，然而还有一种用法要比这方便得多，那就是单独操作其中的结构体，我们会在 18.5 节讲解一种名为链表的动态结构，那时大家会看到如何单独操作动态内存中的各个结构体。

18.3.4 动态内存的生命期

堆中的动态内存从分配这块内存的那一刻开始就一直存在，直到程序通过 free() 函数释放该内存为止。分配内存与释放内存合起来叫作程序的内存管理（memory management）。

另外，就算不调用 free()，所有的动态内存也都会在程序退出的时候跟固定内存一起释放。但这样处理动态内存的管理工作通常是比较草率的，对于那种需要长期运行的复杂大型程序来说尤其如此。

18.4　与动态内存分配有关的注意事项

动态内存并不是毫无代价的。具体地说，这种代价通常是指它会让程序理解起来更加复杂。另外，它还要求开发者必须把堆内存管理好，而且要避开内存泄漏问题。

说实话，这些概念确实有可能要花很长时间才能够理解。笔者自己就是耗了许多功夫才掌握的。要想理解这些概念，最好的办法就是从一个能够正常运行的程序出发，修改这个程序，并观察修改后的程序如何运作，然后思考它为什么会这样运行。不要从自己预设的想法出发。另外，你还可以从一个极简的小型程序做起，把你正要学习的某项功能添加到里面，然后构建新版程序，接下来继续添加，继续构建。总之你必须反复地调整代码并做各种实验，以理解这些功能的用法。否则就算写出来的程序效果正确，也只是你碰巧写对了而已。

管理堆内存

程序的堆内存管理工作是多还是少取决于程序是否复杂，以及是否要运行很长一段时间。

如果堆内存只需要在程序启动的时候初始化，并且初始化之后基本不需要再改动，那么与之相关的管理工作就比较少。有时甚至可以直接抛开不管，让这些内容一直持续到程序退出的那一刻。这种程序可能根本就不需要调用 `free()` 函数。

反之，如果程序比较复杂，堆内存使用得比较频繁，或者运行时间长达几个小时、几天、几个月乃至几年，那么堆内存的管理工作就相当重要了。比方说，用来控制银行系统、战斗机或炼油厂的程序，如果堆内存管理不当，那么就会意外地崩溃，从而导致严重的后果。银行可能会突然给某个账户打款或突然从某个账户扣款，战斗机可能会在战斗中失控并坠毁，炼油厂可能发生混乱乃至爆炸。之所以要有软件工程这门学问，主要就是为了确保写出来的软件系统无论由何种水平的程序员来维护，都能够稳定地运行很长一段时间。

某些数据结构的内存管理工作处理起来比较容易，本章接下来要讲的链表就是如此。然而对于其他一些数据结构来说，要想把内存管理好却没有那么简单。每种数据结构与算法都有自身的一些内存问题需要处理。如果我们忽视了这些动态内存管理问题，或者没能把这些问题完全处理好，那么就会让程序发生一种常见的状况，也就是*内存泄漏*（memory leak）。

内存泄漏

在堆内存的管理工作中，一个重要的项目是防止内存泄漏。如果分配了某块内存之后，把指向该内存的指针给弄丢了，导致这块内存必须延续到程序退出的时候才能得到释放，那么程序就发生了内存泄漏。下面举个简单的例子来说明内存泄漏：

```
Card* pCard = (Card*)calloc( 1 , sizeof( Card ) );
...
pCard = (Card*)calloc( 1 , sizeof( Card ) );  // <-- Leak!
```

在这个例子中，pCard 首先指向某一块堆内存，然后又指向另外一块堆内存。这样程序里面就不再有指针能够指向第一块堆内存了，因此这块内存无法得到释放。要想修正这个问题，可以在给 pCard 赋值之前先调用 free() 函数，把目前所指的这块内存释放掉。

再来看一个更微妙的例子：

```
struct Thing1 {
  int size;
  struct Thing2* pThing2;
};

struct Thing1* pThing1 = (struct Thing1*)calloc( 1 , sizeof(Thing1) );
pThing1->pThing2 = (struct Thing2*)calloc( 1 , sizeof(Thing2) );
...
free( pThing1 );  // <-- Leak!
```

这个例子首先定义了一种名叫 Thing1 的结构体，它里面有一个名为 pThing2 的字段，这个字段是一个指向 Thing2 结构体的指针。然后我们针对 Thing1 结构体分配堆内存，并让 pThing1 指向这块内存。接着，我们针对 Thing2 结构体分配堆内存，并让 pThing1 所指向的 Thing1 结构体里面的 pThing2 字段指向这块内存。目前并没有什么问题。

但是接下来我们释放 pThing1 了。这下糟了，因为这样我们就没办法访问 pThing1 所指向的 Thing1 结构体里面的 pThing2 字段了。因为这个 pThing2 字段也随着 pThing1 所指的结构体一起释放掉了。这意味着 pThing2 指向的那块内存无法得到访问。也就是说，pThing2 所指向的那块内存泄漏了。

要想把所有动态内存都释放掉，我们可以这样写：

```
free( pThing1->pThing2 );
free( pThing1 );
```

首先，我们对 pThing2 调用 free() 函数，这个 pThing2 是 pThing1 所指向的 Thing1 结构体里的一个字段，该字段所指向的就是我们早前针对 Thing2 结构体所分配的那块动态内存。只有先把 pThing2 所指向的内存释放，我们才能释放 pThing1 所指向的内存。

再看第三个例子，这个例子也很微妙：

```
Card* CreateCard( ... ) {
   Card* pCard = (Card*) calloc( 1 , sizeof( Card ) );
   InitializeCard( pCard , ... );
   return pCard;
}
```

CreateCard() 函数会在堆空间中分配内存，以存放一个 Card 结构体，然后给该结构体做初始化，最后返回指向这块内存的指针。单看这个函数并没有什么问题。

但如果调用这个函数的人没有把他的代码写对，那就有问题了：

```
Card* aCard = CreateCard( ... );
PrintCard( aCard );
aCard = CreateCard( ... );  // <-- Leak!
PrintCard( aCard );
```

这跟第一个例子里面的内存泄漏情况类似，但不如那个例子明显。每次调用 CreateCard() 函数，该函数都会在堆中分配一块内存。但由于调用者在创建并打印第一张牌之后，直接让指向这张牌的 aCard 指针又指向了第二张牌，因此程序里面就没有指针能够指向早前那张牌所在的堆内存了，于是那块内存就泄漏了。这种 CreateCard() 函数要求调用者在复用指向堆内存的 aCard 指针之前必须先对该指针调用 free() 函数，以释放 CreateCard() 早前分配的内存，或者必须设法把每次调用 CreateCard() 所得到的指针值记录下来，以便在稍后不需要使用这些内存时一并释放：

```
Card* aCard = CreateCard( ... );
PrintCard( aCard );
free( aCard );
aCard = CreateCard( ... );
PrintCard( aCard );
free( aCard )

Card* pHand = (Card*)calloc( 5 , sizeof( Card* ) );
for( int i = 0 ; i<5 ; i++ )
{
 pHand[i] = CreateCard( ... );
 PrintCard( pHand[i] );
}
...
for( int i = 0 ; i<5 ; i++ )
 free( pHand[i] );
free( pHand );
```

第一组语句演示了如何给 aCard 正确地赋值，也就是说，我们必须先调用 free() 函数，释放掉 aCard 现在所指向的堆内存，然后才能让它指向另外一块堆内存。

第二组语句分配了一个数组，该数组含有 5 个指向 Card 结构体的指针。注意，这样分配出来的不是 5 个 Card 结构体，而是 5 个指向 Card 结构体的指针。这 5 个指针所指向的 5 个 Card，会由 CreateCard() 函数在执行每轮循环的时候分配。这个循环结构会在堆中创建 5 张牌并打印每张牌的内容。然后，我们通过另一个循环结构，把 pHand 这个指针数组中的相应指针分别传给 free() 函数，以便将每次调用 CreateCard() 函数所分配的 Card 空间正确地释放。最后我们释放 pHand 本身所指向的空间（也就是用来存放 5 个 Card* 型指针的那段空间）。

你应该学会观察程序里面有可能引发内存泄漏的地方，并探寻其原因，这样能够帮助你及时意识到这个问题，从而不再写出那种泄漏内存的代码。

接下来，我们要讲解一种用途广泛而且功能很强大的动态数据结构。

18.5 一种动态的数据结构：链表

链表（linked list）是最基本的动态数据结构。它是栈与队列等其他动态数据结构的基础。栈结构遵循这样一条规则：用户只能在栈的顶部添加元素，而且必须从顶部移除元素。队列结构也遵循一条规则：用户只能从尾部添加元素，而且必须从头部移除元素。

我们在本节要实现一种简单的链表，并在 main() 函数中测试该链表。到了第 24 章，我们会利用这种链表结构以及相关的例程来编写 carddeck.c 程序。

请创建一份名叫 linklisttester.c 的文件。我们要在这份文件里面实现链表结构以及相关的操作，还要编写测试代码来验证这个结构与这些操作实现得是否正确。开始写代码之前，先看下面这张图，图中演示的正是我们要实现的链表。

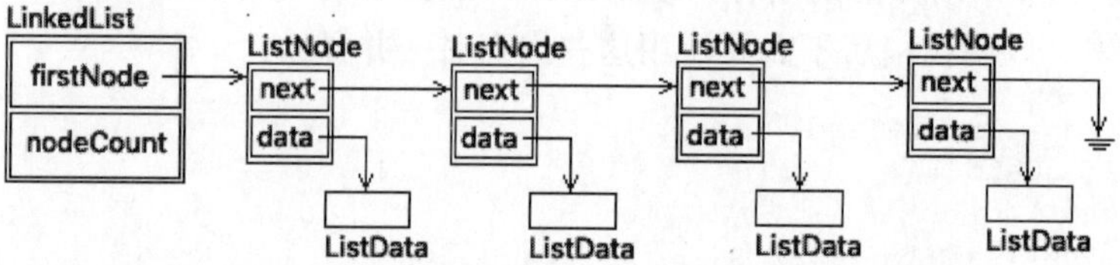

链表必须包含一个头部结构体（header structure，即图中的 LinkedList 结构体），用以记录与本链表有关的信息，头部结构体里面需要有一个指向链表首元素的指针（也就是图中的 firstNode 指针），链表中的元素称为该链表的节点（node）。每个节点也都要有指向下个节点的指针（或者说链接），即图中的 next 链接，如果某节点的链接是 NULL，那意味着链表到此结束。如果头部结构体中的链接（即 firstNode 链接）是 NULL，那表示这个链表是空白的。刚才这张图所演示的链表包含一个头部结构体与四个节点（即图中的四个 ListNode 结构体）。每个节点都有指向链表中下一个节点的指针，以及一个指向本节点所含数据的指针（即图中的 data 指针）。我们必须确保指向数据的指针不是空指针，假如某个数据指针是空指针，那意味着该节点所包含的数据无效。至于数据本身则既可以是简单的变量，也可以是复杂的结构体。

18.5.1 定义链表所需的各种结构体

从这张图中显然可以看出，我们需要定义两种结构体，一种用来表示链表的头部，另一种用来表示链表里面的各个节点。这两种结构体的定义如下：

```
typedef struct _Node ListNode;
typedef struct _Node {
  ListNode*  pNext;
  ListData*  pData;
} ListNode;

typedef struct {
  ListNode*  pFirstNode;
  int        nodeCount;
} LinkedList;
```

首先，我们给表示节点的这个结构体随便起个名字（比方叫作 struct _Node），并通过 typedef 给这个名字起个别称，叫作 ListNode。为什么还没把 struct _Node 的定义写好，就先要给它起别称呢？因为我们接下来定义 struct _Node 的时候需要在其中设计一个名为 pNext 的指针字段，用以指向链表中的下一个节点，而这个指针所指向的数据本身也是 struct _Node 类型的数据，因此，我们可以提前为这种类型起别名，这样稍后给指针字段指定类型的时候就方便一些。我们定义的这个 struct _Node 结构体含有一个指向 ListNode 的指针与一个指向 ListData 的指针，定义好之后，我们给该结构体起个别名叫作 ListNode，这样以后就可以用这个名字来表示这种结构体，而不需要再写 struct _Node 了。一个链表里面可以含有 0 个或多个 ListNode。

接下来，我们设计链表的头部结构体（也就是 LinkedList 结构体），这种结构体有一个指向 ListNode 的指针，用以表示链表的首节点，还有一个 int 型的字段，用来记录当前链表中的元素数量（也就是节点数量）。注意，我们在定义这种结构体时没有给它指定本名（也就是没有在 struct 与 { 之间写出这种结构体的本名），因为我们定义完这种结构体之后，立刻给它起了个别名叫作 LinkedList，以后我们只会使用这个别名，而不需要再提到它的本名。

注意看，表示节点的 ListNode 结构体里面有一个指向节点数据的 pData 指针，该指针所指向的数据是 ListData 类型。对于本例来说，我们把 ListData 当成 int 的别名，因此还必须在定义这两种结构体（也就是 ListNode 与 LinkedList）之前，先写一行代码：

```
typedef int  ListData;
```

之所以把 ListData 定义成 int 的别名，是因为我们暂时不想陷入这个细节问题之中。等到把链表实现好并验证完毕之后，我们再修改 ListData 所表示的具体数据类型，让链表的节点能够在 carddeck.c 程序里面保存 Card 类型的数据。那时，我们会把 ListData 定义成 Card 的别名：

```
typedef Card ListData;
```

这种方式能够灵活调整链表节点里面的那个指针所指向的数据类型，无论它是指向 int、指向 Card 或指向其他什么类型，我们都可以沿用同一套代码来实现链表。这正是 typedef 机制的强大之处（当然，有人可能觉得，这同时也是一种容易带来困扰的机制）。

18.5.2　声明链表支持的操作

我们已经把链表需要用到的结构体定义好了，现在可以声明链表所支持的操作了。链表是一种数据结构，对于数据结构来说，它不仅要容纳自己所表示的数据，而且还必须提供针对该数据的操作，这样才算完整。无论链表具体用来保存什么类型的数据，都需要提供下面这套操作，让用户能够通过这些操作来操控链表中的数据：

1. 创建一个新的 LinkedList 头部结构体（又称头部记录（header record）），这项操作会给该结构体分配内存，并适当予以初始化。

2. 创建一个新的 ListNode 元素（或者说 ListNode 节点），这项操作会给该节点分配内存，并适当予以初始化。请注意，单单创建这样一个节点，并不意味着它必然成为某个链表的一部分，我们还需要把它明确地插入相应的链表。

3. 删除某个节点。这项操作并不涉及该节点所在的链表。因为我们在执行该操作之前会先把这个节点从它所在的链表中移除。

4. 把某个节点插入链表的开头或末尾。

5. 从链表开头或末尾移除某个节点并将其返回给调用方。

6. 获取位于链表开头或末尾的那个节点，这项操作只是查询这个节点，而不修改该节点所在的链表，也就是说，不会把这个节点从链表中拿掉。

7. 判断链表是不是空白的。

8. 查询链表的大小（或者说，节点数量）。

9. 打印链表。这需要遍历该链表并打印其中的每个节点。

10. 打印单个的节点。这需要打印该节点中的 ListData 型字段。由于打印该字段所用的方式与 ListData 的底层类型（或者说，实际类型）有关，因此我们需要设法让调用方能够把具体的打印函数，通过参数传给这项操作。

与这些操作相对应的函数原型如下：

```
LinkedList* CreateLinkedList();
bool        IsEmpty(     LinkedList* pList );
int         Size(        LinkedList* pList );
void        InsertNodeToFront(  LinkedList* pList , ListNode* pNode );
void        InsertNodeToBack(   LinkedList* pList , ListNode* pNode );
ListNode* RemoveNodeFromFront( LinkedList* pList );
ListNode* RemoveNodeFromBack(  LinkedList* pList );
ListNode* GetNode(             LinkedList* pList , int pos );
ListNode* CreateNode( ListData* pData );
void      DeleteNode( ListNode* pNode );
void      PrintList(  LinkedList* pList ,
                      void (*printData)(ListData* pData ) );
void      PrintNode(  ListNode* pNode ,
                      void (*printData)(ListData* pData ) );
void      OutOfStorage( void );
```

编写上面这些操作函数时，可能经常要回过头去参考早前那张示意图。请大家试着把每个函数所要操作的东西与示意图中相应的指针联系起来。

除了这些函数，其实还需要添加一个用来创建节点数据的 CreateData() 操作。这项操作等到 ListData 所表示的具体类型确定下来之后，我们再去实现。到那时，我们还会把打印这种具体数据所用的 printListData 函数定义出来，以便传给 PrintList() 与 PrintNode() 函数的 printData 参数。

请注意，这一系列函数的最后，还有一个 OutOfStorage() 函数。我们并不清楚程序究竟会在什么时候用到这个函数。我们只是知道，CreateXXX() 形式的函数有可能因内存不足而无法分配用户所申请的内存空间。因此，按照惯例，我们总是应该在程序遇到这种故障时提供一个反馈机制：

```
void OutOfStorage( void ) {
 fprintf( stderr,"### FATAL RUNTIME ERROR ### No Memory Available" );
 exit( EXIT_FAILURE );
}
```

这个简单的函数会做下面两件事：

- 将一条错误消息打印到一个特殊的输出流，也就是 stderr（标准错误端）。
- 用一个值不为零的退出码来调用 exit() 函数，以表示程序不是正常退出，而是由于遇到故障而退出的。这个函数会让程序立刻终止，不再继续往下执行。我们会在第 23 章详细讲解 stderr。

现在我们看看每项操作是怎么定义的。

新建 LinkedList 头部结构体的这项操作可以这样实现：

```
LinkedList*  CreateLinkedList()  {
  LinkedList* pLL = (LinkedList*) calloc( 1 , sizeof( LinkedList ) );
  if( pLL == NULL) OutOfStorage();
  return pLL;
}
```

我们用 calloc() 函数分配链表的头部结构体所需占据的内存空间，并把该结构体的所有内容都初始化为零。如果 calloc() 函数返回的指针是 NULL，那说明该函数执行失败，于是我们调用 OutOfStorage() 函数，令程序就此停止。如果不是 NULL，那就把该指针返回给调用方。IsEmpty() 与 Size() 函数的代码如下：

```
bool  IsEmpty( LinkedList* pList )  {
  return( pList->nodeCount == 0 );
}

int  Size( LinkedList* pList )  {
  return pList->nodeCount;
}
```

如果链表是空白的，那么 IsEmpty() 这个工具函数就会返回 true，否则返回 false。

Size() 也是一个工具函数，它只需要返回 nodeCount 的值就好。我们为什么不建议用户直接访问这个值，而是要提供这么一个函数呢？因为我们以后可能会修改 LinkedList 结构体的实现方式。把链表的长度信息封装到 Size() 函数里面可以让用户无须担心 LinkedList 的实现细节将来会发生变化。

接下来定义的这两个函数可用来将 ListNode 节点插入链表。其中一个函数是：

```
void  InsertNodeToFront( LinkedList* pList , ListNode* pNode )  {
  ListNode* pNext    = pList->pFirstNode;
  pList->pFirstNode = pNode;
```

```
  pNode->pNext      = pNext;
  pList->nodeCount++;
}
```

另一个函数是：

```
void InsertNodeToBack( LinkedList* pList , ListNode* pNode )  {
  if( IsEmpty( pList ) )  {
    pList->pFirstNode = pNode;
  } else {
    ListNode* pCurr = pList->pFirstNode ;
    while( pCurr->pNext != NULL )  {
      pCurr = pCurr->pNext;
    }
    pCurr->pNext  = pNode;
  }
  pList->nodeCount++;
}
```

把节点插入链表开头，只需要调整两个指针，一个是 pList->pFirstNode（我们先把旧值保存到函数的 pNext 局部变量里面，然后再调整），另一个是 pNode 参数所指向的新节点里面的 pNext 指针字段（也就是 pNode->pNext）。即便链表是空白的，我们也不需要做特殊处理，因为在这种情况下，pList->pFirstNode 的旧值是 NULL，我们把这个值赋给 pNode->pNext 是正确的。最后，我们让链表的节点数自增。

我们看看给链表开头插入新节点时的情况。下面这张图演示了程序进入 InsertNode-ToFront() 函数时的样子。

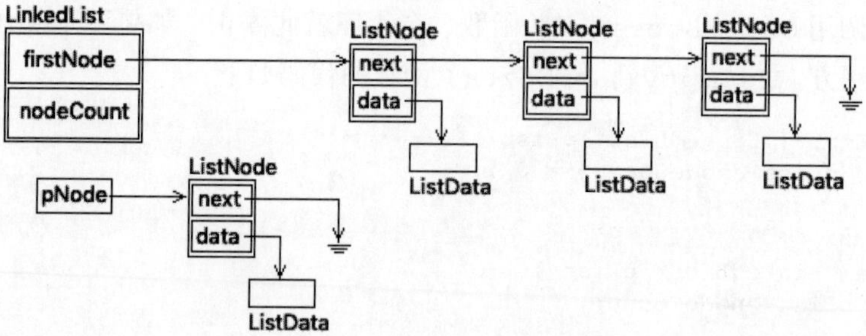

调整刚才说的那两个指针之后，链表就变成了下面这样。

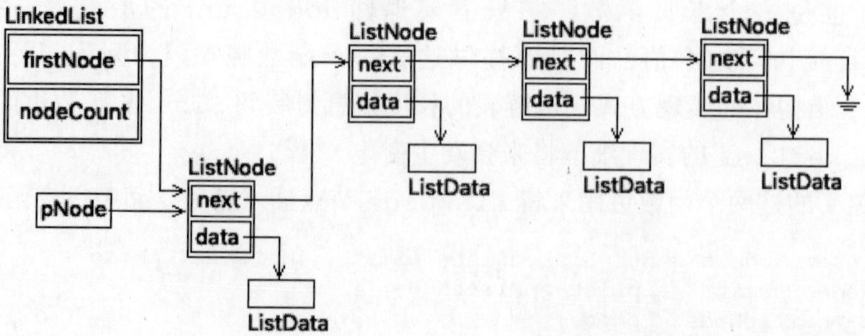

注意，由于这个新的节点现在可以通过 pList->pFirstNode 来访问，因此 pNode 指针就用不到了。

把节点插入链表末尾，需要先判断该链表是不是一个空白的链表。如果是，那只需要让 pList->pFirstNode 指向新节点即可。如果不是，则需要遍历链表，以确定最后一个节点。为此，我们声明一个叫作 pCurr 的临时指针，让它指向链表的首节点。若 pCurr 不为 NULL，则说明 pCurr 并非链表中的最后一个节点，于是我们把指向下一个节点的指针（也就是 pCurr->pNext）赋给 pCurr 本身，让 pCurr 指向那个节点，然后继续判断。若 pCurr 为 NULL，则说明 pCurr 所指向的就是链表中的最后一个节点。此时我们跳出 while 循环，并让 pCurr->pNext 指向有待插入的这个新节点（也就是 pNode），至于新节点本身的 pNext 字段，则不需要做特别处理，因为这个字段默认应该指向 NULL，表示链表就此结束。最后，我们给链表的节点数加 1。

现在我们看看给链表末尾插入新节点时的情况。下面这张图演示了程序准备调整指针时的样子。

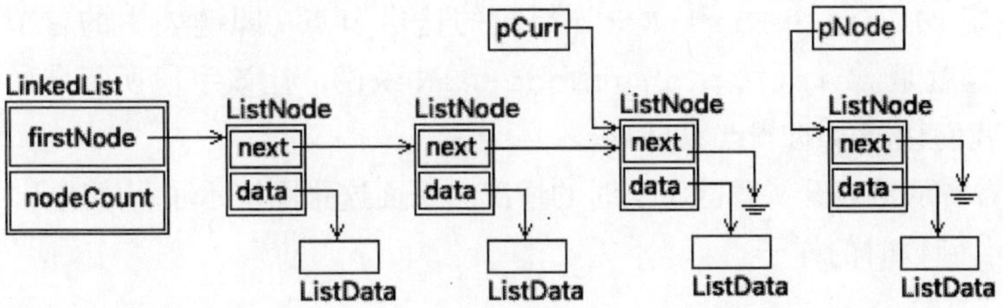

函数把最后一个节点的 next 指针调整完毕之后，链表就变成了下面这样。

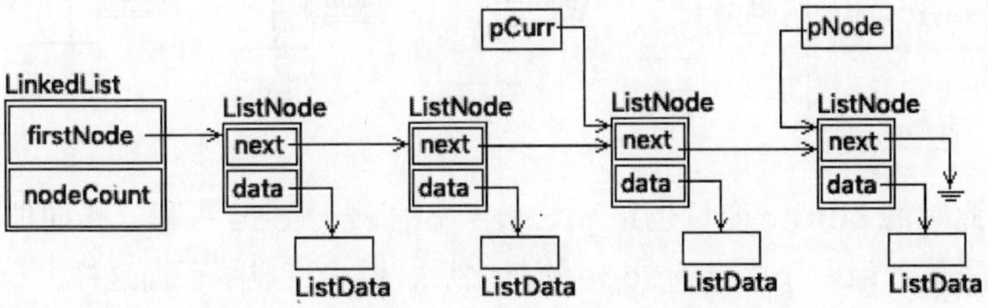

将 pCurr->next 指向新的节点之后，我们就不再需要使用 pCurr 与 pNode 指针了。

与插入操作类似，我们还需要定义两个函数，用来移除链表开头或结尾的那个节点。其中一个函数是：

```
ListNode*  RemoveNodeFromFront( LinkedList* pList )  {
  if( IsEmpty( pList ))  return NULL;
  ListNode* pCurr    = pList->pFirstNode;
  pList->pFirstNode = pList->pFirstNode->pNext;
  pList->nodeCount--;
  return pCurr;
}
```

另一个函数是：

```
ListNode* RemoveNodeFromBack( LinkedList* pList )  {
  if( IsEmpty( pList ) )  {
    return NULL;
  } else {
    ListNode* pCurr = pList->pFirstNode ;
    ListNode* pPrev = NULL;
    while( pCurr->pNext != NULL )  {
      pPrev = pCurr;
      pCurr = pCurr->pNext;
    }
    pPrev->pNext = NULL;
    pList->nodeCount--;
    return pCurr;
  }
}
```

从链表开头移除节点，必须先判断链表是否空白。如果是，那就返回 NULL。如果不是，则将 pCurr 变量设为 pList->pFirstNode，稍后我们会把该变量返回给调用方。接着，我们确定 pList->pFirstNode 指向的这个节点（即链表中的首节点）所具备的 pNext 字段（也就是 pList->pFirstNode->pNext），让该字段所指向的节点成为新的首节点。最后我们让链表的节点数自减。

现在我们看看从链表开头移除节点时的情况。下面这张图演示了程序进入 RemoveNode-FromFront() 函数时的样子。

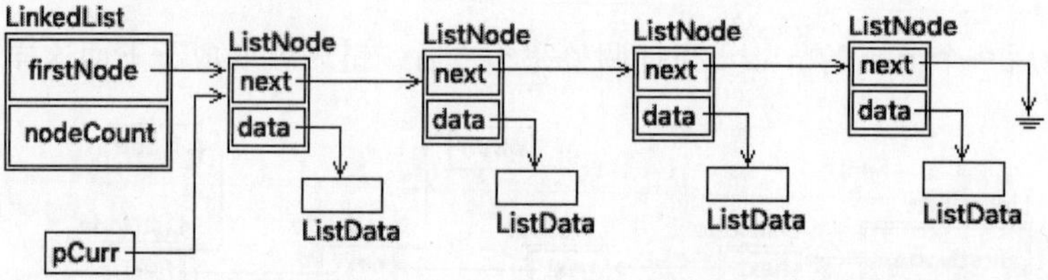

注意看，此时的 pCurr 变量也跟 pList->pFirstNode 一样，指向即将移除的这个首节点。调整完 pList->pFirstNode 指针之后，链表变成了下面这样。

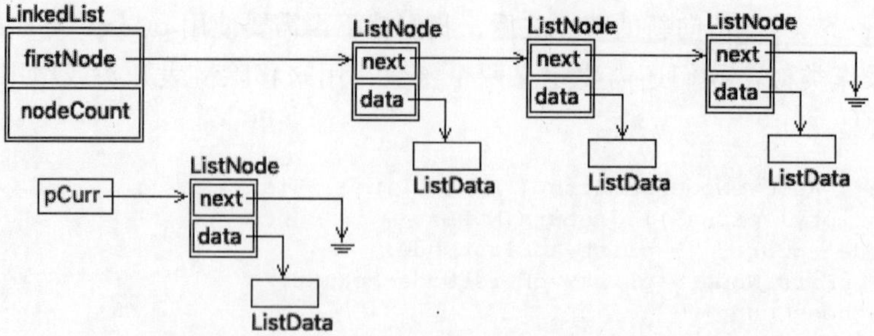

调整后的 pList->pFirstNode 指针指向了新的首节点（也就是原来的第二个节点），

而遭到移除的这个节点，则只能通过 pCurr 指针来访问。

从链表末尾移除元素，也必须线判断链表是否空白。如果是，那就返回 NULL。如果不是，则必须遍历链表，以确定最后一个节点与倒数第二个节点。我们设立一个名为 pCurr 的临时指针，让它指向当前的首节点。我们还需要一个名为 pPrev 的指针，让它指向 pCurr 的前一个节点，等 pCurr 遍历到最后一个节点时，pPrev 所指向的就会是倒数第二个节点。我们会在遍历的过程中调整这两个指针。如果 pCurr-pNext 不是 NULL，则说明 pCurr 并非链表中的最后一个节点，于是我们让 pPrev 指向 pCurr 所指的这个节点，并让 pCurr 指向下一个节点，然后继续判断；如果 pCurr-pNext 是 NULL，那意味着 pCurr 是链表中的最后一个节点，也就是我们要移除的这个节点。此时还需要将它的前一个节点（也就是 pPrev 所指向的那个节点）的 pNext 字段设为 NULL，以表示链表至此结束。最后我们递减链表的节点数，并将 pCurr 返回给调用方。

现在我们看看从链表末尾移除节点时的情况。下面这张图演示了程序准备调整指针时的样子。

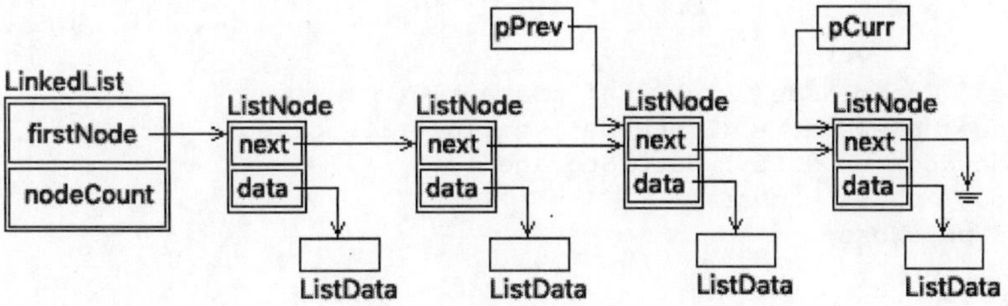

函数把倒数第二个节点的 next 指针调整完毕之后，链表就变成了下面这样。

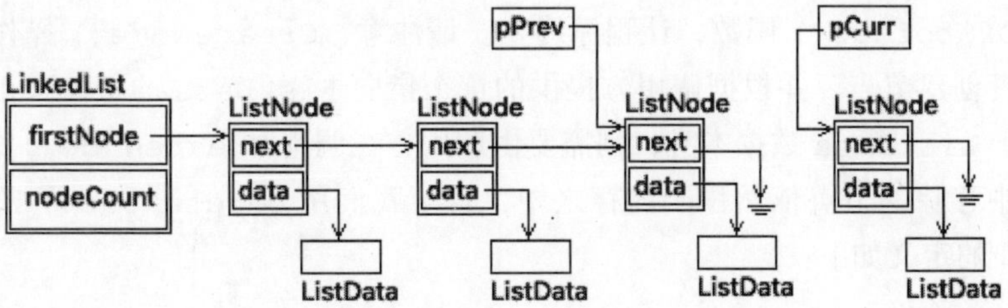

让 pPrev->next 指向 NULL 之后，pPrev 与 pNode 指针就用不到了。

GetNode() 函数用来检视链表中的某个节点所包含的数据，但并不移除该节点：

```
ListNode*  GetNode( LinkedList* pList , int pos )  {
  ListNode* pCurr = pList->pFirstNode;
  if( pCurr == NULL )  {
    return pList->pFirstNode;
  } else if ( pos == 0 )  {
    return pList->pFirstNode;
  } else {
    int i = 0;
```

```
    while( pCurr->pNext != NULL )  {
      if( i == pos ) return pCurr;
      i++;
      pCurr = pCurr->pNext;
    }
    return pCurr;
  }
}
```

遍历链表之前，函数先判断这个链表是否空白。如果不是，那么再判断用户想查看的是不是第 0 个位置上面的节点（这是个特殊的位置，处在该位置上的节点就是链表中的首个节点）。如果是，那么返回 pFirstNode 指针。如果不是，则需遍历链表，并在该过程中调整 pCurr 指针。在遍历的时候，既需要注意链表是否结束，又需要判断当前是不是已经遍历到了用户所要求的那个节点。如果遍历到了，那就将指向该节点的指针返回给调用方；如果还没遍历到，链表就结束了，那么就把指向链表最后一个节点的指针返回给调用方。链表本身不需要修改。

CreateNode() 函数只负责创建新的 ListNode 结构体，而不需要考虑如何将其插入链表：

```
ListNode*  CreateNode( ListData* pData )  {
  ListNode* pNewNode = (ListNode*) calloc( 1 , sizeof( ListNode ) );
  if( pNewNode == NULL ) OutOfStorage();
  pNewNode->pData = pData;
  return pNewNode;
}
```

我们用 calloc() 函数来分配 ListNode 结构体所需占的内存空间，并将该结构体的所有内容清零。如果 calloc() 返回的指针是 NULL，那说明内存分配操作失败，此时我们调用 OutOfStorage() 函数，让程序终止。请注意，CreateNode() 操作并不涉及链表，它只负责创建节点，并根据调用方提供的这个指向 ListData 的指针来正确地初始化该节点，至于 ListData 数据本身，则需要由调用方在调用 CreateNode() 之前准备好。

从链表中移除的节点依然位于内存之中，直至我们用 DeleteNode() 操作销毁该节点。这项操作的定义如下：

```
void  DeleteNode( ListNode* pNode )  {
  free( pNode->pData );
  free( pNode );
}
```

注意看，这里有个微妙的地方：DeleteNode() 函数必须把 pNode 指向的节点里面的那个 pData 指针所指的数据释放，而且要把 pNode 指向的这个节点本身也释放，否则就会泄漏内存。另外要注意释放的顺序，假如先释放 pNode，那就无法正确通过 pNode->pData 来释放节点数据了。

PrintList() 函数用来打印整个链表，这个函数是这样定义的：

```
void  PrintList( LinkedList* pList ,
                 void (*printData)(ListData* pData ) )  {
  printf( "List has %2d entries: [" , Size( pList ) );
  ListNode* pCurr = pList->pFirstNode;
  while( pCurr != NULL )  {
    PrintNode( pCurr , printData );
    pCurr = pCurr->pNext;
  }
  printf( "]\n" );
}
```

该函数接受两个参数，第一个参数是指向链表头部结构体的指针，这个大家应该已经很熟悉了，然而第二个参数需要解释一下。本章前面讲解内存布局时说过，函数是内存中一个带有名称的地点或位置，程序调用某个函数，其实就是跳转到那个函数所在的位置开始执行，等到执行完之后，又会跳回到早前离开的那一点，继续往下执行。编写一般的代码时，如果想调用某个函数，那么直接通过函数的名字来调用就好。然而在编写 PrintList() 这样的代码时，我们并不清楚自己要调用的函数究竟叫什么名字，因为这个函数的名字得根据它所要打印的 ListData 具体是什么类型来定。因此，我们决定用一个指向该函数的指针来表示这个函数，这样的话，无论这个函数叫什么，用户都可以把指向它的指针传进来，让我们的 PrintList() 函数通过该指针来指代此函数。

指向函数的指针

声明指向函数的指针（即函数指针）时，不仅要说出指针的名字，而且得说出该指针所能指向的那种函数，其返回值与各参数分别是什么类型。

我们以刚才那个 PrintList() 函数的 printData 参数为例来讲解如何声明函数指针。这个函数指针，也就是 void (*printData)(ListData* pData)，可以拆解成三部分：

- 首先是该指针所指向的那种函数的返回类型。这在本例中，是 void。
- 然后是这个函数指针的名称，我们需要在名称左侧写一个星号，表示这是一个指针，并用一对括号把此部分括起来，这在本例中是 (*printData)。其中的 printData 就是这个函数指针的名称，至于它所指向的函数则不一定也要叫作 printData，而可以是完全不同的名称。只不过那个函数的返回类型必须与第 1 部分中所写的类型相符，对于本来说，就是 void。
- 最后是这个指针所指向的那种函数应该具备的参数列表。这在本例中是 (ListData* pData)，也就是说，那种函数应该接受一个类型为 ListData* 的参数。

以上就是声明函数指针时必须写出的三个部分。现在我们把函数指针，与该指针所能指向的某个函数的原型（以及那个函数的定义）对比一下。假设这个指针所要指向的函数叫作 PrintInt()：

```
void (*printData)(ListData* pData);    // function pointer
void PrintInt(     ListData* pData);    // function prototype
void PrintInt(     ListData* pData)  { // function definition
  ...
}
```

注意看，声明函数指针与声明这个指针所能指向的那种函数类似，都需要在书写名称的同时写出返回值类型与参数列表，只不过这个名称对于前者来说是指针的名字，对于后者来说则是函数的名字。函数指针并不能随意指向某个函数，它只能指向返回值类型与参数列表都与指针相符的那种函数。

我们在编写 PrintList() 函数的主体部分时并没有直接调用 printData 这个函数指针所指向的函数，而是将该指针传给了 PrintNode() 函数，让那个函数去调用该指针所指向的函数。

为了在 PrintList() 函数中打印整个链表，我们首先打印与链表有关的信息，然后遍历这个链表。为此，我们声明一个叫作 pCurr 的临时指针，并在遍历过程中更新该指针，令其依次指向链表中的每个节点。每轮迭代，我们都调用 PrintNode() 函数，并把指向当前节点的 pCurr 临时指针，以及指向打印节点数据的那个函数的 printData 函数指针传过去。

PrintNode() 函数用来打印单个节点中的数据，这个函数是这样实现的：

```
void PrintNode( ListNode* pNode ,
                void(*printData)( ListData* pData ) )  {
  printData( pNode->pData );
}
```

PrintNode() 函数的参数列表里面有两个参数，一个是 pNode 指针，它指向有待打印的节点，另一个就是跟 PrintList() 函数的 printData 类似的函数指针（我们在定义这个函数指针时，也需要写出刚才说的那三个部分）。然而这次的区别在于，PrintNode() 函数会在函数体中调用这个函数指针，它把这个函数指针当成一个函数来使用，并传入适当的参数。我们稍后就会定义一个名为 PrintInt() 的函数，让程序能够把指向该函数的指针当作 printData 参数传给 PrintNode() 函数，供其调用。

现在我们应该先总结一下，也就是先在 linkedlisttester.c 文件里面把这些函数的原型全都声明出来，并写出每个函数的实现代码，同时写一个空白的 main() 函数（以便稍后扩充），另外，我们还需要把下面几条 #include 指令写在这份文件中：

```
#include <stdio.h>          // for printf() and fprintf()
#include <stdlib.h>         // for calloc() and free()
#include <stdbool.h>        // for bool, true, false
```

编译这份文件。你应该不会看到任何错误。我们想把这个简单的版本当作一个中介点，以便由此出发继续扩充该程序，所以，请先确保该版本不会出现任何编译错误。如果有错，那么很可能是因为你打错或漏掉了一些字符。请先保证这份文件能够顺利编译。

18.5.3 更复杂的链表操作

目前的链表，已经把它必须提供的操作全都实现出来了。由于其中含有与栈及队列相关的操作，因此开发者可以按照需求将这种链表当成栈或队列使用。另外还有一些涉及链表的操作，你可以自己去实现。笔者举出其中几种操作的函数原型：

```
ListNode* InsertNodeAt( LinkedList* pList , ListNode* pNode );
ListNode* RemoveNodeAt( LinkedList* pList , ListNode* pNode );
void      SortList    ( LinkedList* pList , eSortOrder order );
void      ConcatenateList( LinkedList* pList1 , LinkedList* pList2 );
```

这几个函数我们不打算立刻实现。其中有一些会在后面修订 carddeck.c 程序时实现。

18.5.4 编写测试程序以验证链表实现得是否正确

现在我们已经用 C 语言把链表实现出来了，或者说，我们认为自己已经实现出来了。我们写了很多代码，并且确保这些代码能够顺利编译，不会出现错误。然而这些代码的实际效果是否正确必须等测试之后才能知道。我们必须彻底地测试，并确保程序能够给出我们想要的结果。测试与验证程序跟写出能够顺利编译的程序代码其实一样重要，甚至可以说更为重要。有经验的程序员与编程新手的一项区别就在于能够验证自己写出的代码是否正确。

继续往下写之前，我们需要先实现两个与本例的 ListData 有关的函数。其中一个是：

```
void PrintInt( int* i )  {
  printf( "%2d ", *i );
}
```

另一个是：

```
ListData* CreateData( ListData d )  {
  ListData* pD = (ListData*)calloc( 1 , sizeof( ListData ) );
  if( pD == NULL )  OutOfStorage();
  *pD = d;
  return pD;
}
```

PrintInt() 函数只是把传给它的整数值（即 int 值）用 printf() 打印出来。假如我们想使用 int 类型之外的另一种类型作为 ListData 的底层类型，那么就应该提供与那种类型相对应的 PrintXXX() 打印函数。稍后大家会看到我们如何在 main() 函数里面把这个函数（以函数指针的形式）传给 PrintList() 函数，让后者能够利用 PrintInt() 去打印链表中每个节点里面的 int 型数据。

CreateData() 函数调用 calloc() 函数来分配 ListData 结构体（也就是节点之中的数据）所需占的内存，并将其中的值全都初始化为 0。如果 calloc() 函数执行失败，那就调用 OutOfStorage() 函数，令程序终止；如果执行顺利，那就把指向这块内存的指针返回给调用方。我们会在测试代码里面通过这个函数创建各节点中的数据。

现在可以编写 main() 函数了，我们让这个函数去触发早前所实现的那些链表操作。main() 函数里面的测试代码是这样写的：

```
int main( void )  {
  LinkedList* pLL = CreateLinkedList();

  printf( "\nUsing input{ 1  2  3  4 } " );
  PrintList( pLL , PrintInt );
  int data1[] = { 1 , 2 , 3 , 4 };
  for( int i = 0 ; i < 4 ; i++)  {
    TestPrintOperation( pLL , eInsert , data1[i] , eFront );
  }
  TestPrintOperation( pLL , eLook   , 0   , eFront );
  TestPrintOperation( pLL , eDelete , 0   , eBack );

  printf( "\nUsing input{ 31 32 33 }   " );
  PrintList( pLL , PrintInt );
  int data2[] = { 31 , 32 , 33 };
  for( int i = 0 ; i < 3 ; i++)  {
    TestPrintOperation( pLL , eInsert , data2[i] , eBack );
  }
  TestPrintOperation( pLL , eLook   , 0   , eBack );
  int count = pLL->nodeCount;
  for( int i = 0 ; i < count ; i++)  {
    TestPrintOperation( pLL , eDelete, 0 , eFront );
  }
}
```

我们写的这个 main() 函数会把早前实现的各种链表功能全都使用到。该函数里面的测试代码会触发以下操作：

1. 创建新的链表。

2. 打印该链表，以确认这是一个空白的链表。

3. 插入四个节点，每个节点都从链表的开头插入。每插入一个节点，我们就把当前执行的操作以及执行完这项操作之后的链表显示一遍。

4. 查询首节点中的数据。

5. 从链表末尾删除一个节点（也就是移除并销毁该节点）。每次删除节点，我们都会把当前执行的操作以及执行完这项操作之后的链表显示一遍。

6. 插入三个节点，每个节点都从链表的末尾插入。

7. 查询最后一个节点中的数据。

8. 从链表开头反复删除（也就是反复移除并销毁）节点，直至链表变为空白。每删除一个节点，我们就把当前执行的操作以及执行完这项操作之后的链表显示一遍。

执行上述操作时，我们想打印出与这项操作有关的说明信息，以及链表在执行完该操作后所处的状态。这些功能几乎都靠 TestPrintOperation() 函数实现：

```
void TestPrintOperation( LinkedList* pLL , eAction action ,
                         ListData data   , eWhere  where )  {
switch( action )  {
  case eLook:
    data = TestExamineNode( pLL , where );
    printf( "Get %s node, see [%2d]. " ,
```

```
            where==eFront ? "front" : " back" , data );
        break;
      case eInsert:
        printf( "Insert [%2d] to %s.    " , data ,
                where==eFront ? "front" : " back" );
        TestCreateNodeAndInsert( pLL , data , where );
        break;
      case eDelete:
        data = TestRemoveNodeAndFree( pLL , where );
        printf( "Remove [%2d] from %s.    " , data ,
                where==eFront ? "front" : " back" );
        break;
      default:
        printf( "::ERROR:: unknown action\n" );
        break;
    }
    PrintList( pLL , TestPrintInt );
}
```

为了测试这套链表操作，我们定义了 eAction { eLook, eInsert, eDelete } 与 eWhere {eFront, eBack } 这样两组枚举，以便将各种有待测试的操作都规整到 TestPrintOperation() 这一个函数里面执行。我们在 switch 结构中针对需要测试的每一种 eAction 都编写了一个 case 分支，并在该分支中打印与这个动作有关的信息，然后调用 TestExamineNode()、TestCreateNodeAndInsert() 或 TestRemoveNodeAndFree() 函数，以执行该动作。

函数返回之前，需要先把链表的当前状态显示一遍。函数里面提到的三项测试动作是这样实现的。首先是第一项：

```
void TestCreateNodeAndInsert( LinkedList* pLL , ListData data ,
                              eWhere where ) {
  ListData* pData = CreateData( data );
  ListNode* pNode = CreateNode( pData );
  switch( where ) {
    case eFront: InsertNodeToFront( pLL , pNode ); break;
    case eBack:  InsertNodeToBack(  pLL , pNode ); break;
  }
}
```

然后是第二项：

```
ListData TestExamineNode( LinkedList* pLL , eWhere where )  {
  ListNode * pNode;
  switch( where ) {
    case eFront: pNode = GetNode( pLL , 0 ); break;
    case eBack:  pNode = GetNode( pLL , pLL->nodeCount ); break;
  }
  ListData data = *(pNode->pData);
  return data;
}
```

最后是第三项：

```
ListData TestRemoveNodeAndFree( LinkedList* pLL , eWhere where )  {
  ListNode * pNode;
  switch( where ) {
    case eFront: pNode = RemoveNodeFromFront( pLL ); break;
    case eBack:  pNode = RemoveNodeFromBack(  pLL ); break;
  }
  ListData data = *(pNode->pData);
  DeleteNode( pNode );
  return data;
}
```

这些用来做测试的例程应该写在链表的实现代码后面，但是要放在 main() 函数的前面。写完这些之后，再写 main() 函数。保存并编译文件，然后运行程序。这次的范例代码相当多，你可能需要反复修改，才能让代码正确地编译。

运行程序，你会看到类似下面这样的输出信息。

```
> cc linkedlisttester.c -o linkedlisttester -Wall -Werror -std=c11
> linkedlisttester

Using input{ 1  2  3  4 } List has  0 entries: []
Insert [ 1] to front.     List has  1 entries: [ 1 ]
Insert [ 2] to front.     List has  2 entries: [ 2  1 ]
Insert [ 3] to front.     List has  3 entries: [ 3  2  1 ]
Insert [ 4] to front.     List has  4 entries: [ 4  3  2  1 ]
Get front node, see [ 4]. List has  4 entries: [ 4  3  2  1 ]
Remove [ 1] from  back.   List has  3 entries: [ 4  3  2 ]

Using input{ 31 32 33 }   List has  3 entries: [ 4  3  2 ]
Insert [31] to  back.     List has  4 entries: [ 4  3  2 31 ]
Insert [32] to  back.     List has  5 entries: [ 4  3  2 31 32 ]
Insert [33] to  back.     List has  6 entries: [ 4  3  2 31 32 33 ]
Get  back node, see [33]. List has  6 entries: [ 4  3  2 31 32 33 ]
Remove [ 4] from front.   List has  5 entries: [ 3  2 31 32 33 ]
Remove [ 3] from front.   List has  4 entries: [ 2 31 32 33 ]
Remove [ 2] from front.   List has  3 entries: [31 32 33 ]
Remove [31] from front.   List has  2 entries: [32 33 ]
Remove [32] from front.   List has  1 entries: [33 ]
Remove [33] from front.   List has  0 entries: []
> 
```

注意看，输出信息中的每一行，都对应于我们想要测试的某个动作（或者说某项操作）。请大家仔细比较，看看程序执行每项操作所得到的结果是不是跟我们期望的一致。如果全都没有问题，那我们就可以把这套链表方案，放心地用在其他场合，从而实现更有意义的功能。第 24 章会修订早前的 carddeck.c 程序，那时我们就会用到这里实现的这种链表以及与之相关的例程。

大家可能注意到了，我们针对受测代码而写的这些测试代码几乎与受测代码本身一样多。这种情况很常见。要想写出简洁、完备而又精准的测试代码需要花很大功夫。根据笔者这些年的经验，编写测试代码是相当有用的，它有这样几个好处：

- 如果测试失败（或者说，测试出的效果与我们期望的不符），那我们肯定能意识到一些问题。

- 如果受测代码的运行效果跟我们期望的相符，那我们就会对这些代码很有信心。
- 我们可以放心地修改程序，因为测试代码会帮助我们确认修改后的程序是否也像以前那样，能够正常运作。
- 测试代码能够让修订与调试工作更加轻松。

在日常编程中，你可能迫于工作压力或为了省事而决定忽略测试。请不要这样做，你应该清醒地认识到编写测试能够带来哪些好处。

18.6 其他动态数据结构

本章我们创建了一款范例程序，用来实现单向链表（singly-linked list，又叫单链表），用户可以在这种链表的开头或末尾添加并移除元素，对于链表来说，它的元素又叫作节点。我们实现的是一种相当通用且极为简省的方案，你可以在这个基础上添加其他几项实用的操作，例如用来合并两个链表的 `listConcatenate()` 操作、用来根据给定标准将链表一分为二的 `listSplit()` 操作、用来按照各种方式为链表中的元素排列顺序的 `listSort()` 操作，以及用来逆转链表中各元素顺序的 `listReverse()` 操作等。另外，我们还可以完善插入与移除操作，让用户能够从任意位置执行这两项操作。由于篇幅有限，我们就不再继续讲下去了。

下面简单地列出其他几种有用的数据结构，其中某些结构理解起来或许稍微有点抽象：

- **双向链表**（doubly-Linked List，又叫双链表）：这种链表中的每个节点，不仅含有指向下一个节点的指针，而且含有指向上一个节点的指针。于是，我们既可以从前往后遍历，也可以从后往前遍历。
- **栈**（stack）：这可以理解成一种只能在开头添加节点的链表（这样的操作又称为把节点推入栈中）。移除节点的时候也只能从链表开头移除（这样的操作又称为从栈中弹出节点）。这种链表也叫作 LIFO（Last In First Out，后进先出的）链表。
- **队列**（queue）：这可以理解成一种只能在末尾添加节点的链表（这样的操作又称为令节点入队，enqueue）。移除节点的时候只能从链表开头移除（这样的操作又称为令节点出队，dequeue）。这种链表也叫作 FIFO（First In First Out，先进先出的）链表。
- **双端队列**（deque，又叫双队列）：这是一种通用的链表，既能当栈用，又能当队列用。你可以从开头或末尾添加并移除节点。本章所实现的链表就相当接近于双端队列。
- **优先级队列**（priority queue）：这种链表中的节点都具备优先级。它会根据某种优先级调度机制（priority scheduling scheme）来决定如何给链表中添加节点以及如何从链表中移除节点。
- **集**（set）：这是一种由互不相同的元素所构成的集合，这些元素之间没有特定的顺序。我们有时会用链表之外的某种动态数据结构来实现它，例如用树或哈希表（hash table）实现。

- **映射图**（map）：这是一种由键值对所构成的集合，每个键值对的键都必须互不相同，以便让用户能够根据键来查询与该键相关联的值。这种结构也叫作关联数组（associative array）、符号表（symbol table）或字典（dictionary）。
- **树**（tree）：这用来模拟分层的树状结构。它有一个根节点（root node），这个节点可以延伸出多条树枝（branch），每个树枝上都有子节点（child node），子节点本身也能够延伸出多条树枝。跟现实中的树一样，子节点可以有自己的下级节点，但不能跟其他树枝上的节点相连。
- **图**（graph）：这是一种由节点以及节点之间的链接所构成的集合。它比树更通用，因为其中的节点能够形成环路（也就是说，其中的节点能够与根节点或其他树枝上的节点相连）。

研究并实现这些结构已经超出了本书的范围。然而这种研究依然是相当有意义的，要想成为C语言编程专家，你必须学会这些才行。

18.7 小结

本章讲解了如何分配、释放并操作动态内存。我们知道了在使用动态内存时所要考虑的一些特殊问题，比方说如何把内存管理好、如何避免泄漏内存等。为了实际演示这些知识，我们实现了一种单向链表，让用户能够从开头或末尾给这种链表添加节点并从中移除节点。在实现过程中，大家可以看到，将数据结构本身与操作该结构的各项操作结合起来能够形成一套相当强大的工具，而且我们能够复用这套工具实现自己所需的其他数据结构。总之，大家可以体会到动态数据结构的强大与灵活之处。

另外，我们还学习了一种灵活的机制，也就是指向函数的指针（简称函数指针），并且知道了如何让这种指针指向某个函数，以及怎样以函数指针的形式来调用它所指向的函数。最后，我们简单地介绍了其他几种动态数据结构，例如双端队列、映射图与树。

下一章我们要换一个话题，也就是要仔细研究输出格式，大家会看到`printf()`函数所支持的各种格式效果。

第四部分 *Part 4*

输入与输出

到目前为止，书中的程序所使用的输入信息都是由程序本身提供的，而且程序所输出的信息也相当简单，它把这些信息全都输出到了屏幕上。然而在此部分，我们则要学习其他的一些输入与输出方式，并且要研究更为复杂的格式。

此部分包含第 19～23 章。

Chapter 19 第 19 章

学习各种输出格式

在前面各章中，我们所使用的输入信息全都写在各自的程序里面，而且程序所输出的内容也很简单，这些内容全都输出到了控制台（也就是屏幕）上。而在本章中，我们要研究更复杂的输出格式，例如怎样精准地输出数字与文本。前面的第 15 章就输出过一张格式较为精细的 ASCII 表格，而我们现在则要完整地学习各种输出格式，以创建出精准的数字表。另外，我们还可以利用这些知识来生成其他几种对格式要求较高的文档，比方说发票、产品价目表等。

C 语言的 `printf()` 函数提供了丰富的格式选项，远超我们目前用过的这些。我们可以在各个方面调整数字（包括整数与小数）、字符与字符串。本章主要通过范例来讲解在调用 `printf()` 函数时调整数值格式的各种办法。

本章涵盖以下话题：

- ❑ 知道 `printf()` 函数的格式说明符所具备的一般形式。
- ❑ 输出各种进制的无符号整数。
- ❑ 把负数也当成无符号的整数来输出。
- ❑ 了解 2 与 9 的整数次方在各种进制下的写法。
- ❑ 打印指针值。
- ❑ 采用一定的字段宽度、精确度、对齐方式与填充方式来输出带符号的整数。
- ❑ 调整长长整数[⊖]（long-long integer）的格式。
- ❑ 采用一定的字段宽度、精确度、对齐方式与填充方式来输出浮点数。
- ❑ 用十六进制格式打印浮点数。
- ❑ 用最合适的字段宽度打印浮点数。

⊖ 长长整数指整数的长度至少是 64 位。——编辑注

- 采用一定的字段宽度、精确度、对齐方式与填充方式来输出字符串。
- 了解如何输出子字符串。
- 调整单个字符的输出格式。

19.1 技术要求

详情请参见本书 1.1 节。本章还是要求大家继续使用早前选定的工具来学习。

本章的范例代码也可以从 `https://github.com/PacktPublishing/Learn-C-Programming` 访问获取。

19.2 重新审视 `printf()` 函数

前面各章用 `printf()` 函数给控制台打印数值时采用的格式都比较简单。但 `printf()` 函数其实提供了一套相当丰富的格式说明符，能够用来输出无符号整数、指针、带符号整数、单精度浮点数、双精度浮点数、字符以及字符串。本章所要举的例子，并不打算完全涵盖它所支持的每一种格式说明符，也不打算涵盖这些说明符之间的所有组合方式。笔者只想让大家以本章作为起点，由此出发，自己去开展实验。

了解格式说明符的一般形式

我们已经使用过的格式说明符基本上都是最为简单的 `%<x>` 形式，偶尔也用过稍微复杂一些的 `%<n><x>` 形式，其中的 `<x>` 是指我们想把有待输出的值转换成什么类型，`<n>` 是指打印转换后的值时所采用的字段宽度。有时 `printf()` 函数会给该值添加必要的填充字符，使得输出的值能够达到给定的宽度，有时则会截取该值，让它不要超过给定的宽度，还有一些情况则不会做出特别处理，这有可能令其超越给定的宽度，具体如何要根据它所输出的是什么值来定。现在，我们可以从这两种形式比较简单的格式说明符出发，将其推广成更为一般的形式。

格式说明符的一般形式是以百分号（`%`）开头，然后按照顺序书写下列元素：

- 0 个或多个标志（flag）字符：
  - **- 字符**：如果写了这个字符，那么意味着采用左对齐的方式输出，如果没写，那么就采用右对齐的方式输出。
  - **+ 字符或空格字符**：如果写了 + 字符，那么会给输出的内容添加正负号，如果没写 + 字符，但是写了空格字符，那么会在输出的内容本身不需要带负号（也就是大于或等于 0）时添加空格。
  - **0 字符**：如果写了这个字符，那么会用 `0` 来填充输出结果，让它达到指定的字段宽度，如果没写，则默认用空格填充。

  - **# 字符**：如果写了这个字符，那么会改用替代格式（也就是与默认格式不同的另一种格式）来输出，具体怎样输出取决于后面写的那个表示类型转换的字符。
- 一个十进制的整数常量：如果写了这个量，那就表示最小的字段宽度。
- 一个小数点字符（也就是 . 字符）与一个十进制整数常量：这一部分用来指定精确度，它是可以省略的。如果决定写这一部分，那么可以单写小数点，不在右侧写整数，也可以既写出小数点，又在右侧写出一个整数。
- 一个尺寸修饰符（size modifier，又叫大小修饰符；也称为 length modifier，长度修饰符）：这一部分是可选的，如果决定写出，那么只能从下面三组的 8 个修饰符中任选其一：
  - 用来**增加大小**：`l`、`ll` 或 `L`。
  - 用来**缩短大小**：`h` 或 `hh`。
  - 用来**对某些类型的值做特别处理**：`j`、`z` 或 `t`。

  在这几种尺寸修饰符里面，我们主要讲解其中的 `ll`。
- 一个用来表示转换操作的字符，这个字符是必须写出的，你只能在下面六组所含的这些字符里面任选其一：
  - 把参数转换成**无符号的整数**：`d`、`i`、`o`、`u`、`x` 或 `X`。
  - 把参数转换成**指针**：`n` 或 `p`。
  - 把参数转换成**带符号的整数**：`d` 或 `i`。
  - 把参数转换成**浮点数**：`a`、`A`、`e`、`E`、`f`、`F`、`g` 或 `G`。
  - 把参数转换成**字符**（`c`）或**字符串**（`s`）。
  - 输出**百分号**（`%`）本身。

如果编译器不理解某个格式说明符，该说明符无效，或者该说明符对你所要采取的类型转换操作不适用，那么就会给出编译错误。并非每一种类型转换操作都支持刚才说的那些标志字符。总之，只要遇到表示类型转换操作的字符，那么整个格式说明符就到此结束。

考虑 `%-#012.4hd` 这个格式说明符。我们可以把它按照刚才说的规则拆解成六个部分，如下图所示。

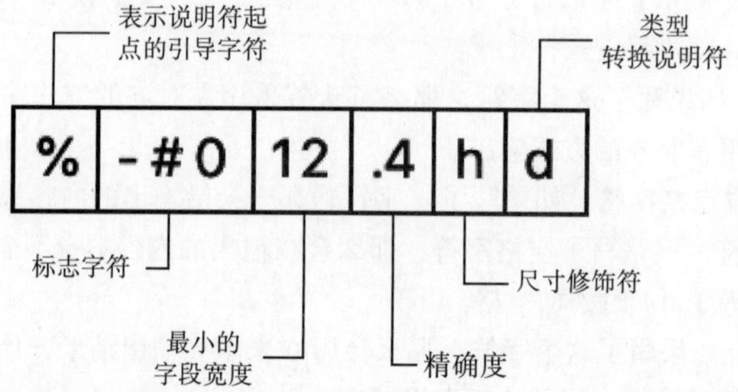

这个格式说明符会把（用户传给 printf() 函数的）带符号整数（d）转换成一个短的整数（h），让它向左对齐（-），并且用 0 填充（0）到 12 个字符的宽度（12），同时把精确度设为 4（.4）。虽然说明符里面还指定了 # 标志（以便切换到替代格式），但实际上对于我们所要执行的类型转换操作（也就是 d）来说，这个标志是不受支持的。这个例子所用的格式说明符让人看起来有点糊涂。但我们接下来的范例程序所使用的说明符则不会如此，那些说明符用的都是比较常见而且有意义的组合方式。

本书所有的范例程序都在必要时移除了各种留白，让代码能够印刷在合适的范围内。如果你是按照不加留白的版本录入代码的，那么你看到的输出信息可能会跟书中的截图有所区别。笔者自己在遇到这样的情况时总喜欢反复调整代码，以添加必要的留白，让程序的输出效果跟截图完全一样。当然你不一定要这么做，你可以访问本书 GitHub 代码库中的范例程序，那个版本没有移除留白。

另外要注意，有些 printf(" ... ") 语句所使用的字符串比较长，一行印不下。如果看到了这种字符串，那么一定要记得，左双引号与右双引号之间的内容其实应该写在一行里面，这样才能让程序正确地编译并运行。

下面来看第一个范例程序，这个程序用来演示如何输出无符号的整数。

19.3 用格式说明符调整无符号整数的格式

0 与各种进制（或者说各种数制）的正整数以及指针值都可以视为无符号的整数。下面就是本章第一款范例程序 unsignedInt.c 的开头部分：

```
#include <stdio.h>
int main( void )    {
 int smallInt = 12;
 int largeInt = (1024*1024*3)+(1024*2)+512+128+64+32+16+8+4+2+1;
 int negativeInt = -smallInt;
 unsigned anUnsigned = 130;

 // the other code snippets go here.
}
```

这个程序先定义出了 smallInt、largeInt、negativeInt 与 anUnsigned 这样几个值。它会在后面的代码中使用这些值。等你把整个程序录入文件并让它顺利运行起来之后，就可以修改每个变量的取值，并用新的值来实验程序的效果了。

19.3.1 在各种进制下解读无符号整数

在接下来的这段代码中，我们要用八进制（octal，也就是以 8 为底的数制）、十进制（decimal，也就是以 10 为底的数制）与十六进制（hexadecimal，也就是以 16 为底的数制）来打印这些值。这些值都至少会占 12 个字符的宽度。它们不会遭到截取。即便位数多于

12 位，printf() 也还是会把这些数位全都显示出来：

```
printf( " Unsigned Printf \n" );
printf( " Base Base-8 Base-10 Base-16 BASE-16\n" );
printf( " Name octal unsigned hexadeximal HEXIDECIMAL\n" );
printf( " Specifier %%12o %%12u %%12x %%12X \n" );
printf( " [%12o] [%12u] [%12x] [%12X]\n" ,
smallInt , smallInt , smallInt , smallInt );
printf( " [%12o] [%12u] [%12x] [%12X]\n\n" ,
largeInt , largeInt , largeInt , largeInt );
printf( " [%12o] [%12u] [%12x] [%12X]\n\n" ,
anUnsigned , anUnsigned , anUnsigned , anUnsigned );
```

对于本例所采用的值来说，12 个字符的宽度是足够用的，这些值都没有超出这个宽度。你可以试着减小宽度，看看会有什么效果。另外要注意，大写的 X 意思是用大写的十六进制形式来显示，也就是把 a 至 f 这几种数位显示成 A 至 F。

然后我们再来写一段代码，这段代码跟刚才相似，区别只在于我们给涉及八进制与十六进制的格式说明符里写上了 # 符号，以便从默认格式切换到替代格式：

```
printf( " Specifier %%#o %%#u %%#x %%#X\n");
printf( " [%#12o] [%12u] [%#12x] [%#12X]\n" ,
smallInt , smallInt , smallInt , smallInt );
printf( " [%#12o] [%12u] [%#12x] [%#12X]\n" ,
largeInt , largeInt , largeInt , largeInt );
printf( " [%#12o] [%12u] [%#12x] [%#12X]\n\n" ,
anUnsigned , anUnsigned , anUnsigned , anUnsigned );
```

首先我们注意到，这次输出的八进制值会用 0 开头，而十六进制值则会用 0x 或 0X 开头。另外大家也看到了，采用十进制形式来输出数值的这个格式说明符（也就是 %12u）里面没有写 # 符号，因为十进制只有一种格式，不存在替代格式。你可以试着把 # 添加进去，看看编译效果如何，你应该会看到一条错误信息。

19.3.2 把负数当成无符号整数来显示

我们使用的这几种类型转换操作，针对的都是无符号的（unsigned）整数，但这并不意味着无法解读负数（就算是负数，也依然可以当成无符号整数来显示）。下面这段代码的输出结果，可能会让你觉得有点奇怪：

```
printf( " Negative Numbers as Unsigned:\n" );
printf( " -0 [%12o] [%12u] [%12x] [%12X]\n" ,
        -0 , -0 , -0 , -0 );
printf( " -1 [%12o] [%12u] [%12x] [%12X]\n" ,
        -1 , -1 , -1 , -1 );
printf( " -2 [%12o] [%12u] [%12x] [%12X]\n" ,
        -2 , -2 , -2 , -2 );
printf( " -12 [%12o] [%12u] [%12x] [%12X]\n\n" ,
         negativeInt , negativeInt , negativeInt , negativeInt );
```

计算机系统会用特殊的方式处理负数，也就是会采用一种名叫补码（two's complement,

又称二补数）的算法来把这个负数转化成合适的二进制形式。这种算法与反码（ones' complement，又称一补数）不同，它让 0 这个值只存在一种表现形式，从而避免了 +0 与 -0 的问题。我们在第二条语句里故意把 0 写成 -0，以测试计算机是怎么处理这个值的。对于无符号的类型来说，计算机在表示这种值的时候不会专门用一个二进制位来表示正负号，因此，这样的类型让我们能够更好地看出这些值在计算机内部是如何表示的。笔者编写这几行语句是为了向大家演示，printf() 函数会根据调用者指定的类型转换操作，采用某种相应的方式把它所要显示的值转换成合适的二进制形式。至于这样转换是否有意义，则需要由调用方（也就是我们自己）来把握。

你可以把这段代码改写成循环结构，让循环计数器从 0 开始，递减到某个值（比方说 -16），并在每轮循环中把计数器交给 printf() 语句去打印，看看计算机在表示这些负值的时候有什么规律可循。

19.3.3 用各种进制表示 2 与 9 的整数次方

下面这段代码用来观察 2 的整数次方在各种进制里面的写法。为了做对比，我们在显示完这些内容之后又写了一个循环，让它显示 9 的整数次方：

```
printf( "Powers of 2: 2^0, 2^2, 2^4, 2^6, 2^8 , 2^10\n" );
int k = 1;
for( int i = 0 ; i < 6 ; i++ , k<<=2 )  {
  printf( " [%#12o] [%12u] [%#12x] [%#12X]\n" ,
          k , k , k , k );
}
printf( "\nPowers of 9: 9^1, 9^2, 9^3, 9^4\n" );
printf( " Specifier %%12o %%12u %%12x %%12X \n" );
k = 9;
for( int i = 0 ; i < 5 ; i++ , k*=9 )  {
  printf( " [%#12o] [%12u] [%#12x] [%#12X]\n" ,
          k , k , k , k );
}
```

虽然我们还没有讲过各种进制，但你可以从这段代码出发自己做实验，继而了解八进制与十六进制。在这两种进制里面，应该重点关注十六进制，因为这种计数方式目前比八进制更常用。为此，你可以改写第一个循环，让它从 0 开始递增到某个值（比方说 32），并观察 2 的各种整数次方，在这些进制里面的写法有没有什么规律。至于 9 的各种整数次方，在计算机所使用的这几种进制里则没有明显的规律，我们写在这里只是为了好玩。

19.3.4 打印指针的值

最后一段代码用两种方式打印指针的值：

```
printf( "\nPointer Output\n" );
printf( " %%p [%p] pointer\n" , &smallInt );
printf( " %%#lx [%#lx] using hex\n\n" , (unsigned long)&smallInt );
```

第一种方式采用字母 p 所表示的操作，来转换有待打印的指针值。这种方式不要求手工转换指针值的类型，我们只需要把指针值传给 printf() 函数就好。第二种方式采用 %#lx 做格式说明符，意思是把指针值当成十六进制的长整数来打印，注意，一定要当成长整数而不是普通整数，因为我们想完整地显示出指针里的 64 个（而不是仅显示 32 个）二进制位。采用这种方式的时候，我们必须把有待打印的指针值（在本例中是 &smallInt）手工转换成与 %#lx 格式说明符相对应的类型，也就是 unsigned long。这两种方式打印出的 &smallInt 应该是一致的。其中第一种方式（也就是采用 %p 做格式说明符的那种方式）显然更简单，也更稳妥。

把上面几段代码都录入 unsignedInt.c 文件中。编译文件并运行程序，你应该会看到类似下面这样的输出效果。

```
> cc unsignedInt.c -o unsignedInt -Wall -Werror -std=c11
> unsignedInt
 Unsigned Printf
  Base          Base-8         Base-10          Base-16          BASE-16
  Name          octal         unsigned       hexadeximal      HEXIDECIMAL
  Specifier      %12o             %12u              %12x             %12X
      [            14]  [            12]  [             c]  [             C]
      [      14005377]  [       3148543]  [        300aff]  [        300AFF]
      [           202]  [           130]  [            82]  [            82]

  Specifier       %#o              %#u               %#x              %#X
      [           014]  [            12]  [           0xc]  [           0XC]
      [     014005377]  [       3148543]  [      0x300aff]  [      0X300AFF]
      [          0202]  [           130]  [          0x82]  [          0X82]

  Negative Numbers as Unsigned:
  -0  [             0]  [             0]  [             0]  [             0]
  -1  [   37777777777]  [    4294967295]  [      ffffffff]  [      FFFFFFFF]
  -2  [   37777777776]  [    4294967294]  [      fffffffe]  [      FFFFFFFE]
 -12  [   37777777764]  [    4294967284]  [      fffffff4]  [      FFFFFFF4]

Powers of 2: 2^0, 2^2, 2^4, 2^6, 2^8 , 2^10
      [            01]  [             1]  [           0x1]  [           0X1]
      [            04]  [             4]  [           0x4]  [           0X4]
      [           020]  [            16]  [          0x10]  [          0X10]
      [          0100]  [            64]  [          0x40]  [          0X40]
      [          0400]  [           256]  [         0x100]  [         0X100]
      [         02000]  [          1024]  [         0x400]  [         0X400]

Powers of 9: 9^1, 9^2, 9^3, 9^4
  Specifier        %o                %u                %x               %X
      [           011]  [             9]  [           0x9]  [           0X9]
      [          0121]  [            81]  [          0x51]  [          0X51]
      [         01331]  [           729]  [         0x2d9]  [         0X2D9]
      [        014641]  [          6561]  [        0x19a1]  [        0X19A1]
      [       0163251]  [         59049]  [        0xe6a9]  [        0XE6A9]

Pointer Output
  %p        [0x7ffeead7b608]    pointer
  %#lx      [0x7ffeead7b608]    using hex

> 
```

确认程序能够正常运行之后，你可以先试试刚才提到的那几个实验，然后再往下阅读。

如果你也跟笔者一样喜欢把程序的输出格式调整得跟截图完全相同，那可能得反复修改代码中的空格，或者你也可以从本书的 GitHub 代码库里把调整好的版本下载下来。

下一节会讲解打印带符号的整数时所涉及的最小字段宽度、精确度以及对齐方式。我们输出无符号的整数时其实也可以调整这些因素，只不过笔者在本节并没有讲解。你可以像下一节的范例程序要做的那样，在本节的 unsignedInt.c 程序里面实验。

19.4 用格式说明符调整带符号整数的格式

带符号的整数指的是那种可以取负值，也可以取（0 或）正值的整数。我们在本节要编写的这个范例程序叫作 signedInt.c，该程序的开头部分是这样写的：

```
#include <stdio.h>
int main( void ) {
 int smallInt = 12;
 int largeInt = 0x7fffffff; // int32 max
 int negativeInt = -smallInt;
 unsigned anUnsigned = 130;
 long long int reallyLargeInt = 0x7fffffffffffffff; // int64 max

  // the other code snippets go here.
}
```

我们会采用各种字段宽度、精确度以及对齐方式来打印 smallInt、largeInt、negativeInt、anUnsigned 与 reallyLargeInt 的值。注意，其中的 largeInt 变量所取的这个十六进制值是 32 位整数所能表示的最大正值。与之类似，其中的 reallyLargeInt 变量所取的这个十六进制值是 64 位整数所能表示的最大正值。如果把这两个十六进制值的首个数位分别由 7 改为 f，那么程序会输出什么结果？

19.4.1 使用字段宽度、精度、对齐方式与填充方式来显示带符号整数

下面这几行代码会采用至少 10 个字符的字段宽度，以及各种对齐方式与精确度，来打印刚才提到的那些值：

```
printf( " Signed Printf \n" );
printf( " Name    right left    zero      right left\n" );
printf( "      aligned aligned filled minimum minimum whatever\n" );
printf( " Specifier %%10d %%-10d %%-.10d %%10.3d %%-10.3d %%d\n" );
printf( " [%10d] [%-10d] [%-.10d] [%10.3d] [%-10.3d] [%d]\n" ,
        smallInt, smallInt, smallInt, smallInt, smallInt, smallInt );
printf( " [%10d] [%-10d] [%-.10d] [%10.3d] [%-10.3d] [%d]\n" ,
        largeInt, largeInt, largeInt, largeInt, largeInt, largeInt );
printf( " [%10d] [%-10d] [%-.10d] [%10.3d] [%-10.3d] [%d]\n" ,
        anUnsigned , anUnsigned , anUnsigned ,
        anUnsigned , anUnsigned , anUnsigned );
printf( " [%10d] [%-10d] [%-.10d] [%10.3d] [%-10.3d] [%d]\n\n" ,
        negativeInt , negativeInt , negativeInt ,
        negativeInt , negativeInt , negativeInt );
```

最后那四条printf()语句很接近，唯一有区别的地方就在于它们所要转换并打印的变量。另外，我们这次必须构造一张表头，以便准确体现出每条printf()语句所打印的这六种值分别采用的是什么样的格式说明符。笔者不想再用文字去解释每条语句的意思了，大家只要看到输出的结果，就马上能明白这些格式说明符的作用。这些说明符所使用的类型转换字母都是d，这会将有待显示的值转换成32位整数，但如果要显示的是64位整数，那该怎么办？

19.4.2 针对长长整数指定格式说明符

如果要打印的是64位的值，那么可以在表示类型转换的字母（也就是本例中的d）前面添加ll这个长度修饰符：

```
printf( " Specifier %%20lld %%-20lld %%-.20lld\n" );
printf( " [%20lld] [%-20lld] [%-.20lld]\n" ,
        reallyLargeInt , reallyLargeInt , reallyLargeInt );
printf( " %%20.3lld %%-20.3lld %%lld\n" );
printf( " [%20.3lld] [%-20.3lld] [%lld]\n\n" ,
        reallyLargeInt , reallyLargeInt , reallyLargeInt );
```

这段代码的第2与第4条printf()语句所使用的格式说明符与刚才那段代码的后4条printf()语句类似，只不过这次我们把字段宽度扩充为至少20个字符，并把类型转换操作从d改为lld，以便打印64位的值。笔者同样不打算解释这些语句，而是让大家通过观察程序的输出信息来对比它们与32位值的显示效果有何区别。

19.4.3 用各种修饰符调整2与9的整数次方的显示效果

最后我们再写一段代码来打印2与9的各种整数次方：

```
printf( "Powers of 2: 2^0, 2^2, 2^4, 2^6, 2^8 , 2^10\n" );
int k = 1;
for( int i = 0 ; i < 6 ; i++ , k<<=2 )  {
 printf( " [%6d] [%-6d] [%-.6d] [%6.3d] [%-6.3d] [%d]\n" ,
        k , k , k , k , k , k );
}
printf( "\nPowers of 9: 9^1, 9^2, 9^3, 9^4\n" );
k = 9;
for( int i = 0 ; i < 5 ; i++ , k*=9 )  {
 printf( " [%6d] [%-6d] [%-.6d] [%6.3d] [%-6.3d] [%d]\n" ,
        k , k , k , k , k , k );
}
```

对于这次打印的值来说，我们应该注意观察格式上的变化，也就是观察对齐方式、填充方式以及精确度等因素会不会对输出的格式造成影响，如果会，那么是如何影响的。

将上面这几段代码录入signedInt.c文件。编译并运行程序。你应该会看到类似下面这样的输出结果。

```
[> signedInt
 Signed Printf
  Name     right       left         zero        right       left
         aligned     aligned      filled      minimum     minimum     whatever
  Specifier    %10d              %-10d        %-.10d               %10.3d     %-10.3d      %d
          [        12]     [12        ]  [0000000012]  [        012]  [012       ]   [12]
          [2147483647]     [2147483647]  [2147483647]  [2147483647]   [2147483647]  [2147483647]
          [       130]     [130       ]  [0000000130]  [        130]  [130       ]   [130]
          [       -12]     [-12       ]  [-0000000012] [       -012]  [-012      ]   [-12]

  Specifier              %20lld                   %-20lld                  %-.20lld
          [ 9223372036854775807] [9223372036854775807 ] [09223372036854775807]
                       %20.3lld                 %-20.3lld                   %lld
          [ 9223372036854775807] [9223372036854775807 ] [9223372036854775807]

 Powers of 2: 2^0, 2^2, 2^4, 2^6, 2^8 , 2^10
          [     1]    [1     ]  [000001]   [   001]   [001   ]    [1]
          [     4]    [4     ]  [000004]   [   004]   [004   ]    [4]
          [    16]    [16    ]  [000016]   [   016]   [016   ]    [16]
          [    64]    [64    ]  [000064]   [   064]   [064   ]    [64]
          [   256]    [256   ]  [000256]   [   256]   [256   ]    [256]
          [  1024]    [1024  ]  [001024]   [  1024]   [1024  ]    [1024]

 Powers of 9: 9^1, 9^2, 9^3, 9^4
          [     9]    [9     ]  [000009]   [   009]   [009   ]    [9]
          [    81]    [81    ]  [000081]   [   081]   [081   ]    [81]
          [   729]    [729   ]  [000729]   [   729]   [729   ]    [729]
          [  6561]    [6561  ]  [006561]   [  6561]   [6561  ]    [6561]
          [ 59049]    [59049 ]  [059049]   [ 59049]   [59049 ]    [59049]
 > ▮
```

尤其要注意观察各列之间的格式有什么区别。这次输出的这些值并不像 19.3 节的程序所输出的那样，全都靠右对齐。注意观察 - 标志如何影响对齐方式。另外还要注意观察，在通过 .10 或 .3 这样的写法指定精确度之后，printf() 函数会怎样用 0 填充必要的位置。最后要注意看 printf() 函数在用户既不指定字段宽度也不指定精确度的情况下如何输出（参见最右侧的那一列）。

跟 19.3 节的范例程序类似，你同样能够从本节的这款程序出发，用各种变量值与格式说明符做实验。接下来我们要讲浮点数，你可以在这之前先把涉及整数的实验做完。到了输出浮点数的时候，我们还会用到另一个标志，也就是 + 标志。该标志其实同样适用于带符号的整数，那时你可以回过头来修改这里的 signedInt.c 文件，以尝试此标志的用法。

19.5 用格式说明符调整浮点数的格式

浮点数包括单精度浮点数（float）、双精度浮点数（double）与长双精度浮点数（long double）等，这些数都可以用各种数学表示法来书写。其中比较直接的写法就是将整数部分与小数部分照原样写出。另外还有一种写法叫作科学计数法，它会把浮点数写成有效数与 10 的某个整数次方之间的乘积，例如 1.234567×10^123。为了让有效数这一部分的绝对值大于或等于 1 且小于 10，我们可以左右调整小数点的位置（也就是让小数点"浮"动），同时相应地调整 10 的指数。这两种写法都可以在 C 语言的程序里面打印出来。

我们接下来要写的这个程序叫作 double.c，它的开头部分是这样的：

```
#include <stdio.h>
int main( void )  {
 double aDouble = 987654321.987654321;

 // the other code snippets go here.
}
```

这个程序只定义了一个值。即便我们把这个变量定义成单精度（float），而不是目前的双精度（double）类型，C 语言在必要时也还是会将其自动转为 double。因此，对于 printf() 函数来说，并不存在专门针对单精度浮点数（即 float）的类型转换操作。下面我们就来讲解如何用各种格式输出 double 值。

19.5.1 使用字段宽度、精度、对齐方式与填充方式来显示浮点数

首先，我们用字母 f 所表示的转换方式来显示浮点数，也就是按照正常的写法（而不是科学计数法）来显示，并尝试各种字段宽度、精确度、对齐方式与填充方式：

```
printf( "Use of the %%f, %%e, and %%E format specifiers:\n" );
printf( " Specifier Formatted Value\n" );
printf( " %%f [%f] whatever\n",aDouble );
printf( " %%.3f [%.3f] 3 decimal places\n",aDouble );
printf( " %%.9f [%.8f] 8 decimal places\n",aDouble );
printf( " %%.0f [%.0f] no decimal places\n",aDouble );
printf( " %%#.0f [%#.0f] no decimal places, but decimal point\n",
        aDouble );
printf( " %%15.3f [%15.3f] 3 decimals, 15 wide, left aligned\n",
        aDouble );
printf( " %%-15.3f[%-15.3f] 3 decimals, 15 wide, right aligned\n",
        aDouble );
```

如果不指定精确度，那么 double 值会默认显示到小数点后第 6 位（也就是说，精确度会默认设为 6）。接下来的三条打印语句分别使用不同的精确度来显示 aDouble 的值，精确度决定了小数点后面能显示多少个数位。如果写成 .0，那么就不打印小数部分，而且连小数点本身也不打印。如果给 .0 前面添加了 # 标志，那么虽然不打印小数部分，但是会把小数点本身打印出来。最后两条打印语句都采用至少 15 个字符的宽度来打印 aDouble 的值，然而对齐方式有所不同。

接下来的这组语句采用 e 与 E 所表示的转换方式来显示浮点数，也就是按照科学计数法来显示：

```
printf( " %%e [%e] using exponential notation\n",aDouble );
printf( " %%E [%E] using EXPONENTIAL notation\n",aDouble );
printf( " %%.3e[%.3e]  exponent with 3 decimal places\n",aDouble );
printf( " %%15.3e [%15.3e] exponent with 3 decimals,15 wide\n",
         aDouble );
printf( " %%015.3e[%015.3e]exponent with 3 decimals,15 wide,0-fill\n",
        aDouble );
printf( " %% 15.3e [% 15.3e] exponent with 3 decimals, 15 wide,
        leave space for sign\n"  , aDouble );
printf( " %%+15.3e [%+15.3e] exponent with 3 decimals, 15 wide,
```

```
        show sign\n" , aDouble );
 printf( " %%+015.3e [%+015.3e]  exponent with 3 decimals, 15 wide,
        show sign, 0-fill\n" , aDouble );
printf( " %%.0e[%.0e]exponent with no decimals\n" ,aDouble );
printf( " %%15.0e [%15.0e]  exponent 15 wide, no decimals\n\n",
       aDouble );
```

这些语句都分别采用某种对齐方式、最小字段宽度、精确度、填充方式以及正负号表示方式，来显示 aDouble 在科学计数法下的值。如果指定的是 + 标志，那么无论是正数还是负数，其正号与负号都总是会显示出来。但如果指定的是空格标志，那么只有当这个数是负数时才会显示负号；如果是正数，则会在表示正负号的那个地方写空格。这些语句的含义都很容易通过程序所输出的效果而观察出来。

19.5.2　用十六进制显示浮点数

a 与 A 所表示的类型转换操作会把浮点数转化成某个十六进制数与 2 的某个整数次方之积：

```
printf( " %%a [%a] hexadecimal version of double, exponent=2^p\n",
        aDouble );
printf( " %%A [%A] HEXADECIMAL version of double, exponent=2^P\n\n",
       aDouble );
```

这两种类型转换操作是最近才添加到 C 语言里面的，用以验证浮点数在计算机内部的表现形式。如果你真的发现自己需要使用这两种操作，请把你遇到的情况发邮件告诉我，笔者也很想知道它们究竟应该用在什么样的场合中。

19.5.3　用最合适的字段宽度显示浮点数

g 所表示的类型转换操作会根据有待转换的具体数值，采用 f 或 e 所表示的操作来处理该值，G 所表示的类型转换操作也会根据有待转换的具体数值，采用 F 或 E 所表示的操作来处理该值：

```
printf( "Use of the %%g, and %%G format specifiers:\n" );
printf( " Specifier %%18.12   g%%18.3g" );
printf( "           %%18.3G    %%18g\n" );
double k = aDouble * 1e-15;
for( int i = 0 ; i < 10 ; i++, k *= 1000 )
  printf( " [%18.12g]  [%18.3g]  [%18.3G]  [%18g]\n" ,
            k , k , k , k );
```

我们把 k 的值设置成 aDouble 与一个极小的数之积，这样会让 k 的初始值也变得特别小。然后我们通过循环结构逐步放大 k 的值，让它每次都变成原来的 1000 倍，我们会在每一轮循环里面分别采用 g 与 G 这两种转换操作来编写格式说明符，以便用各种格式显示 k 的当前值。大家会看到，g 与 G 这两种类型转换操作都会选用（正常写法与科学计数法里面）最简短的那种写法来打印给定的浮点数。这可以从程序的输出结果中清楚地观察出来。

把刚才那几段代码录入 double.c 文件。编译并运行程序。你应该会看到类似下面这样的输出结果。

```
[> cc double.c -o double -Wall -Werror -std=c11
[> double
 Use of the %f, %e, and %E format specifiers:
  Specifier Formatted Value
  %f         [987654321.987654]    whatever
  %.3f       [987654321.988]       3 decimal places
  %.9f       [987654321.98765433]  8 decimal places
  %.0f       [987654322]           no decimal places
  %#.0f      [987654322.]          no decimal places, but decimal point
  %15.3f     [  987654321.988]     3 decimals, 15 wide, left aligned]
  %-15.3f    [987654321.988  ]     3 decimals, 15 wide, right aligned
  %e         [9.876543e+08]        using exponential notation
  %E         [9.876543E+08]        using EXPONENTIAL notation
  %.3e       [9.877e+08]           exponent with 3 decimal places
  %15.3e     [      9.877e+08]     exponent with 3 decimals, 15 wide
  %015.3e    [0000009.877e+08]     exponent with 3 decimals, 15 wide, 0-fill
  % 15.3e    [      9.877e+08]     exponent with 3 decimals, 15 wide, leave space for sign
  %+15.3e    [     +9.877e+08]     exponent with 3 decimals, 15 wide, show sign
  %+015.3e   [+000009.877e+08]     exponent with 3 decimals, 15 wide, show sign, 0-fill
  %.0e       [1e+09]               exponent with no decimals
  %15.0e     [          1e+09]     exponent 15 wide, no decimals

  %a         [0x1.d6f3458fe6b75p+29] hexidecimal version of double, exponent=2^p
  %A         [0X1.D6F3458FE6B75P+29] HEXIDECIMAL version of double, exponent=2^P

 Use of the %g, and %G format specifiers:
  Specifier          %18.12g                %18.3g                 %18.3G                  %18g
           [ 9.87654321988e-07]  [          9.88e-07]  [          9.88E-07]  [       9.87654e-07]
           [ 0.000987654321988]  [          0.000988]  [          0.000988]  [      0.000987654]
           [    0.987654321988]  [             0.988]  [             0.988]  [          0.987654]
           [     987.654321988]  [               988]  [               988]  [           987.654]
           [     987654.321988]  [          9.88e+05]  [          9.88E+05]  [            987654]
           [     987654321.988]  [          9.88e+08]  [          9.88E+08]  [       9.87654e+08]
           [      987654321988]  [          9.88e+11]  [          9.88E+11]  [       9.87654e+11]
           [ 9.87654321988e+14]  [          9.88e+14]  [          9.88E+14]  [       9.87654e+14]
           [ 9.87654321988e+17]  [          9.88e+17]  [          9.88E+17]  [       9.87654e+17]
           [ 9.87654321988e+20]  [          9.88e+20]  [          9.88E+20]  [       9.87654e+20]
> █
```

在观察这些值时，要注意小数点后面显示了多少位，以及是否发生舍入。另外要注意观察采用科学计数法所表示的那些数字。如果在采用这种写法时把精确度设成了 0（比方说，如果采用 %.0e 与 %15.0e 这样的格式说明符），那么就会把有效数字部分的所有小数数位全都截掉，只留下整数部分的那一位。至于 a 与 A 这两种类型转换操作，笔者还不知道如何给出有意义的解释。最后注意观察 g 与 G 这两种类型转换操作的输出效果：在 k 从很小的值逐步放大 1000 倍的过程中，它们会采用科学计数法来表示比较小的数，然后切换到普通的写法来表示不太小也不太大的数，最后又会切换回科学计数法来表示比较大的数。另外，某个值是采用普通写法还是科学计数法，还跟格式说明符所指定的精确度有关。表格中的四列内容体现出了精确度对浮点数的记法所造成的影响。

对于浮点数的格式，笔者最后还要强调一点：有待打印的这个值在计算机内部的表现方式并不会随着打印时所采用的格式说明符而发生变化。例如 aDouble 在程序里面的二进制表现方式就是 987654321.987654321 这个值在计算机中的二进制表现方式，连一个二进制位都不会错。你指定的格式说明符影响的只是这个值经由 printf() 函数处理之后的样子。跟整数一样，该函数在面对浮点数时也会根据用户指定的格式说明符，采用与之相应的方式来加以调整。

与 19.4 节类似，本节的范例程序同样可以作为你的研究起点，帮助你探索适用于浮点数的各种格式说明符。

这样几种标志跟字段宽度与精确度等因素结合起来竟然出现了如此多的组合形式。但这还没完，我们最后还要再讲讲如何调整字符与字符串的输出格式。

19.6　用格式说明符调整字符串与字符的格式

本章最后一个范例程序叫作 character_string.c，它的开头部分是这样写的：

```
#include <stdio.h>
int main( void )  {
  char  aChar = 'C' ;
  char* pStr  = "Learn to program with C" ;
  // the other code snippets go here.
}
```

我们定义了名叫 aChar 的字符变量，并将其设置成 'C' 这个字符，另外还定义了名叫 pStr 的字符串（或者说字符指针），令其指向 "Learn to program with C" 这个字符串的开头。

19.6.1　使用字段宽度、精度、对齐方式与填充方式来显示字符串

用字母 s 所表示的类型转换操作来打印字符串时，我们同样可以在格式说明符里面指定对齐方式、最小字段宽度以及精确度：

```
printf("String output\n");
printf("Specifier Formatted Value\n");
printf("%%s  [%s] everything\n" ,  pStr);
printf("%%30s [%30s] everything right-aligned, field=30\n",pStr );
printf("%%.10s [%.10s] truncated to first 10 characters\n",pStr );
printf("%%30.10s [%30.10s] first 10 chars right-aligned, fld=30\n",
       pStr);
printf("%%-30.10s [%-30.10s] first 10 chars left-aligned,
        field=30\n\n" , pStr);
printf("%%*.*s [%*.*s] use width & precision in argument list\n\n" ,
        30 , 10 , pStr);
```

要打印的必须是一个有效的（也就是以 null 收尾的）字符串。这些 printf() 语句里面使用的说明符，我们前面全都见过，然而字符串与整数不同，它可能会因为格式说明符里面的精确度这一因素而遭到截取。大家可以通过程序输出的结果观察到这个现象。

最值得注意的格式说明符，出现在末尾那条 printf() 语句里面，这个说明符就

是 %*.*s，它把最小字段宽度与精确度都写成了星号，意思是将用户传给 printf() 的首个参数（即本例中的 30）当作最小字段宽度，并将第二个参数（即本例中的 10）当作精确度。这种写法可以让格式说明符里面的某个部分变得更加灵活，让它能够在程序运行的过程中根据变量的取值发生变化，而不像原来那样只能采用固定的值。其实早前我们在打印整数与浮点数时也可以采用这种机制，只不过笔者把它后移到了打印字符串的这一节讲解。除了这种写法，你还可以单独把最小字段宽度或是精确度写成星号，也就是采用 %*s 与 %.*s 作格式说明符，这样会让 printf() 函数把用户传给它的首个参数分别当作最小字段宽度或精确度。

19.6.2 输出子字符串

由于字母 s 表示的类型转换操作所针对的是指向字符串的指针，因此我们也可以像使用其他指针时那样，对这种指针做一些运算：

```
printf("Sub-string output\n");
printf("%%.7s [%.7s] 3rd word (using array offset)\n",&pStr[9]);
printf("%%.12s [%.12s] 3rd and 4th words (using pointer
        arithmetic)\n\n" ,  pStr + 9 );
```

第一条字符串打印语句指定了字符串的精确度（也就是最多打印多少个字符），并把 pStr 指针当作数组名称来使用，以下标形式定位到该指针所指的字符串（或字符数组）中从 0 算起的第 9 个元素，然后将该元素的地址传给 printf() 函数。第二条字符串打印语句同样指定了精确度，但它没有采用下标形式来使用 pStr 指针，而是对该指针做了加法运算，让它也指向字符串中的第 9 个元素。由于这次的精确度是 12 而不是 7，因此能够比上一条语句多打印 5 个字符，也就是打印 program with 而不是仅打印 program。

19.6.3 调整单个字符的输出格式

最后，我们还可以通过字母 c 所表示的类型转换操作来调整单个字符的输出格式：

```
printf("Character output\n");
printf("%%c [%c] character\n",aChar);
printf("%%10c [%10c] character right-aligned, field=10\n",aChar);
printf("%%-10c [%-10c] character left-aligned, field=10\n\n",aChar);
```

首先我们采用最简单的格式说明符，也就是 %c 来打印单个字符，然后我们用右对齐的方式，把这个字符显示到宽度为 10 的栏位中，最后我们改用左对齐的方式，把这个字符打印到宽度为 10 的栏位里面。

将上面几段代码录入 character_string.c 文件。编译并运行程序。你应该会看到类似下面这样的输出结果。

```
> cc character_string.c -o character_string -Wall -Werror -std=c11
> character_string
String output
 Specifier Formatted Value
 %s        [Learn to program with C]         everything
 %30s      [        Learn to program with C]  everything right-aligned, field=30
 %.10s     [Learn to p]                       truncated to first 10 characters
 %30.10s   [                    Learn to p]  only 10 chars right-aligned, field=30
 %-30.10s  [Learn to p                    ]  only 10 chars left-aligned, field=30

 %*.*s     [                    Learn to p]  use width & precision in argument list

Sub-string output
 %.7s      [program]       3rd word (using array offset)
 %.12s     [program with]  3rd and 4th words (using pointer arithmetic)

Character output
 %c        [C]             character
 %10c      [         C]    character right-aligned, field=10
 %-10c     [C         ]    character left-aligned, field=10

 >
```

注意观察那些用来设定对齐方式、最小字段宽度以及精确度的说明符会如何影响字符串与字符的输出格式，并把这种影响与它们对整数及浮点数的输出格式所造成的影响进行对比。

输出格式到这里就全部讲完了。大家可以从这些范例程序出发，继续实验。

19.7　小结

本章相当详细地讲解了如何设定整数（包括带符号整数与无符号整数）、浮点数、字符以及字符串的输出格式。我们用多个范例程序演示了怎样以较为常见且有意义的方式来运用格式说明符里面的相关修饰符。当然，这些程序并没有把每一种修饰符或者这些修饰符之间的每一种组合方式全都涵盖进来。它们只是给你提供了起点，让大家能够由此出发，自己深入研究各自感兴趣的输出格式。另外，这些程序还能帮助我们验证某个格式说明符在某种特定的 C 语言运行时系统上是如何运行的，同一个格式说明符在不同的 C 语言实现平台上可能会表现出不同的输出格式。这正是 C 语言的程序在运行效果上可能出现分歧的一个地方。

接下来的两章要讲解如何从命令行界面获取简单的输入信息，以及如何从控制台获取经过格式化的与未经格式化的输入信息。然后我们会在后续章节中把这些概念由命令行或控制台拓展到文件，以便从文件中读取各种形式的输入数据，或将数据以各种形式输出到文件里面。这些输入与输出信息既包含经过格式化的数据，也包括未经格式化的，甚至是原始的数据。

本章中的所有概念几乎都会在第 21 章用到，那时我们会讲解如何从控制台中读取数值，以及如何将其转换成需要的类型。但是在讲那一章之前，我们先要在下一章讲解一种简单的输入机制，并且直接通过输入信息来控制程序的走向，直至输入方（即用户）发出信号让程序退出为止。

Chapter 20 第 20 章

从命令行界面获取输入信息

到目前为止，我们还没有在程序中读取过任何一种数据源所提供的输入信息。程序所要使用的数据全都以硬编码的方式写在程序里面。本章我们要开始讲解如何编写代码，让程序读取外部的信息，首先要讲最为简单的一种读取机制，也就是从控制台（或者说命令行界面）读取输入信息。

为此，我们要回顾 `main()` 函数，并把与函数参数及字符串数组有关的知识运用进来。然后我们就会研究如何通过 `main()` 函数的参数来获取用户经由命令行界面所输入的字符串。

本章涵盖以下话题：

- 了解 `main()` 函数的两种形式。
- 了解 `argc` 与 `argv` 参数之间的联系。
- 编写程序，从 argv 参数中获取（用户经由命令行界面所输入的）值并打印这些值。

20.1 技术要求

详情请参见本书 1.1 节。本章还是要求大家继续使用早前选定的工具来学习。

本章的范例代码，也可以从 `https://github.com/PacktPublishing/Learn-C-Programming` 访问获得。

20.2 重新审视 main() 函数

大家在前面已经看到了，`main()` 函数就是程序开始运行时所要执行的第一个函数。早前说过，程序运行的时候，系统要在该程序所处的内存空间中分配各种内存区段，以容纳不同的数据。一旦把内存分配好，系统就会调用 main() 函数，这种调用操作与调用其他函数几乎完全相同。从这一角度来看，main() 函数似乎与其他函数没什么区别。

20.2.1　main() 函数的特别之处

main() 函数是 C 语言里面的特殊函数，它有以下几项特征：

- 我们不应该从其他函数里面调用这个函数。
- main() 函数是程序开始运行时所触发的第一个函数。
- 如果程序从 main() 函数中返回，那么系统就会停止运行该程序并令其退出。
- main() 函数的参数列表只有两种写法：
- 不带任何参数。
- 恰好有两个参数，一个是 int 型的值，另一个是由 char* 所构成的数组。

我们在本章要讲的就是 main() 函数的第二种形式。

20.2.2　main() 函数的两种形式

目前我们用的都是 main() 函数的第一种形式：

```
int main( void ) { ... }
```

除了这种形式，main() 函数还有另一种形式：

```
int main( int argc , char* argv[] ) { ... }
```

这种写法里面的两个参数分别是：

- argc，这是 argument count（参数个数）的缩写，表示用户通过命令行界面给本程序传了几个参数。
- argv，这是 argument vector（参数数组）的缩写，表示用户通过命令行界面给本程序所传参数的具体内容。

如果程序是用第二种形式声明 main() 函数的，那么命令行解释器就会根据用户在命令行界面中输入的内容来填充这两个参数，并在系统调用 main() 函数时将二者传入 main() 的函数体。这样我们就可以在 main() 函数的代码里面通过这两个变量访问相应的值了。

需要注意的是，argc 与 argv 这两个名字是随便起的。你在编写 main() 函数时也可以使用其他名称，例如：

```
int main( int argumentCount, char* argumentVector[] ) { ... }
```

又例如：

```
int main( int numArgs, char* argStrings[] ) { ... }
```

定义 main() 函数时给这两个参数起什么名字并不重要，重要的在于二者的类型。第一个参数必须是 int 型（它的名字我们可以随便起），第二个参数必须是由 char* 所构成数组（它的名字我们也可以随便起）。很多人之所以把 main() 函数的这两个参数叫作 argc 与 argv，只不过是为了遵循惯例。

有时你可能还会看到下面这样的写法：

```
int main( int argc, char** argv ) { ... }
```

这跟刚才说的那几种写法其实是同一种形式，因为对于函数的参数来说，指针表示法与数组表示法可以互化，因此 char** 型就相当于 char* [] 型。然而笔者还是愿意像前面那样来声明第二个参数，因为那样更加清晰地表明了第二个参数是由 char* 所构成的数组，而不仅是一个指向 char 的二重指针。

下面我们要讲解如何通过这些参数获取 argv 这个字符串数组里面的各个字符串值（其实严格来说，argv 这个数组里面的元素都是指向 char 的指针，只不过我们把指向 char 的指针俗称为字符串）。

20.3 使用 argc 与 argv 参数

虽然这两个参数也可以叫成其他名字，但为了保持一致，我们在本章里面还是沿用目前的名字。

用户执行某个程序时系统会做下面三件事：

- 在该程序的内存空间之中为各种数据分配内存。
- 如果程序的 main() 函数有这样两个参数，那就根据用户在命令行中输入的内容设定相应的取值，并将其传给这两个参数，如果 main() 函数没有参数，那就忽略这些内容。
- 调用程序的 main() 函数，以便开始运行这个程序。

系统会把用户在命令行界面中输入的参数拆分成多个字符串。每发现一个字符串，它就把一个指向该字符串首字符的指针放到 argv 里面，并令 argc 的值加 1。对于许多程序来说，这样解析出的字符串不需要继续处理就可以直接使用。到了第 21 章，我们会讲解如何将这种字符串转化成其他类型的值。

程序本身的名称会放在 argv[0] 里面，因此 argc 的值至少会是 1。

系统是根据空白来拆分字符串的。如果某个字符串本身就是一组由空白所分隔的单词，那你应该把这些单词合起来括在一对单引号（'...'）或一对双引号（"..."）里面。

20.3.1 演示 argc 与 argv 的简单用法

我们用下面这个范例程序来演示如何获取用户通过命令行界面所指定的参数：

```
#include <stdio.h>
int main(int argc, char *argv[] )  {

  if( argc == 1 )  {
    printf( " No arguments given on command line.\n\n" );
    printf( " usage: %s <argument1> <argument2> ... <argumentN>\n" ,
               argv[0] );
    return 0;
  }
  printf( "argument count = [%d]\n" , argc );
  for( int i = 0 ; i < argc ; i++ )  {
    if( i == 0 )
      printf( "executable = [%s]\n" , argv[i] );
    else
      printf( "argument %d = [%s]\n" , i , argv[i] );
  }
}
```

程序首先判断 main() 函数有没有通过 argv 接收到除该程序本身的名称之外的其他参数。如果没有，那就打印一条信息，把这个程序的用法告诉用户，然后返回。如果有，那就迭代 argv，把其中的每个参数都单独打印到一行里面。

将这段代码录入名为 showArgs.c 的文件中。编译该文件，然后在命令行界面中分别采用下面几种写法来运行这个程序：

```
showArgs
showArgs one two three four five six
showArgs one two,three "four five" six
showArgs "one two three four five six"
showArgs "one two three" 'four five six'
showArgs "one 'two' three" 'four "five" six'
```

你应该会看到下面这样的输出信息。

```
[> cc showArgs.c -o showArgs -Wall -Werror -std=c11
[> showArgs
 No arguments given on command line.
 usage: showArgs <argument1> <argument2> ... <argumentN>

[> showArgs one two three four five six
argument count = [7]
executable = [showArgs]
argument 1 = [one]
argument 2 = [two]
argument 3 = [three]
argument 4 = [four]
argument 5 = [five]
argument 6 = [six]

[> showArgs one two,three "four five" six
argument count = [5]
executable = [showArgs]
argument 1 = [one]
argument 2 = [two,three]
```

```
argument 3 = [four five]
argument 4 = [six]

> showArgs "one two three four five six"
argument count = [2]
executable = [showArgs]
argument 1 = [one two three four five six]

> showArgs "one two three" 'four five six'
argument count = [3]
executable = [showArgs]
argument 1 = [one two three]
argument 2 = [four five six]

> showArgs "one 'two' three" 'four "five" six'
argument count = [3]
executable = [showArgs]
argument 1 = [one 'two' three]
argument 2 = [four "five" six]

> ▮
```

第一次运行这个程序时，我们没有在命令行界面输入其他参数，因此，程序会把自身的用法打印出来。第二次运行程序时，我们传了 6 个参数，然而由于程序本身也算一个参数，因此 argc 的值是 7。接下来我们试着给参数里面添加逗号，并通过一对单引号与一对双引号，将相关的单词括在同一个字符串中。注意最后一个例子，它的第一个参数是用一对双引号括起来的（也就是 "one 'two' three"），这对双引号中可以出现由单引号所括的词（例如 'two'），它的第二个参数是用一对单引号括起来的（也就是 'four "five" six'），这对单引号中可以出现由双引号所括的词（例如 "five"）。大家可以继续尝试各种写法，看看系统会如何拆分我们通过命令行界面所传入的参数。

20.3.2 命令行选项与命令行处理器

刚才的 showArgs 程序其实就是一款相当简单的命令行参数处理器（command-line argument processor，也叫作命令行参数处理程序）。它对这些参数所做的处理仅仅是将其打印出来而已，除此之外并没有执行其他操作。在后面的几章里，笔者会讲解命令行参数还有哪些用途。

我们编译源文件时所写的 cc 命令也带有许多参数，其中有些参数又叫作开关（switch）。考虑刚才我们编译 showArgs.c 文件时所用的这条命令：

```
cc showArgs.c -o showArgs -Wall -Werror -std=c11
```

我们给 cc 程序传入了下面六个参数：

- ❑ showArgs.c，表示我们想要编译的这份源文件叫什么名字。
- ❑ -o，这是一个说明符，表示我们想给 cc 程序所输出的可执行文件起名，而不想采用默认的名称。

- showArgs，表示我们想让 cc 程序把它输出的可执行文件起名为 showArgs。刚才的 -o 参数与现在的 showArgs 参数是成对出现的，-o 是说明符，而 showArgs 则是我们针对该说明符所提供的附加信息。说明符参数以连字符（也就是 - 符号）开头。
- -Wall，表示我们想让 cc 程序对所有（all）可能出现问题的写法给出警告。这个参数虽然也用连字符（即 - 符号）开头，但它与 -o 参数不同，我们并不需要在该参数后面写一个空格，然后再写出附加信息，而是直接把附加信息（也就是 all）跟 -W 本身连写。
- -Werror，表示我们想让 cc 程序把所有的警告都视为错误（error），从而在遇到有可能出现问题的写法时停止编译。这个选项的格式与 -Wall 类似，也是把附加信息（即 error）与 -W 本身连写。
- -std=c11，表示我们想采用 C11 标准来编译程序，该选项把说明符与附加信息合起来写到了一个参数里面，并以等号（即 = 符号）相区隔，而不像 -o showArgs 那样写成两个参数，并用空格来区分。

这条命令演示了四种参数：第一种是（像 showArgs.c 这样）单独出现的参数；第二种是（像 -o showArgs 这样）以说明符与附加信息的形式成对出现的参数；第三种是（像 -Wall 与 -Werror 这样）直接把附加信息与说明符连写的参数；第四种是（像 -std=c11 这样）将说明符与附加信息以等号（即 = 符号）相连接的参数。

看完了这些内容，你可能觉得有些命令行处理器或许会相当复杂，因为它们必须处理用户有可能输入的许多种选项。命令行处理器并没有标准的写法可供遵循，而且它所要处理的命令行选项也不受某套规范约束。每个程序应该支持哪些命令行选项需要由该程序本身来决定。

本书不打算深入讲解处理命令行参数的各种方法。这些方法实在太多，其中有的比较直观，有的则相当复杂。大多数的命令行参数处理器，其处理逻辑都需要随着它所在的程序而发生变化，因为我们经常需要让这个程序能够支持新的选项与新的选项格式，但与此同时，我们并不会经常淘汰旧的选项与旧的选项格式。因此，对于许多程序来说，处理命令行参数所用的这段逻辑代码会变得错综复杂。如果你要修改某个程序的命令行处理逻辑，必须十分小心。

C 语言的标准库里面有两个例程，也就是 getopt() 与 getopt_long()，它们能够简化命令行选项的处理逻辑。getopt() 是老式的例程，它声明在 unistd.h 头文件中，这个例程能够解析单字符的选项。getopt_long() 是新式的例程，它声明在 getopt.h 头文件中，这个例程既能解析单字符的选项，又能解析由多字符的单词所构成的选项。下面我们用一个相当简单的程序来演示 getopt_long() 的用法：

```
#include <stdio.h>
#include <getopt.h>

static struct option long_options[] = {
```

```
    {"title",  required_argument, NULL, 't'},
    {"author", required_argument, NULL, 'a'},
    { NULL, 0, NULL, 0}
  };
  typedef struct _book {
      char* title;
      char* author;
  } Book;

  int main(int argc, char *argv[]) {
    char ch;
    Book b;
    while( true )  {
      ch = getopt_long( argc , argv , "t:a:" , long_options, NULL )
      if( ch == -1 ) break; // exit the loop
      switch (ch) {
        case 't':   b.title  = optarg;   break;
        case 'a':   b.author = optarg;   break;
        default:
          printf( "Usage: %s -title 'title' -author 'name'\n" , argv[0] );
          break;
      }
    }
    if( b.title )  printf( "Title is [%s]\n" , b.title );
    if( b.author ) printf( "Author is [%s]\n" , b.author );
    if( optind < argc )  {
       printf( "non-option ARGV-elements: " );
       while( optind < argc )
          printf( "%s ", argv[ optind++ ] );
       printf( "\n" );
    }
  }
```

程序首先创建名为 long_options 的结构体数组，并通过其中的前两个元素（也就是前两个 struct option 结构体）设计 title 选项与 author 选项，并指出这两个选项都必须带有自身的参数，同时规定它们分别与 't' 及 'a' 这两个字母值相对应。然后，我们声明一种 Book 结构体，用来存放本程序解析命令行参数之后所得到的书籍信息。程序的 main() 函数首先声明必要的变量，然后进入一个循环结构，以处理用户在命令行界面中所输入的各个参数。注意，这是个无限循环，只有当 getopt_long() 函数因为没有其他有效参数可以提供而返回 -1 时，程序才能够从该循环中跳出。稍后我们就会测试一下，看看程序能不能通过这种情况正确地跳出这个无限循环。

在调用 getopt_long() 函数时，我们传入了一个内容为 "t:a:" 的字符串，意思是告诉该函数，单字母形式的 -t 选项与 -a 选项分别对应于多字母形式的 --title 及 --author 选项，而且这两个选项都需要带有自身的参数。如果 getopt_long() 解析到了某个选项自身的参数，那么会让 optarg 指针指向那个参数。如果 getopt_long() 发现了无效选项，那么就会让 switch 结构进入 default 分支，从而令程序打印出一条 Usage: ... 消息，以说明本程序的正确用法。等到程序退出 while()... 循环后，我们把刚才解析到的那两个选项自身所带的参数（也就是书籍的标题及作者）分别打印出来。最后，如果用户还通过命令行指定了其他一些不属于任何选项的普通参数，那就把那些参数也打印出来。

现在我们创建名为 example_getopt_long.c 的文件，并录入这段代码。编译该文件，并用下面四种方式分别运行程序：

```
example_getopt_long -t "There and Back" -a "Bilbo Baggins"
example_getopt_long --author "Jeff Szuhay" --title "Hello, world!"
example_getopt_long -a -t
example_getopt_long -a -b -c
```

你应该会看到下面这样的输出结果。

```
> cc example_getopt_long.c -o example_getopt_long -Wall -Werror -std=c11
> example_getopt_long -t "There and Back" -a "Bilbo Baggins"
Title is [There and Back]
Author is [Bilbo Baggins]
> example_getopt_long --author "Jeff Szuhay" --title "Hello, world!"
example_getopt_long --author "Jeff Szuhay" --title "Hello, world"
Title is [Hello, world]
Author is [Jeff Szuhay]
> example_getopt_long -a -t
Author is [-t]
> example_getopt_long -b -c
example_getopt_long: invalid option -- b

Usage: example_getopt_long -title 'title' -author 'name'

> 
```

由此可见，getopt_long() 函数会把多字母形式（即单词形式）的选项，与相应的单字母选项按照同一种方式解读。另外我们应该注意，这个函数还控制着好几个变量，例如 optarg 变量，函数会让它指向上次调用 getopt_long() 时解析出来的那个选项所带的参数；又例如 optind 变量，函数会用它记录当前应处理 argv 这个字符串数组里的第几个字符串。

20.4　小结

本章讲解了如何用最简单的方式接收用户通过命令行界面传给程序的输入信息。大家看到了如何设计 main() 函数的参数列表，以了解用户在命令行界面中指定了多少个参数，以及这些参数的具体内容。笔者演示了如何通过 main() 函数的 argc 与 argv 参数获知这两项因素，以及如何访问 argv 数组中的每个字符串，以了解用户所指定的每个参数具体是什么值。我们写了一个简单的程序，它能够把用户运行该程序时所传入的参数打印出来，大家可以从这个程序出发继续做实验。main() 函数接收到的命令行参数全都是字符串形式，然而我们拿到这些参数之后，可以按照自己的需求继续处理，并根据处理后的结果来改变程序的行为。最后我们还制作了一个相当简单的范例程序，以演示命令行参数处理器的写法，大家可以通过这段代码，看到如何使用C语言标准库[⊖]里的 getopt_long() 函数来解析命令行参数。

下一章要讲解如何采用一套更为丰富的机制来接收用户在程序运行过程中所输入的信息。前面我们讲过 printf() 函数，它能够把程序变量的值调整成适当的格式，并将其输出到控制台（也就是屏幕上），而接下来，我们则要讲解与之相对的 scanf() 函数，它能够获取用户从控制台（这里指键盘）所输入的值并调整其格式，以便将调整后的值保存到程序变量里面。

⊖ 实际应为POSIX规范。——译者注

第 21 章 Chapter 21

调整输入值的格式

用户通过命令行参数给程序输入的信息，我们处理起来通常比较容易，然而这种输入方式的用途较为有限，它无法在程序运行过程中持续地从外界读取大量数据。要想做到这一点，我们必须借助格式化输入（formatted input）机制。所谓格式化的输入，可以理解成一个与格式化输出（formatted output）相对的概念。格式化的输出可以通过 `printf()` 函数实现，与之相对，格式化的输入则可以通过 `scanf()` 函数实现，该函数能够从控制台中读取输入值，并将其调整成各种格式，以供程序使用。这两个函数分别是格式化输出与格式化输入机制的主力函数，前者负责将各种值输出成我们想要的格式，后者负责把外界输入的各种值调整成我们想要的格式。

为了学习格式化输入，我们首先必须理解流（`stream`）这一概念。我们会用反复尝试的办法（具体来说就是实验与观察）来探寻 C 语言的输入流是如何运作的，并通过代码验证我们的判断，以加深理解。到了第 22、23 章，我们会把流这一概念拓展到文件上，以讲解如何在程序中处理文件里面的数据。

在学习从控制台获取格式化输入信息的过程中，我们还会看到一些重要的范例，以了解怎样使用无格式的（也就是未经格式化的）输入与输出信息，怎样将无格式的字符串转换成整数或浮点数，最后还有如何根据各种值在缓冲区中创建内部字符串，以及从缓冲区中的内部字符串里面读取各种值。

本章涵盖以下话题：

- 理解输入流与输出流。
- 重新审视能够向控制台输出格式化信息的 `printf()` 函数。
- 学习使用能够从控制台输入格式化信息的 `scanf()` 函数。
- 用 `scanf()` 函数从控制台读取数值。

- 用 scanf() 函数从控制台读取字符串与字符值。
- 控制 scanf() 函数读取信息时所用的字段宽度。
- 学习如何通过缓冲区在程序内部转换数据。
- 使用 sscanf() 函数从缓冲区中的字符串里面读取各种值，使用 sprintf() 函数把各种值转换成缓冲区中的字符串。
- 了解无格式的（即未经格式化的）输入与输出。
- 通过 gets() 与 puts() 函数从控制台中获取字符串并把字符串输出到控制台。
- 用 atoi() 与 atof() 把字符串转换成数字。
- 利用 gets() 与 puts() 创建一份经过排序的名单。

21.1 技术要求

详情请参见本书 1.1 节。本章还是要求大家继续使用早前选定的工具来学习。

本章的范例代码也可以从 https://github.com/PacktPublishing/Learn-C-Programming 访问获取。

21.2 流简介

用最简单的话说，*流*（stream）就是沿着某个方向从*来源*流向*目标*的一条字节序列。我们前面已经讲过一种抽象的流，也就是*执行流*（execution stream），它是一条由内存流向 CPU 的序列，该序列的内容是经过编译的 CPU 指令。我们根据一份源文件创建出相应的可执行文件之后，这份可执行文件就能够展开成一条执行流。它会在用户通过命令行界面启动该程序的时候开始流动，并在程序执行完毕时停止流动。

对于控制台来说，输入流（input stream）是把字节（在这种情况下实际是指字符）从键盘传输到程序的内存之中，而输出流（output stream）则是把字符从程序的内存传输到屏幕上面。因此我们可以说，控制台包含这样两条流，一条是以键盘为来源的输入流，另一条是以屏幕为目标的输出流。我们可以把这样一对输入流与输出流合称为 I/O *流*（I/O stream）。

除了这两条流，标准的控制台还具备下列两项特性：

- 第一，输入流虽然是流向内存的，但它同时也会*重定向*到（或者说*回显*到）输出流的目标（也就是屏幕）上，让用户能够看到他输入的每一个字符。这种把输入流中的字符回显到输出流的机制是由终端机程序或命令行界面替我们实现的。
- 第二，控制台还有一条流，叫作*错误流*（error stream），如果输出流由于某种原因发生故障，那么它可以通过这条流输出信息。在默认情况下，控制台的输出流与错误流都会指向当前的屏幕。然而我们可以给错误流做重定向，让它指向另一块屏幕，也可以让它指向硬盘中的某份文件或网络中的某个远程位置。

所有的流都是由字节构成的，这些字节可以从一个设备流向另一个设备。到第 22 章我们就会看到，文件也是一种流。流的行为有时可以由这条流本身所含的字节来控制。这些字节从来源流向目标的时候，某些接收端可能会查看字节的内容并做出相应处理，而另一些接收端可能只是让这些字节流进来而已。第 15 章打印的那张字符表里面有一个大列是控制字符，如果流中的字节序列里面包含这种字符，那么可能会促使流的发送端或接收端做出相应的处理，从而改变这条流的行为。流的发送设备与接收设备之间的协调问题，基本上是由 C 语言的运行时库或操作系统来负责的。

每条流在程序内部都用一个指针表示，这个指针指向一种名叫 FILE 的复杂结构体，该结构体含有控制这条流所需的信息，其中包括当前的状态，以及相关的数据缓冲区（data buffer）。程序开始执行的时候，C 语言的运行时系统会创建这样三条流，并将其自动连接到我们的程序上：

```
#include <stdio.h>

FILE* stdin;          /* standard input: the keyboard          */
FILE* stdout;         /* standard output: the screen           */
FILE* sterr;          /* standard error output: the screen */
```

我们很少需要自己去处理这些流结构体的内部细节。我们通常所要执行的操作是对这些流做重定向，也就是把 stdin、stdout 或 stderr 连接到文件或另外一个设备上面，这样的重定向操作，并不会影响程序本身的内容。我们后面就会讲到，针对控制台的 I/O 函数（也就是 scanf() 与 printf() 函数）其实也有针对文件流或其他设备流的版本。下面这张表格总结了这三套函数。

	输出函数		输出流	输入函数		输入流
控制台 I/O	printf()	⇒	stdout	scanf()	⇐	stdin
文件流	fprintf()	⇒	某份文件	fscanf()	⇐	某份文件
内存流	sprintf()	⇒	某个字符串缓冲区	sscanf()	⇐	某个字符串缓冲区

注意看，这三套函数里面的输出函数在名称上很像，输入函数也是如此。另外，针对控制台的这套函数会用 stdout 与 stdin 作为输出流与输入流，针对文件的这套函数会用一个或多个文件作为输出流与输入流，针对内存流的这套函数则会把内存中的字符串缓冲区（string buffer，也叫缓冲字符串）当作输出流或输入流。本章会讲解针对控制台与针对内存流的这两套函数，针对文件流的函数放在下一章讲。

表格中没有提到错误流，因为针对控制台与针对内存流的输出函数都不会专门处理 stderr。要想在这两种情况下操作 stderr，我们必须使用针对文件流的 fprintf() 函数，并把 stderr 当作参数传给它：

```
fprintf( stderr , "Oops! Something went wrong...\n" ) ;
```

无论如何，你都可以把 stderr 传给 fprintf() 函数，从而将错误消息发送到控制台。我们在第 18 章的链表程序里面其实已经见过这样一条语句了。大家还记得当时有这样一个函数吗？

```
void OutOfStorage( void ) {
  fprintf( stderr,"### FATAL RUNTIME ERROR ### No Memory Available" );
  exit( EXIT_FAILURE );
}
```

并不是每条错误消息都像 OutOfStorage() 函数里面的这条一样，意味着程序发生了严重错误（fatal error，也叫致命错误）因而必须退出。一般来说，给 stderr 发送消息仅意味着程序里面出现了不太严重的错误或者发生了某种事件，有时也用来记录进度或提供排除故障（troubleshooting）所需的信息。前面说过，stderr 默认指向控制台，这其实是很有道理的，因为这样可以让我们只把那些真正需要写入文件的消息发送给相应的文件，同时把那些并不需要写入文件的消息，立刻反馈到控制台上，让用户在程序运行的过程中可以直接从控制台中观察到这些消息。

笔者今后凡是提到 printf()，都意味着同时提到与之相关的另外两个函数，也就是 fprintf() 与 sprintf()。三者的区别只体现在它们所针对的流上，除此之外，适用于其中一个函数的说法同样适用于另外两个函数。

与 printf() 类似，笔者今后凡是提到 scanf()，也都意味着同时提到与之相关的另外两个函数，即 fscanf() 与 sscanf()。三者的区别只体现在它们所针对的流上，除此之外，适用于其中一个函数的说法同样适用于另外两个函数。

当然，sprintf() 与 sscanf() 函数还有一些特别的地方需要注意，这些问题我们到讲解这两个函数的时候再说。

21.2.1 理解标准输出流

标准输出流是一个名叫 stdout 的指针，它指向一种复杂的 FILE 结构体。这条流会把经由 printf() 函数格式化的字符全都发送到控制台的屏幕上。我们可以把它理解成一条从程序流向屏幕且永无休止的字符流。其中有些字符是控制字符，它们本身不会在屏幕上呈现出明确的显示效果，因为这些字符是用来改变其他字符的显示方式的。例如回车（CR）、换行（NL，也叫新行）、换页（FF）、水平制表符（HT）、垂直制表符（VT）等。另外还有一些控制字符，用来反映屏幕在用户删掉或擦除某个字符之后的样子，例如退格（BS）与删除（DEL）。无论如何，这些字符与其他字符一样，都会出现在由程序通往控制台的这条流里面，其中有的字符会直接由控制台打印出来，另一些则会为控制台所拦截，控制台会根据那些字符的含义来修改下一个字符在屏幕上的显示位置。

这条字符流有一个比较复杂的问题，就在于它通常是带缓冲的。也就是说，发送给这条字符流的数据会暂时放置在内存中的某个地方，然后再适时地发送到屏幕上，这个暂存点是一个大小固定的字符数组，也就是所谓缓冲区。系统并不会每收到一个字符就立刻将其输出到屏幕上，而是要等缓冲区里面积攒了许多字符之后，才把这些字符合起来一次发给屏幕。这种将缓冲区中的字符批量发送给屏幕的操作，称为对缓冲区做“flush”（中文可以说成清空、排空、清除或刷新），系统通常会在缓冲区已满、流中遇到换行符或者程序退出的时候清空缓冲区。

实际上，所有的 FILE 流默认都是带缓冲的。我们可以通过下面这款程序观察到这一效果：

```
#include <stdio.h>
#include <unistd.h>

int main( void ) {
  printf( "You'll see this immediately.\nNow count to 5 slowly.\n");
  printf( "This will appear after 5 seconds ... ");
  sleep( 5 );
  printf( "when the buffer is finally flushed.\n" );
}
```

我们用 <unistd.h> 头文件里面声明的 sleep() 函数让程序闲置 5 秒钟。大家会看到，第一条 printf() 语句所要打印的内容立刻就能显示出来，然而第二条 printf() 语句所要打印的内容，则要等程序执行完 sleep() 函数以及第三条 printf() 语句之后，才与后者所要打印的那条消息（也就是末尾带有换行符 \n 的那条“when the buffer ...”消息）一起显示出来。现在我们尝试一下，把刚才那段代码写在名叫 flush.c 的文件里面，然后编译并运行程序。你应该会看到下面这样的输出效果，运行时要注意观察，这三行消息分别是在什么时候显示出来的。

```
> cc flush.c -o flush -Wall -Werror -std=c11
> flush
You'll see this immediately.
Now count to 5 slowly.
Then, this appears ... when the buffer is finally flushed.
> 
```

由于第二条 printf() 语句出现在 sleep() 函数之前，因此你可能认为程序应该先输出“This will appear ...”这条消息，然后再睡眠（或者说闲置）5 秒钟。但实际上，由于第二条 printf() 语句所要输出的消息里面不带换行符，因此系统并不会在这里清空缓冲区，它要等执行到某一条带有换行符的 printf() 语句时再清空，对于本例来说，这指的就是第三条，也就是出现在 sleep() 语句下的那条 printf() 语句。由此可见，系统会在遇到换行符时立刻清空缓冲区，让其中积存的字符能够输出到屏幕上，但如果没有遇到这样的符号，那就必须等遇见了该符号或者程序退出的时候才清空缓冲区。

你可以把最后那条 printf() 语句里面的 \n 换行符删掉，然后保存文件，接着编译并重新运行程序，以验证系统确实会在程序退出的时候清空缓冲区。这次的效果跟上次类似，第二条 printf() 语句所要打印的消息依然要等程序执行完 sleep() 之后才有机会显示。

21.2.2 理解标准输入流

标准输入流是一个叫作 stdin 的指针，它也指向复杂的 FILE 结构体。我们可以从这条流中读取到用户通过键盘所输入并经由 scanf() 函数格式化之后的字符。

跟输出流一样，输入流默认也是带缓冲的。对于输入流来说，带缓冲意味着输入的字符会先暂存到缓冲区里面，等到缓冲区已满或者遇到换行符的时候，系统再清空缓冲区，并把这些字符发送给这条输入流的目标。用户在控制台中向我们所开发的程序输入字符时，这些字符输入操作会由控制台程序来维护，直到系统决定清空缓冲区时，控制台才会把用户早前输入的字符（批量地）发送给我们所编写的程序。虽然控制台是批量发送的，但从我们这个程序的角度来看，它好像是在逐个接收这些字符。

输入流的实际情况比这还要复杂，因为控制台本身有两种处理输入的模式，也就是熟模式（cooked mode）与生模式（raw mode）。

熟模式就是刚才说的那种带缓冲的输入模式，而且这也是控制台默认的模式，除非用户手工切换到另一种模式。在熟模式下，用户可以修改自己输入的字符，直到按下回车键，系统才会把缓冲区中积存字符清空并发送给我们的程序。在系统清空缓冲区之前，用户可以通过键盘上的退格键与删除键来修改他所输入的内容。熟模式下的缓冲区是由控制台管理的。即便用户只想输入一个字符，他也必须先按下回车，才能让这个字符离开缓冲区并进入我们的程序。

在生模式下，控制台每收到一个字符，就会把这个字符立刻交给我们的程序来处理。这种模式下的字符缓冲区只能容纳一个字符。由于控制台不会暂存用户所输入的内容，因此无法对已经输入的字符做出编辑。我们介绍完 scanf() 函数之后，就会告诉大家怎样把控制台（或者说终端机程序）切换到生模式，并逐个字符地处理用户所输入的数据。

本章后面会讲到控制台在这两种模式下的运作方式。

21.2.3 通过 printf() 与 fprintf() 重新审视控制台输出

printf() 与 fprintf() 函数的原型分别是：

```
int  prinft(                 const char* format , ... );
int fprintf( FILE* stream , const char* format , ... );
```

笔者添加了一些空格以强调两者的相似之处。我们可以采用下面这种写法，通过 printf() 函数给控制台输出信息：

```
int myAge = 1;
printf( "Hello, World! I am %d today!\n" , myAge );
```

这种写法实际上只是下面这段代码的简写，它相当于把 stdout 参数当作文件流传给 fprintf() 函数：

```
int myAge = 1;
fprintf( stdout , "Hello, World! I am %d today!\n" , myAge );
```

你也可以把目前为止每一个范例程序中的printf(...)语句全都改成等效的fprintf(stdout, ...)形式，你会发现，修改后的运行效果跟之前完全一样。但是请大家不要真的这样一个一个去改，时间不值得浪费在这里。

笔者要强调的是，printf()、fprintf()与sprintf()函数在接收有待打印的变量时用的都是二进制形式，它们会把这种形式的值转化成相应的字符串，并将其写入或复制到相关的输出流之中。比方说，如果有待打印的变量值是125，而格式说明符是%d，那么它们会把这个值解读成一个整数，并将其从数字转化成'1'、'2'与'5'这样三个字符，然后将其插入最终所要输出的字符串里面。

21.2.4　通过scanf()函数探索控制台输入

scanf()与fscanf()函数的原型如下：

```
int   scan(                   const char* format , ... );
int fscanf( FILE* stream , const char* format , ... );
```

这次笔者同样通过添加空格来强调二者的相似点。

从控制台获取输入数据时，scanf()与fscanf()可以互换。也就是说，下面两种调用方式的效果是一样的：

```
 scanf(         "%d" , &anInteger );
fscanf( stdin, "%d" , &anInteger );
```

这里添加的空白是为了突出两种写法的异同。scanf(...)实际上是fscanf(stdin, ...)的简写，意思是让fscanf()从控制台（也就是标准输入端）读取数据。scanf()与printf()之间的一项重要区别在于，前者要求调用方必须传入变量的地址或者指向该变量的指针，这样它才能把读取到的值设置给这个变量。C语言的函数采用按值传递的方式处理参数（也就是说，函数通过参数所收到的值，只是调用方给出的那个原值的一份副本），因此，对于printf()这样的函数来说，调用方只需要把有待输出的值传进去就好，虽说printf()拿到的只是该值的一份副本，但由于它仅需要输出这个值而不需要修改该值，因此这样没有问题。但scanf()函数就不同了，它必须修改调用方想要设置的那个变量的值，因此调用方所传入的必须是该变量的地址而不是变量本身。

虽然在传参数时有所区别，但scanf()使用的格式说明符基本上与printf()相似，只是种类少一些而已。我们后面还会讲到，这些说明符在scanf()里面的意思与在printf()里面稍有不同。

与21.2.3节末尾提到的三个输出函数相对，scanf()、fscanf()与sscanf()这三个输入函数是把输入流中的值从字符形式转换成我们需要的二进制值。比方说，如果它们从输入流中接收到了'1'、'2'、'5'这三个字符，而我们所写的格式说明符是%d，那么这些函数就会将这三个字符合起来转换成数字125，并将其赋给（或者说复制给）我们所指定的变量。

下面就来讲解怎样通过各种格式说明符把输入流中的字符转化成我们想要的值。

21.3 用 scanf() 函数读取格式化的输入数据

第 19 章详细讲解了 printf() 函数所支持的各种输出说明符，并通过一系列范例程序演示了这些说明符的效果。其中的许多知识也适用于 scanf() 函数的输入说明符。

scanf() 函数的输入说明符，其语法及含义均与 printf() 函数的输出说明符类似，然而在个别地方略有区别。我们只能说 printf() 与 scanf() 所使用的说明符大致相似，而不能说二者完全相同，因此针对其中一个函数所写的文档未必完全适用于另一个函数。

这两个函数的格式说明符有以下几项区别需要注意：

- printf() 可以指定精确度，scanf() 不行。
- printf() 支持 -、+、<space>、0 与 # 等标志，scanf() 不支持。

尽管用户自己可以在控制台里面通过 -、+ 及 / 或 # 字符修饰他所输入的值，使得 scanf() 函数采用相应方式解读带有这些字符的值，但这并不意味着开发者能够在格式说明符里面使用这些字符。

- 开发者在格式说明符里面指定的字段宽度对于 printf() 来说是最小字段宽度，也就是至少会占据这样的宽度，而对于 scanf() 来说则是最大字段宽度，也就是至多读取这么多个字符。
- scanf() 允许开发者通过 [...] 形式指定一批字符，这项功能是该函数特有的，printf() 函数不支持。这批字符合称为 scan set，用来限定该函数能够接受什么样的输入信息，我们会在 21.3.3 节讲解它的用法。
- printf() 允许开发者用 * 号来表示字段宽度与精确度，这样写会让函数把后续参数中的相应值当作字段宽度与精确度，scanf() 虽然也支持 * 号，但用途完全不同，这个符号用来跳过赋值操作，也就是说，scanf() 不会把由 * 号所表示的输入值赋给相应的变量。

与 printf() 相比，scanf() 还有一个区别在于，用户所输入的字符串里面的空白字符相当重要，它们会影响 scanf() 函数如何将字符串解析成相应的值。这一点接下来就要谈到。

21.3.1 用 scanf() 函数读取用户输入的数字值

现在我们就开始讲解 scanf() 函数的用法，首先来看怎样从控制台读取整数及双精度浮点数。笔者在这里不想用文字解释具体的读取方式，大家还是直接看代码吧，这样更加直观。我们先从这个程序开始看：

```
#include <stdio.h>

int main( void )  {
  int     anInteger    = -1;
  double  aDouble      = -1.0;
  printf( "Enter an integer and a decimal number: " );
```

```
  scanf( "%d%lf" , &anInteger , &aDouble );
  printf( "1. integer:  %d\n" , anInteger );
  printf( "2.  double: %lf\n" , aDouble );
}
```

这个简单的程序首先声明两个变量，用来存放我们想从控制台中获取的两份输入数据，在声明这两个变量时，我们还同时给二者分别设定了初始值。如果 scanf() 无法将输入信息赋给相应的变量，那么该变量就会保持其初始值。这里我们选了 -1 与 -1.0 这样两个简单的数作为二者的初始值。其实大家以后就会发现，用户通过控制台所输入的也有可能碰巧是这样两个值，因此我们有时无法仅通过输出信息来区分变量的值到底是用户输入的，还是默认的。

接下来，程序打印一条提示信息，提醒用户输入一个整数与一个小数。然后，程序调用 scanf() 函数，让它试着把用户输入的数据解读成一个整数值与一个小数值，并分别赋给相应的变量。最后两条语句用来打印这两个变量的值。这个程序的关键部分就是这条 scanf() 语句。请注意，虽然 %d 与 %lf 这两个格式说明符之间没有空白，但用户在控制台输入数据时所敲的空白字符对 scanf() 的解读方式有着重要影响。

创建名叫 read2Numbers.c 的文件，把上述代码录入该文件。编译并运行程序。将这个程序运行5次，每次运行时都采用下面给出的一种输入方式来输入数据，并观察 scanf() 函数会如何从这份数据中尽量解读出我们所需的值：

```
1234 5678.9012<return>

<return>
     1234<return>
        5678.9012<return>

1234.5678<return>

1234 hello 5678.9012<return>

hello 1234 5678.9012<return>
```

我们每次测试这个程序时，都要在输入完数据之后按 <return>（回车键）。以上五次实验，会让程序给出下面这样的结果。

```
> cc read2Numbers.c -o read2Numbers -Wall -Werror -std=c11
> read2Numbers
Enter an integer and a decimal number: 1234 5678.9012
1. integer:  1234
2.  double:  5678.901200

> read2Numbers
Enter an integer and a decimal number:
    1234
        5678.9012
1. integer:  1234
2.  double:  5678.901200
```

```
[> read2Numbers
Enter an integer and a decimal number: 1234.5678
1. integer:  1234
2.  double:  0.567800

[> read2Numbers
Enter an integer and a decimal number: 1234 hello 5678.9012
1. integer:  1234
2.  double:  -1.000000

[> read2Numbers
Enter an integer and a decimal number: hello 1234 5678.9012
1. integer:  -1
2.  double:  -1.000000

> ▌
```

第一次测试所输入的是一个整数与一个小数，这两个数之间有一个空格。在这种情况下，scanf() 能够轻易解读出相应的值。

第二次测试的时候，我们首先按了一次回车键，scanf() 函数会把这样的输入当作空白，接下来，我们又在敲完回车键后所形成的那个新行开头，连续输入了多个空格，这些空格同样会让 scanf() 函数视为空白并遭到忽略。接下来，它遇到了我们输入的整数（也就是 1234）并正确地解读了这个整数，然后，它会把我们在输入 5678.9012 这个小数之前所敲的那个回车以及那些空格解读成空白并忽略，然后正确地解读出这个小数。通过这次测试可以看出，scanf() 能够正确地忽略连续出现的多个空白字符。

第三次测试的时候，我们所输入的内容合起来看好像是一个小数，也就是 1234.5678。然而 scanf() 函数首先要从中解读一个整数，因此它在读到其中的圆点（也就是小数点 .）时，会把之前的部分（也就是 1234）解读成整数，接下来把这个小数点视为一个小数的开头字符，并一直解读到我们敲回车的那个地方，于是它会解读出 .5678，也就是 0.5678 这个小数。这次我们输入数据时没有加空格，这会让 scanf() 在解读过程中把我们输入的那个小数点当作这个整数的结尾。

最后两次测试演示了 scanf() 在解读整数与小数的时候如果遇到英文字母，会出现怎样的结果。由于我们并没有让 scanf() 函数去获取字符或字符串，因此它遇到了这样的数据之后，就解读不下去了。在第四次测试的时候，scanf() 首先正确地解读出了一个整数，但是并没有解读出我们接下来所要求的小数，程序所输出的小数值是我们早前设定的初始值，这也印证了 scanf() 确实没有解读出小数。第 5 次测试的时候，scanf() 既没有解读出整数，也没有解读出小数，程序所输出的这两个变量，取的都是各自的初始值。虽然我们在按下回车键之前也输入了一些能够形成整数与小数的数位（也就是 1234 与 5678.9012），但由于传给 scanf() 的格式字符串是 "%d%lf"，因此 scanf() 必须首先解读出一个整数。然而它碰到的却是 hello，scanf() 无法从这里面解读出整数，因而会终止这个解读过程。

这个程序有一个缺点：我们无法轻易了解到 scanf() 究竟解读出了多少个值。其实这个数量还是有办法查出来的，也就是通过 scanf() 的返回值来判断。该值是一个整数，用以表示 scanf() 解读出了多少个值。请把 read2Numbers.c 文件复制一份，命名为 read2NumbersUsingResult.c，然后把它改成下面这样（与旧版有区别的地方用粗体标出）：

```
#include <stdio.h>

int main( void ) {
  int    anInteger  = -1;
  double aDouble    = -1.0;
  int    numScanned = 0;

  printf( "Enter an integer and a decimal number: " );
  numScanned = scanf( "%d%lf" , &anInteger , &aDouble );
  printf( "scanf() was able to assign %d values.\n" , numScanned );
  if( numScanned > 0 ) printf( "1. integer: %d\n" , anInteger );
  if( numScanned > 1 ) printf( "2. double: %lf\n" , aDouble );
  printf( "\n" );
}
```

这个程序不会忽视 scanf() 的返回值，而是会把它保存到一个变量里面，让我们可以根据该变量来判断 scanf() 解读出了几个值。如果 numScanned 是 0，那说明 scanf() 没有解读出任何值；如果是 1，则说明 scanf() 解读出了一个整数并将其赋给了我们所指定的变量，但它没有能够解读出我们接下来所要求的小数。

保存这份文件，然后编译它。把这个程序运行 5 次，每次都使用我们早前运行旧版程序时所输入的数据来执行测试。你应该会看到下面这样的输出信息。

```
> cc read2NumbersUsingResult.c -o read2NumbersUsingResult -Wall -Werror -std=c11
> read2NumbersUsingResult
Enter an integer and a decimal number: 1234 5678.9012
scanf() was able to assign 2 values.
1. integer:  1234
2.  double:  5678.901200

> read2NumbersUsingResult
Enter an integer and a decimal number:
    1234
           5678.9012
scanf() was able to assign 2 values.
1. integer:  1234
2.  double:  5678.901200

> read2NumbersUsingResult
Enter an integer and a decimal number: 1234.5678
scanf() was able to assign 2 values.
1. integer:  1234
2.  double:  0.567800

> read2NumbersUsingResult
Enter an integer and a decimal number: 1234 hello 5678.9012
scanf() was able to assign 1 values.
1. integer:  1234
```

```
> read2NumbersUsingResult
Enter an integer and a decimal number: hello 1234 5678.9012
scanf() was able to assign 0 values.

> ▌
```

这回的 5 次测试所得到的结果跟旧版程序相同。在前三次测试中，scanf() 都能够正确解读出这两个值，而在后两次测试中，scanf() 无法解读我们所要求的一个或两个值。由于新版程序能够从 scanf() 的返回值中获知该函数解读出了几个值，因此它可以利用这条信息，来拦截不符合要求的输入数据。

讲完了如何用 scanf() 函数获取用户所输入的数字，我们接下来说说如何用这个函数获取用户所输入的字符串与字符。

21.3.2 用 scanf() 函数读取用户输入的字符串与字符

要想读取字符串，我们可以在调用 scanf() 函数时使用 %s 说明符。此外还有其他一些办法，我们会在本章稍后讲解。%s 说明符会让 scanf() 把一连串非空白的字符赋给某数组的相应元素。与读取数字时一样，scanf() 在读取字符串时，也会把出现在这串字符之前的所有空白字符忽略掉。以前讲过，' '、'\t'、'\n'、'\r'、'\f' 与 '\v' 都属于空白字符。在遇到某个非空白的字符之后，scanf() 就会一直解读下去，直至遇到空白字符为止，如果指定了最大字段宽度，那么即便没有遇到空白字符，它也会在读取了这么多个字符之后停止解读。如果未指定最大字段宽度，那你就必须确保用来接收字符串的这个数组足够大，以便容纳 scanf() 所解读到的字符串以及用来收尾的那个 NUL 字符。

下面这个程序演示 scanf() 如何把用户从控制台输入的数据解读成字符串：

```
#include <stdio.h>
const int bufferSize = 80;
int main( void ) {
  char stringBuffer[ bufferSize ];
  printf( "Enter a string: " );
  scanf( "%s" , stringBuffer );
  printf( "Processed string: [%s]\n\n", stringBuffer );
}
```

程序中最为重要的部分标成了粗体。这个程序首先分配一个字符数组，以便容纳最多 79 个实际字符（外加一个收尾的 NUL 字符）。然后打印消息，提示用户输入字符串。接下来用 %s 作格式说明符，通过 scanf() 函数把用户输入的字符串读取到数组中。这个程序在调用 scanf() 函数时没有指出最大的字段宽度。另外要注意，它传给 scanf() 函数的是数组名称本身，这实际上就相当于指向该数组首元素的指针。等到 scanf() 解读出这样一个字符串并将其设置给数组中的相关元素之后，我们通过最后那条打印语句显示这个字符串的内容。

创建名叫 readString.c 的文件，并把刚才那段代码录入该文件，然后编译这份文件。将程序运行三遍，分别用下面三条输入数据来测试：

```
Anything up to the white space<return>

Every_thing%before;any:white'space\(will%be read into an array.)<return>

        Skipping initial white space.<return>
```

做完这三次测试，你应该会看到这样的结果：

```
[> cc readString.c -o readString -Wall -Werror -std=c11
[> readString
Enter a string: Anything up to the white space<return>
Processed string: [Anything]

[> readString
Enter a string: Every_thing%before;any:white'space\(will%be read into an array.)
Processed string: [Every_thing%before;any:white'space\(will%be]

[> readString
Enter a string:     Skipping initial white space.
Processed string: [Skipping]

>
```

第一次测试，程序会读取到第一个 <space> 字符（也就是空格字符）那里，并把之前的那些字符放入 stringBuffer 数组。第二次测试，程序也会读取许多字符，直至遇到空格字符为止。第三次测试的重点在于演示：程序会先把第一个非空白字符之前的那些空白全都忽略掉，然后才开始读取字符串。

下面这个程序演示如何通过格式说明符来读取单个字符，以及如何在格式说明符里面使用空白。该程序所使用的第一个格式字符串，在读取整数所用的 %d 说明符后面没有写空格，直接写了读取字符所用的 %c 说明符，而第二个格式字符串则是先在 %d 说明符后面写了个空格，然后才写 %c 说明符的：

```
#include <stdio.h>
int main( void )  {
  char aChar;
  int  anInt1, anInt2;
  int  numScanned;
  printf( "1st: Enter <integer><char><integer>: " );
  numScanned = scanf(  "%d%c%d" , &anInt1 , &aChar , &anInt2 );
  printf( "Values scanned = %d. Character selected: [%c]\n" ,
          numScanned , aChar );

  printf( "2nd: Enter <integer> <char><integer>: " );
  numScanned = scanf(  "%d %c%d" , &anInt1 , &aChar , &anInt2 );
  printf( "Values scanned = %d. Character selected: [%c]\n\n" ,
          numScanned , aChar );
}
```

从声明完变量之后的那一行算起，程序代码可以分为两个部分。第一部分首先显示一条信息，提示用户输入三个值。然后通过 scanf() 函数接收用户所输入的整数、字符与另一个整数。请注意，这次调用函数时所用的格式字符串，并没有在其中的格式说明符之间添加空格。调用完之后，程序把 scanf() 函数的解读结果打印出来。程序的第二部分跟第一部分基本相同，区别只在于调用 scanf() 函数时所使用的格式字符串。该字符串给用来接收整数的 %d 说明符与用来接收字符的 %c 说明符之间，添加了一个空格。

大家马上就会看到，是否在格式字符串里添加这样一个空格不仅会影响程序所解读到的那个字符，而且还会影响程序能不能解读到用户所输入的第二个整数。为了演示这个意思，我们用下面这三条输入数据来测试这个程序：

```
123m   456<return>

123   m456<return>

123  w  456<return>
```

第一条输入数据没有在整数与字符之间写空格，但是在字符与它后面那个整数之间写了一些空格，这条数据能够为程序的第一个 scanf() 语句正确解读出来。第二条输入数据在整数与字符之间写了一些空格，但是没有在字符与它后面那个整数之间写空格。这条数据能够为程序的第二个 scanf() 语句正确解读出来。第三条输入数据在字符与它前后的两个整数之间都分别添加了空格，大家稍后就会看到，程序的第一条 scanf() 语句无法完全解读这条输入数据。

创建一份名叫 readChar.c 的文件，录入刚才那段代码，保存文件，然后编译这份文件。把程序运行两遍。第一遍输入前两条数据。第二遍只输入第三条数据。注意，虽然我们要把程序运行两遍，但总共只需要输入三条（而不是四条）数据，这样做的原因等你运行第二遍时就知道了，那时你只要把刚才的第三条数据输进去，程序就会结束，而不会提示你再输入下一条数据。这两次测试所得到的结果应该类似下面这样：

```
> cc readChar.c -o readChar -Wall -Werror -std=c11
> readChar
1st: Enter <integer><char><integer>: 123m   456
Values scanned = 3. Character selected: [m]
2nd: Enter <integer> <char> <integer>: 123    m456
Values scanned = 3. Character selected: [m]

> readChar
1st: Enter <integer><char><integer>: 123    w    456
Values scanned = 2. Character selected: [ ]
2nd: Enter <integer> <char> <integer>: Values scanned = 0. Character selected: [
]

> 
```

我们看到，第一次运行程序时，这两条 scanf() 语句都能分别从用户输入的数据中正确地解读出一个整数、一个字符与另一个整数。对于解读整数所用的 %d 说明符而言，如果有待解读的整数前面有空白，那么 scanf() 会自动跳过这些空白，但对于解读字符所用的 %c 而言，我们则必须在格式字符串里面明确地给它前面写一个空格，只有这样，scanf() 才会跳过空白字符，而将位于这些空白字符之后的首个非空白字符与 %c 对应起来。

第二次运行程序时，我们只输入了一条数据，也就是刚才的第三行数据。程序的第一条 scanf() 语句能够解读出一个整数（也就是 123）与一个字符（也就是 ' '），然而它在解读另一个整数时却遇到了 'w' 字符，这导致该语句无法继续解读。但问题在于，存放输入数据的这个缓冲区还没有用完，因此程序的第二条 scanf() 语句会继续使用剩余的数据来解读，而不会提示用户输入另一条数据。这条 scanf() 语句首先需要解读一个整数，但它碰到的并不是整数中的某个数位，而是字符 'w'，这导致这条 scanf() 语句无法继续解读。接下来，程序会因 main() 函数运行完毕而退出，此时缓冲区中的内容虽然还没有彻底处理完毕，但仍然会为系统所清空。

如果你在运行程序时先输入一条有效的数据，然后再输入刚才的第三条数据，那么你会发现，这条数据可以跟程序的第二条 scanf() 语句所使用的 "%d %c%d" 这一格式字符串相匹配，我们第二次运行程序时并没有先输入某条有效的数据，而是直接把第三条数据交给程序的第一条 scanf() 语句去解读，而那条语句所使用的 "%d%c%d" 格式字符串无法完全与这条数据相匹配，进而导致剩余的内容也无法为第二条 scanf() 语句所解读。你还可以试着输入其他数据，看看这个程序会怎么处理。

大家可能觉得 scanf() 这样的函数很挑剔：格式字符串只要稍微变一下，就会影响它的解读效果。其实 scanf() 系列的函数更适合用来读取由其他程序所创建的数据文件，因为那些程序所创建的文件在数据格式上比较整齐，而不像用户手工输入的数据这样随意。

21.3.3　用 scan set 限定用户输入的字符

scan set 是由字符构成的集合，用来表示有效的输入字符。scan set 在格式字符串里面以 %[开头并以] 结尾，你可以在这两部分之间写一些字符，用以表达只有这些字符才是有效的输入字符。你可以用肯定的形式把应该接受的字符写出来，也可以用否定的形式把不应该接受的字符排除掉。如果这些字符里面的头一个是 ^ 字符，那就意味着否定，也就是说，后面那些字符都不是有效的输入字符（或者说，除了那些字符之外，其他的都是有效的输入字符）。下面举几个 scan set 的例子。

scan set	含　义
%[aeiouy]	这六个字符（也就是 a、e、i、o、u、y）里面的任何一个字符都是有效的输入字符
%[^aeiouy]	除了这六个字符，其他字符都是有效的输入字符（或者说，这六个字符之外的任何一个字符都是有效的输入字符）
%[\t,]	空格、水平制表符与逗号都是有效的输入字符
%[^,.;:\t]	除了逗号、句号、分号、冒号与水平制表符，其他字符都是有效的输入字符（或者说，这五个字符之外的任何一个字符都是有效的输入字符）

只要输入的字符位于 scan set 中（或者说，只要输入的字符没有出现在 scan set 所要排除的范围内），那么 scanf() 函数就会继续处理下去。若已经到了 EOF（End Of File，文件末尾），或遇到了不属于 scan set 的字符（对于否定形式的 scan set 来说，就是遇到了 scan set 所要排除的字符），scanf() 函数则不再继续处理。

考虑下面这个程序：

```
#include <stdio.h>
const int bufferSize = 80;
int main( void )  {
  char stringBuffer[ bufferSize ];
  printf( "Enter only vowels: " );
  numScanned = scanf(  "%[aeiouy]" , stringBuffer );
  printf( "Processed string: [%s]\n\n" , stringBuffer );
}
```

这个程序限定用户所输入的字符串中只应该包含 a、e、i、o、u、y 这 6 种字符。该程序与早前的 readString.c 几乎完全相同，只不过这次的格式字符串里面写的不是 %s 说明符，而是一个 scan set。

创建名叫 readScanSet.c 的文件，录入上述代码，然后保存并编译文件，接下来运行程序。我们要把程序运行三遍，分别采用下面三条输入数据来测试它：

```
aayyeeuuiioo<return>

aeimwouy<return>

a e i o u y<return>
```

你应该会看到类似下面这样的输出效果。

```
> cc readScanSet.c -o readScanSet -Wall -Werror -std=c11
> readScanSet
Enter only vowels: aaeeiioouuyy
Processed string: [aaeeiioouuyy]

> readScanSet
Enter only vowels: aeimwouy
Processed string: [aei]

> readScanSet
Enter only vowels: a e i o u y
Processed string: [a]

>
```

第一条输入数据里面全都是元音字母，因此这些字母全都让 scanf() 给解读了进来。第二条输入数据里面含有一些不在 scan set 中的字符，因此 scanf() 会在头一个非元音的字符那里停下，也就是说，它只会把用户输入的字符串里面的前三个字符解读出来。第三条输入数据里面含有空格，而空格字符不在 scan set 中，因此，scanf() 会在头一个空格那里停下，也就是说，它只会解读出 'a' 这一个字符。

如果你想限定用户只应该输入某些字符，那么用 scan set 表达起来就很方便了。比方说，如果你想让用户只能以 y 或 n 回应某个问题，以表达“是”或“否”，那么就可以用 %[YyNn] 这个格式说明符来表达。

21.3.4 控制 scanf() 处理输入数据时所用的字段宽度

以前说过，调用 printf() 函数时，我们可以控制输出字符串所占据的最小字段宽度，也就是至少要让输出的字符串占这么宽的位置。与之类似，调用 scanf() 函数时，我们也可以在格式说明符里面指定字段宽度，但这个宽度指的是最大字段宽度，也就是说，最多只解读这么多个字符。例如 %3d 的意思就是在解读整数时最多只解读三位。下面这个程序用来读取一系列数位，以便确定某个日期，其中前两位表示月，接着的两位表示日，最后四位表示年：

```
#include <stdio.h>
int main( void )  {
  int year , month , day;
  int numScanned;
  while( printf("Enter mmddyyyy (any other character to quit): "),
         numScanned = scanf( "%2d%2d%4d" , &month , &day , &year ) ,
         numScanned > 0 )
    printf( "%d/%d/%d\n" , month , day , year );
  printf( "\nDone\n" );
}
```

程序首先声明几个变量，以保存 scanf() 函数解读到的相关数值，然后用 while()... 循环反复解读用户输入的数据，试着从每条数据中解读出最多由 8 个数位所构成的日期。

创建名为 readWidth.c 的文件，录入上述代码，保存并编译文件，然后运行程序。输入下面这些数据，看看程序如何运作：

```
01012020<return>
   02   02   2021<return>
12252019<return>
 9302019<return>
12 52020<return>
7/4/2019<return>
```

你应该会看到下面这样的输出效果。

```
> cc readWidth.c -o readWidth -Wall -Werror -std=c11
> readWidth
Enter mmddyyyy (any other character to quit): 01012020
1/1/2020

Enter mmddyyyy (any other character to quit):    02   02   2021
2/2/2021
```

```
Enter mmddyyyy (any other character to quit): 12252019
12/25/2019

Enter mmddyyyy (any other character to quit):  9302019
93/2/19

Enter mmddyyyy (any other character to quit): 12 52020
12/52/20

Enter mmddyyyy (any other character to quit): 7/4/2019
7/52/20

Enter mmddyyyy (any other character to quit):
Done
> █
```

前三条测试数据都能让程序给出我们想要的结果。我们由程序打印出的信息可以推知，它正确地从数据里面解读出了月、日与年。第二条测试数据虽然包含空格，但这些空格都出现在相应的整数之前（也就是左侧），因此 `scanf()` 能够正确地忽略这些空格并把整数解读出来。但是从第四与第五条数据开始，程序就表现得不太正常了。比方说第四条数据，既然我们已经在相关的格式说明符里面指定了最大字段宽度，那么 `scanf()` 处理这条数据时应该会把开头的空格跟后面的 9 合起来解读成月份才对，但实际上并不是这样的。从这些测试的实际效果可以看出，`scanf()` 只是把这里的空格理解成整数与整数之间的界限，而没有将其纳入相应的字段，因此我们在格式说明符里面指定的最大字段宽度无法正确地应对这个空格。处理第四条输入数据时，`scanf()` 会跳过开头的空格，并把 93 解读成月，把 02 解读成日，把 019 解读成年。处理第 5 条输入数据时，`scanf()` 先读出了月份 12，然后跳过空格，把后面的两位（也就是 52）解读成日，并把 020 解读成年。最后一条测试数据，只能让 `scanf()` 从中解读出月份，也就是 7，因为解读过程会在该函数遇到 / 字符时停止。从程序输出的结果可以观察到，日与年依然沿用了上一条测试数据的解读结果，也就是 52 与 020，因此输出的是 7/52/20。接下来，`while()...` 循环又会继续调用 `scanf()` 函数，这会让该函数直接碰到 / 字符，由于该字符并不是整数的一部分，因此 `scanf()` 无法解读出任何一个整数，这会让接受返回值的 `numScanned` 变量变成 0，从而促使程序退出循环，进而结束运行。

有没有更好的办法呢？有，我们可以用 `%c` 这个说明符来解读输入数据里面的一个字符，并给这个说明符加上 `*` 号，让 `scanf()` 不要把该字符赋给相应的变量。这样的符号叫作不赋值标志或抑制赋值（assignment-suppressing）标志。此标志不会令 `scanf()` 函数停止解读，它还是会在解读完这个值之后继续往下解读，只是不将该值赋给相应的变量而已。

下面这个程序演示了此标志的用法：

```
#include <stdio.h>
int main( void )  {
  int year , month , day;
  int numScanned;
```

```
  while(
      printf("Enter mm*dd*yyyy (any other character to quit): "),
      numScanned = scanf( "%2d%*c%2d%*c%4d" , &month , &day , &year ) ,
      numScanned > 0 )
    printf( "%d.%d.%d\n" , month , day , year );
  printf( "\nDone\n" );
}
```

除了提示语略有不同，这个程序跟刚才的程序相比，区别仅在于格式字符串里面多了两个带星号的格式说明符：

```
"%2d%*c%2d%*c%4d"
```

注意看，我们给用来解读那三个整数所使用的三个说明符之间安插了两个 `%*c` 说明符。这样做的意思是让 `scanf()` 解读出整数与整数之间的某个字符，并将其跳过。这个字符可以指输入流里面的任何一个字符，也包括空白字符。由于 `%c` 说明符里面还带有 `*` 标志，因此 `scanf()` 虽然解读该字符，但并不会将其赋给变量。于是，我们就可以利用这一特性来扩充 `scanf()` 函数的模式匹配能力。只不过，为了适应这个新的格式字符串，我们必须让用户稍微改变一下输入日期的方式，也就是要在月、日、年之间添加必要的分隔字符。这次我们采用下面几条输入数据来测试程序：

```
01x01x2020<return>
   02   02   2021<return>
12^25^2019<return>
 9!30!2019<return>
12x 5y2020<return>
7/4/2019<return>
x<return>
```

这次使用的输入数据跟上次类似，只不过我们必须在每个整数之间至少写出一个分隔字符，这个字符可以任选。空白字符也是有效的分隔字符，它同样能够正确地为 `scanf()` 所处理。

现在我们就来看看新版程序会如何处理这批输入数据。把 `readWidth.c` 复制一份，命名为 `readDate.c`，修改提示语、格式说明符与 `printf()` 函数所要打印的字符串。然后保存并编译文件，接下来运行程序并向其中输入各条测试数据。你应该会看到下面这样的输出结果。

```
> cc readDate.c -o readDate -Wall -Werror -std=c11
> readDate
Enter mm*dd*yyyy (any other character to quit): 01x01x2020
1.1.2020

Enter mm*dd*yyyy (any other character to quit):    02   02  2021
2.2.2021

Enter mm*dd*yyyy (any other character to quit): 12^25^2019
12.25.2019
```

```
Enter mm*dd*yyyy (any other character to quit):  9!30!2019
9.30.2019

Enter mm*dd*yyyy (any other character to quit): 12x 5y2020
12.5.2020

Enter mm*dd*yyyy (any other character to quit): 7/4/2019
7.4.2019

Enter mm*dd*yyyy (any other character to quit):
x

Done
> █
```

每次输入的数据都能正确地为 `scanf()` 函数所解读，函数能够识别出其中的日期并将其赋给相应的变量，也能够识别出日期之间的分隔字符并跳过这些字符。注意看，任何一种字符都能充当两个整数之间的分隔字符，从而与 `%*c` 这个格式说明符相匹配，另外，用户还可以在这个字符后面添加空白字符，这并不影响解读结果。

现在我们已经把 `scanf()` 函数的各项功能讲完了。虽然格式说明符单独看起来，好像有点儿难用，但如果能够给它适当地设置字段宽度、scan set 与 * 标志（抑制赋值标志），那么用起来就会容易一些。

接下来，我们说说其他几种把数据转化成字符串以及从字符串中解读数据的方式。

21.4 通过字符串缓冲区转换数据

通过前面的内容，大家都清楚地看到，`printf()` 函数能够将二进制值转化成字符串并输出，`scanf()` 函数则能够将用户所输入的字符串转化成二进制值，它们的功能都很强大。这些功能其实并不局限于控制台形式或文件形式的数据流，我们还可以利用 `sprintf()` 与 `sscanf()` 这两个函数在程序内部的字符串缓冲区里面实现与前两个函数类似的转换操作。这次针对的不是数据流，而是充当缓冲区的字符串（也就是字符数组），我们要从这样的字符串里面输入数据，或是将数据输出到这种字符串中。

我们刚才看到，`scanf()` 函数有时用起来稍微有点麻烦。如果想处理得顺畅一些，那可以考虑先把数据读取到一个比较大的字符串缓冲区里面，然后以各种方式调用 `sscanf()` 函数，以处理该缓冲区中的内容。

`sprintf()` 函数与 `sscanf()` 函数的原型分别是：

```
int sprintf( char* buffer , const char *format , ... );
int sscanf(  char* buffer , const char *format , ... );
```

它们所使用的格式说明符分别与针对控制台数据流的那两个函数（也就是 `printf()` 及 `scanf()` 函数）相同，因此我们无须将 `sprintf()` 与 `sscanf()` 所支持的各种标志与特性再重复讲解一遍。

然而，与针对数据流的版本不同，你在使用 sprintf() 与 sscanf() 函数时必须留意字符缓冲区的大小。

21.4.1 通过 sprintf() 与 sscanf() 在值与字符串之间转换

一般来说，我们在用 sscanf() 函数从字符串缓冲区中解读数值时，这个字符串缓冲区是已知的，或已经在程序中的其他地方分配好。sscanf() 会从字符串的内容中解读出相应的值，并将其赋给相应的变量。这些变量的大小可以根据其数据类型来决定。

与 sscanf() 不同，我们在使用 sprintf() 函数把值转化成字符时，通常不太能够提前确定用来保存输出结果的这个缓冲区应该有多大。因此，我们必须相当仔细地算出这个尺寸，以便分配大小合适的数组，或者干脆分配一个远超出预估尺寸的数组，只是这样做可能会浪费空间。

下面这个程序演示了 sscanf() 与 sprintf() 函数的用法：

```
#include <stdio.h>
#include <string.h>        // for memset

const int bufferSize = 80;

int main( void ) {
  int      anInteger    = -1;
  double   aDouble      = -1.0;
  int      numScanned   = 0 , numPrinted = 0;
  char sIn[] = "1234 5678.9012";
  char sOut[ bufferSize ];
  memset( sOut , 0 , bufferSize );

  printf("Using sscanf() on [%s]\n" , sIn );
  numScanned = sscanf( sIn , "%d%lf" , &anInteger , &aDouble );
  printf( "sscanf() was able to assign %d values.\n" , numScanned );
  printf( "1. integer:  %d\n" , anInteger );
  printf( "2.  double:  %lf\n\n" , aDouble );
  puts( "Using sprintf() to format values to string buffer:" );
  numPrinted = sprintf( sOut , "integer=[%d] double=[%9.4lf]" ,
               anInteger , aDouble );
  printf( "%d characters in output string \"%s\"\n", numPrinted,sOut );
}
```

除了使用字符数组做 I/O 缓冲区，这个程序跟本章开头创建的 read2NumbersUsing-Result.c 几乎完全相同。只不过这次它把想要读取的数字，也就是 1234 与 5678.9012 这两个数，用字符形式写在了 sIn[] 这个缓冲数组里面，而不像早前那样，要求由用户通过控制台输入。另外，这次它也不把输出结果直接写到 stdout（标准输出端），而是先将其输出到 sOut[] 这个缓冲数组里面，这个数组的尺寸很大，能够容纳 80 个字符，这大约也是控制台界面在一行里面所能显示的字符数量。实际上 sOut[] 能够容纳的有效字符是 79 个，因为它必须留一个位置来容纳字符串末尾的 NUL 字符。

分配并初始化必要的变量及（用来存放输出结果的）缓冲区之后，程序用 sscanf() 函数把内部缓冲区中的内容解读成（或者说转换成）两个数字。然而在转换之前，我们先写了一条 printf() 语句，用 %s 说明符把该缓冲区中的内容当成字符串打印出来。

最后，程序用 sprintf() 把这两个值重新转回字符串形式，并输出到用来保存转化结果的那个缓冲区中。我们这次又编写了一条 printf() 语句，并且依然通过 %s 说明符将缓冲区中的内容当成字符串打印出来。程序里面用到了一个新的函数，即 puts() 函数，它其实是 printf() 的简化版本，该函数也会将参数显示到 stdout（标准输出端），这样做的效果与 printf("%s\n", ...) 形式的打印语句是相同的。与 puts() 函数相对的函数叫作 gets()，它是一个输入函数，本章稍后就会提到这个函数。

创建名为 internalFormatting.c 的文件，录入刚才那段代码，然后保存并编译文件，接下来运行程序。你应该会看到下面这样的输出效果。

```
> cc internalFormatting.c -o internalFormatting -Wall -Werror -std=c11
> internalFormatting
Using sscanf() on [1234 5678.9012]
sscanf() was able to assign 2 values.
1. integer:  1234
2.  double:  5678.901200

Using sprintf() to format values to string buffer:
33 characters in output string "integer=[1234] double=[5678.9012]"
> 
```

大家看到，sscanf() 函数能够从缓冲字符串里面正确地转换出两个值，并将其赋给相应的变量。另外，sprintf() 函数也能够把这两个值格式化成一个含有 33 个字符的字符串。注意，这里的字符数量不计收尾的 NUL 字符。

21.4.2 用 atoi() 与 atod() 将字符串转换成数字

要想把字符串转换成数值，除了像 21.4.1 节那样把它交给 sscanf() 函数去处理，我们还可以使用 stdlib.h 里面声明的两个转换函数来做，这两个函数是 atoi() 与 atof()，它们能够分别将 ASCII 字符串转换成整数与浮点数，前者返回的是 int 型的值，后者返回的是 double 型的值。这两个函数其实基于另外一组更为通用的函数，也就是 strto<type>() 系列的函数，该系列包括 strtol()、strtoll()、strtod()、strtof() 与 strtold() 等，这些函数都能把字符串转换为 <type> 类型，这 5 个函数的目标类型分别是 l（long，长整数）、ll（long long，长长整数）、d（double，双精度浮点数）、f（float，单精度浮点数）、ld（long double，长双精度浮点数）。

ato<type>() 系列的函数是把输入的字符串（或者说输入的字符数组）整体解读成一个值，而 strto<type>() 系列的函数既能够用来转换整个字符串，也能够用来转换其中的某一部分，调用者可以通过参数来指定这个函数应从字符串中的哪个位置开始转换。

虽然 strto<type>() 系列的函数允许调用者较为灵活地指定参数，但我们未必需要用到那些功能，有时只需使用简单一些的 ato<type>() 系列即可。下面这个程序演示了如何通过 ato<type>() 系列的函数把字符串转换为整数与双精度浮点数：

```
#include <stdio.h>
#include <stdlib.h>

int main( void )  {
  int     anInteger    = -1;
  double  aDouble      = -1.0;
  char sInteger[] = "1234" ;
  char sDouble[]  = "5678.9012";
  printf("As strings: integer=\"%s\" double=\"%s\"\n" ,
 sInteger , sDouble );
 anInteger = atoi( sInteger );
 aDouble   = atof( sDouble );
 printf( "As values: integer=[%d] double=[%lf]\n\n" ,
 anInteger , aDouble );
}
```

这个程序跟刚才那个很像，但它没有使用 sscanf() 函数从一个字符串里面解读两个值，而是调用 atoi() 与 atof() 函数，把两个字符串分别转换为相应的整数（int）与双精度浮点数（double）。这两个函数用起来简单而方便，但不如 strto<type>() 系列的函数与 sscanf() 函数那样灵活。如果你要处理的输入数据不太规则，或者格式上不太整齐，那么可能需要借助刚才提到的各种函数来编写一套较为复杂的字符串转换算法。

现在我们已经把 scanf() 系列的格式化输入函数完整地学习了一遍。但为了让本章内容更加完备，我们还需要简单地谈谈无格式的（unformatted，又叫作未经格式化的、非格式化的）输入与输出，也就是原始的（raw）输入与输出。

21.5　无格式的输入与输出

并非每一个输入字符串都需要转化成二进制值。我们也经常会读取或写入那种不用做格式化处理的字符串。C 语言里面有一系列函数用来对这种字符串执行 I/O 操作，它们能够读取或写入整行的字符，而不做格式化处理。这些函数要求我们必须把字符串按照行的形式组织。所谓行（line），可以宽泛地说成由 <newline> 字符（也就是换行符 / 新行符）收尾的字符串。针对控制台的这组无格式化 I/O 函数，也存在着针对文件流与数据流的版本。本章接下来就要简单地介绍这一系列函数。

21.5.1　从控制台输入字符串或把字符串输出到控制台

gets() 函数与 puts() 函数分别用来从控制台读取或向控制台写入字符串，另外还有一组针对文件流的函数叫作 fgets() 与 fputs()。下面这张表格总结了这些函数。

	输出函数		输出流	输入函数		输入流
控制台 I/O	puts()	⇒	stdout	gets()	⇐	stdin
文件流	fputs()	⇒	某份文件 / 某条数据流	fgets()	⇐	某份文件 / 某条数据流

puts() 与 fputs() 函数分别将字符串写入标准输出流或文件中，并在字符串末尾添加 <newline>（换行符 / 新行符）。

gets() 与 fgets() 函数用来从标准输入流或文件中读取数据，直至遇到 <eof>（文件结束）或 <newline>（换行符）为止[1]。对于 fgets() 来说，如果是因为遇到换行符而终止的，那么这个换行符会保留在函数所读到的内容里面。gets() 函数不能限定读取的字符数量，而 fgets() 函数则要求调用者必须指出最多读取多少个字符，就算没有遇到 <eof> 或 <newline>，它也只会读取那么多个字符。

21.5.2 通过 gets() 函数获取简单的输入字符串并通过 puts() 函数显示简单的输出字符串

下面这个程序演示了 gets() 与 puts() 的用法：

```
#include <stdio.h>

const int bufferSize = 80;

int main( void )  {
  char stringBuffer[ bufferSize ];

  printf( "Enter a string: " );
  gets( stringBuffer );
  puts( "You entered:" );
  puts( stringBuffer );
}
```

这个程序首先声明一个字符串缓冲区（也就是一个缓冲字符串），然后打印一条提示语，让用户输入数据，接下来，它通过 gets() 函数将用户输入的数据读取到缓冲字符串里面。最后连续调用两次 puts() 函数，一次是为了显示标签，另一次是为了把用户刚才输入的内容打印出来。

这个程序的代码跟前面写过的 readString.c 很像。请把 readString.c 复制一份，命名为 readString2.c，然后根据刚才的代码修改该文件。接下来保存并编译文件，最后运行程序并输入测试数据。你应该会看到下面这样的结果[2]。

---

[1] gets() 函数已经为 C11 标准所移除，现在推荐使用 gets_s() 函数。——译者注

[2] 编译时可能要去掉 -Werror 选项，否则 cc 命令会因为出现警告而停止编译。——译者注

```
> cc readString2.c -o readString2 -Wall -Werror -std=c11
> readstring2
warning: this program uses gets(), which is unsafe.
Enter a string: With charming ease, the quick brown fox jumps over the lazy dog.
You entered:
With charming ease, the quick brown fox jumps over the lazy dog.
> 
```

注意看，C 语言的编译器会因为代码里面用到了 gets() 函数而给出警告，这个问题我们接下来就要讲到。另外要注意，puts() 函数会在打印完字符串之后补充一个换行符。

这个程序是用 gets() 与 puts() 函数实现的，这虽然比原来那个通过 scanf() 与 printf() 函数实现的 readString.c 程序简单一些，但简化的幅度并不大。puts() 函数可以用来输出简单的字符串消息，然而与之相对的 gets() 函数则应该谨慎使用，如果一定要用，必须十分小心。

gets() 函数为什么比较危险

gets() 函数与 fgets() 函数有一个明显的区别。下面是这两个函数的原型，我们可以从中看出二者的不同之处：

```
char* gets( char* str );
char* fgets( char* str , int size , FILE* stream );
```

大家看到，gets() 函数并没有限定最多读取多少个字符，因此，它有可能会一直读取下去。反之，fgets() 函数则要求调用者必须通过 size 参数指出最多能够读取的字符数量，就算没有遇到 EOF 或 <newline>，它也只会读取 size-1 个有效字符。

由于 gets() 函数没有限制它所读取的字符串最多只能有多长，因此，该字符串的尺寸可能会大于字符串缓冲区的容量。这有可能破坏程序并导致其崩溃，然而这种情况还不算太坏，更为严重的一种情况是：某些恶意的用户会输入一个自己专门构造出来的字符串，这个字符串不让程序崩溃，但是能够令用户操控该程序之外的东西。这是一个严重的安全隐患，因此 gets() 函数是比较危险的。

为了避开这项隐患，我们必须彻底弃用 gets() 函数，并以 fgets() 函数来取代它。21.5.3 节的范例程序就不会再使用 gets() 函数了。

21.5.3　用 fgets() 与 fputs() 获取一系列名称并输出排序后的名单

我们在本章最后要编写这样一款程序，让它通过 fgets() 函数获取用户所输入的一系列人名，并将每一个人名都放入数组中的相应位置，令该数组保持有序，最后通过 fputs() 函数输出这份有序的名单。创建一个名叫 nameSorter.c 的文件，并按照下面这段代码编写相应的声明、函数原型以及 main() 函数：

```
#include <stdio.h>
#include <string.h>
#include <stdbool.h>

const int listMax = 100;
enum { stringMax  = 80};

typedef char string [ stringMax ];

void addName(     string* names , string newOne , int* listSize );
void printNames( string* names , int listSize );

void removeNewline( string s ) {
 int len = strlen( s );
 s[ len-1 ] = '\0';
}

int main( void ) {
  string newName;
  string nameList[ listMax ];
  int    numNames = 0;
  while( printf( "Name: %d: ", numNames+1 ),
         fgets( newName , stringMax , stdin ),
         removeNewline( newName ) ,
         strlen( newName ) > 0 )
    addName( nameList , newName , &numNames );
  printNames( nameList , numNames );
}
```

由于需要使用I/O函数，因此必须引入stdio.h头文件；由于要用到strlen()、strcmp()与strcpy()等函数，因此必须引入string.h头文件；由于要使用bool类型，因此还必须引入stdbool.h头文件。把这三份头文件包含进来之后，我们声明两个全局常量（或者说，全局常变量）：一个叫作listMax，用来限制整份名单最多能包含多少条目；另一个叫作stringMax，用来限制人名最多能包含多少字符。接下来，我们用typedef给这种含有stringMax（在本例中是80）个字符的字符数组起了别名，叫作string，以便在后续的代码中，能够用更清晰的写法来指代这种数组。以后凡是用string来声明变量，就相当于是在用char [stringMax]来声明，例如string aName就相当于char aName[stringMax]。与之类似，string* names则相当于char* names[stringMax]，也就是声明一个叫作names的指针，让它能够指向由80个字符所构成的字符数组。

我们在main()函数中声明一个临时的字符数组，叫作newName，以表示用户当前输入的这个人名，然后声明一个nameList变量用来存放整份名单，这个变量其实是个二维数组，它包含listMax个（在本例中是100个）string元素（这意味着该名单最多能容纳100个人名），名单中的每个string元素本身又是由stringMax个（在本例中是80个）字符所构成的一维字符数组。接下来我们声明numNames变量，以记录目前总共输入了多少个人名。

我们通过 while()... 循环反复调用 addName() 函数，以便将用户所输入的人名添加到名单中。这个 while 语句的条件表达式内容比较多，它实际上是由四条语句所构成的一条复合表达式。while()... 循环采用这个复合表达式作条件，首先打印提示语，然后用 fgets() 函数获取用户输入的人名，接着用 removeNewline() 函数移除用户在输入完某个人名之后所敲的那个换行，最后判断移除换行符之后的字符串，其长度是否大于 0。如果 strlen() 的返回值等于 0，那么 while()... 循环就会结束。至于这个循环能不能写得更清晰一些，我们到下一章再说。

执行完循环之后，程序调用 printNames() 函数打印整份名单。

由于我们用 typedef 给字符数组起了别称，并设计了 addName() 与 printNames() 等辅助函数，因此能够把主函数的代码写得简洁而清晰。如果将 while 的条件表达式合起来算作一行，并将函数开头及末尾的花括号所在的行也分别计入，而且不计空行，那么 main() 函数总共只有 8 行代码。当然，这个程序的“重头戏”位于 main() 函数所调用的那些辅助函数里面。

把刚才那一部分代码录入文件之后，保存这份文件，然后继续录入代码。这次我们要编写的是 addName() 函数，它负责执行该程序的核心任务：

```
void addName( string* names , string newName , int* pNumEntries ) {
  if( *pNumEntries >= listMax )  {  // List is full.
    puts( "List is full!" );
    return;
  } else {
    int  k     = 0;
    bool found = false;
    while( !found && k < *pNumEntries )
      found = (strcmp( newName, names[ k++ ] ) < 0);

    if( found )  {
      k-- ;  // newName goes before k.
      for( int j = *pNumEntries ; j > k ; j-- )  {
        strcpy( names[ j ] , names[ j-1 ] );
      }
    }
    strcpy( names[ k ] , newName );  // Insert newName at k-th position.
    (*pNumEntries)++;
  }
  return;
}
```

这个函数接受一个指向 string 的 names 指针，这个指针所指的 string，应该是某个 string 数组（即总名单）的首个元素，它还接受一个名为 newName 的 string 参数，以表示当前需要添加到名单中的这个新名字，另外，它接受一个指向整数的 pNumEntries 指针，那个整数是总名单中已有的条目数量，由于函数可能会修改该数量，因此它要求调用方传入指向此数量的指针而不是数量本身。

首先我们需要判断名单是否已经填满，如果是这样，那就打印一条消息然后返回。这是比较简单的做法，如果想做得更好一些，那可以把函数的返回值设计成布尔值或其他的某种数值，以表示这个函数是否将用户所输入的人名顺利地添加到了名单中，这样 main() 函数就可以根据调用本函数所得到的返回值，做出相应的处理。如果名单尚未填满，那就通过 while()... 循环确定这个新名字应该插在现有名单中的哪个位置上。这可以分为两种情况，一种是插在已有的某个名字之前，另一种是放在整份名单的末尾。我们用名叫 found 的这个布尔变量来表示函数遇到的是第一种情况还是第二种情况。请注意，除了把新名字放在整份名单末尾的那种情况之外，其余情况全都归入第一种，比方说，如果新名字应该插在整份名单的开头，那我们也将其归入第一种情况。

如果 newName 需要插在名单中已有的某个名字之前，那就必须处理这样一个问题：由于这份名单是用线性的数组而不是某种动态数据结构实现的，因此，如何才能正确地插入这个新名称呢？我们不能直接将这个名称写到相应的位置上，因为那样做会把该位置上已有的那个名称覆盖。因此，我们必须先将这个位置腾空，然后才能插入 newName。换句话说，我们必须先让数组里面空出一个格子，然后才能把 newName 插入这个格子。为此，我们需要从现有的最后一个元素开始，将每个元素都复制到它后面的那个位置上。比方说，如果现有的最后一个元素，其下标为 9，那我们就得将该元素复制到下标为 10 的格子里面，这样下标为 9 的这个位置就腾开了。然后，我们必须继续将下标为 8 的那个元素复制到下标为 9 的这个格子里面，以此类推，直至处理到插入 newName 所需的那个位置。此时由于该位置已经腾开，因此我们可以将 newName 放入其中。如果 newName 应该插在整份名单的末尾，那就不用像刚才那样一个一个元素地往后挪了，只需要把 newName 复制到现有的最后一个元素之后即可。在将控制权返回给 main() 函数之前，我们递增 pNumEntries 所指向的那个整数。

有许多种办法都能够用来排列顺序，这正是算法课所要讲解的一项重要话题。按照排序算法的术语来说，本例所用的是一种经过简化的*插入排序法*（insertion sort）。这种算法每插入一个元素，都会确保该元素能够安插到适当的位置上，从而令列表总是保持有序。

录入 addName() 函数之后，请保存文件。接下来我们要写的是 printNames() 函数，写完这个函数，整个程序的代码就完成了：

```
void printNames( string *names , int numEntries )  {
  printf("\nNumber of Entries: %d\n\n" , numEntries );
  for( int i = 0 ; i < numEntries ; i++ )  {
    fputs( names[i] , stdout );
    fputc( '\n' , stdout );
  }
}
```

这个函数接受一个指向 string 的 names 指针，该指针所指的这个 string 应该是某个 string 数组的首元素。另外，它还接受一个 numEntries 参数，用以表示名单中的条目数量。由于这个函数并不像刚才的 addName() 那样需要修改条目数量，因此它只要求调用方传入数量本身并使用系统复制给它的这份副本值，而不像刚才那样，必须要求调用方传入指向该数量的指针。addName() 函数首先打印一行信息，然后在 for()... 循环中利用 fputs() 函数打印 string 数组（即总名单）中的每个名字。

保存并编译文件，然后运行程序。输入一些人名做测试，每次输入的人名有可能会插在现有名单的开头或中间某个位置，也有可能会添加在现有名单的末尾。你应该会看到类似下面这样的输出效果。

```
[> cc nameSorter.c -o nameSorter -Wall -Werror -std=c11
[> nameSorter
warning: this program uses gets(), which is unsafe.
Name: 1: Bob
Name: 2: James
Name: 3: Adam
Name: 4: Mary
Name: 5: Aaron
Name: 6: Zeke
Name: 7: Matthew
Name: 8:

Number of Entries: 7

Aaron
Adam
Bob
James
Mary
Matthew
Zeke
> 
```

笔者这次用的这 7 个测试名称显然是按照比较随意的顺序输入的。因此，其中有的名字会插在现有名单的开头，有的会添到名单末尾，还有的则会插在名单中间。如果直接按回车，那么程序就认为用户不再输入新的名字，于是会把整份名单打印出来。从打印结果可以看出，我们写的这个插入排序法是能够正确运作的。大家还可以把这个程序再运行几遍，每次都换用不同的顺序来输入这些名字，看看程序打印出的名单是否能够保持一致。

第 23 章会回顾这里的插入排序法，那时我们不会再从控制台读取人名，而是从文件里面读取，而且我们也不再使用数组，而是使用早前学过的动态链表来存放并排列这些人名，最后我们会把排列好的名单输出到一份文件而不是控制台上。

21.6　小结

早前的第 19 章全面讲解了格式化的输出，而本章则全面地讲解了格式化的输入。我们首先从一种新的角度（也就是“流”的角度）谈了输入与输出。大家现在已经知道，流是一串由来源通向目标的字节。对于控制台而言，系统预先定义了 stdin、stdout 与 stderr 等变量，用以表示标准输入流、标准输出流以及标准错误流。大家还看到了输入函数与输出函数的各种版本，每种版本都对应于某种形式的数据流。

说完数据流之后，我们接着讲到了从输入流中获取数据时所采用的各种格式说明符。其中许多说明符都跟输出数据时所采用的说明符同名。我们通过一些简单的范例程序演示了怎样从用户输入的数据中获取整数、小数、字符串与字符。另外我们还编写了一些范例程序，以演示如何通过 scan set、字段宽度与赋值抑制标志（也就是 * 标志）来控制 scanf() 函数解读数据的方式。这些知识让我们能够把输入流中的数据解读成（或者说转换成）各种各样的形式。学完这部分内容，大家应该能够意识到：输入数据时所用的某些格式说明符虽然与输出数据时所用的类似，但二者的作用显然不是完全相同的，它们各有各的特性，因此不能用同一种说法来概括这两套说明符。

本章结束之前，我们还讲了一些涉及内部字符串（尤其是在程序里面充当缓冲区的那种字符串）的数据转换方法，其中包括 sscanf()、sprintf()、atoi() 与 atof() 等。最后，我们说了怎样用 fgets() 与 fputs() 函数做无格式的（也就是未经格式化的）输入与输出。笔者通过 nameSorter.c 程序演示了这些知识，并在该程序中实现了插入排序法。我们在后面的章节中还会回顾这个程序。

下一章我们要把这些知识拓展到文件流上。大家会看到，这种数据流跟 stdin、stdout 与 stderr 类似，然而我们依然要学习如何创建、开启、读取并写入文件，以及如何执行某些专门针对文件的操作。

第 22 章 Chapter 22

文 件

我们在前面讲过了怎样从控制台的输入流中获取数据，以及怎样将数据显示到控制台的输出流中。接下来，我们要讲解另一套输入与输出流，这些流针对的是持久存储机制（persistent storage mechanism，也叫作持久化的存储机制或持久性的存储机制），所谓持久存储，意思是说，如果我们把数据保存到这样的地方，那么这份数据在程序退出之后依然能够使用。程序运行时可以通过标准的文件操作把数据保存到某份文件中，这样等到该程序下次运行时，它依然能够访问到这份文件里面的数据。文件（file）就是这样一种能够持久保存数据的地方，它不仅能把数据保留到下次运行程序时，而且即便计算机关机再重启，这些数据也依然存在。

在持久化的存储机制中，文件是基本的存储单元。本章要讲解文件的基本性质以及它所支持的某些基本操作，另外也要谈到一些专门用来操作文件的函数。笔者还会简单地介绍文件系统（filesystem），这是操作系统的一部分，用来管理并安排持久化存储介质中的文件。

本章的重点是如何在自己的 C 语言里面执行最为基本的文件操作。下一章我们再讲解怎样执行其他一些更为有用的文件 I/O 操作。你必须先学完本章，然后才能去看第 23 章。

本章涵盖以下话题：

- 将数据流的知识运用于文件。
- 理解 FILE 流的属性。
- 知道数据流的开启与关闭操作。
- 知道每种数据流所支持的各项操作。
- 了解文本文件与二进制文件在操作上有何区别。
- 理解文件系统这一概念。
- 知道什么叫作文件路径。

- 知道什么叫作文件名。
- 在文件上执行基本的开启与关闭操作。

22.1 技术要求

详情请参见本书 1.1 节。本章还是要求大家继续使用早前选定的工具来学习。

本章的范例代码也可以从 `https://github.com/PacktPublishing/Learn-C-Programming` 访问获取。

22.2 文件的基本概念

到目前为止，我们在 C 语言的程序中都是通过 `scanf()`、`printf()` 以及其他相关的 I/O 函数来输入或输出数据的。然而计算机中的大部分数据其实保存在文件中。文件是一种持久的数据存储方式，其中的数据能够在程序退出乃至计算机关闭之后继续存留。

程序可以创建一份文件，把它从用户那里获取到的输入数据保存到这样的存储介质中。然后，别的程序可以修改并保存这份文件，也可以复制这份文件，还可以根据该文件的内容创建其他文件。总之，文件必须有程序来操作它，只有这样，它的内容才会改变。

22.2.1 重新审视文件流

流是一种在设备与程序之间传输信息（尤其是传输字节信息）的手段。流是面向设备的，我们前面说过，键盘与屏幕都是设备，它们分别同 `stdin` 与 `stdout` 这两个预定义的流相关联。文件其实也是设备，它是抽象的数据存储设备。另外还有一些硬件，同样算作设备，例如 SSD（Solid-State Drive，*固态硬盘*）、打印机（printer）、CD（Compact Disc，*光盘*）、DVD（Digital Video Disc，*数字视频光盘*）、磁带（magnetic tape）等。

要想让数据流动起来（或者说，让这样一条数据流能够出现），我们必须在某个设备与某个程序之间开启一条连接，令数据能够沿着这条连接得以传输。对于用 C 语言编写的程序来说，C 语言的运行时库会自动建立 `stdin`、`stdout` 与 `stderr` 这样三条连接，让我们能够操作相应的数据流，除此之外，如果我们还想操作其他数据流，那就必须明确地建立连接并启动相应的连接。

C 语言支持两种类型的流，一种是*文本流*（text stream），另一种是*二进制流*（binary stream）。文本流由一行一行的字节所构成，这些字节主要是可打印的字符，其值位于 `32` 至 `126` 之间，它们是写给用户看的。这种数据流要求每行的最后一个字节都应该是 `'\n'` 字符。

文本流有时也叫作*顺序访问流*（sequential access stream，又称顺序存取流），由于其中各行文本的长度可能互不相同，因此我们不太可能用某一行文字与首行文字之间的偏移量轻易地跳转到文件中的这一行。我们只有从头开始，一行一行地读取，才能正确地找到我们想要的这行文字。

二进制流是面向字节的（它会把字节中的8个二进制位全都用到），这种数据流是写给其他程序（而不是用户）看的。其实我们刚开始读这本书的时候，就已经接触到这两种数据流了。例如 scanf()、printf() 以及其他一些相关函数所操作的流，就是文本流，而我们在控制台中编译出来并加以运行的可执行文件，则是二进制流。

二进制流可能由一批二进制数据所构成，例如可执行文件，但它也可能由一批长度固定的记录或数据块构成，因此，从这个角度来说，这种数据流有时也称为*随机访问流*（random access stream，又叫随机存取流）。随机访问流有点像由结构体所构成的数组，由于其中每个元素（也就是每个结构体）的大小都是固定的，因此我们只需确定自己所要访问的这个结构体与开头的结构体之间相差几个结构体，即可将这一差距与每条记录（即每个结构体）的长度相乘，从而算出该结构体的首字节与二进制流的首字节之间的偏移量。由于我们可以像这样直接获取到某条记录，因此这种数据流访问起来要比刚说的那种（也就是顺序访问流）更快。这种能够随机访问的文件通常用在*面向事务*（transaction-oriented，也叫面向交易）的系统（例如银行系统、机票预订系统或 POS 系统）中。

文件本身自然也分成许多种类型，然而无论它是哪种类型，都跟数据流有着紧密的联系。我们需要创建数据流，让数据从文件移动到某个地方，或者把某个地方的数据移动到文件中，以便持久地保存起来，供后续使用。

22.2.2 FILE 流的各项属性

我们在第 21 章见过 FILE 结构体，这种结构体含有控制数据流所需的信息。它包含下列属性：

- **当前位置指示器**（current position indicator）：如果这个 FILE 结构体所表示的设备是那种有开头也有结尾的设备（例如文件），那么此属性是有意义的，它用来表示当前操作到了文件中的哪个位置。
- **EOF 指示器**（EOF indicator）：此属性用来表示我们是否已经到达文件末尾（End-Of-File）。
- **错误指示器**（error indicator）：此属性用来表示这个文件流是否出错。
- **数据缓冲区**（data buffer）：如果处在缓冲模式，那么数据会暂时存放在这里。
- **缓冲状态**（buffer state）：此属性用来表示当前使用的是哪种缓冲策略。
- **I/O 模式**（I/O mode）：此属性表示这条数据流是输入流、输出流还是*更新流*（update stream）。更新流既可以输入数据也可以输出数据，然而需要通过高级的文件操作才能够适当地控制。
- **文本模式还是二进制模式**（text or binary mode）：此属性用来表示这是一条文本流还是一条二进制流。
- **I/O 设备标识符**（I/O device identifier）：一个由具体平台来确定的标识符，用来指代与该 FILE 相关联的 I/O 设备。

我们不会直接访问这些属性，而是要通过相应的文件函数来操作。例如要想检查 EOF 指示器的状态，我们可以调用 feof() 函数；要想查询文件流是否出错，我们可以调用 ferror() 函数；要想清除错误状态，我们可以调用 clearerr() 函数。

在上述属性中，有些属性会在开启文件流时得到设置，另外一些则会在操作文件流的过程中持续更新。

文件流需要声明成 FILE* 型的变量，这样的变量也称为文件描述符（file descriptor）。

22.2.3 开启和关闭文件

创建文件流时必须指出文件名与 I/O 模式，其中的文件名我们会在 22.3 节讲解。

下面是三种通用的 I/O 模式，每种模式都对应于一个字母：

- r：表示打开一份现存的文件以读取（read）其内容。如果该文件不存在，那么就会出错。
- w：表示打开一份文件以供写入（write）。如果该文件已存在，那么其中的内容会丢失，如果该文件不存在，那么会创建出这样一份文件。
- a：表示打开一份文件以便向其中追加（append）内容。如果该文件已存在，那么后续内容会写在现有内容的后面，如果该文件不存在，那么会创建出这样一份文件。

这些都是单向模式，也就是说，对于用 r 模式开启的文件，只能从中读取数据，而不能向其中写入数据。在字母后面写加号可以构成双向模式，例如 r+、w+、a+。如果某份文件既能读取又能写入，那么必须注意当前的操作位置并适时地调整该位置，以免将文件中已有的数据错误地覆盖掉。我们会在 22.2.4 节提到用来调整当前操作位置的函数。

如果要打开的是二进制流，那么对于单向模式来说，可以把字母 b 写在第一个字母后面，对于双向模式来说，既可以将其写在第一个字母后面，也可以写在 + 号的后面：

- **单向模式**：rb、wb、ab。
- **双向模式**：rb+、wb+、ab+，或 r+b、w+b、a+b。

注意，某些系统会忽略 b 说明符，对于这样的系统来说，支持这个说明符只是为了保持兼容，从而让带有该说明符的代码能够编译。

文件流可以用下面四个函数操作：

- fopen()：调用者需要以绝对路径或相对路径的方式指定有待操作的文件名，另外还必须指定 I/O 模式。这个函数会创建并开启一条与该文件相关联的数据流。
- freopen()：关闭指定的文件流并重新开启该文件流，同时将其与另一份文件关联起来。
- fclose()：关闭文件流。
- fflush()：对于输出流或更新流来说，这会清空缓冲区中的内容，让这些内容写入文件或设备中。

注意：按照C语言的标准，fflush()只用来清空输出流的缓冲区。假如C语言标准库还能提供一个函数，用来清空输入流的缓冲区，那就方便多了。某些系统会提供fpurge()函数，用来丢弃缓冲区中的所有内容，该函数不属于C语言标准库。还有一些系统在C语言的标准上扩充了fflush()函数的功能，让它也能够用来清空输入流的缓冲区。你自己所使用的操作系统或许会提供另外一个不属于C语言标准库的函数，用来清空输入流的缓冲区。

如果用户没有权限读取或写入fopen()所要打开的文件，那么这个函数就会失败。另外，如果程序想通过此函数以只读取（而不写入）的模式打开某文件，但该文件却不存在，那么函数也会失败。

退出程序之前，最好把已经开启的文件全都关掉。

另外，在关闭文件之前，最好先将缓冲区清空。我们会在本章稍后的范例程序中演示这个做法。

22.2.4 了解每种数据流所支持的文件操作

由于文件流分为文本流与二进制流，因此我们应该分别采用各自的一套函数来操作。

适用于文本流的许多函数，我们已经在前面提到了，这包括：

- fprintf()：将格式化的文本写进输出流。
- fscanf()：从输入流中读取格式化的文本并予以解析。
- fputs()：将无格式的（未经格式化的）文本写进输出流。
- fgets()：从输入流中读取无格式的文本。

另外还有一些针对单个字符的函数，我们可能也会用到：

- fgetc()：从输入流中读取单个字符。
- fputc()：把单个字符写进输出流。
- ungetc()：把单个字符放回输入流。

这些针对单个字符的函数，很适合实现那种需要逐个字符来输入或输出的处理逻辑。有时我们要把单个的数位或字母拼成一个数字或单词以构成字符串。有时我们会把空格或其他某种字符解读成数据项之间的分隔符，这种字符可以直接处理，也可以用ungetc()推回输入流，以便做进一步处理。

另外还有一组函数，专门用来以记录或数据块为单位操作文件。这包括：

- fread()：从文件中读取指定大小的一块数据。
- fwrite()：向文件中写入指定大小的一块数据。
- ftell()或fgetpos()：获取文件的当前操作位置。
- fseek()或fsetpos()：将文件的当前操作位置移动到指定的地点。

如果以数据块为单位来处理文件，那么每次读取的都是整条记录。这些记录通常会读取到某种结构体里面，也可以先读取到某个缓冲区，然后再解析其中的各个部分。

最后还有一些针对文件流的常用函数，这包括：

- rewind()：把当前操作位置移动到文件开头。
- remove()：删除文件。
- rename()：给文件改名（为文件重命名）。

这些函数让我们能够创建出各式各样的程序，从而以许多种方式来操作文件。

C 语言本身并不要求文件内容必须按照某种结构来写，文件的具体结构可以由操作该文件的程序以及文件所要记录的数据类型来决定。以上这些函数让我们能够以各种方式创建、修改并删除文件中的内容乃至文件本身。

在使用这些函数实际操作文件之前，我们还得说说什么是文件系统，以及它如何与 C 语言的标准库对接。

22.3 文件系统的基础知识

文件系统是操作系统里面的一个组件，用来控制操作系统如何存储与获取文件。它通常会提供一套命名与组织方案，以便轻松地定位到文件。文件可以理解成一组数据，这组数组在逻辑上构成一个单元。文件系统让我们能够管理数量极多的文件，其中有些文件可能特别小，另一些可能相当大。

文件系统有许多种类型。有些是专门给某一个操作系统设计的，还有一些则提供一套标准的界面或接口（interface），力求在各种操作系统上都表现得较为相似。无论是哪种文件系统，都会通过它背后的一套机制来确保其能够迅速、灵活、安全且可靠地访问各种尺寸的文件。

文件系统会把操作系统与运行在该系统之中的程序，与底层存储介质的物理细节区隔开。文件的底层存储介质有许多种，例如（机械）硬盘、固态硬盘、磁带、光盘等。文件系统既能访问本地的数据存储设备（即直接连到这台计算机上的存储设备），也能联网访问远程的存储设备（即其他计算机上的设备）。

文件系统简介

我们可以把文件系统理解成存储介质与程序之间的接口。尽管各种文件系统的底层细节都很复杂，但它们所提供的接口却相当简单。C 语言设计了一套标准的文件操作函数，这套函数会由 C 语言标准库的实现者去编写，他们会将各种文件系统的底层细节封装起来，让调用方无须了解这些复杂的细节。在用 C 语言编写程序时，开发者只需要通过名称（有时还包括地点信息）来确定某份文件，然后就可以对该文件执行各种操作了，而不太需要担心其他的细节。

对于文件系统来说，我们需要关注的是其中的文件如何命名，以及这些文件保存在什么地方。如果所有的文件系统都采用同一种方式命名并定位文件，那学起来就方便多了，可惜不是这样。并非每一种文件系统都按照同样的办法给文件起名并组织这些文件。我们接下来就要简单地说说文件名。

每份文件的名称都包含两个方面，一个是该文件的地点（location）或文件路径（path），另一个是文件名（filename，也就是文件本身的名字）。

文件路径

文件路径分为绝对文件路径与相对文件路径两种形式。如果要采用绝对文件路径，那必须从文件体系（file hierarchy，也叫文件层次结构）的基点开始，把沿途的每个目录（directory，也叫文件夹）都写出来，一直写到最终的目录（也就是文件所在的这一层目录）为止。如果将文件体系比作一棵树（tree），那么该体系的基点就称为这棵目录树的根（root）。如果要采用相对文件路径，那么指出路径与当前位置之间的相对路线即可，而不需要从根目录算起。

绝对路径的写法在各种文件系统之间可能有所区别。有些文件系统采用一个通用的根目录概念来统领所有的设备，而另一些文件系统则把某些设备单独视为一套文件体系，让它们有各自的根。比方说，在 UNIX 系统与 Linux 系统上，所有的文件都位于同一套文件体系之中，这套体系的根目录写为 `/`。而在 Windows 系统中，文件的绝对路径则要从它所在的驱动器开始算，因此我们首先要写出 `D:` 这样的设备标识符（device identifier，俗称盘符）。

虽然各种文件系统在根目录上可能会有所区别，但除此之外的大部分内容都是相似的。只要我们确定了文件体系的基点（也就是根目录），那么接下来就可以采用相同的写法来书写路径中的其余部分。

并不是所有的文件都直接放在根目录中。根目录可以下设许多子目录，而每个子目录底下也可以继续出现子目录。从文件体系中的某个目录出发到达我们想找的文件，这中间所经过的线路就叫作路径。无论操作系统本身采用什么符号来表示不同的层次，我们在用 C 语言编写程序时，都以斜线（即 /）来分隔文件体系中的各层目录。另外，当前的工作目录无论其路径是什么，都可以用一个圆点（即 `.`）来表示它。当前目录的上层目录，无论在整个文件体系里面处于何种位置，都可以用两个圆点（即 `..`）来表示。

如果不指定路径，那就采用默认路径。比方说，如果你在执行某些操作时没有说明自己要在哪个目录下执行，那么该操作可能会把当前目录视为默认目录，并在该目录下执行。

我们的范例总是假设数据文件与操作该文件的可执行文件都位于同一个目录中。这么假设是为了演示起来能够方便一些。在实际工作中，我们更有可能会把数据文件的路径保存在某份以 `.init` 或 `.config` 为扩展名的文件中，让程序在启动时从该文件里面读出路径，然后沿着那条路径去读取数据文件，并加以处理。

文件名

文件名（文件本身的名字）用来区分目录中的各个文件，同一目录中的文件其文件名通常互不相同。文件所在的目录可以视为该文件所处的地点（location）。这个目录的名称是该文件的文件路径中的一部分。

不同的文件系统所采用的文件名在形式上可能有所区别。对于 Windows、UNIX 与 Linux 等操作系统来说，文件系统中的文件名由一个或多个英文字母构成，另外还可以带有扩展名。如果带扩展名，那么扩展名应该由一个或多个字符构成，而且与主文件名之间要用一个圆点（即 .）隔开。同一目录中的各个文件，应该在主文件名与扩展名上体现出区别，而不应该出现主文件名与扩展名均相同的两份文件。早前的范例其实已经用到了扩展名，例如我们的源文件都采用 .c 作扩展名，头文件都以 .h 为扩展名，而可执行文件则按照惯例不添加扩展名。

知道这些概念之后，我们现在就开始学习如何用 C 语言操作文件。

22.4 打开文件以读取数据或写入数据

我们现在可以编写一款程序，以便打开一份文件，从其中读取数据，同时打开另一份文件，向其中写入数据。本书后续的各章会从这款程序出发，继续研究文件的 I/O 操作。下面就是该程序的代码：

```
#include <stdio.h>
#include <stdlib.h>     // for exit()
#include <string.h>     // for strerror()
#include <sys/errno.h>  // for errno

int main( void ) {
  FILE* inputFile;
  FILE* outputFile;
  char inputFilename[] = "./input.data";
  char outputFilename[] = "./output.data";
  inputFile = fopen( inputFilename , "r" );
  if( NULL == inputFile )  {
    fprintf( stderr, "input file: %s: %s\n",
             inputFilename , strerror( errno ) );
    exit( 1 );
  }

  outputFile = fopen( outputFilename , "w" );
  if( NULL == outputFile )  {
    fprintf( stderr, "output file: %s: %s\n",
             outputFilename , strerror( errno ) );
    exit( 1 );
  }
  fprintf( stderr,"\"%s\" opened for reading.\n",inputFilename );
  fprintf( stderr,"\"%s\" opened for writing.\n",outputFilename );
  fprintf( stderr,"Do work here.\n" );

  fprintf( stderr , "Closing files.\n" );
```

```
    fclose( inputFile );
    fflush( outputFile );
    fclose( outputFile );
}
```

这个程序不仅演示了一套极简的文件操作流程，而且还搭建了一套很基本的系统错误报告机制。有了这套机制，我们就不用自己设计错误消息了，而是可以让程序根据错误代号，自动将该代号所对应的错误消息汇报出来。为此，我们必须包含 string.h 与 sys/errno.h 这两份头文件。另外，由于我们想在无法开启文件的情况下退出程序，因此需要包含 stdlib.h 头文件，以便调用其中的 exit() 函数。

目前的这个版本还不打算读取用户从命令行界面所输入的信息，因此我们将 main() 函数的参数设计成 void 以表示本程序不接受命令行参数。接着，我们声明两个文件描述符（也就是两个指向 FILE 的指针）用以表示稍后要开启的输入文件与输出文件。

接下来的两行代码分别写出马上要开启的输入文件与输出文件所用的文件路径（"./"）及文件名（输入文件是 "input.data"，输出文件是 "output.data"）。目前的这个版本是把文件名直接写在代码里面。后面的版本会做得更加灵活一些，让用户能够自己输入文件名。

然后，我们就来编写这个程序的主要部分。首先调用 fopen() 函数，开启 inputFilename 所表示的输入文件，以便从中读取数据。如果这项操作顺利执行，那么 inputFile 这个文件描述符会获得正确的取值。反之，若该描述符为 NULL，则说明 fopen() 操作未能成功，此时我们把错误消息打印到 stderr（标准错误端），并调用 exit() 函数以退出程序。注意看，我们是通过 fprintf() 函数把错误消息打印到 stderr 以反馈给用户的。这是个很好的编程习惯，本书接下来会继续这样做。

C 语言标准库中的函数如果失败了，那么通常会把一个名为 errno 的系统全局变量设置成相应的值，以表示错误代号。就本例中的 fopen() 函数而言，如果该函数失败，那我们就将 errno 交给 strerror() 函数，让该函数将错误代号转化成用户可以理解的字符串，然后把这个字符串用 fprintf() 函数打印到标准错误端。这些代号定义在 <sys/errno.h> 头文件里面。你可以在自己的系统里面找找这份文件，打开它，详细观察里面定义了哪些错误代号。当然，你目前并不需要把这份文件的所有内容全都弄明白，只需要知道能够用一种相当方便的办法将这些错误代号所对应的消息显示给用户。这是一个特别有用的编程手法，你以后可以将其纳入自己的程序。

如果第一个 fopen() 操作顺利执行，那我们就继续执行第二个 fopen() 操作。这次跟上次类似，只不过我们要打开的是一份输出文件，以后想给该文件中写入数据。这项操作一般来说总会成功，但我们还是编写了类似的 if...else... 结构，以便在出现故障的情况下做出相应的处理。

接下来我们用三条 fprintf() 语句简单地汇报一下程序的状态。其实在系统函数能够顺利执行的情况下是不需要专门像这样展示状态信息的，我们通常只会在发现某个函数失败的时候才去汇报相关的信息。

最后，我们关闭输入文件，清空（flush）输出文件的缓冲区，让其中的内容能够写进输出文件（尽管目前这个版本的程序并没有对输出文件执行任何实际的修改，但我们还是对该文件做 flush 操作），接着关闭输出文件。

请创建名为 open_close_string.c 的文件。录入上述代码，然后保存并编译文件，最后运行。你应该会看到类似下面这样的显示效果。

```
> cc open_close_string.c -o open_close_string -Wall -Werror -std=c11
> open_close_string
input file: ./input.data: No such file or directory
> 
```

程序怎么出错了呢？这是因为它所要开启的输入文件必须是一个已经存在的文件。那好，我们现在就在控制台里面执行 touch input.data 这条 UNIX 命令，创建一份空白的文件。或者你也可以用自己习惯的编辑器创建一份名叫 input.data 的文件，然后直接保存该文件（你不需要向其中写入任何内容，只需要保证目录里面确实存在这样一份文件）。再次运行程序，这回你看到的应该是下面这种结果。

```
> touch input.data
> open_close_string
"./input.data" opened for reading.
"./output.data" opened for writing.
Do work here.
Closing files.
> 
```

很好！我们现在已经有了一款基本的文件 I/O 程序，它能够把这两份名称固定的文件分别用作输入文件与输出文件。

本章结束之前，笔者还想给大家展示两种简单的办法，以便从用户那里获取文件名。第一种办法是在程序里面通过 fscanf() 函数来等待用户输入并获取其所输入的文件名称，第二种是利用 main() 函数的 argv 参数来接收用户在命令行界面中输入的文件名称，然而本章所实现的这个版本不打算做得特别灵活。

22.4.1 在程序中获取用户输入的文件名

把 open_close_string.c 复制一份，命名为 open_close_fgetstr.c，然后在文件中录入下列代码：

```
#include <stdio.h>
#include <stdlib.h>
#include <string.h>
#include <sys/errno.h>  // for errno

int main( void ) {
 FILE* inputFile;
 FILE* outputFile;
```

```
    char inputFilename[80] = {0};
    char outputFilename[80] = {0};

    fprintf( stdout , "Enter name of input file: " );
    fscanf( stdin , "%80s" , inputFilename );
    inputFile = fopen( inputFilename , "r" );
    if( NULL == inputFile ) {
    fprintf( stderr, "input file: %s: %s\n", inputFilename ,
    strerror( errno ) );
    exit( 1 );
    }

    fprintf( stdout , "Enter name of output file: " );
    fscanf( stdin , "%80s" , outputFilename );
    outputFile = fopen( outputFilename , "w" );
    if( NULL == outputFile ) {
    fprintf( stderr, "input file: %s: %s\n",
    outputFilename , strerror( errno ) );
       exit( 1 );
     }

     fprintf( stdout,"\"%s\" opened for reading.\n",inputFilename  );
     fprintf( stdout,"\"%s\" opened for writing.\n",outputFilename );
     fprintf( stderr , "Do work here.\n" );
     fprintf( stderr , "Closing files.\n" );
     fclose(  inputFile );
     fflush( outputFile );
     fclose( outputFile );
}
```

请注意加粗的这几行代码。这个程序只在这几行代码上与刚才那个程序有所区别。这次我们声明两个长度为 80 的字符数组，分别用来存放输入文件与输出文件的名称，然后打印一条信息，提示用户指定输入文件的名称，我们通过 fscanf() 函数把用户所指定的文件名读取到 inputFilename 数组中，输出文件的名称，也用这种方式来处理。保存并编译文件，然后运行程序。如果你给输入文件与输出文件分别指定 input.data 与 output.data 这样的文件名，那么程序的运行效果就应该像下面这样。

```
> cc open_close_fgetstr.c -o open_close_fgetstr -Wall -Werror -std=c11
> open_close_fgetstr
Enter name of input file: input.data
"input.data" opened for reading.
Enter name of output file: output.data
"output.data" opened for writing.
Do work here.
Closing files.
> 
```

如果程序所使用的文件名一旦确定就不会再发生变化，那么通过这种方式来获取文件名就比较方便。但文件名其实经常会变，因此我们还需要用更加灵活的办法来获取文件名。

22.4.2 获取用户通过命令行参数传入的文件名

接下来，把刚才那份文件复制一份，命名为open_close_argv.c，然后修改该文件，将代码改成下面这样：

```
#include <stdio.h>
#include <stdlib.h>
#include <string.h>
#include <sys/errno.h>  // for errno

void usage( char* cmd )  {
  fprintf( stderr , "usage: %s inputFileName outputFileName\n" ,
           cmd );
  exit( 0 );
}

int main( int argc, char *argv[] )  {
  FILE* inputFile  = NULL;
  FILE* outputFile = NULL;
  if( argc != 3 ) usage( argv[0] );
  if( NULL == ( inputFile = fopen( argv[1] , "r") ) )  {
    fprintf( stderr, "input file: %s: %s\n",
             argv[1], strerror(errno));
    exit( 1 );
  }
  if( NULL == ( outputFile = fopen( argv[2] , "w" ) ) )  {
    fprintf( stderr, "output file: %s: %s\n",
             argv[2], strerror(errno));
    exit( 1 );
  }

  fprintf( stderr , "%s opened for reading.\n" , argv[1] );
  fprintf( stderr , "%s opened for writing.\n" , argv[2] );
  fprintf( stderr , "Do work here.\n" );
  fprintf( stderr , "Closing files.\n" );
  fclose(  inputFile );
  fflush( outputFile );
  fclose( outputFile );
}
```

这个程序编写了一个新的函数usage()，用以显示本程序的正确用法。由于这次我们需要获取用户通过命令行界面所输入的文件名，因此需要给main()函数设计argc与argv这样两个参数。

我们必须首先确定main()函数收到的参数确实是3个，然后才能根据相应的参数来开启文件，这3个参数分别表示程序本身的名称、输入文件的名称以及输出文件的名称。在开启输入文件与输出文件时，我们都分别把argv[]数组里的相应字符串传给fopen()函数。请注意，argv[]数组里的这两个字符串只会在我们开启输入文件与输出文件时用到，一旦开启，程序就不需要再使用它们了。

保存并编译文件，然后在命令行中采用不同的参数多次运行程序。你应该会看到下面这样的运行效果。

```
> cc open_close_argv.c -o open_close_argv -Wall -Werror -std=c11
> open_close_argv
usage: open_close_argv inputFileName outputFileName
> open_close_argv blah
usage: open_close_argv inputFileName outputFileName
> open_close_argv input.data output.data
input.data opened for reading.
output.data opened for writing.
Do work here.
Closing files.
> 
```

从图中可以看出，第一次运行 open_close_argv 程序时，除了程序名之外，用户没有指定其他的命令行参数，因此程序会调用 usage() 函数。第二次运行程序时，除了程序名之外，用户只指定了一个参数，因此程序还是会调用 usage() 函数。只有用户像第三次这样，在程序名之外恰好指定了两个命令行参数时，程序才会跳过 usage() 函数去执行正常的流程。注意，如果你通过 fopen() 函数把某份文件当作输入文件来读取其数据，那么该文件*必须是一份已经存在的文件*，否则函数就会失败。但如果你是想把这份文件当作输出文件，向其中写入或追加数据，那么就不用担心这个问题，因为函数会在文件不存在的情况下新建这样一份文件。对于本例来说，由于用户输入的 input.data 文件已经存在，因此 fopen() 函数能够顺利地开启该文件。

我们已经学会了许多种获取文件名的办法，并且能够根据获取到的文件名来调用 fopen() 函数，以取得相关的文件描述符。下一章会扩充这些范例程序，让它们能够创建出一份未排序的名单，然后笔者会演示如何编写程序，以读出这份未排序的名单，给其中的名字排序，并将排好顺序的名单写入某份文件中。

22.5 小结

本章把数据流的概念扩充到文本流与二进制流上。我们讲解了这两种数据流的各项属性，并简单地介绍了用来操作文本流与二进制流的文件函数。另外，我们介绍了几个常用的文件函数，例如 fopen()、fflush() 与 fclose() 等。笔者用三个范例程序演示了如何通过各种方式确定输入文件与输出文件的名称。第一种办法是把这两个文件的名称直接写在程序代码里面。第二种是提示用户通过键盘分别输入这两个文件的名称，并在程序里面通过 fscanf() 函数获取这些名称。第三种是让用户在运行程序时把这两个文件的名称写成命令行参数，使我们能够通过 main() 函数的 argv 参数来接收。

有了本章学到的这些知识，我们就可以开始学习下一章了。下一章会从本章的范例程序出发，用更加灵活的方式处理命令行参数，并对输入文件执行更有意义的操作，以产生更有用的输出数据。

Chapter 23 第 23 章

文件输入和文件输出

上一章介绍了基本的文件概念以及许多用来操作文件的函数，我们还演示了如何用较为简单的方式开启与关闭文件。

本章要利用这些知识开发一款范例程序，把一批数据一条一条地写入某份文件中，然后用另一个范例程序读取该文件，为其中的各条数据排序，并将排好顺序的数据写入某份文件里面。在这个过程中，大家会碰到许多需要仔细处理的微妙问题，而且我们几乎会把目前学过的每一项 C 语言的知识全都用到。

本章涵盖以下话题：

- ❑ 创建一款模板程序，以处理用户通过命令行界面指定的文件名。
- ❑ 创建一款程序，让它能够从 `stdin` 或某份文件中接受输入数据，并把数据输出到 `stdout` 或某份文件中。
- ❑ 创建一个函数，让它能够处理 `fgets()` 所获取到的输入数据，以便将数据首尾的空白字符删去。
- ❑ 创建一款程序，让它能够从 `stdin` 或某份文件中接受输入数据，并把排序后的数据输出到 `stdout` 或某份文件中。

23.1 技术要求

详情请参见本书 1.1 节。本章还是要求大家继续使用早前选定的工具来学习。

本章的范例代码也可以从 https://github.com/PacktPublishing/Learn-C-Programming 访问获取。

23.2　处理文件

许多数据文件的格式都有专门的书籍去讲解，例如有的书会讲图形文件、音频文件、视频文件的格式，有的书会讲各种数据库文件的格式，有的书会讲解由 Microsoft Word 与 Microsoft Excel 等知名软件创建出来的文件所具备的格式。这些文件的格式通常都是由文件设计者定制的，其中可能包含相关公司所特有的一些秘密技术，就算不涉及这样的技术，其格式细节可能也只会记录在操作它们的那份源代码文件所包含的注释里面。

数据文件的格式很多，而用来处理这些文件的技术也同样有许多种，本书是写给 C 语言初学者的概论书籍，因此不适合把这些技术全都罗列一遍。大致来说，文件处理技术可以分为*顺序访问*（sequential-access，又称为序列访问）与*随机访问*（random-access）两大类，但这只是相当简化的分类法。每一大类里面还有许多小类，它们会采用不同的方式来安排并处理文件。在某些情况下，复杂的计算机程序有可能会在运行过程中开启更多的输入文件与输出文件。这些程序通常会在刚运行时开启一份或多份配置文件，读取其内容，以决定程序接下来会如何运作。然后程序会关闭配置文件，并根据其中所写的设置来决定应该如何处理其他文件。

我们要在这里介绍一些有用的手法，让程序能够支持较为灵活的命令行参数，以便根据这些参数开启两份文件，然后以顺序访问的方式对二者执行一些相对简单的处理操作。

本章的目标是让程序能够从控制台或文件中读取数据，然后排列每一行数据之间的顺序，最后将排列好的结果写入控制台或某份文件里面。未经排列的数据所在的这份文件，可以拿文本编辑器来创建并编写，但我们在这里决定专门开发一个程序来创建这样的文件，以便将其用作最终那个范例程序的输入文件。然而笔者首先要准备的是一份模板程序，该程序能够根据用户是否在命令行中指定了相关的参数来决定自己是应该从控制台输入数据，还是应该从某份文件里面输入数据，另外还要决定自己是应该向控制台输出数据，还是向某份文件输出数据。这个模板程序会根据我们在上一章创建的 `open_close_argv.c` 程序以及在第 21 章创建的 `readString.c` 程序来编写。

创建一个模板程序来处理命令行中给定的文件名

为了编写刚才说的那个创建数据文件的程序，我们首先要把处理命令行参数的功能实现出来。

上一章我们创建了一款程序，让它通过 `main()` 函数的 `argv` 参数，来接收用户在命令行界面中所指定的两个文件名，我们会把除程序名本身之外的第一个名称当作输入文件的名称，并把第二个名称当作输出文件的名称。但如果我们想让用户能够将输入文件或输出文件的名称给省略掉，那该怎么办？此时我们不能再依靠位置来决定参数的含义了，因为这样做无法确定用户所省略的到底是输入文件还是输出文件，我们必须设计一个办法来明确地标识出哪个名称是输入文件的名称，哪个名称是输出文件的名称。

为此，我们要重新考虑以前说到的 getopt() 函数，用它所提供的命令行参数处理能力来编写这个程序。getopt() 函数提供的机制，要比第 20 章介绍的 getopt_long() 函数旧一些，功能上也要简单一些。我们这个模板程序支持两个选项：一个是 -i 选项，如果用户指定了这个选项，那么还需要指定输入文件的名称；另一个是 -o 选项，如果用户指定了这个选项，那么还需要指定输出文件的名称，这两个选项都不是必须指定的选项。getopt() 函数与 getopt_long() 不同，它没有必选参数与可选参数的概念，因此我们必须自己处理这个问题。

---

getopt() 与 getopt_long() 函数声明在 unistd.h 头文件里面，这个文件不是 C 语言标准库的一部分。如果你用的是 UNIX、macOS 或 Linux 系统，那么系统应该会自己提供这样的一份文件并在其中声明这两个函数。如果你用的是 Windows 系统，那么可以在 Cygwin 与 MinGW 编译器工具包里面找到该文件。如果你是用 MFC 来开发 C 语言的，那么它可能也会提供这个文件。Windows 版的 getopt() 函数还出现在 IoTivity 所维护的这个 GitHub 代码库中：https://github.com/iotivity/iotivity/tree/master/resource/c_common/windows，你可以在这里面找到 getopt.h 与 getopt.c 这样两份文件。

现在我们就来说说怎样开发这个模板程序：

1. 新建一份名为 getoptFiles.c 的文件。我们后面还要开发两个范例程序，分别用来创建数据文件以及排列各条数据，那两个程序都会以该文件为出发点，那时我们会将本文件复制一份，并在复制出来的那个文件里面修改。现在继续说 getoptFiles.c 文件，首先把下面几个头文件包含进来：

```
#include <stdio.h>
#include <stdlib.h>
#include <string.h>
#include <unistd.h>     // for getopt
#include <sys/errno.h>  // for errno
```

由于要用到文件 I/O 函数，因此必须引入 stdio.h 文件；由于要用到 exit() 函数，因此必须引入 stdlib.h 头文件；由于要用到 strerr() 函数，因此必须引入 string.h 头文件；由于要用到 getopt() 函数，因此必须引入 unistd.h 头文件；由于要用到 errno 这个表示错误代号的变量，以便将该代号转化成用户能够看懂的字符串，因此必须引入 sys/errno.h 头文件。

2. 接下来，添加下面这个 usage() 函数：

```
void usage( char* cmd )  {
  fprintf(stderr ,
          "usage: %s [-i inputFName] [-o outputFName]\n" , cmd );
  fprintf(stderr ,
          "         If -i inputFName is not given, stdin is used.\n"
```

```
);
  fprintf(stderr ,
          "         If -o outputFName is not given stdout is
used.\n\n" );
  exit( EXIT_FAILURE );
}
```

如果用户指定了错误的参数，或者通过 -h 命令行选项表示他自己想要查询这个程序的用法，那我们就会调用该函数。这个函数是在程序无法正常运行，或只需给用户打印帮助信息而无须执行其他任务时调用的，因此该函数不需要返回任何值，只需要让程序退出。

3. 接下来把下面这几行代码添加到文件中，它们是 main() 函数的头几行代码：

```
int main(int argc, char *argv[])  {
  int   ch;
  FILE* inputFile  = NULL;
  FILE* outputFile = NULL;
```

这些语句声明了 main() 函数所要使用的变量。ch 变量用来接收 getopt() 函数的返回值，我们稍后会用这个函数处理用户所传入的命令行选项。inputFile 与 outputFile 变量都是文件描述符。

4. 现在我们就正式处理命令行选项。请把下面这段代码添加到文件中：

```
while( ( ch = getopt( argc , argv , "i:o:h" ) ) != -1 )  {
  switch (ch)  {
    case 'i':
      if( NULL == ( inputFile = fopen( optarg , "r") ) )  {
        fprintf( stderr, "input file \"%s\": %s\n",
                 optarg, strerror(errno));
        exit( EXIT_FAILURE );
      }
      fprintf( stderr , "Using \"%s\" for input.\n" , optarg );
      break;
    case 'o':
      if( NULL == ( outputFile = fopen( optarg , "a" ) ) )  {
        fprintf( stderr, "output file \"%s\": %s\n",
                 optarg, strerror(errno));
        exit( EXIT_FAILURE );
      }
      fprintf( stderr , "Using \"%s\" for output.\n" , optarg );
      break;
    case '?':
    case 'h':
    default:
      usage( argv[0] );
      break;
  }
}
```

while()... 循环的条件表达式会调用 getopt() 函数，并把调用结果赋给 ch 变量，然后判断该变量是否不等于 -1。如果等于 -1，那说明 getopt() 函数已经没有别的命令行参数需要解析了，于是我们就正常地结束 while()... 循环。调用 getopt()

函数时，我们传入了三个参数，也就是 argc、argv 以及一个用来表示有效选项的字符串。本例中的字符串是 "i:o:h"，这意味着 -i、-o 与 -h 这三个选项是有效的。字符串里面的字母 i 与字母 o 后面都有个冒号，这表示用户如果指定了 -i 或 -o 选项，那么必须在选项后面指出该选项的参数。如果用户在命令行中指定了 i、o、h 以外的某个字母作选项，那么 getopt() 函数就会把解析结果设为 '?'，我们会在 while()... 循环体的 switch 结构里面用相应的分支处理这种情况。

while()... 循环的主体部分是一个 switch()... 结构，其中的每个 case 分支都用来处理 getopt() 函数的某一种返回值。如果进入 case 'i': 分支或 case 'o': 分支，那么就试着把 -i 或 -o 选项自身的参数当作文件名传给 fopen() 函数。如果 fopen() 函数失败，那么会返回 NULL 并将 errno 设置成相应的错误代号，此时我们把该代号所对应的错误信息打印出来，然后退出程序。另外大家要注意，对于 case 'o': 分支来说，我们在调用 fopen() 函数时使用的是追加（a）模式而不是单纯的写入（w）模式，因此，如果用户给 -o 选项所指定的参数是个已经存在的文件，那么该文件中已有的内容并不会遭到删除，程序只会把新的内容添加到现有的内容之后。如果进入了 case 'h': 分支，或者因为 getopt() 函数发现了无效的选项而进入 case '?': 分支，又或者因为程序遇到了其他一些我们还没有考虑到的情况而进入 default: 分支，那就调用 usage() 函数以打印出程序的正确用法，并且令该程序退出。能够正常地执行完 while()... 循环，意味着程序已经把用户所传入的命令行参数全都处理过了。接下来就可以执行实际的任务了，然而在这之前，我们还得先判断一下，用户有没有明确指定输入文件与输出文件的名称，如果没有，那就分别采用 stdin 与 stdout 作为输入端与输出端。

5. 我们用下面这段代码来判断用户有没有指定输入文件与输出文件的名称，并据此正确地设置 inputFile 与 outputFile 这两个描述符：

```
if( !inputFile )  {
  inputFile = stdin;
  fprintf( stderr , "Using stdin for input.\n" );
  usingInputFile = false;
}
if( !outputFile )  {
  outputFile = stdout;
  fprintf( stderr , "Using stdout for output.\n" );
  usingOutputFile = false;
}
```

为什么 inputFile 或 outputFile 有可能会是 NULL 呢？因为 getopt() 只能判断出用户传入的选项是否有效，它并没有提供一种机制，让我们规定某个选项是用户必须指定的，还是可以省略的。对于本例来说，用于指定输入文件名的 -i 选项，以及用于指定输出文件名的 -o 选项都是可以省略的，因此我们必须自己来判断用户是把这两个选项都指定了，还是仅指定了其中某一个选项，或者他是不是将二者全都省略掉了。我们分别通过这两个 if()... 结构来实现这种判断。如果 inputFile 是 NULL，那就把 stdin 流（标准输入流）当作输入端；如果 outputFile 是 NULL，那就把 stdout 流（标准输出流）

当作输出端。执行完这两个 if()... 结构之后，inputFile 与 outputFile 这两个描述符都会分别指向某个文件或某条控制台数据流（也就是 stdin 或 stdout）。现在，我们才能够正式执行实际的文件操作任务。

6. 把下面这段代码添加到文件中，这样我们的 main() 函数与整个模板程序就写完了：

```
  fprintf( stderr , "Do work here.\n" );

  fprintf( stderr , "Closing files.\n" );
  fclose( inputFile );
  fflush( outputFile );
  fclose( outputFile );
}
```

由于这只是一个模板程序，因此它并没有实际的文件操作任务需要执行，我们仅打印出一条状态信息，以表示将来会在这里执行实际的操作。接下来，我们关闭 inputFile，将 outputFile 的缓冲区清空，最后关闭 outputFile。

这样我们就写好了一个完整的模板程序。它目前并没有执行任何实际的操作，我们稍后再向其中逐渐添加各种操作。现在请保存并编译文件[⊖]，然后分别试用各种选项来运行该程序。我们首先用 -h 选项运行，然后用某个无效的选项运行，接下来单用 -o 选项运行一遍，又单用 -i 选项运行两遍，最后同时用 -i 与 -o 选项运行一遍。其中，第一次单用 -i 选项运行的时候，我们故意拿一个不存在的文件名作该选项的参数。你应该会看到这样的输出效果。

```
> cc getoptFiles.c -o getoptFiles -Wall -Werror -std=c11
> getoptFiles -h
usage: getoptFiles [-i inputFileName] [-o outputFileName]
       If -i inputFileName is not given, stdin is used.
       If -o outputFileName is not given stdout is used.

> getoptFiles -Whatever
getoptFiles: illegal option -- W
usage: getoptFiles [-i inputFileName] [-o outputFileName]
       If -i inputFileName is not given, stdin is used.
       If -o outputFileName is not given stdout is used.

> getoptFiles -o names.data
Using "names.data": for output.
Using stdin for input.
Do work here.
Closing files.
> getoptFiles -i unsorted.data
input file "unsorted.data": No such file or directory
> getoptFiles -i names.data
Using "names.data" for input.
Using stdout for output.
Do work here.
Closing files.
> getoptFiles -i names.data -o sorted.data
Using "names.data" for input.
Using "sorted.data": for output.
Do work here.
Closing files.
> 
```

⊖ 如果编译时遇到错误，可以试着修改代码，让它把 <getopt.h> 文件也包含进来，或者去掉 cc 命令的 -std=c11 选项。——译者注第一次运行我们只使用 -h 选项，这会让程序打印出自身的用法。接下来，我们写了一个无效选项，看看程序会如何运行。然后，我们仅指定 -o 选项以及输出文件的名称，大家看到，程序会创建出这样一份文件。接着我们仅指定 -i 选项，并给该选项指定一个不存在的文件名作为输入文件，这会让程序打印出错误消息（这条消息是根据 errno.h 里面的 errno 变量转换而成的）。然后，我们还是仅指定 -i 选项，然而这次我们用一份已经存在的文件来作为这个选项的参数，这样程序就能够正常运行了。最后我们同时指定 -i 与 -o 选项，并分别指定有效的文件作为这两个选项各自的参数。

注意，我们这个程序完全没有使用 printf(...) 语句，而是通过 fprintf(stderr, …) 形式的语句把相关消息打印到控制台的 stderr 端。这不仅是编程习惯的问题。这样做的好处是允许用户将 stderr 流（也就是标准错误流）重定向到某份文件上，这样的话，这些消息就不会直接出现在控制台中，而是会写进这份文件，以供稍后查看。

这个程序忽略了一种情况，就是用户有可能把输入文件与输出文件写成同一份文件。这种情况应该怎么处理？目前的程序并未采取任何措施来阻止用户这样做，其实我们所设计的这个程序根本就不应该这么使用。如果一定要处理这种情况，那可以考虑这样几种办法，比方说，我们可以禁止用户把输入文件与输出文件指定成同一个文件，或禁止他同时指定输入文件与输出文件。我们也可以允许用户将输入文件与输出文件写成同一个文件，并设法正确地加以处理。如果采用第一个办法，那就得判断用户输入的两个文件名是不是相同，如果相同，就退出程序。如果采用最后一个办法，那可能得先把这份文件当成输入文件，并将其中的内容完全处理好，然后才能把它当成输出文件，并向其中书写数据，否则，文件的内容就有可能因为输入操作与输出操作交错执行而遭到破坏。

稍后我们会从这个模板程序出发编写其他的一些程序。我们现在已经确认该模板能够正常运作，将来可以把其中的 fprintf(stderr , "Do work here.\n"); 这一行替换成用来执行实际任务的那些语句。

23.3 创建一个未排序名称的文件

我们已经写好了 getoptFiles.c 程序，现在可以从该程序出发，编写下一个范例程序（也就是 createUnsorted.c 程序），以演示如何按次序操作文件。这个程序用来创建一份由人名所构成的文件，其中每个人名分别占据一行，以后的 sortNames.c 程序会把这种文件当作输入文件来使用。

我们让这个 createUnsorted.c 程序从输入端反复读取人名，每读到一个，就将其写入输出端。大家可以用控制台的 stdin 与 stdout 作为输入端与输出端来测试这款程序，也可以用相应的文件来尝试，看它能不能正确地读取文件内容并将其写入另一份文件中。

然而我们在开始编写这个程序之前，首先必须考虑把用户输入的数据清理一下。这个程序认为人名应该以数字或字母开头，并以数字或字母结尾，无论其中包含多少个字符，也无论这些字符有多么奇怪，它都把开头与结尾之间的内容当成一个完整的名称对待。那么，用户如果在开头那个数字或字母之前，或在结尾的那个数字或字母之后多输入了一些空白字符，那该怎么办？另外，用户也有可能在起始字符之前与收尾字符之后多输入了一些空白字符。原来我们还说过一个问题，gets() 函数与 fgets() 函数在获取输入数据时，虽然都会在遇到 <newline>（换行符或新行符）时停下，但前者并不会将这个换行符纳入读取到的数据中，而后者却会保留该字符。

这些问题会在接下来的这个小节里面处理。

23.3.1　从 fgets() 获取到的输入字符串中移除首尾的空白字符

假如 C 语言标准库能够提供一些例程用来移除字符串开头与结尾的空白字符，那就好办多了。我们刚才说过，有些函数在获取输入数据时会把它所遇见的 <newline> 字符保留在读取到的数据里面，而另一些函数则不会。某些编程语言提供 trimLeft()、trimRight() 与 trim() 等函数，分别用来移除字符串开头、结尾以及首尾两端的空白。

好在这样一个函数用 C 语言实现起来并不复杂。下面就实现该函数：

```
int trimStr( char* pString ) {
  size_t first , last , lenIn , lenOut ;
  first = last = lenIn = lenOut = 0;
  lenIn = strlen( pString );      //
  char tmpStr[ lenIn+1 ];         // Create working copy.
  strcpy( tmpStr , pString );     //
  char* pTmp = tmpStr;            // pTmp may change in Left Trim segment

    // Left Trim
    // Find 1st non-whitespace char; pStr will point to that.
  while( isspace( pTmp[ first ] ) )
    first++;
  pTmp += first;
  lenOut = strlen( pTmp );        // Get new length after Left Trim.
  if( lenOut ) {                  // Check for empty string.
                                  // e.g. "   " trimmed to nothing.
      // Right Trim
      // Find 1st non-whitespace char & set NUL character there.
    last = lenOut-1;              // off-by-1 adjustment.
    while( isspace( pTmp[ last ] ) )
      last--;
    pTmp[ last+1 ] = '\0';        // Terminate trimmed string.
  }
  lenOut = strlen( pTmp );        // Length of trimmed string.
  if( lenIn != lenOut )           // Did we change anything?
    strcpy( pString , pTmp );     // Yes, copy trimmed string back.
  return lenOut;
}
```

trimStr() 函数接受一个指针，以表示有待处理的字符串，它会根据该字符串创建一份名为 tmpStr 的副本，用来在上面执行临时的操作。由于字符串开头可能有空白字符需要删除，因此函数声明了一个 pTmp 指针，让它暂且指向 tmpStr 的首字符，稍后我们会根据字符串开头的空白字符数量来推进这个指针，处理完开头的空白字符后，该指针有可能跟调用方传入的 pStr 指针指向不同的位置，也有可能指向同一个位置，具体是哪种情况无法提前判断，这要看字符串开头是否真的有空白字符。总之，无论如何，处理完开头的空白字符之后，剩下的字符数量应该等于或小于处理之前的字符数量，因此我们不用担心处理后的结果会突破字符串的边界。

我们首先删除这个临时字符串左边（或者说开头部分）的空白字符，然后再去删除右边（或者说结尾部分）的空白字符。为了删除左边的空白字符，我们通过 while()... 循环从左向右寻找首个非空白的字符。找到这个字符后，我们调整 pTmp 这个临时指针，让它指向该字符。

在继续往下处理之前，首先要判断一下，pTmp 所指向的这一部分是不是已经变为了一个长度为 0 的字符串。如果调用方传入的字符串是个完全由空白字符所构成的字符串，那么我们处理到这一步时，pTmp 指向的就是一个长度为 0 的字符串，于是，我们就不用再处理右边那一部分了。

如果不是这样，那就通过另一个 while()... 循环处理右侧的空白字符。这次我们从下标最大的那个字符开始逐个向左判断，直至找到一个非空白的字符为止。找到这样的字符后，我们就将该字符改为 NUL，令字符串就此终止。最后，判断处理完毕的字符串是否与原字符串一样长，如果不一样，就把 pTmp 所指向的字符串复制到 pString 所指的位置。

大家要注意，这个函数有可能会修改原字符串，因为它有可能要把其中某个字符设为 NUL，令字符串就此结束。这虽然是一项副作用，但这种副作用是我们故意实现出来，而不是无意间引发的。

从控制台或某份文件中读取数据时，我们可以利用这个函数方便地移除字符串首尾的空白字符。以后我们会把 fgets() 函数所获取到的输入字符串一律交给这个函数处理。

写好 trimStr() 函数之后，我们就可以开始编写程序所要执行的操作了。

23.3.2 读取名称和写入名称

把 getoptFiles.c 复制一份并命名为 createUnsorted.c，接下来修改文件的内容，以开发目前这款范例程序。

打开 createUnsorted.c 文件，在 const int stringMax; 这一行声明的下方添加这样 4 个函数原型：

```
void  usage(    char* cmd );
int   getName( FILE* inFileDesc , char* pStr );
void  putName( char* nameStr ,    FILE* outFileDesc );
int   trimStr( char* pString );
```

本章的每个程序都按照下面这套通用的次序编写：

- 用 #include 指令包含相关的头文件；

- 声明常量；
- 声明 struct（结构体）与 enum（枚举）；
- 声明函数原型；
- 编写 main() 函数；
- 定义（也就是实现）其他函数（这些函数的代码通常写在 main() 函数的代码后面，并按照你在声明原型时所用的顺序来写）。

这样的次序仅仅是一种习惯，并不意味着你只能按这种顺序写。到了下一章，我们会学习如何安排由多份文件所构成的开发项目，让项目的结构更为清晰。

目前这个程序只通过 createUnsorted.c 这一份文件来开发。根据刚才说的顺序，我们要把 usage() 函数的定义代码移动到 main() 函数后面。而接下来要实现的几个函数则应该依次写在 usage() 函数的后面。

找到 main() 函数里面的这条语句：

```
fprintf( stderr , "Do work here.\n" );
```

用下面这段代码替换该语句：

```
char  nameBuffer[ stringMax ];
while( getName( inputFile , nameBuffer ) ) {
  putName( nameBuffer , outputFile );
}
```

这个程序的关键工作就是在这个看似简单的 while()... 循环里面执行的。进入循环之前，我们先声明一个能容纳 80 个字符的 nameBuffer 数组，让它充当缓冲区，稍后我们就会看到，getName() 函数在调用 fgets() 以获取输入数据时会把 nameBuffer 传进去，以存放获取到的这行数据。getName() 还会调用 trimStr() 函数以删除数据首尾的空白字符，但由于 trimStr() 是把删除空白之后的内容复制回原来的位置，因此 nameBuffer 依然会指向处理之后的字符串里面的首个字符。我们不需要调整这个值就可以直接将其传给 putName() 函数，从而把处理过的输入字符串写入输出端。

如果 getName() 返回的是 0，那说明经过 trimStr() 处理之后的输入字符串是个空白字符串，同时意味着程序不用再继续获取输入数据了。如果返回值不为 0，那么该值表示的就是经 trimStr() 处理的这个输入字符串所具备的长度，此时我们需要对这个字符串执行操作，具体来说，就是调用 putName() 函数，将其写进输出端。

while()... 循环总共只调用两个函数，其中第一个就是 getName()，我们可以把这个函数当成一种比较理想的 fgets() 函数，因为它能够进一步处理输入字符串，将首尾的空白字符删去。

现在我们就把 getName() 函数的定义代码写在文件末尾，让它出现在 usage() 函数的代码之后：

```
int getName( FILE* inFileDesc , char* pStr )  {
  static int numNames = 0;
         int len;

  memset( pStr , 0 , stringMax );
  if( stdin == inFileDesc )
    fprintf( stdout , "Name %d: ", numNames+1 );

  fgets( pStr , stringMax , inFileDesc );

  len = trimStr( pStr );
  if( len ) numNames++;
  return len;
}
```

这个函数接受一个文件描述符与一个指向字符串的指针，该字符串用来容纳本函数从输入端读取到的一个人名，我们会把人名首尾的空白字符去掉。

函数声明了一个静态的 numNames 变量，如果输入数据来自控制台，那我们可以通过这个变量，告诉用户当前已经输入了多少个人名（或者说，当前正要输入的，是第几个人名）。接下来声明 len 变量，函数要通过这个变量表示经过处理的输入字符串有多长。

首先，我们用 memset() 函数把 nameBuffer 中的每个字符都初始化成 '\0'，注意，nameBuffer 是我们在 getName() 函数外面使用的名字，这个缓冲区在该函数中用 pStr 参数来表示。然后，我们判断输入端是不是 stdin，如果是，那就给用户显示一条提示语；如果不是 stdin，那意味着程序是从某份文件（而不是从控制台）输入数据的，因此无须给出提示。fget() 最多能把输入流中的 79 个字符扫描到 pStr 里面，注意，不是 80 个，因为最后得留一个位置给 NUL 字符，让 pStr 能够正常收尾。fgets() 函数会把输入数据里面所含的 <newline>（换行符）保留到 pStr 缓冲区中，因此，pStr 所指向的缓冲字符串其长度不可能小于 1，因为就算用户什么都不输入，直接按回车，它也会把回车所形成的这个换行符填到我们的缓冲区里面。另外，即便 fgets() 能将缓冲区中的 79 个有效位置全都填满，我们也不能断定（从 1 算起的）第 79 个字符一定是 <newline>，因为 fgets() 在遇到 <newline> 之前所扫描到的字符数，可能已经达到了 79 个，此时它会把这 79 个字符填到我们的 pStr 缓冲区里面，而将剩余部分（也包括那个 <newline>）留在系统本身的输入缓冲区之中，以便下次处理。所以，我们不能想当然地做出这样的假设，而是要把 nameBuffer（也就是本函数的 pStr 参数）传给上一小节讲的 trimStr() 函数，这才是删除输入字符串首尾的空白字符时所应采取的正确方法。函数在返回之前，必须先查询由 trimStr() 处理过的字符串有多长，如果长度不是 0，那么就递增 numNames 的值，令该函数下次执行时能够看到新的 numNames 值。最后，把 len 变量所表示的长度返回给调用方。

如果 getName() 的返回值不是 0，那说明经过处理的这个字符串是有内容的，这时我们要做的就是调用 putName() 函数，将该字符串写入输出端。把下面这个函数添加到 createUnsorted.c 文件最后：

```
void putName( char* pStr , FILE* outFileDesc )  {
  fputs( pStr , outFileDesc );
  fputc( '\n' , outFileDesc );
}
```

我们以前还说过一个问题：puts() 与 fputs() 虽然都能输出字符串，但前者在输出完字符串之后会自动添加一个换行符，而后者则不会。我们早前通过 getName() 函数从输入端获取人名时把字符串里面的换行符给去掉了，现在用 putName() 函数给输出端写入数据时又得把换行符重新加上。我们先将本函数的 pStr 参数传给 fputs() 函数，然后单独用一个 <newline> 字符来调用 fputc() 函数，以便将换行符写进输出端。

现在还有最后一步，也就是把 23.3.1 节讲的 trimStr() 函数添加到文件末尾。写好这个函数之后，就可以保存并编译文件了[⊖]。接下来，我们依次用下面四种方式执行程序，看看它能不能根据用户在命令行界面中指定的参数，表现出正确的行为：

1. createUnsorted
2. createUnsorted -o names.data
3. createUnsorted -o names.data
4. createUnsorted -i names.data

第一次运行是从 stdin 输入，并输出到 stdout，这不会把输入的数据保存到文件里面。第二次运行的时候，用户输入的每个人名都会追加到 names.data 后面。第三次运行的时候，程序会继续把用户输入的人名写到 names.data 文件末尾。最后一次运行的时候，我们把 names.data 用作输入端，这会让程序将 stdout 当成输出端，从而将该文件中的内容显示到控制台上。大家每次测试这个程序时至少应该输入三个人名，而且在输入这些人名时一定记得在某些名字的前面或后面多敲一些空格，然后再按键盘上的 <enter>（回车）键。这几次运行的效果如下所示。

```
[> cc createUnsorted.c -o createUnsorted -Wall -Werror -std=c11
[> createUnsorted
Using stdin for input.
Using stdout for output.
Name 1: Tom
Tom
Name 2: Dick
Dick
Name 3: Jane
Jane
Name 4:
Closing files.
[>
[> createUnsorted -o names.data
Using "names.data": for output.
Using stdin for input.
Name 1:    Tom
Name 2: Dick
Name 3:      Jane
```

⊖ 编译时如果遇到问题，可参见 23.2 节的译者注。——译者注

```
Name 4:
Closing files.
[>
[> createUnsorted -o names.data
Using "names.data": for output.
Using stdin for input.
Name 1: Adam
Name 2: Eve
Name 3:
Closing files.
[>
[> createUnsorted -i names.data
Using "names.data" for input.
Using stdout for output.
Tom
Dick
Jane
Adam
Eve
Closing files.
> █
```

第一次运行的时候，我们输入了 Tom、Dick 与 Jane 这三个名字。这些人名都会立刻显示到控制台中。第二次运行的时候，我们输入的是 　　Tom（注意前面的空格）、Dick　　（注意后面的空格）以及　　Jane　　（注意前后都有空格）。第三次运行程序使用的命令行参数跟第二次相同，这次我们输入了 Adam 与 Eve 这两个名字。最后一次运行是把刚才的输出文件当作输入文件来使用，并把其中的人名写到控制台上。大家会看到，我们在输入这些人名时给首尾添加的那些空格都已经消失了，而且 Adam 与 Eve 这两个名字也正确地添加到了前三个名字的后面。

现在我们就有了一个虽然简单但还算稳定的数据录入程序，它能够删除输入字符串首尾的空格，并将处理后的字符串追加到某份文件中。当然，我们目前还没来得及处理某些微妙的问题，例如磁盘已满、EOF 标记（又称文件结束符）以及宽字符（wide-character）输入等。这些都是比较高深的问题，我们以后再处理，这里只是提醒大家不要忽视这样的问题。

有了这个简单的数据录入程序之后，我们就可以继续开发另一款程序了，该程序会从控制台或文件中读取人名，并为其排序，然后把排好顺序的名称输出到控制台或文件中。

23.4 读取未排序的人名并输出排序后的名单

第 21 章写过一个 nameSorter 程序，它把人名读到一个数组中，而且会在添加每个人名时都把该名称排列在数组的适当位置上，这样数组中的人名就总能够保持有序。那个程序如果发现数组已满，就会给用户显示一条反馈信息，但问题在于：如果输入数据是来自某份文件（而不是来自控制台）的，那么如何才能应对文件中的大量人名呢？这种情况下我们没办法给用户发出提示，让他不要再继续输入了。为此，我们需要采用另一种数据结构来读取人名并为其排序。

第 18 章创建过一种数据结构，叫作链表，当时我们用链表存放一副扑克，然后把牌洗开，并将其发给四位玩家。链表是一种相当有用的数据结构，能够动态地存放大量元素并为其排序。对于目前要做的这个程序来说，我们也打算创建链表，然而现在要创建的是一种特殊的链表，专门用来存放这份名单，并确保添加到链表中的每个名字都能出现在正确的位置上。实现这种链表所用的手法其实跟第 21 章相似，但那时我们用的是长度固定的数组，但这次我们要使用长度不受限的单向链表。链表中的每个条目（或者说每一项）都是一个人名。由于这种链表是专为这款程序设计的，因此我们不用像原来那样提供一套通用的链表操作函数。

把 createUnsorted.c 文件复制一份，命名为 sortNames.c。接下来我们就要在 sortNames.c 里面修改。这个程序的总体结构跟 createUnsorted.c 类似，因此，文件开头与 main() 函数之间的这一部分，以及 main() 函数以后的那一部分，基本上都可以沿用。

在开始修改程序并实现我们的链表之前，首先把 main() 函数里面的 while()... 循环调整一下：

```
char nameBuffer[ 80 ];
NameList nameList = {0};

while( getName( inputFile , nameBuffer ) )  {
  AddName( &nameList , nameBuffer );
}
PrintNames( outputFile , nameList );
DeleteNames( nameList );
```

我们首先声明一个 NameList 结构体，该结构体是链表的头部，它里面包含与这个链表相关的一些信息。while()... 循环只需要修改一个地方，就是把调用 putName() 的那行语句替换成调用 AddName() 函数的语句，该函数主要负责给动态链表里面添加人名，并将该名称排在正确位置上。把所有的人名都处理完之后，我们调用 PrintNames() 函数，将这份排好顺序的名单写入输出端。输出完这些人名就用不到这个链表了，因此我们调用 DeleteNames() 函数把链表所占据的动态内存清理干净。跟上一个程序类似，我们依然要先把输入文件与输出文件关掉，然后才能退出程序。总之，这个程序的主体部分与上一个程序相比，只有四行语句不同。

sortNames.c 里面还有一个地方需要修改：

```
if( NULL == ( outputFile = fopen( optarg , "a" ) ) )  {
```

这一行应该改成：

```
if( NULL == ( outputFile = fopen( optarg , "w" ) ) )  {
```

我们把开启文件时所用的模式从 "a" 改成了 "w"，这样程序运行时如果发现输出文件已经存在，那么会先清空其中的内容，然后再写入数据，而不像原来那样把数据追加到已有的内容之后。

目前的这份源代码无法正确编译，因为其中提到的 NameList 结构体与 AddName()、PrintNames()、DeleteNames() 等函数都没有声明。另外，我们还需要再写一些函数，用来管理这种链表。

23.4.1 用链表给人名排序

这个 sortNames 程序仍然不会写得太过复杂，但这次，我们有了几块彼此之间差异较大的代码，例如 getName()、putName() 与 trimStr() 函数所在的那块代码，要处理的是文件的内容，而我们接下来编写的这块代码，要处理的则是链表。

我们其实依然可以像原来那样，把这两块代码合起来写在一份源文件里面，并照常编译这份源文件，然后运行编译出来的程序。然而更符合行业惯例的办法则是将不同的代码放在不同的文件里面，让同一份文件所包含的这些函数之间彼此具有一定的逻辑关系。就 sortNames 程序而言，这样的逻辑关系要求我们把操作链表结构所用的函数写在一份文件里面，而把处理文件 I/O 的函数写在另一份文件里面。当然，在所有的这些文件中，必须有而且最多只能有一个 main() 函数。这些文件合起来构成我们的 sortNames 程序开发项目。由多个文件所构成的程序项目会在第 24 章详细讲解，然而我们在开发目前这款 sortNames 程序时，就已经要接触这个概念了。

要想按照刚才说的办法来划分，我们只需给 sortNames.c 加上这样一行。这行代码写在文件顶部用来包含其他头文件的那些 #include 指令下方：

```
#include "nameList.h"
```

这行代码会让编译器寻找 nameList.h 文件，并将其内容插入此处，这就好比我们把那个文件中的代码手工输入到这里。接下来我们要开始编写 nameList.h 头文件。下一章会讲到，头文件里面不应该书写那种触发内存分配的代码，其内主要写的应该是一些 #include 指令、typedef 声明、struct 声明、enum 声明以及函数原型。现在请保存 sortNames.c，这份文件暂时就不用改动了。

在存放 sortNames.c 文件的这个目录里面，新建一份名叫 nameList.h 的文件，并写入下列代码：

```
#ifndef _NAME_LIST_H_
#define _NAME_LIST_H_

#include <stdio.h>
#include <string.h>
#include <stdbool.h>
#include <stdlib.h>

typedef char   ListData;
typedef struct _Node ListNode;

typedef struct _Node {
  ListNode*  pNext;
```

```
  ListData*  pData;
} ListNode;

typedef struct {
  ListNode*  pFirstNode;
  int        nodeCount;
} NameList;

ListNode*  CreateListNode( char* pNameToAdd );

void  AddName(        NameList* pNames , char* pNameToAdd );
void  PrintNames(     FILE* outputDesc , NameList* pNames );
void  DeleteNames(    NameList* pNames );
bool  IsEmpty(        NameList* pNames );
void  OutOfStorage( void );
#endif
```

注意看，头文件的所有内容都包裹在开头的 #ifndef _NAME_LIST_H_ 预处理指令与结尾的 #endif 预处理指令之间。#ifndef _NAME_LIST_H_ 指令会判断编译器是否遇到过 _NAME_LIST_H_ 这样一个符号，如果确实没有，那我们就用 #define _NAME_LIST_H_ 指令定义该符号，并把由此开始直至 #endif 指令之间的文本全都包含进来。如果以前已经定义过这个符号，那就将 #ifndef 指令与 #endif 指令之间的文本跳过。由于程序可能会引入多份头文件，而其中某些头文件又会重复引入早前已经引入过的头文件，因此我们可以通过这种写法，防止编译器将同一段内容引入许多遍。

nameList.h 头文件还需要引入其他一些头文件，因为与 nameList.h 配套的 nameList.c 源文件需要用到那些头文件里面的内容。当然，程序项目中的其他源文件可能也会引入那些头文件，但无论其他源文件是否引入，我们都在 nameList.h 头文件这里引入一遍。

接下来，我们用 typedef 分别定义 ListData、ListNode 与 NameList 这样几种别名类型，这一段代码跟第 18 章那个链表程序类似。最后，我们声明几个函数原型，用来表示与操作链表有关的这几个函数。这些函数原型依然跟第 18 章那个链表程序所声明的类似。另外，这里面有些函数并不会在 sortNames.c 源文件中提到。还有一个要注意的地方是，第 18 章那个范例程序定义了 CreateLinkedList() 函数，用来创建链表的头部，而我们这次则没有提供这样一个函数，因为我们打算在 sortNames.c 源文件的 main() 函数里直接分配并初始化 NameList 结构体，以表示链表的头部。

大家或许还会发现，这种声明顺序跟前面那些源文件的开头部分都很相似。实际上，在开发前面那些范例程序时，我们本来也应该把那些声明单独放在相应的头文件里面，并让写有 main() 函数的这份源文件去引入那些头文件。这个问题到下一章再详细讲解。

接下来，我们要开始定义（或者实现）nameList.h 头文件里面声明的这些函数。请创建一份名为 nameList.c 的文件，并在该文件开头写这样一行：

```
#include "nameList.h"
```

注意看，这条指令把需要引入的头文件写在了一对双引号（""），而不是一对尖括号（<>）中，这样写是告诉预处理器（preprocessor）应该先从当前目录中寻找，如果找不到，再从标准的引入目录中查找，而不是直接去标准库里面寻找。

然后，我们把这个函数的代码添加到 nameList.c 文件中：

```
ListNode* CreateListNode( char* pNameToAdd ) {
  ListNode* pNewNode = (ListNode*)calloc( 1 , sizeof( ListNode ) );
  if( pNewNode == NULL ) OutOfStorage();
  pNewNode->pData = (char*)calloc(1, strlen(pNameToAdd)+1 );
  if( pNewNode->pData == NULL ) OutOfStorage();
  strcpy( pNewNode->pData , pNameToAdd );
  return pNewNode;
}
```

第 18 章说过，calloc() 函数能够在堆中分配内存并返回指向这块内存的指针。我们第一次调用 calloc()，是为了分配一个 ListNode 结构体，以表示链表中的一个节点，接下来我们又调用了一次 calloc()，这次是为了给该节点所要保存的字符串分配内存，让节点中的 pData 字段能够指向这块内存。接下来，我们把调用方传入的字符串复制到 ListNode 结构体的 pData 字段（即 pNewNode->pData）所指向的这块内存中，最后返回指向 ListNode 结构体的 pNewNode 指针。这个函数所分配的这两块内存将来都必须设法用 free() 函数释放掉。

然后，我们把下面这个函数的代码添加到 nameList.c 文件里面：

```
void AddName(  NameList* pNames , char* pNameToAdd ) {
  ListNode* pNewName = CreateListNode( pNameToAdd );
  if( IsEmpty( pNames ) ) {  // Empty list. Insert as 1st item.
    pNames->pFirstNode = pNewName;
    (pNames->nodeCount)++;
    return;
  }
  (pNames->nodeCount)++;
  ListNode* curr;
  ListNode* prev;
  curr = prev = pNames->pFirstNode;
  while( curr ) {
    // Perform string comparison here.
    if( strcmp( pNewName->pData , curr->pData ) < 0 ) {
      // Found insertion point before an existing name.
      if( curr == pNames->pFirstNode) { // New names comes before all.
        pNames->pFirstNode = pNewName;  //  Insert at front
        pNewName->pNext = curr;
      } else {                          // Insert somewhere in middle
        prev->pNext = pNewName;
        pNewName->pNext = curr;
      }
      return;
    }
    prev = curr;             // Adjust pointers for next iteration.
    curr = prev->pNext;
  }
```

```
    prev->pNext = pNewName; // New name comes after all. Insert at end.
  }
```

这个函数是 nameList.c 文件的主力函数。它接受一个指向 NameList 的指针与一个有待添加到列表中的字符串。函数首先根据字符串新建相应的 ListNode 节点，然后判断 NameList 所表示的链表是否空白，如果是空白的，那么只需要调整 NameList 里面那个指代链表首节点的指针，然后就可以返回了。如果不是空白的，那么通过 while 循环来寻找正确的位置，将这个新的 ListNode 插在现有的这些 ListNode 之间。为此，我们必须考虑三种情况，一种是插在现存的所有 ListNode 之前，另一种是插在中部的某两个 ListNode 之间，最后，如果走完整个循环依然找不到插入的位置，那说明遇到的是第三种情况，也就是要插在所有的 ListNode 之后。

在理解这个函数的代码时，你可能得对照第 18 章的那张示意图。另外，还有一个有用的办法，就是自己来绘制示意图，以追踪这个函数在插入新的 ListNode 节点时所经历的流程，你可以分别演示在链表头部、中部与尾部插入的情况。

接下来，把下面这个函数添加到 nameList.c 文件里面：

```
void PrintNames( FILE* outputDesc , NameList* pNames ) {
 ListNode* curr = pNames->pFirstNode;
 while( curr ) {
   fputs( curr->pData , outputDesc );
   fputc( '\n'        , outputDesc );
   curr = curr->pNext;
  }
}
```

这个函数从 NameList 中查出整个链表的首节点，并用 curr 指针指代该节点，然后由此出发，通过 while 循环遍历链表中的各个节点。每遇到一个节点就把 curr->pData 所表示的节点数据打印出来，并打印一个换行符，然后调整 curr 指针，令其指向链表中的下一个节点。

下面我们编写一个跟 CreateListNode() 相对照的函数，用来删除整份链表。把这个函数添加到 nameList.c 文件中：

```
void DeleteNames( NameList* pNames )  {
  while( pNames->pFirstNode )  {
    ListNode* temp = pNames->pFirstNode;
    pNames->pFirstNode = pNames->pFirstNode->pNext;
    free( temp->pData );
    free( temp );
  }
}
```

这个函数的写法跟 PrintNames() 类似，它也是从 NameList 结构体中找到链表的首节点，并由此出发，遍历整个链表。每遇到一个 ListNode 节点，它就把该节点从链表里面移除，接着释放节点中的数据，最后释放节点本身。注意，释放的顺序跟分配的顺序相反，我们当初创建节点时是先把节点本身的内存分配出来，然后再给其中的数据分配内存，而删除节点时则应该先释放节点中的数据，然后再释放节点本身。

把下面这个函数添加到 nameList.c 文件里面：

```
bool IsEmpty( NameList* pNames )  {
  return pNames->nodeCount==0;
}
```

这个函数只供 nameList.c 里面的其他函数使用，让那些函数可以方便地判断链表是不是空白的。该函数只需返回 NameList 结构体中的 nodeCount 字段值。

最后，把下面这个函数添加到 nameList.c 中：

```
void OutOfStorage( void )  {
  fprintf( stderr ,
           "### FATAL RUNTIME ERROR ### No Memory Available" );
  exit( EXIT_FAILURE );
}
```

这个函数会在内存中没有多余空间可供分配时得以触发。其实在当前的内存管理系统里面很少出现这种情况，但为了谨慎起见，还是写一个函数比较好。

保存 nameList.c 文件。现在我们有了 sortNames.c、nameList.h 与 nameList.c 这三份文件，接下来需要把它们合起来编译成一个可执行文件。用下面这条命令编译程序[⊖]：

```
cc sortNames.c nameList.c -o sortNames -Wall -Werror -std=c11
```

这条命令告诉 cc 编译器，需要编译的源代码文件有两个，一个是 sortNames.c，另一个是 nameList.c。编译器看到了这样的写法就会明白，为了产生 sortNames 这个可执行文件，它需要先根据这样两份源代码文件编译出中介文件（intermediate file，也叫中间文件），然后再由中介文件生成最终的可执行文件，当然，中介文件的名称不需要由我们手工指定。另外要注意的是，nameList.h 不用写在 cc 命令里面，因为 cc 编译器在处理源代码文件时会通过其中的 #include 指令把 nameList.h 包含进来。

这个命令的其他部分跟以前编译别的范例程序时所用的一样。

现在我们就可以开始测试 sortNames 程序了。

23.4.2 将排序后的名单写入输出端

最后一件事就是验证这款范例程序。我们依次用下面这四行命令来运行该程序：

1. sortNames
2. sortNames -o sorted.data
3. sortNames -i names.data

⊖ 编译时如果遇到问题，可参见 23.2 节的译者注。——译者注

4. sortNames -i names.data -o sorted.data

在让程序从标准输入端读取数据时，我们一律输入 Tom、Dick 与 Jane 这三个名字。在让程序从文件中读取数据时，我们一律使用 names.data 文件作数据源，这个文件是早前测试 createUnsorted 程序时创建的，其内包含 5 个人名。第一次测试应该会看到这样的输出效果。

```
> cc sortNames.c nameList.c -o sortNames -Wall -Werror -std=c11
> sortNames
Using stdin for input.
Using stdout for output.
Name 1: Tom
Name 2: Dick
Name 3: Jane
Name 4:
Dick
Jane
Tom
Closing files.
>
```

第二次测试应该会看到下面这样的输出效果（运行完程序后，需要用 cat 命令来显示输出文件的内容）。

```
> sortNames -o sorted.data
Using "sorted.data": for output.
Using stdin for input.
Name 1: Tom
Name 2: Dick
Name 3: Jane
Name 4:
Closing files.
> cat sorted.data
Dick
Jane
Tom
>
```

第三次测试需要用到一份名叫 names.data 的文件，当前目录里面应该有这个文件，因为我们早前运行别的范例程序时，那个程序会创建出该文件。这次我们看到，程序会把排序之后的名单打印到控制台。

```
> sortNames -i names.data
Using "names.data" for input.
Using stdout for output.
Adam
Dick
Eve
Jane
Tom
Closing files.
>
```

最后一次测试依然根据 names.data 里面的人名来排序，然而这次程序会把排序结果写入一份文件中。我们通过 cat 这个 UNIX 命令来显示该文件的内容。

```
> sortNames -i names.data -o sorted.data
Using "names.data" for input.
Using "sorted.data": for output.
Closing files.
> cat sorted.data
Adam
Dick
Eve
Jane
Tom
> 
```

程序第一次运行会从控制台中读取人名，将其排序，并把排序后的名单输出到控制台。程序第二次运行还是会从控制台中读取人名并为其排序，然而这次它把排序结果写到了文件里面，我们可以用 UNIX 系统的 cat 命令显示该文件的内容。程序第三次运行会从 names.data 文件里面读取人名并为其排序，然后把排序结果打印到控制台。程序最后一次运行还是会从这份文件里面读取人名，然后排序，但是这次它把排序结果打印到了另一份文件中，我们通过 UNIX 系统的 cat 命令查看那份文件的内容。程序在这四次运行过程中都能够正确地从相应的输入端读取人名，为这些人名排序，并将排序结果写进相应的输出端。

到此大家应该能很清楚地看出：该范例程序汇聚了前面那些章节所讲解的各种概念，它虽然简单，但却能够很稳定地给一系列人名（或者说，一系列单词）排序。在开发该程序的过程中，我们借助了 C 语言标准库中的一些例程，并了解到使用这些例程时所应注意的一些细节问题，以及如何编写相应的代码来解决此类问题。

还有一点大家应该也比较清楚了，这就是我们一定要先从一个简单的地方出发，写出一款能够运行的程序，并验证其运行结果，然后才能逐步去完善这款程序。你所选用的 C 语言编译器，以及你所使用的操作系统，都会给编译结果带来微妙的影响，因此必须不断地测试并及时验证程序的运行结果，这样的习惯对编程很有帮助。

23.5 小结

本章再次展示了这样一个理念，就是必须先从一款简单且能够运作的程序出发，逐步完善该程序，以完成最终的版本，而不能刚一上来就直接写复杂的程序。我们用第 22 章的范例程序作为基础构建了一个名为 getoptFiles.c 的模板程序，这个程序能够从 stdin（标准输入端）或某份文件中读取数据，并将其写入 stdout（标准输出端）或某份文件中。接下来，我们又在 getoptFiles.c 程序的基础上构建了另一款范例程序，这个程序并没有添加多少新的功能，它只是把输入流打开，从其中读取各行文本，并把每一行文本当作一个人名，最后将这些人名写进输出端。在开发这款程序的过程中，我们看到了使用 `fgets()` 与 `fputs()` 时应该注意的一些问题，并分别编写了两个函数，用以封装 `fgets()` 与 `fputs()`，让这两个函数能够更好地满足我们的需求。

最后，我们开发了 `sortNames.c` 这款范例程序，把第 21 章实现过的排序功能添加进来，并利用动态的内存结构来处理这些人名，以应对大批量的数据。这款程序融合了前面各章所讲的许多重要概念与小技巧。

另外，我们还接触了由多个文件所构成的 C 语言程序开发项目，这种项目会在第 24 章详细讲解。由于我们日常所要编写的程序很多都是由三个或三个以上的源文件构成的，因此必须了解如何根据多份源文件来开发 C 语言程序。

第五部分 Part 5

开发大型程序

许多C语言的程序都需要用多个文件来开发。此部分要讲的就是如何创立并构建由多份文件所组成的开发项目。

此部分包含第24章和第25章。

Chapter 24 第 24 章

开发多文件的程序

大问题通常要用大程序解决。目前为止，我们开发的程序都比较小，代码数量均未超过一千行。但如果要做的是一款简单的游戏、一款能够稳定运行的基础工具，或一款笔记软件，那么可能就得开发中等规模的程序了，这种程序的代码量可能在一万到十万行之间。如果要做的是管理公司库存、记录销售订单与物料清单、处理文本与电子表格，或管理计算机本身的资源（也就是编写操作系统），那么就必须开发大型的程序。这种程序通常有十万到一百万行代码，甚至更多。这样的程序需要由团队来开发，团队可能包含数百位程序员，他们要花多年时间去创建并维护程序。

开发过许多程序之后你就会明白，自己要解决的问题可能会越来越大，而用来解决这个问题的程序也会越写越大。这种大型程序的代码不会全都写在同一份文件里面，而是会分布在多个文件中，你需要将这些文件合起来编译成一份可执行的程序。

在前面各章中，我们看到如何把相关的操作代码规整到同一个函数里面，而到了本章，我们则要拓展这种思路，把相关的函数规整到同一份源文件里面。这样整个程序开发项目就会由多份源文件构成，每一份文件都包含一组在逻辑上有所联系的函数。

将大型程序拆分成多个文件有许多好处。这样做会让每个程序员或每个开发团队都能够专注地开发其中某一份或某一批文件。另外，由于同一份文件中的内容通常彼此有所联系，因此维护起来也较为容易。然而，这种做法最大的好处还是便于复用，也就是说，开发这款程序时所写的一些文件以后可以用来开发其他的程序。

本章涵盖以下话题：

- 怎样把函数按照彼此之间的关系安排到多份源文件里面。
- 哪些代码应该写在头文件里面，哪些代码应该写在源文件里面。
- 怎样善用预处理器的各种强大功能，如何避免滥用这些功能。

- 怎样在命令行界面中构建由多份文件组成的程序开发项目（与构建单文件的程序类似，只是需要稍加修改）。

24.1 技术要求

详情请参见本书 1.1 节。本章还是要求大家继续使用早前选定的工具来学习。

本章的范例代码也可以从 https://github.com/PacktPublishing/Learn-C-Programming 访问获取。

24.2 理解多文件的程序

在开始讨论哪些内容应该写进头文件，哪些内容应该写进源文件之前，我们必须先理解为什么需要把程序的代码写到多个文件里面。

在第 23 章的 sortNames 范例程序中，有一些函数是专门用来处理输入与输出操作的，而另一些函数则是专门用来操作链表的。其中，usage()、getName()、putName() 与 trimStr() 函数写在 sortNames.c 文件里面，另外，主函数 main() 当然也写在该文件中。这些函数处理的都是与输入及输出有关的事务。有人可能认为，trimStr() 函数处理的是字符串，因此应该单独写到一份文件里面，然而对于 sortNames 范例程序来说，这个函数是为了清理 getName() 函数所获取到的人名，以删除其头部与尾部的空白，所以我们还是可以把它当作一个用来处理输入数据的函数，从而将其留在 sortNames.c 中。程序为了向链表中添加人名并给这些名称排序，需要调用一些专门处理链表的函数，那些函数声明在 nameList.h 头文件中，并由 nameList.c 源文件来定义。sortNames.c 的 main() 函数需要调用那些函数，因此它必须知道那些函数的原型，我们当时将那些函数的原型以及相关的结构体声明在了 nameList.h 头文件里面，并让 sortNames.c 及 nameList.c 这两份源文件都去包含这份头文件。

以后可能会有许多程序要使用链表来给字符串排序。如果我们能够一直把 nameList 里面的结构体与函数写得较为通用，那么将来在开发其他程序时就可以复用这些函数，而无须重新编写。以后如果有哪款程序需要使用链表来排序，那我们只需要让该程序引入 nameList.h 头文件，并在编译时把 nameList.c 源文件纳入编译范围就好，这样就可以在开发那款程序时调用头文件里面的相关函数来操作链表，而无须重新编写那些函数。用这种方式开发程序，有下面几个好处：

- 这促使我们把功能相似的函数放在同一个文件里面。如果有成百上千个函数，那么按照功能来规整可以让这些函数更加清晰。我们要开发的这个程序可能很大、很复杂，但它所调用的那些函数总是能够按照彼此之间的关系规整到相应的文件里面，于是，整个程序理解起来就比较容易。我们在前面其实已经见过类似的情况，当时有一些范例程序引入了许多份头文件，而每个头文件里的函数都与某一种事务有关。例如，stdio.h 头文件里的函数都是用来处理 I/O（输入 / 输出）的，string.h 头文件里的函数几乎都是用来处理字符串的。

- 如果想修改某个函数或某个结构体，那么只需要在一份文件里面修改，而不用同时修改使用这些函数的其他程序文件。
- 把相关的函数规整到一起有助于创建子系统，我们可以用一个或多个子系统构建出较为复杂的程序。

我们接下来先讲解哪些代码应该写到源文件里面，哪些应该写到头文件里面，然后讲解预处理器，讲完这两个话题之后，就会回顾第 16 章的那个范例程序，也就是当时的最后一版 carddeck.c 程序。当初我们把程序的所有代码都写在了同一份文件里面，本章我们会将该文件拆分成多个文件，到时大家就明白这样拆分有什么好处了。

24.3 把声明写在头文件中，把定义写在源文件中

给相关函数归组时所用到的文件有两种，一种是头文件，另一种是源代码文件（也简称为源文件）。早前开发的大多数程序仅由一份源文件构成，我们把 struct 与 enum 的定义代码、用 typedef 关键字创建别名类型的那些代码、函数的原型以及函数本身的代码，全都写在了这份源文件里面。这种写法在开发 C 语言的程序时并不常见，当初之所以这样写，只不过是为了节省篇幅。实际上，C 语言的程序通常由多份文件构成，其中有一份文件叫作主要的源文件，它里面含有主函数 main() 的定义代码，另外还有一份或多份头文件，以及一批辅助的源文件。上一章的 sortNames 程序就是采用这种方式来划分的典型样例，sortNames.c 是主要的源文件，nameList.h 是头文件，nameList.c 是辅助的源文件。

#include 指令后面必须写出某个文件的名字，预处理器一看到这样的指令，就会打开这份文件并将其中的内容读取到该指令所在的地方，使得这些内容也能够进入编译范围，这就好比我们自己把这些内容手工录入到这里。#include 指令后面的文件名必须写在一对尖括号（<>）或一对双引号（""）之中，这两种写法对于预处理器来说各有其含义。如果把文件名写在一对尖括号里面，那么预处理器会从编译器预定义的一组目录里面查找这份文件，但如果把文件名写在一对双引号里面，那么预处理器则先会从当前文件所在的目录里面查找，如果找不到，再从预定义的那组目录里面查找。

24.3.1 创建源文件

跟前面那种只由一个文件构成的程序类似，在由多个文件构成的程序里面，几乎所有的内容都可以写在源文件中。但实际上，我们主要用源文件来定义函数，而把函数的定义代码之外的那些东西全部写在（或者说基本上全部写在）头文件中，让源文件去包含（也就是引入）头文件。

源文件中的函数可以按照各种顺序安排。例如我们可以先把 `main()` 函数所要调用的那些函数定义好，最后编写 `main()` 函数本身。也可以先把那些函数的原型写出来，接着写 `main()` 函数，最后再去定义（也就是实现）那些函数。无论采用哪种顺序，都必须注意，有些内容是只应该写在源文件（而不应该写在头文件）里的，其中的道理我们会在第 25 章详细讲解。

我们已经知道了源文件里面含有哪些内容，接下来笔者要专门讲解头文件，让大家明白什么样的东西应该写在头文件里面，什么样的东西不应该。

24.3.2　创建头文件

头文件有下面几种用途：

- 用来声明函数原型以及自定义类型，以供源文件使用，假如把这些东西声明在源文件里面，那么源文件的代码就会很乱，如果将其移动到头文件之中，那么源文件只需要包含这份头文件即可，这样显得更加清晰。
- 如果某些函数还会由另一份源文件来调用，那我们可以把这个函数的原型写到一份头文件之中，并让那个源文件包含这份头文件，这样的话，它就能够访问这些函数了。那份源文件只需要引入头文件，而不用把这些函数的定义代码重复实现一遍。
- 如果某些自定义的类型还会为另一批源文件所使用，那我们可以把这些自定义的类型声明到一份头文件中，并让那些源文件包含这份头文件，这样它们就能够知道程序里面有这样一些类型了，而不用把这些类型再重复声明一遍。
- 我们可以专门编写一份头文件，把程序里面用到的一些 C 语言标准库中的头文件包含进来，并让程序中的源文件引入我们的这份头文件，而不再去分别引入 C 语言标准库中的相关头文件。比方说，程序里面有一份源文件要引入 `stdio.h`、`stdlib.h` 与 `string.h` 这三个头文件，另一份源文件要引入 `stdio.h`、`math.h` 与 `unistd.h` 这三份头文件。我们注意到，二者都需要引入 `stdio.h`，然而除此之外，还需要分别引入各自所需的另外两份头文件。为此，我们可以专门创建一份头文件，例如叫作 `commonheaders.h`，并在这份头文件中引入刚才提到的那 5 种头文件，然后让这两份源文件引入我们的 `commonheaders.h`，而不再去分别引入各自所需的那三份头文件。并不是说每一个程序开发项目都需要这么做，笔者的意思是：如果项目中的这些源文件分别需要从标准库中引入各种各样的头文件，那么创建这样一份头文件，并在其中把标准库中的相关头文件全都包含进来，可以让项目管理起来更加方便，因为其中的每个源文件都只需要引入这一份头文件，而不用再逐个引入原来的那些头文件，所以也就不用担心会把其中某份头文件给忘掉了。

有一些非常简单的原则，可以帮助我们判断是否应该创建头文件。这些原则的出发点是：某一份头文件应该会为两个或两个以上的其他文件所使用。许多程序员在针对源文件创建相应的头文件时，其实并没有仔细考虑过为什么要创建这份头文件。我们可以用下面这条简单的原则，来决定需不需要创建这样一份头文件：

必须要有至少两个文件使用它，你才应该创建这份头文件。

或者换一种说法：

每一份 .h 文件都应该为至少两个 .c 文件所使用。

回顾早前的 sortNames 程序，大家就会发现，nameList.h 这份头文件同时为 sortNames.c 与 nameList.c 文件所引入，这说明这份头文件确实应该创建，因为至少有两个源文件要引入它。一般来说，我们有这样一种习惯，就是给程序中的每个源文件都创建一份头文件，我们通常并不会想太多，这就好比大家在写 if()... else... 结构时，总是会不假思索地用一对花括号，把 if() 后面的语句与 else 后面的语句分别括起来，尽管有时并不需要这样做，但我们还是会这么写。头文件也是如此，即便某份头文件没必要出现，你把它摆在那里也不会对项目造成损害，它还是能够帮助你安排项目中的各个源文件。就笔者自己的经验来看，我每次创建 .c 文件时总是会随手创建一份相应的 .h 文件。

什么样的内容应该写在头文件中？下面举几个例子：

- ❑ 函数的原型代码，换句话说，就是仅用来声明而不是定义某个函数的那种代码。
- ❑ 针对自定义的类型（也就是各种 enum 及 struct）所编写的定义代码。
- ❑ #define 与 #include 等预处理指令。
- ❑ 用来定义某种类型但并不会引发内存分配的那种代码，例如用来创建别名类型 typedef 声明。

什么样的内容不应该写在头文件中？这主要指下面两类代码：

- ❑ 会引发内存分配的那种代码，例如声明变量或声明常量（也就是常变量）的代码。
- ❑ 函数的定义（也就是函数的实现代码）。

声明常量或变量会触发内存分配。无论该变量是固有类型还是自定义类型都会这样。因此，如果我们在头文件里面声明变量，而这份头文件又多次受到引入，那么编译器就会发现，它必须为同一个变量名多次分配内存空间，这会导致它无法判断这个变量名（或者说，这个标识符）指的到底是哪一次分配出来的那个空间。这种现象叫作*名称冲突*（name clash，也叫作命名冲突）。编译器如果发现你多次用同一个标识符来定义变量，那么会给出至少一条错误消息。

定义函数（也就是给函数编写实现代码）会促使编译器必须记录这段函数代码所在的地址以及其他一些信息，这样才能在程序调用该函数时，正确地跳转到相应地址并执行这个函数。因此，如果我们在头文件里面定义函数，而这份头文件又多次受到引入，那么编译器就会发现，它必须为同一个函数记录多个地址，这会导致它在程序需要执行该函数时无法判断自己应该跳转到哪一次记录下来的那个地址。这种现象同样属于命名冲突。编译器如果发现你把同一个函数定义了多次，那么会给出至少一条错误消息。

我们后面会讲到一种办法，让你能够采用相关的预处理指令来防止头文件中的同一段代码多次纳入编译范围，进而避免命名冲突。然而大家还是必须注意：不在头文件中声明变量或定义函数早已成为一种惯例，单方面违背这样的惯例是不明智的，因为其他程序员还是会认为你所写的头文件里面不会出现那种引发内存分配或用来定义函数的代码。他们总是认为，所有的头文件都可以多次受到引入，而不会给程序带来问题。这是长久以来的定例，没有必要打破。

当然，大家前面已经看到：可以写在头文件里面的那些代码，不一定非得放在头文件中，你依然可以将其写在源文件里面。至于某些代码为什么写在头文件里面比较好，某些代码为什么写在源文件里面比较好，我们到第 25 章再说。现在我们只需要明白，应该给每一份 C 语言源文件创建出对应的头文件，以便将这份源文件整理得更加清楚。

24.4　重新审视预处理器

预处理器是一个很强大的工具，但必须谨慎地使用。对于由多份文件所组成的程序开发项目来说，这是一个很重要的话题，没办法完全抛开不谈。本节要讲的就是预处理器的用法。我们要像 Goldilocks 那样[㊀]，适度地使用预处理机制——既不能完全不用，又不能用得太滥。

24.4.1　了解预处理器的局限与风险

预处理器是一种简单的宏处理器（macro processor），用来在编译器读取程序代码之前，先对这份代码做一些文字上的处理。你可以用单行的预处理指令（preprocessor directive）来控制预处理器，让它根据该指令来解读源代码里面的宏，并将其替换成相应的文本，或把相应的文本纳入 / 排除出编译范围。经过预处理的源代码文本必须是一份有效的 C 语言源代码。

下面这张表格简单介绍几种基本的预处理指令：

`#include`	把另一份文件中的文本插入这里
`#define`	添加宏定义
`#undef`	移除某个宏定义
`#ifdef`	如果定义了某个宏，那就把下面这段文本纳入编译范围
`#ifndef`	如果没有定义某个宏，那就把下面这段文本纳入编译范围
`#if`	如果条件表达式成立，那就把下面这段文本纳入编译范围
`#else`	如果配套的 `#if`、`#ifdef`、`#ifndef` 或 `#elif` 分支不成立，那就把下面这段文本纳入编译范围
`#elif`	该指令的作用相当于 `#else` 与 `#if` 这两条指令合写
`#endif`	用来表示某个条件结构至此结束
`#error`	让编译器报错，并显示该指令所指定的消息
`#pragma`	给编译器指定与具体实现有关的消息，以控制编译器的行为

㊀ 参见 1.7.1 节。——译者注

另外还有几个预处理指令有专门的用途，没有列在表格里面。

预处理器的主要功能就是执行文本替换（textual substitution），这项功能虽然强大，但也隐藏着风险。预处理器虽然能够替换文本，但本身并不会顾及替换后的文本是否符合C语言（或任何一种语言）的语法。

了解预处理器的某些风险

由于预处理器所提供的一些指令跟程序代码相似，因此我们总是喜欢像编写真正的程序代码那样来使用这些指令。然而预处理器其实只是一个简单的宏处理器，它并不会顾及语法，某些文本经过预处理所产生的结果可能不是你所想象的那样，这种文本或许能够通过编译，但编译出来的程序其运行效果可能跟你想要的不同。

有些情况下确实可以用相当复杂的方式来使用预处理器，然而这要求我们必须掌握高级的编程技巧，并使用严格的验证手法予以验证，这已经超出了本书的范围。因此，笔者在这里还是建议大家尽量采用简单而务实的方式来使用预处理器。

24.4.2 如何有效地使用预处理器

下面这些原则可以帮助大家有效地使用预处理器并避免滥用和误用：

- 如果某段代码能够写成C语言的函数，那就不要用预处理指令把它定义成宏。另外，你还可以考虑将函数声明成inline函数。这个关键字会建议编译器把函数的代码直接放在调用该函数的地方，以免去调用函数的开销，这跟预处理器所做的文本替换类似，然而区别在于这样做能够利用C语言的类型检查机制。inline关键字可以用在对性能要求很高的场合。
- 只有在其他方法全都无效时，才应该考虑通过预处理器来优化性能。这种通过预处理机制减少程序所执行的语句及函数的做法又称为CPU周期缩减（CPU cycle trimming）技术。系统的配置只要稍有变化就会影响这种技术的效果。因此，我们总是应该先努力寻找最合适、最高效的算法，而不是刚一上来就直接做周期缩减。另外，不要总是按照自己的想法去猜测某种优化技术对程序性能所产生的影响，而是应该在运用该技术之前与之后分别测评程序的性能，并根据测评数据来判断。如何测评程序的性能，以及如何改进程序的性能，都有专门的书籍来讲解。
- 尽量用const <类型> <变量名> = <值>;的写法来定义常变量（也就是常量），而不要采用#define <宏名称> <字面量>的写法来定义宏。前者会保留类型信息，而后者则没有类型信息，这使我们不太容易观察出替换之后的字面量在类型上有没有按照正确的方式得到使用。
- 尽量用enum { <枚举项的名称> = <值>, ... }的写法来定义枚举，而不要采用#define <宏名称> <字面量>的写法来定义宏。有时（例如在结构体中）我们可能不想直接写出某个数组的元素数量，而是想用一个值来表示这个数量，问题在于，C语言不允许使用const int形式的常量值来指定这种数组的元素个数。于是，许多人就认为 C 语言的数组在这种情况下用起来不方便，因而通过 #define 指令来定义宏以指代该数组的元素个数。其实在这种情况下不一定要借助预处理器，而是可以编写一个 enum 块，并在其中定义一个枚举项，以表示数组的元素个数。我们在本章末尾的范例程序里面会看到这种写法。

- 通过简单的预处理指令来控制头文件，让该文件在引入到其他文件之后能够产生正确的效果，而不会给程序带来负面影响。

最后一条需要再解释一下。如果某份头文件为程序中的某份源文件所引入，那么编译器会先把头文件里面的所有内容都复制到源文件中，然后再编译。问题在于，程序里面通常还有别的源文件也要引入同一份头文件，这就导致编译器把这些内容又复制一遍，插在那份源文件里面。为了避免这种现象，我们可以把头文件的主体内容包裹在下面三条指令之间：

```
#ifndef _SOME_HEADER_FILE_H_
#define _SOME_HEADER_FILE_H_

// contents of header file
...
...
...

#endif
```

第一条指令会判断有没有定义名叫 _SOME_HEADER_FILE_H_ 的宏，如果定义了，那就说明这份头文件至少处理过一次，因此把该指令与跟它配套的 #endif 指令之间的文本全部跳过。注意，#endif 应该写在这份头文件的最后一行。

实际上，第一条指令的准确意思是判断名叫 _SOME_HEADER_FILE_H_ 的宏是否还没有定义过，如果确实没有定义过，那就执行接下来的 #define _SOME_HEADER_FILE_H_ 指令，以便定义这样一个宏，然后把头文件的主要内容纳入编译范围。预处理器下次处理到这份文件时会发现已经定义过 _SOME_HEADER_FILE_H_ 宏了，于是第一条指令的条件不成立，因而直接跳到与之配套的 #endif 指令那里，这就相当于把这两条指令之间的文本全都忽略了，而不会将其重复纳入编译范围。

这种写法能够确保无论有多少个文件引入这份头文件，该文件的主体内容都只会引入一次，而不会多次复制到有待编译范围之中。为了保证该写法有效，我们应该给每个头文件都指定一个独特的符号，并把这个符号写在 #ifndef 与 #define 指令里面。一般来说，我们可以像上面那个例子那样用文件名的全大写形式构造这个符号，并在单词与单词之间用下划线来分隔，这样通常就能确保每份头文件都有一个与之相对应的独特符号。

24.4.3 利用预处理器来调试程序

我们已经知道了预处理器的两种合理用法，一种是在文件中通过 #include 指令把头文件包含进来（或者说引入进来），另一种是在头文件中通过一套 #ifndef、#define 与 #endif 指令，防止预处理器把这份头文件的主体内容重复纳入编译范围。现在我们还要再讲一种用法，就是通过预处理指令来调试那种由多份文件所构成的庞大且复杂的程序。

我们可以采用带有判断功能的 #if 指令来轻松地决定源文件中的某段代码是应该纳入编译范围，还是应该排除出编译范围。考虑下面这种写法：

```
...
#if TEST_CODE
   // code to be inserted and executed in final program
   fprintf( stderr, "This is a test. We got here.\n" );
#endif
...
```

这样写的意思是：如果定义了名为 TEST_CODE 的宏，且该宏所对应的值不是 0，那么 #if 与 #endif 指令之间的文本（也就是我们的实验代码）会作为源代码而纳入编译范围。我们可以用两种办法来启用这段实验代码。第一种是在程序的主源文件（也就是 main() 函数所在的那份源文件）里面写上这样一条指令，以定义 TEST_CODE 宏及其取值：

```
#define TEST_CODE 1
```

这条指令会定义一个名叫 TEST_CODE 的宏，并将它的值设为 1（只要值不为 0，#if 指令都将其视为真值）。如果我们既想定义 TEST_CODE 宏，又想把这段实验代码排除出编译范围，那么只需将刚才那条指令里面的 1 改为 0：

```
#define TEST_CODE 0
```

这样写也会定义一个名叫 TEST_CODE 的宏，但是会将它的值设为 0（只要值是 0，#if 指令就将其视为假值）。于是，#if 与 #endif 指令之间的实验代码就不会纳入编译范围了。

要想把这段实验代码纳入编译范围，第二种办法是在编译的时候通过命令行选项来定义 TEST_CODE 宏以及它的值：

```
cc myProgram.c -o myProgram -Wall -Werror -std=c11 -D TEST_CODE=1
```

-D 选项用来定义宏，后面的 TEST_CODE=1 意思是定义一个叫作 TEST_CODE 的宏并将其值设为 1。注意，通过命令行选项定义的宏，要比在文件里面通过指令定义的宏，优先得到处理。

如果开发的是一个比较复杂的程序，而我们想要测试的特性也比较多（换句话说，我们需要定义多个宏，让它们分别决定相应的特性是应该启用还是应该禁用），那么笔者会像下面这样，把这些宏写在 #if defined 及 #else 分支里面：

```
#if defined DEBUG
 #define DEBUG_LOG 1
 #define DEBUG_LOG_ALIGN 0
 #define DEBUG_LOG_SHADOW 0
 #define DEBUG_LOG_WINDOW 0
```

```
 #define DEBUG_LOG_KEEPONTOP 1
 #define DEBUG_LOG_TIME 1
#else
 #define DEBUG_LOG 0
 #define DEBUG_LOG_ALIGN 0
 #define DEBUG_LOG_SHADOW 0
 #define DEBUG_LOG_WINDOW 0
 #define DEBUG_LOG_KEEPONTOP 1
 #define DEBUG_LOG_TIME 0
#endif
```

笔者会把这套指令单独放在一份头文件里面，以便随时决定某项特性在普通模式与调试模式下是否应该启用。如果我们想让程序进入调试模式（也就是采用 #if defined 分支中的那套配置），那么只需在编译该程序时给命令行里面添加 -D DEBUG 选项。笔者当时面对的那款程序有一万多行代码，它们分布在大约 230 份文件中。那些代码会采用 #if DEBUG_LOG_xxx ... #endif 这样的结构来执行 ... 所表示的这一部分代码，这种写法的意思是说，只有在程序里面定义了 DEBUG_LOG_xxx 宏且该宏取真值的情况下，才执行 ... 所表示的这一部分代码所实现的某项功能，该功能可能是将一段调试信息写入日志或打印到控制台。这样的调试手法虽然比较粗糙，但却相当实用，它有时也叫作 caveman debugging（原始人调试法）[⊖]。

我们还可以利用类似的 #if defined 结构来决定：程序里面的某个地方是应该采用这一套代码，还是另外的一套代码。考虑下面这种写法：

```
...
#if defined TEST_PROGRAM
   // code used to test parts of program
   ...
#else
   // code used for the final version of the program (non-testing)
   ..
#endif
```

这样写的意思是，如果定义了名叫 TEST_PROGRAM 的宏，那就把 #if 与 #else 指令之间的这套代码纳入编译范围，如果没有定义该宏，则将 #else 与 #endif 指令之间的这套代码纳入编译范围。

如果测试版的程序和正式版的程序都要通过同一份主文件中的 main() 函数来启动，而这两个版本的程序在 main() 函数里所要执行的代码各不相同，那么通过刚才这种结构来切换，就很方便。当然，你必须注意，测试版的代码与正式版的代码还是不能差得太远，否则程序里面的其他代码就没有办法正确地与某个版本相配合。因此，这种技巧未必适用于每一个项目。

详细讲解如何调试程序并不在本书的讨论范围之内。

有时我们会研究如何实现某项功能，而研究完毕之后，我们可能会发现，这项功能可

⊖ 是指那种不借助调试工具或复杂的调制机制，仅通过打印程序状态来调试的办法。——译者注

以用好多种办法来实现，但我们在程序里面只需要使用其中的一种。其他那几种实现方案的代码，不一定非要一行一行地注释掉，而是可以括在 `#if 0 ... #endif` 块里面。由于 `#if` 指令总是会把 `0` 视为假值（也就是 `false` 值），因此 `...` 所表示的这块代码肯定不会纳入编译范围。本书代码库中的源文件也会采用这种写法把某项功能的另一种实现方案，或某个流程的另一套执行步骤给括起来。

现在我们已经讲了预处理器的四种合理用法：

- 用来包含（也就是引入）头文件。
- 用来防止头文件的主体内容重复纳入编译范围。
- 用来启用某一段简单的调试代码（或者说，用来做 caveman 调试）。
- 用来把某套实验方案排除出编译范围（也就是将这套方案的代码写在 `#if 0 ... #endif` 结构中）。

接下来，我们就开始把一款范例程序的代码从一个文件拆分成多个文件。

24.5 创建多文件的程序

第 16 章编写的最终版 `carddeck.c` 程序仅由一个文件构成，我们现在要重新调整程序的结构，把那个文件拆分成多个头文件与多个源文件。在继续往下看之前，你可能得先回顾一下那个文件的内容与结构。

我们打算创建四个 `.c` 源文件以及四个相应的 `.h` 头文件，也就是说，我们总共要创建 8 份文件。这些文件分别是：

- `card.c` 与 `card.h` 文件，它们用来操作 `Card` 结构体。
- `hand.c` 与 `hand.h` 文件，它们用来操作 `Hand` 结构体。
- `deck.c` 与 `deck.h` 文件，它们用来操作 `Deck` 结构体。
- `dealer.c` 与 `dealer.h` 文件，前者是程序的主文件，后者会包含上面三份头文件，让程序中的每一份源文件都只需要引入 `dealer.h`，而不用再分别引入各自所需的头文件。

首先，单独创建一个文件夹用来存放这 8 个新的文件。你可以把 `carddeck.c` 拷贝一份，放到这个文件夹里面，也可以从该文件本身所在的位置打开这份文件。我们要把文件中的内容，复制并粘贴到这 8 个新的文件里面。如果你使用的编辑器能够开启多个窗口，那么可以把 `carddeck.c` 文件单独放在一个窗口里面，这样就能够更加方便地从该窗口中复制代码，并将其粘贴到我们的新文件里面。笔者接下来要用的就是这个办法。当然还有另外一种办法，就是将 `carddeck.c` 文件复制 8 份，并根据需要将每一份文件里面的多余代码删掉。

把这 8 份文件写好之后，我们会确认新版的程序依然能够正常运作，并且能够输出跟原来相同的结果，以此来验证这次结构调整是没有问题的。

24.5.1　把 Card 结构体与相关函数提取到相应的文件中

在提取过程中，我们会把 carddeck.c 文件的内容过一遍，以寻找其中与这次提取有关的代码。我们的步骤是这样的：

1. 创建名为 card.h 的头文件并开启该文件，然后写入下面几行新的代码：

```
#ifndef _CARD_H_
#define _CARD_H_

#endif
```

这几行代码，是我们在编写这份头文件时首先要写出的。这种写法的原理前面已经解释过了，也就是确保这份头文件的主体部分，在预处理的过程中只会包含一次，而不会重复纳入编译范围。其中提到的 _CARD_H_ 宏是这个头文件专用的，不会出现在别的文件里面。我们要把这份头文件的其他内容全都写在 #define _CARD_H_ 指令与 #endif 指令之间。

接下来，我们就可以采用这种写法，继续添加并编写另外几份头文件了，但是别着急，我们先把 card.c 与 card.h 文件写好。

2. carddeck.c 文件里面定义了一些 const ... 形式的常量。其中与 Card 结构体有关的只有三个：kCardsInSuit、kWildCard 及 kNotWildCard。在将这三个常量移入 card.h 文件时，我们打算换一种写法，不采用 const ... 形式来定义，而将其声明成下面这个枚举类型的枚举项：

```
enum {
  kNotWildCard = 0,
  kWildCard    = 1,
  kCardsInSuit = 13
}
```

这样写会让这三个标识符（也就是这三个枚举项）分别与相应的常数值对应起来，于是，我们以后在声明 Hand 或 Deck 结构体时就可以使用这些值了，而且还可以用这样的值来指定数组的元素数量。const int 型变量的值虽然在初始化之后不会发生变化，但它们其实是一种只读的变量，或者说，是一种常变量，而不是真正的常量。用 enum {...} 声明的枚举项是真正的常量，可以用来指定数组的元素个数。

3. 接下来，把 typedef enum { … } Suit; 声明、typedef enum {… } Face; 声明、typedef struct { … } Card; 声明，以及三个 Card 函数（也就是 InitializeCard()、PrintCard() 与 CardToString() 函数）的原型从 carddeck.c 复制到 card.h。现在，头文件的内容应该变成下面这样：

```
#ifndef _CARD_H_
#define _CARD_H_
enum {
  kNotWildCard = 0,
```

```
  kWildCard    = 1,
  kCardsInSuit = 13
};

typedef enum  {
  club  = 1,  diamond,  heart,  spade
} Suit;

typedef enum  {
  one = 1,  two ,  three ,  four ,  five ,  six , seven ,
  eight  , nine ,   ten ,  jack , queen , king , ace
} Face;

typedef struct  {
  Suit suit;
  int  suitValue;
  Face face;
  int  faceValue;
  bool isWild;
} Card;

void InitializeCard( Card* pCard , Suit s , Face f , bool w );
void PrintCard(      Card* pCard );
void CardToString(   Card* pCard , char pCardStr[20] );

#endif
```

我们把与 Card 有关的常量（这些常量用枚举项的形式来声明）、Card 结构体的定义，以及用来操作 Card 的三个函数所具备的原型，全都写在了同一份头文件里面。请保存这份文件。

按照通常的写法，card.c 源文件应该会引入 card.h 头文件以及 C 语言标准库里面的一些头文件。然而在这款程序中，我们决定设立一个总的头文件，让它把 card.h 这样的头文件以及 C 语言标准库里面的相关头文件全都包含进来，使得 card.c 这样的源文件只需引入这个总的头文件即可。这个总的头文件在这款程序里面叫作 dealer.h，它的内容我们后面再说，这里只需要知道，card.c 文件的第一行代码，应该是 #include "dealer.h" 指令。

4. 最后建立 card.c 文件并开启该文件，把 carddeck.c 里面的 InitalizeCard()、PrintCard() 与 CardToString() 函数复制到 card.c 中。现在，这个源文件的内容应该是下面这样的：

```
#include "dealer.h"

void InitializeCard( Card* pCard, Suit s , Face f , bool w )  {

 // function body here
 ...
}

void PrintCard( Card* pCard )  {
```

```
    // function body here
    ...
}

void CardToString( Card* pCard , char pCardStr[20] )  {

    // function body here
    ...
}
```

card.c 文件里面应该会有一条用来引入头文件的 #include 指令，以及三个函数的定义代码，这三个函数用来操作 Card 结构体。为了节省篇幅，笔者把这三个函数的函数体所包含的语句全都省略掉了。现在请保存这份文件。接下来，我们开始编写与 Hand 结构体有关的文件。

24.5.2　把 Hand 结构体与相关函数提取到相应的文件中

刚才我们把涉及 Card 结构体的 typedef、enum、struct 以及一些函数从 carddeck.c 提取到了 card.h 与 card.c 文件里面。现在我们依然按照类似的方式来处理 Hand 结构体：

1. 创建 hand.h 文件并打开这份文件，然后输入下面三行新的代码：

```
#ifndef _HAND_H_
#define _HAND_H_

#endif
```

这三行代码是这份头文件的基础，接下来我们还是要把 carddeck.c 文件过一遍，首先我们看到，它里面有几个跟 Hand 相关的常量，我们把这几个常量迁移过来，并且放在 enum{} 结构里面，令其成为枚举项：

```
enum {
 kCardsInHand = 5,
 kNumHands = 4
};
```

2. 接下来，我们就可以把 typedef struct { … } Hand; 声明，以及与 Hand 结构体有关的那四个函数（也就是 InitializeHand()、AddCardToHand()、PrintHand() 与 PrintAllHands() 函数）的原型添加到头文件里面。然而我们注意到，其中有一个函数的参数是 Card* 型，因此必须让编译器知道代码里面有一个叫作 Card 的结构体，只有这样，它才能正确处理这个函数的原型。为此，我们需要将 card.h 头文件包含进来。做完这些改动之后，hand.h 文件应该变成下面这样：

```
#ifndef _HAND_H_
#define _HAND_H_

#include "card.h"
```

```
enum {
  kCardsInHand = 5,
  kNumHands    = 4
};

typedef struct  {
  int   cardsDealt;
  Card* hand[ kCardsInHand ];
} Hand;

void InitializeHand( Hand* pHand );
void AddCardToHand(  Hand* pHand , Card* pCard );
void PrintHand(      Hand* pHand , char* pLeadStr );
void PrintAllHands(  Hand* hands[ kNumHands ] );

#endif
```

3. 现在的 hand.h 文件已经写好了相关的常量值、Hand 结构体的定义代码，以及用来操作该结构体的那些函数的原型。保存这份文件。

4. 创建一份名叫 hand.c 的文件，并打开该文件。与早前编写 card.c 时类似，我们这次也是要把与 Hand 有关的那四个函数的定义代码，从 carddeck.c 复制到 hand.c。我们还得把 #include "dealer.h" 指令写在这些代码之前。现在，hand.c 文件应该是下面这样的：

```
#include "dealer.h"

void InitializeHand( Hand* pHand )  {
  // function body here
  ...
}

void AddCardToHand( Hand* pHand , Card* pCard )  {
 // function body here
  ...
}

void PrintHand( Hand* pHand , char* pLeadStr )  {
 // function body here
  ...
}

void PrintAllHands(  Hand* hands[ kNumHands ] )  {
 // function body here
  ...
}
```

hand.c 源文件里面有一条 #include 指令，而且定义了四个用来操作 Hand 结构体的函数。为了节省篇幅，笔者把这四个函数的函数体所包含的代码给省略掉了。现在请保存这份文件。接下来，我们要编写与 Deck 结构体有关的文件。

24.5.3　把 Deck 结构体与相关函数提取到相应的文件中

跟处理 Card 及 Hand 结构体时相似，我们这次还是用同样的办法来处理涉及 Deck 结构体的 typedef、enum、struct 与函数。我们按照下列步骤执行：

1. 创建一份名叫 deck.h 的文件并打开这份文件，然后添加下面三行新的代码：

```
#ifndef _DECK_H_
#define _DECK_H_

#endif
```

这三行代码是这份头文件的基础。接下来我们依然要把 carddeck.c 文件过一遍。首先我们看到，它里面有一个涉及 Deck 结构体的枚举项，我们将这个枚举项迁移到 deck.h 里面：

```
enum {
  kCardsInDeck = 52
};
```

2. 接下来我们就可以添加 typedef struct { … } Deck; 与涉及 Deck 结构体的那四个函数（也就是 InitializeDeck()、ShuffleDeck()、DealCardFromDeck() 及 PrintDeck() 函数）的原型了。然而我们注意到，Deck 结构体里面那两个数组的元素类型与 Card 有关，而且这四个函数里面有一个函数的返回值是 Card* 型，也就是返回一个指向 Card 的指针，因此我们必须让编译器知道 Card 类型，只有这样，它才能正确处理这个结构体与这个函数原型。为此，我们需要包含 card.h 头文件。做出这些修改之后，deck.h 文件应该变成下面这样：

```
#ifndef _DECK_H_
#define _DECK_H_

#include "card.h"

enum {
  kCardsInDeck = 52
};

typedef struct  {
  Card  ordered[  kCardsInDeck ];
  Card* shuffled[ kCardsInDeck ];
  int   numDealt;
  bool  bIsShuffled;
} Deck;

void  InitializeDeck(   Deck* pDeck );
void  ShuffleDeck(      Deck* pDeck );
Card* DealCardFromDeck( Deck* pDeck );
void  PrintDeck(        Deck* pDeck );

#endif
```

3. 现在的 deck.h 文件里面已经有了相关的常量值、Deck 结构体的定义以及操作该结构体的那些函数的原型。保存这份文件。

4. 创建一份名叫 deck.c 的文件并打开该文件。与早前编写 card.c 时类似，我们这次依然是把 carddeck.c 里面与 Deck 相关的那四个函数的定义代码复制到 deck.c 中。我们还要在这些代码前面添加一条 #include "dealer.h" 指令。现在的 deck.c 文件应该是下面这样：

```
#include "dealer.h"

void InitializeDeck(   Deck* pDeck )  {
  // function body here
  ...
 }
void ShuffleDeck(      Deck* pDeck )  {
 // function body here
  ...
}

Card* DealCardFromDeck( Deck* pDeck )  {
 // function body here
  ...
}

void PrintDeck(        Deck* pDeck )  {
 // function body here
  ...
}
```

deck.c 这份源文件有一条 #include 指令，并且定义了四个用来操作 Deck 结构体的函数。为了节省篇幅，笔者依然把这四个函数的函数体所包含的代码省略掉。请保存这份文件。接下来，我们该编写那两个 dealer 文件了。

24.5.4 完成整个 dealer 程序

我们已经把涉及 Card、Hand 与 Deck 结构体的声明及函数都写到了相应的文件里面，现在可以编写 dealer.h 与 dealer.c 文件了，写好这两个文件，整个程序就完成了。我们的步骤是：

1. 创建 dealer.h 文件并打开这份文件。然后添加下列代码：

```
#include <stdbool.h>
#include <stdio.h>
#include <string.h>
#include <stdlib.h>
#include <time.h>

#include "card.h"
#include "hand.h"
#include "deck.h"
```

把 carddeck.c 再过一遍，这次我们发现，需要迁移到 dealer.h 文件里面的内容只剩下那几条 #include 指令了，它们是用来引入标准库中的相关头文件的。我们刚才已经针对程序中的三个 .c 源文件分别创建了三份头文件，现在，我们要让这个总的 dealer.h 头文件把刚才的三份头文件包含进来。早前创建的三份源文件都会引入我们这份总的 dealer.h 头文件。另外，早前创建的三份头文件，其主体代码都写在各自的 #ifndef 指令与 #endif 指令之间，因此我们不用担心那些代码会重复纳入编译范围。现在的这份 dealer.h 头文件已经把标准库里面的相关头文件全都包含进来了，而且把那三份源文件所对应的三个头文件也包含进来了。保存这个文件。

2. 创建 dealer.c 文件并打开这份文件。需要从 carddeck.c 迁移到该文件中的内容只剩下一个 main() 函数了。迁移之后的 dealer.c 文件应该是下面这样：

```
#include "dealer.h"

int main( void )  {
  Deck  deck;
  Deck* pDeck = &deck;
  InitializeDeck( pDeck );
  PrintDeck(      pDeck );
  ShuffleDeck( pDeck );
  PrintDeck(   pDeck );
  Hand h1 , h2 , h3 , h4;
  Hand* hands[] = { &h1 , &h2 , &h3 , &h4 };
  for( int i = 0 ; i < kNumHands ; i++ )  {
    InitializeHand( hands[i] );
  }
  for( int i = 0 ; i < kCardsInHand ; i++ )  {
    for( int j = 0 ; j < kNumHands ; j++ )  {
      AddCardToHand( hands[j] , DealCardFromDeck( pDeck ) );
    }
  }
  PrintAllHands( hands );
  PrintDeck(     pDeck );
  return 0;
}
```

main() 函数用来控制整个程序的流程。它首先声明一个 Deck 结构体类型的变量，然后调用与 Deck 有关的函数，以便操作这个 deck（也就是操作这副牌）。这段代码所提到的类型与函数声明在 deck.h 头文件里面，而那个头文件会为 dealer.h 这个总的头文件所引入，由于我们的 dealer.c 文件引入了 dealer.h，因此也就相当于把 deck.h 包含了进来。接下来，声明四个 Hand 结构体型的变量，然后用 InitializeHand() 函数初始化这些变量的内容。这段代码所提到的类型与函数声明在 hand.h 头文件里面，那个头文件同样会为 dealer.h 这个总的头文件所引入。然后，我们从 deck 所表示的这副牌里抽牌，并将其发到相应的玩家手里。main() 函数本身并没有直接提到 Card，因此 dealer.c 文件其实并不需要使用 card.h 里面的内容，然而 main() 函数提到了 Hand

结构体与 Deck 结构体，并且调用了几个用来操作这两种结构体的函数，这些结构体与函数需要使用 Card 结构体以及那些用来操作 Card 结构体的函数。因此，Hand 与 Deck 这两种结构体所对应的那两份源文件都必须知道 Card 结构体以及与该结构体有关的函数。正是由于程序里面会出现这种比较复杂的相互依赖关系，因此我们才决定设计 dealer.h 这个总的头文件，让它把每份源文件所需使用的头文件全都包含进来，这样就不用逐个考虑每份源文件具体应该引入哪些头文件了，我们只需令其一律引入 dealer.h。

除了按照刚才那套方式来设计头文件，我们还可以改用另一套方式，也就是让每份源文件都单独去引入它自己所需的头文件，而不像刚才那样设计一个总的 dealer.h 头文件，并让所有源文件都引入这份头文件。按照这套方法，dealer.c 只需要引入 deck.h 与 hand.h，deck.c 需要引入 deck.h、card.h、stdio.h、stdlib.h 与 time.h。hand.c 需要引入 hand.h、card.h 与 stdio.h。card.c 需要引入 card.h、string.h 与 stdio.h。笔者之所以选用刚才那套方式来设计，其原因在于：让所有的源文件都引入同一份总的头文件是一种较为稳妥的做法，如果这些源文件所在的程序开发项目比较大，那么该方式执行起来更加灵活。

这个程序现在由八份文件所构成，接下来我们看看怎样构建该程序。

24.6 构建多文件的程序

在编写前面那些单文件的程序时，我们都是采用下面这种格式的命令来构建程序的：

```
cc <sourcefile>.c -o <sourcefile> -Wall -Werror -std=c11
```

第 23 章有一款范例程序由两个文件构成，我们当时采用下面这行命令来构建：

```
cc <sourcefile_1>.c <sourcefile_2>.c -o <programname> ...
```

命令行界面下的编译命令能够接受多份源文件并将其合起来编译为一份可执行文件。我们现在的程序总共有四份源文件，因此，为了编译出可执行文件，我们需要将这四份文件全都写在这条命令里面：

```
cc card.c hand.c deck.c dealer.c -o dealer ...
```

这四份文件之间的顺序并不重要。无论按照怎样的顺序写，编译器都会将其合起来编译并构建成一份名为 dealer 的可执行文件。

现在请用刚说的这条命令来编译程序。这次编译应该不会出错。接着运行 dealer 程序，你应该会看到下面这样的输出结果。

```
> cc dealer.c deck.c hand.c card.c  -o dealer -Wall -Werror -std=c11
> dealer
52 cards in the deck
Deck is not shuffled
0 cards dealt into 4 hands
The ordered deck:
( 1)     2 of Spades   (14)     2 of Hearts   (27)     2 of Diamonds  (40)     2 of Clubs
( 2)     3 of Spades   (15)     3 of Hearts   (28)     3 of Diamonds  (41)     3 of Clubs
( 3)     4 of Spades   (16)     4 of Hearts   (29)     4 of Diamonds  (42)     4 of Clubs
( 4)     5 of Spades   (17)     5 of Hearts   (30)     5 of Diamonds  (43)     5 of Clubs
( 5)     6 of Spades   (18)     6 of Hearts   (31)     6 of Diamonds  (44)     6 of Clubs
( 6)     7 of Spades   (19)     7 of Hearts   (32)     7 of Diamonds  (45)     7 of Clubs
( 7)     8 of Spades   (20)     8 of Hearts   (33)     8 of Diamonds  (46)     8 of Clubs
( 8)     9 of Spades   (21)     9 of Hearts   (34)     9 of Diamonds  (47)     9 of Clubs
( 9)    10 of Spades   (22)    10 of Hearts   (35)    10 of Diamonds  (48)    10 of Clubs
(10)  Jack of Spades   (23)  Jack of Hearts   (36)  Jack of Diamonds  (49)  Jack of Clubs
(11) Queen of Spades   (24) Queen of Hearts   (37) Queen of Diamonds  (50) Queen of Clubs
(12)  King of Spades   (25)  King of Hearts   (38)  King of Diamonds  (51)  King of Clubs
(13)   Ace of Spades   (26)   Ace of Hearts   (39)   Ace of Diamonds  (52)   Ace of Clubs

52 cards in the deck
Deck is shuffled
0 cards dealt into 4 hands
The full shuffled deck:
( 1)   Ace of Clubs     ( 2)     3 of Hearts    ( 3)     2 of Spades    ( 4)     4 of Diamonds
( 5)  Jack of Diamonds  ( 6)     3 of Diamonds  ( 7)     7 of Spades    ( 8)  King of Diamonds
( 9) Queen of Hearts    (10)  Jack of Clubs     (11)     3 of Clubs     (12)     4 of Hearts
(13)     6 of Diamonds  (14)    10 of Clubs     (15)     2 of Clubs     (16)     6 of Hearts
(17)  Jack of Spades    (18)     5 of Diamonds  (19)     6 of Clubs     (20)    10 of Spades
(21)  Jack of Hearts    (22)     8 of Diamonds  (23)     9 of Hearts    (24)  King of Spades
(25)     7 of Diamonds  (26)   Ace of Spades    (27)     5 of Clubs     (28)     3 of Spades
(29)     9 of Clubs     (30)     9 of Diamonds  (31)     8 of Spades    (32)  King of Clubs
(33)     5 of Spades    (34)    10 of Hearts    (35)  King of Hearts    (36)     9 of Spades
(37) Queen of Spades    (38)     7 of Clubs     (39)   Ace of Hearts    (40)    10 of Diamonds
(41)     5 of Hearts    (42)     2 of Diamonds  (43)     7 of Hearts    (44)     8 of Clubs
(45)     2 of Hearts    (46) Queen of Clubs     (47)     6 of Spades    (48)     8 of Hearts
(49) Queen of Diamonds  (50)   Ace of Diamonds  (51)     4 of Spades    (52)     4 of Clubs
                  Hand 1:
                     Ace of Clubs
                    Jack of Diamonds
                   Queen of Hearts
                       6 of Diamonds
                    Jack of Spades
Hand 2:
       3 of Hearts
       3 of Diamonds
    Jack of Clubs
      10 of Clubs
       5 of Diamonds                Hand 3:
                                         2 of Spades
                                         7 of Spades
                                         3 of Clubs
                                         2 of Clubs
                                         6 of Clubs
                  Hand 4:
                       4 of Diamonds
                    King of Diamonds
                       4 of Hearts
                       6 of Hearts
                      10 of Spades

52 cards in the deck
Deck is shuffled
20 cards dealt into 4 hands
The remaining shuffled deck:
(21)  Jack of Hearts    (22)     8 of Diamonds  (23)     9 of Hearts    (24)  King of Spades
(25)     7 of Diamonds  (26)   Ace of Spades    (27)     5 of Clubs     (28)     3 of Spades
(29)     9 of Clubs     (30)     9 of Diamonds  (31)     8 of Spades    (32)  King of Clubs
(33)     5 of Spades    (34)    10 of Hearts    (35)  King of Hearts    (36)     9 of Spades
(37) Queen of Spades    (38)     7 of Clubs     (39)   Ace of Hearts    (40)    10 of Diamonds
(41)     5 of Hearts    (42)     2 of Diamonds  (43)     7 of Hearts    (44)     8 of Clubs
(45)     2 of Hearts    (46) Queen of Clubs     (47)     6 of Spades    (48)     8 of Hearts
(49) Queen of Diamonds  (50)   Ace of Diamonds  (51)     4 of Spades    (52)     4 of Clubs

> █
```

注意看，这次输出的结果跟第 16 章那个最终版的 carddeck 程序相同。

确认程序能够正常运行之后，请花一些时间来做实验，从 dealer.h 这个总的头文件里面把引入某一份头文件的那条指令注释掉，然后重新编译，看看会遇到什么样的错误。比方说，如果把 #include deck.h 这一行注释掉会出现什么错误？把 #include hand.h 这一行注释掉会出现什么错误？把 #include card.h 这一行注释掉会出现什么错误？每做完一次实验，都要把代码恢复到实验之前的样子，并确保程序能够正确编译，再接着做另一项实验。全部做完之后，你可以试着改用 24.5 节最后说的那套方式来引入头文件。

24.7 小结

本章从一份比较大的源文件出发，将其拆分成四个小的源文件与四个头文件，那份大的源文件里面含有许多结构体以及许多个用来操作这些结构体的函数。在拆分过程中，大家看到了如何将某种结构体与操作这种结构体的函数规整到一份源文件以及与该文件相配套的一份头文件里面，并且知道了这样整理所带来的好处。经过整理之后，源文件里面的这一组函数，操作的全都是与这份源文件相配套的头文件里面所声明的这种结构体。我们要把这些源文件合起来编译成（或者说构建成）一份可执行的程序。另外，我们还提到了几种合理利用预处理器的办法，并且告诉大家如何避免滥用预处理机制。最后，大家看到怎样在命令行界面中把多份 .c 源文件提供给编译命令，让编译器去编译这些文件。

本章只是简单地介绍了由多个文件所组成的程序开发项目。到下一章，我们将继续讲解与这种程序开发项目有关的知识，让大家能够灵活地指定变量与函数的可见范围，以决定它们是只能从某一份文件里面使用，还是能够为程序中的多份文件所使用。

第 25 章 Chapter 25

作　用　域

对于目前创建的这些程序来说，其中的每个函数都能够为该程序的其他部分所使用（或者说，都能够为该程序的其他部分所调用）。第 24 章的范例程序把代码写在了多份文件里面，然而每一份文件中的函数均能够为其他文件所使用（或者说，调用）。这种效果未必恰当，并不是每个程序都需要这样的效果。我们有时想让某些变量只能从特定的某个函数或某一组函数里面访问，而不想让程序中的其他函数也访问到该变量。

我们在许多场合都想限制某个函数能够受到调用的范围，或限制某个变量能够受到访问的范围。比方说，有的函数专门用来操作某种结构体，因此我们只想让操作同一种结构体的那些函数来调用这个函数，而不想让与该结构体无关的函数去调用它。又比方说，我们可能想让某个值能够为程序中的所有函数访问，或者想让某个值只能为某一组函数（甚至是某一个函数）所访问。

函数与变量的可见范围通常称为它的*作用域*（scope）。其实变量或函数的作用域总共可以从三个方面来描述，也就是*可见范围*（visibility，也叫可见性）、*存在范围*（extent，也叫存活范围）以及*链接范围*（linkage，也叫链接性）。本章要介绍各种作用域，以及属于这些作用域的变量及函数在程序中会如何运作。

本章涵盖以下话题：

- 从可见范围、存在范围与链接范围三方面了解某一种作用域。
- 声明在语句块中的变量具备怎样的作用域。
- 声明在语句块之外的变量具备怎样的作用域。
- 与变量的作用域有关的特殊情况。
- 了解如何使用语句块级别的变量、函数级别的变量以及文件级别的（或全局的）变量。
- 什么叫作*编译单元*（compilation unit）。

- 什么叫作*文件作用域*（也称为文件级别的作用域）。
- 什么叫作*程序作用域*（也称为程序级别的作用域）。

25.1 技术要求

详情请参见本书 1.1 节。本章还是要求大家继续使用早前选定的工具来学习。

本章的范例代码也可以从 `https://github.com/PacktPublishing/Learn-C-Programming` 访问获取。

25.2 从可见范围、存在范围及链接范围三方面来定义作用域

如果我们提到某个变量或函数的*作用域*[1]，那么通常仅是指该变量或函数的可见范围变量的可见范围决定了程序里面有哪些函数或语句能够看到该变量，从而能够访问或修改这个变量。如果变量可见，那意味着它能够受到访问及修改，当然，第 4 章说过，用 `const` 关键字声明的变量是常变量，这种变量只能访问而不能修改。后面我们就会说到，可见范围只是作用域的一个方面，除此之外还有两个方面，一个是*存在范围*（也叫作变量的生命期），另一个是*链接范围*（即该变量是否能与程序中其他文件里面的同名标识符指代同一个实体）。

变量与函数的可见范围、存在范围及链接范围取决于这变量或函数是在什么地方、采用什么方式来定义的。然而无论定义的地点及方式如何，都必须先定义，然后才能访问。所有的函数与变量均是如此。

变量与函数都有作用域，但变量的作用域跟函数的作用域在意义上稍有区别。我们首先来讲变量的作用域，然后再把这个概念推广到函数上。

25.2.1 可见范围

变量的可见范围，基本上取决于它是在源文件中的什么地方出现的。文件里面有许多地方都能够出现变量，变量出现的地点不同，其在程序中的可见范围也不同。这里面有几种情况我们在前面其实已经遇到过了。下面把各种可见范围罗列一遍：

- **块作用域**（block scope）/ **局部作用域**（local scope）：如果变量定义在函数的语句块、条件结构的语句块、循环结构的语句块或无名的语句块中，那么这样的变量就具备块作用域或局部作用域。这种变量又称为*内部变量*（internal variable）。声明在这种作用域中的变量，其可见范围只能延伸到该语句块的边界处。
- **函数参数作用域**（function parameter scope）：如果某个变量出现在函数的参数列表中，那么该变量也能够在函数体（即该函数的语句块）内使用，具备这种作用域的变量，实际上是一种块作用域的变量。

---

[1] 为保持语句通顺，本书采用作用域及作用范围这两种说法来对译“scope”一词。——译者注

- **文件作用域**（file scope）：这种变量又叫作外部变量（external variable）。如果某个变量既没有声明在函数的参数列表中，又没有声明在语句块中，那么该变量就具备文件作用域，此文件中的其他函数及语句块都可以见到这个变量。
- **全局作用域**（global scope）：如果某份文件中的外部变量为其他文件所提到，那我们就会说该变量具备全局作用域，以强调程序中的其他文件也能看见它。这也叫作程序作用域（program scope）。
- **静态作用域**（static scope）：这专门用来形容具备块作用域的 `static` 变量，以强调这种变量的存在范围（或者说生命期）与不加 `static` 的块作用域变量（也就是自动变量）有所不同。

目前的这些程序主要用的是块作用域的变量。在个别情况下，我们用到了全局作用域的变量以及 `static` 变量（也就是静态变量）。

注意，内部变量是出现在某个语句块里面的，而外部变量则出现在源文件中的任何一个函数语句块之外。至于内部变量所在的这个语句块具体是什么样的语句块则有许多种情况，例如该变量可能出现在函数语句块（也就是函数体）中，也可能出现在函数里面某个循环结构或条件结构的语句块（前者又称为循环体）中，还有可能出现在函数里面某个无名的语句块中。这些情况我们会在本章稍后举例讲解。

除了可见范围，变量的作用域还涉及另外几个方面。

25.2.2 存在范围

变量的作用域不仅涉及它的可见范围，还涉及该变量的存在范围，也就是生命期。第17章已经讲过了变量在内存中的生命期，而本章则要在讲解作用域时重谈这个话题，因为它跟另外两个因素（也就是可见范围与链接范围）一起决定了变量的作用域。

变量的存在范围从程序创建该变量的地方（也就是给该变量分配内存的地方）开始，到解除分配（也就是销毁）该变量的地方结束。在这个范围内，变量如果可见，那么是可以接受访问与修改的。试图在变量的存在范围之外访问或修改这个变量会引发编译错误，或导致程序在运行时表现出不可预测的行为。

内部变量的存在范围比较小，它开始于该变量在代码块中得到声明的那个地方，结束于这个代码块的尾部。外部变量的存在范围则比较大，它会在系统把程序加载进来的时候就分配到自己所需的内存，并且会在程序结束之前一直存在。

变量的存在范围也可以跟该变量的存储类（storage class）相对应，变量的存储类指的是系统会如何分配、使用并销毁（也就是解除分配）这样的变量。下面列出5个用来指定存储类的关键字：

- **`auto`**：如果没有明确指定存储类，那么系统就会把声明在语句块里面的变量默认设为 `auto`。声明在语句块里面的 `auto` 变量，其存在范围相当于刚才说的内部变量。如果变量声明在语句块之外，那么其存在范围则相当于刚才说的外部变量。

- **register**：这种变量跟 auto 变量一样，但这个关键字会建议编译器把该变量放在 CPU（中央处理器）的寄存器（register）里面。目前的编译器一般会忽略这种建议。
- **extern**：这个关键字表示该变量跟另一份文件里面的同名变量指的是同一个变量，这样的变量相当于外部变量。因此，这种变量的存在范围（也就是生命期）跟整个程序的生命期一致。
- **static**：声明在语句块里面的 static 变量，其可见范围虽然仅局限在该语句块内，但是其存在范围则跟刚才说的外部变量相同，也就是会在程序运行的过程中一直存在。程序如果重新进入这个语句块，那么该变量会沿用程序上一次赋给它的那个值。static 关键字如果用来声明函数，那么有着特殊的含义，这个我们放在本章稍后讲解。
- **typedef**：这在理论上也是一个用来指定存储类的关键字，但它的实际效果只是声明一种新的数据类型作为某类型的别名，而不会引发内存分配。用 typedef 声明的别名类型在作用域（也就是作用范围）上跟函数原型类似，这个我们也放在本章稍后再讲。

现在大家应该看到了：这几个与程序如何分配及释放内存有关的存储类，跟作用域里面的存在范围这一因素有着紧密联系。

说完存在范围，我们就可以说说作用域的最后一个（也就是第三个）方面：链接范围。

25.2.3 链接范围

对于只由一份源文件所构成的程序来说，*链接范围*（也叫链接性）这个概念其实并不适用，因为程序中的所有内容全都已经包含在这份源文件里面了（当然，这份源文件可能会引入它自己所需的头文件）。如果程序由多份源文件构成，那我们就得注意链接范围了，因为这会影响变量的作用域。要讨论链接范围，就必须讨论源文件里面的声明，这时我们会把这样一份源文件称为一个*编译单元*。

编译单元

编译单元实际上指的就是某份源文件及其头文件。这样的一份源文件可能本身就是一个完整的程序，也可能只是程序中的一部分，它必须跟项目中的其他源文件结合起来才能构建最终的程序。在编译环节，编译器会对每份源文件分别做预处理与编译，并生成与这份源文件相对应的*目标文件*（object file），这是一种中间文件或中介文件，它虽然*知道*头文件所声明的外部函数及变量，但是暂时还不确定这些函数与变量的实际地址，要稍后再来确定。

所有的源文件全都顺利编译为目标文件之后就进入了链接环节。这时，其他文件或程序库里面的函数所在的地址以及外部变量 / 全局变量的地址都会确定。链接器把目标文件里面尚未得到确定的地址全都确定下来之后，就会将这些目标文件链接在一起，令其构成一份可执行文件。

以上一章的 dealer 程序为例，该程序由四份源文件构成，因此，这四份源文件就是四个编译单元。编译器会将它们编译成各自的目标文件。然后，这四份目标文件会链接到一起构成一份可执行文件。

对于同一单元中的其他东西来说，某个编译单元内部的东西是可见且可以接受访问的。这样的函数与变量其链接范围仅限于它所处的这个编译单元。如果想让变量或函数跨越链接边界（也就是跟其他源文件里面的同名变量或同名函数绑定到同一个实体上），那我们必须借助头文件，并通过适当的关键字（即 extern）来指定该变量的存储类或撰写适当的函数原型。

在从链接范围这个方面讨论作用域时，我们不仅要考虑某个东西在这份源文件里面是怎么声明的，而且要考虑程序中的其他源文件（即其他编译单元）里面是否声明过同名的东西。

25.2.4 综合考虑可见范围、存在范围与链接范围

大家现在已经看到了作用域的三个因素。如果程序只由一份文件构成，那我们主要关注的问题应该是可见范围与存在范围这两项因素，因为它们之间的关系可能有点微妙。如果程序由多份文件构成，那么链接范围就成了一个更加需要仔细考虑的因素。

作用域可以相当小，也可以相当大，大到跟整个程序一致。声明在语句块及函数体里面的东西，其作用域最窄，外部变量与函数原型的作用范围比较大，可以延伸到整个文件，那种声明在其中一份文件里面，同时又能为其他文件所访问的东西，其作用域最大。

全局作用域需要专门说明一下。具备全局作用域的函数或变量，可以为两个或两个以上的源文件所访问。这跟文件作用域有点不太一样，文件作用域这个说法，通常在于强调某函数或变量只能在某一份文件（也就是声明该函数或变量的这份文件）里面访问。如果有人说某个变量是全局变量（global variable），那他的意思可能是说：该变量是一个文件级别（而不是写在语句块里面）的外部变量[⊖]。

如果想让函数或变量具备全局作用域，那么最好的办法是确保这样两点：第一，你要在文件级别（而不是某个语句块里面）定义并初始化该变量；第二，你要在其他那些打算使用该变量或该函数的文件里面采用 extern 关键字来声明这个变量（对于函数来说，extern 关键字可以不加），让它的链接范围扩展到那些文件，使得那些文件也能够访问这个变量或函数。

⊖ 至于这个变量是只能在该文件里面访问的变量，还是可以为程序中所有文件访问的那种真正的全局变量，要看声明时有没有加 extern 或 static 关键字，如果加了 extern 关键字，或根本没有使用这两种关键字，那么就是真正的全局变量（其他文件可以通过 extern 关键字声明该变量，以便使用这个变量），否则只是一个仅在该文件内可用的“全局”变量。——译者注

对于文件级别（而不是写在某个语句块里面）的外部变量来说，老式的编译器可能会允许程序中的每一份源文件都直接访问这个变量，也就是会让这个变量自动成为真正的全局变量（而不仅是该文件中的“全局”变量）。在这种情况下，这个变量的链接范围就自动地扩展到了程序中的所有源文件。这可能会导致误用或名称冲突。现在的大多数编译器已经不再默许这样的用法了，而是要求你必须在需要访问这个变量的那些文件里面，明确使用 extern 关键字来声明该变量，只有这样才能让这个变量的链接范围跨越文件（也就是编译单元）的边界。这些带有 extern 关键字的声明可以安排在头文件里面。

下面我们就来具体研究变量的作用域。

25.3 变量的作用域

了解到作用域的三个方面（也就是三个因素）之后，就可以讲解出现在不同位置上的变量分别具备怎样的作用域，以及作用域对该变量所造成的影响了。接下来我们分别讲解语句块级别的变量、函数的参数列表里面的变量、文件级别的变量以及程序级别的变量（也就是真正的全局变量）所具备的作用域。

25.3.1 语句块级别的变量的作用域

我们在前面已经见到了很多种语句块。例如函数体就是一个语句块，它出现在函数的参数列表之后，以 { 开头并以 } 结束。另外，条件结构以及循环结构等比较复杂的语句里面，也有可能出现一个或多个语句块，这样的语句块同样以 { 开头并以 } 结束。此外，你还可以在某个语句块里面创建一个无名的（未命名的）语句块，这种语句块依然以 { 开头并以 } 结束。无论语句块出现在什么地方，C 语言总是用同一种方式来对待。

声明在语句块里面的变量只能在该语句块的范围内得到访问与修改。程序执行完这个语句块之后就会释放该变量（也就是对该变量做解除分配），使得该变量不能再继续接受访问。这意味着，这个变量已经不在它原来占据的空间里面了，程序可能会用该空间存放其他数据。

对于定义并声明在函数体里面的变量来说，函数中位于该变量之后的所有语句都能看到这个变量，直至程序从函数中返回或执行到函数体末尾的 } 为止。程序执行完函数体之后，你就不能再访问该变量原来占据的那块内存了。程序每次调用这个函数时都要重新分配并初始化这些变量，而且要在执行完这次调用时销毁它们。考虑下面这个函数：

```
void func1 ( void )  {
    // declare and initialize variables.
  int   a  = 2;
  float f = 10.5;
```

```
  double d = 0.0;

    // access those variables.
  d = a * f;

  return;
} // At this point, a, f, and d no longer exist.
```

a、f 与 d 这三个变量都声明在函数体里面，它们都是语句块级别的变量。程序退出这个函数体之后，这些变量就不存在了，也就是说，它们此时已经不在其作用域之内（或者说，程序已经离开了这些变量的作用域）。

在条件结构或循环结构的语句块里面声明并初始化的变量，只能从该语句块中访问。如果程序退出了这个语句块，那么这种变量会销毁，因而不再能够接受访问。在 for()... 循环的 loop_initialization（循环初始化）表达式里面声明的变量，只能在 for 右边那一对圆括号里面，以及 for() 后面的那一对花括号（即循环体）里面使用。考虑下面这个函数：

```
#include<math.h>

void func2( void )  {
  int aValue = 5;
  for ( int i = 0 ; i < 5 ; i++ )  {
    printf( "%d ^ %d = %d" , aValue , i , exp( aValue ,  i );
  }
   // At this point, i no longer exists.
  return;
}  // At this point, aValue no longer exists.
```

aValue 变量的作用域遍及 func2() 函数的整个语句块，这当然也包括其中的 for()... 结构。与之相对，for()... 结构本身的 i 变量，则只能在该结构里面使用。这个变量不仅在可见范围上局限于 for()... 结构，而且其存在范围也与该结构一致，也就是说，程序执行完整个 for()... 循环之后，这个变量就不存在了。

考虑下面这个嵌套的 for()... 循环：

```
int arr[kMaxRows][kMaxColumns] = { ... };
...
for( int i=0 ; i<kMaxColumns ; i++ )  {
  printf( "%d: " , i );
  for( int j=0 ; j<kMaxRows ; j++ )  {
    printf( " %d " , arr[ j ][ i ]);
  }
  // j no longer exists
}
// i no longer exists
```

外层 for()... 循环所声明的变量 i，其作用域延伸到这个循环结构的末尾，而内层 for()... 循环所声明的变量 j，其作用域则仅延伸到内层循环结构的末尾。arr[][] 数组是在外层循环结构之外声明的，因此它的作用范围涵盖了外层的 for()... 循环，当然也涵盖了这个循环里面的内层 for()... 循环。

考虑下面这个 while()... 循环：

```
bool done = false;
int totalYes = 0;

while( !done ) {
  bool yesOrNo = ... ; // read yesOrNo value.

  if( yesOrNo==true ) {
    int countTrue = 0;
    ... // do some things with countTrue
    totalYes += countTrue;
    done = false;
  } else {
    int countFalse = 0;
    ... // do some things with countFalse
    totalYes -= countFalse;
    done = false;
  }
}
printf( "%d\n" , totalYes );
```

这段代码并没有执行任何有意义的操作。我们写这段代码只是为了说明每一层代码块里面的局部变量所具备的作用域。

在这段代码中，done 与 totalYes 这两个变量声明在 while 循环之外，因此其作用域遍及整段代码。循环里面声明的 yesOrNo 变量其作用范围仅局限于该循环。循环中有一个 if()... else... 结构，该结构的两个分支各自声明了一个局部变量，这个局部变量的作用范围仅限于声明该变量的这个分支。无论程序执行的是哪个分支，只要它执行完 if()... else... 结构，countTrue 或 countFalse 变量就都不存在了，因为程序已经离开了它们的作用范围。如果程序把整个 while()... 循环都执行完了，那么在这些变量中就只剩下 done 与 totalYes 变量还在，其他那些变量全都不存在了。

最后要说的是，我们还可以创建一种无名的代码块，并在其中声明一个或多个变量，然后对这些变量执行一项或多项计算，最后离开该代码块。我们可以在离开之前把结果赋给某个声明在代码块之外的变量，如果不这样做，那么程序就会在离开代码块时销毁我们在其中声明的那些变量，从而令计算结果丢失。这样的代码块一般用在那种由多个部分所构成的复杂算法里面。

这样的代码块通常用来执行大运算中的某一部分，并临时保存该部分的计算结果。为了计算出这一部分的值，我们可以在代码块里面分配一些变量，并使用这些变量的值来执行运算，等我们把运算结果保存到相应的地方之后，就可以让程序退出该代码块并销毁其中的变量，因为这些变量的值已经用不到了。考虑下面这个函数：

```
int func3( void )  {
  int a = 0;
  {
```

```
    int b = 3;
    int c = 4;
    a = sqrt( (b * b) + (c * c) );
    printf( "side %d, side %d gives hypotenuse %d\n" ,
  }
  return a;
}
```

func3() 函数里面有一个无名的代码块，我们在这个代码块里面声明了 b 与 c 这两个变量。它们的作用范围仅局限于该代码块中。程序每次进入代码块都会创建这样两个变量，并且会在离开该代码块时销毁它们。变量 a 是在这个代码块之外声明的，因此它的作用范围遍及整个函数，这当然也包括其中的这个无名代码块。

25.3.2 函数参数列表中的变量的作用域

声明在函数参数列表中的变量，其作用范围与声明在该函数语句块中的变量相同。这里的函数语句块指的就是该函数的函数体。虽然参数列表中的变量写在函数体之外，但实际上，它们是在程序调用这个函数并进入函数体时得到声明并赋值的。考虑下面这个函数：

```
double decimalSum( double d1 , double d2 ) {
    double d3;
    d3 = d1 + d2 ;
    return d3;
}
```

d1 与 d2 是函数的参数列表里面的两个参数，它们其实也是函数体的一部分，因此，其作用范围遍及整个函数。变量 d3 声明在函数体之中，其作用范围当然也遍及整个函数。等到函数将控制权返回给调用方之后，这三个变量就全部不在其作用范围之内了。

25.3.3 文件级别的变量的作用域

要想让变量的作用范围遍及整个文件，我们可以把该变量声明在这份源文件中的所有函数体之外。考虑第 21 章的 nameSorter.c 程序中的这段代码：

```
#include <stdio.h>
#include <string.h>
#include <stdbool.h>

const int listMax    = 100;
const int stringMax =  80;

...
```

这里的 listMax 与 stringMax 变量声明在所有的函数块之外，它们是外部变量。我们当时这么写是想让整个文件中的所有地方都可以使用这两个值，假如把它们写在某个函数里面，那就只有那个函数才能访问这两个值。这种变量的作用域为整份文件。

如果这份文件是某个多文件的程序开发项目中的一部分，那么该项目中的其他源文件是无法直接使用这两个变量的，它们目前只能从 nameSorter.c 这一份文件里面访问。25.3.4 节会讲解怎样让其他文件也能够访问到这种变量。

25.3.4 全局变量

为了让文件级别的外部变量也能够为程序中的其他文件所访问，我们需要在那些文件里面用 extern 关键字来声明这个变量以指定其存储类。假设刚才的 nameSorter.c 文件是 sortem.c 程序的一部分，这个程序中的 sortem.c 文件想要访问刚才声明的那些常变量的取值。我们可以在 sortem.c 文件中用下面的方式声明这两个常变量：

```
#include <...>
#include "nameSorter.h"

extern const int listMax;
extern const int stringMax;

...
```

注意看，sortem.c 在声明这两个常变量时所使用的类型与早前的 nameSorter.c 相同，只不过这次添加了 extern 关键字。这样写之后，这两个变量的存在范围依然不变，但其链接范围则扩展到了 sortem.c 文件里面，使得该文件里面出现的 listMax 与 stringMax 这两个名字能够与 nameSorter.c 中的同名标识符绑定到同样的变量上，于是，这就意味着 sortem.c 文件现在也能看到那两个变量了。程序中如果还有别的源文件想使用 listMax 与 stringMax 这两个变量，那么同样可以像 sortem.c 一样来声明，让这些声明成为那个文件所对应的编译单元中的一部分。

这样的声明可以有好几种写法，一种就是像刚说的一样，写在 sortem.c 这种 .c 源文件里面，按照这种写法，只有添加了这些 extern 声明的文件，才能访问相应的变量。

另一种是把这些 extern 声明放在一份头文件里面。例如我们可以设计一份 nameSorter.h 头文件，并在里面添加这样两条声明：

```
#ifndef _NAME_SORTER_H_
#define _NAME_SORTER_H_

extern const int listMax;
extern const int stringMax;

...

#endif
```

按照这种写法，程序中的任何一份源文件只要引入 nameSorter.h 头文件，就可以使用 listMax 与 stringMax 这两个外部变量。

接下来，我们讲解函数的作用域。

25.4 函数的作用域

函数的作用域规则要比变量简单一些。函数的声明跟外部变量的声明很像。变量必须先声明，然后才能接受访问，函数也是如此，它必须先得到声明或具备原型，然后才能为程序所调用，而且函数的声明与外部变量的声明类似，其作用范围都能扩展到声明所在的这份文件。从函数具备原型或得到定义的这一点开始，一直到这份源文件的末尾，这中间的所有代码都可以调用这个函数。

大家在前面已经看到了，函数的原型其实可以不写，因为我们只需把这个函数定义在调用它的那些代码之前。然而在大多数情况下，我们还是应该在源文件的开头把相关函数的原型给声明出来，这样，就可以在文件中的任意一个位置放心地调用这些函数，而不用担心发生还未声明就先调用的问题。

为了让函数的使用范围从它所在的编译单元扩展到其他地方，我们必须在需要调用这个函数的那份源文件里面把该函数的原型包含进来。本书的第一个范例程序（也就是 hello.c 程序）其实已经这么做了，我们当时想把 printf() 函数的使用范围扩展到 hello.c 文件，使得该文件中的 main() 函数能够调用 printf()，为此，我们令 hello.c 文件包含 stdio.h 这个头文件，因为这份头文件里面写有 printf() 函数的原型。第 24 章还演示了怎样把我们自己编写的那些函数的原型放在头文件中，并且让程序里的所有源文件都包含这样的头文件，以便调用那些函数。

struct（结构体）与 enum（枚举）的定义，以及用 typedef 关键字来创建类型别名的那些声明，也应该写在相应的头文件里面，并让需要使用这些类型的源文件引入这份头文件。

我们可以通过函数原型，让某个函数能够为程序中的每一份源文件所调用。那我们能不能把某个函数只局限在一份源文件里面，而不让程序中的其他源文件来调用呢？当然可以。下面就讲解如何借助与作用域有关的规则来实现信息隐藏。

25.4.1 作用域与信息隐藏

我们刚才说了如何把函数原型放在头文件里面，并让其他源文件引入这份头文件，从而令函数的链接范围扩展到那些源文件。如果我们只想把函数局限在它自己的编译单元里面，那应该怎么办呢？有两种办法。

第一种办法是把那些链接范围不需要扩展到其他文件的函数所具备的原型，从头文件里面删掉。这样的话，就算别的源文件引入了这份头文件，它也看不到那些函数的原型，因而也就无法调用那些函数。比方说，第 23 章的 sortName.c 源文件只需要在它的 main() 函数里面调用 AddName()、PrintNames() 与 DeleteNames() 等函数，这意味着 nameList.c 中定义的其他一些函数不需要设为全局函数，因此，我们没有把那些函数的原型放在相应的 nameList.h 头文件中。我们的 nameList.h 只写有下列内容：

```
#include <stdbool.h>
#include <stdlib.h>

typedef char   ListData;

typedef struct _Node ListNode;

typedef struct _Node {
  ListNode*  pNext;
  ListData*  pData;
} ListNode;

typedef struct {
  ListNode*  pFirstNode;
  int        nodeCount;
} NameList;

void  AddName(      NameList* pNames , char* pNameToAdd );
void  DeleteNames( NameList* pNames );
void  PrintNames(  FILE* outputDesc ,  NameList* pNames )
#endif
```

有一些函数的原型不需要写在这份头文件中。但是涉及 NameList 的几个 typedef 声明还是得保留下来，因为这份文件里面有几个函数原型的参数列表提到了 NameList 这种类型。

没有写在头文件里面的这几个函数原型要写在 nameList.c 文件里面：

```
#include "nameList.h"

NameList*  CreateNameList();
ListNode*  CreateListNode( char* pNameToAdd );
bool       IsEmpty();

void       OutOfStorage( void );

NameList* CreateNameList( void ) {
...
```

这样写会让这四个函数原型只在 nameList.c 这一份编译单元里面起作用。如果以后考虑某些原因，我们想让这份源文件之外的其他文件也能调用这四个函数，那到时就把它们移到 nameList.h 头文件里面，并让需要调用这四个函数的源文件去包含那份头文件。

除了这种办法，还有另一种更加明确的写法，能够让项目中的其他源文件无法调用这些函数。

25.4.2 用 static 关键字修饰函数

我们前面讲过，用 static 关键字修饰代码块中的变量，可以改变它的存储类，让它在程序执行完这个代码块之后依然存在。其实 static 关键字也可以修饰函数的原型与函数的定义，只不过这时它的意思跟修饰变量时有所区别。如果你给某个函数原型添加了

static关键字，那么稍后定义该函数时也应该同样添加static关键字。考虑下面这段代码：

```
#include "nameList.h"

static NameList*  CreateNameList();
static ListNode*  CreateListNode( char* pNameToAdd );
static bool       IsEmpty();

static void       OutOfStorage( void );

NameList* CreateNameList( void ) {
...
```

这四个函数的原型都带有static关键字，这个关键字也成了函数原型的一部分，我们稍后在定义这四个函数时，同样应该写上static。用static来定义函数，意味着这个函数不会导出给链接器。换句话说，添加了static关键字的函数无法从程序中的其他文件里面调用，你只能从定义该函数的这份文件里面调用此函数。这是一个相当重要的特性，如果程序中的源文件比较多，那么文件里面的函数可能会重名，而这项特性则能够防止重名的函数发生冲突，让开发者可以针对不同的结构体，在相应的文件里面各自编写一套重名的static函数，以便专门操作这种结构体（而不用担心这几套函数之间会彼此冲突）。

我们用一个范例程序来演示这些概念。创建一份名叫trig.c的文件，以编写一套几何函数：

```
  // === trig.h
double circle_circumference( double diameter );
double circle_area( double radius );
double circle_volume( double radius );
extern const double global_Pi;
  // ===

static double square( double d );
static double cube(  double d );

const double global_Pi = 3.14159265358979323846;

double circle_circumference( double diameter )  {
  double result = diameter * global_Pi;
  return result ;
}
double circle_area( double radius )  {
  double result = global_Pi * square( radius );
  return result;
}
double circle_volume( double radius )  {
  double result = 4.0/3.0*global_Pi*cube( radius );
  return result;
}
static double square( double d )  {
  double result = d * d;
```

```
    return result;
  }
  static double cube( double d ) {
    double result = d * d * d;
    return result;
  }
```

为了让这个程序能够清楚地体现出我们想演示的意思，笔者没有专门建立与 trig.c 相配套的 trig.h 头文件，而是把这两个文件的内容合起来写在了 trig.c 里面。首先我们声明三个函数原型，这三个函数会在稍后定义。接下来，我们声明一个叫作 global_Pi 的常变量，并将其设为 extern 变量，注意，这里只是声明该变量，而没有给它赋值。在本例中，这行声明其实可以省略，因为这份文件接下来会定义 global_Pi 并为其指定初始值。但如果我们当初将该文件拆分成 trig.h 头文件与 trig.c 源文件，那么头文件里面就必须有这样一条 extern 声明，否则包含了 trig.h 头文件的其他文件就无法使用我们在 trig.c 文件里面定义的 global_Pi）。

接下来，我们采用 static 关键字来声明 square() 与 cube() 这两个函数的原型。这样写会让这两个函数只能从这份源文件里面得到调用，而无法从程序中的其他源文件里面调用。

然后，我们声明并初始化这个名叫 global_Pi 的外部变量（它虽然是外部变量，但目前还只能在这一份文件里面使用）。注意看，这里才是程序真正给 global_Pi 分配内存空间的地方，早前的那条 extern 声明并不会让程序做出分配，像这样引发内存分配的声明应该写在 .c 文件中，而不要写在头文件里面。我们马上就要让 global_Pi 成为真正的全局变量。

文件其余的部分是这几个函数的定义代码。每个函数都有各自的 result 的变量，然而这个变量是一个具备局部作用域的变量，其作用域仅限于该函数内。程序每次调用函数时都会创建这个 result 变量并为其做初始化，然后可以用这个变量执行一些计算，最后把该变量的值返回给调用方。这些函数在其函数体中都可以使用 global_Pi。另外要注意，square() 与 cube() 函数只能从这份源文件中的某个数里面调用，因为两者都是 static 函数，无法与这份源文件之外的其他代码相链接[㊀]。

现在来看 circle.c 文件。这是我们这个范例程序的主源文件，假如我们刚才把 trig.c 拆分成一个源文件与一个 trig.h 头文件，那么这个文件就需要引入 trig.h，以访问其中声明的变量及函数。这个文件是这样写的：

```
#include <stdio.h>

  // === trig.h
double circle_circumference( double diameter );
```

㊀ 这可以理解成：就算其他文件提到了 square() 或 cube() 函数，链接器也不会认为它们指的是（或者说，也不会将其绑定到）trig.c 文件里面的 square() 与 cube() 函数。——译者注

```
double circle_area( double radius );
double circle_volume( double radius );

extern const double global_Pi;
  // ===

static const double unit_circle_radius = 1.0;

void circle( double radius);

int main( void ) {
  circle( -1.0 );
  circle(  2.5 );
}
void circle( double radius )  {
  double r = 0.0;
  double d = 0.0;
  if( radius <= 0.0 ) r = unit_circle_radius;
  d = 2 * r;
  if( radius <= 0 ) printf( "Unit circle:\n" );
  else              printf( "Circle\n");
  printf( "         radius = %10.4f inches\n" , r );
  printf( "  circumference = %10.4f inches\n" , circle_circumference( d )
);
  printf( "           area = %10.4f square inches\n" , circle_area( r ) );
  printf( "         volume = %10.4f cubic inches\n" , circle_volume( r ) );
}
```

跟trig.c一样，// === trig.h与// ===之间的内容本来应该放在一份叫作trig.h的头文件里面，假如我们刚才那样做了，那么这里写的就应该是一条用来包含这份头文件的#include指令。现在先停一下，看看这几行代码对这份文件来说意味着什么。首先是三个函数原型，这三行代码写在这里相当于让该文件能够调用由其他文件所提供的这三个同名函数。具体到本例来说，其他文件指的就是trig.c文件，这三个函数的定义代码写在那份文件里面。接下来是一条extern ... global_Pi;声明。这条声明写在这里，意思是让这份源文件也能够访问我们早前在trig.c文件里面设立的同名常变量。由于早前我们在trig.c文件里面把square()与cube()函数设计成了static函数，因此，这份源文件是无法看到那两个函数的[⊖]。

接下来我们声明一个叫作unit_circle_radius的static变量，这个变量只能从这份源文件里面访问。

然后我们声明circle()函数的原型。这个函数的定义代码等写完main()函数之后再写。

circle()在main()里面只调用了两次。circle()函数有三个局部变量，一个是radius，这是一个声明在参数列表里面的局部变量，另外两个是r与d，它们都声明在函

⊖ 就算你在这里明确写出这两个函数的原型，链接器也不会将其绑定到trig.c中的那两个同名函数上。——译者注

数体中。这三个变量都属于具备块作用域的变量，也就是说，它们都只在该函数的语句块（即函数体）里面生效。另外，如果 radius 小于 0.0，那么 main() 函数还会访问名为 unit_circle_radius 的外部常变量，这个常变量是一个具备文件作用域的常变量。

这个范例程序把 global_Pi 变量当作真正的全局变量来使用，然而该变量是只读的，也就是说，它是个常变量。假如我们想修改这个变量的值，那么应该把声明变量时所用的 const 关键字去掉，这样就可以从能与该变量相链接的任何一份源文件里面给它赋予新的取值了。与此类似，unit_circle_radius 这个外部变量也是个常变量，假如想修改该变量的值，那么也应该把相应的 const 关键字去掉。然而我们要注意，由于在声明时加了 static 关键字，因此该变量只能从 circle.c 文件里面访问，它不能像 global_Pi 那样当作真正的全局变量来用。

请创建 trig.c 与 circle.c 这样两份文件，录入上述代码，并保存这些文件。然后编译并运行程序。你应该会看到下面这样的输出结果。

```
> cc trig.c circle.c -o circle -Wall -Werror -std=c18
> circle
 pi is 3.141592653590

Unit circle:
       radius =      1.0000 inches
  circumference =     6.2832 inches
         area =      3.1416 square inches
       volume =      4.1888 cubic inches

 pi is 3.141592653590

Circle
       radius =      2.5000 inches
  circumference =    15.7080 inches
         area =     19.6350 square inches
       volume =     65.4498 cubic inches

> 
```

这个程序的输出结果其意义在于演示了跟函数与变量的作用域有关的一些规则。把 circle.c 文件里面的 extern ... global_Pi; 注释掉，看看程序能不能像刚才一样正常地编译并运行。你再试着让 circle.c 里面的代码去调用 square() 或 cube() 函数，看看程序能否正常编译。还有一项实验是修改 trig.c 文件，看它能不能访问名为 unit_circle_radius 的 static 常变量。

25.5 小结

上一章创建的程序让每一份源文件里面的每一个结构体与函数都能为其他源文件所访问。这不一定是我们想要的效果，对于源文件比较多的大型程序开发项目来说尤其如此。

本章从可见范围、存在范围与链接范围三方面讲解了作用域（即作用范围）这一概念。对于变量来说，我们看到了不同级别的变量所具备的作用域，这包括语句块级别的变量（局部变量）、函数参数列表里面的变量以及文件级别的变量，并讲解了怎样设计真正的全局变量。大家还看到了用来指定存储类的这几个关键字（也就是 `auto`、`register`、`extern`、`static` 及 `typedef`）与变量的作用域之间的关系。

然后，我们讲解了函数的作用域规则，这要比变量的简单一些。大家看到了怎样把函数声明在头文件里面，让每一个包含这份头文件的源文件都能使用这个函数。接着我们又讲了怎样用 `static` 关键字修饰函数，让该函数只能从它所在的这个编译单元中调用。

25.6 结束语

太棒了！你终于看完本书了！

如果你是从头读到尾，而且把每个程序都认真地敲了一遍，并按照笔者的建议在这些程序上做了实验，那你应该已经稳固地掌握了基本的 C 语言编程知识。这真是一个了不起的成就，值得庆祝。

接下来学什么

你应该把这些程序回顾一遍，看看其中有没有对自己特别有用，而且将来可以参考的程序。另外，对于那些自己当初理解起来比较困难的程序，也应该多花点时间再复习一次。

接下来，你就可以继续提升自己的 C 语言开发水平以及一般的编程技巧了。本书中的内容也适用于其他许多编程语言及开发环境。下面笔者给出一些建议，告诉你接下来可以学习哪些知识。

学习 C 语言的高级特性

虽然很多人都说 C 语言是一门简单而精练的语言，但要想完全掌握其中的某些高级特性，还是需要花费好长时间的。本书没有把 C 语言的所有特性全都讲到。下面列出几个比较高级的特性，笔者会简单地介绍每一种特性，并解释本书为什么没有讲这项特性：

- **联合体**（union）：这是一种类似结构体的东西，然而开发者可以根据程序的需求，采用不同的形式来操作它里面的内容。对于操作系统级别的函数来说，联合体是很有用处的，然而就笔者自己的经验来看，好像从未遇到过需要创建联合体的情况。
- **递归**（recursion）：这是一种函数调用方式，也就是让这个函数反复调用它自己，直至遇到某种情况为止。有一些算法很适合用递归来实现。然而要想有效地运用递归，不仅要透彻地了解你所实现的这个算法本身，而且要考虑到用递归来实现该算法，会不会让这个算法在某种操作系统上运行得比较慢。
- **函数指针**（function pointer）：第 18 章的 `linkedlisttester.c` 程序稍微用了一下这个概念，当时我们通过这种指针来表示打印节点数据的那个函数。你可能很久都不会遇到一次需要使用函数指针的情况。

- **预处理器**（preprocessor）：第 24 章说过，预处理器很强大，同时也很危险。要想有效地使用预处理器，你必须全面了解预处理与程序性能之间的关系，而且要有很高的调试水平。
- **对随机访问的文件**（random-access file，也就是随机存取文件）**做出处理**：我们讲解文件处理时所用的范例程序，针对的都是顺序文件（sequential file）。其实 C 语言也提供了用来处理随机存取文件的机制，然而这个 50 年前出现的机制所要解决的问题，现在基本上都可以通过数据库来实现了，因此，对随机存取文件做出处理，其意义可能不像当初那样大。
- **错误处理**（error handling）：每种操作系统都有它自己的错误处理机制。我们在第 22 章简单地用了一下 UNIX 系统的 `errno` 机制。无论你针对哪个操作系统编程，都一定要了解这种系统的错误处理与汇报机制，并在程序中使用该机制来处理错误。
- **多线程**（multithreading）：很多操作系统都提供了各自的办法让程序中的多个部分或多个线程能够同时运行。这项特性跟具体的操作系统有关，而且要求开发者必须透彻地理解涉及操作系统的一些概念。
- **调试**（debugging）：调试机制的许多细节都跟具体的操作系统有关。虽然有一些调试概念对所有的调试器（debugger）都适用，但每种调试器所具备的详细功能还是会随着操作系统而变化。本书介绍并演示了 caveman 调试法，这是一种不需要借助调试器的原始手法。要想熟练地使用调试器执行代码层面的调试，你必须深入了解汇编语言并理解与操作系统有关的一些概念。

在学习各种编程技法与概念的过程中，你可能会或多或少地接触上述特性。正如我们刚才说的那样，其中有些特性跟 C 语言的关系比较大，但也有一些特性跟运行程序的具体操作系统在关系上更为紧密。

学习通用的编程知识

要想更好地用计算机程序来解决问题，你不能仅局限在某一种编程语言里面。掌握了一些 C 语言的编程知识之后，你可以考虑学习下面这些通用的编程知识，它们适用于包括 C 语言在内的各种编程语言：

- **算法**（algorithm）：这说的是怎样针对各种问题来设计相应的解决流程。链表就是一种用来解决数据插入与删除问题的算法。你应该广泛地学习各种算法，并了解每一种算法适用于什么样的场合。
- **应用程序框架**（application framework）：目前的操作系统都属于比较复杂的计算环境，它们会给用户提供一套标准的功能，这套功能是由操作系统的制作方通过应用程序框架来提供的。应用程序框架会把各种细节问题处理好。开发者必须知道自己所针对的这种操作系统提供了怎样的一套应用程序框架，只有这样才能写出功能丰富的应用程序，并确保这个程序的用法跟该操作系统上的其他程序一致。

- **程序构建系统**（build system）：你可以适当地配置 make 或 cmake 这样的构建系统，让它按照某套流程自动地构建由多个文件所组成的程序开发项目，并在必要时重新构建该项目。如果你用的是 Visual Studio、Xcode 或 Eclipse 等集成开发环境（Integrated Development Environment，IDE），那么可以使用那种环境所内置的一套构建系统来自动地构建程序。目前的程序员应该全面学习构建系统，而不能仅了解一些浅显的知识。
- **图形用户接口**（Graphical User Interface，GUI）：当今的大多数操作系统都会将 GUI 纳入应用程序框架，然而要想有效地利用这些功能，你还必须学习与 GUI 有关的一套开发技巧。
- **基本的数据库编程**（fundamental database programming）：C 语言诞生的那个年代，数据几乎都保存在文件里面。今天当然不是这样，目前的计算机程序所创建并使用的这些数据通常放在数据库里面。当今的操作系统会提供一套丰富的函数，让程序能够查询及获取数据库中的数据，并将数据保存到数据库中。
- **网络编程**（networking）：由于有了万维网（World Wide Web，WWW），我们现在生活在一个互连的世界。每种操作系统都提供了一套应用程序接口（Application Programming Interface，API），让程序能够通过这套接口，与它所在的操作系统里面的网络子系统交互。底层的功能可以由网络服务器来处理，然而你在编写自己的网络程序时，必须通过网络方面的编程接口才能够与这些网络服务器交互。
- **性能**（performance）：学习算法的过程中，你会接触到一些与性能有关的基本概念。然而还有许多场合要求你必须更加深入地了解某个程序或某种操作系统的性能问题。这些问题涉及一些专门的概念与技术，而且你必须学会从多个方面来改进程序及系统的性能。

跟刚才说过的那一组话题类似，这些话题也会在你学习各种编程技法与概念的过程中遇到。其中有些话题跟具体的编程语言无关，另一些则跟运行程序的具体操作系统很有关系。

自选一个开发项目来学习编程

要想深入了解某个领域的知识与技巧，比较有效的办法是自己挑选一个项目并完成这个项目。这可以是一个从 dealer.c 出发的简单项目，用来制作一个 Blackjack（二十一点）之类的扑克游戏，也可以是一个利用文件与结构体方面的知识来实现的待办清单（to-do list）项目，还可以是一个更加宏大的项目，例如让用户通过某种界面输入数据并将其保存到远程服务器的数据库中。

无论选的是什么项目，你都能够在制作过程中了解许多内容，而且还能学会如何获取完成该项目所需的知识。如果你打算做编程工作，那还可以通过这样的项目来展示自己的编程水平。

学习资料

Stack Overflow 网站上有一个网页列了许多本书，适合各种水平的 C 语言开发者学习：

https://stackoverflow.com/questions/562303/the-definitive-c-book-guide-and-list。

ⓘ 笔者对 Stack Overflow 这样的网站有几句话要说：我觉得这个网站的用户对提问者的问题所给出的回答，通常应该视为研究该问题的出发点，而不太能够当成完整的解决方案来用。这些回答当然是很有意义的，但你应该把这样的内容放到自己的编程环境里面运行一遍，并根据自己的情况来修改这个方案。然后，你应该继续往下研究，你会发现一些以前从未想到的东西，你要不断地提出问题并自己做实验，以解决这些问题。另外笔者发现，Stack Overflow 网站上也会出现一些自己以前没有想到的东西。如果能够仔细分辨，你还是可以在这个网站里面发现许多有用的资源。

另外有一个网站也值得浏览，即 comp.lang.c Frequently Asked Questions（网址是 http://c-faq.com/），该网站列出了许多常见的 C 语言编程问题，并给出了回答。

由于 C 语言一直在变化，因此你必须选择能够反映这种变化的书籍来学习，这些书籍至少应该依据 C99 标准而写，现在越来越多的书已经开始专注于 C11 甚至是 C18 标准了。

你还可以加入当地的编程小组。这样的小组会定期聚会，每次聚会通常会讨论某一项具体的技术。另外，网上还有许多聊天室与留言板，也像这样讨论某一项具体技术。然而你要注意，这种讨论形式很容易浪费许多时间。

附　　录

- 附录 A　C 语言的规范与关键字
- 附录 B　运算符优先级表格
- 附录 C　GCC 与 Clang 编译器的常用选项
- 附录 D　ASCII 字符集
- 附录 E　一个更好的字符串库：Bstrlib
- 附录 F　Unicode 与 UTF-8
- 附录 G　C 语言标准库

Appendix A

附录 A C 语言的规范与关键字

C 语言的规范都是那种相当长的文档。这里可以读到各个版本的完整文档：http://www.iso-9899.info/wiki/The_Standard。

C 语言的关键字

下面这张表格按照类别列出了 C 语言的关键字。这些关键字不能在程序里面挪作他用。其中有些关键字没有在本书正文中讲到。

涉及类型的关键字	涉及存储类的关键字	涉及控制流的关键字
char	auto	break
const	extern	case
double	register	continue
enum	static	default
float	typedef	do
int		else
long		for
short		goto
signed		if
sizeof	**C11 标准添加的关键字**	return
struct	_Alignas[2]	switch
union	_Alignof[2]	while
unsigned	_Atomic[2]	
void	_Generic[2]	**其他关键字**

（续）

涉及类型的关键字	涉及存储类的关键字	涉及控制流的关键字
_Bool[1]	_Noreturn[2]	inline[1]
_Complex[1]	_Static_assert[2]	restrict[1]
_Imaginary[1]	_Thread_local[2]	volatile

右上角标有 1 的关键字是 C99 标准添加的。

右上角标有 2 的关键字是 C11 标准添加的。这些关键字里面的大部分都是为了帮助开发者利用相当高级的一些计算机编程功能而设计的。

Appendix B 附录 B

运算符优先级表格

下面这张表格列出了运算符的优先级与结合方向。这些运算符按照优先级从高到低的顺序排列。分组运算符（也就是一对圆括号）优先级最高[⊖]，序列运算符（也就是逗号）优先级最低。运算符可以分成 5 类：后缀运算符、前缀运算符、一元运算符、二元运算符以及三元运算符。

运算符	描 述	类 别	优先级	结合方向
`()`	分组运算符	N/A	17	N/A
`a[k]`	数组下标运算符	后缀运算符	16	从左至右
`f(...)`	函数调用运算符	后缀运算符	16	从左至右
`.`	直接成员访问运算符	后缀运算符	16	从左至右
`->`	间接成员访问运算符	后缀运算符	16	从左至右
`++ --`	（后置的）递增运算符（自增运算符） （后置的）递减运算符（自减运算符）	后缀运算符	16	从左至右
`(type){init}`	复合字面量运算符	后缀运算符	16	从左至右
`++ --`	（前置的）递增运算符（自增运算符） （前置的）递减运算符（自减运算符）	前缀运算符	15	从右至左
`sizeof`	求大小运算符（求尺寸运算符）	一元运算符	15	从右至左
`~`	按位非运算符（按位取反运算符）	一元运算符	15	从右至左
`!`	逻辑非运算符（逻辑取反运算符）	一元运算符	15	从右至左
`- +`	负号运算符 正号运算符	一元运算符	15	从右至左

⊖ 实际上，这个运算符的优先级跟表格里面优先级为 16 的那几种运算符是一样的。——译者注

（续）

运算符	描　述	类　别	优先级	结合方向
&	取地址运算符	一元运算符	15	从右至左
*	解引用运算符（间接运算符）	一元运算符	15	从右至左
(*type*)	类型转换运算符	一元运算符	14[㊀]	从右至左
* / %	乘法类运算符	二元运算符	13	从左至右
+ -	加法类运算符	二元运算符	12	从左至右
<< >>	左移位运算符 右移位运算符	二元运算符	11	从左至右
< > <= >=	关系运算符	二元运算符	10	从左至右
== !=	等同运算符 不等运算符	二元运算符	9	从左至右
&	按位与运算符（按位和运算符）	二元运算符	8	从左至右
^	按位异或运算符	二元运算符	7	从左至右
|	按位或运算符	二元运算符	6	从左至右
&&	逻辑与运算符（逻辑和运算符）	二元运算符	5	从左至右
||	逻辑或运算符	二元运算符	4	从左至右
? :	条件运算符	三元运算符	3	从右至左
= += -=	赋值运算符	二元运算符	2	从右至左
*= /= %=	赋值运算符	二元运算符	2	从右至左
<<= >>=	赋值运算符	二元运算符	2	从右至左
&= ^= |=	赋值运算符	二元运算符	2	从右至左
,	序列运算符（逗号运算符）	二元运算符	1	N/A

㊀ 实际上，这个运算符的优先级跟前面那几种优先级为 15 的运算符是一样的。——译者注

Appendix C 附录 C

GCC 与 Clang 编译器的常用选项

下面列出正文里面已经讲过的一些选项，以及其他几个你以后可能需要用到的选项。

选项	描述
-Wall	对有可能出问题的各种写法给出警告
-Werror	把所有的警告都当成错误
-std=c11 -std=c18	采用哪一个版本的 C 语言标准来编译程序
-D <symbol>	定义名为 <symbol> 的宏
-U <symbol>	不定义名为 <symbol> 的宏
-o <file>	把编译出的可执行文件起名为 <file>，而不是默认的 a.out
--help	显示编译器的帮助信息
--version	显示编译器的版本信息
-O[n] -Os	[n] 表示优化程度或优化级别，它可以取 0 至 3 之间的整数，数值越大，优化幅度越高。-O0 意思是不优化，-O3 意思是极度优化。-Os 意思是告诉编译器针对尺寸（size）而优化。大多数操作系统都只会执行这种针对尺寸的优化
-g	生成调试信息，让调试器能够在调试该程序时读取到这些信息
-H	把源文件所用到的每份头文件的名称打印出来。这些名称的前面会带有一个或多个圆点，以体现缩进深度，这表示它们是由源文件直接引入的，还是在源文件引入其他头文件的过程中顺带引入的

GCC 编译器的选项特别多。你可以访问 GNU 网站中的这个页面来查看这些选项：https://gcc.gnu.org/onlinedocs/gcc/Option-Summary.html。

附录 D *Appendix D*

ASCII 字符集

下面是一张包含 128 个 ASCII 字符的表格。这张表格是用第 15 章的范例程序生成的，这里再印一遍是为了查起来方便。

```
> gcc printASCIIwithControlAndEscape.c -o printASCIIwithControlAndEscape  -Wall
-Werror -std=c11
[> printASCIIwithControlAndEscape
              Table of 7-Bit ASCII and
           Single-Byte UTF-8 Character Sets

| Control Characters |  Printable Characaters (except DEL)    |
|--------------------|-----------------------------------------|
| SYM Fmt Ch Dec  Hex | Ch Dec  Hex | Ch Dec  Hex | Ch Dec  Hex |
|--------------------|-------------|-------------|-------------|
| NUL  \0 ^@   0    0 |     32 0x20 | @  64 0x40 || `  96 0x60 |
| SOH     ^A   1  0x1 | !   33 0x21 | A  65 0x41 || a  97 0x61 |
| STX     ^B   2  0x2 | "   34 0x22 | B  66 0x42 || b  98 0x62 |
| ETX     ^C   3  0x3 | #   35 0x23 | C  67 0x43 || c  99 0x63 |
| EOT     ^D   4  0x4 | $   36 0x24 | D  68 0x44 || d 100 0x64 |
| ENQ     ^E   5  0x5 | %   37 0x25 | E  69 0x45 || e 101 0x65 |
| ACK     ^F   6  0x6 | &   38 0x26 | F  70 0x46 || f 102 0x66 |
| BEL  \a ^G   7  0x7 | '   39 0x27 | G  71 0x47 || g 103 0x67 |
|  BS  \b ^H   8  0x8 | (   40 0x28 | H  72 0x48 || h 104 0x68 |
|  HT  \t ^I   9  0x9 | )   41 0x29 | I  73 0x49 || i 105 0x69 |
|  LF  \n ^J  10  0xa | *   42 0x2a | J  74 0x4a || j 106 0x6a |
|  VT  \v ^K  11  0xb | +   43 0x2b | K  75 0x4b || k 107 0x6b |
|  FF  \f ^L  12  0xc | ,   44 0x2c | L  76 0x4c || l 108 0x6c |
|  CR  \r ^M  13  0xd | -   45 0x2d | M  77 0x4d || m 109 0x6d |
|  SO     ^N  14  0xe | .   46 0x2e | N  78 0x4e || n 110 0x6e |
|  SI     ^O  15  0xf | /   47 0x2f | O  79 0x4f || o 111 0x6f |
| DLE     ^P  16 0x10 | 0   48 0x30 | P  80 0x50 || p 112 0x70 |
| DC1     ^Q  17 0x11 | 1   49 0x31 | Q  81 0x51 || q 113 0x71 |
| DC2     ^R  18 0x12 | 2   50 0x32 | R  82 0x52 || r 114 0x72 |
| DC3     ^S  19 0x13 | 3   51 0x33 | S  83 0x53 || s 115 0x73 |
| DC4     ^T  20 0x14 | 4   52 0x34 | T  84 0x54 || t 116 0x74 |
| NAK     ^U  21 0x15 | 5   53 0x35 | U  85 0x55 || u 117 0x75 |
| SYN     ^V  22 0x16 | 6   54 0x36 | V  86 0x56 || v 118 0x76 |
| ETB     ^W  23 0x17 | 7   55 0x37 | W  87 0x57 || w 119 0x77 |
| CAN     ^X  24 0x18 | 8   56 0x38 | X  88 0x58 || x 120 0x78 |
|  EM     ^Y  25 0x19 | 9   57 0x39 | Y  89 0x59 || y 121 0x79 |
| SUB     ^Z  26 0x1a | :   58 0x3a | Z  90 0x5a || z 122 0x7a |
| ESC  \e ^[  27 0x1b | ;   59 0x3b | [  91 0x5b || { 123 0x7b |
|  FS     ^\  28 0x1c | <   60 0x3c | \  92 0x5c || | 124 0x7c |
|  GS     ^]  29 0x1d | =   61 0x3d | ]  93 0x5d || } 125 0x7d |
|  RS     ^^  30 0x1e | >   62 0x3e | ^  94 0x5e || ~ 126 0x7e |
|  US     ^_  31 0x1f | ?   63 0x3f | _  95 0x5f ||DEL 127 0x7f |
> █
```

Appendix E 附录 E

一个更好的字符串库：Bstrlib

下面这段介绍语是从 Bstrlib 的文档里面摘录的：

Bstring 库旨在改善 C 语言及 C++ 语言的字符串处理功能。Bstring 库（Bstring library）的核心内容是管理一种名叫“bstring”的字符串，这种字符串比用 `'\0'` 收尾的字符缓冲区好得多。

完整的文档写在这里：`https://raw.githubusercontent.com/websnarf/bstrlib/master/bstrlib.txt`。这份文档详细解释了为什么要设立这样一个字符串库，并把每个函数以及该函数有可能出现的副作用也全都说到了。如果你要将这个库纳入自己的程序项目，笔者强烈建议你先把这份文档研读一遍。下面我们简单看看 Bstrlib 库的用法，这里只谈库中的 C 函数，不谈 C++ 函数。

Bstrlib 的首页是 `http://bstring.sourceforge.net`。源代码可以从这里下载：`https://github.com/websnarf/bstrlib`。

E.1 Bstrlib 简介

Bstrlib 库包括一套程序代码，这套代码能够完全替代 C 语言标准库里面的字符串处理函数。从功能上说，这套代码可以分成以下部分：

- 核心的 C 语言文件（一份源文件与一份头文件）。
- 基本的 Unicode 支持，供开发者选用（两份源文件与两份头文件）。
- 其他工具函数（一份源文件与一份头文件）。
- 一套针对 Bstrlib 的单元测试 / 回归测试（一份源文件）。
- 一套跟 C 语言字符串库里的某些函数同名的占位函数，用来禁止程序再去使用这些不够安全的字符串函数（一份源文件与一份头文件）。

如果你的程序仅使用 Bstrlib 库的核心功能，那么只需要在自己的程序文件里面引入 `bstrlib.h` 这份头文件，并在编译时把 `bstrlib.c` 这个源文件跟你自己的程序文件一起编译。

C 语言的字符串是由 `'\0'` 收尾的字符数组，而 `bstring` 字符串则不是这样，它是用下面这样一种结构体来定义的：

```
struct tagbstring {
  int mlen;              // lower bound of memory allocated for data.
  int slen;              // actual length of string
  unsigned char* data; // string
};
```

Bstrlib 库公布了这个结构体，让你可以在程序里面直接操作 `bstring` 字符串中的相应字段。然而，你最好还是通过相关的函数来操作，因为这些函数会把相应的内存管理问题处理好，这样就不用你自己去处理了（当然，分配与释放 `bstring` 除外，这两项操作还是需要你自己去处理的）。

Bstrlib 库提供了各种函数，让你能够根据某个 C 字符串来创建对应的 `bstring` 字符串结构体、分配并释放含有 C 字符串的 `bstring`、比较并判断 `bstring` 字符串与 C 字符串的内容是否相同、从 `bstring` 字符串里面寻找并提取子字符串（子串）等，另外，Bstrlib 库还提供了一些涉及查找与替换的字符串函数，以及各种涉及 `bstring` 字符串的转换函数。这些函数的用法都相当详细地写在 Bstrlib 库的文档里面。此外，Bstrlib 也提供了能够返回字符串列表的函数，并且有一种专门的字符串数据流，叫作 `bstream`。这个库的内容相当丰富，你不妨多花一些时间去看看。

好了，我们不再重复叙述文档里面的内容了。下面通过一些相当简单的范例来演示 Bstrlib 库的用法。

E.2　几个简单的范例

这几个例子都特别简单，只是为了让你知道 Bstrlib 库怎么用而已。SourceForge 网站上有一些相当高级的字符串处理范例。那些例子很有用，值得仔细研究。

我们这里的第一个例子是用 Bstrlib 库来编写 Hello, World! 程序：

```
#include <stdio.h>
#include "bstrlib.h"

int main( void )  {
  bstring b = bfromcstr ("Hello, World!");
  puts( (char*)b->data );
}
```

这个程序写在 `bstr_hello.c` 源文件里面，它根据 C 字符串创建对应的 `bstring` 字符串，然后访问 bstring 里面的这个 C 字符串，将其交给 puts() 函数去打印。编译这个程序时，必须先确保 bstrlib.h 与 bstrlib.c 文件已经跟 bstr_hello.c 放在同一个目录下了。然后，输入这条命令：

```
cc bstrlib.c bstr_hello.c -o bstr_hello -Wall -Werror -std=c18
```

接下来的这个例子会根据某种分隔符把字符串切割成多个小的字符串，并将这些字符串打印出来。这项功能其实可以通过 C 语言标准库里面的函数实现，但是会比较复杂（所以我们没有在本书正文里面尝试），然而若改用 Bstrlib 库来实现，那就相当简单了。大家可以通过下面这个程序看到这一点：

```
#include <stdio.h>
#include "bstrlib.h"

int main( void ) {
  bstring b = bfromcstr( "Hello, World and my Grandma, too!" );
  puts( (char*)b->data );
  struct bstrList *blist = bsplit( b , ' ' );
  printf( "num %d\n" , blist->qty );
  for( int i=0 ; i<blist->qty ; i++ )  {
    printf( "%d: %s\n" , i , bstr2cstr( blist->entry[i] , '_' ) );\
  }
}
```

这个程序写在 bstr_split.c 文件里面。它首先根据 C 字符串创建 bstring 字符串并打印其内容。然后，它创建 blist 变量，这是一个指向 struct bstrList 结构体的指针，程序调用 Bstrlib 库里的 bsplit() 函数，用 ' '（空格）作分隔符来拆分 bstring，并让 blist 变量指向拆分结果（这个结果是一个由 bstring 所构成的列表）。最后，它通过 for 循环打印拆分结果中的每一个 bstring。

编译程序之前，首先确保目录下已经有了 bstrlib.h 与 bstrlib.c 这样两份文件。然后输入下面这条命令：

```
cc bstrlib.c bstr_split.c -o bstr_split -Wall -Werror -std=c18
```

第 23 章写过一个 trimStr() 函数，用来清理程序通过 fgets() 所获得的输入字符串，以去除字符串开头与结尾的空白字符。那个函数大约有 30 行代码。我们最后这个范例会用 Bstrlib 库来实现一个功能相同的函数，并与 trimStr() 函数对比。我们会创建一个测试程序，让它用 7 个不同的字符串来测试这两个函数的清理效果，一个是我们早前实现的版本（现在改名叫作 CTrimStr()），另一个是用 Bstrlib 库实现的版本，叫作 BTrimStr()：

1. 首先把 main() 函数写好。我们在这个函数里面反复调用 testTrim()：

```
#include <stdio.h>
#include <ctype.h>
#include <string.h>
```

```
#include "bstrlib.h"

int  CTrimStr( char* pCStr );
int  BTrimStr( bstring b );
void testTrim( int testNum , char* pString );

int main( void )  {
  testTrim( 1 , "Hello, World!\n" );
  testTrim( 2 , "Box of frogs \t \n" );
  testTrim( 3 , " \t  Bag of hammers" );
  testTrim( 4 , "\t\t  Sack of ferrets\t\t   " );
  testTrim( 5 , "    \t\n\v\t\r   " );
  testTrim( 6 , "" );
  testTrim( 7 , "Goodbye, World!" );
}
```

这段代码先声明 testTrim() 函数的原型，这是一个测试函数，负责把受测字符串交给我们想要对比的那两个 trim 函数。然后，我们在 main() 函数里面拿 7 个字符串作为测试用例来调用这个测试函数，其中某些字符串的开头与结尾含有各种有待去除的空白字符。

2. 接下来，我们编写 testTrim() 函数，这个函数会调用 CTrimStr() 与 BTrimStr()：

```
void testTrim( int testNum , char* pInputString )  {
  size_t len;
  char testString[ strlen( pInputString ) + 1];
  strcpy( testString , pInputString );
  fprintf( stderr , "%1d. original: \"%s\" [len:%d]\n"   ,
           testNum, testString , (int)strlen( pInputString ) );

  strcpy( testString , pInputString );
  len = CTrimStr( testString );
  fprintf( stderr , "   CTrimStr: \"%s\" [len:%d]\n" ,
           testString , (int)len ) ;

  bstring b = bfromcstr( pInputString );
  len = BTrimStr( b );
  fprintf( stderr , "   BTrimStr: \"%s\" [len:%d]\n\n" ,
           (char*)b->data , (int)len );
}
```

这个函数的代码分成三个部分。第一部分是把受测字符串（即 pInputString）复制到一个临时的 testString 字符串里面，并打印出该字符串的内容（这是清理之前的内容）。第二部分是把受测字符串重新复制一遍，然后调用 CTrimStr() 函数以去除首尾的空白，并打印清理之后的结果。第三部分是根据受测字符串创建相应的 bstring 字符串，然后调用 BTrimStr() 函数以去除首尾的空白，然后打印清理结果。

3. 我们把早前实现过的 CTrimStr() 函数重写一遍，以供大家参照：

```
int CTrimStr( char* pCStr )  {
  size_t first , last , lenIn , lenOut ;
  first = last = lenIn = lenOut = 0;
  lenIn = strlen( pCStr );   //
```

```
    char tmpStr[ lenIn+1 ];     // Create working copy.
    strcpy( tmpStr , pCStr );   //
    char* pTmp = tmpStr;          // pTmp may change in Left Trim
  segment.
      // Left Trim
      // Find 1st non-whitespace char; pStr will point to that.
    while( isspace( pTmp[ first ] ) )
      first++;
    pTmp += first;
    lenOut = strlen( pTmp );      // Get new length after Left Trim.
    if( lenOut )  {               // Check for empty string.
                                  //  e.g. "   " trimmed to nothing.
        // Right Trim
        // Find 1st non-whitespace char & set NUL character there.
      last = lenOut-1;            // off-by-1 adjustment.
      while( isspace( pTmp[ last ] ) )
        last--;
      pTmp[ last+1 ] = '\0';      // Terminate trimmed string.
    }
    lenOut = strlen( pTmp );      // Length of trimmed string.
    if( lenIn != lenOut )         // Did we change anything?
      strcpy( pCStr , pTmp );     // Yes, copy trimmed string back.
    return lenOut;
  }
```

这个函数的代码已经在第 23 章解释过了，这里不再重复。

4. 用 Bstrlib 库所实现的 `BTrimStr()` 函数是这样写的：

```
int BTrimStr( bstring b ) {
  btrimws( b );
  return b->slen;
}
```

这个函数把有待处理的 `bstring` 交给 Bstrlib 库的 `btrimws()` 函数去处理，然后把处理后的 `bstring` 字符串所具备的长度返回给调用方。其实我们根本就不用写这样一个函数，而是可以直接在程序里面调用 `btrimws()`，编写该函数只是为了跟早前实现的 `CTrimStr()` 函数对比。

5. 编译这个程序之前，先确认 `bstrlib.h` 与 `bstrlib.c` 文件已经放在跟 `bstr_trim.c` 相同的目录下了。然后，执行这样一条命令：

```
cc bstrlib.c bstr_trim.c -o bstr_split -Wall -Werror -std=c18
```

这几个范例的源代码都可以在本书的代码库里面找到。

C 语言的字符串本身很简单，但是 C 语言标准库里面用来操作这种字符串的函数却比较复杂，而且还可能出现一些问题，因此使用这些函数来编程时，必须特别小心。与之相比，`bstring` 字符串本身在初始化时稍微有点复杂，但是 Bstrlib 库里面用来操作这种字符串的函数却相当丰富，这让开发者能够轻松地处理单个字符串及字符串列表，并使用与 `bstream` 有关的功能。

附录 F Appendix F

Unicode 与 UTF-8

这是一个很深也很大的话题。本节只打算粗略地介绍这个话题，并提供一些资源供大家继续研究。

F.1 Unicode 与 UTF-8 的发展历程

早期的计算机用的是 7 位 ASCII 码，有些人觉得这种编码还不够好，于是提出了 16 位的 Unicode 码。这虽然开了个好头，但 Unicode 码本身也有它的问题。后来，发明 C 语言的这些人开始发明一种叫作 UTF-8 的编码，它既兼容旧式的 ASCII 码，又能跟新式的 UTF-16 与 UTF-32 对接。于是，所有人几乎都可以在任意一台计算机上用自己的日常语言及字符来书写与 "Hello, World!" 相同的词句。UTF-8 还有个好处，就是比较容易与 Unicode 互相转换。当然 Unicode 也没有止步，它同样在演进。Unicode 与 UTF-8 虽然不完全相同，但二者在某种程度上是相关的[⊖]。

F.2 Unicode 与 UTF-8 目前的使用情况

Unicode 已经在各个层面取代了 ASCII、ISO 8859 与 EUC 等老式的字符编码。世界上的所有语言几乎都能够用 Unicode 表示，另外它还支持一套丰富的数学与技术符号，让我们能够更为容易地交换科学信息。

UTF-8 编码本身定义在 "ISO 10646-1:2000 Annex D"（https://www.cl.cam.ac.

⊖ 可以理解成，UTF-8 是 Unicode 标准下的一种具体编码方案。——译者注

uk/~mgk25/ucs/ISO-10646-UTF-8.html）及“RFC 3629”（http://www.ietf.org/rfc/rfc3629.txt）里面，另外也出现在 Unicode 4.0 标准的“Section 3.9”之中。UTF-8 不像 Unicode 与早期的宽字符编码那样带有一些兼容问题，UTF-8 让用户能够在完全基于 ASCII 编码的环境（例如 UNIX）中方便地使用 Unicode，而无须担心会出现不兼容的现象。UNIX、Linux、macOS 以及类似的操作系统，都采用 UTF-8 来使用 Unicode。在 UNIX 风格的操作系统上，这显然是运用 Unicode 的合理方式。

F.3　从 ASCII 迁移到 UTF-8

有两种办法可以让 ASCII 程序支持 UTF-8。一种叫作*软转换*（soft conversion），另一种叫作*硬转换*（hard conversion）。如果采用软转换方式，那么所有的数据均以 UTF-8 保存，这种方式几乎不用修改软件。如果采用硬转换方式，那么程序要把读取到的 UTF-8 数据转换成宽字符数组，并在程序里面一直采用这种数组来处理，只有在需要输出时才将其转回 UTF-8。字符在程序内部始终是一个大小固定的内存对象。

大多数应用程序只需要采用软转换的方式就能够支持 UTF-8 了，这正是我们能在 UNIX 系统上使用 UTF-8 的原因。C 语言的标准库里面提供了 wchar.h、wctype.h 以及 uchar.h 等头文件用以处理宽字符及 Unicode。

F.4　演示如何在 UTF 与 Unicode 之间转换

大家可以通过下面这个范例程序，了解如何在 Unicode 与 UTF-8 之间转换：

```
#include <stdio.h>
#include <locale.h>
#include <stdlib.h>
#include <stdio.h>

int main(void)  {
  wchar_t ucs2[5] = {0};
  if( !setlocale( LC_ALL , "en_AU.UTF-8" ) )  {
    printf( "Unable to set locale to Australian English in UTF-8\n" );
    exit( 1 );
  }
  // The UTF-8 representation of string "æ°´è°ƒæŒå¤´"
  // (four Chinese characters pronounced shui3 diao4 ge1 tou2) */
  char utf8[] = "\xE6\xB0\xB4\xE8\xB0\x83\xE6\xAD\x8C\xE5\xA4\xB4" ;

  mbstowcs( ucs2 , utf8 , sizeof(ucs2) / sizeof(*ucs2) );

  printf( "  UTF-8: " );
  for( char *p = utf8 ; *p ; p++ )
    printf( "%02X ", (unsigned)(unsigned char)*p );
  printf( "\n" );
```

```
  printf( "Unicode: " );
  for( wchar_t *p = ucs2 ; *p ; p++ )
    printf( "U+%04lX ", (unsigned long) *p );
  printf( "\n" );
}
```

这个程序的主要内容是调用 mbstowcs() 函数，以便将 UTF-8 格式的数据转化成 Unicode，我们在该程序中采用 16 位的 wchar_t 型变量来表示 Unicode 字符。

要想继续研究这个话题，可以参考下列网页：

- https://www.joelonsoftware.com/2003/10/08/the-absolute-minimum-every-software-developer-absolutely-positively-must-know-about-unicode-and-character-sets-no-excuses/。这是一篇由 Joel Spolsky 所写的文章，很好地介绍了 Unicode 与 UTF-8。
- https://www.cl.cam.ac.uk/~mgk25/unicode.html。这个网页也深入讲解了涉及 UTF-8 与 Unicode 的编程知识。
- 最后是 https://home.unicode.org，这里有许多与 Unicode 及 UTF-8 有关的资源。

Appendix G

附录 G

C 语言标准库

C 语言标准库提供了相当多的功能。在使用标准库中的这些功能之前，必须先搞清楚每份头文件里面提供有什么样的函数。接下来的这几张表格会列出各个头文件的名称，并介绍每份头文件里面含有哪些函数的原型。

下面这张表格总结了 C 语言标准库里面出现于 C99 标准之前的那些头文件。

文件名	描　述
alloca.h	这个头文件不属于 C 语言标准库
assert.h	包含 assert 宏，用来帮助开发者在调试版程序中检测逻辑错误以及其他一些 bug
ctype.h	定义一套函数，能够判断某字符属于哪一类字符，而且能够以独立于具体字符集的方式，在大写与小写之间转换（具体的 C 语言实现方案通常使用的是 ASCII 字符集或该字符集的某种扩展集，当然也有使用 EBCDIC 字符集的情况）
errno.h	用来检测由库函数所回报的错误代号（error code，也叫错误码）
float.h	定义一些宏常量，用以指定浮点库中与具体实现有关的一些属性
limits.h	定义一些宏常量，用以指定整数类型中与具体实现有关的一些属性
locale.h	定义一些本地化函数
math.h	定义常见的数学函数
setjmp.h	定义 setjmp 与 longjmp 宏，让程序能够跳转到本函数之外的地方
signal.h	定义一些符号处理函数
stdarg.h	用来在参数个数不固定的情况下处理传给函数的这些参数
stddef.h	定义多种有用的类型与宏
stdio.h	定义核心的输入函数与输出函数
stdlib.h	定义数值转换函数、伪随机数生成函数、内存分配函数与进程控制函数
string.h	定义字符串处理函数

（续）

文件名	描　述
time.h	定义日期处理函数与时间处理函数
unistd.h	POSIX 函数（UNIX 以外的操作系统可能没有这个头文件）

下面这张表格总结了 C99 标准给 C 语言标准库里面添加的头文件。

文件名	描　述
iso646.h	定义了许多宏，用来以另外一些方式表达 C 语言的标准标记，这些方式可以用在以 ISO 646 字符标准来编写程序的场合
wchar.h	定义了处理宽字符串的函数
wctype.h	定义了一套函数，能够判断某个宽字符是哪一类宽字符，还能够在大写与小写之间转换
complex.h	定义了一套函数，用来操作复数（你不一定非要在程序里使用复数）
fenv.h	定义了一套函数，用来控制浮点环境
inttypes.h	定义了各种宽度固定的整数类型
stdbool.h	定义了布尔数据类型
stdint.h	定义了各种宽度固定的整数类型
tgmath.h	定义了适用于各种类型的（也就是泛型的）数学函数

下面这张表格总结了 C11 标准给 C 语言标准库里面添加的头文件。

文件名	描　述
stdalign.h	查询并指定对象的对齐方式
stdatomic.h	用来对线程之间共享的数据做原子操作（atomic operation）（你不一定非要做这样的操作）
stdnoreturn.h	定义 noreturn 函数[⊖]
threads.h	定义一些用来管理多线程、mutex（互斥锁）与条件变量的函数（你不一定非要在程序里面使用这些功能）
uchar.h	定义操作 Unicode 字符所需的一些类型及函数

如果你在阅读本书正文的过程中把那些范例程序都顺利地编译了一遍，那意味着你的操作系统里面应该已经有了这些文件。然而有时我们想知道某份头文件的确切位置，这样才能够在编辑器里面打开该文件以查看其具体内容。

G.1　确定头文件位置的第一种办法

打开某种 UNIX 终端（例如 csh、tsh、bash 等），在终端窗口（也就是命令行窗口）

⊖ 这种函数的详情参见 https://en.cppreference.com/w/c/language/_Noreturn。——译者注

中执行下列步骤：

1. 创建一个简单的程序，例如第 1 章中的那种 hello.c 程序。

2. 在这个程序文件中，把你想要确定其位置的那份头文件用 #include 指令包含进来。

3. 在 bash 命令行界面中，执行这样一条命令：

```
cc -H hello.c
```

你会看到一大堆信息，这其实是 #include 指令所触发的整套引入结构，因为这条指令在引入（也就是包含）这份头文件的过程中，可能还会把这份头文件里面的 #include 指令所要引入的其他头文件也引入进来，通过这些信息，你还会发现，有时同一份头文件会多次受到引入。

你会发现，这个过程中所引入的某些头文件本身又会引入其他一些头文件。

G.2 确定头文件位置的第二种办法

打开某种 UNIX 终端（例如 csh、tsh、bash 等），在终端窗口（也就是命令行窗口）中执行下列步骤：

1. 创建一个简单的程序，例如 hello.c 程序。

2. 在这个程序文件中，把你想要确定其位置的那份头文件用 #include 指令包含进来。

3. 在 bash 命令行界面中，执行这样一条命令：

```
cc -H hello.c 2>&1 | grep '^\.\ '
```

这条命令里面好像有一些稀奇古怪的东西。我们现在详细拆解该命令：

1. cc -H 的意思是用 -H 选项执行 cc 编译器。这个选项会把 hello.c 文件所包含的头文件列表发送到标准错误端，也就是 stderr 端。

2. 2>&1 的意思是把标准错误端（即 stderr 端）重定向到标准输出端（即 stdout 端）。

3. | 是管道（pipe）符号，它会把该符号左侧的 cc 命令输出给 stdout 端的这些内容发送到该符号右侧的 grep 命令，让这些内容从 stdin 端流入该命令。grep 是一个支持正则表达式（regular expression）的文本解析程序。

4. grep '^\.\ ' 的意思是把那些以一个圆点及一个空格开头的文本行给搜索出来：

- 单引号里面的内容是搜索时所采用的筛选标准。
- ^ 符号表示某一行文本的开头。
- \. 表示一个圆点。由于单独出现的圆点符号（.）在 grep 命令里面有特殊含义，因此我们必须在前面加上转义符 \，以表示这是一个字面上的圆点，而不是对 grep 命令有特殊意义的圆点。
- \ 表示一个空格。由于单独出现的空格符号（ ）在 grep 命令里面也有特殊含义，因此我们必须在前面加上转义符 \，以表示这是一个字面上的空格，而不是对 grep

命令有特殊意义的空格。

与刚才那种办法不同，这个办法不会显示出 #include 命令所触发的整套引入结构，它只会把你想要找的这几份头文件显示出来。

G.3　确定头文件位置的第三种办法

如果操作系统里面有 locate 程序，那就可以考虑这个办法了。这是三种办法里面最简单的一种。

在终端窗口 / 命令行界面中输入下列命令：

```
locate <filename.h>
```

这条命令可能会输出大量文字，因为你要找的这个头文件，在系统里面可能有许多版本。

第二种方法的效果最好，因为那种办法能够准确告诉你编译器用的到底是哪个版本。

在头文件里面找到你想要了解的函数之后，就可以通过 UNIX 系统的 man 命令来查询该函数的文档。你可以在终端窗口 / 命令行界面里输入这样一条命令：

```
man 3 <function>
```

这条命令会让 man 程序在 section 3（3 号区域）里面寻找此函数的帮助文档。section 3 是 C 语言函数的帮助文档所在的区域。

另外，有些话题你也可以试着在 section 7 里面查找：

```
man 7 <topic>
```

section 7 是一般话题（杂项话题）的帮助文档所在的区域。这个区域里面有许多信息。

如果你以前没有用过 man，那可以输入 man man 命令，这会显示出 man 程序本身的帮助文档。

推荐阅读

编程原则：来自代码大师Max Kanat-Alexander的建议

[美] 马克斯・卡纳特-亚历山大 译者：李光毅 书号：978-7-111-68491-6 定价：79.00元

Google 代码健康技术主管、编程大师 Max Kanat-Alexander 又一力作，聚焦于适用于所有程序开发人员的原则，从新的角度来看待软件开发过程，帮助你在工作中避免复杂，拥抱简约。

本书涵盖了编程的许多领域，从如何编写简单的代码到对编程的深刻见解，再到在软件开发中如何止损！你将发现与软件复杂性有关的问题、其根源，以及如何使用简单性来开发优秀的软件。你会检查以前从未做过的调试，并知道如何在团队工作中获得快乐。

推荐阅读

机器学习与深度学习：通过C语言模拟

作者：[日] 小高知宏 译者：申富饶 于僡 ISBN：978-7-111-59994-4

本书以深度学习为关键字讲述机器学习与深度学习的相关知识，对基本理论的讲述通俗易懂，不涉及复杂的数学理论，适用于对机器学习与深度学习感兴趣的初学者。当前机器学习的书籍一般只讲述理论，没有具体的程序实例。有些以实例为主的机器学习书籍则依赖于一些函数库或工具，无法理解其内部算法原理。本书没有使用任何外部函数库或工具，通过C语言程序来实现机器学习和深度学习算法，读者不太理解相关理论时，可以通过C语言程序代码来进行学习。

本书从强化学习、蚁群最优化方法、神经网络、深度学习等出发，分阶段介绍机器学习的各种算法，通过分析C语言程序代码，实际执行C语言程序，使读者能快速步入机器学习和深度学习殿堂。

自然语言处理与深度学习：通过C语言模拟

作者：[日] 小高知宏 译者：申富饶 于僡 ISBN：978-7-111-58657-9

本书详细介绍了将深度学习应用于自然语言处理的方法，并概述了自然语言处理的一般概念，通过具体实例说明了如何提取自然语言文本的特征以及如何考虑上下文关系来生成文本。书中自然语言文本的特征提取是通过卷积神经网络来实现的，而根据上下文关系来生成文本则利用了循环神经网络。这两个网络是深度学习领域中常用的基础技术。

本书通过实现C语言程序来具体讲解自然语言处理与深度学习的相关技术。本书给出的程序都能在普通个人电脑上执行。通过实际执行这些C语言程序，确认其运行过程，并根据需要对程序进行修改，读者能够更深刻地理解自然语言处理与深度学习技术。

推荐阅读

软件架构：架构模式、特征及实践指南

[美] Mark Richards 等 译者：杨洋 等 书号：978-7-111-68219-6 定价：129.00 元

畅销书《卓有成效的程序员》作者的全新力作，从现代角度，全面系统地阐释软件架构的模式、工具及权衡分析等。

本书全面概述了软件架构的方方面面，涉及架构特征、架构模式、组件识别、图表化和展示架构、演进架构，以及许多其他主题。本书分为三部分。第 1 部分介绍关于组件化、模块化、耦合和度量软件复杂度的基本概念和术语。第 2 部分详细介绍各种架构风格：分层架构风格、管道架构风格、微内核架构风格、基于服务的架构风格、事件驱动的架构风格、基于空间的架构风格、编制驱动的面向服务的架构、微服务架构。第 3 部分介绍成为一个成功的软件架构师所必需的关键技巧和软技能。